素数表 150000

JN147303

- 1 行 15 個、1 ページ 1500 個が掲載されています。
- 正確な値になるよう十分注意を払いましたが、万が一掲載した値が間違っていたとしても、発行者は責任をとれません。
- 落丁、乱丁は (在庫がある限り) お取り替えします。

Source:

```
#include <iostream>
#include <vector>
using namespace std;

int main(){
    int maxn=2020000;
    vector<bool> n;
    n.resize(maxn,1);

    for(int i=2; i<maxn;i++){
        if(n[i]){cout << i <<endl;}
        for(int j=i; j<maxn;j+=i){
            n[j]=0;
        }
    }
    return 0;
}
```

Prime numbers 000001-001500

```
000001: 0000002 0000003 0000005 0000007 0000011 0000013 0000017 0000019 0000023 0000029 0000031 0000037 0000041 0000043 0000047
000016: 0000053 0000059 0000061 0000067 0000071 0000073 0000079 0000083 0000089 0000097 0000101 0000103 0000107 0000109 0000113
000031: 0000127 0000131 0000137 0000139 0000149 0000151 0000157 0000163 0000167 0000173 0000179 0000181 0000191 0000193 0000197
000046: 0000199 0000211 0000223 0000227 0000229 0000233 0000239 0000241 0000251 0000257 0000263 0000269 0000271 0000277 0000281
000061: 0000283 0000293 0000307 0000311 0000313 0000317 0000331 0000337 0000347 0000349 0000353 0000359 0000367 0000373 0000379
000076: 0000383 0000389 0000397 0000401 0000409 0000419 0000421 0000431 0000433 0000439 0000443 0000449 0000457 0000461 0000463
000091: 0000467 0000479 0000487 0000491 0000499 0000503 0000509 0000521 0000523 0000541 0000547 0000557 0000563 0000569 0000571
000106: 0000577 0000587 0000593 0000599 0000601 0000607 0000613 0000617 0000619 0000631 0000641 0000643 0000647 0000653 0000659
000121: 0000661 0000673 0000677 0000683 0000691 0000701 0000709 0000719 0000727 0000733 0000739 0000743 0000751 0000757 0000761
000136: 0000769 0000773 0000787 0000797 0000809 0000811 0000821 0000823 0000827 0000829 0000839 0000853 0000857 0000859 0000863
000151: 0000877 0000881 0000883 0000887 0000907 0000911 0000919 0000929 0000937 0000941 0000947 0000953 0000967 0000971 0000977
000166: 0000983 0000991 0000997 0001009 0001013 0001019 0001021 0001031 0001033 0001039 0001049 0001051 0001061 0001063 0001069
000181: 0001087 0001091 0001093 0001097 0001103 0001109 0001117 0001123 0001129 0001151 0001153 0001163 0001171 0001181 0001187
000196: 0001193 0001201 0001213 0001217 0001223 0001229 0001231 0001237 0001249 0001259 0001277 0001279 0001283 0001289 0001291
000211: 0001297 0001301 0001303 0001307 0001319 0001321 0001327 0001361 0001367 0001373 0001381 0001399 0001409 0001423 0001427
000226: 0001429 0001433 0001439 0001447 0001451 0001453 0001459 0001471 0001481 0001483 0001487 0001489 0001493 0001499 0001511
000241: 0001523 0001531 0001543 0001549 0001553 0001559 0001567 0001571 0001579 0001583 0001597 0001601 0001607 0001609 0001613
000256: 0001619 0001621 0001627 0001637 0001657 0001663 0001667 0001669 0001693 0001697 0001699 0001709 0001721 0001723 0001733
000271: 0001741 0001747 0001753 0001759 0001777 0001783 0001787 0001789 0001801 0001811 0001823 0001831 0001847 0001861 0001867
000286: 0001871 0001873 0001877 0001879 0001889 0001901 0001907 0001913 0001931 0001933 0001949 0001951 0001973 0001979 0001987
000301: 0001993 0001997 0001999 0002003 0002011 0002017 0002027 0002029 0002039 0002053 0002063 0002069 0002081 0002083 0002087
000316: 0002089 0002099 0002111 0002113 0002129 0002131 0002137 0002141 0002143 0002153 0002161 0002179 0002203 0002207 0002213
000331: 0002221 0002237 0002239 0002243 0002251 0002267 0002269 0002273 0002281 0002287 0002293 0002297 0002309 0002311 0002333
000346: 0002339 0002341 0002347 0002351 0002357 0002371 0002377 0002381 0002383 0002389 0002393 0002399 0002411 0002417 0002423
000361: 0002437 0002441 0002447 0002459 0002467 0002473 0002477 0002503 0002521 0002531 0002539 0002543 0002549 0002551 0002557
000376: 0002579 0002591 0002593 0002609 0002617 0002621 0002633 0002647 0002657 0002659 0002663 0002671 0002677 0002683 0002687
000391: 0002689 0002693 0002699 0002707 0002711 0002713 0002719 0002729 0002731 0002741 0002749 0002753 0002767 0002777 0002789
000406: 0002791 0002797 0002801 0002803 0002819 0002833 0002837 0002843 0002851 0002857 0002861 0002879 0002887 0002897 0002903
000421: 0002909 0002917 0002927 0002939 0002953 0002957 0002963 0002969 0002971 0002999 0003001 0003011 0003019 0003023 0003037
000436: 0003041 0003049 0003061 0003067 0003079 0003083 0003089 0003109 0003119 0003121 0003137 0003163 0003167 0003169 0003181
000451: 0003187 0003191 0003203 0003209 0003217 0003221 0003229 0003251 0003253 0003257 0003259 0003271 0003299 0003301 0003307
000466: 0003313 0003319 0003323 0003329 0003331 0003343 0003347 0003359 0003361 0003371 0003373 0003389 0003391 0003407 0003413
000481: 0003433 0003449 0003457 0003461 0003463 0003467 0003469 0003491 0003499 0003511 0003517 0003527 0003529 0003533 0003539
000496: 0003541 0003547 0003557 0003559 0003571 0003581 0003583 0003593 0003607 0003613 0003617 0003623 0003631 0003637 0003643
000511: 0003659 0003671 0003673 0003677 0003691 0003697 0003701 0003709 0003719 0003727 0003733 0003739 0003761 0003767 0003769
000526: 0003779 0003793 0003797 0003803 0003821 0003823 0003833 0003847 0003851 0003853 0003863 0003877 0003881 0003889 0003907
000541: 0003911 0003917 0003919 0003923 0003929 0003931 0003943 0003947 0003967 0003989 0004001 0004003 0004007 0004013 0004019
000556: 0004021 0004027 0004049 0004051 0004057 0004073 0004079 0004091 0004093 0004099 0004111 0004127 0004129 0004133 0004139
000571: 0004153 0004157 0004159 0004177 0004201 0004211 0004217 0004219 0004229 0004231 0004241 0004243 0004253 0004259 0004261
000586: 0004271 0004273 0004283 0004289 0004297 0004327 0004337 0004339 0004349 0004357 0004363 0004373 0004391 0004397 0004409
000601: 0004421 0004423 0004441 0004447 0004451 0004457 0004463 0004481 0004483 0004493 0004507 0004513 0004517 0004519 0004523
000616: 0004547 0004549 0004561 0004567 0004583 0004591 0004597 0004603 0004621 0004637 0004639 0004643 0004649 0004651 0004657
000631: 0004663 0004673 0004679 0004691 0004703 0004721 0004723 0004729 0004733 0004751 0004759 0004783 0004787 0004789 0004793
000646: 0004799 0004801 0004813 0004817 0004831 0004861 0004871 0004877 0004889 0004903 0004909 0004919 0004931 0004933 0004937
000661: 0004943 0004951 0004957 0004967 0004969 0004973 0004987 0004993 0004999 0005003 0005009 0005011 0005021 0005023 0005039
000676: 0005051 0005059 0005077 0005081 0005087 0005099 0005101 0005107 0005113 0005119 0005147 0005153 0005167 0005171 0005179
000691: 0005189 0005197 0005209 0005227 0005231 0005233 0005237 0005261 0005273 0005279 0005281 0005297 0005303 0005309 0005323
000706: 0005333 0005347 0005351 0005381 0005387 0005393 0005399 0005407 0005413 0005417 0005419 0005431 0005437 0005441 0005443
000721: 0005449 0005471 0005477 0005479 0005483 0005501 0005503 0005507 0005519 0005521 0005527 0005531 0005557 0005563 0005569
000736: 0005573 0005581 0005591 0005623 0005639 0005641 0005647 0005651 0005653 0005657 0005659 0005669 0005683 0005689 0005693
000751: 0005701 0005711 0005717 0005737 0005741 0005743 0005749 0005779 0005783 0005791 0005801 0005807 0005813 0005821 0005827
000766: 0005839 0005843 0005849 0005851 0005857 0005861 0005867 0005869 0005879 0005881 0005897 0005903 0005923 0005927 0005939
000781: 0005953 0005981 0005987 0006007 0006011 0006029 0006037 0006043 0006047 0006053 0006067 0006073 0006079 0006089 0006091
000796: 0006101 0006113 0006121 0006131 0006133 0006143 0006151 0006163 0006173 0006197 0006199 0006203 0006211 0006217 0006221
000811: 0006229 0006247 0006257 0006263 0006269 0006271 0006277 0006287 0006299 0006301 0006311 0006317 0006323 0006329 0006337
000826: 0006343 0006353 0006359 0006361 0006367 0006373 0006379 0006389 0006397 0006421 0006427 0006449 0006451 0006469 0006473
000841: 0006481 0006491 0006521 0006529 0006547 0006551 0006553 0006563 0006569 0006571 0006577 0006581 0006599 0006607 0006619
000856: 0006637 0006653 0006659 0006661 0006673 0006679 0006689 0006691 0006701 0006703 0006709 0006719 0006733 0006737 0006761
000871: 0006763 0006779 0006781 0006791 0006793 0006803 0006823 0006827 0006829 0006833 0006841 0006857 0006863 0006869 0006871
000886: 0006883 0006899 0006907 0006911 0006917 0006947 0006949 0006959 0006961 0006967 0006971 0006977 0006983 0006991 0006997
000901: 0007001 0007013 0007019 0007027 0007039 0007043 0007057 0007069 0007079 0007103 0007109 0007121 0007127 0007129 0007151
000916: 0007159 0007177 0007187 0007193 0007207 0007211 0007213 0007219 0007229 0007237 0007243 0007247 0007253 0007283 0007297
000931: 0007307 0007309 0007321 0007331 0007333 0007349 0007351 0007369 0007393 0007411 0007417 0007433 0007451 0007457 0007459
000946: 0007477 0007481 0007487 0007489 0007499 0007507 0007517 0007523 0007529 0007537 0007541 0007547 0007549 0007559 0007561
000961: 0007573 0007577 0007583 0007589 0007591 0007603 0007607 0007621 0007639 0007643 0007649 0007669 0007673 0007681 0007687
000976: 0007691 0007699 0007703 0007717 0007723 0007727 0007741 0007753 0007757 0007759 0007789 0007793 0007817 0007823 0007829
000991: 0007841 0007853 0007867 0007873 0007877 0007879 0007883 0007901 0007907 0007919 0007927 0007933 0007937 0007949 0007951
001006: 0007963 0007993 0008009 0008011 0008017 0008039 0008053 0008059 0008069 0008081 0008087 0008089 0008093 0008101 0008111
001021: 0008117 0008123 0008147 0008161 0008167 0008171 0008179 0008191 0008209 0008219 0008221 0008231 0008233 0008237 0008243
001036: 0008263 0008269 0008273 0008287 0008291 0008293 0008297 0008311 0008317 0008329 0008353 0008363 0008369 0008377 0008387
001051: 0008389 0008419 0008423 0008429 0008431 0008443 0008447 0008461 0008467 0008501 0008513 0008521 0008527 0008537 0008539
001066: 0008543 0008563 0008573 0008581 0008597 0008599 0008609 0008623 0008627 0008629 0008641 0008647 0008663 0008669 0008677
001081: 0008681 0008689 0008693 0008699 0008707 0008713 0008719 0008731 0008737 0008741 0008747 0008753 0008761 0008779 0008783
001096: 0008803 0008807 0008819 0008821 0008831 0008837 0008839 0008849 0008861 0008863 0008867 0008887 0008893 0008923 0008929
001111: 0008933 0008941 0008951 0008963 0008969 0008971 0008999 0009001 0009007 0009011 0009013 0009029 0009041 0009043 0009049
001126: 0009059 0009067 0009091 0009103 0009109 0009127 0009133 0009137 0009151 0009157 0009161 0009173 0009181 0009187 0009199
001141: 0009203 0009209 0009221 0009227 0009239 0009241 0009257 0009277 0009281 0009283 0009293 0009311 0009319 0009323 0009337
001156: 0009341 0009343 0009349 0009371 0009377 0009391 0009397 0009403 0009413 0009419 0009421 0009431 0009433 0009437 0009439
001171: 0009461 0009463 0009467 0009473 0009479 0009491 0009497 0009511 0009521 0009533 0009539 0009547 0009551 0009587 0009601
001186: 0009613 0009619 0009623 0009629 0009631 0009643 0009649 0009661 0009677 0009679 0009689 0009697 0009719 0009721 0009733
001201: 0009739 0009743 0009749 0009767 0009769 0009781 0009787 0009791 0009803 0009811 0009817 0009829 0009833 0009839 0009851
001216: 0009857 0009859 0009871 0009883 0009887 0009901 0009907 0009923 0009929 0009931 0009941 0009949 0009967 0009973 0010007
001231: 0010009 0010037 0010039 0010061 0010067 0010069 0010079 0010091 0010093 0010099 0010103 0010111 0010133 0010139 0010141
001246: 0010151 0010159 0010163 0010169 0010177 0010181 0010193 0010211 0010223 0010243 0010247 0010253 0010259 0010267 0010271
001261: 0010273 0010289 0010301 0010303 0010313 0010321 0010331 0010333 0010337 0010343 0010357 0010369 0010391 0010399 0010427
001276: 0010429 0010433 0010453 0010457 0010459 0010463 0010477 0010487 0010499 0010501 0010513 0010529 0010531 0010559 0010567
001291: 0010589 0010597 0010601 0010607 0010613 0010627 0010631 0010639 0010651 0010657 0010663 0010667 0010687 0010691 0010709
001306: 0010711 0010723 0010729 0010733 0010739 0010753 0010771 0010781 0010789 0010799 0010831 0010837 0010847 0010853 0010859
001321: 0010861 0010867 0010883 0010889 0010891 0010903 0010909 0010937 0010939 0010949 0010957 0010973 0010979 0010987 0010993
001336: 0011003 0011027 0011047 0011057 0011059 0011069 0011071 0011083 0011087 0011093 0011113 0011117 0011119 0011131 0011149
001351: 0011159 0011161 0011171 0011173 0011177 0011197 0011213 0011239 0011243 0011251 0011257 0011261 0011273 0011279 0011287
001366: 0011299 0011311 0011317 0011321 0011329 0011351 0011353 0011369 0011383 0011393 0011399 0011411 0011423 0011437 0011443
001381: 0011447 0011467 0011471 0011483 0011489 0011491 0011497 0011503 0011519 0011527 0011549 0011551 0011579 0011587 0011593
001396: 0011597 0011617 0011621 0011633 0011657 0011677 0011681 0011689 0011699 0011701 0011717 0011719 0011731 0011743 0011777
001411: 0011779 0011783 0011789 0011801 0011807 0011813 0011821 0011827 0011831 0011833 0011839 0011863 0011867 0011887 0011897
001426: 0011903 0011909 0011923 0011927 0011933 0011939 0011941 0011953 0011959 0011969 0011971 0011981 0011987 0012007 0012011
001441: 0012037 0012041 0012043 0012049 0012071 0012073 0012097 0012101 0012107 0012109 0012113 0012119 0012143 0012149 0012157
001456: 0012161 0012163 0012197 0012203 0012211 0012227 0012239 0012241 0012251 0012253 0012263 0012269 0012277 0012281 0012289
001471: 0012301 0012323 0012329 0012343 0012347 0012373 0012377 0012379 0012391 0012401 0012409 0012413 0012421 0012433 0012437
001486: 0012451 0012457 0012473 0012479 0012487 0012491 0012497 0012503 0012511 0012517 0012527 0012539 0012541 0012547 0012553
```

001501-003000 Prime numbers

```
001501: 0012569 0012577 0012583 0012589 0012601 0012611 0012613 0012619 0012637 0012641 0012647 0012653 0012659 0012671 0012689
001516: 0012697 0012703 0012713 0012721 0012739 0012743 0012757 0012763 0012781 0012791 0012799 0012809 0012821 0012823 0012829
001531: 0012841 0012853 0012889 0012893 0012899 0012907 0012911 0012917 0012919 0012923 0012941 0012953 0012959 0012967 0012973
001546: 0012979 0012983 0013001 0013003 0013007 0013009 0013033 0013037 0013043 0013049 0013063 0013093 0013099 0013103 0013109
001561: 0013121 0013127 0013147 0013151 0013159 0013163 0013171 0013177 0013183 0013187 0013217 0013219 0013229 0013241 0013249
001576: 0013259 0013267 0013291 0013297 0013309 0013313 0013327 0013331 0013337 0013339 0013367 0013381 0013397 0013399 0013411
001591: 0013417 0013421 0013441 0013451 0013457 0013463 0013469 0013477 0013487 0013499 0013513 0013523 0013537 0013553 0013567
001606: 0013577 0013591 0013597 0013613 0013619 0013627 0013633 0013649 0013669 0013679 0013681 0013687 0013691 0013693 0013697
001621: 0013709 0013711 0013721 0013723 0013729 0013751 0013757 0013759 0013763 0013781 0013789 0013799 0013807 0013829 0013831
001636: 0013841 0013859 0013873 0013877 0013879 0013883 0013901 0013903 0013907 0013913 0013921 0013931 0013933 0013963 0013967
001651: 0013997 0013999 0014009 0014011 0014029 0014033 0014051 0014057 0014071 0014081 0014083 0014087 0014107 0014143 0014149
001666: 0014153 0014159 0014173 0014177 0014197 0014207 0014221 0014243 0014249 0014251 0014281 0014293 0014303 0014321 0014323
001681: 0014327 0014341 0014347 0014369 0014387 0014389 0014401 0014407 0014411 0014419 0014423 0014431 0014437 0014447 0014449
001696: 0014461 0014479 0014489 0014503 0014519 0014533 0014537 0014543 0014549 0014551 0014557 0014561 0014563 0014591 0014593
001711: 0014621 0014627 0014629 0014633 0014639 0014653 0014657 0014669 0014683 0014699 0014713 0014717 0014723 0014731 0014737
001726: 0014741 0014747 0014759 0014767 0014771 0014779 0014783 0014797 0014813 0014821 0014827 0014831 0014843 0014851
001741: 0014867 0014869 0014879 0014887 0014891 0014897 0014923 0014929 0014939 0014947 0014951 0014957 0014969 0014983 0015013
001756: 0015017 0015031 0015053 0015061 0015073 0015077 0015083 0015091 0015101 0015107 0015121 0015131 0015137 0015139 0015149
001771: 0015161 0015173 0015187 0015193 0015199 0015217 0015227 0015233 0015241 0015259 0015263 0015269 0015271 0015277 0015287
001786: 0015289 0015299 0015307 0015313 0015319 0015329 0015331 0015349 0015359 0015361 0015373 0015377 0015383 0015391 0015401
001801: 0015413 0015427 0015439 0015443 0015451 0015461 0015467 0015473 0015493 0015497 0015511 0015527 0015541 0015551 0015559
001816: 0015569 0015581 0015583 0015601 0015607 0015619 0015629 0015641 0015643 0015647 0015649 0015661 0015667 0015671 0015679
001831: 0015683 0015727 0015733 0015737 0015739 0015749 0015761 0015767 0015773 0015787 0015791 0015797 0015803 0015809
001846: 0015817 0015823 0015859 0015877 0015881 0015887 0015889 0015901 0015907 0015913 0015919 0015923 0015937 0015959 0015971
001861: 0015973 0015991 0016007 0016033 0016057 0016061 0016063 0016067 0016069 0016073 0016087 0016091 0016097 0016103
001876: 0016111 0016127 0016139 0016141 0016183 0016187 0016189 0016193 0016217 0016223 0016229 0016231 0016249 0016253 0016267
001891: 0016273 0016301 0016319 0016333 0016339 0016349 0016361 0016363 0016369 0016381 0016411 0016417 0016421 0016427 0016433
001906: 0016447 0016451 0016453 0016477 0016481 0016487 0016493 0016519 0016529 0016547 0016553 0016561 0016567 0016573 0016603
001921: 0016607 0016619 0016631 0016633 0016649 0016651 0016657 0016661 0016673 0016691 0016693 0016699 0016703 0016729 0016741
001936: 0016747 0016759 0016763 0016787 0016811 0016823 0016829 0016831 0016843 0016871 0016879 0016883 0016889 0016901 0016903
001951: 0016921 0016927 0016931 0016937 0016943 0016963 0016979 0016981 0016987 0016993 0017011 0017021 0017027 0017029 0017053
001966: 0017041 0017047 0017053 0017077 0017093 0017099 0017107 0017117 0017123 0017137 0017159 0017167 0017183 0017189 0017191
001981: 0017203 0017207 0017209 0017231 0017239 0017257 0017291 0017293 0017299 0017317 0017321 0017327 0017333 0017341 0017351
001996: 0017359 0017377 0017383 0017387 0017389 0017393 0017401 0017417 0017419 0017431 0017443 0017449 0017467 0017471 0017477
002011: 0017483 0017489 0017491 0017497 0017509 0017519 0017539 0017551 0017569 0017573 0017579 0017581 0017597 0017599 0017609
002026: 0017623 0017627 0017657 0017659 0017669 0017681 0017683 0017707 0017713 0017729 0017737 0017747 0017749 0017761 0017783
002041: 0017789 0017791 0017807 0017827 0017837 0017839 0017851 0017863 0017881 0017891 0017903 0017909 0017911 0017921 0017923
002056: 0017929 0017939 0017957 0017959 0017971 0017977 0017981 0017987 0017989 0018013 0018041 0018043 0018047 0018049 0018059
002071: 0018061 0018077 0018089 0018097 0018119 0018121 0018127 0018131 0018133 0018143 0018149 0018169 0018181 0018191 0018199
002086: 0018211 0018217 0018223 0018229 0018233 0018251 0018253 0018257 0018269 0018287 0018289 0018301 0018307 0018311 0018313
002101: 0018329 0018341 0018353 0018367 0018371 0018379 0018397 0018401 0018413 0018427 0018433 0018439 0018443 0018451 0018457
002116: 0018461 0018481 0018493 0018503 0018517 0018521 0018523 0018539 0018541 0018553 0018583 0018587 0018593 0018617 0018637
002131: 0018661 0018671 0018679 0018691 0018701 0018713 0018719 0018731 0018743 0018749 0018757 0018773 0018787 0018793 0018797
002146: 0018803 0018839 0018859 0018869 0018899 0018911 0018913 0018917 0018919 0018947 0018959 0018973 0018979 0018994 0019009
002161: 0019013 0019031 0019037 0019051 0019069 0019073 0019079 0019081 0019087 0019121 0019139 0019141 0019157 0019163 0019181
002176: 0019183 0019207 0019211 0019213 0019219 0019231 0019237 0019249 0019259 0019267 0019273 0019289 0019301 0019309 0019319
002191: 0019333 0019373 0019379 0019381 0019387 0019391 0019403 0019417 0019421 0019423 0019427 0019429 0019433 0019441 0019447
002206: 0019457 0019463 0019469 0019471 0019477 0019483 0019489 0019501 0019507 0019531 0019541 0019543 0019553 0019559 0019571
002221: 0019577 0019583 0019597 0019603 0019609 0019661 0019681 0019687 0019697 0019699 0019709 0019717 0019727 0019739 0019751
002236: 0019753 0019759 0019763 0019777 0019793 0019801 0019813 0019819 0019841 0019843 0019853 0019861 0019867 0019889 0019891
002251: 0019913 0019919 0019927 0019937 0019949 0019961 0019963 0019973 0019979 0019991 0019993 0019997 0020011 0020021 0020023
002266: 0020029 0020047 0020051 0020063 0020071 0020089 0020101 0020107 0020113 0020117 0020123 0020129 0020143 0020147 0020149
002281: 0020161 0020173 0020177 0020183 0020201 0020219 0020231 0020233 0020249 0020261 0020269 0020287 0020297 0020323 0020327
002296: 0020333 0020341 0020347 0020353 0020357 0020359 0020369 0020389 0020393 0020399 0020407 0020411 0020431 0020441 0020443
002311: 0020477 0020479 0020483 0020507 0020509 0020521 0020533 0020543 0020549 0020551 0020563 0020593 0020599 0020611 0020627
002326: 0020639 0020641 0020663 0020681 0020693 0020707 0020717 0020719 0020731 0020743 0020747 0020749 0020753 0020759 0020771
002341: 0020773 0020789 0020807 0020809 0020849 0020857 0020873 0020879 0020887 0020897 0020899 0020903 0020921 0020929 0020939
002356: 0020947 0020959 0020963 0020981 0020983 0021001 0021011 0021013 0021017 0021019 0021023 0021031 0021059 0021061 0021067
002371: 0021089 0021101 0021107 0021121 0021139 0021143 0021149 0021157 0021163 0021169 0021179 0021187 0021191 0021193 0021211
002386: 0021221 0021227 0021247 0021269 0021277 0021283 0021313 0021317 0021319 0021323 0021341 0021347 0021377 0021379 0021383
002401: 0021391 0021397 0021401 0021407 0021419 0021433 0021467 0021481 0021487 0021491 0021493 0021499 0021503 0021517 0021521
002416: 0021523 0021529 0021557 0021559 0021563 0021569 0021577 0021587 0021589 0021599 0021601 0021611 0021613 0021617 0021647
002431: 0021649 0021661 0021673 0021683 0021701 0021713 0021727 0021737 0021739 0021751 0021757 0021767 0021773 0021787 0021799
002446: 0021803 0021817 0021821 0021839 0021841 0021851 0021859 0021863 0021871 0021881 0021893 0021911 0021929 0021937 0021943
002461: 0021961 0021977 0021991 0021997 0022003 0022013 0022027 0022031 0022037 0022039 0022051 0022063 0022067 0022073 0022079
002476: 0022091 0022093 0022109 0022111 0022123 0022129 0022133 0022147 0022153 0022157 0022159 0022171 0022189 0022193 0022229
002491: 0022247 0022259 0022271 0022273 0022277 0022279 0022283 0022291 0022303 0022307 0022343 0022349 0022367 0022369 0022381
002506: 0022391 0022397 0022409 0022433 0022441 0022447 0022453 0022469 0022481 0022483 0022501 0022511 0022531 0022541 0022543
002521: 0022549 0022567 0022571 0022573 0022613 0022619 0022621 0022637 0022639 0022643 0022651 0022669 0022679 0022691 0022697
002536: 0022699 0022709 0022717 0022721 0022727 0022739 0022741 0022751 0022759 0022777 0022783 0022787 0022807 0022811 0022817
002551: 0022853 0022859 0022861 0022877 0022891 0022901 0022907 0022921 0022937 0022943 0022961 0022963 0022973 0022993 0023003
002566: 0023011 0023017 0023021 0023027 0023029 0023039 0023041 0023053 0023057 0023059 0023063 0023071 0023081 0023087 0023099
002581: 0023117 0023131 0023143 0023159 0023167 0023173 0023189 0023197 0023201 0023203 0023209 0023227 0023251 0023269 0023279
002596: 0023291 0023293 0023297 0023311 0023321 0023327 0023333 0023339 0023357 0023369 0023371 0023399 0023417 0023431 0023447
002611: 0023459 0023473 0023497 0023509 0023531 0023537 0023539 0023549 0023557 0023561 0023563 0023567 0023581 0023593 0023599
002626: 0023603 0023609 0023623 0023627 0023629 0023633 0023663 0023669 0023671 0023677 0023687 0023689 0023719 0023741 0023743
002641: 0023747 0023753 0023761 0023767 0023773 0023789 0023801 0023813 0023819 0023827 0023831 0023833 0023857 0023869 0023873
002656: 0023879 0023887 0023893 0023899 0023909 0023911 0023917 0023929 0023957 0023971 0023977 0023981 0023993 0023999 0024001 0024007
002671: 0024019 0024023 0024029 0024043 0024049 0024061 0024071 0024077 0024083 0024091 0024097 0024103 0024107 0024109 0024113
002686: 0024121 0024133 0024137 0024151 0024169 0024179 0024181 0024197 0024203 0024223 0024229 0024239 0024247 0024251 0024281
002701: 0024317 0024329 0024337 0024359 0024371 0024373 0024379 0024391 0024407 0024413 0024419 0024421 0024428 0024443 0024469
002716: 0024473 0024481 0024499 0024509 0024517 0024527 0024533 0024547 0024551 0024571 0024593 0024611 0024623 0024631 0024659
002731: 0024671 0024677 0024683 0024691 0024697 0024709 0024733 0024749 0024763 0024767 0024781 0024793 0024799 0024809 0024821
002746: 0024841 0024847 0024851 0024859 0024877 0024889 0024907 0024917 0024919 0024923 0024943 0024953 0024967 0024971 0024977
002761: 0024979 0024989 0025013 0025031 0025033 0025037 0025057 0025073 0025087 0025097 0025111 0025117 0025121 0025127 0025147
002776: 0025153 0025163 0025169 0025171 0025183 0025189 0025219 0025229 0025237 0025243 0025247 0025253 0025261 0025301 0025303
002791: 0025307 0025309 0025321 0025339 0025343 0025349 0025357 0025367 0025373 0025391 0025409 0025411 0025423 0025439 0025447
002806: 0025453 0025457 0025463 0025469 0025471 0025523 0025537 0025541 0025561 0025577 0025579 0025583 0025589 0025601 0025603
002821: 0025609 0025621 0025633 0025639 0025643 0025657 0025667 0025673 0025679 0025693 0025703 0025717 0025733 0025741 0025747
002836: 0025759 0025763 0025771 0025793 0025799 0025801 0025819 0025841 0025847 0025849 0025867 0025873 0025889 0025903 0025913
002851: 0025919 0025931 0025933 0025939 0025943 0025951 0025969 0025981 0025997 0025999 0026003 0026017 0026021 0026029 0026041
002866: 0026053 0026083 0026099 0026107 0026111 0026113 0026119 0026141 0026153 0026161 0026171 0026177 0026183 0026189 0026203
002881: 0026209 0026227 0026237 0026249 0026251 0026261 0026263 0026267 0026293 0026297 0026309 0026317 0026321 0026339 0026347
002896: 0026357 0026371 0026387 0026393 0026399 0026407 0026417 0026423 0026431 0026437 0026449 0026459 0026479 0026489 0026497
002911: 0026501 0026513 0026539 0026557 0026561 0026573 0026591 0026597 0026627 0026633 0026641 0026647 0026669 0026681 0026683
002926: 0026687 0026693 0026699 0026701 0026711 0026713 0026717 0026723 0026729 0026731 0026737 0026759 0026777 0026783 0026801
002941: 0026813 0026821 0026833 0026839 0026849 0026861 0026863 0026879 0026881 0026891 0026893 0026903 0026921 0026927 0026947
002956: 0026951 0026953 0026959 0026981 0027011 0027017 0027031 0027043 0027059 0027061 0027067 0027073 0027077
002971: 0027091 0027103 0027107 0027109 0027127 0027143 0027179 0027191 0027197 0027211 0027239 0027241 0027253 0027259 0027271
002986: 0027277 0027281 0027283 0027299 0027329 0027337 0027361 0027367 0027397 0027407 0027409 0027427 0027431 0027437 0027449
```

Prime numbers 003001-004500

```
003001:  0027457 0027479 0027481 0027487 0027509 0027527 0027529 0027539 0027541 0027551 0027581 0027583 0027611 0027617 0027631
003016:  0027647 0027653 0027673 0027689 0027691 0027697 0027701 0027733 0027737 0027739 0027743 0027749 0027751 0027763 0027767
003031:  0027773 0027779 0027791 0027793 0027799 0027803 0027809 0027817 0027823 0027827 0027847 0027851 0027883 0027893 0027901
003046:  0027917 0027919 0027941 0027943 0027947 0027953 0027961 0027967 0027983 0027997 0028001 0028019 0028027 0028031 0028051
003061:  0028057 0028069 0028081 0028087 0028097 0028099 0028109 0028111 0028123 0028151 0028163 0028181 0028183 0028201 0028211
003076:  0028229 0028277 0028279 0028283 0028289 0028297 0028307 0028309 0028319 0028349 0028351 0028387 0028393 0028403
003091:  0028409 0028411 0028429 0028433 0028439 0028447 0028463 0028477 0028493 0028499 0028513 0028517 0028537 0028541 0028547
003106:  0028549 0028559 0028571 0028573 0028579 0028591 0028597 0028603 0028607 0028619 0028621 0028627 0028631 0028643 0028649
003121:  0028657 0028661 0028663 0028669 0028687 0028697 0028703 0028711 0028723 0028729 0028751 0028753 0028759 0028771 0028789
003136:  0028793 0028807 0028813 0028817 0028837 0028843 0028859 0028867 0028871 0028879 0028901 0028909 0028921 0028927 0028933
003151:  0028949 0028961 0028879 0028979 0029009 0029017 0029021 0029023 0029027 0029033 0029059 0029063 0029077 0029101 0029123 0029129
003166:  0029131 0029137 0029147 0029153 0029167 0029173 0029179 0029191 0029201 0029207 0029209 0029221 0029231 0029243 0029251
003181:  0029269 0029287 0029297 0029303 0029311 0029327 0029333 0029339 0029347 0029363 0029383 0029387 0029389 0029399 0029401
003196:  0029411 0029423 0029429 0029437 0029443 0029453 0029473 0029483 0029501 0029527 0029531 0029537 0029567 0029569 0029573
003211:  0029581 0029587 0029599 0029611 0029629 0029633 0029641 0029663 0029669 0029671 0029683 0029717 0029741 0029753
003226:  0029759 0029761 0029789 0029803 0029819 0029833 0029837 0029851 0029863 0029867 0029873 0029879 0029881 0029917 0029921
003241:  0029927 0029947 0029959 0029983 0029989 0030001 0030011 0030013 0030029 0030047 0030059 0030071 0030089 0030091 0030097 0030103
003256:  0030109 0030113 0030119 0030133 0030137 0030139 0030161 0030169 0030181 0030187 0030197 0030203 0030211 0030223 0030241
003271:  0030253 0030259 0030269 0030271 0030293 0030307 0030313 0030319 0030323 0030341 0030347 0030367 0030389 0030391 0030403
003286:  0030427 0030431 0030449 0030467 0030469 0030491 0030493 0030497 0030509 0030517 0030529 0030539 0030553 0030557 0030559
003301:  0030577 0030593 0030631 0030637 0030643 0030649 0030661 0030671 0030677 0030689 0030697 0030703 0030707 0030713
003316:  0030727 0030757 0030763 0030773 0030781 0030803 0030809 0030817 0030829 0030839 0030841 0030851 0030853 0030859 0030869 0030871
003331:  0030881 0030893 0030911 0030931 0030937 0030941 0030949 0030971 0030977 0030983 0031013 0031019 0031033 0031039 0031051
003346:  0031063 0031069 0031079 0031081 0031091 0031121 0031123 0031139 0031147 0031151 0031153 0031159 0031177 0031181 0031183
003361:  0031189 0031193 0031219 0031223 0031231 0031237 0031247 0031249 0031253 0031259 0031267 0031271 0031277 0031307 0031319
003376:  0031321 0031327 0031333 0031337 0031357 0031379 0031387 0031391 0031393 0031397 0031469 0031477 0031481 0031489 0031511
003391:  0031513 0031517 0031531 0031541 0031543 0031547 0031567 0031573 0031583 0031601 0031607 0031627 0031643 0031649 0031657
003406:  0031663 0031667 0031687 0031699 0031721 0031723 0031727 0031729 0031741 0031751 0031769 0031771 0031793 0031799 0031817
003421:  0031847 0031849 0031859 0031873 0031883 0031891 0031907 0031957 0031963 0031973 0031981 0031991 0032003 0032009 0032027
003436:  0032029 0032051 0032057 0032059 0032063 0032069 0032077 0032083 0032089 0032099 0032117 0032119 0032141 0032143 0032159
003451:  0032173 0032183 0032189 0032191 0032203 0032213 0032233 0032237 0032251 0032257 0032261 0032297 0032299 0032303 0032309
003466:  0032321 0032323 0032327 0032341 0032353 0032359 0032363 0032369 0032371 0032377 0032381 0032401 0032411 0032413 0032423
003481:  0032429 0032441 0032443 0032467 0032479 0032491 0032497 0032503 0032507 0032531 0032533 0032537 0032561 0032563 0032569
003496:  0032573 0032579 0032587 0032603 0032609 0032611 0032621 0032633 0032647 0032653 0032687 0032693 0032707 0032713 0032717
003511:  0032719 0032749 0032771 0032779 0032783 0032789 0032797 0032801 0032803 0032831 0032833 0032839 0032843 0032869 0032887
003526:  0032909 0032911 0032917 0032933 0032939 0032941 0032957 0032969 0032971 0032983 0032987 0032993 0032999 0033013 0033023
003541:  0033029 0033037 0033049 0033053 0033071 0033073 0033083 0033091 0033107 0033113 0033119 0033149 0033151 0033161 0033179
003556:  0033181 0033191 0033199 0033203 0033211 0033223 0033247 0033287 0033289 0033301 0033311 0033317 0033329 0033331 0033343
003571:  0033347 0033349 0033353 0033359 0033377 0033391 0033403 0033409 0033413 0033427 0033457 0033461 0033469 0033479 0033487
003586:  0033493 0033503 0033521 0033529 0033533 0033547 0033563 0033569 0033577 0033581 0033587 0033589 0033599 0033601 0033613
003601:  0033617 0033619 0033623 0033629 0033637 0033641 0033647 0033679 0033703 0033713 0033721 0033739 0033749 0033751 0033757
003616:  0033767 0033773 0033791 0033797 0033809 0033811 0033827 0033829 0033851 0033857 0033863 0033871 0033889 0033893
003631:  0033911 0033923 0033931 0033937 0033941 0033961 0033967 0033997 0034019 0034031 0034033 0034039 0034057 0034061 0034123
003646:  0034127 0034129 0034141 0034147 0034157 0034159 0034171 0034183 0034211 0034213 0034217 0034231 0034253 0034259 0034261
003661:  0034267 0034273 0034283 0034297 0034301 0034303 0034313 0034319 0034327 0034337 0034351 0034361 0034367 0034369 0034381
003676:  0034403 0034421 0034429 0034439 0034457 0034469 0034471 0034483 0034487 0034499 0034501 0034511 0034513 0034519 0034537
003691:  0034543 0034549 0034583 0034591 0034603 0034607 0034613 0034631 0034649 0034651 0034667 0034673 0034679 0034687
003706:  0034693 0034703 0034721 0034729 0034739 0034747 0034757 0034759 0034763 0034781 0034807 0034819 0034841 0034843 0034847
003721:  0034849 0034871 0034877 0034883 0034897 0034913 0034919 0034939 0034949 0034961 0034963 0034981 0035023 0035027 0035051
003736:  0035053 0035059 0035069 0035081 0035083 0035089 0035099 0035107 0035111 0035117 0035129 0035141 0035149 0035153 0035159
003751:  0035171 0035201 0035221 0035227 0035251 0035257 0035267 0035279 0035281 0035291 0035311 0035317 0035323 0035327 0035339
003766:  0035353 0035363 0035381 0035393 0035401 0035407 0035419 0035423 0035437 0035447 0035449 0035461 0035491 0035507 0035509
003781:  0035521 0035527 0035531 0035533 0035537 0035543 0035569 0035573 0035591 0035593 0035597 0035603 0035617 0035671 0035677
003796:  0035729 0035731 0035747 0035753 0035759 0035771 0035797 0035801 0035803 0035809 0035831 0035837 0035839 0035851 0035863
003811:  0035869 0035879 0035897 0035899 0035911 0035923 0035933 0035951 0035963 0035969 0035977 0035983 0035993 0035999 0036007
003826:  0036011 0036013 0036017 0036037 0036061 0036067 0036073 0036083 0036097 0036107 0036109 0036131 0036137 0036151 0036161
003841:  0036187 0036191 0036209 0036217 0036229 0036241 0036251 0036263 0036269 0036277 0036293 0036299 0036307 0036313 0036319
003856:  0036341 0036343 0036353 0036373 0036383 0036389 0036433 0036451 0036457 0036467 0036469 0036473 0036479 0036493 0036497
003871:  0036523 0036527 0036529 0036541 0036551 0036559 0036563 0036571 0036583 0036587 0036599 0036607 0036629 0036637 0036643
003886:  0036653 0036671 0036677 0036683 0036691 0036697 0036709 0036713 0036721 0036739 0036749 0036761 0036767 0036779 0036781
003901:  0036787 0036791 0036793 0036809 0036821 0036833 0036847 0036857 0036871 0036877 0036887 0036899 0036901 0036913 0036919
003916:  0036923 0036929 0036931 0036943 0036947 0036973 0036997 0037003 0037013 0037019 0037021 0037039 0037049 0037057
003931:  0037061 0037087 0037097 0037117 0037123 0037139 0037159 0037171 0037181 0037189 0037199 0037201 0037217 0037223 0037243
003946:  0037253 0037273 0037277 0037307 0037309 0037313 0037321 0037337 0037339 0037361 0037363 0037369 0037379 0037397
003961:  0037409 0037423 0037441 0037447 0037463 0037483 0037489 0037493 0037501 0037507 0037511 0037517 0037529 0037537 0037547
003976:  0037549 0037561 0037567 0037571 0037573 0037579 0037589 0037591 0037607 0037619 0037633 0037643 0037649 0037657 0037663
003991:  0037691 0037693 0037699 0037717 0037747 0037781 0037783 0037799 0037811 0037813 0037831 0037847 0037853 0037861 0037871
004006:  0037879 0037889 0037897 0037907 0037951 0037957 0037963 0037967 0037987 0037991 0037993 0037997 0038011 0038039 0038047
004021:  0038053 0038069 0038083 0038113 0038119 0038149 0038153 0038167 0038177 0038183 0038189 0038197 0038201 0038219 0038231
004036:  0038237 0038239 0038261 0038273 0038281 0038287 0038299 0038303 0038317 0038321 0038327 0038329 0038333 0038351 0038371
004051:  0038377 0038393 0038431 0038447 0038449 0038453 0038459 0038461 0038501 0038543 0038557 0038561 0038567 0038569 0038593
004066:  0038603 0038609 0038611 0038629 0038639 0038651 0038653 0038669 0038671 0038677 0038693 0038699 0038707 0038711 0038713
004081:  0038723 0038729 0038737 0038747 0038749 0038767 0038783 0038791 0038803 0038821 0038833 0038839 0038851 0038861 0038867
004096:  0038873 0038891 0038903 0038917 0038921 0038923 0038933 0038953 0038959 0038971 0038977 0038993 0039019 0039023 0039041
004111:  0039043 0039047 0039079 0039089 0039097 0039103 0039107 0039113 0039119 0039133 0039139 0039157 0039161 0039163 0039181
004126:  0039191 0039199 0039209 0039217 0039227 0039229 0039233 0039239 0039241 0039251 0039293 0039301 0039313 0039317 0039323
004141:  0039341 0039343 0039359 0039367 0039371 0039373 0039383 0039397 0039409 0039419 0039439 0039443 0039451 0039461 0039499
004156:  0039503 0039509 0039511 0039521 0039541 0039551 0039563 0039569 0039581 0039607 0039619 0039623 0039631 0039659 0039667
004171:  0039671 0039679 0039703 0039709 0039719 0039727 0039733 0039749 0039761 0039769 0039779 0039791 0039799 0039821 0039827
004186:  0039829 0039839 0039841 0039847 0039857 0039863 0039869 0039877 0039883 0039887 0039901 0039929 0039937 0039953 0039971
004201:  0039979 0039983 0039989 0040009 0040013 0040031 0040037 0040039 0040063 0040087 0040093 0040099 0040111 0040123 0040127
004216:  0040129 0040151 0040153 0040163 0040169 0040177 0040189 0040193 0040213 0040231 0040237 0040241 0040253 0040277 0040283
004231:  0040289 0040343 0040351 0040357 0040361 0040387 0040423 0040427 0040429 0040433 0040459 0040471 0040483 0040487 0040493
004246:  0040499 0040507 0040519 0040529 0040531 0040543 0040559 0040577 0040583 0040591 0040597 0040609 0040627 0040637 0040639
004261:  0040693 0040697 0040699 0040709 0040739 0040751 0040759 0040763 0040771 0040787 0040801 0040813 0040819 0040823 0040829
004276:  0040841 0040847 0040849 0040853 0040867 0040879 0040883 0040897 0040903 0040927 0040933 0040939 0040949 0040961 0040973
004291:  0040993 0041011 0041017 0041023 0041039 0041047 0041051 0041057 0041077 0041081 0041113 0041117 0041131 0041141 0041143
004306:  0041149 0041161 0041177 0041179 0041183 0041189 0041201 0041203 0041213 0041221 0041227 0041231 0041233 0041243 0041257
004321:  0041263 0041269 0041281 0041299 0041333 0041341 0041351 0041357 0041381 0041387 0041389 0041399 0041411 0041413 0041443
004336:  0041453 0041467 0041479 0041491 0041507 0041513 0041519 0041521 0041539 0041543 0041549 0041579 0041593 0041597 0041603
004351:  0041609 0041611 0041617 0041621 0041627 0041641 0041647 0041651 0041659 0041669 0041681 0041687 0041719 0041729 0041737
004366:  0041759 0041761 0041771 0041777 0041801 0041809 0041813 0041843 0041849 0041851 0041863 0041879 0041887 0041893 0041897
004381:  0041903 0041911 0041927 0041941 0041947 0041953 0041957 0041959 0041969 0041981 0041983 0041999 0042013 0042017 0042019
004396:  0042023 0042043 0042061 0042071 0042073 0042083 0042089 0042101 0042131 0042139 0042157 0042169 0042173 0042179 0042187
004411:  0042193 0042197 0042209 0042221 0042223 0042227 0042239 0042257 0042281 0042283 0042293 0042299 0042307 0042323 0042331
004426:  0042337 0042349 0042359 0042373 0042379 0042391 0042397 0042403 0042407 0042409 0042433 0042437 0042443 0042451 0042457
004441:  0042461 0042463 0042467 0042473 0042487 0042491 0042499 0042509 0042533 0042557 0042569 0042571 0042577 0042589 0042611
004456:  0042641 0042643 0042649 0042667 0042677 0042683 0042689 0042697 0042701 0042703 0042709 0042719 0042727 0042737 0042743
004471:  0042751 0042767 0042773 0042787 0042793 0042797 0042821 0042829 0042839 0042841 0042853 0042859 0042863 0042899 0042901
004486:  0042923 0042929 0042937 0042943 0042953 0042961 0042967 0042979 0042989 0043003 0043013 0043019 0043037 0043049 0043051
```

004501-006000　　　　Prime numbers

```
004501: 0043063 0043067 0043093 0043103 0043117 0043133 0043151 0043159 0043177 0043189 0043201 0043207 0043223 0043237 0043261
004516: 0043271 0043283 0043291 0043313 0043319 0043321 0043331 0043391 0043397 0043403 0043409 0043411 0043427 0043427 0043451
004531: 0043457 0043481 0043487 0043499 0043517 0043541 0043543 0043573 0043577 0043579 0043591 0043597 0043607 0043609 0043613
004546: 0043627 0043633 0043649 0043651 0043661 0043669 0043691 0043711 0043717 0043721 0043753 0043759 0043777 0043781 0043783
004561: 0043787 0043789 0043793 0043801 0043853 0043867 0043889 0043891 0043913 0043933 0043943 0043951 0043961 0043963 0043969
004576: 0043973 0043987 0043991 0043997 0044017 0044021 0044027 0044029 0044041 0044053 0044059 0044071 0044087 0044089 0044101
004591: 0044111 0044119 0044123 0044129 0044131 0044159 0044171 0044179 0044189 0044201 0044203 0044207 0044221 0044249 0044257
004606: 0044263 0044267 0044269 0044273 0044279 0044281 0044293 0044351 0044357 0044371 0044381 0044383 0044389 0044417 0044449
004621: 0044453 0044483 0044491 0044497 0044501 0044507 0044519 0044531 0044533 0044537 0044543 0044549 0044563 0044579 0044587
004636: 0044617 0044621 0044623 0044633 0044641 0044647 0044651 0044657 0044683 0044687 0044699 0044701 0044711 0044729 0044741
004651: 0044753 0044771 0044773 0044777 0044789 0044797 0044809 0044819 0044839 0044843 0044851 0044867 0044879 0044887 0044893
004666: 0044909 0044917 0044927 0044939 0044953 0044959 0044963 0044971 0044983 0044987 0045007 0045013 0045053 0045061 0045077
004681: 0045083 0045119 0045121 0045131 0045137 0045151 0045161 0045179 0045181 0045191 0045197 0045233 0045247 0045259
004696: 0045263 0045281 0045289 0045293 0045307 0045317 0045319 0045329 0045337 0045341 0045343 0045361 0045377 0045389 0045403
004711: 0045413 0045427 0045433 0045439 0045481 0045491 0045497 0045503 0045523 0045533 0045541 0045553 0045557 0045569 0045587
004726: 0045589 0045599 0045613 0045631 0045641 0045659 0045667 0045673 0045691 0045697 0045707 0045737 0045751 0045757
004741: 0045763 0045767 0045779 0045817 0045821 0045823 0045827 0045833 0045841 0045853 0045863 0045869 0045887 0045893 0045943
004756: 0045949 0045953 0045959 0045971 0045979 0045989 0046021 0046027 0046049 0046051 0046061 0046073 0046091 0046093 0046099
004771: 0046141 0046147 0046153 0046171 0046181 0046183 0046187 0046199 0046219 0046229 0046237 0046259 0046261 0046271
004786: 0046273 0046279 0046301 0046307 0046309 0046327 0046337 0046349 0046351 0046381 0046399 0046411 0046439 0046441 0046447
004801: 0046451 0046457 0046471 0046477 0046489 0046499 0046507 0046511 0046523 0046549 0046559 0046567 0046573 0046589 0046591
004816: 0046601 0046619 0046633 0046639 0046643 0046649 0046663 0046679 0046681 0046687 0046691 0046703 0046723 0046727 0046747
004831: 0046751 0046757 0046769 0046771 0046807 0046811 0046817 0046819 0046829 0046831 0046853 0046861 0046867 0046877 0046889
004846: 0046901 0046919 0046933 0046957 0046993 0046997 0047017 0047041 0047051 0047057 0047059 0047087 0047093 0047111 0047119
004861: 0047123 0047129 0047137 0047143 0047147 0047149 0047161 0047189 0047207 0047221 0047237 0047251 0047269 0047279 0047287
004876: 0047293 0047297 0047303 0047309 0047317 0047339 0047351 0047353 0047363 0047381 0047387 0047389 0047407 0047417 0047419
004891: 0047431 0047441 0047459 0047491 0047497 0047501 0047507 0047513 0047521 0047527 0047533 0047543 0047563 0047569 0047581
004906: 0047591 0047599 0047609 0047623 0047629 0047639 0047653 0047657 0047659 0047681 0047699 0047701 0047711 0047713 0047717
004921: 0047737 0047741 0047743 0047777 0047779 0047791 0047797 0047807 0047809 0047819 0047837 0047843 0047857 0047869 0047881
004936: 0047903 0047911 0047917 0047939 0047947 0047951 0047963 0047969 0047977 0047981 0048017 0048023 0048029 0048049
004951: 0048073 0048079 0048091 0048109 0048119 0048121 0048131 0048157 0048163 0048179 0048187 0048193 0048197 0048221 0048239
004966: 0048247 0048259 0048271 0048281 0048299 0048311 0048313 0048337 0048341 0048353 0048371 0048383 0048397 0048407 0048409
004981: 0048413 0048437 0048449 0048473 0048479 0048481 0048487 0048491 0048497 0048523 0048527 0048533 0048539 0048541
004996: 0048563 0048571 0048589 0048593 0048611 0048619 0048623 0048647 0048649 0048661 0048673 0048677 0048679 0048731 0048733
005011: 0048751 0048757 0048761 0048767 0048779 0048781 0048787 0048799 0048809 0048817 0048821 0048823 0048847 0048857 0048859
005026: 0048869 0048871 0048883 0048889 0048907 0048947 0048953 0048973 0048989 0048991 0049003 0049009 0049019 0049031 0049033
005041: 0049037 0049043 0049057 0049069 0049081 0049103 0049109 0049117 0049121 0049123 0049139 0049157 0049169 0049171 0049177
005056: 0049193 0049199 0049201 0049207 0049211 0049223 0049253 0049261 0049277 0049279 0049297 0049307 0049331 0049333 0049339
005071: 0049363 0049367 0049369 0049391 0049393 0049409 0049411 0049417 0049429 0049433 0049451 0049459 0049463 0049477 0049481
005086: 0049499 0049523 0049529 0049531 0049537 0049547 0049549 0049559 0049597 0049603 0049613 0049627 0049633 0049639 0049663
005101: 0049667 0049669 0049681 0049697 0049711 0049727 0049739 0049741 0049747 0049757 0049783 0049787 0049789 0049801 0049807
005116: 0049811 0049823 0049831 0049843 0049853 0049871 0049877 0049891 0049919 0049921 0049927 0049937 0049939 0049943 0049957
005131: 0049991 0049993 0049999 0050021 0050023 0050033 0050047 0050051 0050053 0050069 0050077 0050087 0050093 0050101 0050111
005146: 0050119 0050123 0050129 0050131 0050147 0050153 0050159 0050177 0050207 0050221 0050227 0050231 0050261 0050263 0050273
005161: 0050287 0050291 0050311 0050321 0050329 0050341 0050359 0050363 0050377 0050383 0050387 0050411 0050417 0050423
005176: 0050441 0050459 0050461 0050497 0050503 0050513 0050527 0050539 0050543 0050549 0050551 0050581 0050587 0050591 0050593
005191: 0050599 0050627 0050647 0050651 0050671 0050683 0050707 0050723 0050741 0050753 0050767 0050773 0050777 0050789 0050821
005206: 0050833 0050839 0050849 0050857 0050867 0050873 0050891 0050893 0050909 0050923 0050929 0050951 0050957 0050969 0050971
005221: 0050989 0050993 0051001 0051031 0051043 0051047 0051059 0051061 0051071 0051109 0051131 0051133 0051137 0051151 0051157
005236: 0051169 0051193 0051197 0051199 0051203 0051217 0051229 0051239 0051241 0051257 0051263 0051283 0051287 0051307 0051329
005251: 0051341 0051343 0051347 0051349 0051361 0051383 0051407 0051413 0051419 0051421 0051427 0051431 0051437 0051449
005266: 0051461 0051473 0051479 0051481 0051487 0051503 0051511 0051517 0051521 0051539 0051551 0051563 0051577 0051581 0051593
005281: 0051599 0051607 0051613 0051631 0051637 0051647 0051659 0051673 0051679 0051683 0051691 0051713 0051719 0051721 0051767
005296: 0051767 0051769 0051787 0051797 0051803 0051817 0051827 0051839 0051853 0051859 0051869 0051871 0051893 0051899
005311: 0051907 0051913 0051929 0051941 0051949 0051971 0051973 0051977 0051991 0052009 0052021 0052027 0052051 0052057 0052067
005326: 0052069 0052081 0052103 0052121 0052127 0052147 0052153 0052163 0052177 0052181 0052183 0052189 0052201 0052223 0052237
005341: 0052249 0052253 0052259 0052267 0052289 0052291 0052301 0052313 0052321 0052361 0052363 0052369 0052379 0052387 0052391
005356: 0052433 0052453 0052457 0052489 0052501 0052511 0052517 0052529 0052541 0052543 0052553 0052561 0052567 0052571 0052579
005371: 0052583 0052609 0052627 0052631 0052639 0052667 0052673 0052691 0052697 0052709 0052711 0052721 0052727 0052733 0052747
005386: 0052757 0052769 0052783 0052807 0052813 0052817 0052837 0052859 0052861 0052879 0052883 0052889 0052901 0052903 0052919
005401: 0052937 0052951 0052957 0052963 0052967 0052973 0052981 0052999 0053003 0053017 0053047 0053051 0053069 0053077 0053087
005416: 0053089 0053093 0053113 0053117 0053129 0053147 0053149 0053161 0053171 0053173 0053189 0053197 0053201 0053231
005431: 0053233 0053239 0053267 0053269 0053279 0053281 0053299 0053309 0053323 0053327 0053353 0053359 0053377 0053381 0053401
005446: 0053407 0053411 0053419 0053437 0053441 0053453 0053479 0053503 0053507 0053527 0053549 0053551 0053569 0053591 0053593
005461: 0053597 0053609 0053611 0053617 0053623 0053629 0053633 0053639 0053653 0053657 0053681 0053693 0053699 0053717 0053719
005476: 0053731 0053759 0053773 0053777 0053783 0053791 0053813 0053819 0053831 0053849 0053857 0053861 0053881 0053887 0053891
005491: 0053897 0053899 0053917 0053923 0053927 0053939 0053951 0053959 0053987 0053993 0054001 0054011 0054013 0054037 0054049
005506: 0054059 0054083 0054091 0054101 0054121 0054133 0054139 0054151 0054163 0054167 0054251 0054269
005521: 0054277 0054287 0054293 0054311 0054319 0054323 0054331 0054347 0054361 0054367 0054371 0054377 0054401 0054403 0054409
005536: 0054413 0054419 0054421 0054437 0054443 0054449 0054469 0054493 0054497 0054499 0054503 0054517 0054521 0054539 0054541
005551: 0054547 0054559 0054563 0054577 0054581 0054583 0054601 0054611 0054617 0054623 0054629 0054631 0054647 0054667 0054673 0054679
005566: 0054709 0054713 0054721 0054727 0054751 0054767 0054773 0054779 0054787 0054799 0054829 0054833 0054851 0054869 0054877
005581: 0054881 0054907 0054917 0054919 0054941 0054949 0054959 0054973 0054979 0054983 0055001 0055009 0055021 0055049 0055051
005596: 0055057 0055061 0055073 0055079 0055103 0055109 0055117 0055127 0055147 0055163 0055171 0055201 0055207 0055213 0055217
005611: 0055219 0055229 0055243 0055249 0055259 0055291 0055313 0055333 0055337 0055339 0055343 0055351 0055373 0055381
005626: 0055399 0055411 0055439 0055441 0055457 0055469 0055487 0055501 0055511 0055529 0055541 0055547 0055579 0055589 0055603
005641: 0055609 0055619 0055621 0055631 0055633 0055639 0055661 0055663 0055667 0055673 0055681 0055691 0055697 0055711 0055717
005656: 0055721 0055733 0055763 0055787 0055793 0055799 0055807 0055813 0055817 0055819 0055823 0055829 0055837 0055843 0055849
005671: 0055871 0055889 0055897 0055901 0055903 0055921 0055927 0055931 0055933 0055949 0055967 0055987 0055997 0056003 0056009
005686: 0056039 0056041 0056053 0056081 0056087 0056093 0056099 0056101 0056113 0056123 0056131 0056149 0056167 0056171 0056179
005701: 0056197 0056209 0056237 0056239 0056249 0056263 0056267 0056269 0056299 0056311 0056333 0056359 0056369 0056377
005716: 0056383 0056393 0056401 0056417 0056431 0056437 0056443 0056453 0056467 0056473 0056477 0056479 0056489 0056501 0056503
005731: 0056509 0056519 0056527 0056531 0056533 0056543 0056569 0056591 0056597 0056599 0056611 0056629 0056633 0056659 0056663
005746: 0056671 0056681 0056687 0056701 0056711 0056713 0056731 0056737 0056747 0056767 0056773 0056779 0056783 0056807 0056809
005761: 0056813 0056821 0056843 0056857 0056873 0056891 0056893 0056897 0056909 0056911 0056921 0056923 0056929 0056933 0056941
005776: 0056951 0056957 0056963 0056983 0056989 0056993 0056999 0057037 0057041 0057047 0057059 0057073 0057077 0057089 0057097
005791: 0057107 0057119 0057131 0057139 0057143 0057149 0057163 0057173 0057179 0057191 0057193 0057203 0057221 0057223 0057241
005806: 0057251 0057259 0057269 0057271 0057283 0057287 0057301 0057311 0057329 0057331 0057347 0057349 0057367 0057373 0057383 0057389
005821: 0057397 0057413 0057427 0057457 0057467 0057487 0057493 0057503 0057527 0057529 0057557 0057559 0057571 0057587 0057593
005836: 0057601 0057637 0057641 0057649 0057653 0057667 0057679 0057689 0057697 0057709 0057713 0057719 0057727 0057731 0057737
005851: 0057751 0057773 0057781 0057787 0057791 0057793 0057803 0057809 0057829 0057839 0057847 0057853 0057859 0057881 0057899
005866: 0057901 0057917 0057923 0057943 0057947 0057973 0057977 0057991 0058013 0058027 0058031 0058049 0058057 0058061
005881: 0058067 0058073 0058099 0058109 0058111 0058129 0058147 0058151 0058153 0058169 0058171 0058189 0058193 0058199 0058207
005896: 0058211 0058217 0058231 0058237 0058243 0058271 0058309 0058313 0058321 0058337 0058363 0058367 0058369 0058379
005911: 0058391 0058393 0058403 0058411 0058417 0058427 0058439 0058441 0058451 0058453 0058477 0058481 0058511 0058537 0058543
005926: 0058549 0058567 0058573 0058579 0058601 0058603 0058613 0058631 0058657 0058659 0058661 0058679 0058687 0058699 0058711
005941: 0058727 0058733 0058741 0058757 0058763 0058771 0058787 0058789 0058831 0058889 0058897 0058901 0058907 0058909 0058913
005956: 0058921 0058943 0058963 0058967 0058979 0058991 0058997 0059009 0059011 0059021 0059023 0059029 0059051 0059059
005971: 0059063 0059069 0059077 0059083 0059093 0059107 0059113 0059119 0059141 0059149 0059159 0059167 0059183 0059197
005986: 0059207 0059209 0059219 0059221 0059233 0059239 0059243 0059263 0059273 0059281 0059333 0059341 0059351 0059357 0059359
```

Prime numbers 006001-007500

```
006001: 0059369 0059377 0059387 0059393 0059399 0059407 0059417 0059419 0059441 0059443 0059447 0059453 0059467 0059471 0059473
006016: 0059497 0059509 0059513 0059539 0059557 0059561 0059567 0059581 0059611 0059617 0059621 0059629 0059627 0059651 0059659
006031: 0059663 0059669 0059671 0059693 0059699 0059707 0059723 0059729 0059743 0059747 0059753 0059771 0059779 0059791 0059797
006046: 0059809 0059833 0059879 0059887 0059921 0059929 0059951 0059957 0059971 0059981 0059999 0060013 0060017 0060029
006061: 0060037 0060041 0060077 0060083 0060089 0060091 0060101 0060103 0060107 0060127 0060133 0060139 0060149 0060161 0060167
006076: 0060169 0060201 0060217 0060223 0060251 0060257 0060259 0060271 0060289 0060293 0060317 0060331 0060337 0060343 0060353
006091: 0060373 0060383 0060397 0060413 0060427 0060443 0060449 0060457 0060493 0060497 0060509 0060521 0060527 0060539 0060589
006106: 0060601 0060607 0060611 0060623 0060631 0060637 0060647 0060649 0060659 0060661 0060679 0060689 0060697 0060703 0060719
006121: 0060727 0060733 0060737 0060757 0060761 0060763 0060773 0060779 0060793 0060811 0060821 0060859 0060869 0060887 0060889
006136: 0060899 0060901 0060913 0060917 0060919 0060923 0060937 0060943 0060953 0060961 0061001 0061007 0061027 0061031 0061043
006151: 0061051 0061057 0061091 0061099 0061121 0061129 0061141 0061151 0061153 0061169 0061211 0061223 0061231 0061253 0061261
006166: 0061283 0061291 0061297 0061331 0061333 0061339 0061343 0061357 0061363 0061379 0061381 0061403 0061409 0061417 0061441
006181: 0061463 0061469 0061471 0061483 0061487 0061493 0061507 0061511 0061519 0061543 0061547 0061553 0061559 0061561 0061583
006196: 0061603 0061609 0061613 0061627 0061631 0061637 0061643 0061651 0061657 0061667 0061673 0061681 0061687 0061717 0061717
006211: 0061723 0061729 0061751 0061757 0061781 0061813 0061819 0061837 0061843 0061861 0061871 0061879 0061909 0061927 0061933
006226: 0061949 0061961 0061967 0061979 0061981 0061987 0061991 0062003 0062011 0062021 0062039 0062047 0062053 0062057 0062071
006241: 0062081 0062099 0062119 0062121 0062131 0062137 0062141 0062143 0062171 0062189 0062201 0062207 0062213 0062219 0062233 0062273 0062297 0062299 0062303 0062311 0062323 0062327 0062347 0062351 0062383 0062401 0062417 0062423 0062459
006271: 0062467 0062473 0062477 0062483 0062497 0062501 0062507 0062533 0062539 0062549 0062563 0062581 0062591 0062597 0062603
006286: 0062617 0062627 0062633 0062639 0062653 0062659 0062683 0062687 0062701 0062723 0062731 0062743 0062753 0062761 0062773
006301: 0062791 0062801 0062819 0062827 0062851 0062861 0062869 0062873 0062897 0062903 0062921 0062927 0062929 0062939 0062969
006316: 0062971 0062981 0062983 0062987 0062989 0063029 0063031 0063059 0063067 0063073 0063079 0063097 0063103 0063113 0063127
006331: 0063131 0063149 0063179 0063197 0063199 0063211 0063241 0063247 0063277 0063281 0063299 0063311 0063313 0063317 0063331
006346: 0063337 0063347 0063353 0063361 0063367 0063377 0063389 0063391 0063397 0063409 0063419 0063421 0063439 0063443 0063463
006361: 0063467 0063473 0063487 0063493 0063499 0063521 0063527 0063533 0063541 0063559 0063577 0063587 0063589 0063599 0063601
006376: 0063607 0063611 0063617 0063629 0063647 0063649 0063659 0063667 0063671 0063689 0063691 0063697 0063703 0063709 0063719
006391: 0063727 0063737 0063743 0063761 0063773 0063781 0063793 0063799 0063803 0063809 0063823 0063839 0063841 0063853 0063857
006406: 0063863 0063901 0063907 0063913 0063929 0063949 0063977 0063991 0064007 0064013 0064019 0064033 0064037 0064063 0064067
006421: 0064081 0064091 0064109 0064123 0064151 0064153 0064157 0064171 0064187 0064189 0064217 0064223 0064231 0064237 0064271
006436: 0064279 0064283 0064301 0064303 0064319 0064327 0064333 0064373 0064381 0064399 0064403 0064433 0064439 0064451 0064453
006451: 0064483 0064489 0064499 0064513 0064553 0064567 0064577 0064579 0064591 0064601 0064609 0064613 0064621 0064627 0064633
006466: 0064661 0064663 0064679 0064693 0064709 0064717 0064747 0064763 0064781 0064783 0064793 0064811 0064817 0064849
006481: 0064853 0064871 0064877 0064879 0064891 0064901 0064919 0064921 0064927 0064937 0064951 0064969 0064997 0065003 0065011
006496: 0065027 0065029 0065033 0065053 0065063 0065071 0065089 0065099 0065101 0065111 0065119 0065123 0065129 0065141 0065147
006511: 0065167 0065171 0065173 0065179 0065183 0065203 0065213 0065239 0065257 0065267 0065269 0065287 0065293 0065309 0065323
006526: 0065327 0065353 0065357 0065371 0065381 0065393 0065407 0065413 0065419 0065423 0065437 0065447 0065449 0065479 0065497
006541: 0065519 0065521 0065537 0065539 0065543 0065551 0065557 0065563 0065579 0065581 0065587 0065599 0065609 0065617 0065629
006556: 0065633 0065647 0065651 0065657 0065677 0065687 0065699 0065701 0065707 0065713 0065717 0065719 0065729 0065731 0065741
006571: 0065777 0065789 0065809 0065827 0065831 0065837 0065839 0065843 0065851 0065867 0065881 0065899 0065921 0065927 0065929
006586: 0065951 0065957 0065963 0065981 0065983 0065993 0066029 0066037 0066041 0066047 0066067 0066071 0066083 0066089 0066103
006601: 0066107 0066109 0066137 0066161 0066169 0066173 0066179 0066191 0066221 0066239 0066271 0066293 0066301 0066337 0066343
006616: 0066347 0066359 0066361 0066373 0066377 0066383 0066403 0066413 0066431 0066449 0066457 0066463 0066467 0066491 0066499
006631: 0066509 0066523 0066529 0066533 0066541 0066553 0066569 0066571 0066587 0066593 0066601 0066617 0066629 0066643 0066653
006646: 0066683 0066697 0066701 0066713 0066721 0066733 0066739 0066749 0066751 0066763 0066791 0066797 0066809 0066821 0066841
006661: 0066851 0066853 0066863 0066877 0066883 0066889 0066919 0066923 0066931 0066943 0066947 0066959 0066973 0066977
006676: 0067003 0067021 0067033 0067043 0067049 0067057 0067061 0067073 0067079 0067103 0067121 0067129 0067139 0067141 0067153
006691: 0067157 0067169 0067181 0067187 0067189 0067211 0067213 0067217 0067231 0067247 0067261 0067271 0067273 0067289
006706: 0067307 0067339 0067343 0067349 0067369 0067391 0067399 0067409 0067411 0067421 0067427 0067429 0067433 0067447 0067453
006721: 0067477 0067481 0067489 0067493 0067499 0067511 0067523 0067531 0067537 0067547 0067559 0067567 0067577 0067579 0067589
006736: 0067601 0067607 0067619 0067631 0067651 0067679 0067699 0067709 0067723 0067733 0067741 0067751 0067757 0067759 0067763
006751: 0067777 0067783 0067789 0067801 0067807 0067819 0067829 0067843 0067853 0067867 0067891 0067901 0067927 0067931
006766: 0067933 0067939 0067943 0067957 0067961 0067967 0067979 0067987 0067993 0068023 0068041 0068053 0068059 0068071 0068087
006781: 0068099 0068111 0068113 0068141 0068147 0068161 0068171 0068207 0068209 0068213 0068219 0068227 0068239 0068261 0068273
006796: 0068281 0068311 0068329 0068351 0068371 0068389 0068399 0068437 0068443 0068447 0068473 0068477 0068483 0068489
006811: 0068491 0068501 0068507 0068521 0068531 0068539 0068543 0068567 0068581 0068597 0068611 0068633 0068639 0068659 0068669
006826: 0068683 0068687 0068699 0068711 0068713 0068729 0068737 0068743 0068749 0068767 0068771 0068777 0068771 0068813 0068819
006841: 0068821 0068863 0068879 0068881 0068891 0068897 0068899 0068903 0068909 0068917 0068927 0068947 0068963 0068993 0069001
006856: 0069011 0069019 0069029 0069031 0069061 0069067 0069073 0069109 0069119 0069127 0069143 0069149 0069151 0069163 0069191
006871: 0069193 0069197 0069203 0069221 0069233 0069239 0069247 0069257 0069313 0069317 0069337 0069341 0069371
006886: 0069379 0069383 0069389 0069401 0069403 0069427 0069431 0069439 0069457 0069463 0069467 0069473 0069481 0069491 0069493
006901: 0069497 0069499 0069539 0069557 0069593 0069623 0069653 0069661 0069677 0069691 0069697 0069709 0069737 0069739 0069761
006916: 0069763 0069767 0069779 0069809 0069821 0069829 0069833 0069847 0069857 0069859 0069877 0069899 0069911 0069929
006931: 0069931 0069941 0069959 0069991 0069997 0070001 0070003 0070009 0070019 0070039 0070051 0070061 0070067 0070079 0070099
006946: 0070111 0070117 0070121 0070139 0070141 0070151 0070159 0070163 0070177 0070181 0070183 0070199 0070201 0070207 0070223
006961: 0070229 0070237 0070241 0070249 0070271 0070289 0070297 0070309 0070313 0070321 0070327 0070351 0070373 0070379 0070381
006976: 0070393 0070423 0070429 0070439 0070451 0070457 0070459 0070481 0070487 0070489 0070501 0070507 0070529 0070537 0070549
006991: 0070571 0070573 0070583 0070589 0070607 0070619 0070621 0070627 0070639 0070657 0070663 0070667 0070687 0070709 0070717
007006: 0070729 0070753 0070763 0070783 0070793 0070823 0070841 0070843 0070849 0070853 0070867 0070877 0070879 0070891 0070901
007021: 0070913 0070919 0070921 0070937 0070949 0070951 0070957 0070969 0070979 0070981 0070991 0070997 0070999 0071011 0071023
007036: 0071039 0071059 0071069 0071081 0071089 0071119 0071129 0071143 0071147 0071153 0071161 0071167 0071171 0071191 0071209
007051: 0071233 0071237 0071249 0071257 0071261 0071263 0071287 0071293 0071317 0071327 0071329 0071333 0071339 0071341 0071347
007066: 0071353 0071359 0071363 0071387 0071389 0071399 0071411 0071413 0071419 0071429 0071437 0071443 0071471 0071473
007081: 0071479 0071483 0071503 0071527 0071537 0071549 0071551 0071563 0071569 0071593 0071597 0071633 0071647 0071663 0071671
007096: 0071693 0071699 0071707 0071711 0071713 0071719 0071741 0071761 0071777 0071789 0071807 0071809 0071821 0071837 0071843
007111: 0071849 0071861 0071867 0071879 0071881 0071887 0071899 0071909 0071917 0071933 0071941 0071947 0071963 0071971 0071983
007126: 0071987 0071993 0071999 0072031 0072043 0072047 0072053 0072073 0072077 0072089 0072091 0072101 0072103 0072109
007141: 0072139 0072161 0072167 0072169 0072173 0072211 0072221 0072223 0072227 0072229 0072251 0072253 0072269 0072271 0072277
007156: 0072287 0072307 0072313 0072337 0072341 0072353 0072367 0072379 0072383 0072421 0072431 0072461 0072467 0072469 0072481
007171: 0072493 0072497 0072503 0072533 0072547 0072551 0072559 0072577 0072613 0072617 0072623 0072643 0072647 0072649 0072661
007186: 0072671 0072673 0072679 0072689 0072701 0072707 0072719 0072727 0072733 0072739 0072763 0072767 0072797 0072817 0072823
007201: 0072859 0072869 0072871 0072883 0072889 0072893 0072901 0072907 0072911 0072923 0072931 0072937 0072949 0072953 0072959
007216: 0072973 0072977 0072997 0073009 0073013 0073019 0073037 0073039 0073043 0073061 0073063 0073079 0073091 0073121 0073127
007231: 0073141 0073181 0073189 0073237 0073243 0073259 0073277 0073291 0073303 0073309 0073327 0073331 0073351 0073361
007246: 0073363 0073369 0073379 0073387 0073417 0073421 0073433 0073453 0073459 0073471 0073477 0073483 0073517 0073523 0073529
007261: 0073547 0073553 0073561 0073571 0073583 0073589 0073597 0073609 0073613 0073637 0073643 0073651 0073673 0073679
007276: 0073681 0073693 0073699 0073709 0073721 0073727 0073751 0073757 0073771 0073783 0073819 0073823 0073847 0073849 0073859
007291: 0073867 0073873 0073877 0073883 0073897 0073907 0073939 0073943 0073951 0073961 0074017 0074021 0074027 0074047
007306: 0074051 0074071 0074077 0074093 0074099 0074101 0074113 0074143 0074149 0074159 0074161 0074167 0074177 0074189 0074197
007321: 0074201 0074203 0074209 0074219 0074231 0074257 0074279 0074287 0074293 0074297 0074311 0074317 0074323 0074353 0074357
007336: 0074363 0074377 0074381 0074383 0074411 0074413 0074441 0074449 0074453 0074471 0074489 0074507 0074509 0074521
007351: 0074527 0074531 0074551 0074561 0074567 0074573 0074587 0074597 0074609 0074611 0074623 0074653 0074687 0074699 0074707
007366: 0074713 0074717 0074719 0074729 0074731 0074747 0074759 0074761 0074771 0074779 0074797 0074821 0074827 0074831 0074761
007381: 0074857 0074861 0074869 0074873 0074887 0074891 0074897 0074903 0074923 0074929 0074933 0074941 0074959 0075011 0075013
007396: 0075017 0075029 0075037 0075041 0075079 0075083 0075109 0075133 0075149 0075161 0075167 0075169 0075181 0075193 0075209
007411: 0075211 0075217 0075223 0075227 0075239 0075253 0075269 0075277 0075289 0075307 0075323 0075329 0075337 0075347 0075353
007426: 0075367 0075377 0075389 0075391 0075401 0075403 0075407 0075431 0075437 0075479 0075503 0075511 0075521 0075527 0075533
007441: 0075539 0075541 0075553 0075557 0075571 0075577 0075583 0075611 0075617 0075619 0075629 0075641 0075653 0075659 0075679
007456: 0075683 0075689 0075703 0075707 0075709 0075721 0075731 0075743 0075767 0075773 0075781 0075787 0075793 0075797 0075821
007471: 0075833 0075853 0075869 0075883 0075913 0075931 0075937 0075941 0075967 0075979 0075983 0075989 0075991 0075997 0076001
007486: 0076003 0076031 0076039 0076079 0076081 0076091 0076099 0076103 0076123 0076129 0076147 0076157 0076159 0076163 0076207
```

007501-009000   Prime numbers

```
007501:  0076213 0076231 0076243 0076249 0076253 0076259 0076261 0076283 0076289 0076303 0076333 0076343 0076367 0076369 0076379
007516:  0076387 0076403 0076421 0076423 0076441 0076463 0076471 0076481 0076487 0076493 0076507 0076511 0076519 0076537 0076541
007531:  0076543 0076561 0076579 0076597 0076603 0076607 0076631 0076649 0076651 0076667 0076673 0076679 0076697 0076717 0076733
007546:  0076753 0076757 0076771 0076777 0076781 0076801 0076819 0076829 0076831 0076837 0076847 0076871 0076873 0076883 0076907
007561:  0076913 0076919 0076943 0076949 0076961 0076963 0076991 0077003 0077017 0077023 0077029 0077041 0077047 0077069 0077081
007576:  0077093 0077113 0077127 0077137 0077141 0077153 0077167 0077171 0077191 0077201 0077213 0077237 0077239 0077243 0077261
007591:  0077263 0077267 0077269 0077279 0077291 0077317 0077323 0077339 0077347 0077351 0077359 0077369 0077377 0077383 0077417
007606:  0077419 0077431 0077447 0077471 0077477 0077479 0077489 0077491 0077509 0077513 0077521 0077527 0077543 0077549 0077551
007621:  0077557 0077563 0077569 0077573 0077587 0077591 0077611 0077617 0077621 0077641 0077647 0077659 0077681 0077687 0077689
007636:  0077699 0077711 0077713 0077719 0077723 0077731 0077743 0077747 0077761 0077773 0077783 0077797 0077801 0077813 0077839
007651:  0077849 0077863 0077867 0077893 0077899 0077929 0077933 0077951 0077969 0077977 0077983 0077999 0078007 0078017 0078031
007666:  0078041 0078059 0078079 0078101 0078121 0078137 0078163 0078167 0078169 0078181 0078173 0078179 0078191 0078193
007681:  0078203 0078229 0078233 0078241 0078259 0078277 0078283 0078301 0078307 0078311 0078317 0078341 0078347 0078367 0078401
007696:  0078427 0078437 0078439 0078467 0078479 0078487 0078497 0078509 0078511 0078517 0078539 0078541 0078553 0078569 0078571
007711:  0078577 0078583 0078593 0078607 0078623 0078643 0078649 0078653 0078691 0078697 0078707 0078713 0078721 0078737 0078779
007726:  0078781 0078787 0078791 0078797 0078803 0078809 0078823 0078839 0078853 0078857 0078877 0078887 0078889 0078893 0078901
007741:  0078919 0078929 0078941 0078977 0078979 0078989 0079031 0079039 0079043 0079063 0079087 0079103 0079111 0079133 0079139
007756:  0079147 0079151 0079153 0079159 0079181 0079187 0079193 0079201 0079229 0079231 0079241 0079259 0079273 0079279 0079283
007771:  0079301 0079309 0079313 0079333 0079337 0079349 0079357 0079367 0079379 0079393 0079397 0079399 0079411 0079423 0079427
007786:  0079433 0079451 0079481 0079493 0079531 0079537 0079549 0079559 0079561 0079579 0079589 0079601 0079609 0079613 0079621
007801:  0079627 0079631 0079633 0079657 0079669 0079687 0079691 0079693 0079697 0079699 0079757 0079769 0079777 0079801 0079811
007816:  0079813 0079817 0079823 0079829 0079841 0079843 0079847 0079861 0079867 0079873 0079889 0079901 0079903 0079907 0079939
007831:  0079943 0079949 0079967 0079979 0079987 0079997 0080021 0080029 0080051 0080071 0080077 0080107 0080111 0080141
007846:  0080147 0080149 0080153 0080167 0080173 0080177 0080191 0080207 0080209 0080221 0080231 0080233 0080239 0080251 0080263
007861:  0080273 0080279 0080287 0080309 0080317 0080329 0080341 0080347 0080363 0080369 0080387 0080407 0080429 0080447 0080449
007876:  0080471 0080473 0080489 0080491 0080513 0080527 0080537 0080557 0080567 0080599 0080603 0080611 0080621 0080627 0080629
007891:  0080651 0080657 0080669 0080671 0080677 0080681 0080683 0080687 0080701 0080713 0080737 0080747 0080749 0080761 0080777
007906:  0080779 0080783 0080789 0080803 0080809 0080819 0080831 0080833 0080849 0080863 0080897 0080909 0080911 0080917 0080923
007921:  0080929 0080933 0080953 0080963 0080989 0081001 0081013 0081017 0081019 0081023 0081031 0081041 0081043 0081047 0081049
007936:  0081071 0081077 0081083 0081097 0081101 0081119 0081131 0081157 0081163 0081173 0081181 0081197 0081199 0081203 0081223
007951:  0081233 0081239 0081281 0081283 0081293 0081299 0081307 0081331 0081343 0081349 0081353 0081359 0081371 0081373 0081401
007966:  0081409 0081421 0081439 0081457 0081463 0081509 0081517 0081527 0081533 0081547 0081551 0081553 0081559 0081563 0081569
007981:  0081611 0081619 0081629 0081637 0081647 0081649 0081667 0081671 0081677 0081689 0081701 0081703 0081707 0081727 0081737
007996:  0081749 0081761 0081769 0081773 0081799 0081817 0081839 0081847 0081853 0081869 0081883 0081899 0081901 0081919 0081929
008011:  0081931 0081937 0081943 0081953 0081967 0081971 0081973 0082003 0082007 0082009 0082013 0082021 0082031 0082037 0082039
008026:  0082051 0082067 0082073 0082129 0082139 0082141 0082153 0082163 0082171 0082183 0082189 0082193 0082207 0082217 0082219
008041:  0082223 0082231 0082237 0082241 0082261 0082267 0082279 0082301 0082307 0082339 0082349 0082351 0082361 0082373 0082387
008056:  0082393 0082421 0082457 0082463 0082469 0082471 0082483 0082487 0082493 0082499 0082507 0082529 0082531 0082549 0082559
008071:  0082561 0082567 0082571 0082591 0082601 0082609 0082613 0082619 0082633 0082651 0082657 0082699 0082721 0082723 0082727
008086:  0082729 0082757 0082759 0082763 0082781 0082787 0082793 0082799 0082811 0082813 0082823 0082847 0082883 0082889 0082891
008101:  0082903 0082913 0082939 0082963 0082981 0082997 0083003 0083023 0083047 0083059 0083063 0083071 0083077 0083089
008116:  0083093 0083101 0083117 0083137 0083203 0083207 0083219 0083221 0083227 0083231 0083233 0083243 0083257 0083267
008131:  0083269 0083273 0083299 0083311 0083329 0083341 0083357 0083383 0083389 0083399 0083401 0083407 0083417 0083423 0083431
008146:  0083437 0083443 0083449 0083459 0083471 0083477 0083497 0083537 0083557 0083561 0083563 0083579 0083591 0083597 0083609
008161:  0083617 0083621 0083639 0083641 0083653 0083663 0083689 0083701 0083717 0083719 0083737 0083761 0083773 0083777 0083791
008176:  0083813 0083833 0083843 0083857 0083869 0083873 0083891 0083903 0083911 0083921 0083933 0083939 0083969 0083983 0083987
008191:  0084011 0084017 0084047 0084053 0084059 0084061 0084067 0084089 0084121 0084127 0084131 0084137 0084143 0084163 0084179
008206:  0084181 0084191 0084199 0084211 0084221 0084223 0084229 0084239 0084247 0084263 0084299 0084313 0084317 0084319
008221:  0084347 0084349 0084377 0084389 0084391 0084401 0084407 0084421 0084431 0084437 0084443 0084449 0084457 0084463 0084467
008236:  0084481 0084499 0084503 0084509 0084521 0084523 0084533 0084551 0084559 0084589 0084629 0084631 0084649 0084653 0084659
008251:  0084673 0084691 0084697 0084701 0084713 0084719 0084731 0084737 0084751 0084761 0084787 0084793 0084809 0084811 0084827
008266:  0084857 0084859 0084869 0084871 0084913 0084919 0084947 0084961 0084967 0084979 0084991 0085009 0085021 0085027
008281:  0085037 0085049 0085061 0085081 0085087 0085091 0085093 0085103 0085109 0085121 0085133 0085147 0085159 0085193 0085199
008296:  0085201 0085213 0085223 0085229 0085237 0085243 0085247 0085259 0085297 0085303 0085313 0085331 0085333 0085361 0085363
008311:  0085369 0085381 0085411 0085427 0085429 0085439 0085447 0085451 0085453 0085469 0085487 0085513 0085517 0085523 0085531
008326:  0085549 0085571 0085577 0085597 0085601 0085607 0085619 0085621 0085627 0085639 0085643 0085661 0085667 0085669 0085691
008341:  0085703 0085711 0085713 0085733 0085751 0085781 0085793 0085817 0085819 0085829 0085831 0085837 0085843 0085847 0085853
008356:  0085889 0085903 0085909 0085931 0085933 0085991 0085999 0086011 0086017 0086027 0086029 0086069 0086077 0086083 0086111
008371:  0086113 0086117 0086131 0086141 0086143 0086159 0086171 0086179 0086183 0086197 0086201 0086209 0086239 0086243 0086249
008386:  0086257 0086263 0086269 0086287 0086291 0086293 0086297 0086311 0086323 0086341 0086351 0086353 0086357 0086369 0086371
008401:  0086381 0086389 0086399 0086413 0086423 0086441 0086453 0086461 0086467 0086477 0086491 0086501 0086509 0086531 0086533
008416:  0086539 0086561 0086573 0086579 0086587 0086599 0086627 0086629 0086677 0086689 0086693 0086711 0086719 0086729 0086743
008431:  0086753 0086767 0086771 0086783 0086813 0086837 0086843 0086851 0086857 0086861 0086869 0086923 0086927 0086929 0086939
008446:  0086951 0086959 0086969 0086981 0086993 0087011 0087037 0087041 0087049 0087071 0087083 0087103 0087107 0087119
008461:  0087121 0087133 0087149 0087151 0087179 0087181 0087187 0087211 0087223 0087251 0087253 0087257 0087277 0087281
008476:  0087293 0087299 0087313 0087317 0087323 0087337 0087359 0087383 0087403 0087407 0087421 0087427 0087433 0087443 0087473
008491:  0087481 0087491 0087509 0087511 0087517 0087523 0087539 0087541 0087547 0087553 0087557 0087559 0087583 0087587 0087589
008506:  0087613 0087623 0087629 0087631 0087641 0087643 0087649 0087671 0087679 0087683 0087691 0087697 0087701 0087719 0087721
008521:  0087739 0087743 0087751 0087767 0087793 0087797 0087803 0087833 0087853 0087869 0087877 0087881 0087887 0087911
008536:  0087917 0087931 0087943 0087959 0087961 0087973 0087977 0088001 0088003 0088007 0088019 0088037 0088069 0088079
008551:  0088093 0088117 0088129 0088169 0088177 0088211 0088223 0088237 0088241 0088259 0088261 0088289 0088301 0088321 0088327
008566:  0088337 0088339 0088379 0088397 0088411 0088423 0088427 0088463 0088469 0088471 0088493 0088499 0088513 0088523 0088547
008581:  0088589 0088591 0088607 0088609 0088643 0088651 0088657 0088661 0088663 0088667 0088681 0088721 0088729 0088741 0088747
008596:  0088771 0088789 0088793 0088799 0088801 0088807 0088811 0088813 0088817 0088819 0088843 0088853 0088861 0088867 0088873
008611:  0088883 0088897 0088903 0088919 0088937 0088951 0088969 0088997 0089003 0089009 0089017 0089021 0089041 0089051
008626:  0089057 0089069 0089071 0089083 0089087 0089101 0089107 0089113 0089119 0089123 0089137 0089153 0089189 0089203 0089209
008641:  0089213 0089227 0089231 0089237 0089261 0089269 0089273 0089293 0089303 0089317 0089329 0089363 0089371 0089381 0089387
008656:  0089393 0089399 0089413 0089417 0089431 0089443 0089449 0089459 0089477 0089491 0089501 0089513 0089519 0089521 0089527
008671:  0089533 0089561 0089563 0089567 0089591 0089599 0089603 0089611 0089627 0089633 0089653 0089657 0089659 0089669
008686:  0089671 0089681 0089689 0089753 0089759 0089767 0089779 0089783 0089797 0089809 0089819 0089821 0089833 0089839 0089849
008701:  0089867 0089891 0089897 0089899 0089909 0089917 0089923 0089939 0089963 0089977 0089983 0089989 0090001 0090007
008716:  0090011 0090017 0090019 0090023 0090031 0090053 0090059 0090067 0090071 0090073 0090089 0090107 0090121 0090127 0090149
008731:  0090163 0090173 0090187 0090191 0090197 0090199 0090203 0090217 0090227 0090239 0090247 0090263 0090271 0090281 0090289
008746:  0090313 0090353 0090359 0090371 0090373 0090379 0090397 0090401 0090403 0090407 0090437 0090439 0090469 0090473 0090481
008761:  0090499 0090511 0090523 0090527 0090529 0090533 0090547 0090583 0090599 0090617 0090619 0090631 0090641 0090647 0090659
008776:  0090677 0090679 0090697 0090703 0090709 0090731 0090749 0090787 0090793 0090803 0090821 0090823 0090833 0090841 0090847
008791:  0090863 0090887 0090901 0090907 0090911 0090917 0090931 0090947 0090971 0090977 0090989 0090997 0091009 0091019 0091033
008806:  0091079 0091081 0091097 0091099 0091121 0091127 0091129 0091139 0091141 0091151 0091153 0091159 0091163 0091183 0091193
008821:  0091199 0091229 0091237 0091243 0091249 0091253 0091283 0091291 0091297 0091303 0091309 0091331 0091367 0091369 0091373
008836:  0091381 0091387 0091393 0091397 0091411 0091423 0091433 0091453 0091457 0091459 0091463 0091493 0091499 0091513 0091529
008851:  0091541 0091571 0091573 0091577 0091583 0091591 0091621 0091631 0091639 0091673 0091691 0091703 0091711 0091733 0091753
008866:  0091757 0091771 0091781 0091801 0091811 0091813 0091823 0091837 0091841 0091867 0091873 0091909 0091921 0091939
008881:  0091943 0091951 0091957 0091961 0091967 0091969 0091997 0092003 0092009 0092033 0092041 0092051 0092077 0092083 0092107
008896:  0092111 0092119 0092143 0092153 0092173 0092177 0092179 0092189 0092203 0092219 0092221 0092227 0092233 0092237 0092243
008911:  0092251 0092269 0092297 0092311 0092317 0092333 0092347 0092353 0092357 0092363 0092369 0092377 0092381 0092383 0092387
008926:  0092399 0092401 0092413 0092419 0092431 0092459 0092461 0092467 0092479 0092489 0092503 0092507 0092551 0092557 0092567
008941:  0092569 0092581 0092593 0092623 0092627 0092639 0092641 0092647 0092657 0092669 0092671 0092681 0092683 0092693 0092699
008956:  0092707 0092717 0092723 0092737 0092753 0092761 0092767 0092779 0092789 0092791 0092801 0092809 0092821 0092831 0092849
008971:  0092857 0092861 0092863 0092867 0092893 0092899 0092921 0092941 0092951 0092957 0092959 0092987 0092993 0093001
008986:  0093047 0093053 0093059 0093077 0093083 0093089 0093097 0093103 0093113 0093131 0093133 0093139 0093151 0093169 0093179
```

Prime numbers 009001-010500

```
009001: 0093187 0093199 0093229 0093239 0093241 0093251 0093253 0093257 0093263 0093281 0093283 0093287 0093307 0093319 0093323
009016: 0093329 0093337 0093371 0093377 0093383 0093407 0093419 0093427 0093463 0093479 0093481 0093487 0093491 0093493 0093497
009031: 0093503 0093523 0093529 0093553 0093557 0093559 0093563 0093581 0093601 0093607 0093629 0093637 0093683 0093701 0093703
009046: 0093719 0093739 0093761 0093763 0093787 0093809 0093811 0093827 0093851 0093871 0093887 0093889 0093893 0093901 0093911
009061: 0093913 0093923 0093937 0093941 0093949 0093967 0093971 0093979 0093983 0093997 0094007 0094009 0094033 0094049 0094057
009076: 0094063 0094079 0094099 0094109 0094111 0094117 0094121 0094151 0094153 0094169 0094201 0094207 0094219 0094229 0094253
009091: 0094261 0094273 0094291 0094307 0094309 0094321 0094327 0094331 0094343 0094349 0094351 0094379 0094397 0094399 0094421
009106: 0094427 0094433 0094439 0094441 0094447 0094463 0094477 0094483 0094513 0094529 0094531 0094541 0094543 0094547 0094559
009121: 0094561 0094573 0094583 0094597 0094603 0094613 0094621 0094649 0094651 0094687 0094693 0094709 0094723 0094727 0094747
009136: 0094771 0094777 0094781 0094789 0094793 0094811 0094819 0094823 0094837 0094841 0094847 0094849 0094873 0094889 0094903
009151: 0094907 0094933 0094949 0094951 0094961 0094993 0094999 0095003 0095009 0095021 0095027 0095063 0095071 0095083 0095087
009166: 0095089 0095093 0095101 0095107 0095111 0095131 0095143 0095153 0095177 0095189 0095191 0095203 0095213 0095219 0095231
009181: 0095233 0095239 0095257 0095261 0095267 0095273 0095279 0095287 0095297 0095303 0095311 0095317 0095327 0095333 0095369 0095383 0095393
009196: 0095401 0095413 0095419 0095429 0095441 0095443 0095461 0095467 0095471 0095479 0095483 0095507 0095527 0095531 0095539
009211: 0095549 0095561 0095569 0095581 0095591 0095603 0095617 0095621 0095629 0095633 0095651 0095701 0095707 0095713 0095717
009226: 0095723 0095731 0095737 0095747 0095773 0095783 0095789 0095791 0095801 0095803 0095813 0095819 0095857 0095869 0095873
009241: 0095881 0095891 0095911 0095917 0095923 0095929 0095947 0095957 0095959 0095971 0095987 0095989 0096001 0096013 0096017
009256: 0096043 0096053 0096059 0096079 0096097 0096137 0096149 0096157 0096167 0096179 0096181 0096199 0096211 0096221 0096223
009271: 0096233 0096259 0096263 0096269 0096281 0096289 0096293 0096323 0096329 0096331 0096337 0096353 0096377 0096401 0096419
009286: 0096431 0096443 0096451 0096457 0096461 0096469 0096479 0096487 0096493 0096497 0096517 0096527 0096553 0096557 0096581
009301: 0096587 0096589 0096601 0096643 0096661 0096667 0096671 0096697 0096703 0096731 0096737 0096739 0096749 0096757 0096763
009316: 0096769 0096779 0096787 0096797 0096799 0096821 0096823 0096827 0096847 0096851 0096857 0096893 0096907 0096911 0096931
009331: 0096953 0096959 0096973 0096979 0096989 0096997 0097001 0097003 0097007 0097021 0097039 0097073 0097081 0097103 0097117
009346: 0097127 0097151 0097157 0097159 0097169 0097171 0097177 0097187 0097213 0097231 0097241 0097259 0097283 0097301 0097303
009361: 0097327 0097367 0097369 0097373 0097379 0097381 0097387 0097397 0097423 0097429 0097441 0097453 0097459 0097463 0097499
009376: 0097501 0097511 0097523 0097547 0097549 0097553 0097561 0097571 0097577 0097579 0097583 0097607 0097609 0097613 0097649
009391: 0097651 0097673 0097687 0097711 0097729 0097771 0097777 0097787 0097789 0097813 0097829 0097841 0097843 0097847 0097849
009406: 0097859 0097861 0097871 0097879 0097883 0097919 0097927 0097931 0097943 0097961 0097967 0097973 0097987 0098009 0098011
009421: 0098017 0098041 0098047 0098057 0098081 0098101 0098123 0098129 0098143 0098179 0098207 0098213 0098221 0098227 0098251
009436: 0098257 0098269 0098273 0098297 0098299 0098317 0098321 0098323 0098327 0098347 0098369 0098377 0098387 0098389 0098407 0098411
009451: 0098419 0098429 0098443 0098453 0098459 0098467 0098473 0098479 0098491 0098507 0098519 0098533 0098543 0098561 0098563
009466: 0098573 0098597 0098621 0098627 0098639 0098641 0098663 0098669 0098689 0098711 0098713 0098717 0098729 0098731 0098737
009481: 0098773 0098779 0098801 0098807 0098809 0098837 0098849 0098867 0098869 0098873 0098887 0098893 0098897 0098899 0098909
009496: 0098911 0098927 0098929 0098939 0098947 0098953 0098963 0098981 0098993 0099009 0099013 0099017 0099023 0099041 0099053
009511: 0099079 0099083 0099089 0099103 0099109 0099119 0099131 0099133 0099137 0099139 0099149 0099173 0099181 0099191 0099223
009526: 0099233 0099241 0099251 0099257 0099259 0099277 0099289 0099317 0099347 0099349 0099367 0099371 0099377 0099391 0099397
009541: 0099401 0099409 0099431 0099439 0099469 0099487 0099497 0099523 0099527 0099529 0099551 0099559 0099563 0099571 0099577
009556: 0099581 0099607 0099611 0099623 0099643 0099661 0099667 0099679 0099689 0099707 0099709 0099713 0099719 0099721 0099733
009571: 0099761 0099767 0099787 0099793 0099809 0099817 0099823 0099829 0099833 0099839 0099859 0099871 0099877 0099881 0099901
009586: 0099907 0099923 0099929 0099961 0099971 0099989 0099991 0100003 0100019 0100043 0100049 0100057 0100069 0100103 0100109
009601: 0100129 0100151 0100153 0100169 0100189 0100193 0100207 0100213 0100237 0100267 0100271 0100279 0100291 0100297
009616: 0100313 0100333 0100343 0100357 0100361 0100363 0100379 0100391 0100393 0100403 0100411 0100417 0100447 0100459 0100469
009631: 0100483 0100493 0100501 0100511 0100517 0100519 0100523 0100537 0100547 0100549 0100559 0100591 0100609 0100613 0100621
009646: 0100649 0100669 0100673 0100693 0100699 0100703 0100733 0100741 0100747 0100769 0100787 0100799 0100801 0100811 0100823
009661: 0100829 0100847 0100853 0100907 0100913 0100927 0100931 0100937 0100943 0100957 0100981 0100987 0100999 0101009 0101021
009676: 0101027 0101051 0101063 0101081 0101089 0101107 0101111 0101113 0101117 0101119 0101141 0101149 0101159 0101161 0101173
009691: 0101183 0101197 0101203 0101207 0101209 0101221 0101267 0101273 0101279 0101281 0101287 0101293 0101323 0101333 0101341
009706: 0101347 0101359 0101363 0101377 0101383 0101399 0101411 0101419 0101429 0101449 0101467 0101477 0101483 0101489 0101501
009721: 0101503 0101513 0101527 0101531 0101533 0101537 0101561 0101573 0101581 0101599 0101603 0101611 0101627 0101641 0101653
009736: 0101663 0101681 0101693 0101701 0101719 0101723 0101737 0101741 0101747 0101749 0101771 0101789 0101797 0101807 0101833
009751: 0101837 0101839 0101863 0101869 0101873 0101879 0101891 0101917 0101921 0101929 0101939 0101957 0101963 0101977 0101987
009766: 0101999 0102001 0102013 0102019 0102023 0102031 0102043 0102059 0102061 0102071 0102077 0102079 0102101 0102103 0102107
009781: 0102121 0102139 0102149 0102161 0102181 0102191 0102197 0102203 0102217 0102229 0102233 0102241 0102251 0102253
009796: 0102259 0102293 0102299 0102301 0102317 0102329 0102337 0102359 0102367 0102397 0102407 0102409 0102433 0102437 0102451
009811: 0102461 0102481 0102497 0102499 0102503 0102523 0102533 0102539 0102547 0102551 0102559 0102563 0102587 0102593 0102607
009826: 0102611 0102643 0102647 0102653 0102667 0102673 0102677 0102679 0102701 0102761 0102763 0102769 0102793 0102797 0102811
009841: 0102829 0102841 0102859 0102871 0102877 0102881 0102911 0102913 0102929 0102931 0102953 0102967 0102983 0103001 0103007
009856: 0103043 0103049 0103067 0103069 0103079 0103087 0103091 0103093 0103099 0103123 0103141 0103171 0103177 0103183 0103217
009871: 0103231 0103237 0103289 0103291 0103307 0103319 0103333 0103349 0103357 0103387 0103391 0103393 0103399 0103409 0103421
009886: 0103423 0103451 0103457 0103471 0103483 0103511 0103529 0103549 0103553 0103561 0103567 0103573 0103577 0103583 0103591
009901: 0103613 0103619 0103643 0103651 0103657 0103669 0103681 0103687 0103699 0103703 0103723 0103769 0103787 0103801 0103811
009916: 0103813 0103837 0103841 0103843 0103867 0103889 0103903 0103913 0103919 0103951 0103963 0103967 0103969 0103979 0103981
009931: 0103991 0103993 0103997 0104003 0104009 0104021 0104033 0104047 0104053 0104059 0104087 0104089 0104107 0104113 0104119
009946: 0104123 0104147 0104149 0104161 0104173 0104179 0104183 0104207 0104231 0104233 0104239 0104243 0104281 0104287 0104297
009961: 0104309 0104311 0104323 0104327 0104347 0104369 0104381 0104383 0104393 0104399 0104417 0104459 0104471 0104473 0104479
009976: 0104491 0104513 0104527 0104537 0104543 0104549 0104551 0104561 0104579 0104593 0104597 0104623 0104639 0104651 0104659
009991: 0104677 0104681 0104683 0104693 0104701 0104707 0104711 0104717 0104723 0104729 0104743 0104759 0104761 0104773 0104779
010006: 0104789 0104801 0104803 0104827 0104831 0104849 0104851 0104869 0104879 0104891 0104911 0104917 0104933 0104947 0104953
010021: 0104959 0104971 0104987 0104999 0105019 0105023 0105031 0105037 0105071 0105097 0105107 0105137 0105143 0105167 0105173
010036: 0105199 0105211 0105227 0105229 0105239 0105251 0105253 0105263 0105269 0105277 0105319 0105323 0105331 0105335 0105341
010051: 0105359 0105361 0105367 0105373 0105379 0105389 0105397 0105401 0105407 0105437 0105449 0105467 0105491 0105499 0105503
010066: 0105509 0105517 0105527 0105529 0105533 0105541 0105557 0105563 0105601 0105607 0105613 0105619 0105649 0105653 0105667
010081: 0105673 0105683 0105691 0105701 0105727 0105733 0105751 0105761 0105767 0105769 0105817 0105829 0105863 0105871 0105883
010096: 0105899 0105907 0105913 0105929 0105943 0105953 0105967 0105971 0105977 0105983 0106013 0106019 0106031 0106033
010111: 0106087 0106103 0106109 0106121 0106123 0106129 0106163 0106181 0106187 0106189 0106207 0106213 0106217 0106219 0106243
010126: 0106261 0106273 0106277 0106279 0106291 0106297 0106303 0106307 0106319 0106321 0106331 0106349 0106357 0106363 0106367
010141: 0106373 0106391 0106397 0106411 0106417 0106427 0106433 0106441 0106451 0106453 0106487 0106501 0106531 0106537 0106541
010156: 0106543 0106591 0106619 0106621 0106627 0106637 0106649 0106657 0106661 0106663 0106669 0106681 0106693 0106699 0106703
010171: 0106721 0106727 0106739 0106747 0106751 0106753 0106759 0106781 0106783 0106787 0106801 0106823 0106853 0106859 0106861
010186: 0106867 0106871 0106877 0106903 0106907 0106921 0106937 0106949 0106957 0106961 0106963 0106979 0106993 0107021 0107033
010201: 0107053 0107057 0107069 0107071 0107077 0107089 0107099 0107101 0107111 0107123 0107137 0107171 0107183 0107197 0107201
010216: 0107209 0107227 0107243 0107251 0107269 0107273 0107279 0107309 0107323 0107339 0107347 0107351 0107371 0107377 0107441
010231: 0107449 0107453 0107467 0107473 0107507 0107509 0107563 0107581 0107599 0107603 0107609 0107621 0107641 0107647 0107671
010246: 0107687 0107693 0107699 0107713 0107717 0107719 0107741 0107747 0107761 0107773 0107777 0107791 0107827 0107837 0107839
010261: 0107843 0107857 0107867 0107881 0107897 0107903 0107923 0107927 0107941 0107951 0107971 0107981 0107999 0108007
010276: 0108011 0108013 0108023 0108037 0108041 0108061 0108079 0108089 0108107 0108109 0108127 0108131 0108139 0108161 0108179
010291: 0108187 0108191 0108193 0108203 0108211 0108217 0108223 0108233 0108247 0108263 0108271 0108287 0108289 0108293 0108301
010306: 0108343 0108347 0108359 0108377 0108379 0108401 0108413 0108421 0108439 0108457 0108461 0108463 0108497 0108499 0108503
010321: 0108517 0108529 0108533 0108541 0108553 0108557 0108571 0108587 0108631 0108637 0108643 0108649 0108677 0108707 0108709
010336: 0108727 0108739 0108751 0108761 0108769 0108791 0108793 0108799 0108803 0108821 0108827 0108863 0108869 0108877 0108881
010351: 0108883 0108887 0108893 0108907 0108917 0108923 0108929 0108943 0108947 0108949 0108959 0108961 0108967 0108971 0108991
010366: 0109001 0109013 0109037 0109049 0109063 0109073 0109097 0109103 0109111 0109121 0109133 0109139 0109141 0109147 0109159
010381: 0109169 0109171 0109199 0109201 0109211 0109229 0109253 0109267 0109279 0109297 0109303 0109313 0109321 0109331 0109357
010396: 0109363 0109367 0109379 0109387 0109391 0109397 0109423 0109433 0109441 0109451 0109453 0109469 0109471 0109481 0109507
010411: 0109517 0109519 0109537 0109541 0109547 0109567 0109579 0109583 0109589 0109597 0109609 0109619 0109621 0109639 0109661
010426: 0109663 0109673 0109717 0109721 0109741 0109751 0109789 0109793 0109807 0109819 0109829 0109831 0109841 0109843 0109847
010441: 0109849 0109859 0109873 0109883 0109891 0109897 0109903 0109913 0109919 0109937 0109943 0109961 0109987 0110017 0110023
010456: 0110039 0110051 0110059 0110063 0110069 0110083 0110119 0110129 0110161 0110183 0110221 0110233 0110237 0110251 0110261
010471: 0110269 0110273 0110281 0110291 0110311 0110321 0110323 0110339 0110359 0110419 0110431 0110437 0110441 0110459 0110477
010486: 0110479 0110491 0110501 0110503 0110527 0110533 0110543 0110557 0110563 0110567 0110569 0110573 0110581 0110587 0110597
```

010501-012000   Prime numbers

```
010501:  0110603 0110609 0110623 0110629 0110641 0110647 0110651 0110681 0110711 0110729 0110731 0110749 0110753 0110771 0110777
010516:  0110807 0110813 0110819 0110821 0110849 0110863 0110879 0110881 0110899 0110909 0110917 0110921 0110923 0110927 0110933
010531:  0110939 0110947 0110951 0110969 0110977 0110989 0111029 0111031 0111043 0111049 0111053 0111091 0111103 0111109 0111119
010546:  0111121 0111127 0111143 0111149 0111187 0111191 0111211 0111217 0111227 0111229 0111253 0111263 0111269 0111271 0111301
010561:  0111317 0111323 0111337 0111341 0111347 0111373 0111409 0111427 0111431 0111439 0111443 0111467 0111487 0111491 0111493
010576:  0111497 0111509 0111511 0111533 0111539 0111577 0111581 0111593 0111599 0111611 0111623 0111637 0111641 0111653 0111659
010591:  0111667 0111697 0111721 0111731 0111733 0111751 0111767 0111773 0111779 0111781 0111791 0111799 0111821 0111827 0111829
010606:  0111833 0111847 0111857 0111863 0111869 0111871 0111893 0111913 0111919 0111949 0111953 0111959 0111973 0111977 0111997
010621:  0112019 0112031 0112061 0112067 0112069 0112087 0112097 0112103 0112111 0112121 0112129 0112139 0112153 0112163 0112181
010636:  0112199 0112207 0112213 0112223 0112237 0112241 0112247 0112249 0112253 0112261 0112279 0112289 0112291 0112297 0112303
010651:  0112327 0112331 0112337 0112339 0112349 0112361 0112363 0112397 0112403 0112429 0112459 0112481 0112501 0112507 0112543
010666:  0112559 0112571 0112573 0112577 0112583 0112589 0112601 0112603 0112621 0112643 0112657 0112663 0112687 0112691 0112741
010681:  0112757 0112759 0112771 0112787 0112799 0112807 0112831 0112843 0112859 0112877 0112901 0112909 0112913 0112919 0112921
010696:  0112927 0112939 0112951 0112967 0112979 0112997 0113011 0113017 0113021 0113023 0113027 0113039 0113041 0113051 0113063
010711:  0113081 0113083 0113089 0113093 0113111 0113117 0113123 0113131 0113143 0113147 0113149 0113153 0113159 0113161 0113167
010726:  0113171 0113173 0113177 0113189 0113209 0113213 0113227 0113233 0113279 0113287 0113327 0113329 0113341 0113357 0113359
010741:  0113363 0113371 0113381 0113383 0113417 0113437 0113453 0113467 0113489 0113497 0113501 0113513 0113537 0113539 0113557
010756:  0113567 0113591 0113621 0113623 0113647 0113657 0113683 0113717 0113719 0113723 0113731 0113749 0113759 0113761 0113777
010771:  0113779 0113783 0113797 0113809 0113819 0113837 0113843 0113891 0113899 0113903 0113909 0113921 0113933 0113947 0113957
010786:  0113963 0113969 0113983 0113989 0114001 0114013 0114031 0114041 0114043 0114067 0114073 0114077 0114083 0114089 0114113
010801:  0114143 0114157 0114161 0114167 0114193 0114197 0114199 0114203 0114217 0114221 0114229 0114259 0114269 0114277 0114281
010816:  0114299 0114311 0114319 0114329 0114343 0114371 0114377 0114407 0114419 0114451 0114467 0114473 0114479 0114487 0114493
010831:  0114547 0114553 0114571 0114577 0114593 0114599 0114601 0114613 0114617 0114641 0114643 0114649 0114659 0114661 0114671
010846:  0114679 0114689 0114691 0114713 0114743 0114749 0114757 0114761 0114769 0114773 0114781 0114797 0114799 0114809 0114827
010861:  0114833 0114847 0114859 0114889 0114901 0114913 0114941 0114967 0114973 0114997 0115001 0115013 0115019 0115021
010876:  0115057 0115061 0115067 0115079 0115099 0115117 0115123 0115127 0115133 0115151 0115153 0115163 0115183 0115201 0115211
010891:  0115223 0115229 0115237 0115249 0115259 0115279 0115301 0115303 0115309 0115319 0115321 0115327 0115331 0115337 0115343 0115361
010906:  0115363 0115399 0115421 0115429 0115459 0115469 0115471 0115499 0115513 0115523 0115547 0115553 0115561 0115571 0115589
010921:  0115597 0115601 0115603 0115613 0115631 0115637 0115657 0115663 0115679 0115693 0115727 0115733 0115741 0115751 0115757
010936:  0115763 0115769 0115771 0115777 0115781 0115783 0115793 0115807 0115811 0115823 0115831 0115837 0115849 0115853 0115859
010951:  0115861 0115873 0115877 0115879 0115883 0115891 0115901 0115903 0115931 0115933 0115963 0115979 0115981 0115987 0116009
010966:  0116027 0116041 0116047 0116089 0116099 0116101 0116107 0116113 0116131 0116141 0116159 0116167 0116177 0116189 0116191
010981:  0116201 0116239 0116243 0116257 0116269 0116273 0116279 0116293 0116329 0116341 0116351 0116359 0116371 0116381 0116387
010996:  0116411 0116423 0116437 0116443 0116447 0116461 0116471 0116483 0116491 0116507 0116531 0116533 0116537 0116539 0116549
011011:  0116579 0116593 0116639 0116657 0116663 0116681 0116687 0116689 0116707 0116719 0116731 0116741 0116747 0116789 0116791
011026:  0116797 0116803 0116819 0116827 0116833 0116849 0116867 0116881 0116903 0116911 0116923 0116927 0116929 0116933 0116953
011041:  0116959 0116969 0116981 0116989 0116993 0117017 0117023 0117037 0117041 0117043 0117053 0117071 0117101 0117109 0117119
011056:  0117127 0117133 0117163 0117167 0117191 0117193 0117203 0117209 0117223 0117239 0117241 0117251 0117259 0117269 0117281
011071:  0117307 0117319 0117329 0117331 0117353 0117361 0117371 0117373 0117389 0117413 0117427 0117431 0117437 0117443 0117497
011086:  0117499 0117503 0117511 0117517 0117529 0117539 0117541 0117563 0117571 0117577 0117617 0117619 0117643 0117659 0117671
011101:  0117673 0117679 0117701 0117703 0117709 0117721 0117727 0117733 0117751 0117763 0117773 0117779 0117787 0117797
011116:  0117809 0117811 0117833 0117839 0117841 0117851 0117877 0117881 0117883 0117889 0117899 0117911 0117917 0117937 0117959
011131:  0117973 0117977 0117979 0117989 0117991 0118033 0118037 0118043 0118051 0118057 0118061 0118081 0118093 0118127 0118147
011146:  0118163 0118169 0118171 0118189 0118211 0118213 0118219 0118247 0118249 0118253 0118259 0118273 0118277 0118297 0118343
011161:  0118361 0118369 0118373 0118387 0118399 0118409 0118411 0118423 0118429 0118453 0118457 0118463 0118471 0118493 0118529
011176:  0118543 0118549 0118571 0118583 0118589 0118603 0118619 0118621 0118633 0118661 0118669 0118673 0118681 0118687 0118691
011191:  0118709 0118717 0118739 0118747 0118751 0118757 0118787 0118799 0118807 0118819 0118831 0118843 0118861 0118873 0118891
011206:  0118897 0118901 0118903 0118907 0118913 0118927 0118931 0118967 0118973 0119027 0119033 0119039 0119047 0119057 0119069
011221:  0119083 0119087 0119099 0119101 0119107 0119129 0119131 0119159 0119173 0119179 0119183 0119191 0119227 0119233
011236:  0119237 0119243 0119267 0119291 0119293 0119297 0119299 0119311 0119321 0119359 0119363 0119389 0119417 0119419 0119429
011251:  0119447 0119489 0119503 0119513 0119533 0119549 0119551 0119563 0119569 0119591 0119611 0119617 0119627 0119633
011266:  0119653 0119657 0119659 0119671 0119677 0119687 0119689 0119699 0119701 0119723 0119737 0119747 0119759 0119771 0119773
011281:  0119783 0119797 0119809 0119813 0119827 0119831 0119839 0119849 0119851 0119869 0119881 0119891 0119921 0119923 0119929
011296:  0119953 0119963 0119971 0119981 0119983 0119993 0120011 0120017 0120041 0120047 0120049 0120067 0120077 0120079 0120091
011311:  0120097 0120103 0120121 0120157 0120163 0120167 0120181 0120193 0120199 0120227 0120223 0120233 0120247 0120277 0120283
011326:  0120293 0120299 0120319 0120331 0120349 0120371 0120383 0120391 0120397 0120401 0120413 0120427 0120431 0120473 0120503
011341:  0120511 0120539 0120551 0120557 0120563 0120569 0120577 0120587 0120607 0120619 0120623 0120647 0120661 0120671
011356:  0120677 0120689 0120691 0120709 0120713 0120721 0120737 0120739 0120743 0120763 0120767 0120779 0120811 0120817 0120823
011371:  0120829 0120833 0120847 0120851 0120863 0120871 0120877 0120889 0120899 0120907 0120917 0120919 0120929 0120937 0120941
011386:  0120943 0120947 0120977 0120997 0121001 0121007 0121013 0121019 0121021 0121039 0121061 0121063 0121067 0121081 0121123
011401:  0121139 0121151 0121157 0121169 0121171 0121181 0121189 0121229 0121259 0121267 0121283 0121291 0121309 0121313
011416:  0121321 0121327 0121333 0121343 0121349 0121351 0121357 0121367 0121379 0121403 0121421 0121439 0121441 0121447
011431:  0121453 0121469 0121487 0121493 0121501 0121507 0121523 0121531 0121547 0121553 0121559 0121571 0121577 0121579 0121591
011446:  0121607 0121609 0121621 0121631 0121633 0121637 0121661 0121687 0121711 0121721 0121727 0121763 0121787 0121789
011461:  0121843 0121853 0121867 0121883 0121889 0121909 0121921 0121931 0121937 0121949 0121951 0121963 0121967 0121993 0121997
011476:  0122011 0122021 0122027 0122029 0122033 0122039 0122041 0122051 0122053 0122069 0122081 0122099 0122117 0122131 0122147
011491:  0122149 0122167 0122173 0122201 0122203 0122207 0122209 0122219 0122231 0122251 0122263 0122267 0122273 0122279 0122299
011506:  0122321 0122323 0122327 0122347 0122363 0122387 0122389 0122393 0122399 0122401 0122443 0122449 0122453 0122471 0122477
011521:  0122489 0122497 0122501 0122503 0122509 0122527 0122533 0122557 0122561 0122579 0122597 0122599 0122609 0122611 0122651
011536:  0122653 0122663 0122693 0122701 0122719 0122741 0122743 0122753 0122761 0122777 0122789 0122819 0122827 0122833 0122839
011551:  0122849 0122861 0122867 0122869 0122887 0122891 0122921 0122929 0122939 0122953 0122957 0122963 0122971 0123001 0123007
011566:  0123017 0123031 0123049 0123059 0123077 0123083 0123091 0123113 0123121 0123127 0123143 0123161 0123179 0123191 0123203 0123209
011581:  0123217 0123229 0123239 0123259 0123289 0123307 0123311 0123323 0123341 0123373 0123377 0123379 0123397 0123401
011596:  0123407 0123419 0123427 0123433 0123439 0123449 0123457 0123479 0123491 0123493 0123499 0123503 0123517 0123527 0123547
011611:  0123551 0123553 0123581 0123583 0123593 0123601 0123619 0123631 0123637 0123653 0123667 0123677 0123701 0123707
011626:  0123719 0123727 0123731 0123733 0123737 0123757 0123787 0123791 0123803 0123817 0123821 0123829 0123833 0123853 0123863
011641:  0123887 0123911 0123923 0123931 0123941 0123953 0123973 0123979 0123983 0123989 0123997 0124001 0124021 0124067 0124087
011656:  0124097 0124121 0124123 0124133 0124139 0124147 0124153 0124171 0124181 0124183 0124193 0124199 0124213 0124231 0124247
011671:  0124249 0124277 0124291 0124297 0124301 0124303 0124309 0124337 0124339 0124343 0124349 0124351 0124363 0124367 0124427
011686:  0124429 0124433 0124447 0124459 0124471 0124477 0124489 0124493 0124513 0124529 0124541 0124543 0124561 0124567 0124577
011701:  0124601 0124633 0124643 0124669 0124673 0124679 0124693 0124699 0124703 0124717 0124721 0124739 0124753 0124759 0124769
011716:  0124771 0124777 0124781 0124783 0124793 0124799 0124819 0124823 0124847 0124853 0124897 0124907 0124909 0124919 0124951
011731:  0124977 0124981 0124987 0124991 0125003 0125017 0125029 0125053 0125063 0125093 0125101 0125107 0125113 0125117 0125119
011746:  0125131 0125141 0125149 0125183 0125197 0125201 0125207 0125219 0125221 0125231 0125243 0125261 0125269 0125287 0125299
011761:  0125303 0125311 0125329 0125339 0125353 0125371 0125383 0125387 0125399 0125407 0125423 0125429 0125441 0125453 0125471
011776:  0125497 0125507 0125509 0125527 0125539 0125551 0125591 0125597 0125617 0125621 0125627 0125639 0125641 0125651 0125659
011791:  0125669 0125683 0125687 0125693 0125707 0125711 0125717 0125731 0125737 0125743 0125753 0125777 0125789 0125791 0125803
011806:  0125813 0125821 0125863 0125887 0125897 0125899 0125921 0125927 0125929 0125933 0125941 0125959 0125963 0126001 0126011
011821:  0126023 0126019 0126031 0126037 0126041 0126047 0126067 0126079 0126097 0126107 0126127 0126131 0126143 0126151
011836:  0126173 0126199 0126211 0126223 0126227 0126229 0126233 0126241 0126257 0126271 0126307 0126311 0126317 0126323 0126337
011851:  0126341 0126349 0126359 0126397 0126421 0126433 0126443 0126457 0126461 0126473 0126481 0126487 0126491 0126493 0126499
011866:  0126517 0126541 0126547 0126551 0126583 0126601 0126611 0126613 0126631 0126641 0126653 0126683 0126691 0126703 0126713
011881:  0126719 0126733 0126739 0126743 0126751 0126757 0126761 0126781 0126823 0126827 0126839 0126851 0126857 0126869 0126913
011896:  0126923 0126943 0126949 0126961 0126967 0126989 0127031 0127033 0127037 0127051 0127079 0127081 0127103 0127123 0127133
011911:  0127139 0127157 0127163 0127189 0127207 0127217 0127219 0127241 0127247 0127249 0127261 0127271 0127277 0127289 0127291
011926:  0127297 0127301 0127321 0127331 0127363 0127373 0127399 0127403 0127423 0127447 0127453 0127481 0127487 0127493
011941:  0127507 0127529 0127541 0127549 0127579 0127583 0127591 0127597 0127601 0127607 0127609 0127637 0127643 0127649 0127657
011956:  0127663 0127669 0127679 0127681 0127691 0127703 0127709 0127711 0127717 0127727 0127733 0127739 0127747 0127763 0127781
011971:  0127807 0127817 0127819 0127837 0127843 0127849 0127859 0127867 0127873 0127877 0127913 0127921 0127931 0127951 0127973
011986:  0127979 0127997 0128021 0128033 0128047 0128053 0128099 0128111 0128113 0128119 0128147 0128153 0128159 0128173 0128189
```

Prime numbers 012001-013500

```
012001:  0128201 0128203 0128213 0128221 0128237 0128239 0128257 0128273 0128287 0128291 0128311 0128321 0128327 0128339 0128341
012016:  0128347 0128351 0128377 0128389 0128393 0128399 0128411 0128413 0128431 0128437 0128449 0128461 0128467 0128473 0128477
012031:  0128483 0128489 0128509 0128519 0128521 0128549 0128551 0128563 0128591 0128599 0128603 0128621 0128629 0128657 0128659
012046:  0128663 0128669 0128677 0128683 0128693 0128717 0128747 0128749 0128761 0128767 0128813 0128819 0128831 0128833 0128837
012061:  0128857 0128861 0128873 0128879 0128903 0128923 0128939 0128941 0128951 0128959 0128969 0128971 0128981 0128983 0128987
012076:  0128993 0129001 0129011 0129023 0129037 0129049 0129061 0129083 0129089 0129097 0129113 0129119 0129121 0129127 0129169
012091:  0129187 0129193 0129197 0129209 0129221 0129223 0129229 0129263 0129277 0129281 0129287 0129289 0129293 0129313 0129341
012106:  0129347 0129361 0129379 0129401 0129403 0129419 0129439 0129443 0129449 0129457 0129461 0129469 0129491 0129497 0129499
012121:  0129509 0129517 0129527 0129529 0129533 0129539 0129553 0129581 0129587 0129589 0129593 0129607 0129629 0129631 0129641
012136:  0129643 0129671 0129707 0129719 0129733 0129737 0129749 0129757 0129763 0129769 0129793 0129803 0129841 0129853 0129887
012151:  0129893 0129901 0129917 0129919 0129937 0129953 0129959 0129967 0129971 0130003 0130021 0130027 0130043 0130051 0130057
012166:  0130069 0130073 0130079 0130087 0130099 0130121 0130127 0130147 0130171 0130183 0130199 0130201 0130211 0130223 0130241
012181:  0130253 0130259 0130261 0130267 0130279 0130303 0130307 0130337 0130343 0130349 0130363 0130367 0130369 0130379 0130399
012196:  0130409 0130411 0130423 0130439 0130447 0130457 0130469 0130477 0130483 0130489 0130513 0130517 0130523 0130531 0130547
012211:  0130553 0130579 0130589 0130619 0130621 0130631 0130633 0130643 0130649 0130651 0130657 0130681 0130687 0130693
012226:  0130699 0130729 0130769 0130783 0130787 0130807 0130811 0130817 0130829 0130841 0130843 0130859 0130873 0130927 0130957
012241:  0130969 0130973 0130981 0130987 0131009 0131011 0131023 0131041 0131059 0131063 0131071 0131101 0131111 0131113 0131129
012256:  0131143 0131149 0131171 0131203 0131213 0131221 0131231 0131249 0131251 0131267 0131293 0131297 0131303 0131311 0131317
012271:  0131321 0131357 0131363 0131371 0131381 0131413 0131431 0131437 0131441 0131447 0131449 0131477 0131479 0131489 0131497
012286:  0131501 0131507 0131519 0131543 0131561 0131581 0131591 0131611 0131617 0131627 0131639 0131641 0131671 0131687 0131701
012301:  0131707 0131713 0131731 0131731 0131749 0131759 0131771 0131777 0131779 0131783 0131797 0131837 0131839 0131849
012316:  0131861 0131891 0131893 0131899 0131909 0131927 0131933 0131939 0131941 0131947 0131959 0131969 0132001 0132019 0132047
012331:  0132049 0132059 0132071 0132103 0132109 0132113 0132137 0132151 0132157 0132169 0132173 0132199 0132229 0132233 0132241
012346:  0132247 0132257 0132263 0132283 0132287 0132299 0132313 0132329 0132331 0132347 0132361 0132367 0132371 0132383 0132403
012361:  0132409 0132421 0132437 0132439 0132469 0132491 0132499 0132511 0132523 0132527 0132529 0132533 0132541 0132547 0132589
012376:  0132607 0132611 0132619 0132623 0132631 0132637 0132647 0132661 0132667 0132679 0132689 0132697 0132701 0132707 0132709
012391:  0132721 0132739 0132749 0132751 0132757 0132761 0132763 0132817 0132833 0132851 0132857 0132859 0132863 0132887 0132893
012406:  0132911 0132929 0132947 0132949 0132953 0132961 0132967 0132971 0132989 0133013 0133033 0133039 0133051 0133069 0133073
012421:  0133087 0133097 0133103 0133109 0133117 0133121 0133153 0133157 0133169 0133183 0133187 0133201 0133213 0133241 0133253
012436:  0133261 0133271 0133277 0133279 0133283 0133303 0133319 0133321 0133327 0133333 0133349 0133351 0133379 0133387 0133391
012451:  0133403 0133417 0133439 0133447 0133451 0133481 0133493 0133499 0133519 0133541 0133543 0133559 0133571 0133583 0133597
012466:  0133631 0133633 0133649 0133657 0133669 0133673 0133691 0133697 0133709 0133711 0133717 0133723 0133733 0133769 0133781
012481:  0133801 0133811 0133813 0133831 0133843 0133853 0133873 0133877 0133919 0133949 0133963 0133967 0133979 0133981 0133993
012496:  0133999 0134033 0134039 0134047 0134053 0134059 0134077 0134081 0134087 0134089 0134093 0134129 0134153 0134161 0134171
012511:  0134177 0134191 0134207 0134213 0134219 0134227 0134243 0134257 0134263 0134269 0134287 0134291 0134293 0134327 0134333
012526:  0134339 0134341 0134353 0134359 0134363 0134369 0134371 0134399 0134401 0134417 0134437 0134443 0134471 0134489 0134503
012541:  0134507 0134513 0134581 0134587 0134591 0134593 0134597 0134609 0134639 0134669 0134677 0134681 0134683 0134699 0134707
012556:  0134731 0134741 0134753 0134777 0134789 0134813 0134839 0134851 0134857 0134867 0134873 0134887 0134873 0134887 0134909 0134917
012571:  0134921 0134923 0134947 0134951 0134989 0134999 0135007 0135017 0135019 0135029 0135043 0135049 0135059 0135077 0135089
012586:  0135101 0135119 0135131 0135151 0135173 0135181 0135193 0135197 0135209 0135211 0135221 0135241 0135257 0135271 0135277
012601:  0135281 0135283 0135301 0135319 0135329 0135347 0135349 0135353 0135367 0135389 0135391 0135403 0135409 0135427 0135431
012616:  0135433 0135449 0135461 0135463 0135467 0135469 0135479 0135497 0135511 0135533 0135559 0135571 0135581 0135589 0135593
012631:  0135599 0135601 0135607 0135613 0135617 0135623 0135637 0135647 0135649 0135661 0135671 0135697 0135701 0135719 0135721
012646:  0135727 0135731 0135743 0135757 0135781 0135787 0135799 0135829 0135841 0135851 0135859 0135887 0135893 0135899 0135911
012661:  0135913 0135929 0135937 0135977 0135979 0136013 0136027 0136033 0136043 0136057 0136067 0136069 0136093 0136099 0136111
012676:  0136133 0136139 0136163 0136177 0136189 0136193 0136207 0136217 0136223 0136237 0136247 0136261 0136273 0136277 0136303
012691:  0136309 0136319 0136327 0136333 0136337 0136343 0136351 0136361 0136373 0136379 0136393 0136397 0136399 0136403 0136417
012706:  0136421 0136429 0136447 0136453 0136463 0136471 0136481 0136483 0136501 0136511 0136519 0136523 0136531 0136537 0136541
012721:  0136547 0136559 0136573 0136601 0136603 0136607 0136621 0136649 0136651 0136657 0136691 0136693 0136709 0136711 0136727
012736:  0136733 0136739 0136751 0136753 0136769 0136777 0136811 0136813 0136841 0136849 0136859 0136861 0136879 0136883 0136889
012751:  0136897 0136943 0136949 0136951 0136963 0136973 0136979 0136987 0136991 0136993 0137029 0137077 0137087 0137089
012766:  0137117 0137119 0137131 0137143 0137147 0137153 0137177 0137183 0137191 0137197 0137201 0137209 0137219 0137239 0137251
012781:  0137273 0137279 0137303 0137309 0137313 0137321 0137339 0137341 0137351 0137353 0137363 0137369 0137387 0137393 0137413
012796:  0137437 0137443 0137447 0137453 0137477 0137483 0137491 0137507 0137519 0137537 0137567 0137573 0137587 0137593 0137597
012811:  0137623 0137633 0137639 0137653 0137659 0137699 0137707 0137713 0137723 0137737 0137771 0137777 0137791 0137803
012826:  0137827 0137831 0137849 0137867 0137869 0137873 0137909 0137911 0137927 0137933 0137941 0137947 0137957 0137983 0137993
012841:  0137999 0138007 0138041 0138053 0138059 0138071 0138077 0138079 0138101 0138107 0138113 0138139 0138143 0138157 0138163
012856:  0138179 0138181 0138191 0138197 0138209 0138239 0138241 0138247 0138251 0138283 0138289 0138311 0138319 0138323 0138337
012871:  0138349 0138371 0138373 0138389 0138401 0138403 0138407 0138427 0138433 0138449 0138451 0138461 0138469 0138493 0138497
012886:  0138511 0138517 0138547 0138559 0138563 0138569 0138571 0138577 0138581 0138587 0138599 0138617 0138629 0138637 0138641
012901:  0138647 0138661 0138679 0138683 0138727 0138731 0138739 0138763 0138793 0138797 0138799 0138821 0138829 0138841 0138863
012916:  0138869 0138883 0138889 0138899 0138917 0138923 0138937 0138959 0138967 0138977 0138901 0139033 0139067 0139079
012931:  0139091 0139109 0139121 0139123 0139133 0139169 0139177 0139187 0139199 0139201 0139241 0139267 0139273 0139291 0139297
012946:  0139301 0139303 0139309 0139313 0139333 0139339 0139343 0139361 0139367 0139369 0139387 0139393 0139397 0139409 0139423
012961:  0139429 0139439 0139457 0139459 0139483 0139487 0139493 0139501 0139511 0139537 0139547 0139571 0139589 0139591 0139597
012976:  0139609 0139619 0139627 0139661 0139663 0139681 0139697 0139703 0139709 0139721 0139729 0139739 0139747 0139753 0139759
012991:  0139787 0139801 0139813 0139831 0139837 0139861 0139871 0139883 0139891 0139901 0139907 0139921 0139939 0139943 0139967
013006:  0139969 0139981 0139987 0139991 0139999 0140009 0140053 0140057 0140071 0140111 0140123 0140143 0140159 0140167
013021:  0140171 0140177 0140191 0140197 0140207 0140221 0140227 0140237 0140249 0140263 0140269 0140281 0140297 0140317 0140321
013036:  0140333 0140339 0140351 0140363 0140381 0140401 0140407 0140411 0140419 0140423 0140443 0140449 0140453 0140473
013051:  0140477 0140521 0140527 0140533 0140549 0140551 0140587 0140593 0140603 0140611 0140617 0140627 0140629 0140639
013066:  0140659 0140663 0140677 0140681 0140683 0140687 0140689 0140691 0140729 0140731 0140741 0140759 0140761 0140773 0140779 0140797
013081:  0140813 0140827 0140831 0140837 0140839 0140863 0140867 0140869 0140891 0140893 0140897 0140909 0140929 0140939 0140977
013096:  0140983 0140989 0141023 0141041 0141061 0141067 0141073 0141079 0141101 0141107 0141121 0141131 0141157 0141161 0141179
013111:  0141181 0141199 0141209 0141211 0141221 0141223 0141241 0141257 0141263 0141269 0141277 0141283 0141301 0141307 0141311
013126:  0141319 0141353 0141359 0141371 0141397 0141403 0141413 0141439 0141443 0141461 0141481 0141497 0141499 0141509 0141511
013141:  0141529 0141539 0141551 0141587 0141601 0141613 0141619 0141623 0141629 0141637 0141649 0141653 0141667 0141671 0141677
013156:  0141679 0141689 0141697 0141707 0141709 0141719 0141731 0141761 0141767 0141769 0141773 0141793 0141803 0141811 0141829
013171:  0141833 0141851 0141853 0141863 0141871 0141907 0141917 0141937 0141941 0141959 0141961 0141971 0141991 0142007
013186:  0142019 0142031 0142039 0142049 0142057 0142061 0142067 0142097 0142099 0142111 0142123 0142151 0142157 0142159 0142169
013201:  0142183 0142189 0142193 0142211 0142217 0142223 0142231 0142271 0142297 0142319 0142327 0142357 0142369 0142381
013216:  0142391 0142403 0142421 0142427 0142433 0142453 0142469 0142501 0142529 0142537 0142543 0142547 0142553 0142559 0142567
013231:  0142573 0142579 0142591 0142601 0142607 0142609 0142639 0142649 0142657 0142673 0142697 0142699 0142711 0142733 0142757 0142759
013246:  0142771 0142787 0142789 0142799 0142811 0142837 0142841 0142867 0142871 0142873 0142897 0142903 0142907 0142939 0142949
013261:  0142963 0142969 0142973 0142979 0142981 0142993 0143053 0143063 0143093 0143107 0143111 0143113 0143113 0143141 0143159
013276:  0143177 0143197 0143239 0143243 0143249 0143257 0143261 0143263 0143281 0143287 0143291 0143329 0143333 0143357 0143387
013291:  0143401 0143413 0143419 0143443 0143461 0143467 0143477 0143483 0143489 0143501 0143503 0143513 0143519 0143521 0143527
013306:  0143537 0143551 0143567 0143609 0143573 0143593 0143609 0143617 0143629 0143651 0143653 0143669 0143677 0143687 0143699
013321:  0143711 0143719 0143729 0143743 0143779 0143791 0143797 0143807 0143813 0143821 0143827 0143831 0143833 0143873 0143879
013336:  0143881 0143909 0143947 0143953 0143971 0143977 0143981 0143999 0144013 0144031 0144037 0144061 0144071 0144073 0144103
013351:  0144139 0144161 0144163 0144167 0144169 0144173 0144203 0144223 0144241 0144247 0144253 0144259 0144271 0144289 0144299
013366:  0144307 0144311 0144323 0144341 0144349 0144379 0144383 0144407 0144409 0144413 0144427 0144439 0144451 0144461 0144479
013381:  0144481 0144497 0144511 0144539 0144541 0144563 0144569 0144577 0144583 0144589 0144593 0144611 0144629 0144659 0144667
013396:  0144671 0144701 0144709 0144719 0144731 0144737 0144751 0144757 0144763 0144773 0144779 0144791 0144817 0144829 0144839
013411:  0144847 0144883 0144887 0144889 0144899 0144917 0144931 0144941 0144961 0144967 0144973 0144983 0145007 0145009 0145021
013426:  0145031 0145043 0145063 0145069 0145091 0145109 0145121 0145133 0145139 0145177 0145193 0145207 0145213 0145219 0145253
013441:  0145259 0145267 0145283 0145289 0145303 0145307 0145349 0145361 0145381 0145391 0145399 0145417 0145423 0145433
013456:  0145447 0145459 0145469 0145483 0145471 0145477 0145511 0145513 0145517 0145531 0145543 0145547 0145549 0145553 0145559
013471:  0145577 0145589 0145601 0145603 0145633 0145637 0145643 0145661 0145679 0145681 0145687 0145703 0145709 0145721 0145723
013486:  0145753 0145757 0145759 0145771 0145777 0145799 0145807 0145819 0145823 0145829 0145861 0145879 0145897 0145903 0145931
```

013501-015000   Prime numbers

```
013501: 0145933 0145949 0145963 0145967 0145969 0145987 0145991 0146009 0146011 0146021 0146023 0146033 0146051 0146057 0146059
013516: 0146063 0146077 0146093 0146099 0146119 0146117 0146141 0146161 0146173 0146179 0146191 0146197 0146203 0146213 0146239 0146249
013531: 0146273 0146291 0146297 0146299 0146309 0146317 0146323 0146347 0146359 0146369 0146381 0146383 0146389 0146407 0146417
013546: 0146423 0146437 0146449 0146471 0146477 0146513 0146519 0146521 0146527 0146539 0146543 0146563 0146581 0146603 0146609 0146617
013561: 0146639 0146647 0146669 0146677 0146681 0146683 0146701 0146719 0146743 0146749 0146767 0146777 0146801 0146807 0146819
013576: 0146833 0146837 0146843 0146849 0146857 0146891 0146893 0146917 0146921 0146933 0146947 0146953 0146977 0146983 0146987
013591: 0146989 0147011 0147029 0147031 0147047 0147073 0147083 0147089 0147097 0147107 0147137 0147139 0147151 0147163 0147179
013606: 0147197 0147209 0147211 0147221 0147227 0147229 0147253 0147263 0147283 0147289 0147293 0147299 0147311 0147319 0147331
013621: 0147341 0147347 0147353 0147377 0147391 0147397 0147401 0147409 0147419 0147449 0147451 0147457 0147481 0147487 0147503
013636: 0147517 0147541 0147547 0147551 0147557 0147571 0147583 0147607 0147613 0147617 0147629 0147647 0147661 0147671 0147673
013651: 0147689 0147703 0147709 0147727 0147739 0147743 0147761 0147769 0147773 0147779 0147787 0147793 0147799 0147811 0147827
013666: 0147853 0147859 0147863 0147881 0147919 0147937 0147949 0147977 0147997 0148013 0148021 0148061 0148063 0148073 0148079
013681: 0148091 0148123 0148139 0148143 0148151 0148153 0148157 0148171 0148193 0148199 0148201 0148207 0148229 0148243 0148249
013696: 0148279 0148301 0148303 0148331 0148339 0148361 0148367 0148381 0148387 0148399 0148403 0148411 0148429 0148439 0148457
013711: 0148469 0148471 0148483 0148501 0148513 0148517 0148531 0148537 0148549 0148573 0148579 0148609 0148627 0148633 0148639
013726: 0148663 0148667 0148669 0148691 0148693 0148711 0148721 0148723 0148727 0148747 0148763 0148781 0148783 0148793 0148817
013741: 0148829 0148853 0148859 0148861 0148867 0148873 0148891 0148913 0148921 0148927 0148931 0148933 0148949 0148957 0148961
013756: 0148991 0148997 0149011 0149021 0149027 0149033 0149053 0149057 0149059 0149069 0149077 0149087 0149099 0149107 0149111
013771: 0149113 0149119 0149153 0149159 0149161 0149173 0149183 0149197 0149213 0149239 0149249 0149251 0149257 0149269 0149299
013786: 0149287 0149297 0149309 0149323 0149333 0149341 0149351 0149371 0149377 0149381 0149393 0149399 0149411 0149417 0149419
013801: 0149423 0149441 0149443 0149489 0149491 0149497 0149503 0149519 0149521 0149531 0149533 0149543 0149551 0149561 0149563
013816: 0149579 0149603 0149623 0149627 0149629 0149689 0149711 0149713 0149717 0149729 0149731 0149749 0149759 0149767 0149771
013831: 0149791 0149freshwater 0149827 0149839 0149867 0149873 0149893 0149899 0149911 0149921 0149939 0149953
013846: 0149969 0149971 0149993 0150001 0150011 0150041 0150053 0150061 0150067 0150077 0150083 0150089 0150091 0150097 0150107
013861: 0150131 0150151 0150169 0150193 0150197 0150203 0150209 0150211 0150217 0150221 0150223 0150229 0150247 0150287 0150299
013876: 0150301 0150323 0150329 0150343 0150373 0150377 0150379 0150383 0150401 0150407 0150413 0150427 0150431 0150439 0150473
013891: 0150497 0150503 0150511 0150517 0150523 0150533 0150551 0150559 0150571 0150583 0150587 0150589 0150607 0150611 0150649
013906: 0150659 0150697 0150707 0150721 0150743 0150767 0150769 0150779 0150791 0150797 0150827 0150833 0150847 0150869 0150881
013921: 0150883 0150889 0150893 0150901 0150907 0150919 0150929 0150959 0150961 0150967 0150979 0150989 0150991 0151007 0151009
013936: 0151013 0151027 0151049 0151051 0151057 0151091 0151121 0151141 0151153 0151157 0151163 0151169 0151171 0151189 0151201
013951: 0151213 0151237 0151241 0151243 0151247 0151253 0151273 0151279 0151289 0151303 0151337 0151339 0151343 0151357 0151379
013966: 0151381 0151391 0151397 0151423 0151429 0151433 0151451 0151471 0151477 0151483 0151499 0151507 0151517 0151523 0151531
013981: 0151537 0151549 0151553 0151561 0151573 0151579 0151597 0151603 0151607 0151609 0151631 0151637 0151643 0151651 0151667
013996: 0151673 0151681 0151687 0151693 0151703 0151717 0151729 0151733 0151769 0151771 0151783 0151787 0151799 0151813 0151817
014011: 0151841 0151847 0151849 0151871 0151883 0151897 0151901 0151903 0151909 0151937 0151939 0151967 0151969 0152003 0152017
014026: 0152027 0152029 0152039 0152041 0152063 0152077 0152081 0152083 0152093 0152111 0152123 0152147 0152183 0152189 0152197
014041: 0152203 0152213 0152219 0152231 0152239 0152249 0152267 0152287 0152293 0152297 0152311 0152363 0152377 0152381 0152389
014056: 0152393 0152407 0152417 0152419 0152423 0152429 0152441 0152443 0152459 0152461 0152501 0152519 0152531 0152533 0152539
014071: 0152563 0152567 0152597 0152599 0152617 0152623 0152629 0152639 0152641 0152657 0152671 0152681 0152717 0152723 0152729
014086: 0152753 0152767 0152777 0152783 0152791 0152809 0152819 0152821 0152833 0152837 0152839 0152843 0152851 0152867 0152869
014101: 0152897 0152899 0152909 0152939 0152941 0152947 0152963 0152969 0152981 0152989 0152993 0153001 0153059 0153067 0153071
014116: 0153073 0153077 0153089 0153107 0153113 0153115 0153137 0153151 0153191 0153247 0153269 0153271 0153277 0153281
014131: 0153287 0153313 0153319 0153337 0153343 0153353 0153359 0153371 0153379 0153407 0153409 0153421 0153427 0153437 0153443
014146: 0153449 0153457 0153469 0153487 0153499 0153509 0153511 0153521 0153523 0153529 0153533 0153557 0153563 0153589 0153607
014161: 0153611 0153623 0153641 0153649 0153689 0153701 0153719 0153733 0153739 0153743 0153749 0153757 0153763 0153817 0153841
014176: 0153871 0153877 0153887 0153911 0153913 0153929 0153941 0153947 0153949 0153953 0153991 0153997 0154001 0154027
014191: 0154043 0154049 0154057 0154061 0154067 0154073 0154079 0154081 0154087 0154097 0154111 0154127 0154153 0154157 0154159 0154181
014206: 0154183 0154211 0154213 0154229 0154243 0154247 0154267 0154277 0154279 0154291 0154303 0154313 0154321 0154333 0154339
014221: 0154351 0154369 0154373 0154387 0154409 0154417 0154423 0154439 0154459 0154487 0154493 0154501 0154523 0154543 0154571
014236: 0154573 0154579 0154589 0154591 0154613 0154619 0154621 0154643 0154667 0154669 0154681 0154691 0154699 0154723 0154727
014251: 0154733 0154747 0154751 0154769 0154787 0154799 0154801 0154807 0154823 0154841 0154849 0154871 0154873 0154877 0154883
014266: 0154897 0154927 0154933 0154937 0154943 0154981 0154991 0155003 0155009 0155017 0155027 0155047 0155069 0155081 0155083
014281: 0155087 0155119 0155137 0155153 0155161 0155167 0155171 0155191 0155201 0155203 0155209 0155219 0155231 0155251 0155269
014296: 0155291 0155299 0155303 0155317 0155327 0155333 0155371 0155381 0155383 0155387 0155399 0155413 0155423 0155443
014311: 0155453 0155461 0155473 0155501 0155521 0155537 0155539 0155557 0155569 0155579 0155581 0155593 0155609
014326: 0155621 0155627 0155653 0155663 0155671 0155689 0155693 0155699 0155707 0155717 0155719 0155723 0155731 0155741
014341: 0155747 0155773 0155777 0155783 0155797 0155801 0155809 0155821 0155833 0155849 0155851 0155861 0155863 0155887 0155891
014356: 0155893 0155921 0156007 0156011 0156019 0156041 0156059 0156061 0156071 0156089 0156119 0156127 0156131 0156139
014371: 0156151 0156161 0156217 0156227 0156229 0156241 0156253 0156257 0156259 0156269 0156307 0156319 0156347 0156353
014386: 0156361 0156371 0156421 0156437 0156467 0156487 0156491 0156493 0156511 0156521 0156539 0156577 0156589 0156593
014401: 0156601 0156619 0156623 0156631 0156641 0156659 0156671 0156677 0156679 0156683 0156691 0156703 0156707 0156719 0156727
014416: 0156733 0156749 0156781 0156797 0156799 0156811 0156823 0156833 0156841 0156887 0156899 0156901 0156913 0156941 0156943
014431: 0156967 0156971 0156979 0157007 0157013 0157019 0157037 0157049 0157051 0157057 0157061 0157081 0157103 0157109 0157127
014446: 0157133 0157141 0157163 0157177 0157181 0157189 0157207 0157211 0157217 0157219 0157229 0157231 0157243 0157247 0157253
014461: 0157259 0157271 0157273 0157277 0157279 0157291 0157303 0157307 0157321 0157327 0157349 0157351 0157363 0157393 0157411
014476: 0157427 0157429 0157433 0157457 0157477 0157483 0157489 0157513 0157519 0157523 0157543 0157559 0157561 0157571 0157579
014491: 0157627 0157637 0157639 0157649 0157667 0157669 0157679 0157721 0157733 0157739 0157747 0157769 0157777 0157793 0157799
014506: 0157813 0157823 0157831 0157837 0157841 0157867 0157877 0157889 0157897 0157901 0157907 0157921 0157933 0157951 0157991
014521: 0157999 0158003 0158009 0158017 0158029 0158047 0158071 0158077 0158113 0158129 0158141 0158143 0158161 0158189 0158201
014536: 0158209 0158227 0158231 0158233 0158243 0158261 0158269 0158293 0158303 0158329 0158341 0158351 0158357 0158359 0158363
014551: 0158371 0158393 0158407 0158419 0158429 0158443 0158449 0158489 0158507 0158519 0158527 0158537 0158551 0158563 0158567
014566: 0158573 0158581 0158591 0158597 0158611 0158617 0158623 0158633 0158647 0158653 0158669 0158699 0158731 0158747 0158749
014581: 0158759 0158761 0158771 0158777 0158791 0158803 0158843 0158849 0158861 0158867 0158881 0158909 0158923 0158927 0158941
014596: 0158959 0158981 0158993 0159013 0159017 0159023 0159059 0159073 0159079 0159097 0159113 0159119 0159157 0159161 0159167
014611: 0159169 0159179 0159191 0159193 0159199 0159209 0159223 0159227 0159233 0159287 0159293 0159311 0159319 0159337 0159347
014626: 0159349 0159361 0159389 0159403 0159407 0159421 0159431 0159437 0159457 0159463 0159469 0159473 0159491 0159499 0159503
014641: 0159521 0159539 0159541 0159553 0159563 0159569 0159571 0159589 0159617 0159623 0159629 0159631 0159667 0159671 0159673
014656: 0159683 0159697 0159701 0159707 0159721 0159737 0159739 0159763 0159769 0159773 0159779 0159787 0159791 0159793 0159799
014671: 0159811 0159833 0159839 0159853 0159857 0159869 0159871 0159899 0159911 0159931 0159937 0159977 0159979 0160000 0160009
014686: 0160019 0160031 0160033 0160049 0160073 0160079 0160081 0160087 0160091 0160093 0160117 0160141 0160159 0160163 0160169
014701: 0160183 0160201 0160207 0160217 0160231 0160243 0160253 0160309 0160313 0160319 0160357 0160367 0160373 0160387
014716: 0160397 0160403 0160409 0160423 0160441 0160453 0160481 0160483 0160499 0160507 0160541 0160553 0160579 0160583 0160591
014731: 0160603 0160619 0160621 0160627 0160637 0160639 0160649 0160651 0160663 0160669 0160687 0160697 0160709 0160711
014746: 0160723 0160739 0160751 0160753 0160757 0160781 0160789 0160807 0160813 0160817 0160829 0160841 0160861 0160877 0160879
014761: 0160883 0160901 0160907 0160933 0160967 0160969 0160981 0160997 0161009 0161017 0161033 0161039 0161047 0161053 0161059
014776: 0161071 0161087 0161093 0161123 0161137 0161141 0161149 0161159 0161167 0161201 0161221 0161233 0161237 0161263 0161267
014791: 0161281 0161303 0161309 0161323 0161333 0161339 0161341 0161363 0161377 0161387 0161407 0161411 0161453 0161459 0161461
014806: 0161471 0161503 0161507 0161521 0161527 0161531 0161543 0161561 0161563 0161569 0161573 0161591 0161599 0161611 0161627
014821: 0161639 0161641 0161659 0161683 0161717 0161729 0161731 0161741 0161743 0161753 0161761 0161771 0161773 0161779 0161783
014836: 0161807 0161831 0161839 0161869 0161873 0161879 0161881 0161911 0161921 0161923 0161947 0161957 0161969 0161971 0161977
014851: 0161983 0161999 0162007 0162011 0162017 0162053 0162059 0162079 0162091 0162109 0162119 0162143 0162209 0162221 0162229
014866: 0162251 0162257 0162263 0162269 0162277 0162287 0162289 0162293 0162343 0162359 0162389 0162391 0162413 0162419 0162439
014881: 0162451 0162457 0162473 0162493 0162499 0162517 0162523 0162527 0162529 0162553 0162557 0162563 0162577 0162593 0162601
014896: 0162611 0162623 0162629 0162641 0162649 0162671 0162677 0162683 0162691 0162703 0162704 0162713 0162727 0162731 0162739
014911: 0162749 0162751 0162779 0162787 0162791 0162821 0162823 0162829 0162839 0162847 0162853 0162859 0162881 0162889 0162901
014926: 0162907 0162917 0162937 0162947 0162971 0162973 0162989 0162997 0163003 0163019 0163021 0163027 0163061 0163063 0163109
014941: 0163117 0163127 0163129 0163147 0163151 0163169 0163171 0163181 0163193 0163199 0163211 0163223 0163243 0163249 0163259
014956: 0163307 0163309 0163321 0163337 0163351 0163363 0163367 0163393 0163403 0163409 0163411 0163417 0163433 0163469
014971: 0163477 0163481 0163483 0163487 0163517 0163543 0163561 0163567 0163573 0163601 0163613 0163621 0163627 0163633 0163637
014986: 0163643 0163661 0163673 0163679 0163697 0163729 0163733 0163741 0163753 0163771 0163781 0163789 0163811 0163819 0163841
```

Prime numbers 015001-016500

```
015001:  0163847 0163853 0163859 0163861 0163871 0163883 0163901 0163909 0163927 0163973 0163979 0163981 0163987 0163991 0163993
015016:  0163997 0164011 0164023 0164029 0164051 0164057 0164071 0164089 0164093 0164113 0164117 0164147 0164149 0164173 0164183
015031:  0164191 0164201 0164209 0164231 0164233 0164239 0164249 0164251 0164267 0164279 0164291 0164299 0164309 0164321 0164341
015046:  0164357 0164363 0164371 0164377 0164387 0164413 0164419 0164429 0164431 0164443 0164447 0164449 0164471 0164477 0164503
015061:  0164513 0164531 0164569 0164581 0164587 0164599 0164617 0164621 0164623 0164627 0164653 0164663 0164677 0164683 0164701
015076:  0164707 0164729 0164743 0164747 0164767 0164771 0164789 0164809 0164821 0164831 0164837 0164839 0164881 0164893 0164911
015091:  0164963 0164987 0164999 0165001 0165037 0165041 0165047 0165049 0165059 0165079 0165083 0165089 0165103 0165133 0165161
015106:  0165173 0165181 0165203 0165211 0165229 0165233 0165247 0165269 0165293 0165311 0165313 0165317 0165331 0165343 0165349
015121:  0165367 0165379 0165383 0165391 0165397 0165437 0165443 0165449 0165457 0165463 0165469 0165479 0165511 0165523 0165527
015136:  0165533 0165541 0165551 0165553 0165569 0165587 0165589 0165601 0165611 0165617 0165653 0165667 0165673 0165701
015151:  0165703 0165707 0165709 0165713 0165719 0165721 0165749 0165757 0165799 0165811 0165817 0165829 0165833 0165857 0165877
015166:  0165883 0165887 0165901 0165931 0165941 0165947 0165961 0165983 0166013 0166021 0166027 0166031 0166043 0166063 0166081
015181:  0166099 0166147 0166151 0166157 0166169 0166183 0166189 0166207 0166219 0166237 0166247 0166259 0166273 0166289 0166297
015196:  0166301 0166303 0166319 0166349 0166351 0166357 0166363 0166393 0166399 0166403 0166409 0166417 0166429 0166457 0166471
015211:  0166487 0166541 0166561 0166567 0166571 0166591 0166603 0166609 0166613 0166619 0166627 0166631 0166643 0166657
015226:  0166667 0166669 0166679 0166693 0166703 0166723 0166739 0166741 0166781 0166783 0166799 0166807 0166823 0166841 0166843
015241:  0166847 0166849 0166853 0166861 0166867 0166871 0166909 0166919 0166931 0166949 0166967 0166973 0166979 0166987 0167009
015256:  0167017 0167021 0167023 0167033 0167039 0167047 0167051 0167071 0167077 0167081 0167087 0167099 0167107 0167113 0167117
015271:  0167119 0167149 0167159 0167173 0167177 0167191 0167197 0167213 0167221 0167249 0167261 0167267 0167269 0167303 0167311
015286:  0167317 0167329 0167339 0167341 0167381 0167393 0167407 0167413 0167423 0167429 0167437 0167441 0167443 0167449 0167471
015301:  0167483 0167491 0167521 0167537 0167543 0167593 0167597 0167611 0167621 0167623 0167627 0167633 0167641 0167663 0167677
015316:  0167683 0167711 0167729 0167747 0167759 0167771 0167777 0167779 0167801 0167809 0167861 0167863 0167873 0167879 0167887
015331:  0167891 0167899 0167911 0167917 0167953 0167971 0167987 0168013 0168023 0168029 0168037 0168043 0168067 0168071 0168083
015346:  0168089 0168109 0168127 0168143 0168151 0168193 0168197 0168211 0168227 0168247 0168253 0168263 0168269 0168277 0168281
015361:  0168293 0168323 0168331 0168347 0168353 0168391 0168409 0168433 0168449 0168451 0168457 0168463 0168481 0168491 0168499
015376:  0168523 0168527 0168533 0168541 0168559 0168599 0168601 0168617 0168629 0168631 0168643 0168673 0168677 0168697 0168713
015391:  0168719 0168731 0168737 0168743 0168761 0168769 0168781 0168803 0168851 0168863 0168869 0168887 0168893 0168899 0168901
015406:  0168913 0168937 0168943 0168977 0168991 0169003 0169007 0169009 0169019 0169049 0169063 0169067 0169069 0169079 0169093
015421:  0169097 0169111 0169129 0169151 0169159 0169177 0169181 0169199 0169217 0169219 0169241 0169243 0169249 0169259 0169283
015436:  0169307 0169313 0169319 0169321 0169327 0169339 0169343 0169361 0169369 0169373 0169399 0169409 0169427 0169457 0169471
015451:  0169483 0169489 0169493 0169501 0169523 0169531 0169553 0169567 0169583 0169591 0169607 0169627 0169633 0169639 0169649
015466:  0169667 0169681 0169691 0169691 0169693 0169709 0169733 0169751 0169753 0169769 0169777 0169783 0169789 0169817
015481:  0169823 0169831 0169837 0169843 0169859 0169889 0169891 0169909 0169913 0169919 0169933 0169937 0169943 0169951 0169957
015496:  0169987 0169991 0170003 0170021 0170029 0170047 0170057 0170063 0170081 0170099 0170101 0170111 0170123 0170141 0170167
015511:  0170179 0170189 0170197 0170207 0170213 0170227 0170231 0170239 0170243 0170249 0170263 0170267 0170279 0170293 0170299
015526:  0170327 0170341 0170347 0170351 0170353 0170363 0170369 0170371 0170383 0170389 0170393 0170413 0170441 0170447 0170473
015541:  0170483 0170497 0170503 0170509 0170537 0170539 0170551 0170557 0170579 0170603 0170609 0170627 0170633 0170641 0170647
015556:  0170669 0170689 0170701 0170707 0170711 0170741 0170749 0170759 0170761 0170707 0170767 0170773 0170777 0170801 0170813
015571:  0170827 0170837 0170843 0170851 0170857 0170873 0170881 0170887 0170899 0170921 0170927 0170953 0170957 0170971 0171007
015586:  0171023 0171029 0171041 0171047 0171049 0171053 0171077 0171079 0171101 0171131 0171161 0171163 0171167 0171169
015601:  0171179 0171203 0171223 0171251 0171253 0171263 0171271 0171293 0171299 0171317 0171329 0171341 0171401 0171403
015616:  0171427 0171439 0171449 0171467 0171469 0171473 0171481 0171491 0171517 0171529 0171539 0171541 0171553 0171559 0171571
015631:  0171583 0171617 0171629 0171637 0171641 0171653 0171659 0171671 0171673 0171679 0171697 0171707 0171713 0171719 0171733
015646:  0171757 0171761 0171763 0171793 0171799 0171803 0171811 0171823 0171827 0171851 0171863 0171869 0171877 0171881 0171889
015661:  0171917 0171923 0171929 0171937 0171947 0172001 0172009 0172021 0172027 0172031 0172049 0172069 0172079 0172093 0172097
015676:  0172127 0172147 0172153 0172157 0172169 0172171 0172181 0172199 0172213 0172217 0172219 0172223 0172243 0172259 0172279
015691:  0172283 0172297 0172307 0172313 0172321 0172331 0172343 0172351 0172357 0172373 0172399 0172411 0172421 0172423 0172427
015706:  0172433 0172439 0172441 0172489 0172507 0172517 0172519 0172541 0172553 0172561 0172573 0172583 0172589 0172597 0172603
015721:  0172607 0172619 0172633 0172643 0172649 0172657 0172663 0172673 0172681 0172687 0172709 0172717 0172721 0172741 0172751
015736:  0172759 0172787 0172801 0172807 0172829 0172849 0172853 0172859 0172867 0172871 0172877 0172883 0172933 0172969 0172973
015751:  0172981 0172987 0172993 0172999 0173021 0173023 0173039 0173053 0173059 0173081 0173087 0173099 0173137 0173141 0173149
015766:  0173177 0173183 0173189 0173191 0173207 0173209 0173219 0173249 0173263 0173267 0173273 0173291 0173293 0173297 0173309
015781:  0173347 0173357 0173383 0173431 0173473 0173483 0173491 0173497 0173501 0173531 0173539 0173543 0173549 0173561
015796:  0173573 0173599 0173617 0173629 0173647 0173651 0173659 0173669 0173671 0173683 0173687 0173699 0173707 0173713 0173729
015811:  0173741 0173743 0173773 0173777 0173779 0173783 0173807 0173819 0173827 0173839 0173851 0173861 0173867 0173891 0173897
015826:  0173909 0173917 0173923 0173933 0173969 0173977 0173981 0173993 0174007 0174011 0174019 0174047 0174049 0174061 0174067
015841:  0174071 0174077 0174079 0174091 0174101 0174121 0174137 0174143 0174149 0174157 0174169 0174197 0174221 0174241 0174257
015856:  0174259 0174263 0174281 0174289 0174299 0174311 0174329 0174331 0174337 0174347 0174367 0174389 0174407 0174413 0174431
015871:  0174443 0174457 0174467 0174469 0174481 0174487 0174491 0174527 0174533 0174569 0174571 0174583 0174599 0174613 0174617
015886:  0174631 0174637 0174649 0174653 0174659 0174673 0174679 0174703 0174721 0174737 0174749 0174761 0174763 0174767 0174773
015901:  0174799 0174821 0174829 0174851 0174859 0174877 0174893 0174901 0174907 0174917 0174929 0174931 0174943 0174959 0174989
015916:  0174991 0175003 0175013 0175039 0175061 0175067 0175069 0175079 0175081 0175103 0175129 0175141 0175211 0175229 0175261
015931:  0175267 0175277 0175291 0175303 0175309 0175327 0175333 0175349 0175361 0175391 0175393 0175403 0175411 0175433 0175447
015946:  0175453 0175463 0175481 0175493 0175499 0175519 0175523 0175543 0175573 0175601 0175621 0175631 0175633 0175649 0175663
015961:  0175673 0175687 0175691 0175699 0175709 0175723 0175727 0175753 0175757 0175759 0175781 0175783 0175811 0175829 0175837
015976:  0175843 0175853 0175859 0175873 0175891 0175897 0175900 0175937 0175939 0175949 0175961 0175963 0175979 0175991
015991:  0175993 0176017 0176021 0176023 0176041 0176047 0176051 0176053 0176063 0176081 0176087 0176123 0176129 0176153
016006:  0176159 0176161 0176179 0176191 0176201 0176207 0176213 0176221 0176227 0176237 0176261 0176299 0176303 0176317
016021:  0176321 0176327 0176329 0176333 0176347 0176353 0176357 0176369 0176383 0176389 0176401 0176413 0176417 0176419 0176431
016036:  0176459 0176461 0176467 0176489 0176497 0176503 0176507 0176521 0176531 0176537 0176549 0176551 0176557 0176573
016051:  0176591 0176597 0176599 0176609 0176611 0176629 0176641 0176651 0176677 0176699 0176711 0176713 0176741 0176747 0176753
016066:  0176777 0176779 0176789 0176791 0176797 0176807 0176809 0176819 0176849 0176857 0176887 0176899 0176903 0176921 0176923
016081:  0176927 0176933 0176951 0176977 0176983 0176989 0177007 0177011 0177013 0177019 0177043 0177091 0177101 0177109 0177113
016096:  0177127 0177131 0177167 0177173 0177209 0177211 0177217 0177223 0177239 0177257 0177269 0177283 0177301 0177319 0177323
016111:  0177337 0177347 0177379 0177383 0177409 0177427 0177431 0177433 0177467 0177473 0177481 0177487 0177493 0177511
016126:  0177533 0177539 0177553 0177589 0177601 0177623 0177647 0177677 0177679 0177691 0177739 0177743 0177761 0177763 0177787
016141:  0177791 0177797 0177811 0177823 0177839 0177841 0177883 0177887 0177889 0177893 0177907 0177917 0177929 0177943
016156:  0177949 0177953 0177967 0177979 0178001 0178021 0178037 0178039 0178067 0178069 0178091 0178093 0178103 0178117 0178127
016171:  0178141 0178151 0178169 0178183 0178187 0178207 0178223 0178231 0178247 0178249 0178259 0178261 0178289 0178301 0178307
016186:  0178327 0178333 0178349 0178351 0178361 0178393 0178397 0178403 0178417 0178439 0178441 0178447 0178469 0178481 0178487
016201:  0178489 0178501 0178513 0178531 0178537 0178559 0178561 0178567 0178571 0178597 0178601 0178603 0178609 0178613 0178621
016216:  0178627 0178639 0178643 0178681 0178691 0178693 0178697 0178753 0178757 0178781 0178793 0178799 0178807 0178813 0178817
016231:  0178831 0178853 0178859 0178873 0178877 0178889 0178897 0178903 0178907 0178909 0178921 0178931 0178933 0178939
016246:  0178951 0178973 0178987 0179021 0179029 0179033 0179041 0179051 0179057 0179083 0179089 0179099 0179107 0179119
016261:  0179143 0179161 0179167 0179173 0179203 0179209 0179229 0179233 0179243 0179261 0179269 0179281 0179287 0179317 0179321
016276:  0179327 0179351 0179357 0179369 0179381 0179383 0179393 0179407 0179411 0179429 0179437 0179441 0179453 0179461 0179471
016291:  0179479 0179483 0179497 0179519 0179527 0179533 0179549 0179563 0179573 0179579 0179597 0179603 0179753 0179801
016306:  0179833 0179651 0179657 0179659 0179671 0179687 0179689 0179693 0179717 0179719 0179737 0179743 0179749 0179779 0179801
016321:  0179807 0179813 0179819 0179821 0179827 0179833 0179849 0179897 0179899 0179903 0179909 0179917 0179923 0179939 0179947
016336:  0179951 0179953 0179957 0179969 0179981 0179989 0179999 0180001 0180007 0180023 0180043 0180053 0180071 0180073 0180077
016351:  0180097 0180137 0180161 0180179 0180181 0180211 0180221 0180233 0180239 0180241 0180247 0180259 0180263 0180281 0180287
016366:  0180289 0180307 0180311 0180317 0180331 0180337 0180347 0180361 0180371 0180379 0180391 0180413 0180419 0180437 0180463
016381:  0180473 0180491 0180497 0180503 0180511 0180533 0180539 0180541 0180547 0180563 0180569 0180617 0180623 0180629 0180647
016396:  0180667 0180677 0180679 0180701 0180731 0180749 0180761 0180773 0180779 0180793 0180797 0180799 0180811 0180871 0180883
016411:  0180907 0180949 0180959 0181001 0181003 0181019 0181031 0181039 0181061 0181063 0181081 0181087 0181123 0181141 0181157
016426:  0181183 0181193 0181199 0181201 0181211 0181213 0181219 0181243 0181253 0181273 0181277 0181283 0181297 0181301 0181303
016441:  0181361 0181387 0181397 0181399 0181409 0181421 0181439 0181457 0181459 0181499 0181501 0181513 0181523 0181537 0181549
016456:  0181561 0181603 0181607 0181609 0181619 0181639 0181669 0181693 0181711 0181717 0181721 0181729 0181739 0181751
016471:  0181757 0181759 0181763 0181777 0181787 0181789 0181813 0181837 0181871 0181873 0181889 0181891 0181903 0181913 0181919
016486:  0181927 0181931 0181943 0181957 0181967 0181981 0181997 0182009 0182011 0182027 0182029 0182041 0182047 0182057 0182059
```

016501-018000 Prime numbers

```
016501: 0182089 0182099 0182101 0182107 0182111 0182123 0182129 0182131 0182141 0182159 0182167 0182177 0182179 0182201 0182209
016516: 0182233 0182239 0182243 0182261 0182279 0182297 0182309 0182333 0182339 0182341 0182353 0182387 0182389 0182417 0182423
016531: 0182431 0182443 0182453 0182467 0182471 0182473 0182489 0182503 0182509 0182519 0182537 0182549 0182561 0182579 0182587
016546: 0182593 0182599 0182603 0182617 0182627 0182629 0182641 0182653 0182657 0182659 0182681 0182687 0182701 0182711 0182713
016561: 0182747 0182773 0182779 0182789 0182803 0182813 0182821 0182839 0182851 0182857 0182867 0182887 0182893 0182899 0182921
016576: 0182927 0182929 0182939 0182953 0182957 0182969 0182981 0182999 0183023 0183037 0183041 0183047 0183059 0183067 0183089
016591: 0183091 0183119 0183151 0183167 0183191 0183203 0183247 0183259 0183263 0183283 0183289 0183299 0183301 0183307 0183317
016606: 0183319 0183329 0183343 0183349 0183361 0183373 0183377 0183383 0183389 0183397 0183437 0183443 0183451 0183461 0183473
016621: 0183479 0183487 0183497 0183499 0183503 0183509 0183511 0183523 0183527 0183569 0183571 0183577 0183581 0183587 0183593
016636: 0183611 0183637 0183647 0183661 0183683 0183691 0183697 0183707 0183709 0183713 0183761 0183763 0183797 0183809 0183829
016651: 0183871 0183877 0183881 0183907 0183917 0183919 0183943 0183949 0183959 0183971 0183973 0183979 0184003 0184007 0184013
016666: 0184031 0184039 0184043 0184057 0184073 0184081 0184087 0184111 0184117 0184133 0184153 0184157 0184181 0184187 0184189
016681: 0184199 0184211 0184231 0184241 0184259 0184271 0184273 0184279 0184291 0184309 0184321 0184333 0184337 0184351 0184369
016696: 0184409 0184417 0184441 0184447 0184463 0184477 0184487 0184489 0184511 0184517 0184523 0184553 0184559 0184567 0184571
016711: 0184577 0184607 0184609 0184627 0184631 0184633 0184649 0184651 0184669 0184687 0184693 0184703 0184711 0184721 0184727
016726: 0184733 0184753 0184777 0184823 0184829 0184831 0184837 0184843 0184859 0184879 0184901 0184903 0184913 0184949 0184957
016741: 0184967 0184969 0184993 0184997 0184999 0185021 0185027 0185051 0185057 0185063 0185069 0185071 0185077 0185089 0185099
016756: 0185123 0185131 0185137 0185149 0185153 0185161 0185167 0185177 0185183 0185189 0185221 0185233 0185243 0185267 0185291
016771: 0185299 0185303 0185309 0185323 0185327 0185339 0185363 0185369 0185371 0185401 0185429 0185441 0185467 0185477 0185483
016786: 0185491 0185519 0185527 0185531 0185533 0185539 0185543 0185551 0185557 0185567 0185569 0185593 0185599 0185621 0185641
016801: 0185651 0185677 0185683 0185693 0185699 0185707 0185711 0185723 0185737 0185747 0185749 0185753 0185767 0185779 0185789
016816: 0185797 0185813 0185819 0185821 0185831 0185833 0185849 0185869 0185873 0185893 0185897 0185903 0185917 0185923 0185947
016831: 0185951 0185957 0185959 0185971 0185987 0185993 0186007 0186013 0186019 0186023 0186037 0186041 0186049 0186071 0186097
016846: 0186103 0186107 0186113 0186119 0186149 0186157 0186161 0186163 0186187 0186191 0186211 0186227 0186229 0186239 0186247
016861: 0186253 0186259 0186271 0186283 0186299 0186301 0186311 0186323 0186337 0186379 0186391 0186397 0186419 0186437
016876: 0186451 0186469 0186479 0186481 0186551 0186569 0186581 0186583 0186587 0186601 0186619 0186629 0186647 0186649 0186653
016891: 0186671 0186679 0186689 0186701 0186707 0186709 0186727 0186733 0186743 0186757 0186761 0186763 0186767 0186793 0186799
016906: 0186841 0186859 0186869 0186871 0186877 0186883 0186889 0186917 0186947 0186959 0187003 0187009 0187027 0187043 0187049
016921: 0187067 0187069 0187073 0187081 0187091 0187111 0187123 0187127 0187129 0187133 0187139 0187141 0187163 0187171 0187177
016936: 0187181 0187193 0187211 0187217 0187219 0187223 0187237 0187273 0187277 0187303 0187337 0187339 0187349 0187361
016951: 0187367 0187373 0187379 0187387 0187393 0187409 0187417 0187423 0187433 0187441 0187463 0187469 0187471 0187477 0187507
016966: 0187513 0187531 0187547 0187559 0187573 0187597 0187631 0187633 0187637 0187639 0187651 0187661 0187669 0187687 0187699
016981: 0187711 0187721 0187751 0187763 0187787 0187793 0187823 0187843 0187861 0187877 0187883 0187897 0187907 0187909
016996: 0187921 0187931 0187951 0187963 0187973 0187987 0188001 0188017 0188021 0188029 0188107 0188137 0188143 0188147
017011: 0188159 0188171 0188179 0188189 0188197 0188249 0188261 0188273 0188281 0188291 0188299 0188303 0188311 0188317 0188323
017026: 0188333 0188351 0188359 0188369 0188389 0188401 0188407 0188417 0188431 0188437 0188443 0188459 0188473 0188483 0188491
017041: 0188519 0188527 0188533 0188563 0188579 0188603 0188609 0188621 0188633 0188653 0188677 0188681 0188687 0188693 0188701
017056: 0188707 0188711 0188729 0188753 0188767 0188779 0188791 0188801 0188827 0188831 0188833 0188843 0188843 0188857 0188861
017071: 0188863 0188869 0188891 0188911 0188927 0188933 0188941 0188953 0188957 0188983 0188999 0189011 0189017 0189019
017086: 0189043 0189049 0189061 0189067 0189127 0189139 0189149 0189151 0189169 0189187 0189199 0189223 0189229 0189239 0189251
017101: 0189253 0189257 0189271 0189307 0189311 0189337 0189347 0189349 0189353 0189361 0189377 0189389 0189391 0189401 0189407
017116: 0189421 0189433 0189437 0189439 0189461 0189467 0189473 0189479 0189491 0189493 0189509 0189517 0189523 0189529 0189533
017131: 0189559 0189583 0189593 0189599 0189613 0189617 0189619 0189643 0189653 0189661 0189677 0189691 0189697 0189701 0189713
017146: 0189733 0189743 0189757 0189767 0189769 0189799 0189817 0189823 0189851 0189853 0189859 0189877 0189881 0189887 0189901
017161: 0189913 0189929 0189947 0189949 0189961 0189967 0189977 0189983 0189989 0189997 0190027 0190031 0190051 0190063 0190093
017176: 0190097 0190129 0190147 0190159 0190181 0190207 0190243 0190249 0190261 0190271 0190283 0190297 0190301 0190313
017191: 0190321 0190331 0190339 0190357 0190367 0190369 0190387 0190391 0190403 0190409 0190471 0190507 0190523 0190529 0190537
017206: 0190543 0190573 0190577 0190579 0190583 0190591 0190607 0190613 0190633 0190639 0190649 0190657 0190667 0190669 0190699
017221: 0190709 0190711 0190727 0190753 0190759 0190763 0190769 0190783 0190787 0190793 0190807 0190811 0190823 0190829 0190837
017236: 0190843 0190871 0190889 0190891 0190901 0190909 0190913 0190921 0190979 0190997 0191021 0191027 0191033 0191039 0191047
017251: 0191057 0191071 0191089 0191099 0191119 0191123 0191137 0191141 0191143 0191161 0191173 0191189 0191227 0191231 0191237
017266: 0191249 0191251 0191281 0191297 0191299 0191339 0191341 0191353 0191413 0191441 0191447 0191449 0191453 0191459 0191461
017281: 0191467 0191473 0191491 0191497 0191507 0191509 0191519 0191531 0191533 0191537 0191551 0191561 0191563 0191579 0191599
017296: 0191621 0191627 0191657 0191669 0191671 0191677 0191689 0191693 0191699 0191707 0191717 0191747 0191749 0191773 0191783
017311: 0191791 0191801 0191803 0191827 0191831 0191833 0191837 0191861 0191899 0191903 0191911 0191929 0191953 0191969 0191977
017326: 0191999 0192007 0192013 0192029 0192037 0192043 0192047 0192053 0192091 0192097 0192103 0192113 0192121 0192133 0192149
017341: 0192161 0192173 0192187 0192191 0192193 0192229 0192233 0192239 0192251 0192259 0192263 0192271 0192307 0192317 0192319
017356: 0192323 0192341 0192343 0192347 0192373 0192377 0192383 0192391 0192407 0192431 0192461 0192463 0192497 0192499 0192529
017371: 0192539 0192547 0192553 0192569 0192571 0192581 0192583 0192587 0192601 0192611 0192613 0192617 0192629 0192631 0192637
017386: 0192667 0192677 0192697 0192737 0192743 0192749 0192757 0192767 0192781 0192791 0192799 0192811 0192817 0192833 0192847
017401: 0192853 0192859 0192877 0192887 0192889 0192917 0192923 0192931 0192949 0192961 0192971 0192977 0192979 0192991
017416: 0193003 0193009 0193013 0193031 0193043 0193051 0193057 0193073 0193093 0193133 0193139 0193147 0193153 0193163 0193181
017431: 0193183 0193189 0193201 0193243 0193247 0193261 0193283 0193301 0193327 0193337 0193357 0193367 0193373 0193379 0193381
017446: 0193387 0193393 0193423 0193433 0193441 0193447 0193451 0193463 0193469 0193493 0193507 0193513 0193541 0193549 0193559
017461: 0193573 0193577 0193597 0193601 0193603 0193607 0193619 0193649 0193663 0193679 0193703 0193723 0193727 0193741 0193751
017476: 0193757 0193763 0193771 0193789 0193793 0193799 0193811 0193813 0193841 0193847 0193859 0193861 0193871 0193873 0193879
017491: 0193883 0193891 0193937 0193939 0193943 0193951 0193957 0193979 0193993 0194003 0194017 0194027 0194057 0194069 0194071
017506: 0194083 0194087 0194093 0194101 0194113 0194119 0194141 0194149 0194167 0194179 0194197 0194231 0194263 0194267
017521: 0194269 0194309 0194323 0194353 0194371 0194377 0194413 0194431 0194443 0194471 0194479 0194483 0194507 0194521 0194527
017536: 0194543 0194569 0194581 0194591 0194609 0194647 0194653 0194659 0194671 0194681 0194683 0194687 0194707 0194713 0194717
017551: 0194723 0194729 0194749 0194767 0194771 0194809 0194813 0194819 0194827 0194839 0194861 0194863 0194867 0194869 0194891
017566: 0194899 0194911 0194917 0194933 0194963 0194977 0194981 0194983 0195023 0195029 0195043 0195047 0195049 0195053 0195071
017581: 0195077 0195089 0195103 0195121 0195127 0195131 0195137 0195157 0195161 0195163 0195193 0195197 0195203 0195229 0195241
017596: 0195253 0195259 0195271 0195277 0195281 0195311 0195319 0195329 0195341 0195343 0195353 0195359 0195389 0195401 0195407
017611: 0195413 0195427 0195443 0195457 0195469 0195479 0195493 0195497 0195511 0195527 0195539 0195541 0195581 0195593 0195599
017626: 0195659 0195677 0195691 0195697 0195709 0195731 0195733 0195737 0195739 0195743 0195751 0195761 0195781 0195787 0195791
017641: 0195809 0195817 0195863 0195869 0195883 0195887 0195893 0195907 0195913 0195919 0195929 0195931 0195967 0195971 0195973
017656: 0195977 0195991 0195997 0196003 0196033 0196039 0196043 0196051 0196073 0196081 0196087 0196111 0196117 0196139 0196159
017671: 0196169 0196171 0196177 0196181 0196187 0196193 0196201 0196247 0196271 0196277 0196279 0196291 0196303 0196307 0196331
017686: 0196337 0196379 0196387 0196429 0196439 0196453 0196459 0196477 0196499 0196501 0196519 0196523 0196541 0196543 0196549
017701: 0196561 0196579 0196583 0196597 0196613 0196643 0196657 0196661 0196663 0196681 0196687 0196699 0196717 0196727
017716: 0196739 0196751 0196769 0196771 0196799 0196817 0196831 0196837 0196853 0196871 0196873 0196879 0196901 0196907 0196919
017731: 0196961 0196991 0196993 0197003 0197009 0197023 0197033 0197059 0197063 0197077 0197083 0197089 0197101 0197117
017746: 0197123 0197137 0197147 0197159 0197161 0197203 0197207 0197221 0197233 0197243 0197257 0197261 0197269 0197273 0197279
017761: 0197293 0197297 0197299 0197311 0197339 0197341 0197347 0197359 0197369 0197371 0197381 0197383 0197389 0197419 0197423
017776: 0197441 0197453 0197479 0197507 0197521 0197539 0197551 0197567 0197569 0197573 0197597 0197599 0197609 0197621 0197641
017791: 0197647 0197677 0197683 0197689 0197699 0197711 0197713 0197741 0197753 0197759 0197767 0197773 0197779 0197803
017806: 0197807 0197831 0197837 0197887 0197891 0197893 0197909 0197921 0197927 0197933 0197947 0197957 0197959 0197963 0197969
017821: 0197971 0198013 0198017 0198031 0198043 0198047 0198073 0198083 0198091 0198097 0198109 0198127 0198139 0198173 0198179
017836: 0198193 0198197 0198221 0198223 0198241 0198251 0198257 0198259 0198277 0198281 0198301 0198313 0198323 0198337 0198347
017851: 0198349 0198377 0198391 0198397 0198409 0198413 0198427 0198437 0198439 0198461 0198463 0198469 0198479 0198491 0198503
017866: 0198529 0198533 0198553 0198571 0198589 0198593 0198599 0198613 0198623 0198637 0198641 0198647 0198659 0198683 0198689
017881: 0198701 0198719 0198733 0198761 0198769 0198811 0198817 0198823 0198827 0198829 0198833 0198839 0198841 0198851 0198859
017896: 0198899 0198901 0198929 0198941 0198943 0198953 0198959 0198967 0198971 0198977 0198997 0199021 0199033 0199037
017911: 0199039 0199049 0199081 0199103 0199109 0199151 0199153 0199181 0199193 0199207 0199211 0199247 0199261 0199267 0199289
017926: 0199313 0199321 0199337 0199343 0199357 0199373 0199379 0199399 0199403 0199411 0199417 0199429 0199447 0199453 0199457
017941: 0199483 0199487 0199489 0199499 0199501 0199523 0199559 0199567 0199583 0199601 0199603 0199621 0199637 0199657 0199669
017956: 0199673 0199679 0199687 0199691 0199697 0199721 0199729 0199739 0199741 0199751 0199753 0199777 0199783 0199799 0199811
017971: 0199813 0199819 0199831 0199853 0199873 0199877 0199889 0199909 0199921 0199931 0199933 0199961 0199967 0199999 0200003
017986: 0200009 0200017 0200023 0200029 0200033 0200041 0200063 0200087 0200117 0200131 0200153 0200159 0200171 0200177 0200183
```

Prime numbers   018001-019500

```
018001:  0200191 0200201 0200227 0200231 0200237 0200257 0200273 0200293 0200297 0200323 0200329 0200341 0200351 0200357 0200363
018016:  0200371 0200381 0200383 0200401 0200407 0200437 0200443 0200461 0200467 0200483 0200513 0200569 0200573 0200579 0200587
018031:  0200591 0200597 0200609 0200639 0200657 0200671 0200689 0200699 0200713 0200723 0200731 0200771 0200779 0200789 0200797
018046:  0200807 0200843 0200861 0200867 0200869 0200881 0200891 0200899 0200903 0200909 0200927 0200929 0200971 0200983 0200987
018061:  0200989 0201007 0201011 0201031 0201037 0201049 0201073 0201101 0201119 0201121 0201139 0201151 0201163 0201167
018076:  0201193 0201203 0201209 0201211 0201233 0201247 0201251 0201281 0201287 0201307 0201329 0201337 0201359 0201389 0201401
018091:  0201403 0201413 0201437 0201449 0201451 0201473 0201491 0201493 0201497 0201499 0201511 0201517 0201547 0201557 0201577
018106:  0201581 0201589 0201599 0201611 0201623 0201629 0201653 0201661 0201667 0201673 0201683 0201701 0201709 0201731 0201743
018121:  0201757 0201767 0201769 0201781 0201787 0201791 0201797 0201809 0201821 0201823 0201827 0201829 0201833 0201847 0201881
018136:  0201889 0201893 0201907 0201913 0201919 0201923 0201937 0201941 0201953 0201961 0201973 0201979 0201997 0202001 0202021
018151:  0202031 0202049 0202061 0202063 0202067 0202087 0202099 0202109 0202111 0202127 0202129 0202183 0202187 0202201 0202219
018166:  0202231 0202243 0202277 0202289 0202291 0202309 0202333 0202339 0202343 0202357 0202361 0202381 0202387 0202393 0202403
018181:  0202409 0202441 0202471 0202481 0202519 0202529 0202549 0202567 0202577 0202591 0202613 0202619 0202621 0202627 0202637
018196:  0202639 0202661 0202667 0202679 0202693 0202717 0202729 0202733 0202747 0202751 0202753 0202757 0202777 0202799 0202807
018211:  0202823 0202841 0202859 0202877 0202879 0202889 0202907 0202921 0202931 0202933 0202949 0202967 0202973 0202981 0202987
018226:  0202999 0203011 0203017 0203023 0203039 0203051 0203057 0203117 0203141 0203173 0203183 0203207 0203209 0203213 0203221
018241:  0203227 0203233 0203249 0203273 0203293 0203309 0203311 0203317 0203321 0203333 0203339 0203341 0203353 0203363
018256:  0203381 0203383 0203387 0203393 0203417 0203419 0203429 0203431 0203449 0203461 0203531 0203549 0203563 0203569
018271:  0203579 0203591 0203617 0203627 0203641 0203653 0203657 0203659 0203663 0203669 0203711 0203741 0203761 0203771 0203773
018286:  0203789 0203807 0203809 0203821 0203857 0203869 0203873 0203897 0203909 0203911 0203921 0203947 0203953 0203969
018301:  0203971 0203977 0203989 0203999 0204007 0204011 0204019 0204023 0204047 0204059 0204061 0204097 0204101 0204103 0204137
018316:  0204143 0204151 0204161 0204163 0204181 0204233 0204251 0204299 0204301 0204311 0204319 0204329 0204331 0204353 0204359
018331:  0204361 0204367 0204371 0204377 0204397 0204427 0204431 0204439 0204443 0204461 0204481 0204487 0204509 0204511
018346:  0204517 0204521 0204557 0204563 0204583 0204587 0204599 0204601 0204613 0204623 0204641 0204667 0204679 0204707 0204719
018361:  0204733 0204761 0204793 0204797 0204803 0204881 0204857 0204859 0204821 0204887 0204913 0204917
018376:  0204923 0204931 0204947 0204973 0204979 0204983 0205019 0205031 0205033 0205043 0205063 0205069 0205081 0205097 0205103
018391:  0205111 0205129 0205133 0205141 0205151 0205157 0205171 0205187 0205201 0205211 0205213 0205223 0205237 0205253 0205267
018406:  0205297 0205307 0205319 0205327 0205339 0205357 0205391 0205397 0205399 0205417 0205421 0205423 0205427 0205433 0205441
018421:  0205453 0205463 0205477 0205483 0205487 0205499 0205507 0205511 0205519 0205529 0205557 0205559 0205589 0205603
018436:  0205607 0205619 0205627 0205633 0205651 0205657 0205661 0205663 0205703 0205717 0205721 0205759 0205763 0205783 0205817 0205823
018451:  0205837 0205847 0205879 0205883 0205913 0205937 0205949 0205951 0205957 0205963 0205967 0205985 0205991 0205993 0206009
018466:  0206021 0206027 0206033 0206039 0206047 0206051 0206069 0206077 0206081 0206083 0206123 0206135 0206177 0206179 0206183
018481:  0206191 0206197 0206203 0206209 0206227 0206249 0206251 0206263 0206273 0206279 0206281 0206291 0206297 0206299
018496:  0206303 0206341 0206347 0206351 0206369 0206383 0206399 0206407 0206411 0206413 0206419 0206447 0206461 0206467 0206477
018511:  0206483 0206489 0206501 0206519 0206527 0206543 0206551 0206593 0206597 0206603 0206623 0206627 0206639 0206641 0206651
018526:  0206699 0206747 0206779 0206783 0206803 0206807 0206813 0206851 0206867 0206879 0206887 0206909 0206911
018541:  0206917 0206923 0206933 0206939 0206951 0206953 0206993 0207013 0207017 0207029 0207037 0207041 0207061 0207071 0207079
018556:  0207113 0207121 0207127 0207139 0207149 0207157 0207177 0207179 0207191 0207199 0207227 0207239 0207241 0207257 0207269 0207287
018571:  0207293 0207301 0207307 0207329 0207331 0207341 0207343 0207367 0207371 0207377 0207401 0207409 0207433 0207443 0207457
018586:  0207463 0207469 0207479 0207481 0207497 0207509 0207511 0207517 0207521 0207523 0207541 0207551 0207565 0207553
018601:  0207569 0207589 0207593 0207619 0207629 0207643 0207653 0207661 0207671 0207673 0207679 0207709 0207719 0207727 0207743
018616:  0207763 0207769 0207797 0207799 0207811 0207821 0207833 0207847 0207869 0207871 0207873 0207877 0207923 0207931 0207947 0207953
018631:  0207967 0207971 0207979 0207997 0208001 0208003 0208009 0208037 0208049 0208057 0208067 0208073 0208099 0208111 0208121
018646:  0208129 0208139 0208141 0208147 0208189 0208207 0208213 0208217 0208223 0208231 0208253 0208261 0208277 0208279 0208283
018661:  0208291 0208309 0208313 0208333 0208337 0208367 0208379 0208387 0208391 0208393 0208409 0208433 0208441 0208457 0208459
018676:  0208463 0208469 0208489 0208493 0208499 0208501 0208511 0208513 0208519 0208529 0208553 0208557 0208589 0208591 0208609
018691:  0208627 0208631 0208657 0208673 0208687 0208697 0208699 0208721 0208729 0208739 0208759 0208787 0208799 0208807
018706:  0208837 0208843 0208877 0208889 0208891 0208897 0208927 0208931 0208933 0208961 0208963 0208991 0208993 0208997 0209021
018721:  0209029 0209039 0209063 0209091 0209099 0209123 0209147 0209159 0209173 0209179 0209189 0209201 0209203 0209221
018736:  0209227 0209233 0209249 0209257 0209263 0209279 0209299 0209311 0209317 0209327 0209333 0209347 0209353 0209357
018751:  0209359 0209371 0209381 0209393 0209401 0209431 0209441 0209449 0209453 0209459 0209471 0209477 0209497 0209519 0209533 0209543
018766:  0209549 0209563 0209567 0209569 0209579 0209581 0209597 0209621 0209623 0209639 0209647 0209659 0209669 0209687 0209701
018781:  0209707 0209717 0209719 0209725 0209749 0209801 0209809 0209813 0209819 0209821 0209837 0209843 0209849 0209857
018796:  0209861 0209887 0209917 0209927 0209929 0209939 0209953 0209959 0209971 0209977 0209983 0209987 0210011 0210019 0210031
018811:  0210037 0210053 0210071 0210087 0210101 0210109 0210113 0210127 0210131 0210139 0210143 0210157 0210169 0210173 0210187
018826:  0210191 0210193 0210209 0210229 0210233 0210241 0210247 0210257 0210263 0210277 0210283 0210299 0210317 0210319 0210323
018841:  0210347 0210359 0210361 0210391 0210401 0210403 0210407 0210421 0210437 0210461 0210467 0210481 0210487 0210491 0210499
018856:  0210523 0210527 0210557 0210599 0210601 0210619 0210631 0210643 0210659 0210671 0210709 0210713 0210719 0210731
018871:  0210739 0210761 0210773 0210803 0210809 0210811 0210823 0210829 0210839 0210853 0210857 0210869 0210901 0210907 0210911
018886:  0210913 0210923 0210929 0210943 0210961 0210967 0211007 0211039 0211049 0211051 0211061 0211063 0211067 0211073 0211093
018901:  0211097 0211129 0211151 0211153 0211177 0211181 0211193 0211199 0211213 0211219 0211223 0211229 0211231 0211241 0211247
018916:  0211271 0211283 0211291 0211297 0211313 0211319 0211333 0211339 0211349 0211369 0211373 0211403 0211427 0211433 0211441
018931:  0211457 0211469 0211493 0211499 0211501 0211507 0211543 0211559 0211571 0211573 0211583 0211597 0211619 0211639 0211643
018946:  0211657 0211661 0211663 0211681 0211691 0211693 0211711 0211723 0211727 0211741 0211747 0211777 0211781 0211789 0211801
018961:  0211811 0211817 0211859 0211867 0211873 0211877 0211879 0211889 0211891 0211927 0211931 0211933 0211943 0211949 0211969
018976:  0211979 0211997 0212029 0212039 0212057 0212081 0212099 0212117 0212123 0212131 0212141 0212161 0212177 0212183 0212203
018991:  0212207 0212209 0212227 0212239 0212243 0212281 0212293 0212297 0212353 0212369 0212383 0212411 0212419 0212423 0212437
019006:  0212447 0212453 0212461 0212477 0212479 0212501 0212507 0212557 0212561 0212573 0212579 0212587 0212593 0212627 0212633
019021:  0212651 0212669 0212671 0212677 0212683 0212701 0212777 0212791 0212801 0212827 0212837 0212843 0212851 0212867 0212869
019036:  0212873 0212881 0212897 0212909 0212917 0212923 0212969 0212981 0212987 0212999 0213019 0213023 0213029 0213043
019051:  0213067 0213079 0213091 0213097 0213119 0213131 0213133 0213139 0213149 0213173 0213181 0213193 0213203 0213209 0213217
019066:  0213223 0213229 0213251 0213263 0213281 0213287 0213289 0213307 0213319 0213331 0213337 0213349 0213359 0213361
019081:  0213383 0213391 0213397 0213407 0213449 0213461 0213467 0213481 0213491 0213523 0213533 0213539 0213553 0213557 0213589
019096:  0213599 0213611 0213613 0213623 0213637 0213641 0213649 0213659 0213673 0213721 0213727 0213737 0213751 0213781 0213799
019111:  0213821 0213827 0213833 0213847 0213859 0213881 0213887 0213901 0213919 0213929 0213943 0213947 0213949 0213953 0213973
019126:  0213977 0213989 0214003 0214009 0214021 0214061 0214087 0214089 0214091 0214093 0214099 0214103 0214111 0214129
019141:  0214133 0214141 0214147 0214163 0214177 0214189 0214211 0214213 0214219 0214237 0214243 0214259 0214283 0214297 0214309
019156:  0214351 0214363 0214373 0214381 0214391 0214399 0214433 0214439 0214451 0214457 0214463 0214621 0214637 0214643 0214663
019171:  0214507 0214517 0214519 0214531 0214541 0214559 0214561 0214589 0214603 0214607 0214631 0214633 0214651 0214657 0214661
019186:  0214667 0214673 0214691 0214723 0214729 0214733 0214741 0214759 0214763 0214771 0214783 0214787 0214789 0214807 0214811
019201:  0214813 0214849 0214853 0214867 0214883 0214891 0214913 0214939 0214943 0214967 0214987 0214993 0215001 0215063
019216:  0215077 0215087 0215123 0215141 0215143 0215153 0215161 0215179 0215183 0215191 0215197 0215239 0215249 0215261 0215273
019231:  0215279 0215281 0215309 0215311 0215329 0215351 0215353 0215359 0215381 0215389 0215399 0215417 0215443 0215447
019246:  0215459 0215461 0215471 0215483 0215497 0215503 0215507 0215521 0215531 0215563 0215573 0215587 0215617 0215653 0215659
019261:  0215681 0215687 0215693 0215723 0215737 0215753 0215767 0215771 0215777 0215783 0215801 0215827 0215833 0215843 0215851
019276:  0215857 0215863 0215893 0215899 0215909 0215921 0215927 0215939 0215953 0215959 0215981 0215983 0216023 0216037 0216061
019291:  0216071 0216091 0216103 0216107 0216113 0216119 0216127 0216131 0216133 0216149 0216157 0216173 0216211 0216217 0216223
019306:  0216259 0216263 0216289 0216317 0216319 0216341 0216347 0216371 0216373 0216379 0216397 0216401 0216421 0216431 0216451
019321:  0216481 0216487 0216493 0216523 0216551 0216553 0216569 0216571 0216577 0216587 0216589 0216617 0216641 0216647 0216653
019336:  0216661 0216679 0216703 0216719 0216731 0216743 0216751 0216757 0216761 0216779 0216781 0216787 0216791 0216803 0216829
019351:  0216841 0216853 0216859 0216877 0216899 0216901 0216911 0216919 0216947 0216973 0217001 0217003
019366:  0217027 0217033 0217057 0217069 0217081 0217111 0217117 0217121 0217157 0217163 0217169 0217199 0217201 0217207 0217219
019381:  0217223 0217229 0217241 0217253 0217271 0217307 0217309 0217319 0217333 0217337 0217351 0217361 0217363
019396:  0217367 0217369 0217387 0217397 0217409 0217411 0217421 0217429 0217439 0217457 0217463 0217489 0217487 0217517 0217519
019411:  0217559 0217561 0217573 0217577 0217579 0217619 0217643 0217661 0217667 0217681 0217687 0217691 0217697 0217717 0217727
019426:  0217733 0217739 0217747 0217771 0217781 0217797 0217823 0217829 0217849 0217859 0217901 0217907 0217909 0217933 0217937
019441:  0217969 0217979 0217981 0218003 0218021 0218047 0218069 0218077 0218081 0218083 0218087 0218107 0218111 0218117 0218131
019456:  0218137 0218143 0218149 0218171 0218191 0218227 0218233 0218227 0218249 0218273 0218287 0218357 0218363 0218371 0218381
019471:  0218389 0218401 0218417 0218419 0218423 0218437 0218447 0218453 0218459 0218461 0218479 0218509 0218513 0218521 0218527
019486:  0218531 0218549 0218551 0218579 0218591 0218599 0218611 0218623 0218627 0218629 0218641 0218651 0218657 0218677 0218681
```

019501-021000 Prime numbers

```
019501: 0218711 0218717 0218719 0218723 0218737 0218749 0218761 0218783 0218797 0218809 0218819 0218833 0218839 0218843 0218849
019516: 0218857 0218873 0218887 0218923 0218941 0218947 0218963 0218969 0218971 0218987 0218993 0219001 0219011 0219019
019531: 0219031 0219041 0219053 0219059 0219071 0219083 0219091 0219097 0219103 0219119 0219133 0219143 0219169 0219187 0219217
019546: 0219223 0219251 0219277 0219281 0219293 0219301 0219311 0219313 0219353 0219361 0219371 0219377 0219389 0219407 0219409
019561: 0219433 0219437 0219451 0219463 0219467 0219491 0219503 0219517 0219523 0219529 0219533 0219547 0219577 0219587 0219599
019576: 0219607 0219613 0219619 0219629 0219647 0219649 0219677 0219679 0219683 0219689 0219707 0219721 0219727 0219731 0219749
019591: 0219757 0219761 0219763 0219767 0219787 0219797 0219799 0219809 0219823 0219829 0219839 0219847 0219851 0219871 0219881
019606: 0219889 0219911 0219941 0219917 0219931 0219943 0219953 0219959 0219971 0219977 0219979 0219983 0220009 0220013
019621: 0220019 0220021 0220057 0220063 0220123 0220141 0220147 0220151 0220163 0220169 0220177 0220189 0220217 0220243 0220279
019636: 0220291 0220301 0220307 0220327 0220333 0220357 0220361 0220369 0220373 0220391 0220399 0220403 0220421
019651: 0220447 0220469 0220471 0220511 0220513 0220529 0220537 0220543 0220553 0220559 0220573 0220579 0220589 0220613 0220661
019666: 0220667 0220673 0220681 0220687 0220699 0220709 0220721 0220747 0220757 0220771 0220783 0220789 0220793 0220807 0220811
019681: 0220841 0220859 0220861 0220873 0220877 0220879 0220889 0220897 0220901 0220903 0220907 0220919 0220931 0220933
019696: 0220973 0221021 0221037 0221059 0221069 0221077 0221083 0221087 0221093 0221101 0221159 0221171 0221173 0221197
019711: 0221201 0221203 0221209 0221219 0221227 0221233 0221239 0221251 0221261 0221281 0221303 0221311 0221317 0221327 0221393
019726: 0221399 0221401 0221411 0221413 0221447 0221453 0221461 0221471 0221477 0221489 0221497 0221509 0221537 0221539 0221549
019741: 0221567 0221581 0221587 0221603 0221621 0221623 0221653 0221657 0221659 0221671 0221677 0221707 0221713 0221717 0221719
019756: 0221723 0221729 0221737 0221747 0221773 0221797 0221807 0221813 0221827 0221831 0221849 0221873 0221891 0221909 0221941
019771: 0221951 0221953 0221957 0221987 0221989 0221999 0222007 0222011 0222023 0222029 0222041 0222043 0222059 0222067 0222073
019786: 0222107 0222109 0222113 0222127 0222137 0222149 0222151 0222161 0222163 0222193 0222197 0222199 0222247 0222269 0222289
019801: 0222293 0222311 0222317 0222323 0222329 0222337 0222347 0222349 0222361 0222367 0222379 0222389 0222403 0222419 0222437
019816: 0222461 0222493 0222499 0222511 0222527 0222533 0222553 0222557 0222587 0222601 0222613 0222619 0222643 0222647 0222659
019831: 0222679 0222707 0222713 0222731 0222749 0222773 0222779 0222787 0222791 0222793 0222799 0222823 0222839 0222841 0222863
019846: 0222877 0222883 0222913 0222919 0222931 0222941 0222947 0222953 0222967 0222977 0222979 0222991 0223007 0223009 0223019
019861: 0223037 0223049 0223051 0223061 0223063 0223087 0223099 0223103 0223129 0223133 0223151 0223207 0223211 0223217 0223219
019876: 0223229 0223241 0223243 0223247 0223253 0223259 0223273 0223277 0223283 0223291 0223303 0223313 0223333 0223331 0223337
019891: 0223339 0223361 0223381 0223403 0223423 0223429 0223439 0223441 0223463 0223481 0223493 0223507 0223529
019906: 0223543 0223547 0223549 0223577 0223589 0223621 0223633 0223637 0223667 0223679 0223681 0223697 0223711 0223747 0223753
019921: 0223757 0223759 0223781 0223823 0223829 0223841 0223847 0223849 0223903 0223919 0223921 0223939 0223963
019936: 0223969 0223999 0224011 0224027 0224033 0224041 0224047 0224057 0224069 0224071 0224101 0224113 0224129 0224131 0224149
019951: 0224153 0224171 0224187 0224197 0224201 0224209 0224221 0224233 0224239 0224251 0224261 0224267 0224291 0224299 0224303
019966: 0224309 0224317 0224327 0224341 0224359 0224363 0224401 0224423 0224429 0224443 0224449 0224461 0224467 0224473 0224491
019981: 0224501 0224513 0224527 0224563 0224569 0224579 0224591 0224603 0224611 0224617 0224629 0224633 0224669 0224677 0224683
019996: 0224699 0224711 0224717 0224729 0224737 0224743 0224759 0224771 0224797 0224813 0224831 0224863 0224869 0224881 0224891
020011: 0224897 0224909 0224911 0224921 0224929 0224947 0224951 0224969 0224977 0224993 0225023 0225037 0225061 0225067 0225077
020026: 0225079 0225089 0225109 0225119 0225133 0225143 0225149 0225157 0225161 0225163 0225167 0225227 0225223 0225227
020041: 0225241 0225257 0225263 0225287 0225289 0225299 0225307 0225341 0225343 0225347 0225349 0225353 0225371 0225373 0225383
020056: 0225427 0225431 0225457 0225461 0225479 0225493 0225499 0225503 0225509 0225523 0225527 0225529 0225569 0225581 0225583
020071: 0225601 0225611 0225613 0225619 0225629 0225637 0225671 0225683 0225689 0225697 0225721 0225733 0225749 0225751 0225767
020086: 0225769 0225779 0225781 0225789 0225821 0225839 0225859 0225871 0225889 0225871 0225899 0225913 0226129 0226131
020101: 0225961 0225977 0225983 0225989 0226001 0226007 0226013 0226027 0226063 0226087 0226099 0226103 0226123 0226337 0226357
020116: 0226141 0226169 0226183 0226189 0226199 0226201 0226217 0226231 0226241 0226247 0226463 0226463 0226648 0226511 0226547
020131: 0226367 0226379 0226381 0226397 0226409 0226423 0226451 0226453 0226463 0226469 0226657 0226663 0226669 0226691 0226697
020146: 0226649 0226553 0226571 0226601 0226609 0226621 0226631 0226657 0226643 0226649 0226813 0226817 0226829 0226833 0226903
020161: 0226741 0226753 0226769 0226777 0226781 0226789 0226799 0226813 0226817 0226823 0226841 0226871 0226903
020176: 0226907 0226913 0226937 0226943 0226991 0227011 0227017 0227027 0227071 0227081 0227091 0227111 0227113 0227131 0227147
020191: 0227153 0227159 0227167 0227177 0227189 0227191 0227207 0227219 0227231 0227233 0227251 0227257 0227267 0227281 0227299
020206: 0227303 0227363 0227371 0227377 0227387 0227393 0227399 0227407 0227417 0227419 0227431 0227453 0227459 0227467 0227471 0227473
020221: 0227489 0227497 0227501 0227513 0227531 0227533 0227537 0227561 0227567 0227593 0227597 0227603 0227609
020236: 0227611 0227627 0227629 0227651 0227653 0227663 0227671 0227693 0227707 0227719 0227729 0227743 0227789 0227797
020251: 0227827 0227869 0227873 0227893 0227941 0227951 0227977 0227989 0227991 0228013 0228023 0228029 0228061 0228077
020266: 0228097 0228103 0228113 0228127 0228131 0228139 0228149 0228181 0228197 0228199 0228203 0228211 0228223 0228233 0228257
020281: 0228281 0228299 0228301 0228307 0228311 0228337 0228341 0228353 0228359 0228383 0228409 0228419 0228421 0228427
020296: 0228443 0228451 0228457 0228461 0228469 0228479 0228509 0228511 0228517 0228521 0228523 0228539 0228559 0228577 0228581
020311: 0228587 0228593 0228601 0228611 0228617 0228629 0228647 0228677 0228707 0228713 0228721 0228737 0228737 0228751
020326: 0228757 0228773 0228793 0228797 0228799 0228803 0228841 0228847 0228853 0228859 0228869 0228881 0228887 0228901
020341: 0228911 0228923 0228929 0228953 0228959 0228983 0228989 0229021 0229027 0229037 0229081 0229093 0229123
020356: 0229127 0229133 0229139 0229147 0229157 0229171 0229181 0229189 0229199 0229213 0229211 0229217 0229223 0229237 0229249
020371: 0229253 0229261 0229267 0229283 0229309 0229321 0229343 0229351 0229373 0229393 0229399 0229403 0229409 0229423 0229433
020386: 0229459 0229469 0229487 0229507 0229519 0229529 0229547 0229549 0229561 0229583 0229589 0229591 0229601
020401: 0229613 0229627 0229631 0229637 0229639 0229681 0229693 0229699 0229703 0229711 0229717 0229727 0229739 0229751 0229753
020416: 0229759 0229763 0229771 0229777 0229781 0229813 0229819 0229837 0229841 0229847 0229849 0229879 0229903
020431: 0229937 0229939 0229949 0229961 0229963 0229979 0229981 0230003 0230017 0230047 0230059 0230063 0230081 0230089
020446: 0230101 0230107 0230117 0230123 0230137 0230149 0230189 0230203 0230213 0230221 0230227 0230233 0230239 0230257
020461: 0230273 0230281 0230291 0230303 0230309 0230311 0230327 0230339 0230341 0230353 0230357 0230369 0230383 0230387 0230389
020476: 0230393 0230431 0230449 0230453 0230467 0230471 0230501 0230507 0230539 0230551 0230561 0230563 0230567 0230597
020491: 0230611 0230647 0230653 0230663 0230683 0230693 0230719 0230723 0230743 0230761 0230767 0230771 0230773 0230779 0230807
020506: 0230819 0230827 0230833 0230849 0230861 0230873 0230897 0230921 0230929 0230933 0230941 0230959 0230969 0230977
020521: 0230999 0231001 0231017 0231019 0231031 0231041 0231053 0231067 0231079 0231107 0231109 0231131 0231169 0231197 0231223
020536: 0231241 0231269 0231271 0231277 0231289 0231293 0231299 0231317 0231323 0231331 0231347 0231361 0231361 0231367 0231379
020551: 0231409 0231419 0231431 0231433 0231443 0231461 0231463 0231479 0231481 0231491 0231493 0231503 0231529 0231533 0231547 0231551
020566: 0231563 0231569 0231571 0231589 0231599 0231607 0231611 0231631 0231643 0231661 0231677 0231701 0231709 0231719
020581: 0231779 0231799 0231809 0231821 0231823 0231827 0231839 0231841 0231859 0231871 0231877 0231893 0231901 0231919 0231923
020596: 0231943 0231947 0231961 0231967 0232003 0232007 0232013 0232049 0232051 0232057 0232067 0232079 0232081 0232091 0232103 0232109
020611: 0232117 0232129 0232153 0232157 0232187 0232189 0232207 0232217 0232229 0232259 0232303 0232333 0232357 0232363 0232367
020626: 0232381 0232391 0232409 0232411 0232417 0232433 0232439 0232451 0232457 0232463 0232487 0232499 0232513 0232523 0232549
020641: 0232567 0232571 0232591 0232597 0232607 0232621 0232633 0232643 0232663 0232669 0232681 0232699 0232711 0232741
020656: 0232751 0232753 0232777 0232801 0232811 0232819 0232823 0232847 0232861 0232871 0232877 0232891 0232901 0232907
020671: 0232919 0232937 0232961 0232963 0232987 0233001 0233069 0233071 0233083 0233113 0233117 0233141 0233143 0233161
020686: 0233173 0233183 0233201 0233219 0233231 0233239 0233251 0233267 0233279 0233293 0233297 0233323 0233327 0233329 0233341
020701: 0233347 0233353 0233357 0233371 0233407 0233413 0233423 0233437 0233477 0233489 0233509 0233549 0233551 0233557
020716: 0233591 0233599 0233609 0233617 0233621 0233641 0233663 0233669 0233683 0233687 0233689 0233693 0233713 0233743 0233747
020731: 0233759 0233777 0233837 0233851 0233879 0233887 0233917 0233921 0233939 0233941 0233963 0233983
020746: 0233993 0234007 0234029 0234043 0234067 0234083 0234089 0234103 0234121 0234131 0234139 0234149 0234161 0234167 0234181
020761: 0234187 0234193 0234197 0234203 0234211 0234247 0234259 0234271 0234287 0234289 0234293 0234317 0234319
020776: 0234323 0234331 0234341 0234343 0234361 0234383 0234431 0234457 0234461 0234463 0234467 0234473 0234499 0234511 0234527
020791: 0234529 0234539 0234541 0234547 0234571 0234587 0234593 0234613 0234629 0234653 0234659 0234673 0234683 0234713
020806: 0234721 0234727 0234733 0234743 0234749 0234769 0234781 0234791 0234799 0234803 0234809 0234811 0234833 0234847 0234851
020821: 0234863 0234869 0234893 0234917 0234931 0234947 0234959 0234961 0234967 0234977 0234979 0234989 0235003 0235007
020836: 0235009 0235013 0235043 0235051 0235057 0235069 0235091 0235099 0235111 0235117 0235159 0235171 0235181 0235189
020851: 0235211 0235231 0235241 0235243 0235273 0235289 0235307 0235309 0235331 0235339 0235349 0235367 0235379 0235441 0235447
020866: 0235483 0235489 0235493 0235513 0235519 0235523 0235537 0235541 0235553 0235559 0235577 0235591 0235601 0235607 0235621
020881: 0235661 0235663 0235673 0235679 0235699 0235723 0235727 0235747 0235753 0235783 0235787 0235793 0235811 0235813 0235849
020896: 0235871 0235877 0235889 0235901 0235919 0235921 0235951 0235967 0235979 0235997 0236017 0236021 0236035 0236063
020911: 0236069 0236077 0236087 0236107 0236111 0236129 0236143 0236153 0236167 0236207 0236209 0236219 0236231 0236261 0236287
020926: 0236293 0236297 0236323 0236329 0236333 0236339 0236377 0236381 0236387 0236399 0236407 0236429 0236461 0236471
020941: 0236477 0236479 0236503 0236507 0236519 0236527 0236549 0236561 0236573 0236609 0236627 0236641 0236653 0236659 0236681
020956: 0236699 0236701 0236707 0236713 0236723 0236729 0236737 0236749 0236771 0236773 0236779 0236783 0236807 0236813 0236867
020971: 0236869 0236879 0236881 0236891 0236893 0236897 0236909 0236917 0236947 0236981 0236983 0236993 0237011 0237019 0237043
020986: 0237053 0237067 0237071 0237073 0237089 0237091 0237137 0237143 0237151 0237157 0237161 0237163 0237173 0237179 0237203
```

Prime numbers 021001-022500

```
021001: 0237217 0237233 0237257 0237271 0237277 0237283 0237287 0237301 0237313 0237319 0237331 0237343 0237361 0237373 0237379
021016: 0237401 0237409 0237467 0237487 0237509 0237547 0237563 0237571 0237581 0237607 0237619 0237631 0237673 0237683 0237689
021031: 0237691 0237701 0237707 0237733 0237737 0237749 0237763 0237767 0237781 0237791 0237821 0237851 0237857 0237859 0237877
021046: 0237883 0237901 0237929 0237937 0237941 0237959 0237967 0237971 0237977 0237997 0238001 0238009 0238019 0238031 0238037
021061: 0238039 0238079 0238081 0238093 0238099 0238103 0238109 0238141 0238151 0238157 0238159 0238163 0238171 0238181 0238201
021076: 0238207 0238213 0238223 0238229 0238237 0238247 0238261 0238267 0238291 0238307 0238313 0238321 0238333 0238339 0238361
021091: 0238363 0238369 0238373 0238397 0238417 0238423 0238439 0238451 0238463 0238471 0238477 0238481 0238499 0238519 0238529
021106: 0238531 0238547 0238573 0238591 0238627 0238639 0238649 0238657 0238673 0238681 0238697 0238703 0238709 0238723 0238727
021121: 0238729 0238747 0238759 0238781 0238789 0238801 0238829 0238837 0238841 0238853 0238859 0238877 0238879 0238883 0238897
021136: 0238919 0238921 0238939 0238943 0238949 0238961 0238967 0238991 0239017 0239023 0239027 0239053 0239069 0239081 0239087
021151: 0239137 0239147 0239167 0239171 0239179 0239201 0239231 0239233 0239237 0239243 0239251 0239263 0239273 0239287 0239297
021166: 0239329 0239333 0239347 0239357 0239383 0239377 0239389 0239417 0239423 0239417 0239429 0239431 0239441 0239461 0239489
021181: 0239521 0239527 0239531 0239539 0239543 0239557 0239567 0239587 0239597 0239611 0239623 0239633 0239641 0239671
021196: 0239689 0239699 0239711 0239713 0239731 0239737 0239753 0239779 0239783 0239803 0239807 0239831 0239843 0239849 0239851
021211: 0239857 0239879 0239893 0239909 0239929 0239933 0239947 0239957 0239963 0239977 0239999 0240007 0240011 0240017 0240041
021226: 0240043 0240047 0240049 0240059 0240073 0240089 0240101 0240109 0240113 0240131 0240139 0240151 0240169 0240173 0240197
021241: 0240203 0240209 0240257 0240259 0240263 0240271 0240283 0240287 0240319 0240341 0240347 0240349 0240353 0240371 0240373
021256: 0240421 0240433 0240437 0240473 0240479 0240491 0240503 0240509 0240517 0240551 0240571 0240587 0240589 0240599 0240607
021271: 0240623 0240641 0240659 0240677 0240701 0240707 0240719 0240727 0240733 0240739 0240743 0240763 0240769 0240779
021286: 0240811 0240829 0240841 0240853 0240859 0240869 0240881 0240883 0240893 0240899 0240913 0240943 0240953 0240959 0240967
021301: 0240997 0241013 0241027 0241037 0241049 0241051 0241061 0241067 0241069 0241079 0241081 0241093 0241117 0241127 0241141
021316: 0241177 0241183 0241207 0241229 0241249 0241253 0241259 0241261 0241271 0241291 0241303 0241313 0241321 0241327 0241333
021331: 0241337 0241343 0241361 0241363 0241381 0241393 0241421 0241429 0241441 0241453 0241463 0241469 0241489 0241511 0241513
021346: 0241517 0241537 0241543 0241559 0241561 0241567 0241589 0241597 0241601 0241603 0241639 0241643 0241651 0241663 0241667
021361: 0241679 0241687 0241691 0241711 0241727 0241739 0241771 0241781 0241783 0241793 0241807 0241811 0241817 0241823 0241849
021376: 0241861 0241867 0241873 0241877 0241883 0241903 0241907 0241919 0241921 0241931 0241939 0241951 0241963 0241973 0241979
021391: 0241981 0241993 0242009 0242057 0242059 0242069 0242083 0242093 0242101 0242119 0242129 0242147 0242161 0242171 0242173
021406: 0242197 0242201 0242227 0242243 0242257 0242261 0242273 0242279 0242309 0242329 0242357 0242371 0242377 0242393 0242399
021421: 0242413 0242419 0242441 0242447 0242449 0242453 0242467 0242479 0242483 0242491 0242509 0242519 0242521 0242533 0242551
021436: 0242591 0242603 0242617 0242621 0242629 0242633 0242639 0242647 0242659 0242677 0242681 0242689 0242713 0242729 0242731
021451: 0242747 0242773 0242779 0242789 0242797 0242807 0242813 0242819 0242863 0242867 0242873 0242887 0242911 0242923 0242927
021466: 0242971 0242989 0242999 0243011 0243017 0243031 0243073 0243077 0243091 0243101 0243109 0243119 0243121 0243137 0243149
021481: 0243161 0243167 0243197 0243203 0243209 0243227 0243233 0243239 0243259 0243263 0243301 0243311 0243343 0243367 0243391
021496: 0243401 0243403 0243421 0243431 0243433 0243437 0243461 0243469 0243473 0243479 0243487 0243517 0243521 0243527 0243533
021511: 0243539 0243553 0243577 0243583 0243587 0243589 0243613 0243623 0243631 0243643 0243647 0243671 0243673 0243701 0243703
021526: 0243707 0243709 0243729 0243769 0243781 0243787 0243799 0243809 0243829 0243839 0243851 0243857 0243863 0243871 0243889
021541: 0243917 0243931 0243953 0243973 0243989 0244003 0244009 0244021 0244033 0244043 0244049 0244087 0244091 0244109 0244121
021556: 0244141 0244147 0244157 0244159 0244177 0244199 0244211 0244213 0244219 0244243 0244247 0244253 0244261 0244291 0244297
021571: 0244303 0244313 0244333 0244339 0244351 0244357 0244367 0244379 0244381 0244393 0244339 0244399 0244403 0244411 0244423
021586: 0244451 0244457 0244463 0244471 0244481 0244493 0244507 0244529 0244547 0244553 0244561 0244567 0244583 0244589 0244597
021601: 0244603 0244619 0244633 0244637 0244649 0244667 0244669 0244687 0244691 0244703 0244717 0244721 0244723 0244747 0244753
021616: 0244759 0244781 0244787 0244813 0244819 0244837 0244841 0244843 0244859 0244861 0244873 0244877 0244889 0244897 0244901
021631: 0244943 0244957 0244969 0244997 0245023 0245029 0245033 0245039 0245071 0245083 0245087 0245107 0245129 0245131 0245149
021646: 0245173 0245177 0245183 0245209 0245251 0245257 0245261 0245269 0245287 0245291 0245299 0245317 0245321 0245339 0245383
021661: 0245389 0245407 0245417 0245419 0245437 0245471 0245473 0245477 0245501 0245513 0245519 0245521 0245527 0245533
021676: 0245561 0245563 0245587 0245591 0245593 0245621 0245627 0245629 0245639 0245653 0245671 0245681 0245683 0245711 0245719
021691: 0245723 0245741 0245747 0245753 0245759 0245777 0245783 0245789 0245821 0245849 0245851 0245863 0245881 0245897 0245899
021706: 0245909 0245911 0245941 0245963 0245977 0245981 0245983 0245989 0246011 0246017 0246037 0246049 0246073 0246097 0246121
021721: 0246131 0246133 0246151 0246167 0246173 0246187 0246193 0246203 0246209 0246217 0246221 0246241 0246247 0246251 0246271
021736: 0246277 0246289 0246317 0246319 0246329 0246343 0246349 0246361 0246371 0246391 0246403 0246439 0246469 0246473 0246497
021751: 0246509 0246511 0246523 0246527 0246547 0246557 0246569 0246577 0246599 0246607 0246611 0246613 0246637 0246641 0246643
021766: 0246661 0246683 0246689 0246701 0246709 0246713 0246731 0246739 0246769 0246773 0246781 0246787 0246793 0246803 0246809
021781: 0246811 0246817 0246823 0246839 0246889 0246899 0246907 0246913 0246919 0246923 0246929 0246931 0246937 0246941 0246947
021796: 0246971 0246979 0247001 0247007 0247031 0247067 0247073 0247079 0247087 0247099 0247141 0247183 0247193 0247219 0247223
021811: 0247229 0247241 0247249 0247259 0247279 0247301 0247309 0247337 0247343 0247361 0247367 0247369 0247381 0247391 0247393
021826: 0247409 0247421 0247433 0247447 0247451 0247463 0247501 0247519 0247529 0247531 0247541 0247547 0247553 0247579 0247601
021841: 0247603 0247607 0247609 0247613 0247633 0247649 0247651 0247691 0247693 0247697 0247711 0247717 0247729 0247739 0247759
021856: 0247769 0247771 0247781 0247799 0247811 0247813 0247829 0247847 0247853 0247877 0247879 0247889 0247901 0247913 0247919
021871: 0247943 0247957 0247991 0247993 0247997 0247999 0248021 0248033 0248041 0248051 0248057 0248063 0248081 0248077 0248089
021886: 0248117 0248119 0248137 0248141 0248161 0248167 0248177 0248179 0248189 0248201 0248203 0248231 0248243 0248257 0248273
021901: 0248267 0248291 0248293 0248299 0248309 0248317 0248323 0248351 0248357 0248371 0248389 0248401 0248407 0248431 0248441
021916: 0248447 0248461 0248473 0248477 0248483 0248509 0248513 0248527 0248569 0248579 0248587 0248597 0248609
021931: 0248621 0248627 0248639 0248641 0248657 0248683 0248701 0248707 0248719 0248723 0248729 0248737 0248749 0248753 0248779 0248783
021946: 0248789 0248797 0248813 0248821 0248827 0248839 0248851 0248861 0248863 0248867 0248869 0248879 0248887 0248891 0248893
021961: 0248909 0248971 0248981 0248987 0249017 0249037 0249059 0249079 0249089 0249097 0249103 0249107 0249127 0249131 0249133
021976: 0249143 0249181 0249187 0249199 0249211 0249217 0249229 0249233 0249253 0249257 0249287 0249311 0249317 0249329 0249341
021991: 0249367 0249377 0249383 0249397 0249419 0249421 0249427 0249433 0249437 0249439 0249449 0249463 0249497 0249499 0249503
022006: 0249517 0249521 0249533 0249539 0249541 0249563 0249583 0249589 0249593 0249607 0249643 0249661 0249667 0249677 0249703
022021: 0249721 0249727 0249737 0249749 0249763 0249779 0249797 0249811 0249827 0249833 0249853 0249857 0249859 0249863 0249871
022036: 0249881 0249911 0249923 0249943 0249947 0249967 0249971 0249973 0249989 0250007 0250013 0250027 0250031 0250037 0250046
022051: 0250049 0250051 0250069 0250073 0250079 0250091 0250109 0250123 0250147 0250169 0250199 0250253 0250259 0250267 0250273
022066: 0250301 0250307 0250343 0250361 0250403 0250409 0250423 0250433 0250441 0250451 0250469 0250489 0250499 0250501 0250543 0250583
022081: 0250619 0250643 0250673 0250681 0250687 0250693 0250703 0250709 0250721 0250727 0250739 0250747 0250751 0250753 0250777
022096: 0250787 0250793 0250799 0250807 0250813 0250829 0250837 0250841 0250853 0250867 0250871 0250889 0250919 0250949 0250951
022111: 0250963 0250967 0250969 0250979 0250993 0251003 0251033 0251057 0251059 0251063 0251071 0251081 0251087 0251099
022126: 0251117 0251143 0251149 0251159 0251171 0251177 0251179 0251191 0251197 0251201 0251203 0251219 0251221 0251231 0251233
022141: 0251257 0251261 0251263 0251287 0251291 0251297 0251323 0251347 0251353 0251359 0251387 0251393 0251417 0251429 0251431
022156: 0251437 0251443 0251467 0251473 0251477 0251483 0251491 0251501 0251513 0251519 0251527 0251533 0251539 0251543 0251561
022171: 0251567 0251609 0251611 0251621 0251623 0251639 0251653 0251663 0251677 0251701 0251707 0251737 0251761 0251789 0251791
022186: 0251809 0251831 0251833 0251843 0251857 0251861 0251879 0251887 0251893 0251897 0251903 0251917 0251921 0251941 0251947
022201: 0251969 0251971 0251983 0252001 0252013 0252017 0252029 0252037 0252079 0252101 0252139 0252143 0252151 0252157 0252163
022216: 0252169 0252173 0252181 0252193 0252209 0252223 0252233 0252253 0252277 0252283 0252289 0252293 0252313 0252319 0252323
022231: 0252341 0252359 0252383 0252391 0252401 0252409 0252419 0252443 0252449 0252457 0252463 0252481 0252509 0252523
022246: 0252541 0252559 0252583 0252589 0252607 0252611 0252617 0252641 0252667 0252691 0252709 0252713 0252727 0252731 0252737
022261: 0252761 0252767 0252779 0252817 0252823 0252827 0252829 0252869 0252877 0252881 0252887 0252893 0252899 0252911 0252919
022276: 0252919 0252937 0252949 0252971 0252979 0252983 0253003 0253013 0253049 0253063 0253081 0253103 0253109 0253133 0253153
022291: 0253157 0253171 0253183 0253189 0253193 0253201 0253273 0253301 0253343 0253349 0253361 0253367 0253381 0253387
022306: 0253417 0253423 0253427 0253433 0253439 0253447 0253469 0253481 0253501 0253507 0253531 0253537 0253543 0253553
022321: 0253567 0253573 0253601 0253607 0253609 0253613 0253633 0253637 0253639 0253651 0253661 0253679 0253681 0253703 0253717
022336: 0253733 0253741 0253751 0253763 0253769 0253777 0253787 0253789 0253801 0253811 0253819 0253823 0253853 0253867 0253871
022351: 0253879 0253901 0253907 0253909 0253919 0253937 0253949 0253951 0253969 0253987 0253993 0253999 0254003 0254021 0254027
022366: 0254039 0254047 0254053 0254071 0254081 0254089 0254099 0254113 0254117 0254141 0254147 0254197 0254207 0254209 0254213
022381: 0254249 0254257 0254279 0254281 0254291 0254299 0254329 0254369 0254377 0254383 0254389 0254407 0254413 0254437 0254447
022396: 0254489 0254491 0254519 0254537 0254557 0254593 0254623 0254627 0254647 0254659 0254663 0254699 0254713 0254729
022411: 0254731 0254741 0254747 0254753 0254773 0254777 0254783 0254791 0254803 0254827 0254831 0254833 0254857 0254869 0254873
022426: 0254879 0254887 0254903 0254911 0254927 0254929 0254941 0254963 0254971 0254977 0254987 0254993 0255007 0255019
022441: 0255023 0255043 0255049 0255053 0255071 0255077 0255083 0255097 0255107 0255121 0255127 0255133 0255137 0255149 0255173
022456: 0255179 0255181 0255191 0255199 0255217 0255229 0255233 0255239 0255247 0255251 0255253 0255259 0255313 0255329 0255349
022471: 0255361 0255371 0255383 0255413 0255419 0255443 0255457 0255467 0255469 0255473 0255487 0255499 0255503 0255511 0255517
022486: 0255523 0255551 0255571 0255587 0255589 0255613 0255617 0255637 0255641 0255649 0255653 0255659 0255667 0255679 0255709
```

022501-024000 Prime numbers

```
022501:  0255713 0255733 0255743 0255757 0255763 0255767 0255803 0255839 0255841 0255847 0255851 0255859 0255869 0255877 0255887
022506:  0255907 0255917 0255919 0255923 0255947 0255961 0255971 0255973 0255977 0255989 0256019 0256021 0256031 0256033 0256049
022531:  0256057 0256079 0256093 0256117 0256121 0256129 0256133 0256147 0256163 0256169 0256181 0256187 0256189 0256199 0256211
022546:  0256219 0256279 0256301 0256307 0256313 0256337 0256349 0256363 0256369 0256391 0256393 0256423 0256441 0256469 0256471
022561:  0256483 0256489 0256493 0256499 0256517 0256541 0256561 0256567 0256577 0256579 0256589 0256603 0256609 0256639 0256643
022576:  0256651 0256661 0256687 0256699 0256721 0256723 0256757 0256771 0256799 0256801 0256813 0256831 0256873 0256877 0256889
022591:  0256901 0256903 0256931 0256939 0256957 0256967 0256981 0257003 0257017 0257053 0257069 0257077 0257093 0257099 0257107
022606:  0257123 0257141 0257161 0257171 0257177 0257189 0257219 0257221 0257239 0257249 0257263 0257273 0257281 0257287 0257293
022621:  0257297 0257311 0257321 0257331 0257351 0257353 0257371 0257381 0257399 0257401 0257407 0257437 0257443 0257447 0257459
022636:  0257473 0257489 0257497 0257501 0257503 0257519 0257539 0257561 0257591 0257611 0257627 0257639 0257657 0257671 0257687
022651:  0257689 0257707 0257711 0257713 0257717 0257731 0257783 0257791 0257797 0257837 0257851 0257861 0257863 0257867 0257869
022666:  0257879 0257893 0257903 0257921 0257947 0257953 0257981 0257987 0257989 0257993 0258019 0258023 0258031 0258061 0258067
022681:  0258101 0258107 0258109 0258113 0258119 0258127 0258131 0258143 0258157 0258161 0258173 0258197 0258211 0258233 0258241
022696:  0258253 0258277 0258283 0258299 0258317 0258319 0258329 0258331 0258337 0258353 0258373 0258389 0258403 0258407 0258413
022711:  0258421 0258437 0258443 0258449 0258469 0258487 0258491 0258499 0258521 0258527 0258539 0258551 0258563 0258569 0258581
022726:  0258607 0258611 0258613 0258617 0258623 0258631 0258637 0258659 0258673 0258677 0258691 0258697 0258703 0258707 0258721
022741:  0258733 0258737 0258743 0258763 0258779 0258787 0258803 0258809 0258827 0258829 0258889 0258893 0258899 0258917 0258919
022756:  0258959 0258967 0258971 0258977 0258983 0258991 0259001 0259009 0259019 0259033 0259099 0259121 0259123 0259151 0259157
022771:  0259159 0259163 0259169 0259177 0259183 0259201 0259211 0259213 0259219 0259229 0259271 0259277 0259309 0259321 0259339
022786:  0259379 0259381 0259387 0259397 0259411 0259421 0259429 0259451 0259453 0259459 0259499 0259507 0259513 0259531 0259537
022801:  0259577 0259583 0259603 0259613 0259619 0259621 0259627 0259631 0259639 0259643 0259657 0259667 0259681 0259691 0259697
022816:  0259717 0259723 0259733 0259751 0259771 0259781 0259783 0259801 0259813 0259823 0259829 0259837 0259841 0259867 0259907
022831:  0259933 0259937 0259943 0259949 0259967 0259991 0259993 0260003 0260009 0260011 0260017 0260023 0260027 0260047 0260081
022846:  0260111 0260137 0260171 0260179 0260189 0260191 0260201 0260207 0260209 0260213 0260231 0260263 0260269 0260317 0260329
022861:  0260339 0260363 0260387 0260399 0260411 0260413 0260417 0260443 0260447 0260459 0260461 0260467 0260483 0260489 0260527
022876:  0260539 0260543 0260549 0260551 0260569 0260573 0260581 0260587 0260609 0260619 0260627 0260647 0260651 0260671 0260677 0260713
022891:  0260717 0260723 0260747 0260753 0260761 0260773 0260791 0260807 0260809 0260849 0260857 0260861 0260863 0260873 0260879
022906:  0260893 0260921 0260941 0260951 0260959 0260969 0260983 0260987 0260999 0261011 0261013 0261017 0261031 0261043 0261059
022921:  0261061 0261071 0261077 0261089 0261101 0261127 0261167 0261169 0261223 0261229 0261241 0261251 0261271 0261281 0261301
022936:  0261323 0261329 0261331 0261347 0261353 0261379 0261389 0261407 0261427 0261431 0261433 0261439 0261451 0261461 0261467
022951:  0261509 0261523 0261529 0261557 0261563 0261577 0261581 0261587 0261593 0261601 0261619 0261631 0261637 0261641 0261643
022966:  0261673 0261697 0261707 0261713 0261721 0261739 0261757 0261761 0261773 0261787 0261791 0261799 0261823 0261847 0261881
022981:  0261887 0261917 0261959 0261971 0261973 0261977 0261983 0262007 0262027 0262049 0262051 0262069 0262079 0262103 0262109
022996:  0262111 0262121 0262127 0262133 0262139 0262141 0262151 0262153 0262187 0262193 0262217 0262231 0262237 0262253 0262261
023011:  0262271 0262303 0262313 0262321 0262331 0262337 0262349 0262351 0262369 0262387 0262391 0262399 0262411 0262433 0262459
023026:  0262469 0262489 0262501 0262511 0262513 0262519 0262541 0262543 0262553 0262567 0262583 0262597 0262621 0262627 0262643
023041:  0262649 0262651 0262657 0262681 0262693 0262697 0262709 0262723 0262733 0262739 0262741 0262747 0262781 0262783 0262807
023056:  0262819 0262853 0262877 0262883 0262897 0262901 0262909 0262937 0262949 0262957 0262981 0263009 0263023 0263047 0263063
023071:  0263071 0263077 0263083 0263089 0263101 0263111 0263119 0263129 0263167 0263171 0263183 0263191 0263201 0263203 0263213
023086:  0263227 0263239 0263257 0263267 0263269 0263273 0263287 0263293 0263303 0263323 0263369 0263383 0263387 0263399 0263401
023101:  0263411 0263423 0263429 0263437 0263443 0263489 0263491 0263503 0263513 0263519 0263521 0263533 0263537 0263561 0263567
023116:  0263573 0263591 0263597 0263609 0263611 0263621 0263647 0263651 0263657 0263677 0263723 0263729 0263737 0263759 0263761
023131:  0263803 0263819 0263821 0263827 0263843 0263849 0263863 0263867 0263869 0263881 0263899 0263909 0263911 0263927 0263933
023146:  0263941 0263951 0263953 0263957 0263983 0264007 0264013 0264029 0264031 0264053 0264059 0264071 0264083 0264091 0264101
023161:  0264113 0264127 0264133 0264137 0264139 0264167 0264169 0264179 0264211 0264221 0264263 0264269 0264283 0264289 0264301
023176:  0264323 0264331 0264343 0264349 0264353 0264359 0264371 0264391 0264401 0264437 0264443 0264463 0264467 0264527 0264529
023191:  0264559 0264577 0264581 0264599 0264601 0264631 0264637 0264643 0264653 0264679 0264697 0264731 0264739 0264743
023206:  0264749 0264757 0264763 0264769 0264779 0264787 0264791 0264793 0264811 0264827 0264829 0264839 0264841 0264881 0264889
023221:  0264893 0264899 0264919 0264931 0264949 0264959 0264961 0264977 0264991 0264997 0265003 0265007 0265021 0265037 0265079
023236:  0265091 0265093 0265117 0265123 0265129 0265141 0265151 0265157 0265163 0265169 0265193 0265207 0265231 0265241 0265247
023251:  0265261 0265271 0265273 0265277 0265313 0265333 0265351 0265357 0265369 0265381 0265399 0265403 0265417 0265423 0265427
023266:  0265451 0265469 0265471 0265483 0265493 0265511 0265517 0265529 0265534 0265547 0265549 0265561 0265567 0265571 0265579 0265607
023281:  0265613 0265619 0265621 0265703 0265709 0265711 0265717 0265729 0265739 0265747 0265757 0265781 0265787 0265807 0265811
023296:  0265819 0265831 0265841 0265847 0265861 0265871 0265873 0265883 0265891 0265921 0265957 0265961 0265987 0266003 0266009
023311:  0266023 0266027 0266029 0266047 0266051 0266053 0266059 0266081 0266083 0266089 0266093 0266099 0266111 0266117 0266129
023326:  0266137 0266153 0266159 0266177 0266183 0266221 0266239 0266261 0266269 0266281 0266291 0266293 0266297 0266333 0266351
023341:  0266353 0266359 0266381 0266401 0266411 0266417 0266447 0266449 0266477 0266479 0266489 0266491 0266521 0266549
023356:  0266587 0266599 0266603 0266633 0266641 0266647 0266663 0266671 0266677 0266681 0266683 0266687 0266689 0266701 0266711
023371:  0266719 0266747 0266767 0266797 0266801 0266821 0266837 0266839 0266863 0266867 0266891 0266897 0266899 0266909 0266921
023386:  0266933 0266947 0266953 0266957 0266989 0266993 0266999 0267017 0267037 0267049 0267077 0267097 0267131
023401:  0267133 0267139 0267143 0267167 0267187 0267193 0267199 0267203 0267217 0267227 0267229 0267233 0267259 0267271 0267277
023416:  0267287 0267301 0267307 0267361 0267341 0267343 0267373 0267389 0267391 0267397 0267401 0267407 0267413 0267427 0267431 0267433
023431:  0267439 0267451 0267469 0267479 0267481 0267493 0267497 0267511 0267517 0267521 0267523 0267541 0267551 0267557 0267569
023446:  0267587 0267593 0267601 0267611 0267613 0267629 0267637 0267643 0267647 0267661 0267667 0267671 0267677
023461:  0267679 0267713 0267719 0267721 0267727 0267737 0267739 0267749 0267763 0267781 0267791 0267797 0267803 0267811 0267829
023476:  0267833 0267871 0267877 0267887 0267893 0267899 0267901 0267907 0267917 0267953 0267961 0267967 0267979 0267989 0268003
023491:  0268013 0268043 0268049 0268063 0268069 0268091 0268123 0268133 0268153 0268171 0268189 0268199 0268207 0268211 0268237
023506:  0268253 0268267 0268271 0268283 0268291 0268297 0268343 0268403 0268439 0268459 0268487 0268493 0268501 0268507 0268517
023521:  0268519 0268529 0268533 0268543 0268547 0268553 0268573 0268607 0268613 0268637 0268643 0268661 0268693 0268721 0268729 0268733
023536:  0268747 0268757 0268759 0268771 0268777 0268781 0268783 0268787 0268811 0268813 0268817 0268819 0268823 0268841 0268843
023551:  0268861 0268883 0268897 0268909 0268913 0268921 0268927 0268933 0268969 0268973 0268979 0268981 0268997 0268999 0269023
023566:  0269029 0269039 0269041 0269057 0269063 0269069 0269089 0269117 0269131 0269141 0269167 0269177 0269179 0269183 0269189
023581:  0269201 0269209 0269219 0269221 0269231 0269233 0269257 0269251 0269257 0269281 0269317 0269323 0269341 0269351 0269377
023596:  0269383 0269387 0269389 0269393 0269413 0269419 0269429 0269431 0269441 0269461 0269473 0269513 0269519 0269527 0269539
023611:  0269543 0269561 0269573 0269579 0269597 0269617 0269623 0269641 0269651 0269663 0269693 0269701 0269713 0269719 0269723
023626:  0269741 0269749 0269761 0269779 0269783 0269791 0269851 0269879 0269887 0269891 0269897 0269923 0269939 0269947 0269953
023641:  0269981 0269987 0269993 0270001 0270013 0270029 0270059 0270071 0270073 0270097 0270121 0270131 0270133 0270143 0270157
023656:  0270163 0270167 0270191 0270209 0270217 0270223 0270229 0270239 0270241 0270269 0270271 0270287 0270299 0270307 0270313
023671:  0270323 0270329 0270337 0270343 0270371 0270379 0270407 0270421 0270437 0270443 0270451 0270461 0270463 0270493 0270509
023686:  0270527 0270539 0270547 0270551 0270553 0270563 0270577 0270583 0270587 0270593 0270601 0270619 0270631 0270653 0270659
023701:  0270667 0270679 0270689 0270701 0270709 0270719 0270749 0270761 0270767 0270779 0270791 0270797 0270799 0270821 0270833
023716:  0270841 0270859 0270899 0270913 0270923 0270931 0270937 0270953 0270961 0270967 0270973 0271003 0271013 0271021 0271027
023731:  0271043 0271057 0271067 0271079 0271097 0271109 0271127 0271163 0271169 0271177 0271181 0271211 0271217 0271211
023746:  0271241 0271247 0271253 0271261 0271273 0271277 0271279 0271289 0271333 0271351 0271357 0271363 0271367 0271393 0271409 0271429
023761:  0271451 0271463 0271471 0271483 0271489 0271499 0271501 0271517 0271549 0271553 0271571 0271573 0271597 0271603 0271619
023776:  0271637 0271639 0271651 0271657 0271693 0271703 0271723 0271729 0271753 0271769 0271771 0271787 0271807 0271811 0271829
023791:  0271841 0271849 0271853 0271861 0271867 0271879 0271897 0271903 0271919 0271927 0271939 0271957 0271969 0271981 0272003
023806:  0272009 0272011 0272027 0272029 0272039 0272053 0272059 0272093 0272111 0272141 0272171 0272179 0272183 0272189 0272191 0272201
023821:  0272203 0272227 0272231 0272249 0272257 0272263 0272267 0272269 0272287 0272299 0272317 0272329 0272333 0272341 0272347
023836:  0272351 0272353 0272359 0272369 0272381 0272383 0272399 0272407 0272411 0272417 0272423 0272447 0272453 0272477 0272507
023851:  0272533 0272537 0272539 0272549 0272563 0272567 0272581 0272603 0272621 0272651 0272659 0272683 0272693 0272717 0272719
023866:  0272729 0272737 0272749 0272771 0272777 0272807 0272809 0272813 0272867 0272879 0272887 0272891 0272911 0272917 0272927
023881:  0272933 0272959 0272971 0272981 0272983 0272989 0272999 0273001 0273029 0273043 0273047 0273059 0273061 0273067 0273073
023896:  0273083 0273107 0273113 0273127 0273131 0273139 0273167 0273187 0273193 0273233 0273253 0273263 0273271 0273281
023911:  0273283 0273289 0273311 0273313 0273323 0273349 0273359 0273367 0273433 0273457 0273473 0273503 0273517 0273521 0273527
023926:  0273551 0273569 0273601 0273613 0273617 0273629 0273641 0273643 0273653 0273697 0273709 0273719 0273727 0273739 0273773
023941:  0273787 0273797 0273803 0273821 0273827 0273857 0273877 0273881 0273899 0273901 0273913 0273919 0273929 0273941 0273943 0273967
023956:  0273971 0273979 0273997 0274007 0274019 0274033 0274061 0274069 0274081 0274093 0274103 0274117 0274121 0274123 0274139
023971:  0274147 0274163 0274171 0274177 0274187 0274199 0274201 0274213 0274223 0274241 0274237 0274243 0274259 0274271 0274277 0274283
023986:  0274301 0274333 0274349 0274357 0274361 0274403 0274423 0274441 0274451 0274453 0274457 0274471 0274489 0274517 0274529
```

Prime numbers 024001-025500

```
024001: 0274579 0274583 0274591 0274609 0274627 0274661 0274667 0274679 0274693 0274697 0274709 0274711 0274723 0274739 0274751
024016: 0274777 0274783 0274787 0274811 0274817 0274829 0274831 0274837 0274843 0274847 0274853 0274861 0274867 0274871 0274889
024031: 0274909 0274931 0274943 0274951 0274957 0274961 0274973 0274993 0275003 0275027 0275039 0275047 0275053 0275059 0275083
024046: 0275087 0275129 0275131 0275147 0275153 0275159 0275161 0275167 0275183 0275201 0275207 0275227 0275251 0275263 0275269
024061: 0275299 0275309 0275321 0275323 0275339 0275357 0275371 0275389 0275393 0275399 0275419 0275423 0275447 0275449 0275453
024076: 0275459 0275461 0275469 0275489 0275491 0275503 0275521 0275531 0275533 0275543 0275549 0275573 0275579 0275581 0275591 0275593 0275599
024091: 0275623 0275641 0275651 0275657 0275669 0275677 0275699 0275711 0275719 0275729 0275741 0275767 0275773 0275783 0275813
024106: 0275827 0275837 0275881 0275887 0275911 0275917 0275921 0275923 0275929 0275939 0275941 0275963 0275969 0275981 0275987
024121: 0275999 0276007 0276011 0276019 0276037 0276041 0276043 0276047 0276049 0276079 0276083 0276091 0276113 0276137 0276151
024136: 0276173 0276181 0276187 0276191 0276209 0276229 0276239 0276247 0276251 0276257 0276277 0276293 0276319 0276323 0276337
024151: 0276343 0276347 0276359 0276371 0276373 0276389 0276401 0276439 0276443 0276449 0276461 0276467 0276487 0276499 0276503
024166: 0276517 0276527 0276553 0276557 0276581 0276587 0276589 0276593 0276599 0276623 0276629 0276637 0276647 0276673 0276707
024181: 0276721 0276739 0276763 0276767 0276779 0276781 0276817 0276821 0276823 0276827 0276833 0276839 0276847 0276869 0276883
024196: 0276901 0276907 0276917 0276919 0276929 0276949 0276953 0276961 0276977 0277003 0277007 0277021 0277051 0277063 0277073
024211: 0277087 0277097 0277099 0277117 0277163 0277169 0277177 0277181 0277183 0277213 0277217 0277223 0277231 0277243 0277261
024226: 0277273 0277279 0277297 0277301 0277309 0277331 0277363 0277373 0277411 0277421 0277427 0277429 0277483 0277493 0277499
024241: 0277513 0277531 0277547 0277549 0277567 0277577 0277597 0277601 0277603 0277617 0277627 0277639 0277643 0277657 0277663
024256: 0277687 0277691 0277703 0277741 0277747 0277751 0277757 0277787 0277789 0277793 0277813 0277829 0277847 0277859 0277883
024271: 0277889 0277891 0277903 0277943 0277919 0277961 0277993 0277999 0278017 0278029 0278041 0278051 0278063 0278071 0278087
024286: 0278111 0278119 0278123 0278143 0278147 0278149 0278177 0278191 0278207 0278209 0278219 0278227 0278237 0278261
024301: 0278269 0278279 0278321 0278329 0278347 0278353 0278363 0278387 0278393 0278413 0278437 0278459 0278479 0278489 0278491
024316: 0278497 0278501 0278503 0278543 0278549 0278557 0278561 0278563 0278581 0278591 0278609 0278611 0278617 0278623 0278627
024331: 0278639 0278651 0278671 0278687 0278689 0278701 0278717 0278741 0278743 0278753 0278761 0278771 0278807 0278809 0278813
024346: 0278819 0278827 0278843 0278849 0278867 0278879 0278881 0278891 0278903 0278909 0278911 0278917 0278947 0278981 0279001
024361: 0279007 0279023 0279029 0279041 0279073 0279109 0279119 0279121 0279127 0279131 0279137 0279143 0279179 0279187
024376: 0279203 0279211 0279221 0279269 0279311 0279317 0279329 0279337 0279353 0279397 0279407 0279413 0279421 0279431 0279443
024391: 0279451 0279479 0279481 0279517 0279523 0279541 0279553 0279557 0279571 0279577 0279579 0279583 0279593 0279607 0279613
024406: 0279619 0279637 0279641 0279649 0279659 0279679 0279689 0279707 0279719 0279731 0279751 0279761 0279767 0279779 0279817
024421: 0279823 0279847 0279857 0279863 0279883 0279913 0279919 0279941 0279949 0279961 0279977 0279991 0280001 0280009 0280013
024436: 0280031 0280087 0280061 0280069 0280097 0280099 0280103 0280121 0280129 0280139 0280183 0280187 0280191 0280207 0280213
024451: 0280223 0280229 0280243 0280249 0280253 0280277 0280297 0280303 0280321 0280327 0280337 0280339 0280351 0280373 0280409
024466: 0280411 0280421 0280463 0280487 0280499 0280507 0280513 0280537 0280541 0280547 0280549 0280561 0280583 0280589 0280591
024481: 0280597 0280603 0280607 0280613 0280627 0280639 0280673 0280681 0280697 0280699 0280703 0280711 0280717 0280729 0280751
024496: 0280759 0280769 0280771 0280811 0280817 0280837 0280849 0280859 0280871 0280879 0280883 0280897 0280909 0280913 0280921
024511: 0280927 0280933 0280939 0280949 0280957 0280963 0280967 0280979 0280997 0281023 0281033 0281053 0281063 0281069 0281081
024526: 0281117 0281131 0281153 0281159 0281167 0281189 0281191 0281207 0281227 0281233 0281243 0281249 0281251 0281273 0281279
024541: 0281291 0281297 0281317 0281321 0281327 0281339 0281353 0281357 0281363 0281381 0281419 0281423 0281429 0281431 0281509
024556: 0281527 0281531 0281539 0281549 0281551 0281557 0281563 0281579 0281581 0281609 0281621 0281623 0281627 0281641 0281647
024571: 0281651 0281653 0281663 0281669 0281683 0281717 0281719 0281737 0281747 0281761 0281767 0281777 0281783 0281791 0281797
024586: 0281803 0281807 0281813 0281837 0281833 0281839 0281849 0281857 0281867 0281887 0281893 0281921 0281923 0281927 0281933 0281947
024601: 0281959 0281971 0281989 0281993 0282001 0282011 0282019 0282053 0282059 0282071 0282089 0282091 0282097 0282101 0282103
024616: 0282127 0282143 0282157 0282167 0282221 0282229 0282239 0282241 0282253 0282281 0282287 0282229 0282307 0282311 0282313
024631: 0282349 0282377 0282383 0282389 0282391 0282407 0282409 0282413 0282427 0282439 0282461 0282481 0282487 0282493 0282559
024646: 0282563 0282571 0282577 0282589 0282599 0282617 0282661 0282671 0282677 0282679 0282683 0282691 0282697 0282703 0282707
024661: 0282713 0282767 0282769 0282773 0282797 0282809 0282827 0282833 0282847 0282851 0282869 0282881 0282889 0282907 0282911
024676: 0282913 0282947 0282959 0282973 0282977 0282991 0283001 0283009 0283019 0283051 0283079 0283093 0283097 0283099
024691: 0283111 0283121 0283133 0283139 0283159 0283163 0283181 0283183 0283193 0283207 0283211 0283267 0283277 0283289
024706: 0283303 0283369 0283397 0283403 0283411 0283447 0283463 0283487 0283489 0283501 0283511 0283519 0283541 0283553 0283571
024721: 0283573 0283579 0283583 0283601 0283607 0283609 0283631 0283637 0283639 0283669 0283687 0283721 0283741 0283763
024736: 0283769 0283771 0283793 0283799 0283807 0283813 0283817 0283837 0283859 0283861 0283873 0283909 0283937 0283949
024751: 0283957 0283961 0283979 0284003 0284023 0284041 0284051 0284057 0284059 0284083 0284093 0284111 0284117 0284119 0284131
024766: 0284149 0284153 0284159 0284161 0284173 0284191 0284201 0284227 0284231 0284233 0284237 0284243 0284261 0284267 0284269
024781: 0284293 0284311 0284341 0284347 0284369 0284377 0284387 0284407 0284413 0284423 0284429 0284447 0284441 0284467 0284483
024796: 0284489 0284507 0284509 0284521 0284527 0284539 0284551 0284561 0284573 0284587 0284591 0284593 0284623 0284633 0284651
024811: 0284657 0284659 0284681 0284689 0284701 0284707 0284723 0284729 0284731 0284737 0284741 0284743 0284747 0284749 0284759
024826: 0284777 0284783 0284803 0284807 0284813 0284819 0284831 0284833 0284839 0284857 0284881 0284897 0284899 0284917 0284927
024841: 0284957 0284969 0284989 0285007 0285023 0285051 0285059 0285091 0285101 0285113 0285119 0285121 0285125 0285139
024856: 0285151 0285161 0285179 0285191 0285199 0285221 0285227 0285251 0285253 0285281 0285287 0285289 0285301 0285317 0285343
024871: 0285377 0285421 0285443 0285451 0285457 0285463 0285469 0285473 0285479 0285491 0285511 0285517 0285523 0285529 0285553 0285557
024886: 0285559 0285569 0285599 0285611 0285613 0285629 0285631 0285641 0285643 0285661 0285667 0285673 0285697 0285707 0285709
024901: 0285721 0285731 0285749 0285757 0285763 0285767 0285773 0285803 0285823 0285827 0285839 0285841 0285871 0285937 0285949
024916: 0285953 0285977 0285979 0285983 0285997 0286001 0286009 0286019 0286049 0286061 0286063 0286073 0286103 0286129
024931: 0286163 0286171 0286199 0286243 0286249 0286289 0286301 0286333 0286367 0286369 0286381 0286393 0286397 0286411 0286421
024946: 0286427 0286453 0286457 0286469 0286489 0286477 0286483 0286487 0286493 0286499 0286513 0286519 0286541 0286543 0286547
024961: 0286553 0286589 0286591 0286609 0286613 0286619 0286633 0286651 0286673 0286687 0286697 0286703 0286711 0286721 0286733
024976: 0286751 0286753 0286781 0286717 0286789 0286801 0286813 0286829 0286831 0286769 0286897 0286913 0286927 0286973 0286987
024991: 0286999 0287000 0287047 0287057 0287059 0287087 0287093 0287099 0287107 0287111 0287137 0287141 0287149 0287159 0287167
025006: 0287173 0287191 0287219 0287273 0287251 0287257 0287269 0287293 0287311 0287317 0287321
025021: 0287327 0287333 0287341 0287347 0287383 0287387 0287393 0287437 0287449 0287491 0287501 0287503 0287537 0287549 0287557
025036: 0287579 0287597 0287611 0287629 0287669 0287701 0287731 0287737 0287747 0287783 0287789 0287801 0287813
025051: 0287821 0287849 0287851 0287857 0287863 0287867 0287873 0287887 0287921 0287933 0287939 0287977 0288007 0288023 0288049
025066: 0288053 0288061 0288077 0288089 0288109 0288137 0288181 0288191 0288199 0288209 0288227 0288241 0288247
025081: 0288263 0288283 0288293 0288307 0288313 0288317 0288349 0288353 0288361 0288383 0288389 0288403 0288413 0288427 0288433
025096: 0288461 0288463 0288467 0288493 0288499 0288527 0288529 0288539 0288551 0288559 0288571 0288577 0288643 0288647 0288649
025111: 0288653 0288661 0288679 0288683 0288689 0288697 0288731 0288733 0288751 0288767 0288773 0288803 0288817 0288833 0288839
025126: 0288857 0288851 0288853 0288877 0288907 0288913 0288929 0288931 0288947 0288973 0288901 0288989 0288991 0288997 0289001
025141: 0289019 0289021 0289031 0289033 0289039 0289049 0289067 0289099 0289109 0289111 0289127 0289129 0289139
025156: 0289141 0289151 0289169 0289171 0289181 0289189 0289193 0289241 0289243 0289249 0289253 0289273 0289283 0289291
025171: 0289297 0289309 0289313 0289343 0289349 0289361 0289369 0289381 0289397 0289417 0289423 0289429 0289453 0289459 0289469
025186: 0289477 0289489 0289511 0289543 0289559 0289573 0289577 0289589 0289603 0289607 0289637 0289643 0289657 0289669 0289717
025201: 0289727 0289733 0289741 0289759 0289763 0289771 0289789 0289841 0289843 0289847 0289859 0289867 0289871 0289819 0289879
025216: 0289889 0289897 0289937 0289951 0289957 0289967 0289987 0289999 0290011 0290021 0290023 0290027 0290033 0290039
025231: 0290041 0290053 0290057 0290083 0290107 0290113 0290119 0290137 0290141 0290161 0290183 0290201 0290209 0290219
025246: 0290233 0290243 0290249 0290317 0290347 0290351 0290371 0290369 0290383 0290393 0290399 0290419 0290429 0290441
025261: 0290443 0290447 0290471 0290489 0290497 0290509 0290527 0290531 0290533 0290539 0290557 0290593 0290597 0290611
025276: 0290617 0290621 0290623 0290627 0290657 0290659 0290663 0290669 0290671 0290677 0290701 0290707 0290711 0290737 0290761
025291: 0290767 0290791 0290803 0290809 0290821 0290827 0290837 0290839 0290861 0290869 0290887 0290953 0290963 0290971
025306: 0290987 0290993 0290999 0291007 0291013 0291037 0291041 0291043 0291077 0291089 0291101 0291103 0291107 0291113 0291143
025321: 0291167 0291173 0291169 0291181 0291191 0291199 0291209 0291217 0291251 0291271 0291287 0291289 0291311 0291337
025336: 0291349 0291353 0291367 0291373 0291377 0291419 0291437 0291439 0291443 0291457 0291481 0291491 0291503 0291509
025351: 0291521 0291539 0291547 0291559 0291563 0291569 0291611 0291647 0291659 0291661 0291677 0291689 0291691 0291701 0291721
025366: 0291727 0291743 0291751 0291779 0291791 0291817 0291829 0291833 0291853 0291857 0291869 0291877 0291889 0291901
025381: 0291923 0291971 0291979 0291983 0291991 0291997 0292021 0292027 0292037 0292057 0292069 0292079 0292081 0292091 0292093 0292133
025396: 0292141 0292147 0292157 0292181 0292183 0292223 0292231 0292247 0292249 0292253 0292301 0292309 0292319 0292343
025411: 0292351 0292363 0292367 0292381 0292393 0292427 0292441 0292459 0292469 0292471 0292483 0292489 0292493 0292517
025426: 0292531 0292541 0292549 0292561 0292583 0292589 0292601 0292627 0292631 0292661 0292667 0292673 0292679 0292693 0292703
025441: 0292709 0292711 0292717 0292727 0292753 0292759 0292777 0292793 0292801 0292807 0292819 0292837 0292841 0292849 0292867
025456: 0292879 0292903 0292913 0292921 0292933 0292969 0292973 0292979 0292999 0293003 0293009 0293077 0293083 0293089 0293107
025471: 0293123 0293129 0293147 0293149 0293173 0293177 0293179 0293201 0293207 0293213 0293221 0293257 0293261 0293263 0293269
025486: 0293311 0293329 0293339 0293351 0293357 0293399 0293413 0293431 0293441 0293453 0293459 0293467 0293473 0293483 0293507
```

025501-027000   Prime numbers

```
025501:  0293543 0293599 0293603 0293617 0293621 0293633 0293639 0293651 0293659 0293677 0293681 0293701 0293717 0293723 0293729
025516:  0293749 0293767 0293773 0293791 0293803 0293827 0293831 0293861 0293863 0293893 0293899 0293941 0293957 0293983 0293989
025531:  0293999 0294001 0294013 0294023 0294029 0294043 0294053 0294059 0294067 0294103 0294127 0294131 0294149 0294157 0294167
025546:  0294179 0294181 0294199 0294221 0294223 0294227 0294241 0294247 0294251 0294269 0294277 0294289 0294293 0294311
025561:  0294313 0294317 0294319 0294337 0294341 0294347 0294353 0294383 0294391 0294397 0294403 0294431 0294439 0294461 0294467
025576:  0294479 0294499 0294509 0294523 0294529 0294551 0294563 0294629 0294641 0294647 0294664 0294659 0294673 0294703 0294731
025591:  0294751 0294757 0294761 0294773 0294781 0294787 0294793 0294799 0294803 0294809 0294821 0294829 0294859 0294869 0294887
025606:  0294893 0294911 0294919 0294923 0294947 0294949 0294953 0294979 0294989 0294991 0295007 0295013 0295037 0295039
025621:  0295049 0295073 0295079 0295081 0295111 0295123 0295129 0295153 0295187 0295199 0295201 0295219 0295237 0295247 0295259
025636:  0295271 0295277 0295283 0295291 0295313 0295319 0295333 0295357 0295363 0295387 0295411 0295417 0295429 0295433 0295439
025651:  0295441 0295459 0295513 0295517 0295541 0295553 0295567 0295571 0295591 0295601 0295663 0295693 0295699 0295703 0295727
025666:  0295751 0295759 0295769 0295771 0295787 0295819 0295831 0295837 0295843 0295847 0295853 0295861 0295877 0295873 0295877
025681:  0295879 0295901 0295903 0295909 0295937 0295943 0295949 0295951 0295961 0295973 0295993 0296011 0296017 0296027 0296041
025696:  0296047 0296071 0296083 0296099 0296117 0296129 0296137 0296159 0296183 0296201 0296213 0296221 0296237 0296243 0296249
025711:  0296251 0296269 0296273 0296297 0296287 0296299 0296347 0296353 0296363 0296369 0296377 0296401 0296441 0296473 0296477
025726:  0296479 0296489 0296503 0296507 0296509 0296519 0296551 0296557 0296561 0296563 0296579 0296581 0296587 0296591 0296627
025741:  0296651 0296663 0296669 0296683 0296687 0296693 0296713 0296719 0296729 0296731 0296747 0296749 0296753 0296767 0296771
025756:  0296773 0296797 0296801 0296819 0296827 0296831 0296833 0296843 0296909 0296911 0296921 0296929 0296941 0296969 0296971
025771:  0296981 0296983 0297019 0297021 0297047 0297061 0297067 0297079 0297083 0297097 0297113 0297133 0297151 0297161
025786:  0297169 0297191 0297233 0297247 0297251 0297257 0297263 0297289 0297317 0297359 0297371 0297377 0297391 0297397 0297403
025801:  0297419 0297427 0297439 0297457 0297463 0297469 0297481 0297487 0297503 0297509 0297523 0297551 0297581 0297589 0297601 0297607
025816:  0297613 0297617 0297623 0297629 0297641 0297659 0297683 0297691 0297707 0297719 0297727 0297757 0297779 0297793 0297797
025831:  0297809 0297811 0297833 0297841 0297853 0297881 0297889 0297893 0297907 0297917 0297919 0297953 0297967 0297971 0297989
025846:  0297991 0298013 0298021 0298031 0298049 0298063 0298087 0298093 0298099 0298153 0298157 0298159 0298169 0298171
025861:  0298187 0298201 0298211 0298223 0298237 0298247 0298261 0298283 0298303 0298307 0298327 0298339 0298343 0298349
025876:  0298369 0298373 0298399 0298409 0298411 0298427 0298451 0298477 0298483 0298513 0298559 0298579 0298583 0298589 0298601
025891:  0298607 0298621 0298631 0298651 0298667 0298679 0298681 0298687 0298691 0298693 0298709 0298723 0298737 0298739 0298759
025906:  0298777 0298799 0298801 0298817 0298819 0298841 0298847 0298853 0298881 0298897 0298937 0298943 0298993 0298999 0299911
025921:  0299017 0299027 0299029 0299039 0299059 0299063 0299087 0299099 0299107 0299113 0299137 0299147 0299171 0299179 0299191
025936:  0299197 0299213 0299239 0299261 0299281 0299287 0299311 0299317 0299329 0299333 0299357 0299363 0299371 0299389
025951:  0299393 0299401 0299417 0299419 0299447 0299471 0299473 0299477 0299479 0299501 0299513 0299521 0299527 0299539 0299567
025966:  0299569 0299603 0299617 0299623 0299653 0299661 0299681 0299683 0299699 0299701 0299717 0299723 0299731 0299743 0299749
025981:  0299771 0299777 0299807 0299843 0299857 0299861 0299881 0299891 0299903 0299909 0299933 0299941 0299951 0299969 0299977
025996:  0299983 0299993 0300007 0300017 0300089 0300043 0300073 0300089 0300109 0300119 0300131 0300149 0300151 0300163 0300187
026011:  0300191 0300193 0300221 0300229 0300233 0300239 0300247 0300277 0300299 0300301 0300317 0300319 0300323 0300331 0300343
026026:  0300367 0300409 0300413 0300427 0300431 0300439 0300463 0300481 0300491 0300493 0300497 0300499 0300511 0300557
026041:  0300569 0300581 0300583 0300589 0300593 0300623 0300631 0300647 0300649 0300661 0300667 0300673 0300683 0300691 0300719
026056:  0300721 0300725 0300739 0300743 0300749 0300757 0300761 0300779 0300787 0300799 0300809 0300823 0300851 0300857
026071:  0300869 0300877 0300889 0300893 0300929 0300931 0300953 0300961 0300967 0300977 0300997 0301013 0301027 0301039
026086:  0301051 0301057 0301079 0301101 0301123 0301127 0301141 0301153 0301159 0301177 0301181 0301183 0301211 0301219 0301237
026101:  0301241 0301243 0301247 0301267 0301303 0301319 0301331 0301333 0301349 0301361 0301363 0301381 0301403 0301409 0301423
026116:  0301429 0301447 0301459 0301471 0301481 0301487 0301489 0301493 0301501 0301513 0301517 0301579 0301583 0301591 0301601
026131:  0301619 0301627 0301643 0301649 0301657 0301669 0301679 0301681 0301703 0301717 0301711 0301751 0301753 0301759 0301789
026146:  0301793 0301813 0301831 0301843 0301843 0301867 0301877 0301901 0301907 0301913 0301927 0301931 0301933 0301943 0301949
026161:  0301979 0301991 0301993 0301997 0301999 0302009 0302053 0302111 0302113 0302143 0302163 0302171 0302173 0302189 0302191
026176:  0302213 0302221 0302227 0302261 0302273 0302279 0302287 0302297 0302299 0302317 0302329 0302399 0302411 0302417 0302429
026191:  0302441 0302459 0302483 0302507 0302513 0302521 0302563 0302567 0302573 0302579 0302581 0302587 0302593 0302597 0302609
026206:  0302629 0302647 0302663 0302681 0302711 0302723 0302747 0302759 0302767 0302779 0302791 0302801 0302831 0302833 0302837
026221:  0302843 0302851 0302857 0302873 0302891 0302903 0302909 0302921 0302927 0302941 0302959 0302969 0302971 0302977 0302983
026236:  0302989 0302999 0303007 0303011 0303013 0303019 0303029 0303049 0303053 0303073 0303089 0303091 0303097 0303119 0303139
026251:  0303143 0303151 0303157 0303187 0303217 0303257 0303271 0303283 0303293 0303299 0303307 0303313 0303323 0303337
026266:  0303341 0303361 0303367 0303371 0303377 0303379 0303389 0303409 0303421 0303431 0303463 0303469 0303473 0303491 0303493
026281:  0303497 0303529 0303539 0303541 0303551 0303553 0303571 0303581 0303587 0303593 0303611 0303617 0303619 0303643 0303647
026296:  0303649 0303679 0303683 0303689 0303691 0303703 0303713 0303727 0303731 0303749 0303767 0303781 0303803 0303817 0303823
026311:  0303839 0303859 0303871 0303889 0303907 0303917 0303931 0303937 0303959 0303983 0303997 0304009 0304013 0304021 0304033
026326:  0304039 0304049 0304063 0304067 0304069 0304081 0304091 0304099 0304127 0304151 0304153 0304163 0304169 0304193 0304211
026341:  0304217 0304223 0304253 0304259 0304279 0304301 0304313 0304349 0304259 0304357 0304381 0304373 0304381 0304391 0304393 0304399
026356:  0304411 0304429 0304433 0304439 0304457 0304447 0304481 0304489 0304501 0304511 0304517 0304523 0304537 0304541
026371:  0304553 0304559 0304561 0304597 0304609 0304631 0304643 0304651 0304663 0304667 0304679 0304723 0304729 0304739 0304751
026386:  0304763 0304763 0304771 0304781 0304789 0304807 0304813 0304831 0304847 0304867 0304873 0304879 0304883 0304897 0304901
026401:  0304903 0304907 0304933 0304937 0304943 0304949 0304961 0304979 0304981 0305017 0305021 0305023 0305029 0305039 0305047
026416:  0305069 0305093 0305101 0305111 0305119 0305131 0305141 0305147 0305209 0305219 0305231 0305237 0305243 0305267
026431:  0305281 0305297 0305329 0305339 0305351 0305353 0305363 0305369 0305377 0305401 0305407 0305411 0305413 0305419 0305423
026446:  0305441 0305449 0305467 0305477 0305479 0305483 0305489 0305497 0305521 0305533 0305551 0305563 0305581 0305593 0305597
026461:  0305603 0305611 0305621 0305633 0305639 0305663 0305717 0305719 0305741 0305743 0305749 0305759 0305761 0305771 0305783
026476:  0305803 0305821 0305839 0305849 0305857 0305861 0305867 0305873 0305917 0305927 0305933 0305971 0305999 0306011
026491:  0306023 0306029 0306041 0306049 0306083 0306091 0306121 0306133 0306139 0306149 0306157 0306167 0306169 0306191 0306193
026506:  0306209 0306239 0306247 0306253 0306269 0306263 0306301 0306331 0306347 0306349 0306359 0306367 0306377 0306389
026521:  0306407 0306419 0306421 0306431 0306437 0306457 0306463 0306473 0306479 0306491 0306503 0306511 0306529 0306533
026536:  0306541 0306563 0306587 0306589 0306643 0306653 0306661 0306689 0306701 0306703 0306707 0306727 0306739 0306749
026551:  0306763 0306781 0306809 0306821 0306827 0306829 0306847 0306853 0306857 0306871 0306877 0306883 0306893 0306899 0306913
026566:  0306919 0306941 0306947 0306949 0306953 0306991 0307009 0307031 0307033 0307067 0307079 0307091 0307093 0307103
026581:  0307121 0307129 0307147 0307163 0307169 0307171 0307187 0307189 0307201 0307243 0307253 0307259 0307261 0307267 0307273
026596:  0307277 0307283 0307289 0307301 0307331 0307337 0307339 0307361 0307367 0307381 0307397 0307399 0307409 0307423 0307451
026611:  0307471 0307481 0307511 0307523 0307529 0307537 0307543 0307577 0307583 0307589 0307609 0307627 0307631 0307633 0307651
026626:  0307669 0307687 0307691 0307693 0307711 0307773 0307759 0307817 0307823 0307831 0307843 0307873 0307877 0307891
026641:  0307903 0307919 0307939 0307969 0308003 0308017 0308027 0308041 0308051 0308081 0308093 0308113 0308107 0308117 0308129
026656:  0308137 0308141 0308149 0308153 0308213 0308219 0308249 0308263 0308291 0308293 0308303 0308309 0308311 0308317 0308323
026671:  0308327 0308329 0308359 0308383 0308411 0308423 0308437 0308441 0308449 0308459 0308461 0308467 0308489 0308491 0308509
026686:  0308521 0308527 0308537 0308551 0308569 0308573 0308587 0308597 0308621 0308639 0308641 0308663 0308681 0308701 0308713
026701:  0308723 0308761 0308773 0308801 0308809 0308813 0308827 0308831 0308857 0308887 0308893 0308917 0308921 0308927 0308929
026716:  0308933 0308939 0308951 0308989 0308999 0309007 0309011 0309013 0309019 0309031 0309037 0309059 0309079 0309083 0309091
026731:  0309109 0309121 0309131 0309137 0309151 0309157 0309167 0309173 0309193 0309223 0309241 0309251 0309259 0309271
026746:  0309277 0309289 0309293 0309311 0309313 0309317 0309359 0309367 0309371 0309391 0309403 0309433 0309437 0309457 0309461
026761:  0309469 0309479 0309481 0309493 0309503 0309521 0309523 0309533 0309539 0309541 0309559 0309571 0309577 0309583 0309599 0309623
026776:  0309629 0309637 0309667 0309671 0309677 0309707 0309713 0309731 0309737 0309749 0309769 0309779 0309787 0309797 0309823
026791:  0309853 0309857 0309877 0309887 0309899 0309929 0309931 0309937 0309949 0309989 0310019 0310021 0310027 0310043 0310049
026806:  0310081 0310087 0310091 0310111 0310117 0310127 0310129 0310169 0310181 0310187 0310223 0310229 0310237 0310243
026821:  0310273 0310283 0310279 0310313 0310333 0310357 0310361 0310363 0310379 0310397 0310433 0310433 0310439 0310447 0310459
026836:  0310463 0310481 0310489 0310501 0310507 0310511 0310547 0310553 0310559 0310567 0310571 0310577 0310591 0310627 0310643
026851:  0310663 0310693 0310697 0310711 0310721 0310727 0310729 0310733 0310741 0310747 0310771 0310781 0310789 0310801 0310819
026866:  0310823 0310829 0310831 0310861 0310867 0310883 0310889 0310901 0310927 0310931 0310949 0310969 0310987 0310997 0311009
026881:  0311021 0311027 0311033 0311041 0311099 0311111 0311123 0311137 0311153 0311173 0311177 0311183 0311189 0311197 0311203
026896:  0311237 0311239 0311279 0311291 0311293 0311299 0311303 0311323 0311329 0311341 0311347 0311353 0311371 0311393 0311417 0311419
026911:  0311447 0311453 0311473 0311477 0311533 0311537 0311539 0311551 0311557 0311561 0311567 0311569 0311603 0311609 0311653 0311659
026926:  0311671 0311681 0311701 0311683 0311687 0311711 0311713 0311717 0311743 0311747 0311749 0311791 0311803 0311807 0311821 0311827
026941:  0311867 0311869 0311881 0311897 0311911 0311951 0311957 0311963 0311981 0312007 0312023 0312029 0312031 0312043 0312047 0312071
026956:  0312073 0312083 0312089 0312101 0312107 0312121 0312161 0312197 0312199 0312203 0312209 0312211 0312217 0312229 0312233
026971:  0312241 0312251 0312253 0312269 0312281 0312283 0312289 0312311 0312313 0312331 0312343 0312349 0312353 0312371 0312383
026986:  0312397 0312401 0312407 0312413 0312427 0312451 0312469 0312509 0312517 0312527 0312551 0312553 0312563 0312581 0312583
```

Prime numbers 027001-028500

```
027001:  0312589 0312601 0312617 0312619 0312623 0312643 0312673 0312677 0312679 0312701 0312703 0312709 0312727 0312737 0312743
027016:  0312757 0312773 0312779 0312799 0312839 0312841 0312857 0312863 0312887 0312899 0312929 0312931 0312937 0312941 0312943
027031:  0312967 0312971 0312979 0312989 0313003 0313009 0313031 0313037 0313081 0313087 0313109 0313127 0313129 0313133 0313147
027046:  0313151 0313153 0313163 0313207 0313211 0313219 0313241 0313249 0313261 0313267 0313273 0313289 0313297 0313301 0313307 0313321
027061:  0313331 0313333 0313343 0313351 0313373 0313381 0313387 0313399 0313409 0313471 0313477 0313507 0313517 0313543 0313549
027076:  0313553 0313561 0313567 0313571 0313583 0313589 0313597 0313603 0313613 0313619 0313637 0313639 0313661 0313669 0313679
027091:  0313699 0313711 0313717 0313721 0313727 0313739 0313741 0313763 0313777 0313783 0313829 0313849 0313853 0313879 0313883
027106:  0313889 0313897 0313909 0313921 0313931 0313933 0313949 0313957 0313961 0313969 0313979 0313981 0313987 0313991 0313993 0313997
027121:  0314003 0314021 0314059 0314063 0314077 0314107 0314113 0314117 0314129 0314137 0314159 0314161 0314173 0314189 0314213
027136:  0314219 0314227 0314233 0314239 0314243 0314257 0314261 0314263 0314267 0314299 0314339 0314351 0314357 0314359
027151:  0314399 0314401 0314407 0314423 0314441 0314453 0314467 0314491 0314497 0314513 0314527 0314543 0314549 0314569 0314581
027166:  0314591 0314597 0314599 0314603 0314623 0314627 0314641 0314651 0314693 0314707 0314711 0314719 0314723 0314747 0314761
027181:  0314771 0314777 0314779 0314807 0314813 0314827 0314851 0314879 0314903 0314917 0314927 0314933 0314953 0314957 0314983
027196:  0314989 0315011 0315013 0315037 0315047 0315059 0315067 0315083 0315097 0315103 0315109 0315127 0315179 0315181 0315193
027211:  0315199 0315223 0315247 0315251 0315257 0315269 0315281 0315313 0315349 0315361 0315373 0315389 0315407 0315409
027226:  0315421 0315437 0315449 0315451 0315461 0315467 0315481 0315493 0315517 0315521 0315527 0315529 0315547 0315551 0315559
027241:  0315569 0315589 0315593 0315599 0315613 0315617 0315641 0315661 0315667 0315691 0315697 0315701 0315703 0315739
027256:  0315743 0315751 0315779 0315803 0315811 0315829 0315851 0315857 0315881 0315883 0315893 0315899 0315907 0315937 0315949
027271:  0315961 0315967 0315977 0316003 0316031 0316033 0316037 0316051 0316067 0316073 0316087 0316097 0316109 0316113 0316139
027286:  0316153 0316177 0316189 0316193 0316201 0316213 0316219 0316223 0316241 0316243 0316259 0316271 0316291 0316297 0316301
027301:  0316321 0316339 0316343 0316363 0316373 0316391 0316403 0316423 0316429 0316439 0316453 0316469 0316471 0316493 0316499
027316:  0316501 0316507 0316531 0316567 0316571 0316577 0316583 0316621 0316633 0316637 0316649 0316661 0316663 0316681 0316691
027331:  0316697 0316699 0316703 0316717 0316753 0316759 0316769 0316777 0316783 0316793 0316801 0316817 0316819 0316847 0316853
027346:  0316859 0316861 0316879 0316891 0316903 0316907 0316919 0316937 0316951 0316957 0316961 0316991 0317003 0317011 0317021
027361:  0317029 0317047 0317063 0317081 0317087 0317099 0317123 0317159 0317171 0317179 0317189 0317197 0317209 0317227
027376:  0317257 0317263 0317267 0317269 0317279 0317321 0317323 0317327 0317333 0317351 0317353 0317363 0317371 0317399 0317411
027391:  0317419 0317431 0317437 0317453 0317459 0317483 0317489 0317491 0317503 0317539 0317557 0317563 0317587 0317591 0317593
027406:  0317599 0317609 0317611 0317621 0317651 0317663 0317671 0317693 0317701 0317711 0317717 0317729 0317731 0317741 0317743
027421:  0317771 0317773 0317777 0317783 0317789 0317797 0317827 0317831 0317839 0317857 0317887 0317903 0317923 0317957
027436:  0317959 0317963 0317969 0317971 0317983 0317987 0318001 0318007 0318023 0318077 0318103 0318107 0318127 0318137 0318161
027451:  0318173 0318179 0318181 0318191 0318203 0318209 0318211 0318229 0318233 0318247 0318259 0318271 0318281 0318287 0318289
027466:  0318299 0318301 0318313 0318319 0318323 0318337 0318347 0318349 0318377 0318403 0318407 0318419 0318431 0318443 0318457
027481:  0318467 0318473 0318503 0318523 0318557 0318559 0318569 0318581 0318589 0318601 0318629 0318641 0318653 0318671 0318677
027496:  0318679 0318683 0318691 0318701 0318713 0318737 0318743 0318749 0318751 0318781 0318793 0318809 0318811 0318817 0318823
027511:  0318833 0318841 0318863 0318881 0318883 0318889 0318907 0318911 0318917 0318919 0318949 0318979 0319001 0319027 0319031
027526:  0319037 0319049 0319057 0319061 0319069 0319079 0319097 0319117 0319127 0319129 0319133 0319147 0319159 0319169 0319183
027541:  0319201 0319211 0319223 0319237 0319259 0319279 0319289 0319313 0319321 0319327 0319339 0319343 0319351 0319357 0319387
027556:  0319391 0319393 0319409 0319411 0319427 0319433 0319439 0319441 0319453 0319469 0319477 0319481 0319489 0319499 0319511 0319519
027571:  0319541 0319547 0319567 0319577 0319589 0319591 0319601 0319607 0319639 0319673 0319679 0319681 0319687 0319691 0319699
027586:  0319727 0319729 0319733 0319747 0319757 0319763 0319781 0319817 0319819 0319829 0319831 0319849 0319883 0319897 0319901
027601:  0319919 0319927 0319931 0319937 0319967 0319973 0319981 0319993 0320009 0320011 0320027 0320039 0320041 0320053 0320057
027616:  0320063 0320081 0320083 0320101 0320107 0320113 0320119 0320141 0320143 0320149 0320153 0320179 0320209 0320213 0320219
027631:  0320227 0320239 0320267 0320269 0320273 0320291 0320293 0320303 0320317 0320329 0320339 0320377 0320387 0320389 0320401
027646:  0320417 0320431 0320449 0320471 0320477 0320483 0320513 0320521 0320533 0320539 0320561 0320563 0320591 0320609 0320611
027661:  0320627 0320647 0320657 0320659 0320669 0320687 0320693 0320699 0320713 0320741 0320759 0320767 0320771 0320821 0320833
027676:  0320839 0320851 0320861 0320867 0320899 0320911 0320923 0320927 0320939 0320941 0320953 0320963 0321007 0321017 0321031
027691:  0321037 0321047 0321051 0321073 0321077 0321091 0321109 0321143 0321163 0321169 0321187 0321191 0321199 0321203 0321221
027706:  0321227 0321239 0321247 0321289 0321301 0321311 0321319 0321323 0321323 0321329 0321331 0321341 0321351 0321367 0321371
027721:  0321383 0321379 0321397 0321403 0321413 0321427 0321443 0321449 0321461 0321467 0321509 0321547 0321553 0321569 0321577
027736:  0321593 0321611 0321617 0321619 0321631 0321647 0321661 0321679 0321707 0321709 0321721 0321733 0321743 0321751 0321757
027751:  0321779 0321783 0321811 0321821 0321823 0321829 0321833 0321847 0321851 0321889 0321901 0321911 0321947 0321949 0321961
027766:  0321983 0321991 0322001 0322009 0322013 0322037 0322051 0322057 0322067 0322073 0322079 0322093 0322097 0322109
027781:  0322111 0322139 0322169 0322171 0322193 0322213 0322229 0322237 0322243 0322247 0322249 0322259 0322261 0322271 0322319 0322327
027796:  0322339 0322349 0322351 0322397 0322403 0322409 0322417 0322429 0322433 0322459 0322463 0322501 0322513 0322519 0322523
027811:  0322537 0322549 0322559 0322571 0322573 0322583 0322589 0322591 0322607 0322613 0322627 0322631 0322633 0322649 0322669
027826:  0322709 0322727 0322747 0322757 0322769 0322771 0322781 0322783 0322807 0322849 0322859 0322871 0322877 0322891 0322901
027841:  0322919 0322921 0322939 0322951 0322963 0322969 0322997 0322999 0323003 0323009 0323027 0323053 0323077 0323083 0323087
027856:  0323093 0323101 0323123 0323131 0323137 0323149 0323201 0323207 0323233 0323243 0323249 0323251 0323273 0323333 0323339
027871:  0323341 0323359 0323369 0323371 0323377 0323381 0323383 0323413 0323419 0323441 0323447 0323467 0323471 0323473 0323507
027886:  0323509 0323537 0323549 0323567 0323579 0323581 0323597 0323599 0323623 0323641 0323651 0323699 0323707
027901:  0323711 0323717 0323759 0323767 0323789 0323797 0323801 0323803 0323819 0323837 0323879 0323903 0323911 0323923 0323927
027916:  0323933 0323951 0323957 0323987 0324011 0324031 0324053 0324067 0324073 0324089 0324097 0324101 0324113 0324119 0324131
027931:  0324143 0324151 0324161 0324179 0324199 0324209 0324211 0324217 0324223 0324239 0324251 0324293 0324299 0324301 0324319
027946:  0324329 0324341 0324361 0324391 0324397 0324403 0324421 0324431 0324437 0324439 0324449 0324451 0324469 0324473
027961:  0324491 0324497 0324503 0324517 0324523 0324529 0324557 0324587 0324589 0324593 0324617 0324619 0324637 0324641 0324647
027976:  0324661 0324673 0324689 0324697 0324701 0324733 0324743 0324757 0324763 0324773 0324761 0324791 0324799 0324809 0324811
027991:  0324839 0324847 0324869 0324871 0324889 0324893 0324901 0324931 0324941 0324949 0324953 0324977 0324979 0324983 0324991
028006:  0324997 0325021 0325009 0325019 0325021 0325027 0325043 0325051 0325063 0325079 0325085 0325093 0325153 0325163
028021:  0325181 0325187 0325189 0325201 0325217 0325219 0325229 0325241 0325249 0325271 0325301 0325307 0325309 0325319 0325333
028036:  0325343 0325349 0325373 0325411 0325421 0325439 0325447 0325453 0325459 0325463 0325477 0325487 0325513 0325517 0325537
028051:  0325541 0325553 0325571 0325597 0325607 0325627 0325631 0325643 0325667 0325673 0325681 0325691 0325693 0325697 0325709
028066:  0325723 0325733 0325753 0325759 0325777 0325781 0325783 0325807 0325813 0325829 0325849 0325861 0325867 0325883
028081:  0325889 0325891 0325901 0325921 0325939 0325943 0325951 0325957 0325987 0325993 0325999 0326023 0326057 0326063 0326083
028096:  0326087 0326099 0326101 0326113 0326119 0326141 0326143 0326153 0326159 0326171 0326189 0326203 0326219
028111:  0326251 0326257 0326309 0326323 0326351 0326353 0326369 0326437 0326441 0326449 0326467 0326479 0326497 0326503 0326537
028126:  0326539 0326549 0326561 0326563 0326567 0326593 0326597 0326609 0326611 0326621 0326633 0326657 0326659 0326671 0326707
028141:  0326681 0326687 0326693 0326701 0326707 0326737 0326741 0326773 0326779 0326831 0326863 0326867 0326849 0326869 0326881
028156:  0326903 0326923 0326939 0326941 0326947 0326951 0326983 0326999 0327001 0327007 0327011 0327023 0327059
028171:  0327071 0327077 0327127 0327133 0327179 0327193 0327203 0327209 0327211 0327227 0327247 0327251 0327263 0327277 0327289
028186:  0327307 0327311 0327317 0327319 0327331 0327337 0327343 0327347 0327401 0327407 0327409 0327419 0327421 0327433 0327443
028201:  0327463 0327469 0327473 0327479 0327491 0327499 0327511 0327517 0327529 0327553 0327557 0327559 0327571 0327581
028216:  0327583 0327599 0327619 0327629 0327647 0327661 0327667 0327673 0327689 0327707 0327727 0327737 0327757 0327779
028231:  0327797 0327809 0327823 0327827 0327839 0327851 0327853 0327869 0327871 0327881 0327889 0327917 0327923
028246:  0327941 0327953 0327967 0327979 0327983 0328007 0328043 0328051 0328061 0328063 0328067 0328093 0328103 0328109
028261:  0328121 0328127 0328129 0328171 0328177 0328213 0328217 0328219 0328259 0328277 0328283 0328291 0328303 0328327 0328331
028276:  0328333 0328343 0328357 0328373 0328379 0328381 0328397 0328411 0328421 0328429 0328439 0328481 0328511 0328513 0328519
028291:  0328543 0328579 0328589 0328591 0328619 0328637 0328639 0328649 0328663 0328687 0328709 0328721 0328753
028306:  0328777 0328781 0328787 0328789 0328813 0328829 0328837 0328847 0328849 0328883 0328891 0328897 0328901 0328919 0328921
028321:  0328937 0328961 0328981 0329009 0329027 0329029 0329059 0329081 0329093 0329101 0329111 0329123 0329143 0329167
028336:  0329171 0329191 0329201 0329207 0329209 0329233 0329257 0329267 0329269 0329281 0329293 0329297 0329299 0329309
028351:  0329317 0329321 0329333 0329347 0329387 0329393 0329419 0329441 0329449 0329459 0329473 0329489 0329503 0329519 0329533
028366:  0329551 0329557 0329587 0329591 0329597 0329621 0329627 0329629 0329639 0329657 0329663 0329671 0329677 0329683
028381:  0329687 0329711 0329717 0329723 0329729 0329761 0329773 0329779 0329789 0329801 0329803 0329863 0329867 0329873 0329891
028396:  0329899 0329941 0329947 0329951 0329957 0329969 0329977 0329993 0330017 0330019 0330037 0330041 0330047 0330053
028411:  0330061 0330067 0330097 0330103 0330131 0330133 0330139 0330149 0330167 0330199 0330203 0330217 0330227 0330229 0330233
028426:  0330241 0330247 0330271 0330287 0330289 0330311 0330313 0330329 0330331 0330347 0330359 0330383 0330389 0330409 0330413
028441:  0330427 0330431 0330433 0330439 0330469 0330509 0330557 0330563 0330569 0330587 0330607 0330611 0330623 0330641 0330643
028456:  0330653 0330661 0330679 0330683 0330689 0330697 0330701 0330703 0330719 0330721 0330743 0330767 0330787 0330791 0330793
028471:  0330821 0330823 0330839 0330853 0330857 0330859 0330877 0330887 0330899 0330907 0330917 0330943 0330983 0330997 0331013
028486:  0331027 0331031 0331043 0331063 0331081 0331099 0331127 0331141 0331147 0331153 0331159 0331171 0331183 0331207 0331213
```

028501-030000 Prime numbers

```
028501: 0331217 0331231 0331241 0331249 0331259 0331277 0331283 0331301 0331307 0331319 0331333 0331337 0331339 0331367
028516: 0331369 0331391 0331399 0331423 0331447 0331451 0331489 0331501 0331511 0331519 0331523 0331537 0331547 0331549
028531: 0331553 0331577 0331579 0331589 0331603 0331609 0331613 0331651 0331663 0331691 0331693 0331697 0331711 0331739 0331753
028546: 0331769 0331777 0331781 0331801 0331819 0331841 0331843 0331871 0331883 0331889 0331897 0331907 0331909 0331921 0331937
028561: 0331943 0331957 0331967 0331973 0331997 0331999 0332009 0332011 0332039 0332053 0332069 0332081 0332099 0332113 0332117
028576: 0332147 0332159 0332161 0332179 0332183 0332191 0332201 0332203 0332207 0332219 0332221 0332251 0332263 0332273 0332287
028591: 0332303 0332309 0332317 0332393 0332399 0332411 0332417 0332441 0332447 0332461 0332467 0332471 0332473 0332477 0332489
028606: 0332509 0332513 0332561 0332567 0332569 0332573 0332611 0332623 0332641 0332687 0332699 0332729 0332743
028621: 0332749 0332767 0332779 0332791 0332803 0332837 0332851 0332873 0332881 0332887 0332903 0332921 0332933 0332947 0332951
028636: 0332989 0332993 0333019 0333023 0333029 0333031 0333041 0333049 0333071 0333077 0333083 0333097 0333101 0333103 0333107 0333131
028651: 0333139 0333161 0333187 0333197 0333209 0333227 0333233 0333253 0333269 0333271 0333283 0333287 0333299 0333323 0333331
028666: 0333337 0333341 0333349 0333367 0333383 0333397 0333419 0333433 0333439 0333449 0333451 0333457 0333479 0333491
028681: 0333493 0333497 0333503 0333517 0333533 0333539 0333563 0333581 0333589 0333623 0333631 0333647 0333667 0333673 0333679
028696: 0333691 0333701 0333713 0333719 0333721 0333737 0333757 0333769 0333779 0333787 0333791 0333793 0333803 0333821 0333857
028711: 0333871 0333911 0333923 0333929 0333941 0333959 0333973 0333989 0333997 0334021 0334031 0334043 0334049 0334057 0334069
028726: 0334093 0334099 0334113 0334127 0334133 0334157 0334171 0334177 0334183 0334189 0334199 0334231 0334247 0334261 0334289 0334297
028741: 0334319 0334331 0334333 0334349 0334363 0334379 0334387 0334393 0334403 0334421 0334423 0334427 0334429 0334447 0334487
028756: 0334493 0334507 0334511 0334513 0334541 0334547 0334549 0334561 0334603 0334619 0334637 0334643 0334651 0334661 0334667
028771: 0334681 0334693 0334699 0334717 0334721 0334727 0334751 0334753 0334759 0334771 0334777 0334783 0334787 0334793 0334843
028786: 0334861 0334877 0334889 0334891 0334897 0334931 0334963 0334973 0334987 0334991 0334993 0335009 0335021 0335029 0335033
028801: 0335047 0335051 0335057 0335077 0335081 0335089 0335107 0335113 0335117 0335123 0335131 0335149 0335161 0335171 0335173
028816: 0335207 0335213 0335221 0335249 0335261 0335273 0335281 0335299 0335333 0335341 0335347 0335381 0335383 0335411 0335417
028831: 0335449 0335453 0335459 0335473 0335477 0335507 0335519 0335527 0335539 0335549 0335557 0335579 0335591 0335609
028846: 0335633 0335641 0335653 0335663 0335669 0335681 0335689 0335693 0335719 0335729 0335743 0335747 0335771 0335807 0335809
028861: 0335821 0335833 0335853 0335857 0335879 0335893 0335897 0335917 0335941 0335953 0335957 0335999 0336029 0336031
028876: 0336041 0336059 0336079 0336101 0336103 0336109 0336113 0336121 0336143 0336151 0336157 0336163 0336181 0336199 0336211
028891: 0336221 0336223 0336227 0336239 0336247 0336251 0336253 0336263 0336307 0336317 0336353 0336361 0336373 0336397 0336403
028906: 0336419 0336437 0336463 0336491 0336499 0336503 0336521 0336527 0336529 0336533 0336551 0336563 0336571 0336577 0336587
028921: 0336593 0336599 0336613 0336631 0336643 0336649 0336653 0336667 0336671 0336683 0336689 0336703 0336727 0336751 0336761
028936: 0336767 0336769 0336773 0336793 0336799 0336803 0336823 0336827 0336829 0336857 0336863 0336871 0336887 0336899 0336901
028951: 0336911 0336929 0336961 0336977 0336983 0336989 0336997 0337013 0337021 0337031 0337039 0337049 0337069 0337081 0337091
028966: 0337097 0337121 0337153 0337189 0337201 0337213 0337217 0337219 0337223 0337261 0337277 0337279 0337283 0337291 0337301
028981: 0337313 0337327 0337339 0337343 0337349 0337361 0337367 0337369 0337397 0337411 0337427 0337453 0337457 0337487 0337489
028996: 0337511 0337517 0337529 0337537 0337541 0337543 0337583 0337607 0337609 0337627 0337633 0337639 0337651 0337661 0337669
029011: 0337681 0337691 0337697 0337721 0337741 0337751 0337759 0337781 0337793 0337817 0337837 0337853 0337859 0337861 0337867
029026: 0337871 0337873 0337891 0337901 0337903 0337907 0337919 0337957 0337969 0337973 0337981 0338007 0338023 0338027 0338033
029041: 0338119 0338137 0338141 0338153 0338159 0338161 0338167 0338171 0338183 0338197 0338203 0338207 0338213 0338231 0338237
029056: 0338251 0338263 0338267 0338269 0338279 0338287 0338293 0338297 0338309 0338321 0338323 0338339 0338347 0338371 0338377
029071: 0338383 0338389 0338407 0338411 0338413 0338423 0338431 0338449 0338461 0338473 0338477 0338497 0338531 0338543 0338563
029086: 0338573 0338579 0338581 0338609 0338659 0338669 0338683 0338687 0338707 0338711 0338731 0338747 0338753 0338761
029101: 0338773 0338777 0338791 0338803 0338839 0338851 0338857 0338867 0338893 0338909 0338927 0338959 0338993 0338999 0339023
029116: 0339067 0339071 0339091 0339103 0339107 0339121 0339127 0339137 0339139 0339151 0339161 0339173 0339187 0339211
029131: 0339223 0339239 0339247 0339257 0339263 0339289 0339307 0339323 0339331 0339341 0339373 0339389 0339413 0339433 0339467
029146: 0339491 0339517 0339527 0339539 0339557 0339583 0339589 0339601 0339613 0339617 0339631 0339637 0339649 0339653 0339659
029161: 0339671 0339673 0339679 0339707 0339727 0339749 0339751 0339761 0339769 0339799 0339811 0339821 0339827 0339871
029176: 0339841 0339863 0339887 0339907 0339943 0339959 0339991 0340007 0340023 0340027 0340031 0340033 0340037 0340057 0340061 0340063
029191: 0340073 0340079 0340103 0340111 0340117 0340121 0340127 0340129 0340139 0340153 0340201 0340211 0340237 0340261 0340267
029206: 0340283 0340297 0340321 0340337 0340339 0340369 0340381 0340387 0340393 0340397 0340409 0340429 0340447 0340451 0340453
029221: 0340477 0340481 0340519 0340541 0340559 0340573 0340577 0340591 0340583 0340591 0340601 0340619 0340633 0340643 0340649
029236: 0340657 0340661 0340687 0340693 0340709 0340723 0340757 0340777 0340787 0340789 0340793 0340801 0340811 0340819 0340849
029251: 0340859 0340873 0340877 0340897 0340903 0340909 0340913 0340919 0340927 0340931 0340937 0340939 0340957 0340961 0340979
029266: 0340999 0341017 0341027 0341041 0341057 0341059 0341063 0341077 0341083 0341123 0341141 0341171 0341179 0341191 0341203
029281: 0341227 0341233 0341241 0341259 0341269 0341271 0341281 0341287 0341303 0341311 0341321 0341323 0341333 0341341 0341347
029296: 0341357 0341423 0341443 0341447 0341459 0341461 0341477 0341491 0341501 0341507 0341521 0341543 0341557 0341569 0341587
029311: 0341597 0341603 0341617 0341623 0341629 0341647 0341659 0341681 0341687 0341701 0341729 0341743 0341749 0341771
029326: 0341773 0341777 0341813 0341821 0341827 0341839 0341851 0341863 0341879 0341911 0341927 0341947 0341951 0341953 0341959
029341: 0341963 0341983 0341993 0342037 0342047 0342049 0342059 0342061 0342073 0342077 0342101 0342107 0342131 0342143
029356: 0342179 0342187 0342191 0342197 0342203 0342211 0342233 0342239 0342241 0342257 0342281 0342283 0342299 0342319 0342337
029371: 0342341 0342343 0342347 0342359 0342371 0342373 0342379 0342389 0342391 0342439 0342451 0342467 0342469 0342481
029386: 0342497 0342521 0342527 0342547 0342553 0342593 0342599 0342607 0342647 0342653 0342659 0342673 0342679 0342691
029401: 0342697 0342733 0342737 0342761 0342791 0342793 0342799 0342803 0342821 0342833 0342841 0342857 0342869 0342871 0342889
029416: 0342899 0342929 0342949 0342961 0342989 0343019 0343037 0343051 0343061 0343073 0343081 0343087 0343121 0343141 0343153
029431: 0343163 0343169 0343177 0343193 0343199 0343219 0343237 0343243 0343253 0343261 0343267 0343289 0343303 0343307 0343309
029446: 0343313 0343327 0343333 0343337 0343373 0343379 0343381 0343391 0343393 0343411 0343433 0343481 0343489 0343517
029461: 0343529 0343531 0343543 0343547 0343559 0343561 0343579 0343583 0343589 0343591 0343601 0343627 0343631 0343639 0343649
029476: 0343661 0343667 0343687 0343709 0343727 0343769 0343771 0343777 0343789 0343801 0343813 0343817 0343823 0343829 0343831
029491: 0343891 0343897 0343901 0343913 0343933 0343939 0343943 0343951 0343963 0343997 0344017 0344021 0344039 0344053 0344083
029506: 0344111 0344117 0344153 0344161 0344167 0344171 0344173 0344189 0344207 0344213 0344221 0344227 0344231 0344227
029521: 0344243 0344249 0344251 0344257 0344263 0344269 0344273 0344291 0344293 0344321 0344327 0344347 0344353 0344363 0344371
029536: 0344423 0344429 0344453 0344479 0344483 0344497 0344503 0344527 0344557 0344579 0344593 0344597 0344611 0344621 0344639
029551: 0344653 0344671 0344681 0344683 0344693 0344719 0344747 0344749 0344753 0344759 0344791 0344797 0344801 0344807 0344821
029566: 0344857 0344863 0344873 0344891 0344893 0344899 0344909 0344917 0344921 0344941 0344947 0344963 0344969 0344981
029581: 0345001 0345011 0345017 0345019 0345041 0345047 0345067 0345089 0345109 0345113 0345119 0345143 0345181 0345193 0345221
029596: 0345227 0345229 0345253 0345263 0345267 0345277 0345307 0345311 0345329 0345379 0345413 0345431 0345451 0345463 0345473
029611: 0345479 0345487 0345511 0345517 0345533 0345547 0345551 0345571 0345577 0345581 0345599 0345601 0345607 0345637 0345643
029626: 0345647 0345653 0345673 0345679 0345689 0345701 0345707 0345727 0345731 0345733 0345739 0345749 0345757 0345769 0345773
029641: 0345791 0345803 0345811 0345817 0345823 0345853 0345871 0345887 0345889 0345907 0345923 0345937 0345953 0345979
029656: 0345997 0346013 0346039 0346043 0346051 0346079 0346091 0346097 0346111 0346113 0346139 0346141 0346147 0346169
029671: 0346187 0346201 0346207 0346217 0346223 0346259 0346261 0346277 0346303 0346309 0346331 0346339 0346349 0346361
029686: 0346369 0346373 0346391 0346393 0346397 0346399 0346417 0346421 0346429 0346439 0346441 0346447 0346453 0346469
029701: 0346501 0346543 0346547 0346553 0346559 0346561 0346589 0346601 0346607 0346627 0346637 0346649 0346651 0346657
029716: 0346667 0346669 0346699 0346711 0346721 0346739 0346751 0346763 0346793 0346813 0346849 0346867 0346873 0346877 0346891
029731: 0346903 0346919 0346943 0346961 0346963 0347003 0347033 0347041 0347057 0347059 0347063 0347057 0347059 0347063 0347071
029746: 0347099 0347129 0347131 0347141 0347143 0347161 0347167 0347173 0347177 0347183 0347197 0347201 0347209 0347227 0347233
029761: 0347239 0347251 0347269 0347287 0347297 0347299 0347317 0347329 0347341 0347359 0347401 0347411 0347437 0347443 0347489
029776: 0347509 0347513 0347519 0347533 0347539 0347561 0347563 0347579 0347587 0347599 0347609 0347621 0347629 0347651 0347671
029791: 0347707 0347717 0347729 0347731 0347747 0347759 0347777 0347773 0347777 0347801 0347813 0347827 0347849 0347873 0347887
029806: 0347891 0347899 0347929 0347933 0347951 0347957 0347959 0347969 0347981 0347983 0347987 0347989 0347993 0348001 0348011
029821: 0348017 0348043 0348049 0348061 0348067 0348083 0348089 0348091 0348097 0348101 0348131 0348181 0348217 0348221 0348239
029836: 0348241 0348247 0348253 0348259 0348269 0348287 0348307 0348323 0348353 0348367 0348389 0348401 0348407 0348419 0348421
029851: 0348431 0348433 0348437 0348443 0348451 0348457 0348461 0348463 0348487 0348527 0348533 0348547 0348553 0348563 0348871
029866: 0348583 0348587 0348617 0348629 0348637 0348643 0348661 0348671 0348709 0348721 0348731 0348739 0348757 0348763 0348779
029881: 0348781 0348803 0348817 0348827 0348839 0348851 0348883 0348889 0348911 0348917 0348919 0348923 0348931 0348949 0348989
029896: 0349007 0349031 0349039 0349043 0349051 0349079 0349081 0349093 0349099 0349109 0349121 0349123 0349127 0349171 0349183 0349187
029911: 0349199 0349207 0349211 0349241 0349291 0349303 0349313 0349331 0349337 0349343 0349357 0349369 0349373 0349379 0349381
029926: 0349387 0349399 0349403 0349409 0349411 0349423 0349471 0349477 0349483 0349493 0349507 0349519 0349529 0349787
029941: 0349553 0349567 0349579 0349589 0349603 0349637 0349663 0349667 0349697 0349709 0349717 0349729 0349753 0349759 0349787
029956: 0349793 0349801 0349813 0349829 0349831 0349837 0349841 0349849 0349871 0349877 0349891 0349903 0349919 0349927
029971: 0349931 0349933 0349939 0349949 0349963 0349967 0349981 0350003 0350029 0350033 0350039 0350087 0350089 0350093 0350107
029986: 0350111 0350137 0350159 0350179 0350191 0350213 0350219 0350237 0350249 0350257 0350281 0350293 0350347 0350351 0350377
```

Prime numbers 030001-031500

```
030001: 0350381 0350411 0350423 0350429 0350431 0350437 0350443 0350447 0350453 0350459 0350503 0350521 0350549 0350561 0350563
030016: 0350587 0350593 0350617 0350621 0350629 0350657 0350663 0350677 0350699 0350711 0350719 0350729 0350731 0350737 0350741
030031: 0350747 0350767 0350771 0350783 0350789 0350803 0350809 0350843 0350869 0350881 0350887 0350891 0350899 0350941
030046: 0350947 0350963 0350971 0350981 0350983 0350989 0351011 0351023 0351031 0351037 0351041 0351047 0351053 0351059 0351061
030061: 0351077 0351079 0351097 0351121 0351133 0351151 0351157 0351179 0351217 0351223 0351229 0351257 0351259 0351269 0351287
030076: 0351289 0351293 0351301 0351311 0351341 0351343 0351347 0351359 0351361 0351383 0351391 0351397 0351401 0351413 0351427
030091: 0351437 0351457 0351469 0351479 0351497 0351503 0351517 0351529 0351551 0351563 0351587 0351599 0351643 0351653 0351661
030106: 0351667 0351691 0351707 0351727 0351731 0351733 0351749 0351751 0351763 0351773 0351777 0351797 0351803 0351811 0351829
030121: 0351847 0351851 0351859 0351863 0351887 0351913 0351919 0351929 0351931 0351959 0351971 0351991 0352007 0352021 0352043
030136: 0352049 0352057 0352069 0352073 0352081 0352097 0352109 0352111 0352123 0352133 0352181 0352193 0352217 0352219 0352229
030151: 0352237 0352249 0352267 0352271 0352273 0352301 0352309 0352327 0352333 0352349 0352357 0352361 0352367 0352369 0352381
030166: 0352399 0352403 0352409 0352441 0352451 0352459 0352463 0352481 0352483 0352489 0352493 0352511 0352513 0352519 0352523
030181: 0352543 0352549 0352579 0352589 0352601 0352607 0352619 0352633 0352637 0352661 0352691 0352711 0352739 0352741 0352753
030196: 0352757 0352771 0352813 0352817 0352819 0352831 0352837 0352853 0352867 0352883 0352907 0352909 0352931 0352939
030211: 0352949 0352951 0352973 0352991 0353011 0353021 0353047 0353053 0353057 0353069 0353081 0353099 0353117 0353123 0353137
030226: 0353147 0353149 0353161 0353173 0353179 0353201 0353203 0353237 0353263 0353293 0353317 0353321 0353329 0353333 0353341
030241: 0353359 0353389 0353401 0353411 0353429 0353443 0353453 0353459 0353471 0353473 0353489 0353501 0353527 0353531 0353557
030256: 0353567 0353603 0353611 0353621 0353627 0353629 0353641 0353653 0353657 0353677 0353681 0353687 0353699 0353711 0353737
030271: 0353767 0353777 0353781 0353797 0353813 0353819 0353833 0353867 0353869 0353879 0353891 0353893 0353897 0353911
030286: 0353917 0353921 0353929 0353939 0353963 0354001 0354007 0354017 0354023 0354031 0354037 0354041 0354043 0354047 0354073
030301: 0354091 0354097 0354111 0354121 0354139 0354143 0354149 0354163 0354169 0354181 0354209 0354247 0354251 0354253 0354257 0354259
030316: 0354271 0354301 0354307 0354313 0354317 0354323 0354329 0354337 0354353 0354371 0354373 0354377 0354383 0354391 0354401
030331: 0354421 0354439 0354443 0354451 0354461 0354463 0354469 0354479 0354533 0354539 0354551 0354553 0354581 0354587 0354619
030346: 0354643 0354647 0354661 0354667 0354677 0354689 0354701 0354703 0354727 0354737 0354743 0354751 0354763 0354779 0354791
030361: 0354799 0354829 0354833 0354839 0354847 0354869 0354877 0354881 0354883 0354893 0354901 0354907 0354911 0354923 0354929
030376: 0354983 0354997 0355007 0355009 0355027 0355031 0355037 0355039 0355049 0355057 0355063 0355073 0355087 0355093 0355099
030391: 0355109 0355111 0355127 0355139 0355171 0355193 0355211 0355261 0355277 0355307 0355321 0355331 0355339 0355343 0355361
030406: 0355363 0355379 0355417 0355427 0355441 0355447 0355463 0355483 0355499 0355507 0355513 0355517 0355519 0355529 0355529
030421: 0355541 0355549 0355559 0355571 0355573 0355591 0355609 0355633 0355643 0355651 0355669 0355679 0355697 0355717 0355721
030436: 0355723 0355753 0355763 0355777 0355783 0355799 0355811 0355819 0355841 0355847 0355853 0355867 0355873 0355881 0355913
030451: 0355933 0355937 0355939 0355951 0355967 0355969 0356023 0356039 0356077 0356093 0356101 0356113 0356123 0356129 0356137
030466: 0356141 0356143 0356171 0356173 0356197 0356219 0356243 0356261 0356263 0356287 0356299 0356311 0356327 0356333 0356351
030481: 0356387 0356399 0356441 0356443 0356449 0356453 0356467 0356479 0356501 0356509 0356533 0356549 0356561 0356563 0356567
030496: 0356591 0356621 0356647 0356663 0356693 0356701 0356731 0356737 0356749 0356761 0356803 0356819 0356821 0356831
030511: 0356869 0356887 0356893 0356927 0356929 0356933 0356947 0356959 0356969 0356977 0356981 0356989 0356999 0357031 0357047
030526: 0357073 0357079 0357083 0357103 0357107 0357139 0357143 0357149 0357151 0357169 0357179 0357197 0357199 0357211 0357229 0357224
030541: 0357241 0357263 0357271 0357281 0357283 0357293 0357319 0357347 0357349 0357353 0357359 0357377 0357387 0357421 0357431
030556: 0357437 0357473 0357493 0357509 0357517 0357551 0357559 0357563 0357569 0357571 0357583 0357587 0357593 0357611 0357613
030571: 0357619 0357649 0357653 0357659 0357661 0357667 0357671 0357677 0357683 0357689 0357703 0357727 0357733 0357737 0357739
030586: 0357767 0357779 0357781 0357787 0357793 0357809 0357823 0357829 0357839 0357859 0357883 0357913 0357967 0357977
030601: 0357983 0357989 0357997 0358031 0358051 0358069 0358073 0358079 0358103 0358109 0358153 0358157 0358159 0358181 0358201
030616: 0358213 0358219 0358223 0358229 0358243 0358273 0358277 0358279 0358289 0358291 0358297 0358301 0358313 0358327 0358331
030631: 0358349 0358373 0358417 0358427 0358429 0358441 0358447 0358459 0358471 0358483 0358487 0358499 0358531 0358541 0358571
030646: 0358573 0358591 0358597 0358601 0358607 0358613 0358637 0358667 0358669 0358681 0358691 0358697 0358703 0358711 0358723
030661: 0358727 0358733 0358747 0358753 0358769 0358783 0358791 0358811 0358829 0358847 0358859 0358861 0358867 0358877 0358879
030676: 0358901 0358903 0358907 0358909 0358931 0358951 0358973 0358979 0358987 0358993 0358999 0359003 0359027 0359041
030691: 0359063 0359069 0359101 0359129 0359131 0359137 0359143 0359147 0359153 0359167 0359171 0359207 0359209 0359211 0359243
030706: 0359263 0359267 0359279 0359291 0359297 0359299 0359311 0359323 0359327 0359353 0359357 0359377 0359389 0359407 0359417
030721: 0359441 0359449 0359457 0359477 0359479 0359483 0359501 0359509 0359539 0359549 0359563 0359581 0359587 0359599
030736: 0359621 0359633 0359641 0359657 0359663 0359701 0359713 0359719 0359731 0359747 0359753 0359761 0359767 0359783 0359837
030751: 0359851 0359869 0359879 0359911 0359927 0359981 0359987 0360007 0360023 0360037 0360049 0360053 0360071 0360089 0360091
030766: 0360163 0360167 0360169 0360181 0360187 0360193 0360197 0360223 0360229 0360233 0360257 0360271 0360277 0360287 0360289
030781: 0360293 0360307 0360323 0360337 0360343 0360353 0360391 0360407 0360461 0360497 0360509 0360511 0360541
030796: 0360551 0360589 0360593 0360611 0360637 0360649 0360653 0360749 0360769 0360779 0360781 0360803 0360821 0360823
030811: 0360827 0360851 0360857 0360869 0360901 0360907 0360947 0360959 0360971 0360973 0360977 0361019 0361021 0360979 0360989
030826: 0361001 0361003 0361013 0361033 0361069 0361091 0361093 0361111 0361159 0361183 0361211 0361213 0361217 0361219 0361223
030841: 0361237 0361241 0361271 0361277 0361279 0361313 0361321 0361327 0361331 0361349 0361351 0361357 0361363 0361373 0361409 0361411
030856: 0361421 0361433 0361441 0361447 0361451 0361463 0361469 0361481 0361499 0361507 0361511 0361523 0361531 0361541 0361549
030871: 0361561 0361577 0361637 0361643 0361649 0361661 0361663 0361679 0361687 0361723 0361727 0361747 0361763 0361769 0361787
030886: 0361789 0361793 0361799 0361807 0361843 0361871 0361873 0361877 0361901 0361903 0361909 0361913 0361927 0361943 0361961
030901: 0361967 0361973 0361979 0361993 0362003 0362027 0362051 0362053 0362059 0362069 0362081 0362093 0362099 0362107 0362137
030916: 0362143 0362147 0362161 0362177 0362191 0362203 0362213 0362221 0362237 0362257 0362281 0362291 0362293 0362303 0362309
030931: 0362333 0362339 0362347 0362353 0362357 0362363 0362371 0362377 0362381 0362393 0362407 0362419 0362429 0362431 0362443
030946: 0362449 0362459 0362473 0362521 0362561 0362569 0362581 0362599 0362629 0362633 0362677 0362683 0362693 0362707 0362717 0362723
030961: 0362741 0362743 0362749 0362753 0362759 0362801 0362851 0362863 0362867 0362897 0362903 0362911 0362927 0362941 0362951
030976: 0362953 0362969 0362977 0362983 0362987 0363017 0363019 0363037 0363043 0363047 0363059 0363061 0363067 0363119 0363149
030991: 0363151 0363157 0363161 0363173 0363179 0363199 0363211 0363217 0363263 0363269 0363271 0363283 0363313 0363317 0363329
031006: 0363343 0363353 0363359 0363361 0363367 0363371 0363373 0363379 0363391 0363401 0363403 0363431 0363437 0363439 0363463 0363481
031021: 0363491 0363497 0363523 0363529 0363533 0363541 0363551 0363557 0363563 0363569 0363577 0363581 0363589 0363611 0363619
031036: 0363659 0363677 0363683 0363691 0363719 0363731 0363751 0363757 0363761 0363767 0363781 0363799 0363809 0363829 0363833
031051: 0363841 0363871 0363887 0363889 0363901 0363911 0363917 0363941 0363947 0363949 0363959 0363967 0363977 0363989 0364027
031066: 0364031 0364069 0364073 0364079 0364103 0364109 0364127 0364139 0364147 0364157 0364159 0364169 0364213 0364223 0364241
031081: 0364267 0364271 0364289 0364291 0364303 0364313 0364321 0364333 0364337 0364349 0364373 0364379 0364393 0364411 0364417
031096: 0364423 0364433 0364447 0364451 0364459 0364471 0364474 0364499 0364513 0364523 0364537 0364541 0364543 0364571 0364583 0364601
031111: 0364607 0364621 0364627 0364643 0364657 0364669 0364687 0364691 0364699 0364717 0364739 0364747 0364751 0364753 0364759
031126: 0364801 0364829 0364853 0364873 0364877 0364883 0364891 0364909 0364919 0364921 0364937 0364943 0364961 0364963 0364987
031141: 0364997 0365003 0365017 0365039 0365059 0365063 0365069 0365089 0365101 0365123 0365129 0365147 0365159 0365167 0365173
031156: 0365179 0365201 0365213 0365221 0365249 0365251 0365257 0365291 0365293 0365297 0365303 0365327 0365333 0365357 0365369
031171: 0365377 0365411 0365413 0365419 0365423 0365461 0365461 0365473 0365479 0365489 0365507 0365509 0365513
031186: 0365521 0365531 0365537 0365557 0365567 0365569 0365587 0365591 0365611 0365627 0365639 0365641 0365669 0365683 0365689
031201: 0365711 0365749 0365759 0365773 0365779 0365791 0365797 0365809 0365837 0365839 0365851 0365903 0365929 0365933
031216: 0365941 0365969 0365983 0366001 0366013 0366019 0366029 0366031 0366047 0366077 0366097 0366103 0366127 0366133 0366139
031231: 0366163 0366167 0366169 0366173 0366181 0366191 0366199 0366211 0366217 0366221 0366227 0366239 0366259 0366269 0366277
031246: 0366287 0366293 0366307 0366313 0366329 0366341 0366343 0366347 0366383 0366397 0366409 0366419 0366433 0366437 0366439
031261: 0366463 0366467 0366473 0366479 0366497 0366511 0366517 0366521 0366547 0366593 0366599 0366607 0366631 0366677 0366683
031276: 0366697 0366701 0366703 0366713 0366721 0366727 0366733 0366787 0366791 0366811 0366829 0366841 0366851 0366853 0366859
031291: 0366889 0366901 0366907 0366917 0366923 0366941 0366953 0366967 0366973 0366983 0366997 0367001 0367007 0367013
031306: 0367019 0367021 0367027 0367033 0367049 0367069 0367097 0367121 0367123 0367127 0367139 0367163 0367181 0367189 0367201
031321: 0367207 0367219 0367229 0367271 0367273 0367277 0367307 0367309 0367313 0367321 0367331 0367357 0367369
031336: 0367391 0367397 0367427 0367453 0367457 0367469 0367501 0367519 0367531 0367541 0367547 0367559 0367561 0367573 0367597
031351: 0367603 0367613 0367621 0367637 0367649 0367651 0367663 0367673 0367687 0367699 0367711 0367721 0367733 0367739 0367751
031366: 0367771 0367777 0367781 0367789 0367819 0367823 0367831 0367841 0367849 0367853 0367867 0367879 0367883 0367889 0367909
031381: 0367949 0367957 0368021 0368029 0368047 0368059 0368077 0368083 0368089 0368099 0368107 0368111 0368113 0368129 0368141
031396: 0368149 0368153 0368171 0368189 0368197 0368227 0368231 0368233 0368243 0368273 0368279 0368287 0368293 0368323 0368327
031411: 0368359 0368363 0368369 0368399 0368411 0368443 0368447 0368453 0368471 0368491 0368507 0368513 0368521 0368551 0368539
031426: 0368561 0368573 0368593 0368597 0368609 0368633 0368647 0368663 0368669 0368677 0368711 0368729 0368737 0368743 0368773
031441: 0368783 0368789 0368791 0368801 0368803 0368833 0368857 0368873 0368881 0368899 0368911 0368939 0368947 0368957 0369007
031456: 0369029 0369047 0369061 0369067 0369071 0369077 0369079 0369097 0369109 0369133 0369137 0369143 0369169 0369181 0369191
031471: 0369197 0369211 0369247 0369257 0369263 0369269 0369283 0369293 0369301 0369319 0369331 0369353 0369361 0369407 0369409
031486: 0369419 0369469 0369487 0369491 0369539 0369553 0369557 0369581 0369637 0369647 0369659 0369661 0369673 0369703 0369709
```

031501-033000 Prime numbers

```
031501: 0369731 0369739 0369751 0369791 0369793 0369821 0369827 0369829 0369833 0369841 0369851 0369877 0369893 0369913 0369917
031516: 0369947 0369959 0369961 0369979 0369983 0369991 0369997 0370003 0370009 0370021 0370033 0370057 0370061 0370067 0370081
031531: 0370091 0370103 0370111 0370121 0370133 0370147 0370159 0370169 0370193 0370199 0370207 0370213 0370217 0370241 0370247
031546: 0370373 0370387 0370399 0370411 0370421 0370423 0370427 0370439 0370441 0370451 0370463 0370471 0370477 0370483 0370493
031561: 0370511 0370529 0370537 0370547 0370561 0370571 0370597 0370603 0370609 0370613 0370619 0370631 0370661 0370663 0370673
031576: 0370679 0370687 0370693 0370723 0370759 0370793 0370801 0370813 0370817 0370837 0370871 0370873 0370879 0370883 0370897
031591: 0370919 0370949 0371027 0371029 0371057 0371069 0371071 0371083 0371087 0371099 0371131 0371141 0371143 0371153 0371177
031606: 0371179 0371191 0371213 0371251 0371253 0371237 0371249 0371251 0371257 0371281 0371291 0371299 0371303 0371311 0371321
031621: 0371333 0371339 0371341 0371353 0371359 0371383 0371387 0371389 0371417 0371447 0371453 0371471 0371479 0371491 0371509
031636: 0371513 0371549 0371561 0371567 0371583 0371587 0371617 0371633 0371639 0371663 0371669 0371699 0371719 0371737 0371779
031651: 0371797 0371831 0371837 0371843 0371851 0371857 0371869 0371873 0371897 0371927 0371929 0371939 0371941 0371951 0371957
031666: 0371981 0371999 0372013 0372023 0372037 0372049 0372059 0372061 0372067 0372107 0372121 0372131 0372137 0372149
031681: 0372167 0372173 0372179 0372223 0372241 0372263 0372269 0372271 0372277 0372289 0372293 0372299 0372311 0372313 0372353
031696: 0372367 0372371 0372377 0372397 0372401 0372409 0372413 0372443 0372451 0372461 0372473 0372481 0372487 0372511 0372523
031711: 0372539 0372607 0372611 0372613 0372629 0372637 0372653 0372661 0372667 0372677 0372689 0372707 0372709 0372719 0372733
031726: 0372739 0372751 0372763 0372769 0372773 0372797 0372803 0372809 0372817 0372829 0372833 0372833 0372839 0372847 0372859 0372871
031741: 0372877 0372881 0372901 0372917 0372941 0372943 0372971 0372973 0372979 0373003 0373007 0373019 0373049 0373063 0373073
031756: 0373091 0373127 0373151 0373157 0373171 0373181 0373183 0373187 0373193 0373199 0373207 0373211 0373213 0373229 0373231
031771: 0373273 0373291 0373297 0373301 0373327 0373339 0373343 0373349 0373357 0373361 0373363 0373379 0373393 0373447 0373453
031786: 0373459 0373463 0373487 0373489 0373501 0373517 0373553 0373561 0373567 0373613 0373621 0373631 0373649 0373657 0373661
031801: 0373669 0373693 0373717 0373721 0373753 0373757 0373777 0373783 0373823 0373837 0373859 0373861 0373877 0373903 0373909 0373937
031816: 0373943 0373951 0373963 0373969 0373981 0373987 0373999 0374009 0374029 0374039 0374041 0374047 0374063 0374069 0374083
031831: 0374089 0374279 0374501 0374519 0374141 0374167 0374187 0374171 0374189 0374293 0374203 0374219 0374239 0374287
031846: 0374291 0374293 0374299 0374317 0374321 0374333 0374347 0374351 0374359 0374389 0374399 0374441 0374443 0374447 0374461
031861: 0374483 0374501 0374531 0374537 0374567 0374587 0374603 0374639 0374641 0374653 0374669 0374677 0374681 0374683 0374687
031876: 0374701 0374713 0374719 0374729 0374741 0374753 0374761 0374771 0374783 0374789 0374797 0374807 0374819 0374837 0374839
031891: 0374849 0374879 0374887 0374893 0374903 0374909 0374929 0374939 0374953 0374957 0374971 0374981 0374987 0374993 0375017
031906: 0375019 0375029 0375043 0375049 0375059 0375083 0375091 0375097 0375101 0375103 0375113 0375119 0375121 0375127 0375149
031921: 0375157 0375163 0375169 0375203 0375209 0375223 0375227 0375233 0375247 0375251 0375253 0375257 0375259 0375281 0375283
031936: 0375311 0375341 0375359 0375367 0375371 0375373 0375391 0375407 0375413 0375443 0375449 0375451 0375457 0375467 0375481
031951: 0375509 0375511 0375523 0375527 0375533 0375553 0375559 0375569 0375593 0375607 0375623 0375631 0375643 0375647
031966: 0375667 0375673 0375703 0375707 0375709 0375743 0375757 0375761 0375773 0375779 0375787 0375799 0375833 0375841 0375857
031981: 0375901 0375923 0375931 0375967 0375971 0375979 0375983 0375997 0376001 0376003 0376009 0376021 0376039 0376049
031996: 0376063 0376081 0376097 0376099 0376127 0376133 0376147 0376153 0376171 0376183 0376199 0376231 0376237 0376241 0376283
032011: 0376291 0376297 0376307 0376351 0376373 0376393 0376399 0376417 0376463 0376469 0376471 0376477 0376483 0376501 0376511
032026: 0376529 0376531 0376547 0376573 0376577 0376583 0376589 0376603 0376609 0376627 0376631 0376633 0376639 0376657 0376679
032041: 0376687 0376699 0376709 0376721 0376729 0376757 0376763 0376769 0376787 0376793 0376801 0376807 0376811 0376819 0376823
032056: 0376837 0376843 0376853 0376889 0376891 0376907 0376921 0376927 0376931 0376933 0376949 0376963 0376969 0377011
032071: 0377021 0377051 0377059 0377071 0377099 0377123 0377129 0377137 0377147 0377171 0377173 0377183 0377197 0377219 0377231
032086: 0377257 0377263 0377287 0377291 0377297 0377327 0377329 0377339 0377347 0377353 0377369 0377371 0377387 0377393 0377459
032101: 0377471 0377477 0377491 0377513 0377521 0377527 0377537 0377543 0377557 0377561 0377563 0377581 0377593 0377599 0377617
032116: 0377623 0377633 0377647 0377653 0377661 0377687 0377711 0377717 0377737 0377749 0377761 0377771 0377777 0377789 0377801 0377809
032131: 0377827 0377831 0377843 0377851 0377873 0377887 0377911 0377963 0377981 0377999 0378011 0378019 0378023 0378041 0378071
032146: 0378083 0378089 0378121 0378127 0378137 0378149 0378151 0378163 0378167 0378179 0378197 0378223 0378229 0378239 0378241
032161: 0378253 0378269 0378277 0378283 0378289 0378317 0378353 0378361 0378379 0378401 0378407 0378439 0378449 0378463 0378467
032176: 0378493 0378503 0378509 0378533 0378551 0378559 0378569 0378571 0378583 0378593 0378661 0378619 0378629 0378661
032191: 0378667 0378671 0378683 0378691 0378713 0378733 0378739 0378757 0378761 0378779 0378793 0378809 0378817 0378821 0378823
032206: 0378869 0378883 0378893 0378901 0378919 0378929 0378941 0378949 0378953 0378967 0378977 0378997 0379007 0379009 0379013
032221: 0379033 0379039 0379073 0379081 0379087 0379097 0379103 0379123 0379133 0379147 0379157 0379163 0379177 0379187 0379189
032236: 0379199 0379207 0379273 0379277 0379283 0379289 0379307 0379319 0379333 0379343 0379369 0379387 0379391 0379397 0379399
032251: 0379417 0379433 0379439 0379441 0379451 0379459 0379499 0379501 0379513 0379531 0379541 0379549 0379571 0379573 0379579
032266: 0379597 0379607 0379633 0379649 0379663 0379667 0379679 0379681 0379693 0379699 0379703 0379721 0379723 0379727 0379751
032281: 0379777 0379787 0379811 0379817 0379837 0379853 0379859 0379889 0379891 0379897 0379879 0379909 0379913 0379927 0379961
032296: 0379963 0379979 0379993 0379997 0379999 0380041 0380047 0380059 0380071 0380117 0380129 0380131 0380141 0380147 0380179
032311: 0380189 0380191 0380201 0380207 0380219 0380227 0380251 0380257 0380269 0380287 0380291 0380299 0380309 0380311 0380327
032326: 0380329 0380333 0380363 0380377 0380383 0380417 0380423 0380441 0380447 0380453 0380459 0380461 0380483 0380503 0380533
032341: 0380557 0380561 0380591 0380621 0380623 0380629 0380641 0380651 0380657 0380707 0380747 0380753 0380777 0380797
032356: 0380803 0380819 0380837 0380839 0380843 0380867 0380869 0380879 0380881 0380909 0380917 0380929 0380951 0380957 0380971
032371: 0380977 0380981 0381001 0381011 0381019 0381037 0381047 0381061 0381071 0381077 0381097 0381103 0381161 0381169 0381181
032386: 0381209 0381221 0381223 0381233 0381239 0381253 0381287 0381289 0381301 0381319 0381323 0381343 0381347 0381371 0381373
032401: 0381377 0381383 0381389 0381401 0381417 0381419 0381441 0381461 0381467 0381473 0381479 0381481 0381487 0381509 0381523 0381517
032416: 0381529 0381533 0381541 0381557 0381569 0381607 0381629 0381637 0381659 0381671 0381673 0381697 0381707 0381713 0381737
032431: 0381739 0381749 0381757 0381761 0381791 0381793 0381817 0381841 0381853 0381859 0381911 0381917 0381937 0381941 0381949
032446: 0381977 0381989 0381991 0382001 0382003 0382021 0382037 0382039 0382061 0382069 0382073 0382087 0382103 0382117 0382163 0382171
032461: 0382189 0382229 0382223 0382241 0382253 0382267 0382271 0382303 0382331 0382351 0382357 0382363 0382373 0382391 0382427
032476: 0382429 0382457 0382463 0382493 0382507 0382511 0382519 0382541 0382549 0382553 0382567 0382579 0382583 0382589 0382601
032491: 0382621 0382631 0382643 0382649 0382661 0382663 0382693 0382703 0382709 0382727 0382729 0382747 0382751 0382763 0382769
032506: 0382777 0382801 0382807 0382813 0382831 0382843 0382847 0382861 0382867 0382871 0382883 0382919 0382933 0382939 0382961
032521: 0382979 0382999 0383011 0383023 0383029 0383041 0383051 0383069 0383081 0383083 0383099 0383101 0383107 0383113
032536: 0383143 0383153 0383171 0383179 0383213 0383219 0383221 0383267 0383281 0383297 0383299 0383303 0383321 0383347
032551: 0383371 0383393 0383399 0383417 0383419 0383429 0383459 0383483 0383489 0383519 0383521 0383527 0383537 0383549 0383557
032566: 0383579 0383583 0383609 0383611 0383623 0383627 0383633 0383651 0383653 0383659 0383681 0383683 0383693 0383723 0383729
032581: 0383753 0383759 0383767 0383777 0383791 0383797 0383807 0383813 0383819 0383833 0383837 0383839 0383869 0383891 0383909
032596: 0383913 0383939 0383941 0383951 0383963 0383969 0383983 0383987 0384001 0384007 0384019 0384029 0384049 0384061 0384079
032611: 0384089 0384107 0384113 0384131 0384133 0384143 0384151 0384157 0384173 0384187 0384193 0384203 0384227 0384247 0384253 0384257
032626: 0384259 0384277 0384287 0384289 0384299 0384301 0384317 0384331 0384343 0384347 0384367 0384383 0384403 0384427 0384437
032641: 0384469 0384473 0384479 0384481 0384497 0384509 0384533 0384547 0384577 0384581 0384589 0384599 0384611 0384619
032656: 0384623 0384641 0384673 0384691 0384697 0384701 0384733 0384737 0384739 0384743 0384757 0384767 0384769 0384781 0384821
032671: 0384827 0384847 0384851 0384889 0384907 0384913 0384919 0384941 0384943 0384973 0385001 0385013 0385027 0385039
032686: 0385057 0385069 0385079 0385081 0385087 0385109 0385127 0385129 0385139 0385141 0385153 0385159 0385171 0385193 0385199
032701: 0385249 0385261 0385267 0385279 0385289 0385291 0385321 0385327 0385333 0385351 0385361 0385373 0385391 0385393 0385397
032716: 0385403 0385417 0385433 0385471 0385481 0385493 0385501 0385519 0385531 0385537 0385559 0385571 0385573 0385579 0385589
032731: 0385591 0385597 0385607 0385621 0385651 0385639 0385657 0385661 0385669 0385679 0385691 0385709 0385741 0385771 0385783 0385757
032746: 0385811 0385817 0385831 0385837 0385843 0385859 0385877 0385897 0385901 0385907 0385927 0385939 0385943 0385967 0385991
032761: 0385997 0386017 0386023 0386027 0386039 0386041 0386047 0386051 0386083 0386093 0386117 0386123 0386129 0386143 0386149 0386153
032776: 0386159 0386161 0386173 0386219 0386227 0386233 0386237 0386249 0386263 0386279 0386297 0386299 0386303 0386329 0386353
032791: 0386339 0386363 0386369 0386371 0386381 0386383 0386401 0386413 0386423 0386429 0386437 0386447 0386467 0386489 0386501
032806: 0386521 0386537 0386543 0386549 0386569 0386587 0386609 0386611 0386621 0386629 0386641 0386647 0386651 0386677 0386689
032821: 0386693 0386711 0386719 0386723 0386731 0386747 0386777 0386809 0386839 0386851 0386891 0386921 0386927 0386953
032836: 0386977 0386987 0386989 0386993 0387007 0387017 0387031 0387047 0387053 0387077 0387083 0387089 0387109 0387137 0387151
032851: 0387161 0387181 0387187 0387197 0387199 0387203 0387227 0387257 0387263 0387271 0387281 0387307 0387313 0387317 0387329
032866: 0387341 0387371 0387397 0387403 0387433 0387437 0387449 0387463 0387493 0387503 0387509 0387529 0387551 0387577 0387587
032881: 0387613 0387643 0387649 0387661 0387669 0387677 0387707 0387711 0387713 0387721 0387727 0387743 0387749 0387763 0387781
032896: 0387791 0387799 0387839 0387853 0387857 0387911 0387913 0387917 0387953 0387967 0387973 0387977 0388009 0388051
032911: 0388067 0388079 0388081 0388099 0388109 0388111 0388117 0388133 0388153 0388159 0388163 0388169 0388171 0388181 0388183
032926: 0388211 0388221 0388237 0388253 0388259 0388273 0388277 0388301 0388313 0388319 0388351 0388363 0388367 0388387 0388391
032941: 0388403 0388459 0388471 0388477 0388481 0388483 0388489 0388499 0388519 0388529 0388541 0388567 0388573 0388621 0388651
032956: 0388657 0388691 0388693 0388697 0388699 0388711 0388717 0388757 0388771 0388789 0388793 0388813 0388823
032971: 0388837 0388859 0388879 0388891 0388897 0388901 0388903 0388931 0388933 0388937 0388961 0388963 0388991 0389003 0389023
032986: 0389027 0389029 0389041 0389047 0389057 0389083 0389089 0389099 0389111 0389117 0389141 0389149 0389161 0389167 0389171
```

Prime numbers 033001-034500

```
033001:  0389173 0389189 0389219 0389227 0389231 0389269 0389273 0389287 0389297 0389299 0389303 0389357 0389369 0389381 0389399
033016:  0389401 0389437 0389447 0389461 0389479 0389483 0389507 0389513 0389527 0389531 0389539 0389561 0389563 0389567
033031:  0389569 0389579 0389591 0389621 0389629 0389651 0389659 0389663 0389687 0389699 0389713 0389723 0389743 0389749 0389761
033046:  0389773 0389783 0389789 0389797 0389819 0389839 0389849 0389861 0389873 0389891 0389897 0389903 0389911 0389923 0389927 0389941
033061:  0389947 0389953 0389957 0389971 0389981 0389989 0389999 0390001 0390043 0390067 0390077 0390083 0390097 0390101 0390107
033076:  0390109 0390113 0390119 0390151 0390157 0390161 0390191 0390193 0390199 0390209 0390211 0390223 0390263 0390281 0390289
033091:  0390307 0390323 0390343 0390347 0390353 0390359 0390367 0390373 0390389 0390391 0390407 0390413 0390419 0390421 0390433
033106:  0390437 0390449 0390463 0390479 0390487 0390491 0390493 0390499 0390503 0390527 0390539 0390553 0390581 0390647 0390653
033121:  0390671 0390673 0390703 0390707 0390721 0390727 0390737 0390739 0390743 0390751 0390763 0390781 0390791 0390809 0390821
033136:  0390829 0390851 0390869 0390877 0390883 0390889 0390893 0390953 0390959 0390961 0390967 0390989 0390991 0391009 0391019
033151:  0391021 0391031 0391049 0391057 0391063 0391067 0391073 0391103 0391117 0391133 0391151 0391159 0391163 0391177 0391199
033166:  0391217 0391219 0391231 0391247 0391249 0391273 0391283 0391291 0391301 0391331 0391337 0391351 0391367 0391373 0391379
033181:  0391387 0391393 0391397 0391399 0391403 0391441 0391451 0391453 0391487 0391519 0391537 0391553 0391579 0391613 0391619
033196:  0391627 0391631 0391639 0391661 0391679 0391691 0391693 0391711 0391717 0391733 0391739 0391751 0391753 0391757 0391789
033211:  0391801 0391817 0391823 0391847 0391861 0391873 0391879 0391889 0391891 0391907 0391921 0391939 0391961 0391967
033226:  0391987 0391999 0392011 0392033 0392053 0392059 0392069 0392087 0392099 0392101 0392111 0392113 0392131 0392143 0392149
033241:  0392153 0392159 0392177 0392201 0392209 0392213 0392221 0392223 0392229 0392251 0392261 0392263 0392267 0392269 0392279
033256:  0392281 0392297 0392299 0392321 0392333 0392339 0392347 0392351 0392363 0392383 0392389 0392423 0392437 0392443 0392467
033271:  0392473 0392477 0392489 0392503 0392519 0392531 0392543 0392569 0392593 0392599 0392611 0392629 0392647 0392663
033286:  0392669 0392699 0392723 0392737 0392741 0392759 0392761 0392767 0392803 0392807 0392809 0392827 0392831 0392837 0392849
033301:  0392851 0392857 0392879 0392893 0392911 0392923 0392927 0392957 0392961 0392963 0392977 0392981 0392983 0393007 0393013
033316:  0393017 0393031 0393059 0393073 0393077 0393079 0393083 0393097 0393103 0393109 0393121 0393137 0393143 0393157 0393161
033331:  0393181 0393187 0393191 0393203 0393209 0393241 0393247 0393271 0393287 0393299 0393301 0393311 0393331 0393361
033346:  0393373 0393377 0393383 0393401 0393403 0393413 0393451 0393473 0393479 0393487 0393517 0393521 0393539 0393541 0393551
033361:  0393557 0393571 0393577 0393581 0393583 0393587 0393593 0393611 0393623 0393629 0393637 0393649 0393667 0393671 0393683
033376:  0393697 0393709 0393713 0393721 0393727 0393751 0393761 0393769 0393779 0393787 0393847 0393853 0393857 0393859 0393863
033391:  0393871 0393901 0393919 0393929 0393931 0393947 0393961 0393977 0393989 0393997 0394007 0394019 0394039 0394049 0394063
033406:  0394073 0394091 0394123 0394129 0394153 0394157 0394169 0394187 0394201 0394211 0394223 0394241 0394249 0394259 0394271
033421:  0394291 0394319 0394327 0394357 0394363 0394367 0394369 0394373 0394409 0394411 0394453 0394481 0394489 0394501 0394507
033436:  0394523 0394529 0394549 0394571 0394577 0394579 0394601 0394619 0394631 0394633 0394637 0394643 0394673 0394693 0394717
033451:  0394721 0394727 0394729 0394733 0394739 0394747 0394759 0394787 0394811 0394813 0394817 0394819 0394829 0394837 0394861
033466:  0394879 0394887 0394931 0394943 0394963 0394969 0394981 0394991 0394993 0395023 0395027 0395039 0395047 0395069
033481:  0395089 0395093 0395107 0395111 0395113 0395119 0395141 0395147 0395159 0395173 0395189 0395191 0395201 0395231
033496:  0395243 0395251 0395261 0395273 0395287 0395293 0395303 0395309 0395321 0395333 0395377 0395383 0395407 0395429 0395431
033511:  0395443 0395449 0395453 0395459 0395491 0395509 0395513 0395537 0395543 0395551 0395597 0395611 0395621 0395627
033526:  0395657 0395671 0395677 0395687 0395701 0395719 0395737 0395741 0395749 0395749 0395767 0395803 0395849 0395851 0395873 0395887
033541:  0395891 0395897 0395909 0395921 0395953 0395959 0395971 0396001 0396029 0396031 0396041 0396043 0396061 0396079 0396091
033556:  0396103 0396107 0396119 0396173 0396181 0396197 0396199 0396203 0396217 0396223 0396233 0396247 0396253 0396269 0396293
033571:  0396299 0396301 0396311 0396323 0396349 0396353 0396373 0396377 0396379 0396413 0396427 0396437 0396443 0396449 0396479
033586:  0396509 0396523 0396533 0396541 0396547 0396563 0396571 0396581 0396601 0396619 0396623 0396629 0396631 0396653
033601:  0396647 0396667 0396671 0396673 0396713 0396719 0396733 0396809 0396833 0396871 0396881 0396883 0396887 0396919 0396931
033616:  0396937 0396943 0396947 0396953 0396971 0396983 0396997 0397013 0397027 0397037 0397051 0397057 0397063 0397073 0397093
033631:  0397099 0397127 0397151 0397153 0397181 0397183 0397211 0397217 0397223 0397237 0397253 0397259 0397283 0397289 0397297
033646:  0397301 0397303 0397337 0397351 0397357 0397361 0397373 0397379 0397427 0397429 0397433 0397469 0397489 0397493
033661:  0397517 0397519 0397541 0397543 0397549 0397567 0397589 0397591 0397597 0397633 0397643 0397673 0397687 0397691
033676:  0397721 0397723 0397729 0397751 0397753 0397757 0397759 0397763 0397799 0397807 0397811 0397829 0397849 0397867 0397897
033691:  0397907 0397921 0397939 0397951 0397963 0397973 0397981 0397991 0398029 0398039 0398059 0398063
033706:  0398077 0398087 0398113 0398117 0398119 0398129 0398143 0398149 0398171 0398207 0398213 0398219 0398227 0398249 0398261
033721:  0398267 0398323 0398327 0398387 0398303 0398311 0398323 0398339 0398341 0398347 0398357 0398363 0398369 0398393 0398407 0398417
033736:  0398423 0398441 0398459 0398467 0398471 0398473 0398487 0398491 0398509 0398539 0398543 0398549 0398557 0398569 0398581
033751:  0398591 0398609 0398611 0398627 0398669 0398683 0398693 0398711 0398729 0398731 0398759 0398771 0398813
033766:  0398819 0398821 0398833 0398857 0398863 0398887 0398903 0398917 0398921 0398933 0398941 0398969 0398977 0398989 0399023
033781:  0399031 0399043 0399059 0399067 0399071 0399079 0399097 0399101 0399107 0399131 0399137 0399149 0399151 0399163 0399173
033796:  0399181 0399197 0399221 0399227 0399239 0399241 0399263 0399277 0399281 0399283 0399353 0399379 0399389 0399391
033811:  0399401 0399403 0399409 0399413 0399433 0399441 0399461 0399493 0399499 0399523 0399527 0399541 0399551 0399571
033826:  0399577 0399583 0399587 0399601 0399613 0399617 0399643 0399647 0399667 0399677 0399689 0399691 0399713 0399727 0399731
033841:  0399739 0399757 0399761 0399769 0399779 0399781 0399793 0399851 0399853 0399871 0399887 0399899 0399911 0399923 0399937
033856:  0399941 0399953 0399979 0399983 0399989 0400009 0400031 0400033 0400051 0400067 0400069 0400087 0400093 0400109 0400123
033871:  0400151 0400157 0400187 0400199 0400207 0400217 0400237 0400243 0400247 0400249 0400261 0400277 0400291 0400297 0400307
033886:  0400313 0400321 0400333 0400339 0400381 0400409 0400417 0400427 0400441 0400447 0400457 0400481 0400523 0400559
033901:  0400579 0400597 0400601 0400607 0400619 0400643 0400651 0400677 0400679 0400681 0400703 0400711 0400721 0400723 0400739
033916:  0400747 0400759 0400823 0400837 0400849 0400859 0400871 0400904 0400927 0400931 0400943 0400949 0400969 0400997
033931:  0401017 0401021 0401039 0401053 0401057 0401069 0401077 0401087 0401101 0401113 0401119 0401161 0401173 0401179 0401201
033946:  0401209 0401231 0401237 0401243 0401279 0401287 0401309 0401311 0401321 0401329 0401341 0401347 0401371 0401381 0401393
033961:  0401407 0401411 0401417 0401473 0401477 0401507 0401519 0401537 0401539 0401551 0401567 0401587 0401593 0401627 0401629
033976:  0401651 0401669 0401669 0401677 0401707 0401711 0401741 0401771 0401773 0401809 0401813 0401827 0401839 0401861 0401867
033991:  0401887 0401903 0401909 0401917 0401939 0401953 0401957 0401959 0401981 0401987 0401993 0402023 0402029 0402037 0402043
034006:  0402049 0402053 0402071 0402089 0402091 0402107 0402119 0402131 0402133 0402137 0402157 0402191 0402197 0402221 0402223 0402239 0402253
034021:  0402263 0402277 0402299 0402307 0402313 0402329 0402331 0402341 0402343 0402359 0402361 0402371 0402379 0402383 0402403
034036:  0402419 0402441 0402487 0402503 0402511 0402517 0402529 0402541 0402553 0402559 0402571 0402581 0402583 0402587 0402593
034051:  0402601 0402613 0402631 0402691 0402697 0402739 0402751 0402757 0402761 0402763 0402767 0402769 0402797 0402803 0402817
034066:  0402823 0402829 0402851 0402859 0402869 0402889 0402881 0402923 0402947 0402959 0402991 0403001 0403003 0403037
034081:  0403043 0403049 0403057 0403061 0403063 0403079 0403097 0403103 0403133 0403141 0403159 0403163 0403181 0403219 0403241
034096:  0403243 0403253 0403261 0403267 0403289 0403307 0403327 0403321 0403327 0403349 0403363 0403373 0403379 0403381 0403391 0403433
034111:  0403439 0403483 0403499 0403511 0403537 0403547 0403549 0403553 0403567 0403577 0403591 0403603 0403603 0403621 0403633
034126:  0403661 0403679 0403681 0403687 0403703 0403717 0403721 0403757 0403783 0403787 0403817 0403823 0403829 0403831 0403849
034141:  0403861 0403867 0403877 0403889 0403901 0403933 0403949 0403973 0403981 0403993 0404009 0404011 0404017
034156:  0404021 0404029 0404051 0404081 0404099 0404113 0404119 0404123 0404161 0404167 0404177 0404189 0404191 0404197 0404213
034171:  0404221 0404249 0404267 0404269 0404273 0404291 0404309 0404321 0404323 0404357 0404381 0404387 0404389 0404399
034186:  0404419 0404423 0404429 0404431 0404449 0404461 0404483 0404489 0404497 0404507 0404453 0404527 0404531 0404533 0404539
034201:  0404549 0404597 0404671 0404693 0404699 0404713 0404717 0404779 0404783 0404819 0404821 0404849 0404849 0404851
034216:  0404941 0404951 0404959 0404969 0404977 0404981 0404983 0405001 0405011 0405029 0405037 0405047 0405049 0405071 0405073
034231:  0405089 0405091 0405143 0405157 0405171 0405179 0405211 0405221 0405227 0405239 0405251 0405257 0405263 0405269 0405257
034246:  0405287 0405299 0405323 0405341 0405343 0405347 0405373 0405407 0405413 0405437 0405439 0405473 0405487 0405491
034261:  0405499 0405517 0405541 0405553 0405529 0405547 0405557 0405599 0405607 0405611 0405641 0405659 0405667 0405671
034276:  0405679 0405683 0405689 0405701 0405703 0405709 0405719 0405731 0405749 0405763 0405767 0405781 0405799 0405817 0405827
034291:  0405857 0405863 0405863 0405869 0405871 0405893 0405901 0405917 0405947 0405959 0405967 0405983 0405991 0405997
034306:  0406013 0406027 0406037 0406067 0406073 0406093 0406117 0406123 0406169 0406171 0406177 0406183 0406207 0406247 0406253
034321:  0406267 0406271 0406289 0406291 0406303 0406313 0406319 0406349 0406351 0406381 0406391 0406403 0406423 0406447 0406481
034336:  0406499 0406501 0406507 0406513 0406531 0406537 0406559 0406561 0406573 0406577 0406579 0406583 0406591 0406619 0406631
034351:  0406633 0406649 0406661 0406667 0406697 0406699 0406711 0406729 0406739 0406769 0406781 0406789 0406807 0406817 0406859
034366:  0406861 0406883 0406891 0406951 0406969 0406981 0406987 0406957 0407039 0407041 0407047 0407059 0407081 0407137 0407153
034381:  0407177 0407179 0407191 0407203 0407207 0407219 0407221 0407233 0407249 0407257 0407263 0407273 0407287 0407291 0407299
034396:  0407311 0407317 0407321 0407327 0407341 0407347 0407357 0407369 0407383 0407401 0407437 0407471 0407483 0407491 0407501
034411:  0407503 0407509 0407521 0407527 0407567 0407573 0407579 0407587 0407599 0407621 0407633 0407639 0407651 0407657 0407669
034426:  0407699 0407707 0407713 0407717 0407723 0407741 0407747 0407753 0407759 0407771 0407789 0407797 0407807 0407821 0407833 0407843
034441:  0407857 0407861 0407879 0407893 0407899 0407917 0407923 0407947 0407959 0407969 0407971 0407977 0407993 0408011 0408019
034456:  0408041 0408049 0408071 0408077 0408091 0408127 0408131 0408137 0408169 0408173 0408191 0408199 0408209 0408211 0408217
034471:  0408223 0408229 0408241 0408251 0408263 0408271 0408283 0408311 0408337 0408341 0408347 0408361 0408379 0408389 0408403
034486:  0408413 0408427 0408431 0408433 0408437 0408461 0408469 0408479 0408491 0408497 0408533 0408539 0408553 0408563 0408607
```

034501-036000 Prime numbers

```
034501:  0408623 0408631 0408637 0408643 0408659 0408671 0408677 0408689 0408691 0408701 0408703 0408713 0408719 0408743 0408763 0408769
034516:  0408773 0408787 0408803 0408809 0408817 0408841 0408857 0408869 0408911 0408913 0408923 0408943 0408953 0408959 0408971
034531:  0408979 0408997 0409007 0409021 0409027 0409033 0409043 0409063 0409069 0409081 0409099 0409121 0409153 0409163 0409177
034546:  0409187 0409217 0409249 0409259 0409261 0409267 0409271 0409289 0409291 0409297 0409327 0409333 0409337 0409291 0409351 0409369
034561:  0409379 0409391 0409397 0409429 0409433 0409441 0409463 0409471 0409477 0409483 0409499 0409517 0409523 0409529 0409543
034576:  0409573 0409579 0409589 0409609 0409633 0409651 0409663 0409691 0409693 0409709 0409711 0409723 0409729 0409733 0409753
034591:  0409769 0409777 0409781 0409813 0409817 0409823 0409831 0409841 0409861 0409867 0409879 0409889 0409891 0409897 0409901
034606:  0409909 0409933 0409993 0409961 0409967 0409987 0409991 0410009 0410029 0410063 0410087 0410093 0410117
034621:  0410119 0410141 0410143 0410149 0410171 0410173 0410203 0410231 0410233 0410239 0410243 0410257 0410279 0410281 0410299
034636:  0410317 0410323 0410339 0410341 0410353 0410359 0410383 0410387 0410393 0410401 0410411 0410413 0410453 0410461 0410477
034651:  0410489 0410491 0410497 0410507 0410513 0410519 0410551 0410561 0410587 0410617 0410621 0410623 0410629 0410651 0410659
034666:  0410671 0410687 0410701 0410717 0410731 0410741 0410747 0410749 0410759 0410783 0410789 0410801 0410807 0410819 0410833
034681:  0410857 0410899 0410903 0410929 0410953 0410983 0410999 0411001 0411007 0411011 0411031 0411041 0411049 0411067
034696:  0411071 0411083 0411101 0411113 0411119 0411127 0411143 0411167 0411193 0411197 0411211 0411233 0411241 0411251
034711:  0411253 0411259 0411287 0411311 0411337 0411347 0411361 0411371 0411379 0411409 0411421 0411443 0411449 0411469 0411473
034726:  0411479 0411491 0411503 0411527 0411529 0411557 0411563 0411569 0411577 0411583 0411589 0411611 0411613 0411617 0411637
034741:  0411641 0411667 0411679 0411683 0411703 0411707 0411709 0411721 0411727 0411737 0411739 0411743 0411751 0411779 0411799
034756:  0411809 0411821 0411823 0411833 0411841 0411883 0411919 0411923 0411937 0411941 0411947 0411967 0411991 0412001 0412007
034771:  0412019 0412031 0412033 0412037 0412039 0412051 0412067 0412073 0412081 0412099 0412109 0412123 0412127 0412133 0412147
034786:  0412157 0412171 0412187 0412189 0412193 0412201 0412211 0412213 0412219 0412249 0412253 0412273 0412277 0412289 0412303
034801:  0412333 0412339 0412343 0412387 0412397 0412411 0412457 0412463 0412481 0412487 0412493 0412537 0412561 0412567 0412571
034816:  0412589 0412591 0412603 0412609 0412619 0412627 0412637 0412639 0412651 0412663 0412667 0412717 0412739 0412771 0412793
034831:  0412807 0412831 0412849 0412859 0412891 0412901 0412903 0412939 0412943 0412949 0412967 0412987 0413009 0413027 0413033
034846:  0413053 0413069 0413071 0413081 0413087 0413093 0413111 0413113 0413129 0413141 0413143 0413159 0413167 0413183
034861:  0413197 0413201 0413207 0413233 0413243 0413251 0413263 0413287 0413293 0413299 0413353 0413411 0413417 0413429 0413443
034876:  0413461 0413477 0413521 0413527 0413533 0413537 0413551 0413557 0413579 0413587 0413597 0413629 0413653 0413681 0413683
034891:  0413689 0413711 0413713 0413719 0413737 0413753 0413759 0413779 0413783 0413807 0413827 0413849 0413863 0413867 0413869
034906:  0413879 0413887 0413911 0413923 0413951 0413981 0414013 0414017 0414019 0414031 0414049 0414053 0414061 0414077 0414083
034921:  0414097 0414101 0414109 0414131 0414147 0414179 0414199 0414203 0414209 0414217 0414221 0414241 0414259 0414269
034936:  0414277 0414283 0414311 0414313 0414329 0414331 0414347 0414361 0414367 0414383 0414389 0414397 0414413 0414431 0414433
034951:  0414451 0414457 0414461 0414467 0414487 0414511 0414521 0414539 0414553 0414559 0414571 0414577 0414601 0414611 0414629
034966:  0414641 0414643 0414653 0414667 0414679 0414683 0414691 0414697 0414703 0414707 0414709 0414721 0414731 0414737 0414763
034981:  0414767 0414769 0414773 0414779 0414793 0414803 0414809 0414833 0414857 0414871 0414889 0414893 0414899 0414913 0414923
034996:  0414929 0414949 0414971 0414977 0414991 0415013 0415031 0415039 0415061 0415069 0415073 0415087 0415097 0415109
035011:  0415111 0415133 0415141 0415147 0415153 0415159 0415171 0415187 0415189 0415201 0415213 0415231 0415253 0415271 0415273
035026:  0415319 0415343 0415379 0415381 0415391 0415409 0415427 0415447 0415469 0415477 0415489 0415507 0415517 0415523 0415543
035041:  0415553 0415559 0415567 0415577 0415603 0415607 0415609 0415627 0415631 0415643 0415651 0415661 0415669 0415673 0415687
035056:  0415691 0415697 0415717 0415721 0415729 0415759 0415783 0415787 0415799 0415801 0415819 0415823 0415861 0415873 0415879
035071:  0415901 0415931 0415937 0415949 0415951 0415957 0415963 0415969 0415979 0415993 0415999 0416011 0416023 0416071 0416077
035086:  0416089 0416107 0416147 0416149 0416153 0416159 0416167 0416201 0416219 0416239 0416243 0416249 0416257 0416263 0416281
035101:  0416291 0416333 0416359 0416387 0416389 0416393 0416399 0416401 0416407 0416413 0416417 0416419 0416441 0416443 0416459
035116:  0416473 0416477 0416491 0416497 0416501 0416503 0416513 0416531 0416543 0416573 0416579 0416593 0416621 0416623 0416629
035131:  0416659 0416677 0416693 0416719 0416761 0416797 0416821 0416833 0416839 0416849 0416851 0416873 0416881 0416887 0416947
035146:  0416957 0416963 0416989 0417007 0417011 0417017 0417019 0417023 0417037 0417089 0417097 0417113 0417119 0417127 0417133 0417161
035161:  0417169 0417173 0417181 0417187 0417191 0417203 0417217 0417227 0417239 0417251 0417271 0417283 0417293 0417311 0417317
035176:  0417331 0417337 0417371 0417377 0417379 0417383 0417419 0417437 0417451 0417457 0417479 0417491 0417493 0417509 0417511
035191:  0417523 0417541 0417551 0417559 0417577 0417581 0417583 0417617 0417623 0417631 0417643 0417649 0417671 0417691 0417719
035206:  0417721 0417727 0417731 0417737 0417751 0417763 0417773 0417793 0417811 0417821 0417839 0417863 0417869 0417881
035221:  0417883 0417899 0417931 0417941 0417947 0417953 0417959 0417961 0417983 0417997 0418007 0418009 0418027 0418031 0418043
035236:  0418051 0418069 0418073 0418079 0418087 0418109 0418129 0418157 0418169 0418177 0418181 0418189 0418199 0418207 0418219
035251:  0418259 0418273 0418289 0418303 0418321 0418331 0418337 0418339 0418343 0418349 0418351 0418357 0418373 0418381
035266:  0418391 0418423 0418427 0418447 0418459 0418471 0418493 0418511 0418553 0418559 0418597 0418601 0418603 0418631 0418633
035281:  0418637 0418663 0418699 0418709 0418721 0418739 0418751 0418763 0418771 0418783 0418787 0418793 0418799 0418811
035296:  0418813 0418819 0418837 0418849 0418861 0418867 0418871 0418883 0418889 0418909 0418921 0418927 0418933 0418939
035311:  0418961 0418981 0418987 0418993 0418997 0419007 0419051 0419053 0419057 0419059 0419087 0419141 0419147 0419161 0419171
035326:  0419183 0419189 0419191 0419201 0419231 0419249 0419261 0419281 0419291 0419297 0419303 0419317 0419329 0419351 0419383
035341:  0419401 0419417 0419423 0419437 0419443 0419449 0419459 0419467 0419473 0419477 0419483 0419491 0419513 0419527 0419537
035356:  0419557 0419561 0419563 0419567 0419579 0419591 0419597 0419599 0419603 0419609 0419623 0419651 0419687 0419693 0419701
035371:  0419711 0419743 0419753 0419777 0419789 0419791 0419801 0419803 0419821 0419827 0419831 0419873 0419893 0419921 0419927
035386:  0419929 0419933 0419953 0419959 0419999 0420001 0420029 0420037 0420041 0420044 0420047 0420073 0420093 0420097 0420149 0420157
035401:  0420191 0420193 0420221 0420241 0420253 0420263 0420269 0420271 0420293 0420307 0420313 0420317 0420319 0420323 0420331
035416:  0420341 0420349 0420353 0420361 0420367 0420383 0420397 0420419 0420421 0420439 0420457 0420467 0420479 0420481 0420499
035431:  0420503 0420521 0420541 0420557 0420569 0420571 0420593 0420599 0420613 0420671 0420677 0420683 0420691 0420731 0420737
035446:  0420743 0420757 0420761 0420779 0420781 0420799 0420803 0420809 0420811 0420851 0420853 0420857 0420859 0420899 0420919
035461:  0420929 0420941 0420967 0420977 0420997 0421009 0421019 0421033 0421037 0421049 0421079 0421081 0421093 0421103 0421121
035476:  0421123 0421133 0421147 0421159 0421163 0421177 0421181 0421189 0421207 0421241 0421273 0421279 0421303 0421313 0421331
035491:  0421339 0421349 0421361 0421381 0421397 0421409 0421417 0421423 0421433 0421453 0421459 0421469 0421471 0421483 0421493
035506:  0421501 0421517 0421559 0421607 0421609 0421621 0421633 0421639 0421657 0421661 0421691 0421697 0421709 0421703
035521:  0421709 0421711 0421717 0421727 0421739 0421741 0421783 0421801 0421807 0421831 0421847 0421891 0421907 0421913 0421943
035536:  0421973 0421987 0421997 0422029 0422041 0422057 0422062 0422069 0422077 0422083 0422087 0422089 0422099 0422101 0422111
035551:  0422113 0422129 0422137 0422141 0422183 0422203 0422209 0422231 0422239 0422243 0422249 0422267 0422287 0422291 0422309
035566:  0422311 0422321 0422333 0422353 0422363 0422369 0422377 0422393 0422407 0422431 0422443 0422459 0422479 0422537 0422549
035581:  0422551 0422557 0422563 0422567 0422573 0422581 0422621 0422627 0422657 0422689 0422701 0422707 0422711 0422749 0422753
035596:  0422759 0422761 0422789 0422797 0422803 0422827 0422857 0422861 0422867 0422869 0422879 0422881 0422893 0422897 0422899
035611:  0422911 0422923 0422927 0422969 0422987 0423001 0423013 0423019 0423043 0423053 0423061 0423067 0423083 0423085 0423097
035626:  0423103 0423109 0423121 0423127 0423133 0423173 0423179 0423191 0423209 0423221 0423229 0423233 0423251 0423257 0423259
035641:  0423277 0423281 0423287 0423289 0423299 0423307 0423323 0423341 0423347 0423389 0423403 0423413 0423427 0423431 0423439
035656:  0423457 0423461 0423463 0423469 0423481 0423497 0423503 0423509 0423541 0423547 0423557 0423559 0423581 0423587 0423601
035671:  0423617 0423649 0423667 0423697 0423707 0423713 0423717 0423727 0423731 0423739 0423749 0423779 0423781 0423791 0423803
035686:  0423823 0423847 0423853 0423859 0423869 0423883 0423887 0423931 0423949 0423961 0423977 0423989 0423991 0424001 0424003
035701:  0424007 0424019 0424027 0424037 0424079 0424091 0424093 0424103 0424117 0424121 0424129 0424139 0424147 0424157 0424163
035716:  0424169 0424187 0424199 0424223 0424231 0424243 0424247 0424261 0424267 0424271 0424273 0424313 0424331 0424339 0424343
035731:  0424351 0424367 0424423 0424429 0424433 0424451 0424471 0424481 0424493 0424519 0424537 0424547 0424549 0424559 0424573
035746:  0424577 0424597 0424601 0424639 0424661 0424667 0424679 0424687 0424693 0424709 0424727 0424729 0424757 0424769 0424771
035761:  0424777 0424783 0424787 0424819 0424829 0424841 0424843 0424849 0424861 0424867 0424889 0424903 0424909 0424913
035776:  0424939 0424961 0424967 0424997 0425003 0425027 0425039 0425057 0425059 0425071 0425083 0425101 0425107 0425123 0425147
035791:  0425149 0425189 0425207 0425207 0425223 0425237 0425251 0425273 0425279 0425281 0425291 0425297 0425309 0425317 0425329
035806:  0425333 0425363 0425377 0425387 0425393 0425417 0425419 0425423 0425441 0425443 0425471 0425473 0425489 0425501 0425519
035821:  0425549 0425561 0425563 0425591 0425603 0425609 0425641 0425653 0425681 0425701 0425713 0425759 0425783 0425791
035836:  0425801 0425813 0425819 0425821 0425839 0425851 0425857 0425869 0425879 0425899 0425903 0425911 0425939 0425959
035851:  0425977 0425987 0426007 0426011 0426067 0426073 0426077 0426089 0426091 0426103 0426131 0426149 0426161 0426163 0426193
035866:  0426197 0426211 0426229 0426233 0426239 0426287 0426301 0426311 0426319 0426331 0426353 0426383 0426389 0426401 0426407
035881:  0426421 0426427 0426449 0426487 0426527 0426541 0426551 0426553 0426563 0426583 0426611 0426631 0426637 0426641 0426661
035896:  0426691 0426697 0426707 0426709 0426713 0426727 0426739 0426743 0426757 0426761 0426763 0426773 0426779 0426787 0426799
035911:  0426841 0426859 0426863 0426871 0426889 0426893 0426913 0426917 0426919 0426931 0426941 0426971 0426973 0426997 0427001
035926:  0427013 0427037 0427067 0427069 0427073 0427079 0427081 0427103 0427117 0427151 0427169 0427181 0427213 0427237
035941:  0427241 0427243 0427247 0427249 0427277 0427283 0427307 0427309 0427327 0427333 0427351 0427369 0427381 0427387 0427403
035956:  0427417 0427421 0427423 0427429 0427433 0427439 0427447 0427451 0427457 0427477 0427513 0427517 0427523 0427529 0427541
035971:  0427579 0427591 0427597 0427619 0427621 0427681 0427711 0427717 0427723 0427727 0427733 0427751 0427781 0427787 0427789
035986:  0427813 0427849 0427859 0427877 0427879 0427883 0427913 0427919 0427939 0427949 0427951 0427957 0427967 0427969 0427991
```

Prime numbers 036001-037500

036001:	0427993	0427997	0428003	0428023	0428027	0428033	0428039	0428041	0428047	0428083	0428093	0428137	0428143	0428147	0428149
036016:	0428161	0428167	0428173	0428177	0428221	0428227	0428231	0428249	0428251	0428273	0428297	0428299	0428303	0428339	0428353
036031:	0428369	0428401	0428411	0428429	0428471	0428473	0428489	0428503	0428509	0428531	0428539	0428551	0428557	0428563	0428567
036046:	0428569	0428579	0428629	0428633	0428639	0428657	0428663	0428671	0428677	0428683	0428693	0428731	0428741	0428759	0428777
036061:	0428797	0428801	0428807	0428809	0428833	0428843	0428851	0428863	0428873	0428899	0428951	0428957	0428977	0429007	0429017
036076:	0429043	0429083	0429101	0429109	0429119	0429127	0429137	0429139	0429161	0429181	0429197	0429211	0429217	0429223	0429227
036091:	0429241	0429259	0429271	0429277	0429281	0429283	0429329	0429347	0429349	0429361	0429367	0429389	0429397	0429409	0429413
036106:	0429427	0429431	0429449	0429463	0429467	0429469	0429487	0429497	0429503	0429509	0429511	0429521	0429529	0429547	0429551
036121:	0429563	0429581	0429587	0429589	0429599	0429631	0429643	0429659	0429661	0429673	0429677	0429679	0429683	0429701	0429719
036136:	0429727	0429731	0429733	0429773	0429791	0429797	0429817	0429823	0429827	0429851	0429853	0429881	0429887	0429889	0429899
036151:	0429901	0429907	0429911	0429917	0429929	0429931	0429937	0429943	0429953	0429971	0429973	0429991	0430007	0430009	0430013
036166:	0430019	0430057	0430061	0430081	0430091	0430093	0430121	0430139	0430147	0430193	0430259	0430267	0430277	0430279	0430289
036181:	0430303	0430319	0430333	0430343	0430357	0430393	0430411	0430427	0430433	0430453	0430487	0430499	0430511	0430513	0430517
036196:	0430543	0430553	0430571	0430579	0430589	0430601	0430603	0430649	0430663	0430691	0430697	0430699	0430709	0430723	0430739
036211:	0430741	0430747	0430751	0430753	0430769	0430783	0430789	0430799	0430811	0430819	0430823	0430841	0430847	0430861	0430873
036226:	0430879	0430883	0430891	0430897	0430907	0430909	0430921	0430949	0430957	0430979	0430981	0430987	0430999	0431017	0431021
036241:	0431029	0431047	0431051	0431063	0431077	0431083	0431099	0431107	0431141	0431147	0431153	0431173	0431191	0431203	0431213
036256:	0431219	0431237	0431251	0431257	0431267	0431269	0431287	0431297	0431311	0431329	0431339	0431363	0431369	0431377	0431381
036271:	0431399	0431423	0431429	0431441	0431447	0431449	0431479	0431513	0431521	0431533	0431567	0431581	0431597	0431603	0431611
036286:	0431617	0431621	0431657	0431659	0431663	0431671	0431693	0431707	0431729	0431731	0431759	0431777	0431797	0431801	0431803
036301:	0431807	0431831	0431833	0431857	0431863	0431867	0431869	0431881	0431887	0431891	0431903	0431911	0431929	0431933	0431947
036316:	0431983	0431993	0432001	0432007	0432023	0432031	0432037	0432043	0432053	0432059	0432067	0432073	0432097	0432121	0432137
036331:	0432139	0432143	0432149	0432161	0432163	0432167	0432199	0432203	0432227	0432241	0432251	0432277	0432281	0432287	0432301
036346:	0432317	0432323	0432337	0432343	0432349	0432359	0432373	0432389	0432391	0432401	0432413	0432433	0432437	0432449	0432457
036361:	0432479	0432491	0432499	0432503	0432511	0432527	0432539	0432557	0432559	0432569	0432577	0432587	0432589	0432613	0432631
036376:	0432637	0432659	0432661	0432713	0432721	0432727	0432737	0432743	0432749	0432781	0432793	0432797	0432799	0432833	0432847
036391:	0432857	0432869	0432893	0432907	0432923	0432931	0432959	0432961	0432979	0432983	0432989	0433003	0433033	0433049	0433051
036406:	0433061	0433073	0433079	0433087	0433093	0433099	0433117	0433123	0433141	0433151	0433187	0433193	0433201	0433207	0433229
036421:	0433241	0433249	0433253	0433259	0433261	0433267	0433271	0433291	0433309	0433319	0433337	0433351	0433357	0433361	0433369
036436:	0433373	0433393	0433399	0433421	0433429	0433439	0433453	0433469	0433471	0433501	0433507	0433513	0433549	0433571	0433577
036451:	0433607	0433627	0433633	0433639	0433651	0433661	0433663	0433673	0433679	0433681	0433703	0433723	0433729	0433747	0433759
036466:	0433777	0433781	0433787	0433813	0433817	0433847	0433859	0433861	0433877	0433883	0433889	0433931	0433943	0433963	0433967
036481:	0433981	0434009	0434011	0434029	0434039	0434081	0434087	0434107	0434111	0434113	0434117	0434141	0434167	0434179	0434191
036496:	0434201	0434209	0434221	0434237	0434243	0434249	0434261	0434267	0434293	0434297	0434303	0434311	0434323	0434347	0434353
036511:	0434363	0434377	0434383	0434387	0434389	0434407	0434411	0434431	0434437	0434459	0434461	0434471	0434479	0434501	0434509
036526:	0434521	0434561	0434563	0434573	0434593	0434597	0434611	0434647	0434659	0434683	0434689	0434699	0434717	0434719	0434743
036541:	0434761	0434783	0434803	0434807	0434813	0434821	0434827	0434831	0434839	0434849	0434857	0434867	0434873	0434881	0434909
036556:	0434921	0434923	0434927	0434933	0434939	0434947	0434957	0434963	0434977	0434981	0434989	0435037	0435041	0435059	0435103
036571:	0435107	0435109	0435131	0435139	0435143	0435151	0435161	0435179	0435181	0435187	0435191	0435221	0435223	0435247	0435257
036586:	0435263	0435277	0435283	0435287	0435307	0435317	0435343	0435349	0435359	0435371	0435397	0435401	0435403	0435419	0435427
036601:	0435437	0435439	0435451	0435481	0435503	0435529	0435541	0435553	0435559	0435563	0435569	0435571	0435577	0435583	0435593
036616:	0435619	0435623	0435637	0435641	0435647	0435649	0435653	0435661	0435679	0435709	0435731	0435733	0435739	0435751	0435763
036631:	0435769	0435779	0435817	0435839	0435847	0435857	0435859	0435881	0435889	0435893	0435907	0435913	0435923	0435947	0435949
036646:	0435973	0435983	0435997	0436003	0436013	0436027	0436061	0436081	0436087	0436091	0436097	0436127	0436147	0436151	0436157
036661:	0436171	0436181	0436217	0436231	0436253	0436273	0436279	0436283	0436291	0436307	0436309	0436313	0436343	0436357	0436399
036676:	0436417	0436427	0436439	0436459	0436463	0436477	0436481	0436483	0436507	0436523	0436529	0436531	0436547	0436549	0436571
036691:	0436591	0436607	0436621	0436627	0436649	0436651	0436673	0436687	0436693	0436717	0436727	0436729	0436739	0436741	0436757
036706:	0436801	0436811	0436819	0436831	0436841	0436853	0436871	0436889	0436913	0436957	0436963	0436967	0436973	0436979	0436993
036721:	0436999	0437011	0437033	0437071	0437077	0437083	0437093	0437111	0437113	0437137	0437141	0437149	0437153	0437159	0437191
036736:	0437201	0437219	0437237	0437243	0437263	0437273	0437279	0437287	0437293	0437321	0437351	0437357	0437363	0437387	0437389
036751:	0437401	0437413	0437467	0437471	0437473	0437497	0437501	0437509	0437519	0437527	0437533	0437539	0437543	0437557	0437587
036766:	0437629	0437641	0437651	0437653	0437677	0437681	0437687	0437693	0437719	0437729	0437743	0437753	0437771	0437809	0437819
036781:	0437837	0437849	0437861	0437867	0437881	0437909	0437923	0437947	0437953	0437959	0437977	0438001	0438017	0438029	0438047
036796:	0438049	0438091	0438131	0438133	0438143	0438169	0438203	0438211	0438223	0438233	0438241	0438253	0438259	0438271	0438281
036811:	0438287	0438301	0438313	0438329	0438341	0438377	0438391	0438401	0438409	0438419	0438439	0438443	0438467	0438479	0438499
036826:	0438517	0438521	0438523	0438527	0438533	0438551	0438569	0438589	0438601	0438611	0438623	0438631	0438637	0438661	0438667
036841:	0438671	0438701	0438707	0438721	0438733	0438761	0438769	0438793	0438827	0438829	0438833	0438847	0438853	0438869	0438877
036856:	0438887	0438899	0438913	0438937	0438941	0438953	0438961	0438967	0438979	0438983	0438989	0439007	0439009	0439063	0439081
036871:	0439123	0439133	0439141	0439157	0439163	0439171	0439183	0439199	0439217	0439253	0439273	0439279	0439289	0439303	0439339
036886:	0439349	0439357	0439367	0439381	0439409	0439421	0439427	0439429	0439441	0439459	0439463	0439471	0439493	0439511	0439519
036901:	0439541	0439559	0439567	0439573	0439577	0439583	0439601	0439613	0439631	0439639	0439661	0439667	0439687	0439693	0439697
036916:	0439709	0439723	0439729	0439753	0439759	0439763	0439771	0439781	0439787	0439799	0439811	0439823	0439849	0439853	0439861
036931:	0439867	0439883	0439891	0439903	0439919	0439949	0439961	0439969	0439973	0439981	0439991	0440009	0440023	0440039	0440047
036946:	0440087	0440093	0440101	0440131	0440159	0440171	0440177	0440179	0440183	0440203	0440207	0440221	0440227	0440239	0440261
036961:	0440269	0440281	0440303	0440311	0440329	0440333	0440339	0440347	0440371	0440383	0440389	0440393	0440399	0440431	0440441
036976:	0440443	0440471	0440497	0440501	0440507	0440509	0440527	0440537	0440543	0440549	0440551	0440567	0440569	0440579	0440581
036991:	0440641	0440651	0440653	0440669	0440677	0440681	0440683	0440711	0440717	0440723	0440731	0440753	0440761	0440773	0440807
037006:	0440809	0440821	0440831	0440849	0440863	0440893	0440903	0440911	0440939	0440941	0440953	0440959	0440983	0440987	0440989
037021:	0441011	0441029	0441041	0441043	0441053	0441073	0441079	0441101	0441107	0441109	0441113	0441121	0441127	0441157	0441169
037036:	0441179	0441187	0441191	0441193	0441229	0441247	0441251	0441257	0441263	0441281	0441307	0441319	0441349	0441359	0441361
037051:	0441403	0441421	0441443	0441449	0441461	0441479	0441499	0441517	0441523	0441527	0441547	0441557	0441563	0441569	0441587
037066:	0441607	0441613	0441619	0441631	0441647	0441667	0441697	0441703	0441713	0441737	0441751	0441787	0441797	0441799	0441811
037081:	0441827	0441829	0441839	0441841	0441877	0441887	0441907	0441913	0441923	0441937	0441953	0441971	0442003	0442007	0442009
037096:	0442019	0442027	0442031	0442033	0442061	0442069	0442097	0442109	0442121	0442139	0442147	0442151	0442157	0442171	0442177
037111:	0442181	0442193	0442201	0442207	0442217	0442229	0442237	0442243	0442271	0442283	0442291	0442319	0442327	0442333	0442363
037126:	0442367	0442397	0442399	0442439	0442447	0442457	0442469	0442487	0442489	0442499	0442501	0442517	0442531	0442537	0442571
037141:	0442573	0442577	0442579	0442601	0442609	0442619	0442633	0442691	0442699	0442703	0442721	0442733	0442747	0442753	0442763
037156:	0442769	0442777	0442781	0442789	0442807	0442817	0442823	0442829	0442831	0442837	0442843	0442861	0442879	0442903	0442919
037171:	0442961	0442963	0442973	0442979	0442987	0442991	0442997	0443011	0443017	0443039	0443041	0443057	0443059	0443063	0443077
037186:	0443089	0443117	0443123	0443129	0443147	0443153	0443159	0443161	0443167	0443171	0443189	0443203	0443221	0443227	0443231
037201:	0443237	0443243	0443249	0443263	0443273	0443281	0443291	0443293	0443341	0443347	0443353	0443363	0443369	0443389	0443407
037216:	0443413	0443419	0443423	0443431	0443437	0443453	0443467	0443489	0443501	0443533	0443543	0443551	0443561	0443563	0443567
037231:	0443587	0443591	0443603	0443609	0443629	0443659	0443687	0443689	0443701	0443711	0443731	0443749	0443753	0443759	0443761
037246:	0443771	0443777	0443791	0443837	0443851	0443867	0443869	0443873	0443879	0443881	0443893	0443899	0443909	0443917	0443939
037261:	0443941	0443953	0443983	0443987	0443999	0444001	0444007	0444029	0444043	0444047	0444079	0444089	0444109	0444113	0444121
037276:	0444127	0444131	0444151	0444167	0444173	0444179	0444181	0444187	0444209	0444253	0444271	0444281	0444287	0444289	0444293
037291:	0444307	0444341	0444343	0444347	0444349	0444401	0444403	0444421	0444443	0444449	0444461	0444463	0444469	0444473	0444487
037306:	0444517	0444523	0444527	0444529	0444539	0444547	0444553	0444557	0444569	0444589	0444607	0444623	0444637	0444641	0444649
037321:	0444671	0444677	0444701	0444713	0444739	0444767	0444791	0444793	0444803	0444811	0444817	0444833	0444841	0444859	0444863
037336:	0444869	0444877	0444883	0444887	0444893	0444901	0444929	0444937	0444953	0444967	0444971	0444979	0445001	0445019	0445021
037351:	0445031	0445033	0445069	0445087	0445091	0445097	0445103	0445141	0445157	0445169	0445183	0445187	0445199	0445229	0445261
037366:	0445271	0445279	0445283	0445297	0445307	0445321	0445339	0445363	0445427	0445433	0445447	0445453	0445463	0445477	0445499
037381:	0445507	0445537	0445541	0445567	0445573	0445583	0445589	0445597	0445619	0445631	0445633	0445649	0445657	0445691	0445699
037396:	0445703	0445741	0445747	0445769	0445771	0445789	0445799	0445807	0445829	0445847	0445853	0445871	0445877	0445883	0445891
037411:	0445931	0445937	0445943	0445967	0445969	0446003	0446009	0446041	0446053	0446081	0446087	0446111	0446123	0446129	0446141
037426:	0446179	0446189	0446191	0446197	0446221	0446227	0446231	0446261	0446263	0446273	0446279	0446293	0446309	0446323	0446333
037441:	0446353	0446363	0446387	0446389	0446399	0446401	0446417	0446441	0446447	0446461	0446473	0446477	0446503	0446533	0446549
037456:	0446561	0446569	0446597	0446603	0446609	0446647	0446657	0446713	0446717	0446731	0446753	0446759	0446767	0446773	0446819
037471:	0446827	0446839	0446863	0446881	0446891	0446893	0446909	0446911	0446921	0446933	0446951	0446969	0446983	0447001	0447011
037486:	0447019	0447053	0447067	0447079	0447101	0447107	0447119	0447133	0447137	0447173	0447179	0447193	0447197	0447211	0447217

037501-039000 Prime numbers

```
037501: 0447221 0447233 0447247 0447257 0447259 0447263 0447311 0447319 0447323 0447331 0447353 0447401 0447409 0447427 0447439
037516: 0447443 0447449 0447451 0447463 0447467 0447481 0447509 0447521 0447527 0447541 0447569 0447571 0447611 0447617 0447637
037531: 0447641 0447677 0447683 0447701 0447703 0447743 0447749 0447757 0447779 0447791 0447793 0447817 0447823 0447827 0447829
037546: 0447841 0447859 0447871 0447877 0447883 0447893 0447901 0447907 0447943 0447961 0447983 0447989 0447991 0448003 0448031
037561: 0448057 0448067 0448073 0448093 0448111 0448121 0448139 0448141 0448157 0448159 0448169 0448177 0448183 0448193 0448199
037576: 0448207 0448241 0448249 0448303 0448309 0448313 0448321 0448363 0448367 0448373 0448379 0448387 0448397 0448421
037591: 0448451 0448519 0448531 0448561 0448597 0448607 0448627 0448631 0448633 0448667 0448687 0448697 0448703 0448727 0448733
037606: 0448741 0448793 0448801 0448807 0448829 0448843 0448859 0448867 0448873 0448877 0448883 0448907
037621: 0448927 0448939 0448969 0448993 0448997 0448999 0449003 0449011 0449051 0449077 0449083 0449093 0449107 0449117 0449129
037636: 0449131 0449149 0449153 0449161 0449171 0449173 0449201 0449209 0449227 0449234 0449261 0449263 0449269
037651: 0449287 0449299 0449303 0449311 0449321 0449333 0449347 0449353 0449381 0449399 0449411 0449417 0449419 0449437
037666: 0449441 0449459 0449473 0449493 0449549 0449557 0449563 0449569 0449573 0449591 0449609 0449621 0449629 0449663
037681: 0449671 0449677 0449681 0449689 0449693 0449699 0449741 0449759 0449767 0449773 0449783 0449797 0449807 0449821 0449833
037696: 0449851 0449879 0449929 0449941 0449951 0449959 0449971 0449987 0449989 0450001 0450011 0450019 0450029
037711: 0450067 0450071 0450077 0450083 0450101 0450103 0450113 0450127 0450137 0450161 0450169 0450193 0450199 0450209 0450217
037726: 0450223 0450227 0450229 0450257 0450259 0450277 0450287 0450293 0450299 0450301 0450311 0450343 0450349 0450361 0450367
037741: 0450377 0450383 0450391 0450403 0450413 0450421 0450431 0450451 0450457 0450473 0450479 0450481 0450487 0450493 0450503 0450529
037756: 0450533 0450557 0450563 0450581 0450587 0450599 0450601 0450617 0450641 0450643 0450649 0450677 0450691 0450707 0450719
037771: 0450727 0450761 0450767 0450787 0450797 0450799 0450803 0450809 0450811 0450817 0450829 0450839 0450841 0450847 0450859
037786: 0450881 0450883 0450887 0450893 0450899 0450913 0450917 0450929 0450943 0450949 0450971 0450991 0450997 0451013 0451039
037801: 0451051 0451057 0451093 0451097 0451103 0451109 0451111 0451151 0451159 0451177 0451181 0451201 0451207 0451249 0451267
037816: 0451279 0451301 0451303 0451309 0451313 0451331 0451337 0451343 0451361 0451387 0451397 0451411 0451439 0451441 0451481
037831: 0451499 0451519 0451523 0451541 0451547 0451553 0451579 0451601 0451609 0451621 0451637 0451657 0451663 0451667 0451669
037846: 0451679 0451681 0451691 0451709 0451723 0451747 0451753 0451771 0451783 0451793 0451799 0451823 0451831 0451837
037861: 0451859 0451873 0451879 0451897 0451901 0451903 0451909 0451921 0451933 0451937 0451939 0451961 0451967 0451987 0452009
037876: 0452017 0452027 0452033 0452041 0452077 0452083 0452087 0452131 0452159 0452161 0452171 0452191 0452221 0452223 0452227
037891: 0452233 0452251 0452269 0452279 0452293 0452297 0452329 0452363 0452377 0452393 0452401 0452443 0452453 0452497 0452519
037906: 0452521 0452531 0452533 0452537 0452539 0452549 0452579 0452587 0452597 0452611 0452629 0452633 0452671 0452687 0452689
037921: 0452701 0452731 0452747 0452759 0452773 0452797 0452807 0452813 0452821 0452831 0452857 0452869 0452873 0452921 0452953 0452957
037936: 0452983 0452989 0453023 0453029 0453035 0453073 0453107 0453119 0453133 0453137 0453143 0453151 0453171 0453181 0453197
037951: 0453199 0453209 0453217 0453227 0453239 0453247 0453269 0453289 0453293 0453301 0453311 0453317 0453329 0453347 0453367
037966: 0453371 0453377 0453379 0453421 0453451 0453461 0453467 0453527 0453553 0453559 0453569 0453571 0453599 0453601 0453617 0453631
037981: 0453637 0453641 0453643 0453659 0453667 0453671 0453683 0453703 0453707 0453709 0453737 0453757 0453797 0453799 0453823
037996: 0453833 0453847 0453851 0453877 0453889 0453907 0453913 0453923 0453931 0453949 0453961 0453977 0453983 0453991 0454009
038011: 0454021 0454031 0454033 0454039 0454061 0454063 0454079 0454109 0454141 0454151 0454159 0454183 0454199 0454211 0454213
038026: 0454219 0454229 0454231 0454247 0454253 0454277 0454297 0454303 0454313 0454331 0454351 0454357 0454361 0454379 0454387
038041: 0454409 0454417 0454451 0454453 0454483 0454501 0454507 0454513 0454541 0454543 0454547 0454577 0454579 0454603 0454609
038056: 0454627 0454637 0454673 0454679 0454709 0454711 0454721 0454723 0454759 0454763 0454777 0454799 0454813 0454843 0454847
038071: 0454849 0454859 0454889 0454891 0454907 0454919 0454921 0454931 0454943 0454967 0454969 0454973 0454991 0455003 0455011
038086: 0455033 0455047 0455053 0455093 0455099 0455123 0455149 0455159 0455167 0455171 0455177 0455201 0455219 0455227 0455233
038101: 0455237 0455261 0455263 0455269 0455291 0455309 0455317 0455321 0455333 0455339 0455341 0455353 0455381 0455393 0455401
038116: 0455407 0455419 0455431 0455437 0455443 0455461 0455471 0455473 0455479 0455489 0455491 0455513 0455527 0455531 0455537
038131: 0455557 0455573 0455579 0455597 0455599 0455603 0455627 0455647 0455659 0455681 0455683 0455687 0455701 0455711 0455717
038146: 0455737 0455761 0455773 0455783 0455789 0455803 0455807 0455821 0455849 0455861 0455899 0455897 0455921 0455933 0455941 0455953
038161: 0455969 0455977 0455989 0455993 0455999 0456007 0456013 0456023 0456037 0456041 0456061 0456091 0456107 0456109 0456119
038176: 0456149 0456151 0456167 0456193 0456223 0456233 0456241 0456283 0456293 0456329 0456349 0456353 0456367 0456377 0456403
038191: 0456409 0456427 0456439 0456451 0456457 0456461 0456499 0456503 0456517 0456523 0456529 0456539 0456553 0456557 0456559
038206: 0456571 0456581 0456587 0456607 0456611 0456613 0456623 0456641 0456647 0456649 0456653 0456679 0456683 0456697 0456727
038221: 0456737 0456763 0456767 0456769 0456791 0456809 0456811 0456821 0456871 0456827 0456877 0456881 0456899 0456923 0456949
038236: 0456959 0456979 0456991 0457001 0457003 0457013 0457021 0457043 0457049 0457057 0457087 0457091 0457097 0457099 0457117
038251: 0457139 0457151 0457171 0457183 0457189 0457201 0457213 0457229 0457241 0457253 0457267 0457271 0457277 0457279 0457307
038266: 0457319 0457333 0457339 0457363 0457367 0457381 0457393 0457397 0457399 0457403 0457411 0457421 0457433 0457459 0457469
038281: 0457507 0457511 0457517 0457547 0457553 0457559 0457571 0457607 0457609 0457613 0457621 0457643 0457651 0457661 0457669 0457673
038296: 0457679 0457687 0457697 0457711 0457727 0457739 0457757 0457789 0457799 0457813 0457817 0457829 0457837 0457871 0457889 0457903
038311: 0457913 0457943 0457949 0457979 0457981 0457987 0458009 0458027 0458039 0458041 0458053 0458057 0458063 0458069 0458119 0458123
038326: 0458173 0458179 0458189 0458191 0458193 0458197 0458207 0458219 0458239 0458309 0458317 0458323 0458327 0458333 0458357 0458363
038341: 0458377 0458399 0458401 0458407 0458449 0458477 0458483 0458501 0458531 0458533 0458543 0458567 0458569 0458573 0458593
038356: 0458599 0458611 0458621 0458629 0458639 0458651 0458663 0458669 0458683 0458701 0458719 0458729 0458747 0458789 0458791
038371: 0458797 0458807 0458827 0458849 0458861 0458891 0458917 0458921 0458929 0458947 0458957 0458959 0458987 0459041 0459059
038386: 0459071 0458977 0458981 0458991 0458993 0459007 0459013 0459023 0459029 0459031 0459037 0459047 0459089 0459091 0459113
038401: 0459127 0459167 0459169 0459181 0459209 0459223 0459229 0459233 0459257 0459271 0459293 0459301 0459303 0459313 0459317
038416: 0459341 0459343 0459351 0459373 0459377 0459383 0459389 0459397 0459421 0459449 0459463 0459467 0459469 0459473 0459509
038431: 0459521 0459523 0459593 0459607 0459611 0459619 0459623 0459631 0459647 0459649 0459671 0459677 0459691 0459703 0459749
038446: 0459791 0459803 0459817 0459829 0459841 0459847 0459883 0459913 0459923 0459929 0459937 0459961 0460013 0460039
038461: 0460051 0460063 0460073 0460079 0460081 0460087 0460091 0460099 0460111 0460127 0460147 0460157 0460171 0460181 0460189
038476: 0460217 0460231 0460247 0460267 0460289 0460297 0460301 0460337 0460349 0460373 0460387 0460393 0460403
038491: 0460409 0460451 0460463 0460477 0460531 0460543 0460561 0460571 0460589 0460609 0460619 0460627 0460633 0460637
038506: 0460643 0460673 0460697 0460709 0460711 0460721 0460777 0460787 0460793 0460813 0460817 0460829 0460841 0460843
038521: 0460871 0460891 0460903 0460907 0460913 0460919 0460937 0460949 0460951 0460969 0460973 0460979 0460981 0460987 0460991
038536: 0461009 0461011 0461041 0461051 0461053 0461059 0461093 0461101 0461111 0461143 0461147 0461171 0461183 0461191 0461207
038551: 0461233 0461239 0461257 0461267 0461273 0461297 0461299 0461309 0461317 0461323 0461327 0461333 0461341 0461359 0461381 0461393
038566: 0461407 0461411 0461413 0461437 0461441 0461443 0461467 0461479 0461501 0461507 0461521 0461561 0461569 0461581 0461599 0461603
038581: 0461609 0461627 0461639 0461653 0461677 0461687 0461689 0461693 0461701 0461707 0461717 0461801 0461803 0461819 0461843 0461861
038596: 0461887 0461891 0461917 0461921 0461933 0461971 0461983 0462013 0462041 0462067 0462073 0462079 0462097
038611: 0462103 0462109 0462113 0462131 0462149 0462181 0462191 0462199 0462221 0462239 0462263 0462271 0462307 0462311 0462331
038626: 0462361 0462373 0462377 0462401 0462409 0462419 0462421 0462437 0462443 0462467 0462481 0462491 0462497 0462499
038641: 0462529 0462541 0462547 0462557 0462571 0462577 0462589 0462607 0462619 0462629 0462631 0462637 0462653 0462659 0462667
038656: 0462673 0462677 0462697 0462713 0462719 0462727 0462733 0462737 0462763 0462767 0462803 0462841 0462851 0462863 0462871 0462881
038671: 0462887 0462899 0462901 0462911 0462937 0462947 0462953 0462983 0463003 0463031 0463033 0463093 0463103 0463157 0463181
038686: 0463189 0463207 0463213 0463219 0463231 0463237 0463247 0463249 0463261 0463283 0463291 0463297 0463303 0463313 0463319
038701: 0463321 0463339 0463343 0463363 0463387 0463399 0463433 0463447 0463451 0463453 0463457 0463459 0463483 0463501 0463511
038716: 0463513 0463523 0463531 0463537 0463549 0463579 0463613 0463627 0463633 0463643 0463649 0463663 0463679 0463699 0463711
038731: 0463717 0463741 0463747 0463753 0463763 0463781 0463787 0463807 0463823 0463829 0463831 0463849 0463861 0463867 0463873
038746: 0463889 0463891 0463907 0463919 0463921 0463949 0463963 0463973 0463987 0463993 0464003 0464011 0464021 0464033 0464047
038761: 0464069 0464081 0464089 0464119 0464129 0464131 0464137 0464141 0464143 0464171 0464173 0464179 0464201 0464213 0464237
038776: 0464251 0464257 0464263 0464279 0464281 0464291 0464309 0464311 0464327 0464351 0464371 0464381 0464383 0464413 0464419
038791: 0464437 0464441 0464447 0464467 0464479 0464483 0464521 0464537 0464539 0464549 0464551 0464557 0464561 0464587 0464591 0464603
038806: 0464617 0464621 0464647 0464663 0464687 0464699 0464741 0464747 0464749 0464753 0464767 0464747 0464773 0464777 0464801
038821: 0464803 0464813 0464819 0464843 0464857 0464879 0464897 0464909 0464917 0464923 0464929 0464941 0464971
038836: 0464953 0464963 0464983 0464993 0464999 0465007 0465011 0465013 0465019 0465041 0465061 0465067 0465071 0465073 0465079
038851: 0465089 0465107 0465119 0465133 0465151 0465161 0465163 0465167 0465173 0465179 0465187 0465209 0465211 0465259 0465271
038866: 0465281 0465293 0465299 0465317 0465319 0465331 0465337 0465373 0465379 0465383 0465407 0465419 0465433 0465463
038881: 0465469 0465523 0465529 0465541 0465551 0465581 0465587 0465611 0465631 0465643 0465649 0465659 0465679 0465701 0465721
038896: 0465739 0465743 0465761 0465781 0465797 0465779 0465809 0465821 0465833 0465841 0465887 0465893 0465901 0465911 0465919
038911: 0465931 0465947 0465977 0465989 0466009 0466019 0466027 0466033 0466043 0466061 0466069 0466073 0466079 0466087 0466091
038926: 0466101 0466139 0466153 0466171 0466181 0466183 0466201 0466243 0466247 0466249 0466267 0466273 0466283 0466303 0466321
038941: 0466331 0466339 0466357 0466369 0466373 0466409 0466423 0466441 0466451 0466463 0466517 0466529 0466547 0466553 0466561
038956: 0466567 0466589 0466573 0466603 0466619 0466637 0466649 0466651 0466673 0466677 0466679 0466723 0466729 0466733 0466747 0466751
038971: 0466777 0466787 0466801 0466819 0466853 0466859 0466897 0466909 0466913 0466919 0466951 0466957 0466997 0467003 0467009
038986: 0467017 0467021 0467063 0467081 0467083 0467101 0467119 0467123 0467141 0467147 0467171 0467183 0467197 0467209 0467213
```

Prime numbers 039001-040500

```
039001:  0467237 0467239 0467261 0467293 0467297 0467317 0467329 0467333 0467353 0467371 0467399 0467417 0467431 0467437 0467447
039016:  0467471 0467473 0467477 0467479 0467491 0467497 0467503 0467507 0467527 0467531 0467543 0467549 0467557 0467587 0467591
039031:  0467611 0467617 0467627 0467629 0467633 0467641 0467651 0467657 0467669 0467671 0467681 0467689 0467699 0467713 0467729
039046:  0467737 0467743 0467749 0467773 0467783 0467813 0467827 0467833 0467867 0467869 0467879 0467881 0467893 0467897 0467899
039061:  0467903 0467927 0467941 0467953 0467963 0467977 0468001 0468011 0468019 0468029 0468049 0468059 0468067 0468071 0468079
039076:  0468107 0468109 0468113 0468121 0468133 0468137 0468151 0468157 0468173 0468187 0468191 0468197 0468239 0468241 0468253
039091:  0468271 0468277 0468289 0468319 0468323 0468353 0468359 0468371 0468389 0468421 0468439 0468451 0468463 0468473 0468491
039106:  0468493 0468499 0468509 0468527 0468551 0468557 0468577 0468581 0468593 0468599 0468613 0468619 0468623 0468641 0468647
039121:  0468653 0468661 0468667 0468683 0468691 0468697 0468703 0468709 0468719 0468737 0468739 0468761 0468773 0468781 0468803
039136:  0468817 0468821 0468841 0468851 0468859 0468869 0468883 0468887 0468889 0468893 0468893 0468913 0468953 0468967 0468973
039151:  0468983 0469009 0469031 0469037 0469069 0469099 0469121 0469127 0469141 0469153 0469169 0469193 0469207 0469219 0469229
039166:  0469237 0469243 0469253 0469267 0469279 0469283 0469303 0469321 0469331 0469351 0469363 0469367 0469369 0469379 0469397
039181:  0469411 0469429 0469439 0469457 0469477 0469487 0469501 0469529 0469541 0469543 0469561 0469583 0469589 0469613 0469627 0469631
039196:  0469649 0469657 0469673 0469687 0469691 0469717 0469723 0469747 0469753 0469757 0469769 0469787 0469793 0469801 0469811
039211:  0469823 0469841 0469849 0469877 0469879 0469891 0469907 0469919 0469939 0469957 0469969 0469979 0469993 0470021 0470039
039226:  0470059 0470077 0470081 0470083 0470087 0470089 0470131 0470149 0470153 0470161 0470167 0470179 0470201 0470207 0470209
039241:  0470213 0470219 0470227 0470243 0470251 0470263 0470273 0470297 0470303 0470317 0470333 0470341 0470353 0470359 0470389
039256:  0470399 0470411 0470413 0470417 0470429 0470443 0470447 0470453 0470461 0470471 0470489 0470501 0470513 0470515 0470521
039271:  0470531 0470539 0470551 0470579 0470599 0470609 0470621 0470627 0470647 0470651 0470653 0470663 0470669
039286:  0470689 0470711 0470719 0470731 0470749 0470779 0470783 0470791 0470819 0470831 0470837 0470863 0470867 0470881 0470887
039301:  0470891 0470903 0470927 0470933 0470941 0470947 0470957 0470959 0470981 0470993 0470999 0471007 0471041 0471061 0471089
039316:  0471091 0471101 0471137 0471139 0471161 0471173 0471187 0471193 0471209 0471217 0471241 0471253 0471259 0471277
039331:  0471281 0471283 0471299 0471301 0471311 0471353 0471389 0471391 0471403 0471407 0471439 0471451 0471467 0471481 0471487
039346:  0471503 0471509 0471521 0471533 0471539 0471553 0471571 0471589 0471593 0471607 0471617 0471619 0471641 0471649 0471659
039361:  0471671 0471673 0471677 0471683 0471697 0471703 0471719 0471721 0471749 0471769 0471781 0471791 0471803 0471817 0471841
039376:  0471847 0471853 0471871 0471893 0471901 0471907 0471923 0471929 0471931 0471943 0471949 0471959 0471977 0472019 0472027
039391:  0472051 0472057 0472063 0472067 0472103 0472111 0472123 0472127 0472139 0472151 0472159 0472163 0472189 0472193
039406:  0472247 0472249 0472253 0472261 0472273 0472289 0472301 0472309 0472319 0472331 0472333 0472349 0472369 0472391 0472393
039421:  0472399 0472411 0472421 0472457 0472469 0472477 0472523 0472541 0472543 0472559 0472561 0472573 0472577 0472631 0472639
039436:  0472643 0472669 0472687 0472691 0472697 0472709 0472711 0472721 0472741 0472751 0472763 0472777 0472783 0472799 0472831
039451:  0472837 0472847 0472859 0472883 0472907 0472909 0472921 0472937 0472939 0472963 0472993 0473009 0473021 0473027 0473089
039466:  0473101 0473117 0473141 0473147 0473159 0473167 0473173 0473191 0473197 0473201 0473203 0473219 0473227 0473257 0473279
039481:  0473287 0473293 0473311 0473321 0473327 0473351 0473353 0473377 0473381 0473383 0473411 0473419 0473441 0473443 0473453
039496:  0473471 0473477 0473479 0473493 0473503 0473507 0473513 0473519 0473527 0473531 0473533 0473549 0473579 0473597 0473611
039511:  0473617 0473633 0473647 0473659 0473719 0473723 0473729 0473741 0473743 0473761 0473789 0473833 0473839 0473857 0473861
039526:  0473867 0473887 0473899 0473911 0473923 0473927 0473939 0473951 0473953 0473959 0473981 0473989 0473999 0474017
039541:  0474029 0474037 0474043 0474049 0474059 0474073 0474077 0474101 0474119 0474127 0474137 0474143 0474151 0474163 0474169
039556:  0474197 0474211 0474223 0474241 0474263 0474289 0474307 0474311 0474319 0474331 0474347 0474359 0474373 0474379 0474389
039571:  0474391 0474413 0474433 0474437 0474443 0474479 0474491 0474497 0474499 0474503 0474533 0474541 0474547 0474557 0474569
039586:  0474571 0474581 0474583 0474611 0474619 0474629 0474647 0474659 0474667 0474671 0474697 0474707 0474709 0474737 0474751 0474757 0474769
039601:  0474779 0474787 0474809 0474811 0474839 0474847 0474857 0474899 0474907 0474911 0474917 0474923 0474931 0474937 0474941
039616:  0474949 0474959 0474977 0474983 0475051 0475057 0475073 0475081 0475091 0475093 0475103 0475109 0475141 0475147 0475151
039631:  0475159 0475169 0475207 0475219 0475229 0475243 0475247 0475271 0475273 0475283 0475289 0475297 0475301 0475327 0475331 0475333
039646:  0475351 0475367 0475369 0475379 0475381 0475403 0475417 0475421 0475427 0475429 0475441 0475457 0475469 0475481 0475483
039661:  0475523 0475529 0475549 0475583 0475597 0475613 0475619 0475621 0475631 0475637 0475639 0475649 0475669 0475679 0475681 0475691
039676:  0475693 0475697 0475721 0475729 0475751 0475759 0475763 0475777 0475789 0475793 0475807 0475823 0475831 0475837
039691:  0475841 0475859 0475877 0475879 0475889 0475897 0475903 0475907 0475921 0475927 0475933 0475957 0475973 0475991 0475997
039706:  0476009 0476023 0476027 0476029 0476039 0476041 0476059 0476081 0476087 0476089 0476101 0476107 0476111 0476137 0476143
039721:  0476167 0476183 0476219 0476233 0476237 0476243 0476261 0476279 0476299 0476317 0476347 0476351 0476363 0476369 0476381
039736:  0476401 0476407 0476419 0476423 0476429 0476467 0476477 0476479 0476507 0476513 0476579 0476587 0476591 0476599
039751:  0476603 0476611 0476633 0476639 0476647 0476659 0476681 0476683 0476701 0476707 0476717 0476719 0476737 0476743 0476759
039766:  0476783 0476803 0476831 0476849 0476851 0476863 0476869 0476887 0476891 0476911 0476921 0476929 0476977 0476981 0476989
039781:  0477011 0477013 0477017 0477019 0477031 0477047 0477073 0477077 0477091 0477131 0477149 0477163 0477209 0477221 0477229
039796:  0477259 0477277 0477293 0477313 0477317 0477329 0477341 0477359 0477361 0477377 0477409 0477439 0477461 0477469 0477497
039811:  0477511 0477517 0477523 0477529 0477553 0477557 0477571 0477577 0477593 0477611 0477619 0477623 0477637 0477671 0477677
039826:  0477721 0477727 0477731 0477739 0477767 0477787 0477791 0477797 0477809 0477811 0477821 0477823 0477839 0477847 0477857
039841:  0477863 0477881 0477899 0477913 0477941 0477947 0477973 0477977 0477991 0478001 0478039 0478061 0478063 0478069 0478087
039856:  0478099 0478111 0478129 0478139 0478157 0478169 0478171 0478189 0478199 0478207 0478213 0478241 0478243 0478253 0478259
039871:  0478271 0478273 0478321 0478339 0478343 0478351 0478391 0478399 0478403 0478411 0478417 0478427 0478433 0478441
039886:  0478451 0478453 0478459 0478481 0478483 0478493 0478523 0478531 0478571 0478573 0478583 0478589 0478603 0478627 0478631
039901:  0478637 0478651 0478679 0478697 0478711 0478727 0478729 0478739 0478741 0478747 0478763 0478769 0478787 0478801 0478811
039916:  0478813 0478823 0478831 0478843 0478853 0478871 0478877 0478879 0478897 0478901 0478913 0478927 0478931 0478937 0478943
039931:  0478963 0478967 0478991 0478999 0479023 0479027 0479029 0479041 0479081 0479131 0479137 0479147 0479153 0479189 0479191
039946:  0479201 0479209 0479221 0479231 0479243 0479263 0479267 0479287 0479299 0479309 0479311 0479327 0479353 0479357 0479371
039961:  0479377 0479387 0479419 0479429 0479431 0479441 0479461 0479473 0479489 0479497 0479509 0479513 0479539 0479543 0479561
039976:  0479569 0479581 0479593 0479597 0479639 0479701 0479747 0479753 0479761 0479771 0479777 0479783 0479797
039991:  0479813 0479821 0479833 0479839 0479861 0479879 0479881 0479891 0479897 0479903 0479909 0479939 0479951 0479953 0479957 0479971
040006:  0480013 0480017 0480019 0480023 0480043 0480047 0480059 0480061 0480071 0480089 0480101 0480107 0480113 0480127 0480133
040021:  0480143 0480157 0480167 0480169 0480203 0480209 0480287 0480299 0480317 0480329 0480341 0480343 0480349 0480367 0480373
040036:  0480379 0480383 0480391 0480407 0480409 0480421 0480427 0480449 0480451 0480499 0480503 0480509 0480517 0480521
040051:  0480527 0480533 0480541 0480553 0480563 0480569 0480583 0480587 0480647 0480661 0480707 0480713 0480731 0480737 0480749
040066:  0480761 0480773 0480787 0480803 0480827 0480839 0480881 0480911 0480919 0480929 0480937 0480941 0480959 0480967
040081:  0480979 0480989 0481001 0481003 0481009 0481021 0481043 0481051 0481067 0481073 0481087 0481093 0481097 0481109 0481123
040096:  0481133 0481141 0481147 0481153 0481157 0481171 0481181 0481199 0481207 0481211 0481229 0481249 0481297 0481301
040111:  0481303 0481307 0481343 0481351 0481373 0481377 0481387 0481409 0481417 0481433 0481447 0481469 0481489 0481501 0481513
040126:  0481519 0481549 0481571 0481577 0481589 0481619 0481633 0481639 0481651 0481667 0481673 0481681 0481693 0481697 0481699
040141:  0481721 0481751 0481753 0481759 0481787 0481801 0481807 0481813 0481837 0481843 0481847 0481849 0481861 0481867 0481879
040156:  0481883 0481909 0481939 0481963 0481997 0482017 0482021 0482023 0482033 0482039 0482051 0482071 0482093 0482099 0482101
040171:  0482117 0482123 0482179 0482189 0482203 0482213 0482227 0482231 0482233 0482243 0482251 0482281 0482239 0482323 0482347
040186:  0482351 0482359 0482371 0482387 0482393 0482399 0482401 0482407 0482413 0482423 0482437 0482441 0482483 0482501 0482507
040201:  0482509 0482513 0482519 0482567 0482579 0482593 0482603 0482617 0482627 0482633 0482641 0482659 0482663 0482681 0482683
040216:  0482687 0482689 0482707 0482711 0482713 0482719 0482731 0482743 0482753 0482759 0482767 0482773 0482789 0482803 0482819
040231:  0482827 0482837 0482861 0482863 0482879 0482889 0482909 0482927 0482941 0482947 0482957 0482971 0483017 0483031 0483061
040246:  0483071 0483097 0483127 0483139 0483163 0483167 0483179 0483209 0483211 0483229 0483233 0483239 0483247 0483251
040261:  0483281 0483289 0483317 0483337 0483347 0483349 0483373 0483383 0483397 0483407 0483409 0483413 0483443 0483467
040276:  0483481 0483491 0483499 0483503 0483523 0483541 0483551 0483557 0483563 0483577 0483611 0483619 0483629 0483643 0483649
040291:  0483671 0483691 0483697 0483709 0483713 0483719 0483737 0483763 0483767 0483773 0483779 0483787 0483809 0483811 0483827
040306:  0483829 0483839 0483853 0483863 0483869 0483883 0483907 0483929 0483937 0483953 0483971 0483991 0484019 0484027 0484037
040321:  0484061 0484067 0484079 0484091 0484111 0484127 0484133 0484139 0484151 0484153 0484171 0484181 0484193 0484201 0484207
040336:  0484229 0484243 0484259 0484283 0484301 0484303 0484327 0484339 0484361 0484369 0484373 0484397 0484411 0484417 0484439
040351:  0484447 0484457 0484477 0484489 0484493 0484499 0484517 0484561 0484583 0484597 0484603 0484607 0484609 0484627 0484633
040366:  0484643 0484651 0484703 0484727 0484733 0484751 0484763 0484769 0484771 0484783 0484787 0484829 0484853 0484867 0484927 0484951
040381:  0484987 0484999 0485021 0485029 0485041 0485051 0485059 0485063 0485081 0485111 0485117 0485141 0485143 0485147 0485161
040396:  0485167 0485171 0485201 0485207 0485209 0485263 0485311 0485347 0485351 0485353 0485371 0485383 0485393 0485399
040411:  0485423 0485437 0485447 0485479 0485497 0485509 0485519 0485543 0485567 0485557 0485593 0485603 0485609 0485647 0485657
040426:  0485671 0485689 0485701 0485717 0485719 0485749 0485753 0485777 0485789 0485797 0485827 0485833 0485893 0485899 0485909
040441:  0485923 0485941 0485959 0485977 0485993 0486023 0486037 0486041 0486043 0486053 0486061 0486071 0486091 0486103 0486119
040456:  0486133 0486143 0486163 0486179 0486183 0486191 0486193 0486203 0486247 0486281 0486293 0486307 0486311 0486317 0486323
040471:  0486329 0486331 0486341 0486349 0486377 0486379 0486389 0486391 0486397 0486407 0486433 0486443 0486449 0486481 0486491
040486:  0486503 0486509 0486511 0486527 0486539 0486559 0486569 0486583 0486589 0486601 0486617 0486637 0486641 0486643 0486653
```

040501-042000 Prime numbers

```
040501: 0486667 0486671 0486677 0486679 0486683 0486697 0486713 0486721 0486757 0486767 0486769 0486781 0486797 0486817 0486821
040516: 0486833 0486839 0486869 0486907 0486921 0486923 0486929 0486943 0486947 0486949 0486971 0486977 0486991 0487007 0487013 0487021
040531: 0487049 0487051 0487057 0487073 0487079 0487093 0487099 0487111 0487133 0487177 0487183 0487187 0487221 0487213 0487219
040546: 0487247 0487261 0487283 0487303 0487307 0487313 0487343 0487361 0487363 0487381 0487387 0487391 0487397 0487423 0487427 0487429
040561: 0487447 0487457 0487463 0487469 0487471 0487477 0487481 0487489 0487507 0487561 0487589 0487601 0487603 0487607 0487637
040576: 0487649 0487651 0487657 0487681 0487691 0487703 0487709 0487717 0487727 0487733 0487741 0487757 0487769 0487783 0487789
040591: 0487793 0487811 0487819 0487829 0487831 0487843 0487873 0487889 0487891 0487897 0487933 0487943 0487973 0487979 0487997
040606: 0488003 0488009 0488011 0488021 0488051 0488057 0488069 0488119 0488143 0488149 0488153 0488161 0488171 0488197 0488203
040621: 0488207 0488209 0488227 0488231 0488233 0488239 0488249 0488261 0488263 0488287 0488303 0488309 0488311 0488317 0488321
040636: 0488329 0488333 0488339 0488347 0488353 0488381 0488399 0488401 0488407 0488417 0488441 0488449 0488459 0488473 0488863
040651: 0488513 0488539 0488567 0488573 0488603 0488611 0488617 0488627 0488633 0488639 0488641 0488651 0488687 0488689 0488701
040666: 0488711 0488717 0488721 0488729 0488743 0488749 0488759 0488779 0488791 0488797 0488821 0488827 0488833 0488861 0488879
040681: 0488893 0488897 0488909 0488921 0488947 0488959 0488981 0488993 0489001 0489011 0489019 0489043 0489053 0489061 0489071
040696: 0489109 0489113 0489127 0489133 0489157 0489161 0489179 0489191 0489197 0489217 0489239 0489241 0489257 0489263 0489283
040711: 0489299 0489329 0489337 0489343 0489361 0489367 0489389 0489407 0489409 0489427 0489431 0489439 0489449 0489457 0489479
040726: 0489487 0489493 0489529 0489539 0489551 0489553 0489557 0489571 0489613 0489631 0489653 0489659 0489673 0489677 0489679
040741: 0489689 0489691 0489733 0489743 0489761 0489791 0489793 0489799 0489803 0489817 0489823 0489833 0489847 0489851 0489869
040756: 0489871 0489887 0489901 0489911 0489913 0489941 0489943 0489959 0489961 0489977 0489989 0490001 0490003 0490019 0490031
040771: 0490033 0490057 0490097 0490103 0490111 0490117 0490121 0490151 0490159 0490169 0490183 0490201 0490207 0490223 0490241
040786: 0490247 0490249 0490267 0490271 0490277 0490283 0490309 0490313 0490339 0490367 0490393 0490417 0490421 0490453 0490459
040801: 0490481 0490493 0490499 0490519 0490537 0490541 0490543 0490549 0490555 0490559 0490571 0490573 0490577 0490579 0490591
040816: 0490619 0490627 0490631 0490643 0490661 0490663 0490697 0490733 0490741 0490769 0490771 0490783 0490829 0490837 0490849
040831: 0490859 0490873 0490877 0490891 0490913 0490921 0490927 0490937 0490949 0490951 0490957 0490967 0490969 0490991 0491003
040846: 0491039 0491041 0491059 0491081 0491083 0491129 0491137 0491149 0491159 0491167 0491171 0491201 0491213 0491219 0491251
040861: 0491261 0491273 0491279 0491297 0491299 0491317 0491327 0491329 0491333 0491339 0491341 0491353 0491357 0491371 0491377 0491417
040876: 0491423 0491429 0491461 0491483 0491489 0491497 0491501 0491503 0491527 0491531 0491537 0491539 0491581 0491591 0491593
040891: 0491611 0491627 0491633 0491639 0491651 0491663 0491669 0491677 0491701 0491707 0491719 0491731 0491717 0491737 0491747 0491773 0491783
040906: 0491797 0491797 0491819 0491833 0491837 0491851 0491857 0491867 0491873 0491899 0491923 0491951 0491969 0491977 0491985
040921: 0492007 0492013 0492017 0492029 0492047 0492053 0492059 0492061 0492067 0492077 0492083 0492103 0492113 0492227 0492251
040936: 0492253 0492257 0492281 0492293 0492299 0492313 0492337 0492381 0492397 0492403 0492409 0492413 0492421 0492431 0492463
040951: 0492467 0492487 0492491 0492511 0492523 0492551 0492563 0492587 0492601 0492617 0492619 0492629 0492631 0492641 0492647
040966: 0492659 0492671 0492673 0492707 0492719 0492721 0492731 0492757 0492761 0492763 0492769 0492781 0492799 0492839 0492853
040981: 0492871 0492883 0492893 0492921 0492931 0492967 0492979 0493001 0493013 0493021 0493027 0493043 0493049 0493067 0493093
040996: 0493109 0493111 0493121 0493123 0493127 0493133 0493139 0493147 0493159 0493169 0493177 0493193 0493201 0493211 0493217
041011: 0493219 0493231 0493243 0493249 0493277 0493279 0493291 0493301 0493313 0493333 0493351 0493369 0493393 0493397 0493399
041026: 0493403 0493431 0493447 0493451 0493457 0493463 0493523 0493531 0493541 0493567 0493573 0493579 0493583 0493607 0493621
041041: 0493627 0493643 0493657 0493693 0493709 0493711 0493721 0493729 0493733 0493747 0493777 0493793 0493807 0493811 0493813
041056: 0493817 0493853 0493859 0493873 0493877 0493897 0493919 0493931 0493943 0493949 0493961 0493967 0493973 0493979 0493993 0494013
041071: 0494029 0494041 0494051 0494069 0494077 0494083 0494093 0494101 0494107 0494129 0494141 0494147 0494161 0494191 0494213
041086: 0494237 0494251 0494257 0494267 0494269 0494281 0494287 0494317 0494327 0494341 0494353 0494359 0494367 0494369 0494381 0494389
041101: 0494387 0494407 0494413 0494441 0494443 0494471 0494497 0494519 0494521 0494539 0494561 0494563 0494567 0494587 0494591
041116: 0494609 0494617 0494651 0494663 0494671 0494677 0494687 0494693 0494743 0494849 0494873 0494713 0494719 0494723 0494731
041131: 0494737 0494743 0494749 0494759 0494761 0494773 0494779 0494783 0494843 0494849 0494899 0494903 0494907 0494917 0494927
041146: 0494939 0494939 0494959 0494987 0495017 0495037 0495041 0495043 0495067 0495071 0495109 0495113 0495119 0495129 0495139
041161: 0495149 0495151 0495161 0495181 0495199 0495211 0495221 0495241 0495269 0495277 0495289 0495301 0495307 0495323 0495337
041176: 0495343 0495347 0495359 0495361 0495371 0495377 0495389 0495401 0495413 0495421 0495433 0495437 0495449 0495457 0495461
041191: 0495467 0495497 0495503 0495527 0495559 0495563 0495569 0495571 0495587 0495589 0495611 0495613 0495617 0495619 0495629
041206: 0495637 0495647 0495667 0495679 0495701 0495707 0495713 0495749 0495751 0495757 0495769 0495773 0495787 0495791 0495797
041221: 0495799 0495821 0495829 0495851 0495877 0495893 0495899 0495923 0495931 0495947 0495949 0495953 0495959 0495967 0495973
041236: 0495983 0496007 0496019 0496039 0496051 0496063 0496073 0496079 0496123 0496127 0496163 0496187 0496193 0496211 0496229
041251: 0496231 0496259 0496283 0496289 0496291 0496307 0496343 0496303 0496313 0496339 0496341 0496381 0496409 0496427 0496439
041266: 0496253 0496459 0496471 0496477 0496481 0496487 0496493 0496499 0496511 0496549 0496579 0496583 0496609 0496631 0496669
041281: 0496687 0496703 0496711 0496733 0496747 0496763 0496787 0496813 0496817 0496819 0496829 0496843 0496849 0496871 0496889
041296: 0496891 0496897 0496901 0496913 0496919 0496949 0496963 0496997 0496999 0497011 0497017 0497041 0497047 0497057 0497069
041311: 0497097 0497111 0497137 0497149 0497153 0497171 0497177 0497179 0497197 0497211 0497239 0497227 0497261 0497269 0497279
041326: 0497281 0497291 0497297 0497303 0497309 0497323 0497339 0497351 0497389 0497411 0497417 0497423 0497449 0497461 0497471
041341: 0497479 0497491 0497507 0497509 0497521 0497521 0497711 0497719 0497729 0497737 0497741 0497771 0497773 0497781 0497813
041356: 0497659 0497663 0497671 0497677 0497689 0497873 0497879 0497929 0497957 0497963 0497969 0497977 0497989 0497993 0497999
041371: 0497831 0497839 0497851 0497867 0497869 0498053 0498061 0498073 0498083 0498103 0498119 0498143 0498163 0498167 0498173
041386: 0498013 0498033 0498051 0498057 0498523 0498527 0498551 0498557 0498587 0498583 0498599 0498611 0498643 0498647
041401: 0498259 0498301 0498331 0498343 0498361 0498367 0498391 0498397 0498401 0498403 0498409 0498439 0498461 0498467
041416: 0498469 0498479 0498487 0498523 0498527 0498551 0498557 0498587 0498583 0498599 0498611 0498643 0498647
041431: 0498653 0498679 0498689 0498691 0498733 0498739 0498749 0498761 0498767 0498779 0498787 0498787 0498791 0498803 0498833
041446: 0498857 0498859 0498907 0498923 0498931 0498937 0498941 0498977 0498999 0499021 0499027 0499033
041461: 0499063 0499067 0499099 0499117 0499127 0499129 0499133 0499139 0499141 0499151 0499157 0499159 0499181 0499183
041476: 0499211 0499253 0499267 0499277 0499293 0499309 0499321 0499327 0499349 0499361 0499363 0499381 0499363
041491: 0499403 0499423 0499439 0499459 0499481 0499483 0499493 0499507 0499519 0499523 0499549 0499559 0499571 0499591 0499601
041506: 0499607 0499621 0499637 0499649 0499661 0499669 0499673 0499679 0499687 0499691 0499693 0499699 0499721
041521: 0499729 0499739 0499747 0499781 0499787 0499801 0499819 0499853 0499879 0499883 0499897 0499903 0499927 0499943 0499957
041536: 0499969 0499973 0499979 0500009 0500029 0500041 0500057 0500069 0500083 0500107 0500111 0500113 0500131 0500153 0500167
041551: 0500173 0500177 0500179 0500197 0500209 0500231 0500233 0500237 0500239 0500249 0500287 0500299 0500317 0500321
041566: 0500333 0500341 0500351 0500369 0500389 0500393 0500401 0500407 0500431 0500443 0500459 0500471 0500473 0500483 0500501
041581: 0500509 0500519 0500527 0500567 0500579 0500587 0500603 0500629 0500671 0500693 0500699 0500719 0500723
041596: 0500729 0500741 0500767 0500791 0500807 0500809 0500831 0500839 0500861 0500873 0500887 0500891 0500909 0500911
041611: 0500921 0500923 0500933 0500947 0500953 0500957 0500977 0501001 0501013 0501029 0501031 0501043 0501049 0501077
041626: 0501089 0501103 0501113 0501123 0501131 0501139 0501157 0501173 0501187 0501111 0501203 0501209 0501217 0501223
041641: 0501229 0501233 0501257 0501217 0501287 0501311 0501319 0501317 0501341 0501343 0501367 0501383 0501401 0501419 0501427
041656: 0501451 0501463 0501493 0501503 0501511 0501563 0501577 0501593 0501601 0501617 0501631 0501647 0501659 0501691 0501701
041671: 0501703 0501707 0501719 0501731 0501769 0501779 0501803 0501817 0501821 0501823 0501829 0501841 0501883 0501889 0501911
041686: 0501931 0501947 0501953 0501967 0501971 0501997 0502001 0502013 0502039 0502043 0502049 0502063 0502079 0502081 0502087
041701: 0502093 0502121 0502127 0502133 0502141 0502171 0502181 0502217 0502237 0502247 0502259 0502261 0502277 0502301 0502321 0502339
041716: 0502393 0502409 0502421 0502429 0502441 0502451 0502487 0502499 0502501 0502507 0502517 0502543 0502549 0502553 0502591
041731: 0502597 0502613 0502627 0502633 0502643 0502651 0502669 0502687 0502699 0502703 0502717 0502729 0502769 0502771 0502781
041746: 0502787 0502807 0502819 0502829 0502841 0502847 0502861 0502883 0502919 0502921 0502937 0502961 0502973 0503003 0503017
041761: 0503039 0503053 0503071 0503123 0503131 0503137 0503141 0503159 0503193 0503197 0503207 0503213 0503233 0503247
041776: 0503267 0503287 0503297 0503303 0503317 0503333 0503351 0503369 0503379 0503381 0503383 0503389 0503407 0503413 0503423
041791: 0503441 0503443 0503453 0503461 0503481 0503501 0503543 0503549 0503563 0503579 0503609 0503611 0503621 0503633
041806: 0503647 0503653 0503663 0503707 0503717 0503743 0503753 0503771 0503777 0503779 0503791 0503803 0503819 0503821 0503827
041821: 0503861 0503869 0503879 0503911 0503927 0503929 0503939 0503947 0503963 0503969 0503983 0503989 0504001
041836: 0504011 0504017 0504047 0504061 0504073 0504103 0504121 0504139 0504143 0504149 0504151 0504157 0504181 0504187 0504197
041851: 0504209 0504221 0504247 0504277 0504289 0504299 0504313 0504311 0504323 0504329 0504331 0504337 0504349 0504353 0504371 0504379
041866: 0504383 0504403 0504457 0504461 0504473 0504479 0504521 0504523 0504527 0504547 0504563 0504593 0504599 0504607 0504611
041881: 0504619 0504631 0504643 0504661 0504667 0504671 0504677 0504683 0504697 0504727 0504761 0504767 0504787 0504797 0504799 0504817 0504821 0504851
041896: 0504853 0504857 0504863 0504871 0504879 0504893 0504901 0504929 0504937 0504943 0504947 0504953 0504967 0504989 0505001
041911: 0505021 0505027 0505031 0505033 0505049 0505051 0505067 0505073 0505091 0505097 0505111 0505117 0505123 0505129 0505139
041926: 0505157 0505159 0505173 0505183 0505193 0505213 0505231 0505237 0505277 0505279 0505283 0505301 0505313 0505319 0505321
041941: 0505327 0505339 0505357 0505367 0505369 0505399 0505409 0505411 0505429 0505447 0505469 0505481 0505493 0505501
041956: 0505511 0505513 0505523 0505553 0505559 0505561 0505607 0505613 0505619 0505627 0505633 0505649 0505657 0505661
041971: 0505669 0505691 0505693 0505709 0505711 0505727 0505759 0505763 0505777 0505781 0505811 0505819 0505823 0505867 0505871
041986: 0505877 0505907 0505919 0505927 0505949 0505961 0505969 0505979 0506047 0506071 0506083 0506101 0506113 0506119 0506131
```

Prime numbers 042001-043500

```
042001:  0506147 0506171 0506173 0506183 0506201 0506213 0506251 0506263 0506269 0506281 0506291 0506327 0506329 0506333 0506339
042016:  0506347 0506351 0506381 0506393 0506417 0506423 0506459 0506461 0506479 0506491 0506501 0506507 0506531
042031:  0506533 0506537 0506551 0506563 0506573 0506591 0506593 0506599 0506609 0506629 0506647 0506663 0506683 0506687 0506689
042046:  0506699 0506731 0506741 0506743 0506773 0506783 0506791 0506797 0506809 0506837 0506861 0506873 0506887 0506893
042061:  0506899 0506903 0506911 0506929 0506941 0506963 0506983 0506993 0506999 0507029 0507049 0507071 0507077 0507079 0507103
042076:  0507109 0507113 0507119 0507137 0507139 0507149 0507151 0507163 0507193 0507197 0507217 0507289 0507301 0507313 0507317
042091:  0507329 0507347 0507349 0507359 0507361 0507371 0507383 0507401 0507421 0507431 0507461 0507491 0507497 0507499 0507503
042106:  0507523 0507541 0507571 0507589 0507593 0507599 0507607 0507631 0507641 0507667 0507673 0507691 0507697 0507713 0507719
042121:  0507743 0507757 0507779 0507781 0507797 0507803 0507809 0507821 0507827 0507839 0507883 0507901 0507907 0507917 0507919
042136:  0507937 0507953 0507961 0507971 0507979 0508009 0508019 0508021 0508033 0508037 0508063 0508073 0508081 0508097 0508103
042151:  0508129 0508159 0508171 0508187 0508213 0508223 0508229 0508237 0508243 0508259 0508271 0508273 0508279 0508301 0508327
042166:  0508331 0508349 0508363 0508367 0508373 0508393 0508433 0508439 0508451 0508471 0508477 0508489 0508499 0508513 0508517
042181:  0508531 0508549 0508559 0508567 0508579 0508583 0508619 0508621 0508637 0508643 0508661 0508693 0508709 0508727
042196:  0508771 0508789 0508799 0508811 0508817 0508841 0508867 0508901 0508903 0508909 0508913 0508919 0508931 0508943
042211:  0508951 0508957 0508961 0508969 0508973 0508987 0509023 0509027 0509053 0509063 0509087 0509101 0509123 0509137
042226:  0509147 0509149 0509203 0509221 0509227 0509239 0509263 0509281 0509287 0509293 0509297 0509317 0509329 0509359 0509363
042241:  0509389 0509393 0509413 0509417 0509429 0509441 0509449 0509477 0509491 0509521 0509543 0509549 0509557 0509563 0509569
042256:  0509573 0509581 0509591 0509603 0509623 0509633 0509647 0509653 0509659 0509681 0509687 0509689 0509693 0509699 0509723
042271:  0509731 0509737 0509741 0509767 0509783 0509797 0509801 0509833 0509837 0509843 0509863 0509867 0509879 0509909 0509911
042286:  0509921 0509939 0509947 0509959 0509963 0509989 0510007 0510031 0510047 0510049 0510061 0510067 0510073 0510077 0510079
042301:  0510089 0510101 0510121 0510127 0510131 0510157 0510179 0510199 0510203 0510217 0510227 0510233 0510241 0510247 0510253
042316:  0510271 0510287 0510299 0510311 0510319 0510331 0510361 0510379 0510383 0510401 0510403 0510449 0510451 0510457 0510463
042331:  0510481 0510529 0510551 0510553 0510569 0510581 0510583 0510589 0510611 0510613 0510617 0510619 0510677 0510683 0510691
042346:  0510707 0510709 0510751 0510767 0510773 0510793 0510803 0510817 0510823 0510827 0510847 0510889 0510907 0510919 0510931
042361:  0510941 0510943 0510989 0511001 0511013 0511019 0511033 0511039 0511043 0511057 0511061 0511087 0511109 0511111 0511151
042376:  0511153 0511163 0511169 0511171 0511177 0511193 0511201 0511211 0511213 0511223 0511237 0511243 0511261 0511279 0511289
042391:  0511297 0511327 0511333 0511337 0511351 0511361 0511387 0511391 0511409 0511417 0511439 0511447 0511453 0511457 0511463
042406:  0511477 0511487 0511507 0511519 0511523 0511541 0511549 0511559 0511573 0511579 0511583 0511591 0511603 0511613 0511631
042421:  0511633 0511669 0511691 0511703 0511711 0511723 0511757 0511787 0511793 0511801 0511811 0511831 0511843 0511859 0511867
042436:  0511873 0511891 0511897 0511919 0511933 0511939 0511961 0511963 0511991 0511997 0512009 0512011 0512021 0512047 0512059
042451:  0512093 0512101 0512137 0512147 0512207 0512249 0512253 0512269 0512271 0512311 0512321 0512333 0512353 0512389
042466:  0512419 0512429 0512443 0512447 0512497 0512503 0512507 0512521 0512531 0512537 0512543 0512569 0512573 0512579 0512581
042481:  0512591 0512593 0512597 0512609 0512621 0512641 0512657 0512663 0512671 0512683 0512711 0512713 0512717 0512741 0512747
042496:  0512767 0512779 0512797 0512803 0512819 0512821 0512843 0512849 0512891 0512899 0512903 0512917 0512921 0512927
042511:  0512929 0512959 0512977 0512989 0512999 0513001 0513013 0513017 0513041 0513047 0513053 0513059 0513067 0513083
042526:  0513101 0513103 0513109 0513131 0513137 0513157 0513167 0513169 0513173 0513203 0513239 0513277 0513257 0513283
042541:  0513307 0513311 0513313 0513319 0513341 0513347 0513353 0513367 0513371 0513397 0513407 0513419 0513427 0513431 0513439
042556:  0513473 0513479 0513481 0513509 0513511 0513529 0513533 0513593 0513631 0513641 0513649 0513673 0513679 0513683 0513691
042571:  0513697 0513719 0513731 0513739 0513749 0513761 0513767 0513769 0513781 0513829 0513839 0513841 0513871 0513881
042586:  0513899 0513917 0513923 0513937 0513943 0513977 0513991 0514001 0514009 0514011 0514013 0514021 0514049 0514061 0514079
042601:  0514079 0514081 0514093 0514103 0514117 0514123 0514147 0514177 0514187 0514201 0514219 0514229 0514243 0514247
042616:  0514249 0514271 0514277 0514289 0514309 0514313 0514333 0514357 0514361 0514375 0514379 0514389 0514411 0514429 0514433
042631:  0514453 0514499 0514513 0514519 0514523 0514529 0514531 0514543 0514561 0514571 0514621 0514637 0514639 0514643 0514649
042646:  0514651 0514669 0514681 0514711 0514733 0514739 0514741 0514747 0514757 0514769 0514783 0514793 0514819 0514823
042661:  0514831 0514841 0514847 0514853 0514859 0514867 0514873 0514889 0514903 0514933 0514939 0514949 0514967 0515041 0515087
042676:  0515089 0515111 0515143 0515149 0515153 0515191 0515227 0515231 0515233 0515237 0515279 0515293 0515311 0515323
042691:  0515351 0515357 0515359 0515371 0515387 0515381 0515401 0515429 0515441 0515507 0515519 0515539 0515543 0515579 0515589
042706:  0515597 0515611 0515621 0515639 0515651 0515653 0515663 0515677 0515681 0515687 0515693 0515701 0515737 0515741 0515761
042721:  0515771 0515773 0515779 0515783 0515803 0515813 0515839 0515843 0515857 0515861 0515873 0515887 0515917 0515923 0515929
042736:  0515941 0515951 0515969 0515993 0516017 0516023 0516049 0516053 0516077 0516091 0516127 0516151 0516157 0516161 0516163
042751:  0516169 0516179 0516319 0516329 0516361 0516371 0516381 0516407 0516421 0516433 0516437 0516449 0516457 0516469
042766:  0516323 0516349 0516359 0516361 0516371 0516377 0516391 0516407 0516421 0516433 0516437 0516449 0516457 0516469
042781:  0516493 0516499 0516517 0516521 0516539 0516541 0516571 0516563 0516587 0516589 0516599 0516611 0516617 0516619 0516643
042796:  0516653 0516673 0516679 0516689 0516701 0516709 0516713 0516721 0516727 0516757 0516793 0516811 0516821 0516829 0516839
042811:  0516847 0516871 0516873 0516877 0516883 0516907 0516911 0516919 0516949 0516959 0516973 0516977 0516979 0516991 0517003
042826:  0517043 0517061 0517067 0517073 0517079 0517081 0517087 0517091 0517129 0517151 0517169 0517177 0517183 0517189 0517207
042841:  0517211 0517217 0517229 0517241 0517243 0517249 0517261 0517267 0517277 0517289 0517303 0517337 0517343 0517367 0517373
042856:  0517381 0517393 0517399 0517403 0517411 0517417 0517451 0517457 0517469 0517471 0517481 0517487 0517493 0517501 0517507
042871:  0517511 0517513 0517547 0517549 0517553 0517571 0517577 0517587 0517597 0517603 0517609 0517613 0517619 0517637 0517639
042886:  0517711 0517717 0517721 0517729 0517733 0517739 0517747 0517817 0517823 0517831 0517861 0517873 0517877 0517901 0517919
042901:  0517927 0517931 0517949 0517967 0517981 0517991 0517999 0518017 0518047 0518057 0518059 0518083 0518099 0518101 0518113
042916:  0518123 0518129 0518131 0518147 0518153 0518159 0518171 0518179 0518191 0518207 0518229 0518233 0518237 0518239 0518249
042931:  0518261 0518291 0518299 0518311 0518327 0518341 0518387 0518389 0518411 0518417 0518429 0518431 0518447 0518467 0518471
042946:  0518473 0518509 0518521 0518533 0518543 0518579 0518587 0518597 0518611 0518621 0518657 0518689 0518699 0518717 0518729
042961:  0518737 0518741 0518743 0518747 0518759 0518761 0518767 0518779 0518781 0518801 0518803 0518807 0518809 0518813 0518831 0518863
042976:  0518867 0518893 0518911 0518933 0518953 0518981 0518983 0518989 0519011 0519031 0519037 0519067 0519083 0519089 0519091
042991:  0519097 0519107 0519119 0519133 0519151 0519161 0519193 0519217 0519227 0519229 0519247 0519257 0519269 0519283
043006:  0519287 0519301 0519307 0519349 0519353 0519359 0519371 0519373 0519389 0519391 0519413 0519417 0519433 0519457 0519487
043021:  0519499 0519509 0519521 0519523 0519527 0519529 0519551 0519553 0519577 0519581 0519587 0519611 0519619 0519643 0519647
043036:  0519667 0519683 0519691 0519703 0519713 0519733 0519769 0519787 0519773 0519779 0519787 0519793 0519797 0519803 0519811 0519881
043051:  0519889 0519907 0519917 0519919 0519923 0519931 0519943 0519947 0519971 0519989 0519997 0520019 0520021 0520031 0520043
043066:  0520063 0520067 0520073 0520093 0520103 0520111 0520121 0520151 0520153 0520193 0520213 0520241 0520279 0520291 0520297
043081:  0520309 0520313 0520333 0520349 0520361 0520365 0520369 0520373 0520381 0520393 0520409 0520411 0520423 0520427
043096:  0520433 0520447 0520451 0520529 0520547 0520549 0520561 0520571 0520589 0520609 0520621 0520631 0520633 0520649
043111:  0520669 0520691 0520699 0520703 0520717 0520721 0520747 0520759 0520763 0520781 0520787 0520813 0520837 0520841 0520867
043126:  0520889 0520913 0520921 0520943 0520957 0520967 0520969 0520981 0521000 0521021 0521023 0521039 0521041 0521047
043141:  0521051 0521063 0521069 0521117 0521119 0521123 0521161 0521167 0521177 0521219 0521201 0521231 0521243 0521249 0521251
043156:  0521267 0521281 0521299 0521309 0521321 0521329 0521357 0521363 0521369 0521377 0521393 0521399 0521401 0521429
043171:  0521447 0521471 0521483 0521501 0521507 0521509 0521521 0521527 0521533 0521537 0521539 0521551 0521557 0521569 0521581
043186:  0521603 0521641 0521657 0521659 0521669 0521671 0521693 0521711 0521717 0521749 0521753 0521767 0521777 0521789
043201:  0521791 0521809 0521813 0521831 0521861 0521869 0521879 0521881 0521887 0521897 0521903 0521923 0521929 0521981
043216:  0521993 0521999 0522017 0522037 0522047 0522059 0522061 0522073 0522079 0522083 0522113 0522127 0522153 0522161 0522167
043231:  0522191 0522199 0522211 0522217 0522229 0522253 0522259 0522281 0522287 0522289 0522299 0522317 0522323 0522337
043246:  0522371 0522373 0522383 0522391 0522409 0522413 0522439 0522449 0522469 0522479 0522497 0522517 0522521 0522523 0522541
043261:  0522553 0522569 0522601 0522619 0522637 0522643 0522659 0522661 0522673 0522679 0522689 0522703 0522707 0522713 0522737
043276:  0522749 0522757 0522761 0522763 0522787 0522811 0522827 0522829 0522839 0522853 0522857 0522871 0522881 0522883 0522887
043291:  0522919 0522943 0522947 0522979 0522983 0523007 0523001 0523049 0523093 0523097 0523109 0523123 0523127 0523153 0523169
043306:  0523177 0523207 0523213 0523219 0523261 0523297 0523307 0523333 0523349 0523351 0523357 0523387 0523403 0523417 0523427
043321:  0523457 0523459 0523463 0523481 0523489 0523517 0523519 0523541 0523553 0523573 0523577 0523579 0523589 0523597
043336:  0523603 0523631 0523637 0523639 0523667 0523669 0523673 0523681 0523717 0523729 0523741 0523759 0523763 0523771
043351:  0523777 0523793 0523801 0523829 0523847 0523861 0523877 0523939 0523907 0523927 0523937 0523941 0523959 0523987 0523997
043366:  0524047 0524053 0524057 0524061 0524081 0524087 0524099 0524113 0524121 0524139 0524149 0524171 0524189 0524197
043381:  0524201 0524203 0524219 0524221 0524231 0524243 0524257 0524261 0524269 0524287 0524309 0524341 0524347 0524351 0524353
043396:  0524369 0524387 0524389 0524411 0524423 0524429 0524453 0524497 0524507 0524509 0524519 0524521 0524539 0524551 0524569
043411:  0524633 0524669 0524681 0524683 0524701 0524707 0524731 0524741 0524789 0524801 0524803 0524827 0524831 0524857 0524863
043426:  0524869 0524873 0524893 0524907 0524921 0524929 0524947 0524957 0524959 0524963 0524969 0524971 0524977 0524981
043441:  0524983 0524999 0525001 0525013 0525017 0525029 0525043 0525101 0525127 0525137 0525143 0525157 0525163 0525167 0525191
043456:  0525199 0525209 0525217 0525223 0525229 0525233 0525257 0525259 0525299 0525313 0525359 0525361 0525367 0525373
043471:  0525379 0525391 0525397 0525409 0525431 0525433 0525439 0525457 0525461 0525467 0525491 0525493 0525517 0525529 0525533
043486:  0525541 0525571 0525583 0525593 0525599 0525607 0525641 0525649 0525671 0525677 0525697 0525709 0525713 0525719 0525727
```

043501-045000 Prime numbers

```
043501:  0525731 0525739 0525769 0525773 0525781 0525809 0525817 0525839 0525869 0525871 0525887 0525893 0525913 0525923 0525937
043516:  0525947 0525949 0525953 0525961 0525979 0525983 0526027 0526037 0526049 0526051 0526063 0526067 0526069 0526073 0526087
043531:  0526117 0526121 0526139 0526157 0526159 0526189 0526193 0526199 0526213 0526223 0526231 0526249 0526271 0526283 0526289
043546:  0526291 0526297 0526307 0526367 0526373 0526381 0526387 0526391 0526397 0526423 0526427 0526441 0526453 0526459 0526483
043561:  0526499 0526501 0526511 0526531 0526543 0526571 0526573 0526583 0526601 0526619 0526627 0526633 0526637 0526649 0526651
043576:  0526657 0526667 0526679 0526703 0526709 0526717 0526733 0526739 0526749 0526759 0526763 0526777 0526781 0526829
043591:  0526831 0526837 0526853 0526859 0526871 0526909 0526913 0526931 0526937 0526943 0526951 0526957 0526963 0526993 0526997
043606:  0527053 0527057 0527069 0527071 0527081 0527099 0527123 0527129 0527143 0527159 0527161 0527173 0527179 0527203
043621:  0527207 0527209 0527237 0527251 0527273 0527281 0527291 0527327 0527333 0527347 0527353 0527377 0527381 0527393 0527399
043636:  0527407 0527411 0527429 0527441 0527447 0527453 0527489 0527507 0527533 0527557 0527563 0527581 0527591 0527599 0527603
043651:  0527623 0527627 0527633 0527671 0527699 0527701 0527729 0527741 0527749 0527753 0527789 0527803 0527809 0527819 0527834
043666:  0527851 0527869 0527883 0527897 0527909 0527921 0527929 0527941 0527981 0527983 0527987 0527993 0528001 0528013 0528041
043681:  0528043 0528053 0528091 0528097 0528107 0528127 0528131 0528137 0528163 0528167 0528191 0528197 0528217 0528223 0528247
043696:  0528263 0528289 0528299 0528313 0528317 0528329 0528373 0528383 0528391 0528401 0528403 0528413 0528419 0528433 0528469
043711:  0528487 0528491 0528509 0528511 0528527 0528559 0528611 0528623 0528629 0528631 0528659 0528667 0528673 0528679 0528691
043726:  0528707 0528709 0528719 0528763 0528779 0528791 0528799 0528811 0528821 0528823 0528833 0528863 0528877 0528881 0528883
043741:  0528911 0528929 0528947 0528967 0528971 0528973 0528991 0529003 0529007 0529027 0529033 0529037 0529043 0529049 0529051
043756:  0529097 0529103 0529117 0529121 0529127 0529129 0529153 0529157 0529181 0529183 0529213 0529229 0529237 0529241 0529259
043771:  0529271 0529273 0529301 0529307 0529313 0529327 0529343 0529349 0529357 0529381 0529393 0529411 0529421 0529423 0529471
043786:  0529489 0529513 0529517 0529519 0529531 0529547 0529577 0529579 0529603 0529619 0529637 0529649 0529657 0529673 0529681
043801:  0529687 0529691 0529709 0529717 0529729 0529741 0529747 0529751 0529807 0529811 0529819 0529829 0529847 0529871
043816:  0529927 0529933 0529939 0529957 0529961 0529973 0529979 0529981 0529987 0529999 0530017 0530021 0530027 0530041 0530051
043831:  0530063 0530087 0530101 0530129 0530137 0530143 0530177 0530183 0530197 0530203 0530209 0530227 0530237 0530249 0530251
043846:  0530261 0530267 0530279 0530293 0530297 0530303 0530329 0530333 0530339 0530353 0530359 0530389 0530393 0530401 0530429
043861:  0530443 0530447 0530491 0530501 0530507 0530513 0530527 0530531 0530533 0530539 0530549 0530567 0530597 0530599 0530609
043876:  0530641 0530653 0530659 0530669 0530693 0530701 0530711 0530713 0530731 0530741 0530743 0530753 0530767 0530773 0530777
043891:  0530807 0530833 0530839 0530843 0530851 0530857 0530861 0530869 0530897 0530911 0530941 0530943 0530947 0530969 0530977 0530983 0530999
043906:  0531017 0531023 0531043 0531071 0531079 0531101 0531103 0531121 0531127 0531133 0531143 0531153 0531169 0531173 0531197 0531203
043921:  0531229 0531239 0531253 0531263 0531281 0531287 0531299 0531331 0531337 0531343 0531347 0531353 0531359 0531383 0531457
043936:  0531481 0531497 0531521 0531541 0531547 0531551 0531569 0531571 0531581 0531589 0531611 0531613 0531623 0531631 0531637 0531667
043951:  0531673 0531689 0531701 0531731 0531791 0531799 0531821 0531823 0531827 0531833 0531841 0531847 0531853 0531863 0531871
043966:  0531877 0531901 0531911 0531919 0531977 0531983 0531989 0531997 0532001 0532009 0532027 0532033 0532061 0532069 0532093
043981:  0532099 0532141 0532153 0532159 0532163 0532183 0532187 0532193 0532199 0532241 0532249 0532261 0532267 0532277 0532283
043996:  0532307 0532313 0532323 0532333 0532349 0532373 0532379 0532391 0532403 0532417 0532421 0532439 0532447 0532451
044011:  0532453 0532489 0532501 0532523 0532529 0532531 0532537 0532547 0532561 0532601 0532603 0532607 0532619 0532621 0532633
044026:  0532639 0532663 0532667 0532687 0532691 0532697 0532733 0532739 0532751 0532757 0532771 0532781 0532783 0532789 0532801
044041:  0532811 0532823 0532849 0532853 0532867 0532907 0532919 0532949 0532951 0532981 0532993 0532999 0533003 0533009 0533011
044056:  0533033 0533051 0533059 0533063 0533077 0533089 0533111 0533129 0533149 0533167 0533173 0533189 0533191 0533213 0533219
044071:  0533227 0533237 0533249 0533251 0533263 0533297 0533303 0533317 0533321 0533327 0533341 0533363 0533371 0533389
044086:  0533399 0533413 0533447 0533453 0533459 0533509 0533543 0533549 0533573 0533581 0533593 0533633 0533641 0533671 0533693
044101:  0533711 0533713 0533719 0533723 0533737 0533747 0533777 0533801 0533809 0533811 0533831 0533837 0533857 0533879 0533887
044116:  0533893 0533909 0533911 0533921 0533969 0533971 0533989 0533993 0533999 0534007 0534013 0534023 0534027 0534029
044131:  0534043 0534047 0534049 0534059 0534073 0534077 0534091 0534101 0534113 0534137 0534167 0534173 0534191 0534203 0534211
044146:  0534229 0534241 0534243 0534283 0534301 0534307 0534311 0534323 0534329 0534341 0534367 0534371 0534403 0534407 0534431
044161:  0534439 0534473 0534491 0534511 0534529 0534553 0534571 0534577 0534581 0534601 0534607 0534617 0534629 0534631 0534637
044176:  0534647 0534649 0534659 0534661 0534671 0534697 0534707 0534739 0534799 0534811 0534827 0534839 0534841 0534851 0534857
044191:  0534883 0534889 0534911 0534913 0534931 0534943 0534949 0534971 0535013 0535019 0535033 0535037 0535061 0535099 0535103
044206:  0535123 0535133 0535151 0535159 0535169 0535181 0535193 0535207 0535219 0535229 0535237 0535243 0535273 0535303 0535319
044221:  0535333 0535349 0535351 0535361 0535387 0535391 0535399 0535481 0535487 0535489 0535499 0535511 0535523 0535537 0535547
044236:  0535571 0535589 0535607 0535609 0535627 0535637 0535663 0535669 0535673 0535679 0535697 0535709 0535727 0535741
044251:  0535751 0535757 0535771 0535783 0535793 0535811 0535819 0535849 0535859 0535861 0535879 0535919 0535937 0535939 0535943 0535957
044266:  0535967 0535991 0535999 0536017 0536023 0536051 0536057 0536059 0536069 0536087 0536099 0536101 0536111 0536141
044281:  0536147 0536149 0536161 0536191 0536213 0536219 0536227 0536233 0536261 0536267 0536273 0536279 0536281 0536267
044296:  0536293 0536311 0536323 0536353 0536357 0536377 0536399 0536407 0536423 0536441 0536443 0536447 0536449 0536453 0536461
044311:  0536467 0536479 0536501 0536503 0536491 0536531 0536533 0536561 0536563 0536573 0536579 0536621 0536633 0536651 0536671
044326:  0536677 0536687 0536699 0536717 0536719 0536729 0536743 0536749 0536771 0536773 0536777 0536779 0536801 0536809
044341:  0536819 0536849 0536881 0536887 0536897 0536899 0536917 0536923 0536929 0536933 0536947 0536983 0536971 0536989
044356:  0536999 0537001 0537007 0537011 0537023 0537029 0537037 0537041 0537067 0537071 0537079 0537091 0537127 0537133 0537143
044371:  0537157 0537169 0537181 0537191 0537197 0537221 0537241 0537269 0537281 0537287 0537307 0537331 0537343 0537347
044386:  0537373 0537379 0537401 0537403 0537413 0537497 0537527 0537547 0537569 0537583 0537587 0537599 0537611 0537637 0537661
044401:  0537673 0537679 0537703 0537709 0537739 0537743 0537763 0537769 0537773 0537781 0537787 0537793 0537811 0537841 0537847
044416:  0537853 0537877 0537883 0537899 0537913 0537919 0537941 0537991 0538001 0538019 0538049 0538051 0538073 0538079 0538093
044431:  0538117 0538121 0538123 0538127 0538141 0538151 0538157 0538159 0538163 0538199 0538201 0538247 0538249 0538259 0538267
044446:  0538283 0538297 0538301 0538309 0538331 0538333 0538357 0538367 0538397 0538399 0538411 0538423 0538457 0538471
044461:  0538481 0538487 0538511 0538513 0538519 0538523 0538529 0538553 0538561 0538567 0538579 0538589 0538597 0538621 0538649
044476:  0538651 0538697 0538709 0538711 0538729 0538739 0538751 0538763 0538771 0538777 0538779 0538789 0538811 0538817
044491:  0538823 0538829 0538841 0538871 0538877 0538921 0538927 0538931 0538939 0538943 0538987 0539003 0539009 0539039 0539047
044506:  0539089 0539093 0539101 0539107 0539111 0539129 0539141 0539153 0539159 0539161 0539171 0539207 0539219 0539233
044521:  0539237 0539261 0539267 0539269 0539293 0539303 0539309 0539311 0539321 0539323 0539339 0539347 0539351 0539389 0539401
044536:  0539447 0539449 0539479 0539501 0539503 0539507 0539509 0539533 0539573 0539621 0539629 0539633 0539639 0539641 0539653
044551:  0539663 0539677 0539687 0539711 0539713 0539729 0539743 0539761 0539783 0539797 0539837 0539839 0539843 0539849
044566:  0539863 0539881 0539887 0539891 0539899 0539921 0539947 0539993 0540041 0540061 0540119 0540121 0540149 0540149
044581:  0540157 0540167 0540173 0540179 0540181 0540187 0540203 0540217 0540233 0540251 0540269 0540271 0540283 0540301 0540307
044596:  0540343 0540347 0540349 0540361 0540373 0540377 0540383 0540389 0540391 0540403 0540427 0540461 0540449 0540509 0540511
044611:  0540517 0540529 0540541 0540557 0540559 0540577 0540587 0540599 0540611 0540613 0540619 0540629 0540677 0540679 0540689
044626:  0540691 0540697 0540703 0540713 0540751 0540769 0540773 0540779 0540781 0540803 0540809 0540823 0540851 0540863 0540871
044641:  0540877 0540901 0540907 0540961 0540989 0541001 0541007 0541027 0541049 0541061 0541087 0541097 0541129 0541133 0541141
044656:  0541153 0541181 0541193 0541201 0541217 0541231 0541247 0541267 0541271 0541283 0541301 0541309 0541339 0541349
044671:  0541361 0541363 0541369 0541381 0541391 0541417 0541439 0541447 0541469 0541483 0541507 0541511 0541523 0541529 0541531
044686:  0541537 0541543 0541547 0541549 0541571 0541577 0541589 0541613 0541631 0541657 0541661 0541669 0541693 0541699
044701:  0541711 0541721 0541727 0541753 0541763 0541771 0541777 0541781 0541799 0541817 0541823 0541831 0541889 0541891 0541901
044716:  0541927 0541951 0541967 0541987 0541991 0541993 0541999 0542021 0542023 0542027 0542053 0542063 0542071 0542081 0542083
044731:  0542093 0542111 0542117 0542129 0542147 0542149 0542153 0542157 0542167 0542183 0542189 0542197 0542207 0542219
044746:  0542237 0542251 0542261 0542263 0542281 0542293 0542299 0542323 0542371 0542401 0542441 0542447 0542461 0542467 0542483
044761:  0542489 0542497 0542513 0542527 0542537 0542539 0542551 0542557 0542567 0542579 0542587 0542599 0542663 0542687
044776:  0542693 0542713 0542719 0542723 0542747 0542761 0542771 0542783 0542791 0542797 0542821 0542831 0542837 0542873 0542891
044791:  0542911 0542921 0542927 0542933 0542947 0542951 0542981 0542987 0542999 0543017 0543019 0543029 0543061 0543097
044806:  0543113 0543131 0543139 0543143 0543149 0543157 0543161 0543163 0543187 0543203 0543217 0543223 0543233 0543241
044821:  0543253 0543257 0543283 0543301 0543307 0543313 0543319 0543329 0543331 0543337 0543341 0543353 0543359 0543379 0543383
044836:  0543407 0543427 0543443 0543463 0543497 0543503 0543509 0543539 0543551 0543553 0543593 0543601 0543607 0543611 0543617
044851:  0543659 0543661 0543671 0543679 0543689 0543703 0543713 0543719 0543733 0543787 0543791 0543793 0543797 0543811
044866:  0543827 0543841 0543853 0543853 0543871 0543877 0543883 0543887 0543889 0543901 0543941 0543929 0543947 0543967 0543971
044881:  0543997 0544001 0544007 0544009 0544013 0544021 0544031 0544049 0544099 0544109 0544123 0544129 0544133 0544139 0544171
044896:  0544177 0544181 0544199 0544223 0544229 0544271 0544273 0544277 0544279 0544343 0544373 0544399 0544403 0544429 0544451
044911:  0544477 0544487 0544501 0544513 0544517 0544543 0544549 0544601 0544613 0544627 0544631 0544651 0544667 0544699 0544717
044926:  0544721 0544723 0544727 0544739 0544741 0544759 0544781 0544793 0544807 0544813 0544829 0544871 0544861 0544879 0544881
044941:  0544889 0544897 0544903 0544919 0544927 0544937 0544961 0544963 0544979 0545023 0545029 0545033 0545063 0545087
044956:  0545089 0545093 0545099 0545117 0545131 0545141 0545143 0545161 0545173 0545203 0545213 0545231 0545239 0545257 0545267 0545297
044971:  0545329 0545371 0545387 0545429 0545437 0545443 0545449 0545477 0545483 0545497 0545521 0545527 0545533 0545543
044986:  0545549 0545551 0545579 0545599 0545609 0545617 0545621 0545641 0545647 0545651 0545663 0545711 0545723 0545731 0545747
```

Prime numbers 045001-046500

```
045001: 0545749 0545759 0545773 0545789 0545791 0545827 0545843 0545863 0545873 0545893 0545899 0545911 0545917 0545929 0545933
045016: 0545939 0545947 0545959 0545961 0546001 0546017 0546029 0546031 0546047 0546053 0546067 0546071 0546083 0546097 0546101
045031: 0546137 0546149 0546151 0546173 0546179 0546197 0546211 0546223 0546239 0546241 0546253 0546263 0546283 0546289 0546317
045046: 0546323 0546341 0546349 0546353 0546361 0546367 0546373 0546391 0546461 0546467 0546509 0546523 0546547 0546569 0546583
045061: 0546583 0546587 0546599 0546613 0546617 0546619 0546631 0546643 0546661 0546671 0546677 0546683 0546691 0546709 0546719
045076: 0546731 0546739 0546781 0546841 0546859 0546863 0546869 0546881 0546893 0546919 0546937 0546941 0546947 0546961 0546967
045091: 0546977 0547007 0547021 0547037 0547061 0547087 0547093 0547097 0547103 0547121 0547133 0547139 0547171 0547223 0547229
045106: 0547237 0547241 0547249 0547271 0547273 0547291 0547301 0547321 0547357 0547361 0547363 0547369 0547373 0547387 0547397
045121: 0547399 0547411 0547441 0547471 0547483 0547487 0547493 0547499 0547501 0547513 0547529 0547537 0547559 0547567
045136: 0547577 0547583 0547601 0547609 0547617 0547627 0547639 0547643 0547661 0547663 0547681 0547709 0547727 0547741 0547747
045151: 0547753 0547763 0547769 0547787 0547811 0547819 0547823 0547831 0547849 0547853 0547871 0547889 0547901 0547909 0547951
045166: 0547957 0547999 0548003 0548039 0548059 0548069 0548083 0548089 0548099 0548117 0548123 0548143 0548153 0548189 0548201
045181: 0548213 0548221 0548227 0548239 0548243 0548261 0548291 0548309 0548323 0548347 0548351 0548363 0548371 0548393 0548399
045196: 0548407 0548417 0548423 0548441 0548453 0548459 0548461 0548489 0548501 0548503 0548519 0548521 0548533 0548543 0548557
045211: 0548567 0548579 0548591 0548623 0548629 0548657 0548677 0548687 0548693 0548707 0548719 0548749 0548753 0548761
045226: 0548771 0548783 0548791 0548827 0548831 0548833 0548837 0548843 0548851 0548861 0548869 0548893 0548897 0548903 0548909
045241: 0548927 0548953 0548957 0548963 0549001 0549011 0549043 0549019 0549023 0549037 0549071 0549081 0549089 0549091 0549121
045256: 0549139 0549149 0549161 0549163 0549167 0549169 0549193 0549203 0549221 0549229 0549247 0549257 0549259 0549281 0549313
045271: 0549319 0549323 0549331 0549379 0549391 0549403 0549421 0549443 0549449 0549451 0549461 0549463 0549503 0549509 0549511 0549517
045286: 0549533 0549547 0549551 0549553 0549569 0549587 0549589 0549607 0549623 0549641 0549643 0549649 0549667 0549683 0549691
045301: 0549701 0549707 0549713 0549719 0549733 0549737 0549739 0549749 0549767 0549817 0549833 0549833 0549877
045316: 0549883 0549911 0549937 0549943 0549949 0549977 0549979 0550007 0550009 0550027 0550049 0550061 0550063 0550073 0550111
045331: 0550117 0550123 0550127 0550129 0550139 0550163 0550169 0550177 0550181 0550189 0550211 0550213 0550241 0550267 0550279 0550283
045346: 0550289 0550309 0550337 0550351 0550369 0550379 0550427 0550439 0550441 0550447 0550457 0550469 0550471 0550489 0550513
045361: 0550519 0550531 0550541 0550553 0550557 0550560 0550593 0550621 0550631 0550657 0550661 0550663 0550667 0550669 0550679
045376: 0550691 0550703 0550717 0550721 0550733 0550757 0550761 0550789 0550801 0550811 0550813 0550831 0550841 0550843 0550859
045391: 0550861 0550903 0550909 0550937 0550939 0550951 0550961 0550969 0550973 0550993 0550997 0551003 0551017 0551027 0551039
045406: 0551059 0551063 0551069 0551093 0551099 0551107 0551113 0551143 0551179 0551197 0551207 0551219 0551231 0551233
045421: 0551269 0551281 0551297 0551311 0551321 0551339 0551347 0551363 0551381 0551387 0551407 0551423 0551443 0551461 0551483
045436: 0551489 0551503 0551519 0551539 0551543 0551549 0551569 0551581 0551587 0551599 0551627 0551641 0551651 0551653 0551659 0551671
045451: 0551689 0551693 0551713 0551717 0551723 0551729 0551731 0551743 0551753 0551767 0551773 0551801 0551809 0551813 0551843
045466: 0551849 0551861 0551909 0551911 0551917 0551927 0551933 0551951 0551959 0551963 0551981 0552001 0552011 0552029 0552031
045481: 0552047 0552053 0552059 0552089 0552091 0552103 0552107 0552113 0552127 0552137 0552179 0552193 0552217 0552239 0552241
045496: 0552259 0552263 0552271 0552283 0552301 0552317 0552341 0552353 0552379 0552397 0552401 0552403 0552469 0552473 0552481
045511: 0552491 0552493 0552511 0552523 0552527 0552553 0552581 0552583 0552589 0552611 0552649 0552659 0552677 0552703 0552707
045526: 0552709 0552731 0552747 0552749 0552751 0552757 0552787 0552791 0552793 0552809 0552821 0552833 0552841 0552847 0552859 0552883
045541: 0552887 0552899 0552913 0552917 0552921 0552983 0552991 0553013 0553037 0553043 0553051 0553057 0553067 0553073 0553093
045556: 0553097 0553099 0553103 0553123 0553139 0553141 0553153 0553171 0553181 0553193 0553207 0553211 0553229 0553249 0553253
045571: 0553277 0553279 0553309 0553331 0553363 0553369 0553411 0553417 0553433 0553439 0553447 0553457 0553463 0553471 0553481
045586: 0553507 0553513 0553517 0553529 0553543 0553549 0553561 0553573 0553583 0553589 0553591 0553601 0553607 0553627 0553643
045601: 0553649 0553667 0553681 0553687 0553699 0553703 0553727 0553733 0553747 0553757 0553759 0553769 0553789 0553811 0553837
045616: 0553849 0553867 0553873 0553897 0553901 0553919 0553921 0553933 0553961 0553963 0553981 0553991 0554003 0554011 0554017
045631: 0554051 0554077 0554087 0554089 0554117 0554123 0554129 0554147 0554167 0554171 0554179 0554189 0554207 0554209 0554233
045646: 0554237 0554263 0554269 0554293 0554299 0554303 0554317 0554347 0554377 0554383 0554417 0554419 0554431 0554447 0554453
045661: 0554467 0554503 0554527 0554531 0554569 0554573 0554597 0554611 0554627 0554633 0554639 0554641 0554663 0554669 0554677
045676: 0554699 0554707 0554711 0554731 0554747 0554753 0554759 0554767 0554779 0554789 0554791 0554797 0554803 0554821 0554833
045691: 0554837 0554839 0554843 0554849 0554887 0554891 0554893 0554899 0554923 0554927 0554941 0554951 0554959 0554969 0554977 0555029
045706: 0555041 0555043 0555053 0555073 0555077 0555083 0555097 0555109 0555119 0555143 0555167 0555209 0555221 0555251
045721: 0555253 0555257 0555277 0555287 0555293 0555301 0555337 0555349 0555361 0555383 0555391 0555419 0555421 0555439
045736: 0555461 0555487 0555491 0555521 0555523 0555557 0555589 0555593 0555637 0555661 0555671 0555677 0555683 0555691 0555697
045751: 0555707 0555739 0555743 0555761 0555767 0555823 0555827 0555829 0555857 0555871 0555931 0555941 0555953 0555967
045766: 0556007 0556021 0556027 0556037 0556043 0556051 0556067 0556069 0556093 0556103 0556123 0556159 0556177 0556181 0556211
045781: 0556219 0556229 0556243 0556253 0556261 0556267 0556269 0556279 0556289 0556313 0556321 0556323 0556331 0556341 0556343
045796: 0556351 0556373 0556379 0556403 0556411 0556441 0556459 0556477 0556483 0556487 0556513 0556519 0556537 0556559 0556573 0556579
045811: 0556583 0556601 0556607 0556607 0556613 0556627 0556639 0556651 0556669 0556687 0556691 0556693 0556699 0556709 0556723
045826: 0556727 0556741 0556753 0556763 0556769 0556781 0556789 0556799 0556811 0556817 0556819 0556823 0556841 0556849
045841: 0556859 0556861 0556867 0556883 0556891 0556931 0556939 0556943 0556957 0556967 0556981 0556987 0556999 0557017 0557021
045856: 0557027 0557033 0557041 0557057 0557059 0557069 0557087 0557093 0557153 0557159 0557197 0557201 0557261 0557269 0557273
045871: 0557281 0557303 0557309 0557321 0557329 0557339 0557369 0557371 0557377 0557423 0557443 0557449 0557461 0557483 0557489
045886: 0557519 0557521 0557533 0557537 0557551 0557567 0557573 0557591 0557611 0557633 0557659 0557663 0557671 0557663 0557717
045901: 0557729 0557731 0557741 0557743 0557747 0557759 0557761 0557779 0557789 0557801 0557803 0557831 0557857 0557861 0557863
045916: 0557891 0557899 0557903 0557927 0557981 0557987 0558007 0558029 0558053 0558067 0558083 0558091 0558109 0558113
045931: 0558121 0558139 0558149 0558167 0558179 0558197 0558203 0558209 0558223 0558241 0558251 0558253 0558287 0558289 0558307
045946: 0558319 0558343 0558361 0558401 0558413 0558421 0558427 0558431 0558457 0558469 0558471 0558479 0558491 0558497 0558499 0558521
045961: 0558529 0558533 0558539 0558541 0558563 0558583 0558589 0558599 0558611 0558629 0558643 0558661 0558683 0558703 0558721
045976: 0558731 0558757 0558769 0558781 0558787 0558791 0558803 0558827 0558859 0558867 0558881 0558893 0558913 0558931
045991: 0558937 0558947 0558967 0558973 0558979 0558997 0559001 0559049 0559051 0559067 0559081 0559093 0559099 0559123 0559133 0559157
046006: 0559177 0559183 0559201 0559211 0559213 0559217 0559219 0559231 0559243 0559259 0559277 0559297 0559313 0559319 0559343
046021: 0559357 0559367 0559369 0559397 0559421 0559451 0559459 0559469 0559483 0559511 0559513 0559523 0559529 0559541 0559547
046036: 0559549 0559561 0559637 0559631 0559673 0559583 0559591 0559601 0559649 0559651 0559669 0559673 0559679 0559683 0559687
046051: 0559703 0559709 0559739 0559747 0559777 0559781 0559799 0559807 0559813 0559831 0559841 0559849 0559859 0559877 0559883
046066: 0559901 0559907 0559913 0559939 0559967 0559973 0559991 0560017 0560023 0560029 0560039 0560081 0560083 0560089
046081: 0560093 0560107 0560113 0560117 0560123 0560131 0560147 0560149 0560159 0560171 0560173 0560179 0560191 0560213 0560221
046096: 0560227 0560233 0560237 0560239 0560243 0560249 0560281 0560293 0560297 0560299 0560311 0560317 0560341 0560353 0560393
046111: 0560411 0560437 0560447 0560459 0560471 0560473 0560489 0560497 0560501 0560503 0560531 0560543 0560557 0560561
046126: 0560597 0560617 0560621 0560639 0560641 0560653 0560669 0560683 0560689 0560701 0560719 0560737 0560753 0560761 0560767
046141: 0560771 0560783 0560797 0560803 0560827 0560837 0560863 0560869 0560873 0560879 0560887 0560891 0560893 0560897 0560939
046156: 0560941 0560969 0560977 0561019 0561047 0561053 0561059 0561061 0561079 0561083 0561091 0561097 0561101 0561103 0561109
046171: 0561191 0561173 0561181 0561191 0561199 0561251 0561217 0561307 0561313 0561343 0561347 0561359 0561367 0561373
046186: 0561377 0561389 0561409 0561419 0561439 0561451 0561521 0561529 0561551 0561553 0561559 0561599 0561607 0561667 0561703
046201: 0561711 0561733 0561757 0561763 0561767 0561787 0561797 0561809 0561829 0561839 0561907 0561917 0561913 0561943 0561947
046216: 0561961 0561973 0561983 0561997 0562007 0562021 0562043 0562091 0562103 0562129 0562147 0562169 0562181 0562193
046231: 0562201 0562223 0562231 0562271 0562273 0562283 0562301 0562307 0562313 0562333 0562337 0562349 0562351
046246: 0562357 0562361 0562399 0562403 0562409 0562417 0562421 0562427 0562439 0562459 0562477 0562493 0562501 0562517 0562519
046261: 0562537 0562567 0562577 0562579 0562589 0562591 0562603 0562631 0562633 0562649 0562657 0562667 0562669 0562673 0562691
046276: 0562693 0562699 0562703 0562711 0562721 0562739 0562753 0562759 0562763 0562781 0562789 0562813 0562831 0562841 0562871
046291: 0562897 0562901 0562921 0562931 0562943 0562949 0562963 0562967 0562973 0562979 0562981 0562989 0563009 0563011 0563021
046306: 0563039 0563041 0563047 0563051 0563077 0563081 0563089 0563113 0563117 0563119 0563131 0563143 0563153 0563183 0563197
046321: 0563219 0563249 0563263 0563267 0563287 0563327 0563351 0563357 0563359 0563377 0563401 0563411 0563413 0563417 0563419 0563447
046336: 0563449 0563467 0563489 0563501 0563503 0563507 0563521 0563561 0563587 0563593 0563599 0563629 0563657 0563663 0563723
046351: 0563743 0563747 0563777 0563809 0563813 0563819 0563831 0563837 0563851 0563869 0563881 0563887 0563897 0563929 0563933
046366: 0563947 0563971 0563987 0563999 0564013 0564047 0564049 0564059 0564061 0564089 0564097 0564103 0564127 0564133
046381: 0564121 0564163 0564173 0564191 0564197 0564227 0564229 0564233 0564241 0564257 0564269 0564271 0564299 0564301 0564307
046396: 0564313 0564323 0564353 0564359 0564367 0564371 0564373 0564401 0564407 0564409 0564419 0564437 0564449 0564457
046411: 0564463 0564467 0564491 0564497 0564523 0564533 0564593 0564607 0564611 0564643 0564653 0564667 0564671 0564679 0564701
046426: 0564703 0564709 0564713 0564761 0564779 0564797 0564827 0564871 0564881 0564899 0564917 0564919 0564923 0564929 0564937
046441: 0564959 0564973 0564979 0564983 0564989 0564997 0565013 0565039 0565049 0565057 0565069 0565109 0565111 0565127 0565163
046456: 0565171 0565177 0565179 0565187 0565201 0565247 0565249 0565261 0565267 0565273 0565283 0565289 0565303 0565319
046471: 0565333 0565337 0565343 0565361 0565379 0565381 0565387 0565391 0565393 0565427 0565429 0565441 0565451 0565463 0565469
046486: 0565483 0565489 0565507 0565511 0565517 0565519 0565549 0565553 0565559 0565567 0565571 0565583 0565589 0565597 0565603
```

046501-048000 Prime numbers

```
046501: 0565613 0565637 0565651 0565661 0565667 0565723 0565727 0565769 0565771 0565787 0565793 0565813 0565849 0565867 0565889
046516: 0565891 0565907 0565919 0565921 0565937 0565973 0565979 0565997 0566011 0566023 0566047 0566057 0566077 0566079 0566089
046531: 0566101 0566107 0566131 0566149 0566161 0566173 0566179 0566183 0566201 0566213 0566227 0566231 0566233 0566273 0566311
046546: 0566323 0566343 0566347 0566353 0566383 0566393 0566413 0566417 0566429 0566431 0566437 0566441 0566443 0566453 0566521 0566537 0566555
046561: 0566543 0566549 0566551 0566557 0566563 0566567 0566617 0566633 0566639 0566645 0566653 0566659 0566677 0566681 0566693 0566701
046576: 0566707 0566717 0566749 0566723 0566737 0566579 0566767 0566791 0566821 0566833 0566851 0566857 0566879 0566911 0566939
046591: 0566947 0566963 0566971 0566977 0566987 0566999 0567011 0567013 0567031 0567053 0567059 0567067 0567097 0567101 0567107
046606: 0567121 0567143 0567179 0567181 0567187 0567209 0567257 0567263 0567277 0567319 0567323 0567367 0567377 0567383 0567389
046621: 0567401 0567407 0567439 0567449 0567451 0567467 0567487 0567493 0567499 0567527 0567529 0567533 0567569 0567601 0567607
046636: 0567631 0567649 0567653 0567659 0567661 0567667 0567689 0567719 0567737 0567751 0567761 0567767 0567779 0567793
046651: 0567811 0567829 0567841 0567857 0567863 0567871 0567877 0567881 0567883 0567899 0567937 0567943 0567947 0567949 0567961
046666: 0567979 0567991 0567997 0568019 0568027 0568033 0568049 0568069 0568081 0568097 0568109 0568133 0568151 0568153 0568163
046681: 0568171 0568177 0568187 0568189 0568193 0568201 0568207 0568231 0568237 0568241 0568273 0568279 0568303 0568349
046696: 0568363 0568367 0568387 0568391 0568439 0568441 0568453 0568471 0568481 0568493 0568523 0568541 0568549 0568577
046711: 0568609 0568619 0568627 0568643 0568657 0568669 0568679 0568691 0568699 0568709 0568723 0568751 0568783 0568787 0568807
046726: 0568823 0568831 0568853 0568877 0568891 0568903 0568907 0568913 0568921 0568963 0568979 0568987 0568991 0568999 0569003
046741: 0569021 0569027 0569053 0569057 0569071 0569077 0569081 0569083 0569111 0569117 0569133 0569141 0569159 0569161
046756: 0569189 0569197 0569201 0569209 0569213 0569237 0569243 0569249 0569251 0569267 0569269 0569321 0569323 0569369
046771: 0569423 0569431 0569447 0569461 0569479 0569497 0569507 0569509 0569521 0569527 0569533 0569579 0569599 0569603
046786: 0569609 0569617 0569623 0569659 0569663 0569671 0569683 0569711 0569713 0569717 0569729 0569731 0569747 0569759 0569771
046801: 0569779 0569791 0569797 0569809 0569819 0569831 0569839 0569843 0569851 0569861 0569867 0569873 0569883 0569897 0569903
046816: 0569927 0569939 0569957 0569983 0570001 0570013 0570029 0570041 0570043 0570047 0570049 0570071 0570077 0570079 0570083
046831: 0570091 0570107 0570119 0570153 0570131 0570139 0570161 0570173 0570181 0570191 0570217 0570221 0570233 0570253 0570329
046846: 0570359 0570373 0570379 0570389 0570391 0570403 0570407 0570413 0570419 0570421 0570461 0570463 0570467 0570487 0570491
046861: 0570497 0570499 0570509 0570511 0570527 0570529 0570539 0570547 0570553 0570559 0570571 0570587 0570601 0570613 0570637 0570643
046876: 0570649 0570659 0570667 0570671 0570677 0570683 0570697 0570719 0570737 0570751 0570773 0570743 0570781 0570821 0570827 0570839
046891: 0570841 0570851 0570853 0570859 0570881 0570887 0570901 0570919 0570937 0570949 0570959 0570961 0570967 0570991 0571001
046906: 0571019 0571031 0571037 0571049 0571069 0571073 0571081 0571087 0571099 0571111 0571133 0571147 0571157 0571159 0571189 0571201 0571211
046921: 0571223 0571229 0571231 0571261 0571267 0571279 0571303 0571321 0571331 0571339 0571369 0571381 0571397 0571399 0571409
046936: 0571413 0571453 0571471 0571477 0571531 0571541 0571579 0571583 0571589 0571601 0571603 0571613 0571657 0571673 0571679
046951: 0571699 0571709 0571717 0571733 0571741 0571751 0571759 0571777 0571783 0571787 0571789 0571799 0571801 0571811 0571841 0571847
046966: 0571853 0571861 0571867 0571873 0571877 0571903 0571933 0571939 0571969 0571973 0572023 0572027 0572041 0572051
046981: 0572053 0572059 0572063 0572069 0572087 0572093 0572107 0572137 0572161 0572177 0572179 0572183 0572207 0572233 0572239
046996: 0572251 0572269 0572281 0572303 0572311 0572321 0572323 0572329 0572333 0572357 0572387 0572399 0572417 0572419 0572423
047011: 0572437 0572449 0572461 0572471 0572479 0572491 0572497 0572519 0572521 0572549 0572567 0572573 0572581 0572587 0572597
047026: 0572609 0572623 0572629 0572633 0572639 0572651 0572653 0572657 0572659 0572663 0572683 0572687 0572699 0572707 0572711 0572749
047041: 0572777 0572791 0572801 0572807 0572813 0572821 0572827 0572833 0572843 0572867 0572879 0572881 0572903 0572909 0572927
047056: 0572933 0572939 0572941 0572969 0572993 0573007 0573031 0573047 0573071 0573101 0573107 0573109 0573119 0573143 0573161
047071: 0573163 0573179 0573197 0573247 0573253 0573263 0573277 0573289 0573299 0573311 0573329 0573341 0573343 0573371 0573373
047086: 0573383 0573409 0573437 0573451 0573457 0573469 0573479 0573481 0573487 0573493 0573497 0573509 0573511 0573523 0573527
047101: 0573557 0573569 0573571 0573637 0573647 0573673 0573679 0573691 0573719 0573737 0573739 0573757 0573761 0573781 0573787
047116: 0573791 0573809 0573817 0573829 0573847 0573851 0573863 0573871 0573883 0573887 0573899 0573901 0573929 0573941 0573953
047131: 0573967 0573973 0573977 0574003 0574031 0574043 0574051 0574061 0574081 0574099 0574109 0574127 0574157 0574159 0574163
047146: 0574169 0574181 0574183 0574201 0574219 0574261 0574279 0574283 0574289 0574297 0574307 0574309 0574363 0574367 0574373
047161: 0574393 0574423 0574427 0574433 0574439 0574477 0574489 0574493 0574501 0574507 0574529 0574543 0574547 0574597 0574619
047176: 0574621 0574627 0574631 0574643 0574657 0574667 0574687 0574699 0574703 0574711 0574723 0574727 0574733 0574741 0574789
047191: 0574797 0574801 0574813 0574817 0574859 0574907 0574913 0574933 0574937 0574939 0574949 0574963 0574967 0574969 0575009 0575021
047206: 0575033 0575053 0575063 0575077 0575087 0575119 0575123 0575129 0575131 0575137 0575153 0575173 0575177 0575203 0575213
047221: 0575219 0575231 0575243 0575249 0575251 0575257 0575261 0575303 0575317 0575359 0575369 0575371 0575401 0575417 0575429
047236: 0575431 0575441 0575473 0575479 0575489 0575503 0575513 0575551 0575557 0575573 0575579 0575581 0575591 0575593 0575611
047251: 0575623 0575647 0575651 0575669 0575677 0575689 0575693 0575699 0575711 0575717 0575723 0575747 0575753 0575777 0575791
047266: 0575821 0575837 0575849 0575857 0575863 0575867 0575893 0575903 0575921 0575923 0575941 0575957 0575959 0575963 0575987
047281: 0576001 0576013 0576019 0576089 0576101 0576119 0576131 0576151 0576161 0576163 0576167 0576179
047296: 0576193 0576203 0576211 0576217 0576221 0576223 0576227 0576287 0576293 0576299 0576313 0576319 0576341 0576377 0576379
047311: 0576391 0576427 0576431 0576439 0576461 0576469 0576473 0576493 0576509 0576523 0576529 0576533 0576539 0576551
047326: 0576553 0576577 0576581 0576613 0576617 0576637 0576647 0576649 0576659 0576671 0576677 0576683 0576689 0576701 0576703
047341: 0576721 0576727 0576731 0576739 0576743 0576747 0576749 0576757 0576767 0576769 0576787 0576791 0576881 0576883 0576889 0576899 0576943
047356: 0576949 0576961 0576967 0577007 0577009 0577013 0577033 0577043 0577057 0577067 0577069 0577081 0577097 0577111 0577123 0577147
047371: 0577151 0577153 0577169 0577177 0577193 0577219 0577257 0577249 0577259 0577271 0577277 0577307 0577327 0577333 0577349
047386: 0577351 0577363 0577387 0577397 0577399 0577427 0577453 0577457 0577463 0577471 0577483 0577513 0577517 0577523 0577529
047401: 0577531 0577537 0577547 0577559 0577573 0577577 0577589 0577601 0577613 0577627 0577637 0577639 0577667 0577721 0577739 0577751
047416: 0577777 0577781 0577799 0577807 0577817 0577831 0577849 0577867 0577873 0577879 0577897 0577901 0577909 0577919 0577931
047431: 0577937 0577939 0577957 0577979 0577981 0578021 0578029 0578041 0578047 0578063 0578077 0578093 0578117 0578131 0578167
047446: 0578183 0578191 0578223 0578209 0578213 0578251 0578267 0578279 0578299 0578309 0578311 0578317 0578327 0578353 0578363
047461: 0578371 0578399 0578401 0578407 0578419 0578441 0578453 0578467 0578477 0578483 0578489 0578497 0578503 0578509 0578533
047476: 0578537 0578573 0578581 0578587 0578597 0578603 0578609 0578621 0578647 0578659 0578687 0578689 0578693 0578701
047491: 0578719 0578729 0578741 0578777 0578779 0578789 0578803 0578819 0578821 0578827 0578839 0578843 0578851 0578861 0578881
047506: 0578917 0578923 0578941 0578951 0578959 0578971 0578999 0579011 0579017 0579023 0579075 0579079 0579083 0579107 0579133 0579151
047521: 0579133 0579179 0579197 0579229 0579239 0579251 0579259 0579263 0579277 0579281 0579283 0579287 0579311 0579331 0579353
047536: 0579379 0579407 0579409 0579419 0579427 0579433 0579473 0579497 0579499 0579503 0579517 0579521 0579529 0579553 0579539
047551: 0579541 0579563 0579569 0579571 0579583 0579587 0579611 0579613 0579629 0579637 0579641 0579643 0579653 0579673 0579701
047566: 0579707 0579713 0579721 0579733 0579757 0579763 0579773 0579779 0579809 0579829 0579851 0579869 0579877 0579881 0579883
047581: 0579893 0579907 0579947 0579949 0579961 0579967 0579973 0579989 0580001 0580031 0580033 0580079 0580081 0580093 0580133
047596: 0580163 0580169 0580183 0580187 0580201 0580213 0580219 0580231 0580259 0580291 0580301 0580303 0580331 0580339 0580343
047611: 0580357 0580361 0580373 0580379 0580381 0580409 0580417 0580477 0580487 0580513 0580529 0580549 0580553 0580561
047626: 0580577 0580607 0580627 0580633 0580639 0580663 0580673 0580687 0580691 0580693 0580711 0580717 0580733 0580747
047641: 0580757 0580777 0580787 0580793 0580807 0580813 0580837 0580843 0580859 0580871 0580889 0580891 0580901 0580913
047656: 0580919 0580927 0580939 0580969 0580981 0580997 0581029 0581041 0581047 0581069 0581071 0581089 0581099 0581101 0581137
047671: 0581143 0581149 0581151 0581173 0581177 0581181 0581197 0581201 0581227 0581237 0581249 0581261 0581263 0581293 0581303
047686: 0581311 0581323 0581333 0581341 0581351 0581353 0581369 0581377 0581393 0581407 0581411 0581429 0581443 0581447 0581459
047701: 0581473 0581491 0581521 0581549 0581551 0581567 0581573 0581587 0581599 0581617 0581633 0581641 0581657 0581663 0581683
047716: 0581687 0581699 0581701 0581729 0581731 0581743 0581753 0581767 0581773 0581797 0581809 0581821 0581843 0581857 0581863
047731: 0581869 0581891 0581909 0581921 0581941 0581947 0581953 0581981 0581983 0582011 0582017 0582031 0582031 0582027
047746: 0582067 0582083 0582119 0582137 0582139 0582157 0582161 0582167 0582173 0582181 0582203 0582209 0582221 0582223 0582227
047761: 0582247 0582257 0582289 0582317 0582319 0582331 0582391 0582409 0582419 0582427 0582433 0582451 0582457 0582469 0582499
047776: 0582509 0582511 0582541 0582551 0582563 0582587 0582601 0582623 0582643 0582649 0582677 0582689 0582691 0582719 0582721
047791: 0582727 0582731 0582737 0582751 0582763 0582767 0582763 0582773 0582793 0582803 0582819 0582833 0582853 0582857 0582879
047806: 0582899 0582931 0582937 0582949 0582961 0582971 0582973 0582983 0583017 0583019 0583021 0583031 0583067 0583073 0583087
047821: 0583127 0583139 0583147 0583153 0583169 0583171 0583181 0583189 0583207 0583213 0583229 0583237 0583247 0583267 0583273
047836: 0583279 0583291 0583301 0583337 0583339 0583351 0583367 0583391 0583397 0583403 0583409 0583417 0583431 0583447 0583451
047851: 0583469 0583481 0583493 0583501 0583519 0583523 0583537 0583543 0583577 0583603 0583613 0583619 0583621 0583631
047866: 0583651 0583661 0583663 0583697 0583727 0583733 0583753 0583769 0583777 0583787 0583789 0583801 0583817 0583843 0583847 0583847
047881: 0583859 0583861 0583873 0583879 0583903 0583909 0583937 0583969 0583981 0583991 0583997 0584011 0584027 0584033 0584053
047896: 0584057 0584081 0584099 0584141 0584113 0584167 0584183 0584203 0584243 0584249 0584261 0584273 0584297 0584303 0584347
047911: 0584357 0584359 0584377 0584387 0584393 0584399 0584411 0584417 0584429 0584447 0584473 0584509 0584531 0584557
047926: 0584561 0584577 0584593 0584599 0584603 0584609 0584621 0584627 0584633 0584677 0584669 0584681 0584699 0584707 0584713
047941: 0584719 0584723 0584737 0584767 0584777 0584789 0584791 0584809 0584849 0584863 0584869 0584873 0584879 0584897 0584911
047956: 0584917 0584941 0584963 0584971 0584991 0584993 0585019 0585023 0585031 0585037 0585041 0585047 0585049
047971: 0585061 0585071 0585073 0585077 0585107 0585113 0585119 0585131 0585149 0585163 0585199 0585217 0585253 0585269 0585271
047986: 0585283 0585289 0585313 0585317 0585337 0585341 0585367 0585383 0585391 0585413 0585437 0585443 0585461 0585467 0585493
```

Prime numbers 048001-049500

048001: 0585503 0585517 0585547 0585551 0585569 0585577 0585581 0585587 0585593 0585601 0585619 0585643 0585653 0585671 0585677
048016: 0585691 0585721 0585727 0585733 0585737 0585743 0585749 0585757 0585779 0585791 0585799 0585839 0585841 0585847 0585853
048031: 0585857 0585863 0585877 0585881 0585883 0585889 0585899 0585911 0585913 0585917 0585919 0585953 0585989 0585997 0586009
048046: 0586037 0586051 0586057 0586067 0586073 0586087 0586111 0586121 0586123 0586129 0586139 0586147 0586153 0586189 0586213
048061: 0586237 0586273 0586277 0586291 0586301 0586309 0586319 0586349 0586361 0586363 0586367 0586387 0586403 0586429 0586433
048076: 0586457 0586459 0586463 0586471 0586493 0586499 0586501 0586541 0586543 0586567 0586571 0586577 0586589 0586601 0586603
048091: 0586609 0586627 0586631 0586633 0586667 0586679 0586693 0586711 0586723 0586741 0586769 0586787 0586793 0586801 0586811
048106: 0586813 0586819 0586837 0586841 0586849 0586871 0586897 0586903 0586909 0586919 0586921 0586933 0586939 0586951 0586961
048121: 0586973 0586979 0586981 0587017 0587021 0587033 0587051 0587053 0587057 0587063 0587087 0587101 0587107 0587117 0587123
048136: 0587131 0587137 0587143 0587149 0587173 0587179 0587189 0587201 0587219 0587263 0587267 0587269 0587281 0587287 0587297
048151: 0587303 0587341 0587371 0587381 0587387 0587413 0587417 0587429 0587437 0587441 0587459 0587467 0587473 0587497 0587513
048166: 0587519 0587527 0587533 0587539 0587549 0587551 0587563 0587579 0587599 0587603 0587617 0587621 0587623 0587633 0587659
048181: 0587669 0587677 0587687 0587693 0587711 0587731 0587737 0587747 0587749 0587753 0587771 0587773 0587789 0587813 0587827
048196: 0587833 0587849 0587863 0587887 0587891 0587897 0587927 0587933 0587947 0587959 0587969 0587971 0587987 0587989 0587999
048211: 0588011 0588019 0588037 0588043 0588061 0588073 0588079 0588083 0588097 0588113 0588121 0588131 0588151 0588167 0588169
048226: 0588173 0588191 0588199 0588229 0588239 0588241 0588257 0588277 0588293 0588311 0588347 0588359 0588361 0588383 0588389
048241: 0588397 0588403 0588433 0588437 0588463 0588481 0588493 0588503 0588509 0588517 0588521 0588529 0588569 0588571 0588619
048256: 0588631 0588641 0588647 0588649 0588667 0588673 0588683 0588703 0588733 0588737 0588743 0588767 0588773 0588779 0588811
048271: 0588827 0588839 0588871 0588877 0588881 0588893 0588911 0588937 0588941 0588947 0588949 0588953 0588977 0589021 0589027
048286: 0589049 0589063 0589109 0589111 0589123 0589139 0589159 0589163 0589181 0589187 0589189 0589207 0589213 0589219 0589231
048301: 0589241 0589243 0589273 0589289 0589291 0589297 0589327 0589331 0589349 0589357 0589387 0589409 0589439 0589451 0589453
048316: 0589471 0589481 0589493 0589507 0589529 0589531 0589579 0589583 0589591 0589601 0589607 0589609 0589639 0589643 0589681
048331: 0589711 0589717 0589751 0589753 0589759 0589763 0589783 0589793 0589807 0589811 0589829 0589847 0589859 0589861 0589873
048346: 0589877 0589903 0589921 0589933 0589993 0589997 0590021 0590027 0590033 0590041 0590071 0590077 0590099 0590119 0590123
048361: 0590129 0590131 0590137 0590141 0590153 0590171 0590201 0590207 0590243 0590251 0590263 0590267 0590269 0590279 0590309
048376: 0590321 0590323 0590327 0590357 0590363 0590377 0590383 0590389 0590399 0590407 0590431 0590437 0590489 0590537 0590543
048391: 0590567 0590573 0590593 0590599 0590609 0590627 0590641 0590647 0590657 0590659 0590669 0590713 0590717 0590719 0590741
048406: 0590753 0590771 0590797 0590809 0590813 0590819 0590833 0590839 0590867 0590899 0590921 0590923 0590929 0590959 0590963
048421: 0590983 0590987 0591023 0591053 0591061 0591067 0591079 0591089 0591091 0591113 0591127 0591131 0591137 0591161 0591163
048436: 0591181 0591193 0591233 0591259 0591271 0591287 0591289 0591301 0591317 0591319 0591341 0591377 0591391 0591403 0591407
048451: 0591421 0591431 0591443 0591457 0591469 0591499 0591509 0591523 0591553 0591559 0591581 0591599 0591601 0591611 0591623
048466: 0591649 0591653 0591659 0591673 0591691 0591709 0591739 0591743 0591749 0591751 0591757 0591779 0591791 0591827 0591841
048481: 0591847 0591863 0591881 0591887 0591893 0591901 0591937 0591959 0591973 0592019 0592027 0592049 0592057 0592061 0592073
048496: 0592087 0592099 0592121 0592129 0592133 0592139 0592157 0592199 0592217 0592219 0592223 0592237 0592261 0592289 0592303
048511: 0592307 0592309 0592321 0592337 0592343 0592351 0592357 0592367 0592369 0592387 0592391 0592393 0592429 0592451 0592453
048526: 0592463 0592469 0592483 0592489 0592507 0592517 0592531 0592547 0592561 0592577 0592589 0592597 0592601 0592609 0592621
048541: 0592639 0592643 0592649 0592661 0592663 0592681 0592693 0592723 0592727 0592741 0592747 0592759 0592763 0592793 0592843
048556: 0592849 0592853 0592861 0592873 0592877 0592897 0592903 0592919 0592931 0592939 0592967 0592973 0592987 0592993 0593003
048571: 0593029 0593041 0593051 0593059 0593071 0593081 0593083 0593111 0593119 0593141 0593143 0593149 0593171 0593179 0593183
048586: 0593207 0593209 0593213 0593227 0593231 0593233 0593251 0593261 0593273 0593291 0593293 0593297 0593321 0593323 0593353
048601: 0593381 0593387 0593399 0593401 0593407 0593429 0593447 0593449 0593473 0593479 0593491 0593497 0593501 0593507 0593513
048616: 0593519 0593531 0593539 0593573 0593587 0593597 0593603 0593627 0593629 0593633 0593641 0593647 0593651 0593689 0593707
048631: 0593711 0593767 0593777 0593783 0593839 0593851 0593863 0593869 0593899 0593903 0593933 0593951 0593969 0593977 0593987
048646: 0593993 0594023 0594037 0594047 0594091 0594103 0594107 0594119 0594137 0594151 0594157 0594161 0594163 0594179 0594193
048661: 0594203 0594211 0594227 0594241 0594271 0594281 0594283 0594287 0594299 0594311 0594313 0594329 0594359 0594367 0594379
048676: 0594397 0594401 0594403 0594421 0594427 0594449 0594457 0594467 0594469 0594499 0594511 0594521 0594523 0594533 0594551
048691: 0594563 0594569 0594571 0594577 0594617 0594637 0594641 0594653 0594667 0594679 0594697 0594709 0594721 0594739 0594749
048706: 0594751 0594773 0594793 0594821 0594823 0594827 0594829 0594857 0594889 0594899 0594911 0594917 0594929 0594931 0594953
048721: 0594959 0594961 0594977 0594989 0595003 0595037 0595039 0595043 0595057 0595069 0595073 0595081 0595087 0595093 0595097
048736: 0595117 0595123 0595129 0595139 0595141 0595157 0595159 0595181 0595183 0595201 0595207 0595229 0595247 0595253 0595261
048751: 0595267 0595271 0595277 0595291 0595303 0595313 0595319 0595333 0595339 0595351 0595363 0595373 0595379 0595381 0595411
048766: 0595451 0595453 0595481 0595513 0595519 0595523 0595547 0595549 0595571 0595577 0595579 0595613 0595627 0595687 0595703
048781: 0595709 0595711 0595717 0595733 0595741 0595801 0595807 0595817 0595843 0595873 0595877 0595927 0595939 0595943 0595949
048796: 0595951 0595957 0595961 0595963 0595967 0595981 0596009 0596021 0596027 0596047 0596053 0596059 0596069 0596081 0596083
048811: 0596093 0596117 0596119 0596143 0596147 0596159 0596179 0596209 0596227 0596231 0596243 0596251 0596257 0596261 0596273
048826: 0596279 0596291 0596293 0596317 0596341 0596363 0596369 0596399 0596419 0596423 0596461 0596489 0596503 0596507 0596537
048841: 0596569 0596573 0596579 0596587 0596593 0596599 0596611 0596623 0596633 0596653 0596663 0596669 0596671 0596693 0596707
048856: 0596737 0596741 0596749 0596767 0596779 0596789 0596803 0596821 0596831 0596839 0596851 0596857 0596861 0596863 0596879
048871: 0596899 0596917 0596927 0596929 0596933 0596941 0596963 0596977 0596983 0596987 0597031 0597049 0597053 0597059 0597073
048886: 0597127 0597131 0597133 0597137 0597169 0597209 0597221 0597239 0597253 0597263 0597269 0597271 0597301 0597307 0597349
048901: 0597353 0597361 0597367 0597383 0597391 0597403 0597407 0597409 0597419 0597433 0597437 0597451 0597473 0597497 0597521
048916: 0597523 0597539 0597551 0597559 0597577 0597581 0597589 0597593 0597599 0597613 0597637 0597643 0597659 0597671 0597673
048931: 0597677 0597679 0597689 0597697 0597757 0597761 0597767 0597769 0597781 0597803 0597823 0597827 0597833 0597853 0597859
048946: 0597869 0597889 0597899 0597901 0597923 0597929 0597967 0597997 0598007 0598049 0598051 0598057 0598079 0598093 0598099
048961: 0598123 0598127 0598141 0598151 0598159 0598163 0598187 0598189 0598193 0598219 0598229 0598261 0598303 0598307 0598333
048976: 0598363 0598369 0598379 0598387 0598399 0598421 0598427 0598439 0598447 0598457 0598463 0598487 0598489 0598501 0598537
048991: 0598541 0598571 0598613 0598643 0598649 0598651 0598657 0598669 0598681 0598687 0598691 0598711 0598721 0598727 0598729
049006: 0598777 0598783 0598789 0598799 0598817 0598841 0598853 0598867 0598877 0598883 0598891 0598903 0598931 0598933 0598963
049021: 0598967 0598973 0598981 0598987 0598999 0599003 0599009 0599021 0599023 0599069 0599087 0599117 0599143 0599147 0599149
049036: 0599153 0599191 0599213 0599231 0599243 0599251 0599273 0599281 0599303 0599309 0599321 0599341 0599353 0599359 0599371
049051: 0599383 0599387 0599399 0599407 0599413 0599419 0599429 0599477 0599479 0599491 0599513 0599519 0599537 0599551 0599561
049066: 0599591 0599597 0599603 0599611 0599623 0599629 0599657 0599663 0599681 0599693 0599699 0599701 0599713 0599719 0599741
049081: 0599759 0599779 0599783 0599803 0599831 0599843 0599857 0599869 0599891 0599899 0599927 0599933 0599939 0599941 0599959
049096: 0599983 0599993 0599999 0600011 0600043 0600053 0600071 0600073 0600091 0600101 0600109 0600167 0600169 0600203 0600217
049111: 0600221 0600233 0600239 0600241 0600247 0600269 0600283 0600289 0600293 0600307 0600311 0600317 0600319 0600337 0600359
049126: 0600361 0600367 0600371 0600401 0600403 0600407 0600421 0600433 0600449 0600451 0600463 0600469 0600487 0600517 0600529
049141: 0600557 0600569 0600577 0600601 0600623 0600631 0600641 0600659 0600673 0600689 0600697 0600701 0600703 0600727 0600751
049156: 0600791 0600823 0600827 0600833 0600841 0600857 0600877 0600881 0600883 0600889 0600893 0600931 0600947 0600949 0600959
049171: 0600961 0600973 0600979 0600983 0601021 0601031 0601037 0601039 0601043 0601061 0601067 0601079 0601093 0601127 0601147
049186: 0601187 0601189 0601193 0601201 0601207 0601219 0601231 0601241 0601247 0601259 0601267 0601283 0601291 0601297 0601309
049201: 0601313 0601319 0601333 0601339 0601357 0601379 0601397 0601411 0601423 0601439 0601451 0601457 0601487 0601507 0601541
049216: 0601543 0601589 0601591 0601607 0601631 0601651 0601669 0601687 0601697 0601717 0601747 0601751 0601759 0601763 0601771
049231: 0601801 0601807 0601813 0601819 0601823 0601831 0601849 0601873 0601883 0601889 0601897 0601903 0601943 0601949 0601961
049246: 0601969 0601981 0602029 0602033 0602039 0602047 0602057 0602081 0602083 0602087 0602093 0602099 0602111 0602137 0602141
049261: 0602143 0602153 0602179 0602197 0602201 0602221 0602227 0602233 0602257 0602267 0602269 0602279 0602297 0602309 0602311
049276: 0602317 0602321 0602333 0602341 0602351 0602377 0602383 0602401 0602411 0602431 0602453 0602461 0602477 0602479 0602489
049291: 0602501 0602513 0602521 0602543 0602551 0602593 0602597 0602603 0602621 0602627 0602639 0602647 0602677 0602687 0602689
049306: 0602711 0602713 0602717 0602729 0602743 0602753 0602759 0602773 0602779 0602801 0602821 0602831 0602839 0602867 0602873
049321: 0602887 0602891 0602909 0602929 0602947 0602951 0602971 0602977 0602983 0602999 0603011 0603013 0603023 0603047 0603077
049336: 0603091 0603101 0603103 0603131 0603133 0603149 0603173 0603191 0603203 0603209 0603217 0603227 0603257 0603283 0603311
049351: 0603319 0603349 0603389 0603391 0603401 0603431 0603443 0603457 0603467 0603487 0603503 0603521 0603523 0603529 0603541
049366: 0603553 0603557 0603563 0603569 0603607 0603613 0603623 0603641 0603667 0603679 0603689 0603719 0603731 0603739 0603749
049381: 0603761 0603769 0603781 0603791 0603793 0603817 0603821 0603833 0603847 0603851 0603853 0603859 0603881 0603893 0603899
049396: 0603901 0603907 0603913 0603917 0603919 0603923 0603931 0603937 0603947 0603949 0603989 0604001 0604007 0604013 0604031
049411: 0604057 0604063 0604069 0604073 0604171 0604189 0604223 0604237 0604243 0604249 0604259 0604277 0604291 0604309 0604313
049426: 0604319 0604339 0604343 0604349 0604361 0604369 0604379 0604397 0604411 0604427 0604433 0604441 0604477 0604481 0604517
049441: 0604529 0604547 0604559 0604579 0604589 0604603 0604609 0604613 0604619 0604649 0604651 0604661 0604697 0604699 0604711
049456: 0604727 0604729 0604733 0604753 0604759 0604781 0604787 0604801 0604811 0604819 0604823 0604829 0604837 0604859 0604861
049471: 0604867 0604883 0604907 0604931 0604939 0604949 0604957 0604973 0604997 0605009 0605021 0605023 0605039 0605051 0605069
049486: 0605071 0605113 0605117 0605123 0605147 0605167 0605173 0605177 0605191 0605221 0605233 0605237 0605239 0605249 0605257

049501-051000 Prime numbers

```
049501:  0605261 0605309 0605323 0605329 0605333 0605347 0605369 0605393 0605401 0605411 0605413 0605443 0605471 0605477 0605497
049516:  0605503 0605509 0605531 0605533 0605543 0605551 0605573 0605591 0605597 0605599 0605603 0605609 0605617 0605629 0605639
049531:  0605641 0605687 0605707 0605719 0605779 0605789 0605809 0605837 0605849 0605861 0605867 0605873 0605879 0605887 0605893
049546:  0605909 0605921 0605933 0605947 0605953 0605977 0605987 0605993 0606017 0606029 0606031 0606037 0606041 0606049 0606059
049561:  0606077 0606079 0606083 0606091 0606113 0606121 0606131 0606173 0606181 0606223 0606241 0606247 0606251 0606299 0606301
049576:  0606311 0606313 0606323 0606341 0606379 0606383 0606413 0606433 0606443 0606449 0606493 0606497 0606503 0606521 0606527
049591:  0606539 0606559 0606569 0606581 0606587 0606589 0606607 0606643 0606649 0606653 0606659 0606673 0606721 0606731 0606733
049606:  0606737 0606743 0606797 0606791 0606811 0606829 0606833 0606839 0606857 0606863 0606899 0606913 0606919 0606943
049621:  0606959 0606961 0606967 0606971 0606997 0607001 0607003 0607007 0607037 0607043 0607049 0607063 0607067 0607081 0607091
049636:  0607093 0607097 0607109 0607127 0607129 0607149 0607151 0607153 0607157 0607163 0607167 0607181 0607199 0607213 0607219 0607249
049651:  0607253 0607261 0607301 0607303 0607307 0607309 0607319 0607331 0607337 0607339 0607349 0607357 0607363 0607417 0607421
049666:  0607423 0607471 0607493 0607517 0607531 0607549 0607573 0607583 0607619 0607627 0607661 0607669 0607681 0607697 0607703
049681:  0607721 0607723 0607727 0607741 0607769 0607813 0607819 0607823 0607837 0607843 0607861 0607883 0607889 0607909 0607921
049696:  0607931 0607933 0607939 0607951 0607961 0607967 0607991 0607993 0608011 0608029 0608033 0608087 0608089 0608099 0608117
049711:  0608123 0608129 0608131 0608147 0608161 0608177 0608191 0608207 0608223 0608269 0608273 0608297 0608299 0608303 0608339
049726:  0608347 0608357 0608359 0608369 0608371 0608383 0608389 0608393 0608401 0608411 0608423 0608429 0608431 0608459 0608471
049741:  0608483 0608489 0608491 0608519 0608521 0608527 0608581 0608591 0608593 0608609 0608611 0608633 0608653 0608659 0608677
049756:  0608693 0608701 0608737 0608743 0608749 0608759 0608767 0608789 0608819 0608831 0608843 0608851 0608857 0608863 0608873
049771:  0608887 0608899 0608877 0608903 0608941 0608947 0608953 0608977 0608987 0608989 0608993 0608999 0609047 0609067 0609071
049786:  0609079 0609101 0609107 0609113 0609143 0609149 0609163 0609173 0609179 0609199 0609209 0609221 0609227 0609233 0609241
049801:  0609253 0609269 0609277 0609283 0609289 0609307 0609313 0609319 0609359 0609361 0609373 0609379 0609391 0609397 0609403
049816:  0609407 0609421 0609437 0609443 0609461 0609481 0609487 0609503 0609509 0609511 0609527 0609533 0609541 0609571 0609589 0609593
049831:  0609599 0609601 0609607 0609613 0609671 0609619 0609641 0609667 0609683 0609697 0609709 0609743 0609751 0609757 0609779
049846:  0609781 0609803 0609809 0609821 0609859 0609877 0609887 0609907 0609911 0609913 0609923 0609929 0609979 0609989 0609991
049861:  0609997 0610031 0610063 0610087 0610123 0610157 0610163 0610187 0610193 0610199 0610217 0610219 0610229 0610243 0610271
049876:  0610279 0610289 0610301 0610327 0610331 0610339 0610391 0610409 0610417 0610429 0610439 0610447 0610457 0610469 0610501
049891:  0610523 0610541 0610543 0610553 0610559 0610567 0610579 0610583 0610619 0610633 0610639 0610651 0610661 0610667 0610681
049906:  0610699 0610703 0610721 0610733 0610739 0610741 0610763 0610781 0610787 0610801 0610817 0610823 0610829 0610837
049921:  0610843 0610847 0610849 0610874 0610877 0610891 0610913 0610919 0610921 0610933 0610957 0610969 0610993 0611011
049936:  0611027 0611033 0611051 0611057 0611069 0611071 0611081 0611111 0611113 0611131 0611137 0611147 0611189 0611207 0611213
049951:  0611257 0611263 0611279 0611293 0611297 0611323 0611333 0611389 0611393 0611411 0611419 0611441 0611449 0611453 0611459
049966:  0611467 0611483 0611497 0611531 0611543 0611549 0611551 0611557 0611561 0611587 0611603 0611621 0611641 0611657 0611671
049981:  0611693 0611707 0611729 0611753 0611791 0611801 0611803 0611827 0611833 0611837 0611839 0611873 0611879 0611887 0611903
049996:  0611921 0611927 0611939 0611951 0611953 0611957 0611969 0611977 0611993 0611999 0612011 0612023 0612037 0612041 0612043
050011:  0612049 0612061 0612067 0612071 0612083 0612107 0612109 0612113 0612133 0612137 0612149 0612169 0612173 0612181 0612193
050026:  0612217 0612223 0612229 0612259 0612263 0612301 0612307 0612317 0612319 0612331 0612341 0612349 0612371 0612373 0612377
050041:  0612383 0612401 0612407 0612439 0612481 0612497 0612511 0612553 0612583 0612589 0612611 0612613 0612637 0612643 0612649
050056:  0612671 0612679 0612713 0612719 0612727 0612737 0612751 0612763 0612791 0612797 0612809 0612811 0612817 0612823 0612841
050071:  0612847 0612853 0612869 0612877 0612889 0612923 0612929 0612947 0612967 0612971 0612977 0613007 0613009 0613013 0613349
050086:  0613061 0613097 0613099 0613141 0613153 0613163 0613169 0613177 0613181 0613189 0613199 0613213 0613219 0613229 0613231
050101:  0613243 0613247 0613253 0613267 0613279 0613289 0613297 0613333 0613357 0613363 0613367 0613381 0613421 0613427 0613439
050116:  0613441 0613447 0613451 0613463 0613469 0613471 0613493 0613499 0613507 0613523 0613549 0613559 0613573 0613577 0613597
050131:  0613607 0613609 0613633 0613637 0613651 0613661 0613667 0613673 0613699 0613733 0613741 0613747 0613759 0613763 0613807
050146:  0613813 0613817 0613829 0613841 0613849 0613861 0613883 0613889 0613903 0613957 0613967 0613969 0613981 0613993 0613999
050161:  0614041 0614051 0614063 0614071 0614093 0614101 0614113 0614123 0614147 0614153 0614167 0614177 0614179 0614183
050176:  0614219 0614267 0614279 0614291 0614293 0614297 0614321 0614333 0614377 0614387 0614413 0614417 0614437 0614447 0614483
050191:  0614503 0614527 0614543 0614561 0614563 0614569 0614609 0614611 0614617 0614623 0614633 0614639 0614657 0614659
050206:  0614671 0614683 0614687 0614693 0614701 0614717 0614729 0614741 0614743 0614749 0614753 0614759 0614773 0614827 0614843
050221:  0614849 0614863 0614881 0614893 0614909 0614917 0614927 0614963 0614981 0614983 0615019 0615031 0615047 0615053
050236:  0615067 0615101 0615103 0615107 0615137 0615151 0615161 0615187 0615229 0615233 0615253 0615259 0615269 0615289 0615299
050251:  0615313 0615337 0615343 0615367 0615379 0615389 0615401 0615403 0615413 0615427 0615431 0615437 0615449 0615473
050266:  0615479 0615491 0615493 0615497 0615509 0615521 0615539 0615557 0615577 0615599 0615607 0615617 0615623 0615661 0615677
050281:  0615679 0615709 0615713 0615721 0615739 0615743 0615749 0615751 0615761 0615767 0615773 0615793 0615799 0615821 0615823
050296:  0615829 0615833 0615869 0615883 0615887 0615907 0615919 0615941 0615949 0615971 0615997 0616003 0616027 0616051 0616069
050311:  0616073 0616079 0616103 0616111 0616117 0616139 0616141 0616153 0616157 0616169 0616171 0616181 0616207 0616211
050326:  0616219 0616223 0616229 0616243 0616261 0616277 0616289 0616307 0616313 0616321 0616327 0616361 0616367 0616387 0616391
050341:  0616393 0616409 0616411 0616433 0616439 0616459 0616463 0616481 0616489 0616501 0616507 0616513 0616519 0616523 0616529
050356:  0616537 0616547 0616579 0616589 0616597 0616639 0616643 0616669 0616673 0616703 0616717 0616723 0616729 0616741 0616757
050371:  0616769 0616783 0616787 0616789 0616793 0616799 0616829 0616841 0616843 0616849 0616871 0616877 0616897 0616909 0616933
050386:  0616943 0616951 0616961 0616991 0616997 0616999 0617011 0617027 0617039 0617051 0617053 0617059 0617067 0617087 0617107
050401:  0617119 0617129 0617131 0617147 0617153 0617161 0617189 0617191 0617231 0617233 0617237 0617249 0617257 0617269 0617273
050416:  0617293 0617311 0617321 0617327 0617333 0617339 0617347 0617363 0617369 0617381 0617387 0617401 0617411 0617429 0617447 0617453
050431:  0617467 0617471 0617473 0617479 0617509 0617521 0617531 0617537 0617579 0617587 0617647 0617651 0617657 0617681
050446:  0617687 0617693 0617699 0617707 0617717 0617719 0617723 0617731 0617761 0617777 0617787 0617791 0617801 0617809
050461:  0617819 0617843 0617857 0617873 0617879 0617887 0617917 0617951 0617959 0617963 0617971 0617983 0618029 0618031 0618041
050476:  0618049 0618053 0618083 0618119 0618131 0618161 0618173 0618199 0618227 0618229 0618253 0618257 0618269 0618271 0618287
050491:  0618301 0618311 0618323 0618329 0618337 0618347 0618349 0618361 0618377 0618407 0618413 0618421 0618437 0618439 0618463
050506:  0618509 0618511 0618527 0618547 0618559 0618571 0618577 0618581 0618589 0618593 0618619 0618637 0618643 0618671 0618679
050521:  0618703 0618707 0618719 0618799 0618823 0618833 0618841 0618847 0618857 0618859 0618869 0618883 0618913 0618929 0618941
050536:  0618971 0618979 0618981 0618991 0618997 0619001 0619009 0619019 0619027 0619013 0619057 0619061 0619067 0619079 0619117
050551:  0619139 0619159 0619169 0619181 0619187 0619191 0619189 0619207 0619247 0619253 0619261 0619273 0619277 0619279 0619303 0619309
050566:  0619313 0619331 0619363 0619373 0619391 0619397 0619471 0619477 0619511 0619537 0619543 0619571 0619573 0619583 0619589
050581:  0619603 0619607 0619611 0619613 0619657 0619669 0619681 0619687 0619693 0619711 0619739 0619741 0619753 0619763 0619771
050596:  0619793 0619807 0619811 0619813 0619819 0619831 0619841 0619849 0619867 0619897 0619909 0619921 0619967 0619979 0619981
050611:  0619987 0619999 0620003 0620029 0620031 0620051 0620099 0620111 0620117 0620159 0620161 0620171 0620183 0620197 0620201
050626:  0620227 0620233 0620237 0620239 0620251 0620261 0620297 0620303 0620311 0620327 0620329 0620351 0620359 0620363 0620377
050641:  0620383 0620393 0620401 0620413 0620429 0620447 0620441 0620467 0620491 0620507 0620519 0620531 0620537 0620549 0620561
050656:  0620567 0620569 0620579 0620603 0620623 0620639 0620647 0620657 0620663 0620677 0620689 0620693 0620717 0620731 0620743
050671:  0620761 0620771 0620773 0620777 0620813 0620821 0620827 0620831 0620849 0620869 0620887 0620909 0620911 0620879 0620933
050686:  0620947 0620957 0620981 0620999 0621007 0621013 0621017 0621029 0621031 0621043 0621059 0621083 0621097 0621123 0621133
050701:  0621139 0621143 0621217 0621223 0621227 0621239 0621241 0621251 0621289 0621301 0621317 0621323 0621341 0621347 0621351
050716:  0621359 0621371 0621389 0621419 0621427 0621431 0621443 0621451 0621461 0621473 0621521 0621527 0621541 0621583 0621611
050731:  0621617 0621619 0621629 0621631 0621641 0621671 0621679 0621701 0621703 0621721 0621731 0621749 0621757 0621769
050746:  0621779 0621799 0621821 0621833 0621869 0621871 0621883 0621893 0621913 0621923 0621937 0621941 0621983 0621997 0622009
050761:  0622019 0622049 0622051 0622067 0622073 0622091 0622103 0622123 0622129 0622133 0622147 0622157 0622159
050776:  0622177 0622187 0622189 0622241 0622243 0622247 0622249 0622277 0622301 0622313 0622331 0622333 0622337 0622351 0622367
050791:  0622397 0622423 0622477 0622483 0622493 0622513 0622519 0622529 0622547 0622549 0622591 0622609 0622679 0622709 0622741
050806:  0622603 0622607 0622613 0622619 0622621 0622627 0622633 0622669 0622669 0622723 0622729 0622751 0622777 0622781
050821:  0622793 0622811 0622849 0622861 0622879 0622889 0622901 0622927 0622943 0622957 0622967 0622987 0622999 0623003 0623009
050836:  0623017 0623023 0623041 0623057 0623059 0623071 0623107 0623111 0623209 0623221 0623261 0623263 0623269 0623273 0623281
050851:  0623291 0623299 0623303 0623321 0623327 0623341 0623351 0623353 0623381 0623387 0623393 0623401 0623417 0623423 0623431
050866:  0623437 0623447 0623473 0623531 0623537 0623539 0623591 0623617 0623621 0623633 0623641 0623643 0623653 0623669 0623671 0623677
050881:  0623681 0623683 0623699 0623717 0623719 0623723 0623729 0623743 0623759 0623767 0623771 0623803 0623839 0623851 0623867
050896:  0623879 0623881 0623889 0623893 0623929 0623939 0623931 0623947 0623951 0623963 0623977 0623983 0624007 0624011
050911:  0624037 0624047 0624049 0624067 0624089 0624097 0624119 0624133 0624139 0624149 0624163 0624173 0624181 0624199 0624203 0624209
050926:  0624217 0624241 0624271 0624281 0624289 0624271 0624277 0624301 0624313 0624319 0624323 0624329 0624341 0624391 0624401
050941:  0624419 0624443 0624451 0624467 0624469 0624479 0624487 0624497 0624509 0624517 0624521 0624539 0624541 0624577 0624593
050956:  0624601 0624607 0624643 0624649 0624667 0624683 0624707 0624709 0624721 0624727 0624731 0624739 0624751 0624763 0624769
050971:  0624787 0624791 0624797 0624803 0624809 0624829 0624839 0624847 0624851 0624859 0624877 0624917 0624961 0624973 0624983
050986:  0624997 0625007 0625033 0625057 0625063 0625087 0625103 0625109 0625111 0625129 0625133 0625169 0625171 0625181 0625187
```

Prime numbers 051001-052500

```
051001:  0625199 0625213 0625231 0625237 0625253 0625267 0625279 0625283 0625307 0625319 0625343 0625351 0625367 0625369 0625397
051016:  0625409 0625451 0625477 0625483 0625489 0625507 0625517 0625529 0625543 0625559 0625591 0625609 0625621 0625627 0625631
051031:  0625637 0625643 0625657 0625661 0625663 0625697 0625699 0625763 0625789 0625811 0625819 0625831 0625837 0625861
051046:  0625871 0625883 0625909 0625913 0625927 0625939 0625943 0625979 0625997 0626009 0626011 0626033 0626051 0626063
051061:  0626113 0626117 0626147 0626159 0626173 0626177 0626189 0626191 0626201 0626207 0626239 0626251 0626261 0626317 0626323
051076:  0626333 0626341 0626343 0626363 0626377 0626389 0626393 0626443 0626477 0626489 0626519 0626533 0626539 0626581 0626597
051091:  0626599 0626609 0626611 0626617 0626621 0626623 0626627 0626629 0626663 0626683 0626687 0626693 0626701 0626711 0626713
051106:  0626723 0626741 0626749 0626761 0626771 0626783 0626797 0626809 0626833 0626837 0626861 0626887 0626917 0626921 0626929
051121:  0626947 0626953 0626959 0626963 0626987 0627017 0627041 0627059 0627071 0627073 0627083 0627089 0627091 0627101 0627119
051136:  0627131 0627139 0627163 0627169 0627191 0627197 0627217 0627227 0627251 0627257 0627269 0627271 0627293 0627301 0627329
051151:  0627349 0627353 0627377 0627379 0627383 0627391 0627433 0627449 0627479 0627481 0627491 0627511 0627521 0627547 0627559
051166:  0627593 0627611 0627617 0627619 0627637 0627643 0627659 0627661 0627667 0627673 0627709 0627721 0627733 0627749 0627773
051181:  0627787 0627791 0627797 0627799 0627811 0627841 0627859 0627901 0627911 0627919 0627943 0627947 0627953 0627961 0627973
051196:  0628013 0628021 0628037 0628049 0628051 0628057 0628063 0628093 0628097 0628127 0628131 0628171 0628183 0628189 0628193
051211:  0628207 0628213 0628217 0628219 0628231 0628261 0628267 0628289 0628301 0628319 0628337 0628363 0628373 0628379 0628391
051226:  0628399 0628423 0628427 0628447 0628477 0628487 0628493 0628499 0628541 0628561 0628583 0628591 0628651 0628673 0628679
051241:  0628681 0628687 0628699 0628709 0628721 0628753 0628757 0628759 0628781 0628783 0628787 0628799 0628801 0628811 0628819
051256:  0628841 0628861 0628877 0628909 0628913 0628921 0628937 0628939 0628973 0628993 0628997 0629003 0629009 0629011 0629023
051271:  0629029 0629059 0629081 0629113 0629137 0629143 0629171 0629177 0629203 0629243 0629249 0629263 0629281 0629311 0629339
051286:  0629341 0629351 0629371 0629381 0629383 0629401 0629411 0629417 0629429 0629449 0629467 0629483 0629491 0629509 0629513
051301:  0629537 0629569 0629591 0629593 0629609 0629611 0629617 0629623 0629653 0629683 0629687 0629689 0629701 0629711
051316:  0629723 0629737 0629743 0629747 0629767 0629773 0629779 0629803 0629807 0629819 0629843 0629857 0629861 0629873 0629891
051331:  0629897 0629899 0629903 0629921 0629927 0629929 0629939 0629941 0629977 0629987 0629989 0629991 0630017 0630023 0630029 0630043
051346:  0630067 0630101 0630107 0630127 0630151 0630163 0630167 0630169 0630181 0630193 0630197 0630209 0630247 0630263 0630281
051361:  0630299 0630307 0630319 0630349 0630353 0630391 0630403 0630451 0630467 0630473 0630481 0630493 0630521 0630523 0630529
051376:  0630559 0630577 0630583 0630587 0630589 0630593 0630607 0630631 0630653 0630659 0630677 0630689 0630701 0630709 0630713 0630719
051391:  0630733 0630737 0630797 0630803 0630823 0630827 0630841 0630863 0630869 0630871 0630893 0630899 0630901 0630907 0630911 0630919
051406:  0630941 0630967 0630997 0631003 0631013 0631039 0631061 0631121 0631133 0631139 0631151 0631153 0631157 0631171 0631181
051421:  0631187 0631223 0631229 0631247 0631249 0631259 0631271 0631273 0631291 0631307 0631339 0631357 0631361 0631387 0631391
051436:  0631399 0631409 0631429 0631453 0631457 0631469 0631463 0631471 0631483 0631487 0631517 0631513 0631529 0631531 0631537
051451:  0631549 0631559 0631573 0631577 0631583 0631597 0631613 0631619 0631643 0631667 0631679 0631681 0631711 0631717 0631723
051466:  0631733 0631739 0631751 0631753 0631789 0631817 0631819 0631843 0631847 0631853 0631859 0631861 0631867 0631889 0631901
051481:  0631903 0631913 0631927 0631931 0631937 0631979 0631987 0631991 0631993 0632029 0632041 0632053 0632081 0632083 0632087
051496:  0632089 0632101 0632117 0632127 0632123 0632141 0632153 0632189 0632209 0632221 0632227 0632231 0632257 0632267
051511:  0632273 0632297 0632299 0632321 0632323 0632327 0632329 0632347 0632351 0632353 0632363 0632371 0632381 0632389 0632393
051526:  0632447 0632459 0632473 0632483 0632497 0632501 0632503 0632507 0632521 0632557 0632561 0632591 0632609 0632623 0632627 0632629
051541:  0632647 0632669 0632677 0632683 0632699 0632713 0632717 0632743 0632747 0632773 0632777 0632813 0632839 0632843 0632851
051556:  0632881 0632897 0632911 0632923 0632939 0632941 0632971 0632977 0632987 0632993 0633001 0633013 0633037 0633053
051571:  0633067 0633079 0633091 0633133 0633151 0633161 0633181 0633187 0633197 0633209 0633223 0633253 0633257 0633263 0633271 0633287
051586:  0633317 0633337 0633359 0633377 0633379 0633381 0633401 0633407 0633427 0633443 0633461 0633463 0633461 0633467 0633649
051601:  0633473 0633487 0633497 0633559 0633569 0633571 0633583 0633599 0633613 0633623 0633629 0633649 0633653 0633667 0633739
051616:  0633751 0633757 0633767 0633781 0633791 0633793 0633797 0633799 0633803 0633823 0633833 0633877 0633883 0633923 0633931
051631:  0633937 0633943 0633953 0633961 0633967 0633991 0634003 0634013 0634031 0634061 0634079 0634091 0634097 0634103 0634141
051646:  0634157 0634159 0634169 0634177 0634181 0634187 0634199 0634211 0634223 0634237 0634241 0634247 0634261 0634267 0634273
051661:  0634279 0634301 0634307 0634313 0634327 0634331 0634343 0634367 0634373 0634379 0634421 0634441 0634447 0634483 0634493
051676:  0634499 0634511 0634519 0634523 0634531 0634541 0634567 0634573 0634577 0634597 0634603 0634609 0634643 0634649 0634651
051691:  0634679 0634681 0634687 0634703 0634709 0634717 0634727 0634741 0634747 0634757 0634759 0634793 0634807 0634817 0634841
051706:  0634853 0634859 0634861 0634871 0634891 0634901 0634903 0634927 0634937 0634939 0634943 0634969 0634979 0635003 0635021
051721:  0635039 0635051 0635057 0635087 0635119 0635147 0635149 0635197 0635203 0635207 0635249 0635251 0635253 0635267 0635279
051736:  0635287 0635291 0635293 0635309 0635317 0635333 0635339 0635347 0635351 0635353 0635359 0635363 0635387 0635389 0635413
051751:  0635423 0635431 0635441 0635449 0635471 0635483 0635507 0635519 0635527 0635533 0635539 0635557 0635563 0635567 0635599 0635603
051766:  0635617 0635639 0635653 0635659 0635689 0635707 0635711 0635729 0635731 0635737 0635777 0635801 0635809 0635813 0635821
051781:  0635837 0635849 0635867 0635879 0635891 0635909 0635917 0635923 0635939 0635959 0635969 0635977 0635981 0635983
051796:  0635989 0636017 0636023 0636043 0636059 0636061 0636071 0636073 0636107 0636109 0636133 0636137 0636149 0636193 0636211
051811:  0636217 0636241 0636247 0636257 0636263 0636277 0636283 0636287 0636301 0636313 0636319 0636331 0636343 0636353 0636359
051826:  0636403 0636407 0636409 0636421 0636469 0636473 0636499 0636533 0636539 0636541 0636547 0636553 0636563 0636569 0636613
051841:  0636619 0636631 0636653 0636673 0636697 0636719 0636721 0636731 0636739 0636749 0636763 0636767 0636773 0636781 0636809
051856:  0636817 0636821 0636829 0636851 0636863 0636877 0636917 0636919 0636931 0636947 0636953 0636967 0636983 0636997 0637001
051871:  0637003 0637067 0637073 0637079 0637097 0637129 0637139 0637171 0637163 0637171 0637199 0637229 0637243 0637271
051886:  0637277 0637283 0637291 0637297 0637309 0637319 0637321 0637327 0637337 0637339 0637349 0637369 0637373 0637409 0637421
051901:  0637423 0637447 0637459 0637463 0637471 0637489 0637499 0637513 0637519 0637529 0637537 0637551 0637541 0637543 0637597 0637601
051916:  0637603 0637607 0637627 0637657 0637669 0637691 0637699 0637709 0637711 0637717 0637723 0637729 0637751 0637771
051931:  0637781 0637783 0637787 0637817 0637829 0637831 0637841 0637873 0637883 0637909 0637933 0637937 0637939 0638023 0638047
051946:  0638051 0638059 0638063 0638081 0638117 0638123 0638147 0638159 0638161 0638171 0638187 0638179 0638201 0638223 0638263
051961:  0638269 0638303 0638317 0638327 0638347 0638359 0638371 0638423 0638431 0638447 0638453 0638459 0638467 0638489 0638501
051976:  0638527 0638567 0638581 0638587 0638621 0638629 0638633 0638669 0638689 0638699 0638717 0638719 0638767 0638801
051991:  0638819 0638839 0638857 0638861 0638893 0638923 0638933 0638959 0638971 0638977 0638993 0638999 0639007 0639011 0639043
052006:  0639049 0639053 0639083 0639091 0639137 0639143 0639151 0639157 0639167 0639191 0639211 0639253 0639257 0639259
052021:  0639263 0639269 0639299 0639307 0639311 0639329 0639337 0639361 0639391 0639433 0639459 0639487 0639491
052036:  0639493 0639511 0639517 0639533 0639547 0639563 0639571 0639589 0639599 0639601 0639631 0639637 0639647 0639671
052051:  0639677 0639679 0639689 0639697 0639701 0639703 0639713 0639719 0639731 0639739 0639757 0639833 0639839 0639851 0639853
052066:  0639857 0639907 0639911 0639937 0639941 0639959 0639989 0639997 0640007 0640027 0640029 0640043
052081:  0640049 0640061 0640069 0640099 0640109 0640121 0640127 0640139 0640151 0640153 0640163 0640193 0640219 0640223 0640229
052096:  0640231 0640247 0640249 0640259 0640261 0640297 0640303 0640307 0640323 0640343 0640363 0640369 0640411 0640421 0640457
052111:  0640463 0640477 0640483 0640499 0640529 0640531 0640579 0640583 0640589 0640613 0640621 0640631 0640649 0640663 0640667
052126:  0640669 0640687 0640691 0640727 0640733 0640741 0640777 0640777 0640793 0640967 0640973 0640999 0641051 0641057 0641077 0641083
052141:  0640901 0640907 0640919 0640927 0640941 0640959 0640967 0640973 0640999 0641051 0641057 0641077 0641083
052156:  0641089 0641093 0641101 0641121 0641129 0641143 0641167 0641197 0641203 0641213 0641227 0641239 0641251 0641279 0641287
052171:  0641299 0641317 0641327 0641341 0641387 0641411 0641413 0641419 0641437 0641441 0641453 0641467 0641471 0641479 0641491
052186:  0641513 0641519 0641521 0641549 0641551 0641579 0641581 0641623 0641633 0641639 0641681 0641701 0641713 0641747 0641749
052201:  0641761 0641789 0641791 0641803 0641813 0641819 0641821 0641827 0641843 0641863 0641867 0641873 0641881 0641891
052216:  0641897 0641909 0641923 0641929 0641941 0641959 0641969 0641981 0642011 0642013 0642049 0642071 0642077 0642079 0642121
052231:  0642149 0642151 0642157 0642161 0642163 0642197 0642203 0642221 0642229 0642237 0642241 0642247 0642253 0642279 0642281
052246:  0642359 0642361 0642373 0642403 0642407 0642419 0642421 0642427 0642457 0642487 0642517 0642527 0642529 0642547 0642557
052261:  0642563 0642567 0642581 0642613 0642621 0642673 0642683 0642701 0642727 0642739 0642747 0642769 0642791 0642797 0642799 0642809
052276:  0642833 0642853 0642869 0642871 0642877 0642881 0642899 0642907 0642931 0642937 0642947 0642953 0642973 0642977 0642997
052291:  0643009 0643021 0643031 0643039 0643043 0643051 0643069 0643081 0643087 0643099 0643121 0643129 0643183 0643187
052306:  0643199 0643213 0643217 0643231 0643243 0643273 0643301 0643303 0643369 0643373 0643403 0643421 0643429 0643439 0643453
052321:  0643457 0643463 0643469 0643493 0643507 0643523 0643567 0643583 0643619 0643633 0643639 0643649
052336:  0643651 0643661 0643681 0643691 0643693 0643697 0643703 0643723 0643729 0643751 0643781 0643847 0643849 0643859 0643873
052351:  0643879 0643883 0643919 0643927 0643949 0643973 0643961 0643969 0643994 0644009 0644029 0644047 0644051 0644053
052366:  0644057 0644089 0644101 0644107 0644117 0644123 0644129 0644141 0644143 0644153 0644159 0644173 0644177 0644191 0644197
052381:  0644201 0644227 0644257 0644261 0644273 0644279 0644291 0644297 0644341 0644353 0644393 0644367 0644381 0644383
052396:  0644401 0644411 0644431 0644447 0644449 0644471 0644507 0644513 0644519 0644521 0644527 0644557 0644563 0644569
052411:  0644593 0644597 0644599 0644617 0644629 0644647 0644653 0644669 0644671 0644687 0644701 0644717 0644729 0644731 0644747
052426:  0644753 0644767 0644773 0644789 0644797 0644801 0644803 0644833 0644847 0644857 0644863 0644881 0644899 0644909
052441:  0644911 0644923 0644933 0644951 0644977 0644999 0645011 0645013 0645019 0645023 0645037 0645041 0645049 0645067 0645077
052456:  0645081 0645091 0645097 0645111 0645137 0645149 0645179 0645187 0645223 0645257 0645313 0645329 0645347 0645363
052471:  0645383 0645397 0645409 0645419 0645431 0645433 0645443 0645467 0645481 0645493 0645497 0645499 0645503 0645521 0645527
052486:  0645529 0645571 0645577 0645581 0645583 0645599 0645611 0645629 0645641 0645647 0645649 0645661 0645683 0645691 0645703
```

052501-054000   Prime numbers

```
052501:  0645713 0645727 0645737 0645739 0645751 0645763 0645787 0645803 0645833 0645839 0645851 0645857 0645877 0645889 0645893
052516:  0645901 0645907 0645937 0645941 0645973 0645979 0646003 0646013 0646027 0646039 0646067 0646073 0646093 0646099 0646147
052531:  0646157 0646159 0646169 0646181 0646183 0646189 0646193 0646199 0646237 0646253 0646259 0646267 0646271 0646273 0646291
052546:  0646301 0646307 0646309 0646333 0646339 0646397 0646403 0646411 0646421 0646423 0646459 0646483 0646519 0646523 0646535
052561:  0646543 0646549 0646571 0646573 0646577 0646609 0646619 0646631 0646637 0646643 0646669 0646687 0646721 0646757 0646771
052576:  0646781 0646823 0646831 0646837 0646843 0646859 0646873 0646879 0646883 0646889 0646907 0646909 0646913 0646927 0646937
052591:  0646957 0646979 0646981 0646991 0646993 0647011 0647033 0647039 0647047 0647057 0647069 0647081 0647099 0647111 0647113
052606:  0647117 0647131 0647137 0647147 0647161 0647181 0647201 0647209 0647219 0647261 0647263 0647293 0647303 0647321 0647327 0647333
052621:  0647341 0647357 0647359 0647371 0647399 0647401 0647417 0647429 0647441 0647453 0647477 0647489 0647503 0647509
052636:  0647527 0647531 0647543 0647557 0647579 0647587 0647593 0647609 0647617 0647627 0647641 0647651 0647659 0647663 0647687
052651:  0647693 0647719 0647723 0647741 0647743 0647747 0647753 0647771 0647783 0647789 0647809 0647821 0647837 0647839 0647851
052666:  0647861 0647891 0647893 0647909 0647917 0647951 0647953 0647963 0647987 0648007 0648019 0648029 0648041 0648057
052681:  0648061 0648073 0648079 0648097 0648101 0648107 0648119 0648133 0648173 0648181 0648191 0648199 0648211 0648217 0648229
052696:  0648239 0648257 0648259 0648269 0648283 0648289 0648293 0648331 0648341 0648343 0648371 0648377 0648379 0648383
052711:  0648391 0648433 0648437 0648449 0648481 0648509 0648563 0648607 0648617 0648619 0648629 0648631 0648649 0648653 0648671
052726:  0648677 0648689 0648709 0648711 0648731 0648763 0648779 0648803 0648841 0648859 0648863 0648871 0648887 0648889 0648911
052741:  0648917 0648931 0648937 0648953 0648961 0648971 0648997 0649001 0649007 0649039 0649063 0649069 0649073 0649079 0649081
052756:  0649087 0649093 0649123 0649141 0649147 0649151 0649157 0649183 0649217 0649261 0649273 0649277 0649279 0649283 0649291
052771:  0649307 0649321 0649361 0649379 0649381 0649403 0649421 0649429 0649427 0649457 0649469 0649471 0649483 0649487 0649499
052786:  0649501 0649507 0649511 0649529 0649541 0649559 0649567 0649573 0649577 0649613 0649619 0649633 0649639 0649643
052801:  0649657 0649661 0649697 0649709 0649717 0649739 0649751 0649769 0649771 0649777 0649783 0649787 0649793 0649799
052816:  0649801 0649813 0649829 0649843 0649849 0649867 0649871 0649877 0649897 0649907 0649921 0649937 0649969 0649981
052831:  0649991 0650011 0650017 0650059 0650071 0650081 0650099 0650107 0650117 0650183 0650189 0650213 0650227 0650261 0650269
052846:  0650281 0650291 0650317 0650327 0650329 0650347 0650359 0650387 0650401 0650413 0650449 0650477 0650479 0650483 0650519
052861:  0650537 0650543 0650549 0650563 0650567 0650581 0650591 0650599 0650609 0650623 0650627 0650651 0650699 0650701 0650759 0650761
052876:  0650779 0650813 0650821 0650827 0650833 0650851 0650861 0650863 0650869 0650873 0650911 0650917 0650927 0650933 0650953
052891:  0650971 0650987 0651017 0651019 0651029 0651043 0651067 0651071 0651097 0651103 0651109 0651117 0651127 0651139 0651143 0651169
052906:  0651179 0651181 0651191 0651193 0651221 0651223 0651239 0651247 0651251 0651257 0651271 0651281 0651289 0651293 0651323
052921:  0651331 0651341 0651361 0651397 0651401 0651437 0651439 0651461 0651473 0651481 0651487 0651503 0651509 0651517 0651587
052936:  0651617 0651641 0651647 0651649 0651667 0651683 0651689 0651697 0651727 0651731 0651733 0651767 0651769 0651793 0651803
052951:  0651809 0651811 0651821 0651839 0651841 0651853 0651857 0651863 0651869 0651877 0651881 0651901 0651913 0651943 0651971
052966:  0651997 0652019 0652033 0652039 0652063 0652079 0652081 0652087 0652117 0652121 0652153 0652189 0652207 0652217 0652229
052981:  0652237 0652241 0652243 0652261 0652279 0652283 0652291 0652319 0652321 0652331 0652333 0652343 0652357 0652361 0652369
052996:  0652373 0652381 0652411 0652417 0652429 0652447 0652451 0652453 0652493 0652499 0652507 0652541 0652543 0652549 0652559
053011:  0652567 0652573 0652577 0652591 0652601 0652607 0652609 0652621 0652627 0652651 0652657 0652667 0652699 0652723 0652727
053026:  0652733 0652739 0652741 0652747 0652753 0652759 0652787 0652811 0652831 0652837 0652849 0652853 0652871 0652903 0652909
053041:  0652913 0652921 0652931 0652933 0652937 0652943 0652957 0652969 0652991 0652997 0652999 0653033 0653067 0653083 0653111
053056:  0653117 0653143 0653153 0653163 0653197 0653203 0653207 0653209 0653243 0653267 0653273 0653281 0653311 0653321 0653339
053071:  0653357 0653363 0653431 0653461 0653473 0653491 0653501 0653503 0653537 0653539 0653561 0653563 0653579
053086:  0653593 0653641 0653623 0653641 0653647 0653651 0653659 0653687 0653693 0653707 0653711 0653713 0653743 0653749
053101:  0653761 0653777 0653789 0653797 0653801 0653819 0653831 0653879 0653881 0653893 0653899 0653903 0653927 0653929 0653941
053116:  0653951 0653963 0653969 0653977 0653993 0654001 0654019 0654023 0654029 0654047 0654053 0654063 0654067 0654089 0654107
053131:  0654127 0654149 0654161 0654163 0654167 0654169 0654187 0654191 0654209 0654221 0654223 0654229 0654233 0654257 0654293
053146:  0654301 0654307 0654323 0654343 0654371 0654397 0654413 0654427 0654449 0654467 0654487 0654493 0654517 0654521 0654527
053161:  0654529 0654539 0654541 0654553 0654571 0654587 0654593 0654601 0654619 0654623 0654629 0654647 0654649 0654671 0654679 0654697
053176:  0654701 0654727 0654739 0654743 0654749 0654767 0654779 0654781 0654799 0654803 0654817 0654821 0654827 0654839 0654853
053191:  0654877 0654889 0654917 0654923 0654931 0654943 0654947 0654991 0655001 0655003 0655013 0655021 0655031 0655037 0655043
053206:  0655069 0655087 0655103 0655121 0655157 0655181 0655211 0655219 0655223 0655229 0655241 0655243 0655261 0655267
053221:  0655273 0655283 0655289 0655301 0655331 0655337 0655351 0655373 0655379 0655387 0655399 0655439 0655447 0655453 0655471
053236:  0655489 0655507 0655511 0655517 0655531 0655541 0655547 0655559 0655561 0655579 0655583 0655597 0655601 0655637 0655643
053251:  0655649 0655651 0655661 0655673 0655687 0655693 0655717 0655723 0655727 0655757 0655807 0655847 0655859 0655883 0655901
053266:  0655909 0655913 0655927 0655937 0655961 0655987 0656023 0656039 0656063 0656077 0656113 0656119 0656129 0656141 0656147
053281:  0656153 0656171 0656221 0656237 0656263 0656267 0656271 0656273 0656297 0656303 0656311 0656321 0656323 0656329 0656333
053296:  0656347 0656371 0656377 0656381 0656407 0656423 0656429 0656437 0656459 0656479 0656483 0656519 0656523 0656561 0656587
053311:  0656599 0656599 0656603 0656609 0656651 0656657 0656671 0656681 0656683 0656687 0656701 0656707 0656717 0656741 0656749
053326:  0656753 0656767 0656783 0656791 0656809 0656819 0656833 0656839 0656891 0656917 0656923 0656939 0656951 0656959 0656977
053341:  0656989 0656993 0657017 0657029 0657047 0657049 0657061 0657071 0657079 0657089 0657091 0657113 0657121 0657127 0657131
053356:  0657187 0657193 0657197 0657223 0657257 0657269 0657281 0657289 0657299 0657311 0657313 0657323 0657347 0657361 0657383
053371:  0657407 0657413 0657431 0657439 0657451 0657469 0657473 0657479 0657487 0657497 0657499 0657523 0657529 0657743 0657779 0657793
053386:  0657581 0657583 0657589 0657607 0657617 0657647 0657653 0657659 0657661 0657703 0657707 0657719 0657743 0657779 0657793
053401:  0657809 0657827 0657841 0657863 0657893 0657911 0657929 0657931 0657947 0657959 0657973 0657983 0658001 0658043 0658051
053416:  0658057 0658069 0658079 0658111 0658117 0658123 0658127 0658139 0658151 0658159 0658169 0658187 0658199 0658211 0658219
053431:  0658247 0658253 0658261 0658277 0658279 0658303 0658309 0658319 0658321 0658327 0658349 0658351 0658367 0658379 0658391
053446:  0658403 0658417 0658433 0658447 0658453 0658477 0658487 0658507 0658547 0658549 0658573 0658579 0658589 0658591 0658601
053461:  0658607 0658613 0658631 0658639 0658643 0658649 0658663 0658681 0658703 0658751 0658753 0658781 0658807 0658817 0658831
053476:  0658837 0658871 0658873 0658883 0658897 0658907 0658913 0658919 0658943 0658961 0658967 0658969 0658979 0658991
053491:  0658997 0659011 0659023 0659047 0659059 0659063 0659069 0659077 0659101 0659137 0659159 0659171 0659173 0659177 0659189
053506:  0659221 0659231 0659237 0659251 0659279 0659299 0659317 0659327 0659333 0659353 0659371 0659419 0659423 0659429 0659441
053521:  0659467 0659473 0659497 0659501 0659513 0659521 0659531 0659539 0659563 0659569 0659591 0659597 0659609 0659611 0659621
053536:  0659639 0659653 0659657 0659669 0659671 0659689 0659693 0659713 0659723 0659741 0659743 0659761 0659783 0659819
053551:  0659831 0659843 0659849 0659863 0659873 0659881 0659899 0659917 0659941 0659947 0659951 0659963 0659981 0659999 0660001
053566:  0660013 0660029 0660047 0660053 0660061 0660067 0660071 0660079 0660097 0660103 0660119 0660131 0660137 0660157 0660167
053581:  0660181 0660197 0660199 0660217 0660227 0660241 0660251 0660271 0660287 0660299 0660329 0660337 0660347 0660349
053596:  0660367 0660377 0660379 0660391 0660403 0660409 0660449 0660491 0660503 0660509 0660521 0660529 0660547 0660557 0660559
053611:  0660563 0660589 0660593 0660599 0660601 0660607 0660617 0660619 0660643 0660659 0660661 0660683 0660719 0660727 0660731
053626:  0660733 0660757 0660787 0660791 0660799 0660809 0660811 0660817 0660833 0660851 0660853 0660887 0660893 0660899
053641:  0660901 0660917 0660923 0660941 0660949 0660973 0660983 0661009 0661021 0661027 0661049 0661061 0661091 0661093 0661097
053656:  0661091 0661103 0661109 0661117 0661121 0661153 0661181 0661183 0661187 0661171 0661201 0661217 0661231 0661253 0661253 0661259
053671:  0661267 0661313 0661321 0661343 0661361 0661373 0661393 0661411 0661421 0661439 0661459 0661477 0661481 0661483 0661513
053686:  0661517 0661541 0661547 0661553 0661603 0661607 0661613 0661621 0661663 0661679 0661669 0661697 0661711 0661741 0661769
053701:  0661777 0661823 0661849 0661871 0661873 0661877 0661879 0661881 0661889 0661897 0661909 0661931 0661939 0661949 0661951 0661961
053716:  0661987 0661993 0662003 0662021 0662029 0662047 0662059 0662063 0662081 0662107 0662111 0662141 0662143 0662149 0662177
053731:  0662203 0662231 0662251 0662269 0662273 0662281 0662287 0662291 0662309 0662323 0662329 0662351 0662353 0662357
053746:  0662369 0662401 0662407 0662443 0662449 0662477 0662483 0662491 0662513 0662527 0662531 0662537 0662539 0662551 0662567
053761:  0662581 0662617 0662623 0662647 0662621 0662671 0662681 0662687 0662693 0662711 0662719 0662747 0662749 0662773 0662789
053776:  0662797 0662819 0662833 0662839 0662843 0662867 0662897 0662899 0662917 0662939 0662941 0662947 0662951 0662953 0662957
053791:  0662999 0663001 0663003 0663031 0663037 0663049 0663053 0663071 0663073 0663127 0663149 0663161 0663163 0663167 0663191
053806:  0663203 0663209 0663239 0663241 0663263 0663269 0663281 0663283 0663301 0663319 0663331 0663349 0663359 0663371 0663407
053821:  0663409 0663437 0663451 0663463 0663469 0663479 0663517 0663529 0663533 0663541 0663547 0663563 0663569 0663571 0663587
053836:  0663589 0663599 0663601 0663631 0663653 0663659 0663661 0663683 0663709 0663713 0663737 0663763 0663787 0663797 0663821
053851:  0663823 0663837 0663853 0663857 0663859 0663863 0663881 0663893 0663907 0663937 0663959 0663961 0663967 0663973 0663977 0663979
053866:  0663983 0663991 0663997 0664009 0664019 0664043 0664053 0664067 0664081 0664099 0664109 0664117 0664121 0664123 0664133
053881:  0664141 0664151 0664163 0664169 0664199 0664211 0664247 0664253 0664271 0664277 0664283 0664297 0664303 0664357 0664363
053896:  0664379 0664381 0664403 0664421 0664441 0664447 0664451 0664493 0664499 0664511 0664529 0664537 0664549 0664561 0664571
053911:  0664579 0664589 0664597 0664603 0664613 0664619 0664621 0664633 0664651 0664661 0664663 0664667 0664669 0664679 0664687
053926:  0664691 0664711 0664739 0664757 0664771 0664777 0664789 0664793 0664799 0664843 0664847 0664849 0664877 0664879 0664891
053941:  0664933 0664949 0664967 0664973 0664997 0665011 0665017 0665029 0665039 0665047 0665051 0665053 0665069 0665089 0665111
053956:  0665123 0665117 0665121 0665131 0665141 0665151 0665171 0665177 0665189 0665191 0665221 0665225 0665233 0665239 0665251
053971:  0665267 0665279 0665293 0665299 0665303 0665311 0665351 0665359 0665369 0665381 0665387 0665419 0665447 0665479
053986:  0665501 0665503 0665507 0665527 0665549 0665557 0665563 0665569 0665573 0665591 0665603 0665617 0665629 0665633 0665659
```

Prime numbers 054001-055500

```
054001:  0665677 0665713 0665719 0665723 0665747 0665761 0665773 0665783 0665789 0665801 0665803 0665813 0665843 0665857 0665897
054016:  0665921 0665923 0665947 0665953 0665981 0665983 0665993 0666013 0666019 0666023 0666031 0666043 0666067 0666073 0666079
054031:  0666089 0666091 0666109 0666119 0666139 0666143 0666167 0666173 0666187 0666191 0666203 0666229 0666233 0666269 0666277
054046:  0666301 0666329 0666353 0666403 0666427 0666431 0666433 0666437 0666449 0666461 0666467 0666491 0666493 0666511 0666527 0666529
054061:  0666541 0666557 0666559 0666599 0666607 0666637 0666643 0666647 0666649 0666667 0666671 0666683 0666697 0666707 0666727
054076:  0666733 0666737 0666749 0666751 0666769 0666771 0666811 0666821 0666823 0666829 0666837 0666857 0666871 0666889 0666901 0666929
054091:  0666937 0666959 0666979 0666983 0666989 0667013 0667019 0667021 0667081 0667091 0667103 0667123 0667127 0667129 0667141
054106:  0667171 0667181 0667211 0667217 0667229 0667253 0667241 0667243 0667273 0667283 0667289 0667301 0667321 0667333 0667361 0667363 0667367
054121:  0667379 0667417 0667421 0667423 0667427 0667441 0667463 0667477 0667487 0667501 0667507 0667517 0667531 0667547 0667549
054136:  0667553 0667559 0667561 0667577 0667631 0667643 0667679 0667673 0667687 0667691 0667693 0667697 0667699 0667727 0667741
054151:  0667753 0667769 0667781 0667801 0667817 0667819 0667829 0667837 0667859 0667861 0667867 0667883 0667903 0667921 0667949
054166:  0667963 0667987 0667991 0667999 0668009 0668029 0668033 0668047 0668051 0668069 0668089 0668093 0668111 0668141 0668153
054181:  0668159 0668179 0668201 0668203 0668209 0668221 0668243 0668273 0668303 0668347 0668407 0668417 0668471 0668509 0668513
054196:  0668527 0668531 0668533 0668539 0668543 0668567 0668569 0668573 0668579 0668581 0668591 0668599 0668609 0668611 0668617 0668623 0668671 0668677
054211:  0668687 0668699 0668713 0668719 0668737 0668741 0668747 0668761 0668791 0668803 0668813 0668821 0668851 0668867 0668869
054226:  0668873 0668879 0668903 0668929 0668939 0668947 0668959 0668961 0668989 0668999 0669023 0669029 0669049 0669077 0669089
054241:  0669091 0669107 0669113 0669121 0669127 0669131 0669161 0669167 0669229 0669241 0669247 0669271 0669283 0669287 0669289
054256:  0669301 0669311 0669329 0669359 0669371 0669377 0669379 0669391 0669401 0669413 0669419 0669433 0669437 0669451 0669463
054271:  0669479 0669481 0669527 0669551 0669577 0669607 0669611 0669631 0669637 0669649 0669659 0669661 0669667 0669673 0669677 0669679
054286:  0669689 0669701 0669707 0669733 0669763 0669787 0669791 0669839 0669847 0669853 0669857 0669859 0669863 0669869 0669887
054301:  0669901 0669913 0669917 0669919 0669931 0669937 0669947 0669977 0669989 0670001 0670031 0670037 0670039 0670049 0670051
054316:  0670097 0670099 0670129 0670139 0670147 0670177 0670193 0670199 0670211 0670217 0670223 0670231 0670237 0670249 0670261
054331:  0670279 0670297 0670303 0670321 0670333 0670343 0670349 0670363 0670379 0670399 0670409 0670447 0670457 0670471 0670487
054346:  0670489 0670507 0670511 0670517 0670541 0670543 0670559 0670577 0670583 0670597 0670613 0670619 0670627 0670639
054361:  0670669 0670673 0670693 0670711 0670727 0670729 0670739 0670763 0670777 0670811 0670813 0670823 0670849 0670853 0670867
054376:  0670877 0670887 0670903 0670919 0670931 0670951 0670963 0670987 0670991 0671003 0671017 0671029 0671051 0671059 0671063
054391:  0671081 0671087 0671093 0671113 0671131 0671141 0671151 0671161 0671189 0671201 0671219 0671249 0671257 0671261
054406:  0671269 0671287 0671291 0671303 0671323 0671339 0671353 0671357 0671369 0671383 0671401 0671417 0671431 0671443 0671467
054421:  0671471 0671477 0671501 0671519 0671523 0671531 0671537 0671557 0671581 0671591 0671603 0671609 0671633 0671647 0671651 0671681
054436:  0671701 0671717 0671729 0671743 0671753 0671777 0671779 0671791 0671817 0671831 0671837 0671851 0671887 0671893 0671903 0671911
054451:  0671917 0671921 0671933 0671937 0671939 0671941 0671947 0671969 0671971 0671981 0671999 0672019 0672029 0672041 0672043 0672059
054466:  0672071 0672079 0672097 0672099 0672103 0672107 0672123 0672131 0672153 0672167 0672179 0672149 0672151 0672163 0672169 0672181 0672193 0672209
054481:  0672223 0672227 0672229 0672251 0672271 0672283 0672289 0672293 0672311 0672317 0672323 0672341 0672349 0672377 0672379
054496:  0672439 0672451 0672473 0672493 0672499 0672521 0672557 0672577 0672587 0672593 0672629 0672641 0672643 0672653 0672667
054511:  0672703 0672743 0672757 0672767 0672779 0672781 0672799 0672803 0672811 0672817 0672823 0672827 0672863 0672869
054526:  0672871 0672883 0672901 0672913 0672937 0672943 0672949 0672961 0672967 0672977 0672983 0672985 0673019 0673039 0673063 0673069
054541:  0673073 0673091 0673093 0673109 0673111 0673117 0673121 0673129 0673157 0673193 0673199 0673201 0673207 0673223 0673241
054556:  0673247 0673271 0673273 0673291 0673297 0673313 0673327 0673339 0673349 0673381 0673391 0673397 0673399 0673403 0673411
054571:  0673427 0673439 0673441 0673447 0673451 0673457 0673459 0673469 0673487 0673499 0673513 0673529 0673549 0673553 0673567
054586:  0673573 0673579 0673609 0673613 0673619 0673637 0673639 0673643 0673649 0673667 0673669 0673747 0673769 0673781 0673787
054601:  0673793 0673801 0673811 0673817 0673837 0673879 0673891 0673921 0673943 0673951 0673961 0673979 0673991 0674017 0674057
054616:  0674059 0674071 0674083 0674099 0674117 0674123 0674137 0674141 0674159 0674161 0674173 0674183 0674189 0674227 0674233
054631:  0674249 0674263 0674269 0674273 0674299 0674321 0674347 0674363 0674371 0674393 0674419 0674431 0674449 0674461
054646:  0674483 0674501 0674533 0674537 0674551 0674563 0674603 0674647 0674669 0674677 0674681 0674683 0674693 0674699 0674701 0674711
054661:  0674717 0674719 0674731 0674741 0674749 0674759 0674761 0674767 0674771 0674789 0674813 0674827 0674831 0674833 0674837
054676:  0674851 0674857 0674867 0674879 0674903 0674929 0674941 0674953 0674957 0674977 0674987 0675067 0675071 0675079
054691:  0675083 0675097 0675109 0675113 0675131 0675133 0675151 0675161 0675163 0675173 0675179 0675181 0675187 0675191 0675217 0675239
054706:  0675247 0675251 0675253 0675263 0675271 0675299 0675313 0675319 0675341 0675347 0675391 0675407 0675413 0675419 0675449
054721:  0675457 0675463 0675481 0675511 0675539 0675541 0675551 0675559 0675569 0675581 0675593 0675601 0675607 0675611
054736:  0675617 0675629 0675643 0675713 0675739 0675743 0675751 0675781 0675797 0675817 0675823 0675827 0675839 0675841 0675859
054751:  0675863 0675877 0675881 0675889 0675923 0675929 0675931 0675959 0675973 0675977 0675979 0676007 0676009 0676031 0676037
054766:  0676043 0676051 0676057 0676061 0676069 0676099 0676103 0676111 0676129 0676147 0676171 0676211 0676217 0676219 0676241
054781:  0676253 0676259 0676279 0676289 0676297 0676337 0676349 0676363 0676373 0676387 0676391 0676409 0676411 0676421
054796:  0676427 0676463 0676469 0676493 0676523 0676573 0676589 0676597 0676601 0676649 0676661 0676679 0676703 0676717 0676721
054811:  0676727 0676733 0676747 0676751 0676763 0676771 0676807 0676829 0676859 0676861 0676883 0676891 0676903 0676909 0676919
054826:  0676927 0676931 0676937 0676943 0676961 0676967 0676979 0676981 0676987 0676993 0677011 0677021 0677029 0677041 0677057
054841:  0677077 0677081 0677101 0677107 0677113 0677119 0677147 0677187 0677177 0677213 0677227 0677237 0677231 0677239 0677309
054856:  0677311 0677321 0677323 0677333 0677357 0677371 0677387 0677423 0677441 0677447 0677459 0677461 0677471 0677473 0677531
054871:  0677533 0677579 0677539 0677543 0677561 0677563 0677627 0677629 0677647 0677657 0677681 0677683 0677687 0677711 0677717 0677737
054886:  0677767 0677773 0677781 0677789 0677821 0677827 0677891 0677927 0677941 0677953 0677959 0677983 0678023 0678037
054901:  0678047 0678061 0678077 0678101 0678103 0678133 0678157 0678163 0678193 0678197 0678199 0678203 0678211 0678213 0678217 0678221
054916:  0678229 0678253 0678289 0678299 0678329 0678341 0678343 0678363 0678371 0678381 0678401 0678407 0678409 0678413 0678421
054931:  0678437 0678451 0678463 0678479 0678481 0678493 0678499 0678533 0678541 0678553 0678563 0678577 0678581 0678593 0678599
054946:  0678607 0678611 0678631 0678647 0678661 0678663 0678659 0678719 0678721 0678731 0678739 0678749 0678757
054961:  0678761 0678763 0678767 0678773 0678779 0678809 0678823 0678829 0678833 0678859 0678871 0678883 0678901 0678907 0678941
054976:  0678943 0678949 0678959 0678971 0678989 0679033 0679037 0679039 0679051 0679067 0679087 0679111 0679113 0679127 0679153
054991:  0679157 0679169 0679171 0679183 0679207 0679219 0679229 0679237 0679249 0679277 0679279 0679297 0679309 0679319 0679333
055006:  0679361 0679363 0679369 0679373 0679381 0679403 0679409 0679417 0679423 0679433 0679451 0679463 0679487 0679501 0679517
055021:  0679519 0679531 0679537 0679561 0679597 0679603 0679607 0679633 0679639 0679669 0679673 0679691 0679699 0679709 0679733
055036:  0679741 0679747 0679751 0679753 0679781 0679793 0679823 0679829 0679837 0679843 0679859 0679867 0679879 0679883
055051:  0679891 0679897 0679907 0679909 0679919 0679933 0679951 0679957 0679961 0679969 0679981 0679993 0679999 0680003 0680027
055066:  0680039 0680059 0680077 0680081 0680083 0680117 0680123 0680159 0680161 0680171 0680183 0680189 0680203 0680209 0680213
055081:  0680237 0680249 0680263 0680291 0680293 0680297 0680299 0680321 0680327 0680341 0680347 0680353 0680377 0680387 0680399
055096:  0680401 0680411 0680417 0680431 0680441 0680443 0680453 0680489 0680503 0680507 0680509 0680531 0680539 0680567 0680569
055111:  0680587 0680597 0680611 0680623 0680633 0680651 0680681 0680707 0680749 0680759 0680767 0680783 0680803 0680809
055126:  0680831 0680857 0680861 0680873 0680879 0680881 0680917 0680929 0680947 0680953 0680971 0680983 0681001 0681011
055141:  0681019 0681041 0681047 0681059 0681067 0681081 0681091 0681113 0681127 0681137 0681151 0681167 0681179 0681221
055156:  0681229 0681251 0681253 0681257 0681259 0681271 0681293 0681311 0681337 0681341 0681361 0681367 0681371 0681403 0681407
055171:  0681409 0681419 0681427 0681449 0681451 0681481 0681487 0681493 0681497 0681521 0681523 0681533 0681561 0681563 0681589
055186:  0681607 0681613 0681623 0681631 0681647 0681673 0681689 0681701 0681727 0681731 0681763 0681773 0681781 0681787
055201:  0681809 0681823 0681833 0681839 0681841 0681883 0681913 0681917 0681943 0681949 0681971 0681977 0681979 0681983
055216:  0681997 0682001 0682009 0682037 0682049 0682063 0682069 0682079 0682141 0682147 0682151 0682153 0682183 0682207 0682219
055231:  0682229 0682237 0682243 0682259 0682277 0682283 0682291 0682319 0682321 0682327 0682333 0682361 0682373
055246:  0682411 0682417 0682421 0682427 0682439 0682447 0682463 0682471 0682483 0682489 0682511 0682519 0682531 0682547 0682597
055261:  0682607 0682637 0682657 0682679 0682723 0682727 0682733 0682739 0682741 0682747 0682751 0682763 0682771 0682777
055276:  0682811 0682819 0682901 0682933 0682943 0682951 0682967 0683003 0683021 0683041 0683047 0683071 0683083 0683087 0683119
055291:  0683129 0683143 0683153 0683159 0683201 0683207 0683227 0683249 0683273 0683281 0683317 0683313 0683341 0683351
055306:  0683357 0683377 0683381 0683401 0683407 0683437 0683447 0683453 0683461 0683471 0683477 0683479 0683483 0683489 0683503
055321:  0683513 0683561 0683581 0683587 0683603 0683651 0683659 0683681 0683687 0683689 0683693 0683699 0683701 0683713 0683731
055336:  0683737 0683747 0683759 0683777 0683783 0683789 0683807 0683819 0683821 0683831 0683833 0683853 0683857 0683861 0683863
055351:  0683873 0683887 0683899 0683911 0683923 0683933 0683937 0683939 0683971 0683983 0684007 0684017 0684047 0684053 0684091
055366:  0684109 0684113 0684119 0684121 0684127 0684157 0684161 0684191 0684217 0684221 0684239 0684269 0684287 0684289 0684293
055381:  0684311 0684317 0684337 0684347 0684349 0684373 0684379 0684407 0684419 0684427 0684433 0684437 0684443 0684451 0684467
055396:  0684493 0684527 0684547 0684553 0684559 0684581 0684587 0684593 0684611 0684617 0684637 0684641 0684657 0684663 0684713
055411:  0684727 0684731 0684751 0684757 0684767 0684769 0684773 0684791 0684793 0684799 0684809 0684829 0684841 0684857 0684869
055426:  0684889 0684913 0684941 0684961 0684973 0684977 0684989 0685001 0685019 0685031 0685037 0685039 0685051 0685057 0685063 0685073
055441:  0685081 0685093 0685099 0685103 0685109 0685123 0685141 0685169 0685177 0685199 0685231 0685247 0685249 0685271 0685297
055456:  0685301 0685319 0685333 0685361 0685367 0685393 0685411 0685417 0685427 0685429 0685453 0685459 0685471
055471:  0685493 0685511 0685513 0685519 0685537 0685541 0685573 0685591 0685609 0685613 0685619 0685631 0685637 0685649 0685669
055486:  0685679 0685697 0685717 0685723 0685733 0685739 0685747 0685753 0685759 0685781 0685793 0685819 0685849 0685859 0685907
```

055501-057000   Prime numbers

```
055501: 0685939 0685963 0685969 0685973 0685987 0685991 0686003 0686009 0686011 0686027 0686029 0686039 0686041 0686051 0686057
055516: 0686087 0686089 0686099 0686117 0686131 0686141 0686143 0686149 0686171 0686173 0686177 0686187 0686197 0686267 0686269
055531: 0686293 0686317 0686321 0686333 0686339 0686353 0686359 0686363 0686417 0686423 0686437 0686449 0686453 0686473 0686479
055546: 0686503 0686513 0686519 0686551 0686563 0686593 0686611 0686639 0686669 0686671 0686687 0686723 0686729 0686731 0686737
055561: 0686761 0686773 0686789 0686797 0686801 0686837 0686843 0686863 0686879 0686891 0686893 0686897 0686911 0686947 0686963
055576: 0686969 0686971 0686987 0686989 0686993 0687007 0687013 0687017 0687019 0687023 0687031 0687041 0687061 0687073 0687083
055591: 0687101 0687107 0687109 0687121 0687131 0687139 0687151 0687161 0687163 0687179 0687223 0687233 0687277 0687289 0687299
055606: 0687307 0687311 0687317 0687331 0687341 0687343 0687359 0687383 0687389 0687397 0687403 0687413 0687419 0687433 0687437
055621: 0687443 0687457 0687461 0687473 0687481 0687499 0687517 0687521 0687523 0687541 0687551 0687559 0687581 0687593 0687623
055636: 0687637 0687641 0687647 0687679 0687683 0687691 0687707 0687721 0687737 0687747 0687749 0687771 0687777 0687779 0687787 0687809
055651: 0687823 0687829 0687839 0687847 0687893 0687901 0687917 0687923 0687931 0687949 0687961 0687977 0688003 0688013 0688027
055666: 0688031 0688063 0688067 0688073 0688087 0688097 0688111 0688133 0688139 0688147 0688159 0688187 0688201 0688217 0688223
055681: 0688249 0688253 0688277 0688297 0688309 0688333 0688339 0688357 0688379 0688393 0688397 0688403 0688411 0688423 0688433
055696: 0688447 0688451 0688453 0688477 0688511 0688531 0688543 0688551 0688573 0688577 0688621 0688627 0688631 0688637 0688657
055711: 0688661 0688669 0688679 0688687 0688717 0688729 0688733 0688741 0688747 0688757 0688763 0688777 0688783 0688799 0688813
055726: 0688861 0688867 0688871 0688889 0688907 0688939 0688951 0688957 0688961 0688969 0688979 0688999 0689021 0689033 0689041 0689063
055741: 0689071 0689077 0689081 0689089 0689093 0689107 0689113 0689131 0689141 0689167 0689201 0689219 0689233 0689237 0689257
055756: 0689261 0689267 0689279 0689291 0689309 0689317 0689321 0689341 0689357 0689369 0689383 0689389 0689393 0689411 0689431
055771: 0689441 0689459 0689461 0689467 0689509 0689551 0689561 0689581 0689587 0689599 0689603 0689621 0689629 0689641
055786: 0689693 0689699 0689713 0689723 0689761 0689771 0689779 0689789 0689797 0689803 0689807 0689827 0689831 0689851 0689867
055801: 0689869 0689873 0689879 0689891 0689893 0689909 0689917 0689921 0689929 0689957 0689959 0689961 0689963 0689981 0689987
055816: 0690037 0690059 0690073 0690089 0690103 0690119 0690127 0690139 0690143 0690163 0690187 0690233 0690259 0690269 0690271
055831: 0690281 0690293 0690313 0690341 0690367 0690373 0690397 0690407 0690419 0690427 0690433 0690439 0690449 0690467 0690491
055846: 0690493 0690509 0690511 0690533 0690541 0690553 0690583 0690589 0690607 0690611 0690629 0690661 0690673 0690689 0690719
055861: 0690721 0690767 0690787 0690793 0690811 0690817 0690839 0690841 0690869 0690877 0690887 0690889 0690899 0690929 0690997
055876: 0691001 0691037 0691051 0691063 0691079 0691109 0691111 0691121 0691129 0691147 0691151 0691153 0691181 0691183 0691189
055891: 0691193 0691199 0691231 0691241 0691267 0691289 0691297 0691303 0691319 0691333 0691337 0691343 0691363 0691381 0691399
055906: 0691409 0691433 0691451 0691463 0691489 0691499 0691531 0691553 0691573 0691583 0691589 0691591 0691631 0691637 0691651
055921: 0691661 0691681 0691687 0691693 0691697 0691709 0691721 0691723 0691727 0691729 0691739 0691759 0691763 0691787 0691799
055936: 0691813 0691829 0691837 0691841 0691843 0691871 0691877 0691891 0691897 0691901 0691907 0691919 0691921 0691931 0691949
055951: 0691973 0691979 0691991 0691997 0692009 0692017 0692051 0692059 0692063 0692077 0692081 0692089 0692099 0692111 0692141 0692147
055966: 0692149 0692161 0692171 0692221 0692239 0692249 0692267 0692273 0692281 0692287 0692297 0692299 0692309 0692327 0692333
055981: 0692347 0692353 0692371 0692387 0692389 0692399 0692401 0692407 0692413 0692423 0692431 0692441 0692453 0692459 0692467
055996: 0692513 0692521 0692537 0692539 0692543 0692563 0692567 0692581 0692591 0692621 0692641 0692647 0692651 0692663 0692689 0692707
056011: 0692711 0692717 0692729 0692743 0692753 0692761 0692771 0692779 0692789 0692821 0692851 0692863 0692893 0692917 0692927
056026: 0692929 0692933 0692957 0692961 0692969 0692983 0693019 0693037 0693041 0693061 0693079 0693089 0693097 0693103 0693127
056041: 0693137 0693149 0693157 0693167 0693169 0693179 0693223 0693257 0693263 0693283 0693307 0693323 0693337 0693353 0693359 0693373
056056: 0693397 0693401 0693403 0693409 0693421 0693431 0693437 0693467 0693493 0693503 0693523 0693527 0693529 0693533 0693559
056071: 0693571 0693601 0693607 0693619 0693629 0693659 0693661 0693673 0693683 0693689 0693691 0693697 0693701 0693727 0693731
056086: 0693739 0693743 0693757 0693779 0693793 0693809 0693827 0693829 0693853 0693859 0693871 0693877 0693881
056101: 0693943 0693961 0693967 0693989 0694019 0694033 0694039 0694061 0694069 0694079 0694081 0694087 0694091 0694123 0694189
056116: 0694193 0694201 0694247 0694259 0694267 0694273 0694277 0694313 0694319 0694327 0694333 0694339 0694349
056131: 0694357 0694361 0694367 0694373 0694381 0694387 0694391 0694409 0694427 0694457 0694471 0694481 0694483 0694487 0694511
056146: 0694513 0694523 0694541 0694549 0694559 0694565 0694571 0694591 0694597 0694609 0694619 0694643 0694649 0694651 0694757
056161: 0694721 0694747 0694763 0694781 0694783 0694789 0694829 0694831 0694853 0694857 0694871 0694873 0694881 0694919 0694951
056176: 0694957 0694979 0694987 0694997 0694999 0695003 0695017 0695047 0695059 0695069 0695081 0695087 0695089 0695099
056191: 0695111 0695113 0695141 0695171 0695207 0695229 0695243 0695257 0695269 0695281 0695293 0695297 0695309
056206: 0695323 0695327 0695333 0695347 0695369 0695371 0695377 0695389 0695407 0695411 0695441 0695447 0695467 0695477 0695491
056221: 0695503 0695509 0695531 0695561 0695567 0695573 0695581 0695593 0695599 0695641 0695653 0695659 0695663 0695677
056236: 0695687 0695689 0695701 0695719 0695743 0695749 0695771 0695777 0695791 0695801 0695809 0695839 0695843 0695867 0695873
056251: 0695879 0695881 0695889 0695917 0695927 0695939 0695999 0696019 0696053 0696061 0696067 0696079 0696083 0696107
056266: 0696109 0696119 0696149 0696181 0696239 0696253 0696263 0696271 0696281 0696313 0696317 0696323 0696343 0696349
056281: 0696359 0696361 0696373 0696379 0696403 0696413 0696427 0696433 0696457 0696481 0696491 0696499 0696503 0696517 0696523
056296: 0696533 0696547 0696569 0696607 0696611 0696617 0696623 0696629 0696653 0696659 0696679 0696691 0696719 0696721 0696737
056311: 0696743 0696767 0696763 0696769 0696809 0696811 0696823 0696827 0696847 0696851 0696853 0696859 0696869 0696881 0696893 0696907
056326: 0696929 0696937 0696961 0696989 0696991 0697009 0697013 0697019 0697033 0697049 0697063 0697069 0697079 0697087 0697093
056341: 0697111 0697121 0697127 0697133 0697141 0697157 0697181 0697201 0697213 0697259 0697261 0697267 0697271 0697303
056356: 0697327 0697351 0697373 0697379 0697381 0697387 0697397 0697399 0697409 0697417 0697423 0697441 0697447 0697457 0697481
056371: 0697507 0697511 0697513 0697519 0697523 0697553 0697579 0697583 0697591 0697601 0697603 0697637 0697643 0697673 0697681
056386: 0697687 0697691 0697693 0697703 0697721 0697729 0697733 0697751 0697757 0697769 0697787 0697819 0697831 0697837 0697891
056401: 0697909 0697913 0697937 0697951 0697967 0697973 0697979 0697993 0697999 0698017 0698021 0698039 0698051 0698053 0698077
056416: 0698083 0698111 0698171 0698183 0698239 0698249 0698261 0698263 0698273 0698287 0698297 0698311 0698329
056431: 0698339 0698359 0698371 0698387 0698393 0698413 0698417 0698419 0698437 0698447 0698483 0698491 0698507 0698521
056446: 0698527 0698531 0698539 0698543 0698557 0698567 0698591 0698629 0698641 0698663 0698669 0698671 0698713 0698723 0698729 0698773
056461: 0698779 0698821 0698827 0698849 0698891 0698899 0698903 0698923 0698939 0698977 0698983 0699001 0699007 0699037 0699053
056476: 0699059 0699073 0699077 0699089 0699099 0699113 0699119 0699031 0699151 0699157 0699159 0699181 0699191 0699197 0699211 0699217
056491: 0699221 0699241 0699253 0699271 0699287 0699289 0699299 0699319 0699323 0699343 0699367 0699393 0699379 0699383 0699401
056506: 0699427 0699431 0699443 0699449 0699469 0699487 0699499 0699511 0699521 0699529 0699535 0699547 0699563 0699571
056521: 0699581 0699617 0699631 0699641 0699649 0699697 0699709 0699719 0699733 0699757 0699761 0699767 0699791 0699793 0699817
056536: 0699823 0699863 0699881 0699943 0699947 0699953 0699961 0700001 0700027 0700039 0700057 0700067 0700079 0700081 0700087
056551: 0700099 0700103 0700109 0700127 0700129 0700171 0700199 0700211 0700223 0700229 0700237 0700241 0700277 0700279
056566: 0700303 0700307 0700319 0700331 0700339 0700361 0700363 0700367 0700387 0700391 0700403 0700423 0700429 0700433 0700459
056581: 0700471 0700499 0700523 0700537 0700561 0700571 0700573 0700577 0700591 0700597 0700627 0700633 0700639 0700643 0700673
056596: 0700681 0700703 0700717 0700751 0700759 0700789 0700801 0700831 0700837 0700847 0700849 0700871 0700877 0700883
056611: 0700897 0700907 0700919 0700933 0700937 0700969 0700993 0701009 0701011 0701023 0701033 0701074 0701089 0701117
056626: 0701147 0701159 0701177 0701119 0701179 0701209 0701219 0701221 0701227 0701257 0701279 0701291 0701299 0701329 0701341 0701357
056641: 0701359 0701377 0701383 0701399 0701401 0701413 0701417 0701419 0701443 0701447 0701453 0701473 0701479 0701491 0701497
056656: 0701507 0701509 0701519 0701521 0701531 0701549 0701579 0701581 0701593 0701609 0701611 0701621 0701629 0701653 0701669
056671: 0701671 0701681 0701699 0701711 0701719 0701731 0701741 0701761 0701773 0701791 0701819 0701837 0701881 0701903
056686: 0701951 0701957 0701961 0701969 0702007 0702011 0702021 0702067 0702077 0702101 0702113 0702127 0702131 0702137 0702139
056701: 0702173 0702193 0702199 0702199 0702203 0702211 0702229 0702257 0702259 0702281 0702283 0702311 0702313 0702323 0702329
056716: 0702337 0702341 0702347 0702349 0702353 0702379 0702391 0702407 0702413 0702431 0702433 0702439 0702451 0702469 0702497
056731: 0702503 0702571 0702517 0702523 0702529 0702539 0702551 0702557 0702587 0702589 0702607 0702613 0702631 0702671
056746: 0702679 0702683 0702691 0702707 0702721 0702731 0702733 0702743 0702773 0702787 0702803 0702809 0702817 0702827 0702847
056761: 0702851 0702853 0702869 0702881 0702887 0702893 0702923 0702931 0702971 0702991 0703013 0703033 0703081 0703103 0703117
056776: 0703121 0703123 0703127 0703139 0703141 0703169 0703193 0703211 0703217 0703223 0703229 0703231 0703243 0703249 0703267
056791: 0703277 0703331 0703343 0703357 0703327 0703333 0703349 0703357 0703379 0703393 0703411 0703441 0703447 0703459 0703469
056806: 0703471 0703489 0703499 0703531 0703537 0703559 0703561 0703631 0703643 0703657 0703663 0703673 0703679 0703691 0703699
056821: 0703709 0703711 0703723 0703733 0703753 0703763 0703789 0703819 0703831 0703837 0703849 0703861 0703883 0703897 0703903
056836: 0703907 0703917 0703943 0703949 0703957 0703981 0704003 0704009 0704017 0704023 0704027 0704029 0704059 0704069 0704087
056851: 0704101 0704111 0704117 0704131 0704141 0704161 0704167 0704183 0704189 0704213 0704219 0704223 0704243 0704251
056866: 0704269 0704273 0704281 0704287 0704291 0704303 0704309 0704311 0704357 0704393 0704399 0704419 0704431 0704441 0704449
056881: 0704453 0704461 0704477 0704507 0704521 0704527 0704549 0704551 0704567 0704569 0704579 0704581 0704593 0704603 0704611
056896: 0704647 0704657 0704661 0704681 0704687 0704713 0704719 0704747 0704761 0704771 0704777 0704779 0704783 0704797
056911: 0704801 0704807 0704819 0704833 0704839 0704849 0704857 0704861 0704863 0704867 0704887 0704929 0704933 0704947 0704983
056926: 0704989 0704999 0705011 0705071 0705013 0705017 0705043 0705073 0705079 0705097 0705113 0705119 0705127
056941: 0705137 0705161 0705163 0705167 0705169 0705181 0705191 0705197 0705209 0705247 0705259 0705269 0705277 0705293 0705307
056956: 0705371 0705389 0705403 0705409 0705421 0705427 0705441 0705461 0705493 0705491 0705521 0705533 0705559 0705613
056971: 0705631 0705643 0705689 0705713 0705737 0705751 0705763 0705769 0705779 0705781 0705787 0705803 0705821 0705829 0705833
056986: 0705841 0705863 0705871 0705883 0705899 0705919 0705937 0705949 0705967 0705973 0705989 0706001 0706003 0706009 0706019
```

Prime numbers 057001-058500

```
057001: 0706033 0706039 0706049 0706051 0706067 0706099 0706109 0706117 0706133 0706141 0706151 0706157 0706159 0706183 0706193
057016: 0706201 0706207 0706213 0706229 0706253 0706267 0706283 0706291 0706297 0706301 0706309 0706313 0706337 0706357 0706369
057031: 0706373 0706403 0706417 0706427 0706463 0706481 0706487 0706499 0706507 0706523 0706547 0706561 0706597 0706603 0706613
057046: 0706621 0706631 0706633 0706661 0706669 0706679 0706703 0706709 0706729 0706733 0706739 0706751 0706753 0706759 0706763
057061: 0706787 0706793 0706801 0706829 0706837 0706841 0706847 0706883 0706897 0706907 0706913 0706919 0706921 0706943 0706961
057076: 0706973 0706987 0706999 0707011 0707027 0707029 0707053 0707071 0707099 0707111 0707117 0707131 0707143 0707153 0707159
057091: 0707177 0707191 0707197 0707219 0707249 0707261 0707279 0707293 0707299 0707321 0707341 0707359 0707383 0707407 0707429
057106: 0707431 0707437 0707459 0707467 0707501 0707527 0707543 0707561 0707563 0707573 0707627 0707633 0707647 0707653 0707669
057121: 0707671 0707677 0707683 0707689 0707711 0707717 0707723 0707747 0707753 0707767 0707789 0707797 0707801 0707813 0707827
057136: 0707831 0707849 0707851 0707869 0707873 0707887 0707911 0707923 0707929 0707933 0707939 0707951 0707953 0707957 0707969
057151: 0707981 0707983 0708007 0708011 0708017 0708023 0708031 0708041 0708047 0708049 0708053 0708061 0708091 0708109 0708119
057166: 0708131 0708137 0708139 0708161 0708163 0708179 0708199 0708221 0708223 0708229 0708251 0708269 0708283 0708287 0708293
057181: 0708311 0708329 0708343 0708347 0708353 0708359 0708361 0708371 0708403 0708437 0708457 0708473 0708479 0708481 0708493
057196: 0708497 0708517 0708529 0708559 0708563 0708569 0708583 0708593 0708599 0708601 0708631 0708641 0708647 0708667 0708689
057211: 0708733 0708751 0708803 0708823 0708839 0708857 0708859 0708893 0708899 0708907 0708913 0708923 0708937 0708943 0708959
057226: 0708979 0708989 0708991 0708997 0709043 0709057 0709097 0709117 0709123 0709139 0709141 0709151 0709153 0709157 0709181
057241: 0709211 0709217 0709231 0709237 0709271 0709273 0709281 0709293 0709283 0709307 0709321 0709341 0709351 0709381 0709409
057256: 0709417 0709421 0709433 0709447 0709451 0709453 0709469 0709507 0709519 0709531 0709537 0709547 0709561 0709589 0709603
057271: 0709607 0709609 0709641 0709651 0709663 0709669 0709691 0709693 0709703 0709719 0709729 0709739 0709741 0709769 0709777
057286: 0709789 0709799 0709817 0709823 0709831 0709843 0709847 0709853 0709861 0709871 0709879 0709901 0709909 0709913 0709921
057301: 0709927 0709957 0709961 0709967 0709981 0709991 0710009 0710023 0710027 0710051 0710063 0710081 0710089 0710119 0710189
057316: 0710207 0710219 0710221 0710257 0710261 0710273 0710293 0710299 0710321 0710323 0710327 0710341 0710351 0710371 0710377
057331: 0710383 0710389 0710399 0710441 0710449 0710459 0710473 0710483 0710491 0710503 0710513 0710519 0710527 0710521 0710531
057346: 0710557 0710561 0710569 0710573 0710599 0710603 0710609 0710621 0710623 0710627 0710641 0710663 0710683 0710693 0710713
057361: 0710777 0710779 0710791 0710813 0710837 0710839 0710849 0710851 0710863 0710867 0710873 0710877 0710887 0710903 0710911
057376: 0710917 0710929 0710933 0710951 0710959 0710971 0710977 0710987 0710989 0711001 0711017 0711019 0711023 0711041 0711049
057391: 0711089 0711097 0711111 0711121 0711131 0711133 0711143 0711163 0711173 0711181 0711187 0711209 0711223 0711259 0711287
057406: 0711307 0711311 0711317 0711329 0711353 0711371 0711397 0711409 0711427 0711437 0711443 0711479 0711497 0711499 0711509 0711517
057421: 0711523 0711539 0711563 0711577 0711583 0711589 0711617 0711629 0711649 0711653 0711679 0711691 0711701 0711707 0711709
057436: 0711713 0711717 0711731 0711749 0711751 0711757 0711793 0711811 0711817 0711829 0711839 0711847 0711859 0711877 0711889
057451: 0711899 0711913 0711923 0711929 0711937 0711947 0711959 0711967 0711973 0711983 0712007 0712021 0712051 0712067 0712093
057466: 0712109 0712121 0712133 0712157 0712169 0712171 0712183 0712199 0712219 0712237 0712279 0712289 0712301 0712303 0712319
057481: 0712321 0712331 0712339 0712357 0712409 0712417 0712427 0712429 0712433 0712447 0712477 0712483 0712489 0712493 0712499
057496: 0712507 0712511 0712531 0712541 0712571 0712573 0712601 0712603 0712631 0712651 0712669 0712681 0712687 0712693 0712697
057511: 0712711 0712717 0712739 0712781 0712807 0712819 0712837 0712841 0712843 0712847 0712883 0712889 0712891 0712909 0712913
057526: 0712927 0712939 0712951 0712961 0712973 0712981 0713021 0713039 0713059 0713077 0713107 0713117 0713127 0713129 0713147
057541: 0713149 0713159 0713171 0713177 0713183 0713189 0713191 0713227 0713233 0713239 0713243 0713261 0713267 0713281 0713287
057556: 0713309 0713311 0713329 0713347 0713351 0713353 0713357 0713381 0713389 0713399 0713407 0713411 0713417 0713467 0713477
057571: 0713491 0713497 0713501 0713509 0713533 0713563 0713569 0713597 0713599 0713611 0713627 0713653 0713663 0713681 0713737
057586: 0713743 0713747 0713753 0713771 0713807 0713827 0713831 0713833 0713861 0713863 0713873 0713891 0713903 0713917 0713927
057601: 0713939 0713941 0713957 0713981 0713987 0714029 0714037 0714061 0714073 0714107 0714113 0714139 0714143 0714151 0714163
057616: 0714169 0714199 0714223 0714227 0714247 0714283 0714341 0714349 0714361 0714367 0714377 0714443 0714463 0714473 0714481
057631: 0714487 0714503 0714509 0714517 0714521 0714529 0714551 0714557 0714563 0714569 0714577 0714601 0714619 0714623 0714671
057646: 0714691 0714719 0714739 0714751 0714773 0714781 0714787 0714797 0714809 0714827 0714841 0714851 0714853 0714869
057661: 0714881 0714887 0714893 0714907 0714911 0714919 0714943 0714947 0714949 0714971 0714991 0715019 0715031 0715049 0715063
057676: 0715069 0715073 0715087 0715109 0715123 0715151 0715153 0715157 0715159 0715171 0715189 0715193 0715223 0715229 0715237
057691: 0715243 0715249 0715259 0715289 0715301 0715303 0715313 0715339 0715357 0715361 0715373 0715397 0715417 0715423 0715439
057706: 0715441 0715453 0715457 0715489 0715499 0715523 0715537 0715549 0715567 0715571 0715577 0715579 0715613 0715621 0715639
057721: 0715643 0715651 0715657 0715679 0715681 0715699 0715727 0715739 0715753 0715777 0715789 0715801 0715811 0715817 0715823
057736: 0715843 0715849 0715859 0715867 0715873 0715877 0715879 0715889 0715903 0715909 0715919 0715927 0715943 0715961 0715963
057751: 0715969 0715973 0715991 0715999 0716003 0716033 0716063 0716087 0716117 0716123 0716137 0716143 0716161 0716163 0716173
057766: 0716249 0716257 0716279 0716291 0716299 0716321 0716351 0716363 0716383 0716389 0716399 0716411 0716413 0716447 0716449 0716453
057781: 0716459 0716477 0716479 0716483 0716491 0716501 0716531 0716543 0716549 0716563 0716581 0716591 0716621 0716623 0716633
057796: 0716659 0716663 0716671 0716687 0716693 0716707 0716713 0716731 0716741 0716743 0716747 0716783 0716789 0716809 0716819
057811: 0716827 0716857 0716861 0716869 0716897 0716899 0716917 0716929 0716951 0716953 0716961 0716981 0716987 0717001 0717011
057826: 0717047 0717089 0717091 0717103 0717109 0717113 0717127 0717133 0717139 0717149 0717151 0717161 0717191 0717229 0717259
057841: 0717271 0717289 0717293 0717317 0717323 0717331 0717341 0717397 0717413 0717419 0717427 0717443 0717463 0717467 0717479
057856: 0717511 0717527 0717529 0717533 0717539 0717551 0717559 0717571 0717581 0717589 0717593 0717631 0717653 0717659 0717667 0717679
057871: 0717683 0717697 0717719 0717751 0717797 0717803 0717811 0717817 0717841 0717853 0717877 0717883 0717887 0717917 0717923
057886: 0717967 0717979 0717989 0718007 0718043 0718049 0718051 0718087 0718093 0718121 0718139 0718163 0718169 0718171 0718183
057901: 0718187 0718241 0718259 0718271 0718303 0718321 0718331 0718337 0718343 0718349 0718357 0718379 0718381 0718387 0718391
057916: 0718411 0718423 0718427 0718453 0718457 0718463 0718493 0718511 0718513 0718541 0718547 0718559 0718579 0718603
057931: 0718621 0718633 0718657 0718661 0718691 0718703 0718717 0718723 0718747 0718759 0718801 0718807 0718813 0718841
057946: 0718847 0718871 0718887 0718901 0718919 0718931 0718937 0718943 0718973 0718999 0719009 0719011 0719027 0719041 0719057
057961: 0719063 0719071 0719101 0719119 0719143 0719149 0719153 0719167 0719177 0719179 0719183 0719189 0719197 0719203 0719227
057976: 0719237 0719239 0719267 0719281 0719297 0719333 0719351 0719353 0719377 0719393 0719413 0719419 0719441 0719447 0719483
057991: 0719503 0719533 0719557 0719567 0719569 0719573 0719597 0719599 0719633 0719639 0719659 0719671 0719681 0719683 0719689
058006: 0719699 0719713 0719717 0719723 0719731 0719749 0719753 0719773 0719779 0719791 0719801 0719813 0719821 0719833 0719839
058021: 0719893 0719903 0719911 0719941 0719947 0719951 0719959 0719981 0719989 0720007 0720019 0720023 0720053 0720059 0720089
058036: 0720091 0720101 0720127 0720133 0720151 0720173 0720193 0720197 0720211 0720221 0720229 0720241 0720253 0720257
058051: 0720281 0720283 0720289 0720299 0720301 0720311 0720319 0720359 0720361 0720367 0720373 0720397 0720403 0720407 0720413
058066: 0720439 0720481 0720491 0720527 0720547 0720569 0720571 0720607 0720611 0720617 0720619 0720653 0720661 0720677
058081: 0720683 0720697 0720703 0720743 0720763 0720767 0720773 0720779 0720791 0720793 0720829 0720847 0720857 0720869 0720877
058096: 0720887 0720899 0720913 0720931 0720943 0720947 0720961 0720983 0720991 0720997 0721003 0721013 0721037
058111: 0721043 0721051 0721057 0721079 0721081 0721109 0721111 0721117 0721129 0721139 0721141 0721159 0721163 0721169 0721177
058126: 0721181 0721199 0721207 0721211 0721219 0721223 0721229 0721243 0721261 0721267 0721283 0721289 0721291 0721317 0721321
058141: 0721333 0721337 0721351 0721361 0721363 0721379 0721381 0721387 0721397 0721439 0721451 0721481 0721499 0721519 0721547 0721581
058156: 0721571 0721577 0721597 0721613 0721619 0721621 0721631 0721661 0721663 0721687 0721697 0721703 0721709 0721733 0721739
058171: 0721783 0721793 0721843 0721849 0721859 0721883 0721891 0721909 0721921 0721951 0721961 0721979 0721991 0721997 0722011
058186: 0722023 0722027 0722047 0722063 0722069 0722077 0722093 0722119 0722147 0722149 0722153 0722159 0722167 0722173
058201: 0722213 0722237 0722241 0722257 0722273 0722287 0722299 0722311 0722317 0722323 0722341 0722353 0722341 0722363
058216: 0722369 0722377 0722389 0722411 0722417 0722431 0722459 0722467 0722479 0722489 0722509 0722521 0722537 0722539 0722563
058231: 0722581 0722599 0722611 0722623 0722629 0722669 0722713 0722723 0722729 0722749 0722773 0722791 0722797 0722807
058246: 0722819 0722833 0722849 0722881 0722899 0722903 0722921 0722933 0722963 0722971 0722977 0722981 0723029 0723031 0723043
058261: 0723049 0723053 0723067 0723071 0723089 0723101 0723103 0723119 0723133 0723139 0723157 0723161 0723163 0723167
058276: 0723169 0723181 0723193 0723209 0723221 0723227 0723257 0723259 0723263 0723269 0723271 0723287 0723293 0723319 0723337
058291: 0723353 0723361 0723379 0723391 0723407 0723413 0723439 0723451 0723467 0723473 0723479 0723491 0723493
058306: 0723529 0723551 0723553 0723559 0723563 0723587 0723589 0723601 0723607 0723617 0723623 0723661 0723721 0723727 0723739
058321: 0723761 0723791 0723797 0723799 0723803 0723823 0723829 0723839 0723841 0723859 0723893 0723901 0723907 0723913
058336: 0723917 0723923 0723949 0723959 0723967 0723973 0723977 0723997 0724001 0724021 0724079 0724093 0724099 0724111
058351: 0724117 0724121 0724123 0724153 0724163 0724181 0724211 0724219 0724259 0724267 0724273 0724291 0724303 0724313 0724331
058366: 0724393 0724403 0724433 0724441 0724487 0724453 0724469 0724481 0724487 0724499 0724513 0724517 0724519 0724523 0724531
058381: 0724547 0724553 0724567 0724573 0724583 0724597 0724601 0724609 0724621 0724627 0724631 0724639 0724643 0724651 0724721
058396: 0724723 0724729 0724733 0724747 0724751 0724759 0724777 0724781 0724783 0724807 0724813 0724837 0724847 0724853 0724879
058411: 0724901 0724903 0724939 0724949 0724961 0724967 0724991 0724993 0725009 0725041 0725057 0725071 0725077 0725099 0725111
058426: 0725113 0725119 0725147 0725149 0725169 0725181 0725201 0725209 0725273 0725293 0725303 0725317 0725321 0725323
058441: 0725327 0725341 0725357 0725359 0725371 0725381 0725393 0725399 0725423 0725437 0725447 0725449 0725479 0725507 0725519
058456: 0725531 0725537 0725579 0725587 0725591 0725633 0725653 0725663 0725671 0725677 0725687 0725723 0725731 0725737 0725749
058471: 0725789 0725801 0725807 0725827 0725861 0725863 0725867 0725891 0725897 0725909 0725929 0725939 0725953 0725981 0725983
058486: 0725993 0725999 0726007 0726013 0726023 0726043 0726071 0726091 0726097 0726101 0726107 0726109 0726137 0726139 0726149
```

058501-060000 Prime numbers

058501:	0726157	0726163	0726169	0726181	0726191	0726221	0726287	0726289	0726301	0726307	0726331	0726337	0726367	0726371	0726377
058516:	0726379	0726391	0726413	0726419	0726431	0726457	0726463	0726469	0726487	0726497	0726521	0726527	0726533	0726559	0726589
058531:	0726599	0726601	0726611	0726619	0726623	0726629	0726641	0726647	0726659	0726679	0726689	0726697	0726701	0726707	0726751
058546:	0726779	0726787	0726797	0726809	0726811	0726839	0726841	0726853	0726893	0726899	0726911	0726917	0726923	0726947	0726953
058561:	0726983	0726989	0726991	0727003	0727009	0727019	0727021	0727049	0727061	0727063	0727079	0727121	0727123	0727157	0727159
058576:	0727169	0727183	0727189	0727201	0727211	0727241	0727247	0727249	0727261	0727267	0727271	0727273	0727289	0727297	0727313
058591:	0727327	0727343	0727351	0727369	0727399	0727409	0727427	0727451	0727459	0727471	0727483	0727487	0727499	0727501	0727541
058606:	0727561	0727577	0727589	0727613	0727621	0727633	0727667	0727673	0727691	0727703	0727717	0727727	0727729	0727733	0727747
058621:	0727759	0727763	0727777	0727781	0727799	0727807	0727817	0727823	0727843	0727847	0727877	0727879	0727891	0727933	0727939
058636:	0727949	0727981	0727997	0728003	0728011	0728017	0728042	0728047	0728069	0728087	0728113	0728129	0728131	0728173	0728191	0728207
058651:	0728209	0728261	0728267	0728269	0728281	0728293	0728303	0728317	0728333	0728369	0728381	0728383	0728417	0728423	0728437
058666:	0728471	0728477	0728489	0728521	0728527	0728537	0728551	0728557	0728561	0728573	0728579	0728627	0728639	0728647	0728659
058681:	0728681	0728687	0728699	0728701	0728713	0728723	0728729	0728731	0728743	0728747	0728771	0728809	0728813	0728831	0728837
058696:	0728839	0728843	0728851	0728867	0728869	0728873	0728881	0728899	0728911	0728921	0728927	0728929	0728941	0728947
058711:	0728953	0728969	0728971	0728993	0729019	0729023	0729037	0729041	0729059	0729073	0729139	0729143	0729173	0729187	0729191
058726:	0729199	0729203	0729217	0729257	0729269	0729271	0729293	0729301	0729329	0729331	0729359	0729367	0729371	0729373	0729389
058741:	0729403	0729413	0729451	0729457	0729473	0729493	0729497	0729503	0729511	0729527	0729551	0729557	0729559	0729569	0729571
058756:	0729577	0729587	0729601	0729607	0729613	0729637	0729643	0729649	0729661	0729671	0729679	0729689	0729713	0729719	0729737
058771:	0729749	0729761	0729779	0729787	0729791	0729821	0729851	0729871	0729877	0729907	0729913	0729919	0729931	0729943
058786:	0729947	0729977	0729979	0729991	0730003	0730021	0730033	0730049	0730069	0730091	0730111	0730139	0730157	0730187	0730199
058801:	0730217	0730237	0730253	0730277	0730283	0730297	0730321	0730339	0730363	0730397	0730399	0730421	0730447	0730451	0730459
058816:	0730469	0730487	0730537	0730553	0730559	0730567	0730571	0730573	0730589	0730591	0730603	0730619	0730633	0730637	0730663
058831:	0730669	0730679	0730747	0730753	0730757	0730777	0730781	0730783	0730789	0730799	0730811	0730819	0730823	0730837
058846:	0730843	0730853	0730867	0730879	0730889	0730901	0730909	0730913	0730943	0730969	0730973	0730993	0731033	0731041
058861:	0731047	0731053	0731057	0731093	0731113	0731117	0731141	0731173	0731189	0731191	0731201	0731209	0731219	0731233	0731243
058876:	0731249	0731251	0731257	0731261	0731267	0731287	0731299	0731327	0731333	0731359	0731363	0731369	0731389	0731413	0731447
058891:	0731483	0731501	0731503	0731509	0731531	0731539	0731567	0731587	0731593	0731597	0731603	0731611	0731623	0731639	0731651
058906:	0731681	0731683	0731711	0731713	0731719	0731729	0731737	0731741	0731761	0731767	0731779	0731803	0731807	0731821	0731827
058921:	0731831	0731839	0731851	0731869	0731881	0731893	0731909	0731911	0731921	0731923	0731933	0731971	0731981	0731999	0732023
058936:	0732029	0732041	0732073	0732077	0732079	0732097	0732101	0732133	0732157	0732169	0732181	0732187	0732191	0732197	0732209
058951:	0732211	0732217	0732229	0732233	0732239	0732257	0732271	0732283	0732287	0732293	0732299	0732311	0732323	0732331	0732373
058966:	0732434	0732449	0732461	0732467	0732491	0732493	0732497	0732509	0732521	0732553	0732541	0732601	0732617	0732631	0732653
058981:	0732673	0732689	0732703	0732709	0732713	0732731	0732749	0732761	0732769	0732799	0732817	0732827	0732829	0732833	0732841
058996:	0732863	0732877	0732889	0732911	0732923	0732943	0732959	0732967	0732971	0732997	0733003	0733009	0733067	0733097	0733099
059011:	0733111	0733123	0733127	0733133	0733141	0733147	0733157	0733169	0733177	0733189	0733237	0733241	0733273	0733277	0733283
059026:	0733289	0733301	0733307	0733321	0733331	0733333	0733339	0733351	0733373	0733387	0733391	0733393	0733399	0733409	0733427
059041:	0733433	0733459	0733477	0733489	0733511	0733517	0733519	0733559	0733561	0733591	0733619	0733639	0733651	0733687	0733697
059056:	0733741	0733751	0733757	0733759	0733793	0733807	0733813	0733823	0733829	0733847	0733849	0733861	0733877	0733859
059071:	0733883	0733919	0733921	0733937	0733939	0733949	0733963	0733973	0733981	0733991	0734003	0734017	0734021	0734047	0734057
059086:	0734087	0734113	0734141	0734143	0734159	0734171	0734177	0734189	0734197	0734203	0734207	0734221	0734233	0734263	0734267
059101:	0734273	0734291	0734303	0734329	0734347	0734381	0734389	0734401	0734411	0734423	0734429	0734431	0734443	0734471	0734473
059116:	0734477	0734479	0734497	0734537	0734543	0734549	0734563	0734567	0734627	0734647	0734653	0734659	0734663	0734687	0734693
059131:	0734707	0734717	0734729	0734737	0734743	0734759	0734771	0734803	0734807	0734813	0734819	0734837	0734849	0734869	0734879
059146:	0734887	0734897	0734911	0734933	0734941	0734953	0734957	0734959	0734971	0735001	0735019	0735043	0735061	0735067	0735071
059161:	0735073	0735083	0735107	0735109	0735113	0735139	0735143	0735157	0735169	0735173	0735181	0735187	0735193	0735209	0735211
059176:	0735239	0735247	0735263	0735271	0735283	0735307	0735311	0735331	0735337	0735341	0735359	0735367	0735373	0735389	0735391
059191:	0735419	0735421	0735431	0735439	0735443	0735451	0735461	0735467	0735473	0735479	0735491	0735529	0735553	0735557	0735571
059206:	0735617	0735649	0735653	0735659	0735673	0735689	0735697	0735719	0735731	0735733	0735739	0735751	0735781	0735809	0735821
059221:	0735829	0735853	0735871	0735877	0735883	0735901	0735919	0735937	0735941	0735949	0735953	0735979	0735983	0735997	0736007	0736013
059236:	0736027	0736037	0736039	0736051	0736061	0736063	0736091	0736093	0736097	0736111	0736121	0736147	0736159	0736181	0736187
059251:	0736243	0736247	0736259	0736273	0736277	0736279	0736357	0736361	0736363	0736367	0736369	0736381	0736387	0736399
059266:	0736403	0736409	0736429	0736433	0736441	0736447	0736469	0736471	0736511	0736577	0736607	0736639	0736657	0736679	0736691
059281:	0736699	0736717	0736721	0736741	0736787	0736793	0736817	0736823	0736847	0736867	0736871	0736889	0736903	0736921
059296:	0736927	0736937	0736951	0736963	0736973	0736987	0736993	0737017	0737039	0737041	0737047	0737053	0737059	0737083	0737089
059311:	0737119	0737127	0737131	0737147	0737159	0737179	0737183	0737203	0737207	0737251	0737263	0737279	0737281	0737287
059326:	0737291	0737293	0737309	0737327	0737339	0737351	0737353	0737411	0737413	0737423	0737431	0737479	0737483	0737497	0737501
059341:	0737507	0737509	0737531	0737569	0737573	0737591	0737593	0737599	0737609	0737611	0737617	0737629	0737641	0737657	0737671
059356:	0737683	0737687	0737717	0737719	0737729	0737747	0737753	0737761	0737767	0737771	0737777	0737791	0737801	0737809	0737819	0737843	0737857
059371:	0737861	0737873	0737877	0737887	0737897	0737921	0737927	0737929	0737969	0737981	0737999	0738011	0738029	0738043	0738053	0738071
059386:	0738083	0738107	0738109	0738121	0738151	0738163	0738173	0738197	0738211	0738201	0738217	0738223	0738247	0738263	0738301	0738313
059401:	0738317	0738319	0738341	0738349	0738371	0738379	0738383	0738391	0738401	0738403	0738421	0738443	0738457	0738469	0738487
059416:	0738499	0738509	0738523	0738539	0738547	0738581	0738583	0738589	0738623	0738643	0738677	0738707	0738713	0738721	0738743
059431:	0738757	0738781	0738791	0738797	0738811	0738827	0738839	0738847	0738851	0738863	0738877	0738889	0738917	0738919	0738923
059446:	0738937	0738953	0738961	0738977	0738989	0739003	0739021	0739027	0739031	0739061	0739069	0739087	0739093	0739099	0739103
059461:	0739111	0739117	0739121	0739153	0739163	0739171	0739183	0739187	0739199	0739201	0739217	0739241	0739253	0739273	0739283
059476:	0739301	0739303	0739307	0739327	0739331	0739337	0739351	0739363	0739369	0739373	0739379	0739391	0739393	0739397	0739399
059491:	0739433	0739439	0739463	0739469	0739493	0739507	0739511	0739513	0739523	0739549	0739553	0739579	0739601	0739603	0739621
059506:	0739631	0739633	0739637	0739693	0739699	0739723	0739751	0739759	0739771	0739777	0739787	0739799	0739813	0739829
059521:	0739847	0739853	0739859	0739861	0739909	0739931	0739943	0739951	0739957	0739967	0739969	0740011	0740021	0740023	0740041
059536:	0740053	0740059	0740079	0740099	0740123	0740141	0740143	0740151	0740161	0740171	0740189	0740191	0740227	0740237	0740279
059551:	0740287	0740303	0740321	0740323	0740329	0740351	0740359	0740371	0740387	0740423	0740429	0740461	0740473	0740477	0740483
059566:	0740513	0740521	0740533	0740549	0740561	0740581	0740591	0740599	0740603	0740651	0740653	0740659	0740671	0740681
059581:	0740687	0740693	0740711	0740713	0740717	0740737	0740749	0740801	0740849	0740891	0740893	0740897	0740903	0740923	0740939
059596:	0740951	0740969	0740989	0741001	0741007	0741011	0741031	0741043	0741053	0741061	0741071	0741077	0741079	0741101	0741119
059611:	0741121	0741127	0741131	0741137	0741163	0741187	0741193	0741229	0741233	0741253	0741259	0741263	0741337	0741341	0741343
059626:	0741347	0741373	0741401	0741409	0741413	0741431	0741457	0741467	0741469	0741473	0741479	0741491	0741493	0741509	0741541
059641:	0741547	0741563	0741569	0741593	0741599	0741641	0741661	0741667	0741679	0741683	0741691	0741709	0741721	0741781
059656:	0741787	0741803	0741809	0741827	0741833	0741847	0741857	0741859	0741869	0741877	0741883	0741913	0741929	0741941	0741967
059671:	0741973	0741991	0742009	0742031	0742037	0742057	0742069	0742073	0742111	0742117	0742127	0742151	0742153	0742193	0742199
059686:	0742201	0742211	0742213	0742229	0742241	0742253	0742277	0742283	0742289	0742307	0742327	0742333	0742351
059701:	0742369	0742381	0742397	0742409	0742439	0742457	0742499	0742507	0742513	0742519	0742531	0742537	0742541	0742549	0742559
059716:	0742579	0742591	0742607	0742619	0742657	0742663	0742673	0742681	0742697	0742699	0742711	0742717	0742723	0742757	0742759
059731:	0742783	0742789	0742801	0742817	0742891	0742897	0742909	0742913	0742943	0742949	0742967	0742981	0742991	0742993	0742999
059746:	0743027	0743047	0743059	0743069	0743089	0743111	0743123	0743129	0743131	0743137	0743143	0743159	0743161	0743167	0743173
059761:	0743177	0743183	0743203	0743209	0743221	0743251	0743263	0743269	0743273	0743279	0743297	0743321	0743333	0743339	0743363
059776:	0743377	0743401	0743423	0743447	0743507	0743549	0743551	0743573	0743579	0743591	0743609	0743657	0743669	0743671	0743689
059791:	0743693	0743711	0743717	0743747	0743777	0743779	0743791	0743803	0743819	0743833	0743837	0743849	0743851	0743881	0743881
059806:	0743917	0743921	0743923	0743933	0743947	0743987	0743989	0744019	0744043	0744071	0744077	0744083	0744113	0744127	0744137
059821:	0744187	0744199	0744203	0744221	0744229	0744251	0744253	0744283	0744301	0744311	0744343	0744353	0744371	0744377	0744389
059836:	0744391	0744397	0744407	0744409	0744431	0744441	0744451	0744493	0744503	0744511	0744527	0744539	0744547	0744559	0744599	0744607	0744637
059851:	0744641	0744649	0744659	0744661	0744667	0744701	0744707	0744713	0744721	0744727	0744739	0744761	0744767	0744791	0744811	0744817
059866:	0744823	0744829	0744833	0744859	0744893	0744911	0744917	0744941	0744949	0744959	0744977	0745001	0745013	0745027	0745033
059881:	0745037	0745051	0745067	0745103	0745117	0745133	0745141	0745181	0745187	0745189	0745201	0745231	0745243	0745247	0745249
059896:	0745271	0745301	0745309	0745337	0745343	0745357	0745369	0745379	0745391	0745409	0745417	0745471	0745517	0745529	0745531
059911:	0745543	0745567	0745573	0745601	0745609	0745621	0745631	0745649	0745673	0745697	0745699	0745709	0745711	0745727	0745733
059926:	0745741	0745747	0745751	0745753	0745757	0745817	0745837	0745859	0745873	0745903	0745931	0745933	0745939	0745951	0745973
059941:	0745981	0745993	0745999	0746017	0746023	0746033	0746041	0746047	0746069	0746099	0746101	0746107	0746117	0746129	0746153
059956:	0746167	0746171	0746177	0746183	0746191	0746197	0746203	0746209	0746227	0746231	0746233	0746243	0746267	0746287	0746303
059971:	0746309	0746329	0746353	0746363	0746371	0746411	0746413	0746429	0746477	0746479	0746483	0746497	0746503	0746507	0746509
059986:	0746531	0746533	0746561	0746563	0746597	0746653	0746659	0746671	0746677	0746723	0746737	0746743	0746747	0746749	0746773

Prime numbers 060001-061500

```
060001:  0746777 0746791 0746797 0746807 0746813 0746839 0746843 0746869 0746873 0746891 0746899 0746903 0746939 0746951 0746957
060016:  0746959 0746969 0746981 0746989 0747037 0747049 0747053 0747073 0747107 0747113 0747139 0747163 0747161 0747199 0747203
060031:  0747223 0747239 0747259 0747277 0747283 0747287 0747319 0747323 0747343 0747361 0747377 0747391 0747401 0747407 0747421
060046:  0747427 0747449 0747451 0747457 0747463 0747493 0747497 0747499 0747521 0747529 0747547 0747557 0747561 0747583 0747587
060061:  0747599 0747611 0747619 0747647 0747673 0747679 0747713 0747731 0747737 0747743 0747763 0747781 0747811 0747827 0747829
060076:  0747833 0747839 0747841 0747853 0747863 0747869 0747889 0747917 0747919 0747941 0747953 0747977 0747981 0747979 0747991
060091:  0748003 0748019 0748021 0748039 0748057 0748091 0748093 0748133 0748169 0748183 0748199 0748207 0748211 0748217 0748219
060106:  0748249 0748271 0748273 0748283 0748301 0748331 0748337 0748339 0748343 0748361 0748373 0748387 0748441 0748453 0748463
060121:  0748471 0748481 0748487 0748499 0748513 0748523 0748541 0748567 0748589 0748597 0748603 0748609 0748613 0748633 0748637
060136:  0748639 0748669 0748687 0748691 0748703 0748717 0748727 0748729 0748739 0748763 0748777 0748789 0748791 0748801 0748807 0748817
060151:  0748819 0748823 0748829 0748831 0748849 0748861 0748877 0748883 0748889 0748921 0748933 0748963 0748973 0748981
060166:  0748987 0749011 0749027 0749051 0749069 0749081 0749083 0749093 0749119 0749137 0749141 0749149 0749153 0749167 0749171
060181:  0749183 0749197 0749209 0749219 0749237 0749249 0749257 0749267 0749279 0749297 0749299 0749323 0749339 0749347 0749351
060196:  0749383 0749393 0749401 0749423 0749429 0749431 0749443 0749449 0749453 0749461 0749467 0749471 0749543 0749557 0749587
060211:  0749641 0749653 0749659 0749677 0749701 0749719 0749729 0749741 0749747 0749761 0749773 0749779 0749803 0749807 0749809
060226:  0749843 0749851 0749863 0749891 0749893 0749899 0749909 0749923 0749927 0749939 0749941 0749971 0749993 0750019 0750037
060241:  0750059 0750077 0750083 0750097 0750119 0750121 0750131 0750133 0750137 0750151 0750157 0750161 0750163 0750173 0750179
060256:  0750203 0750209 0750223 0750229 0750287 0750311 0750313 0750353 0750383 0750401 0750413 0750419 0750437 0750457 0750473
060271:  0750487 0750509 0750517 0750521 0750553 0750571 0750599 0750613 0750641 0750653 0750661 0750667 0750679 0750697 0750707
060286:  0750713 0750719 0750721 0750749 0750769 0750787 0750791 0750797 0750803 0750809 0750817 0750829 0750853 0750857 0750863
060301:  0750917 0750929 0750943 0750961 0750977 0750983 0751001 0751007 0751021 0751027 0751057 0751061 0751087 0751103 0751123
060316:  0751133 0751139 0751141 0751147 0751151 0751181 0751183 0751189 0751193 0751199 0751217 0751237 0751251 0751259 0751273
060331:  0751277 0751283 0751301 0751307 0751319 0751321 0751327 0751343 0751351 0751357 0751363 0751367 0751379 0751403 0751411
060346:  0751423 0751447 0751453 0751463 0751481 0751523 0751529 0751547 0751567 0751579 0751609 0751613 0751627 0751631 0751633
060361:  0751637 0751643 0751661 0751669 0751711 0751717 0751727 0751739 0751747 0751753 0751757 0751759 0751763 0751787 0751799
060376:  0751813 0751823 0751841 0751853 0751867 0751871 0751879 0751901 0751909 0751913 0751921 0751943 0751957 0751969 0751987
060391:  0751997 0752009 0752023 0752033 0752053 0752083 0752099 0752107 0752111 0752117 0752129 0752143 0752163 0752177 0752183
060406:  0752197 0752201 0752203 0752207 0752225 0752231 0752263 0752273 0752281 0752287 0752291 0752293 0752299 0752303 0752351 0752359
060421:  0752383 0752413 0752423 0752431 0752447 0752449 0752459 0752483 0752489 0752503 0752513 0752519 0752527 0752569 0752581 0752593
060436:  0752603 0752627 0752639 0752651 0752681 0752683 0752699 0752701 0752707 0752717 0752723 0752747 0752771 0752789 0752797 0752803 0752809
060451:  0752819 0752827 0752831 0752833 0752861 0752867 0752881 0752891 0752903 0752911 0752929 0752933 0752977 0752993 0753001
060466:  0753007 0753019 0753023 0753031 0753079 0753123 0753133 0753139 0753143 0753161 0753181 0753191 0753197 0753229
060481:  0753257 0753307 0753329 0753341 0753353 0753367 0753373 0753383 0753409 0753421 0753427 0753437 0753439 0753461 0753463
060496:  0753497 0753499 0753517 0753547 0753569 0753583 0753587 0753589 0753611 0753617 0753631 0753647 0753659 0753677
060511:  0753679 0753689 0753691 0753707 0753719 0753721 0753737 0753743 0753751 0753773 0753793 0753799 0753803 0753811 0753821
060526:  0753839 0753847 0753859 0753871 0753937 0753941 0753947 0753959 0753973 0754003 0754027 0754037 0754043 0754057
060541:  0754067 0754073 0754081 0754093 0754099 0754109 0754111 0754121 0754123 0754133 0754153 0754157 0754181 0754183 0754207
060556:  0754211 0754217 0754223 0754241 0754249 0754267 0754273 0754283 0754289 0754297 0754301 0754333 0754337 0754343 0754367
060571:  0754373 0754379 0754381 0754399 0754417 0754421 0754427 0754451 0754463 0754469 0754489 0754513 0754531 0754549 0754573
060586:  0754577 0754583 0754597 0754627 0754639 0754651 0754703 0754709 0754711 0754723 0754729 0754739 0754751 0754771 0754781
060601:  0754811 0754829 0754861 0754877 0754891 0754903 0754907 0754921 0754931 0754937 0754939 0754967 0754969 0754973 0754979
060616:  0754981 0754993 0755009 0755033 0755057 0755071 0755077 0755081 0755087 0755107 0755117 0755137 0755143 0755147 0755171
060631:  0755173 0755203 0755213 0755223 0755239 0755257 0755267 0755271 0755309 0755311 0755317 0755329 0755333 0755351 0755357
060646:  0755371 0755387 0755393 0755399 0755401 0755413 0755437 0755441 0755449 0755513 0755473 0755483 0755509 0755539 0755551 0755561
060661:  0755567 0755569 0755593 0755597 0755617 0755627 0755643 0755681 0755707 0755717 0755719 0755737 0755759 0755767 0755771
060676:  0755789 0755791 0755809 0755813 0755861 0755863 0755869 0755879 0755899 0755903 0755959 0755969 0755977 0756011 0756023
060691:  0756043 0756053 0756097 0756101 0756127 0756131 0756139 0756149 0756161 0756167 0756179 0756191 0756199 0756227 0756241 0756251
060706:  0756253 0756271 0756281 0756289 0756293 0756319 0756323 0756331 0756373 0756403 0756419 0756421 0756433 0756443 0756463
060721:  0756467 0756527 0756533 0756541 0756563 0756571 0756593 0756601 0756607 0756629 0756641 0756649 0756667 0756673 0756683
060736:  0756689 0756703 0756709 0756719 0756727 0756739 0756773 0756799 0756829 0756839 0756853 0756869 0756881 0756887 0756919
060751:  0756923 0756961 0756967 0756971 0757019 0757039 0757063 0757067 0757109 0757111 0757157 0757171 0757181 0757201
060766:  0757241 0757243 0757247 0757259 0757271 0757291 0757297 0757307 0757319 0757321 0757331 0757343 0757363 0757381 0757387
060781:  0757403 0757409 0757417 0757429 0757433 0757457 0757487 0757507 0757513 0757517 0757543 0757553 0757577 0757579
060796:  0757583 0757607 0757633 0757651 0757661 0757693 0757699 0757709 0757711 0757727 0757751 0757753 0757763 0757793 0757807
060811:  0757811 0757819 0757829 0757879 0757903 0757927 0757937 0757951 0757993 0757997 0758003 0758029 0758031 0758041
060826:  0758053 0758071 0758083 0758099 0758101 0758111 0758137 0758141 0758159 0758179 0758189 0758201 0758203 0758227 0758231
060841:  0758237 0758243 0758267 0758269 0758273 0758279 0758299 0758323 0758339 0758341 0758351 0758363 0758383 0758393 0758411
060856:  0758431 0758441 0758449 0758453 0758491 0758501 0758503 0758519 0758521 0758551 0758561 0758573 0758579 0758599 0758617
060871:  0758629 0758633 0758671 0758687 0758701 0758707 0758711 0758713 0758729 0758731 0758741 0758743 0758753 0758767 0758783
060886:  0758789 0758819 0758827 0758831 0758851 0758867 0758887 0758893 0758899 0758929 0758941 0758957 0758963 0758969 0758971
060901:  0758987 0759001 0759019 0759029 0759037 0759047 0759053 0759089 0759103 0759111 0759113 0759149 0759169 0759173 0759179
060916:  0759181 0759193 0759213 0759229 0759263 0759277 0759293 0759301 0759313 0759329 0759359 0759371 0759377 0759397 0759401
060931:  0759431 0759433 0759457 0759463 0759467 0759491 0759503 0759523 0759547 0759551 0759553 0759559 0759569 0759571 0759581
060946:  0759589 0759599 0759617 0759623 0759631 0759637 0759641 0759653 0759659 0759673 0759691 0759697 0759701 0759709 0759719
060961:  0759727 0759739 0759757 0759763 0759797 0759799 0759821 0759833 0759881 0759893 0759911 0759923 0759929 0759947 0759953
060976:  0759959 0759961 0759973 0760007 0760043 0760063 0760079 0760089 0760103 0760117 0760129 0760141 0760147 0760153 0760163
060991:  0760169 0760183 0760187 0760211 0760229 0760231 0760237 0760241 0760261 0760267 0760273 0760289 0760297 0760301 0760321
061006:  0760343 0760367 0760373 0760411 0760423 0760439 0760447 0760457 0760477 0760489 0760499 0760511 0760519 0760531
061021:  0760537 0760549 0760553 0760561 0760567 0760579 0760607 0760619 0760621 0760637 0760649 0760657 0760693 0760723 0760729
061036:  0760759 0760769 0760783 0760807 0760813 0760841 0760849 0760871 0760891 0760897 0760901 0760913 0760927 0760933
061051:  0760939 0760951 0760961 0760993 0760997 0761003 0761009 0761023 0761051 0761069 0761087 0761113 0761119 0761129 0761153
061066:  0761161 0761177 0761171 0761183 0761213 0761227 0761249 0761251 0761261 0761263 0761291 0761297 0761347
061081:  0761351 0761357 0761363 0761377 0761381 0761389 0761393 0761399 0761407 0761417 0761429 0761437 0761441 0761443 0761459
061096:  0761471 0761477 0761483 0761489 0761521 0761533 0761551 0761561 0761567 0761591 0761597 0761603 0761611 0761623
061111:  0761633 0761669 0761671 0761681 0761689 0761711 0761719 0761731 0761773 0761777 0761779 0761807 0761809 0761833 0761861
061126:  0761863 0761869 0761879 0761889 0761927 0761933 0761969 0761977 0761983 0762001 0762007 0762017 0762031 0762037
061141:  0762049 0762053 0762061 0762101 0762121 0762187 0762227 0762233 0762239 0762241 0762253 0762257 0762277 0762319
061156:  0762329 0762367 0762371 0762373 0762379 0762389 0762397 0762401 0762407 0762423 0762479 0762491 0762499 0762529 0762539
061171:  0762547 0762557 0762563 0762581 0762587 0762583 0762599 0762647 0762653 0762659 0762667 0762671 0762737 0762743 0762761
061186:  0762779 0762791 0762809 0762821 0762823 0762847 0762871 0762877 0762893 0762899 0762901 0762913 0762917 0762919 0762959
061201:  0762967 0762973 0762989 0763001 0763013 0763027 0763043 0763061 0763067 0763073 0763093 0763111 0763123 0763141
061216:  0763157 0763159 0763183 0763201 0763223 0763237 0763261 0763267 0763271 0763303 0763307 0763319 0763349 0763369 0763381
061231:  0763391 0763403 0763409 0763417 0763423 0763429 0763447 0763471 0763481 0763493 0763513 0763523 0763549 0763567 0763591
061246:  0763573 0763579 0763583 0763597 0763601 0763613 0763619 0763621 0763627 0763649 0763663 0763673 0763699 0763739 0763751
061261:  0763757 0763757 0763771 0763787 0763801 0763823 0763843 0763859 0763879 0763883 0763897 0763901 0763913
061276:  0763921 0763927 0763937 0763943 0763957 0763967 0763999 0764003 0764011 0764017 0764021 0764041 0764051 0764053 0764059
061291:  0764081 0764089 0764111 0764131 0764147 0764157 0764189 0764209 0764233 0764247 0764251 0764261 0764273 0764287 0764293
061306:  0764317 0764321 0764327 0764339 0764341 0764369 0764381 0764399 0764431 0764447 0764459 0764471 0764501 0764521 0764539
061321:  0764551 0764563 0764569 0764591 0764593 0764623 0764627 0764641 0764669 0764671 0764683 0764689 0764711 0764717 0764723
061336:  0764783 0764789 0764809 0764837 0764839 0764849 0764857 0764887 0764891 0764893 0764899 0764903 0764947 0764969 0764971
061351:  0764977 0764989 0764999 0764999 0765007 0765031 0765041 0765043 0765047 0765059 0765091 0765097 0765103 0765109 0765131
061366:  0765137 0765139 0765143 0765161 0765169 0765181 0765199 0765203 0765209 0765221 0765227 0765229 0765241 0765251 0765257
061381:  0765283 0765287 0765289 0765293 0765301 0765313 0765319 0765329 0765353 0765379 0765383 0765389 0765409 0765419 0765461
061396:  0765467 0765487 0765491 0765497 0765503 0765521 0765533 0765539 0765577 0765581 0765587 0765613 0765619 0765623 0765649 0765659
061411:  0765673 0765707 0765727 0765749 0765763 0765767 0765773 0765779 0765781 0765823 0765827 0765847 0765851 0765857 0765881
061426:  0765889 0765893 0765899 0765907 0765913 0765923 0765931 0765953 0765971 0765983 0765991 0766021 0766029 0766039 0766049 0766067
061441:  0766079 0766091 0766097 0766109 0766111 0766127 0766163 0766169 0766177 0766187 0766211 0766223 0766229 0766231 0766237
061456:  0766247 0766261 0766273 0766277 0766301 0766303 0766309 0766361 0766369 0766373 0766387 0766393 0766397 0766399
061471:  0766421 0766439 0766453 0766457 0766471 0766477 0766487 0766501 0766511 0766531 0766541 0766543 0766553 0766559 0766583
061486:  0766609 0766637 0766639 0766651 0766679 0766687 0766721 0766739 0766757 0766763 0766769 0766793 0766807 0766811 0766813
```

061501-063000 Prime numbers

```
061501: 0766817 0766861 0766867 0766873 0766877 0766891 0766901 0766907 0766937 0766939 0766943 0766957 0766967 0766999 0767017
061516: 0767029 0767051 0767071 0767089 0767093 0767101 0767111 0767131 0767147 0767153 0767161 0767167 0767203 0767243 0767279
061531: 0767287 0767293 0767309 0767317 0767323 0767339 0767357 0767359 0767381 0767399 0767423 0767443 0767471 0767489
061546: 0767509 0767513 0767521 0767527 0767537 0767549 0767551 0767587 0767597 0767603 0767611 0767623 0767633 0767647
061561: 0767677 0767681 0767707 0767729 0767747 0767749 0767759 0767761 0767773 0767783 0767813 0767827 0767831 0767843 0767857
061576: 0767863 0767867 0767869 0767879 0767909 0767951 0767957 0768013 0768029 0768041 0768049 0768059 0768073 0768101 0768107
061591: 0768127 0768133 0768139 0768161 0768167 0768169 0768191 0768193 0768197 0768199 0768203 0768221 0768241 0768259 0768263
061606: 0768301 0768319 0768323 0768329 0768343 0768347 0768353 0768359 0768371 0768373 0768377 0768389 0768401 0768409 0768419
061621: 0768431 0768437 0768457 0768461 0768479 0768491 0768503 0768541 0768563 0768571 0768589 0768613 0768623 0768629 0768631
061636: 0768643 0768653 0768671 0768677 0768751 0768767 0768787 0768793 0768799 0768811 0768841 0768851 0768853
061651: 0768857 0768869 0768881 0768923 0768931 0768941 0768953 0768979 0768983 0769007 0769019 0769033 0769039 0769057
061666: 0769073 0769081 0769091 0769117 0769123 0769147 0769151 0769159 0769169 0769207 0769231 0769243 0769247 0769259 0769261
061681: 0769273 0769289 0769297 0769309 0769319 0769339 0769357 0769387 0769411 0769421 0769423 0769429 0769453 0769459 0769463
061696: 0769469 0769487 0769541 0769547 0769553 0769577 0769579 0769589 0769591 0769597 0769619 0769627 0769661 0769663
061711: 0769673 0769687 0769723 0769729 0769733 0769739 0769751 0769781 0769789 0769799 0769807 0769837 0769871 0769903 0769919
061726: 0769943 0769961 0769963 0769969 0769987 0769997 0769999 0770027 0770039 0770041 0770047 0770053 0770057 0770059
061741: 0770069 0770101 0770111 0770113 0770123 0770129 0770167 0770171 0770179 0770183 0770191 0770207 0770227 0770233 0770239
061756: 0770261 0770281 0770291 0770309 0770311 0770353 0770359 0770381 0770401 0770411 0770417 0770437 0770447 0770449 0770503
061771: 0770519 0770527 0770533 0770537 0770551 0770557 0770573 0770579 0770587 0770591 0770597 0770611 0770639 0770641 0770647
061786: 0770657 0770663 0770669 0770741 0770761 0770767 0770771 0770789 0770801 0770813 0770837 0770839 0770843 0770863 0770867
061801: 0770873 0770881 0770897 0770909 0770927 0770929 0770951 0770971 0770981 0770993 0771011 0771013 0771019 0771031 0771037
061816: 0771047 0771049 0771073 0771079 0771091 0771109 0771143 0771163 0771179 0771181 0771209 0771217 0771227 0771233 0771269
061831: 0771287 0771289 0771293 0771299 0771301 0771331 0771349 0771359 0771389 0771401 0771403 0771427 0771431 0771437 0771439 0771461
061846: 0771473 0771481 0771499 0771503 0771509 0771517 0771527 0771553 0771569 0771583 0771587 0771607 0771619 0771623 0771629
061861: 0771643 0771653 0771679 0771691 0771697 0771703 0771739 0771753 0771763 0771769 0771781 0771809 0771853 0771863 0771877
061876: 0771887 0771889 0771899 0771917 0771937 0771941 0771961 0771971 0771973 0771997 0772001 0772003 0772019 0772061 0772073
061891: 0772091 0772097 0772127 0772139 0772147 0772159 0772181 0772207 0772229 0772231 0772243 0772247 0772279 0772297
061906: 0772313 0772333 0772339 0772349 0772367 0772379 0772381 0772391 0772393 0772403 0772439 0772441 0772451 0772459 0772477
061921: 0772493 0772517 0772537 0772567 0772571 0772573 0772591 0772619 0772631 0772649 0772651 0772657 0772661 0772663 0772669 0772691
061936: 0772697 0772703 0772721 0772757 0772771 0772789 0772843 0772847 0772853 0772859 0772867 0772903 0772907 0772909 0772913
061951: 0772921 0772949 0772963 0772987 0772991 0773021 0773027 0773039 0773057 0773063 0773081 0773083 0773093
061966: 0773117 0773147 0773153 0773159 0773207 0773209 0773231 0773239 0773249 0773251 0773273 0773287 0773299 0773317 0773341
061981: 0773363 0773371 0773381 0773393 0773407 0773423 0773447 0773461 0773527 0773453 0773473 0773491 0773497 0773501 0773533 0773537 0773561
061996: 0773567 0773569 0773579 0773599 0773603 0773609 0773611 0773657 0773659 0773681 0773683 0773693 0773713 0773719 0773723
062011: 0773767 0773777 0773779 0773803 0773821 0773831 0773837 0773849 0773863 0773867 0773869 0773879 0773897 0773909 0773933
062026: 0773939 0773951 0773953 0773987 0773989 0773999 0774001 0774017 0774023 0774047 0774071 0774073 0774083 0774107 0774119
062041: 0774127 0774133 0774143 0774149 0774161 0774173 0774181 0774199 0774217 0774223 0774229 0774233 0774239 0774283
062056: 0774289 0774313 0774331 0774337 0774343 0774347 0774427 0774443 0774467 0774491 0774511 0774523 0774541 0774551
062071: 0774577 0774583 0774589 0774593 0774601 0774629 0774643 0774661 0774667 0774671 0774679 0774691 0774703 0774733 0774757
062086: 0774773 0774779 0774791 0774797 0774799 0774803 0774811 0774821 0774833 0774857 0774863 0774901 0774919 0774929
062101: 0774931 0774959 0774997 0775007 0775037 0775043 0775057 0775063 0775079 0775087 0775091 0775097 0775121 0775147 0775153
062116: 0775157 0775163 0775189 0775193 0775237 0775241 0775259 0775267 0775273 0775309 0775343 0775349 0775361 0775363 0775367
062131: 0775393 0775417 0775441 0775451 0775477 0775507 0775513 0775517 0775531 0775553 0775573 0775601 0775603 0775613 0775627
062146: 0775633 0775639 0775661 0775669 0775681 0775711 0775729 0775739 0775741 0775757 0775777 0775783 0775789 0775811 0775823
062161: 0775861 0775871 0775889 0775919 0775933 0775937 0775939 0775949 0775963 0775987 0776003 0776029 0776047 0776057 0776059
062176: 0776077 0776099 0776117 0776119 0776137 0776143 0776159 0776171 0776173 0776177 0776179 0776183 0776201 0776219 0776221 0776233
062191: 0776249 0776257 0776267 0776287 0776317 0776327 0776357 0776389 0776401 0776429 0776449 0776453 0776467 0776471 0776483
062206: 0776497 0776507 0776513 0776521 0776551 0776557 0776561 0776563 0776569 0776599 0776627 0776651 0776683 0776693 0776719
062221: 0776729 0776749 0776753 0776759 0776801 0776813 0776819 0776837 0776851 0776861 0776869 0776879 0776887 0776897 0776921
062236: 0776947 0776969 0776977 0776983 0776987 0777001 0777011 0777013 0777031 0777041 0777071 0777097 0777103 0777109 0777137
062251: 0777143 0777171 0777173 0777179 0777181 0777187 0777191 0777199 0777209 0777221 0777241 0777247 0777251 0777269
062266: 0777277 0777313 0777317 0777349 0777367 0777373 0777383 0777389 0777391 0777419 0777421 0777431 0777433 0777437 0777451
062281: 0777463 0777473 0777479 0777541 0777551 0777571 0777583 0777589 0777617 0777619 0777623 0777643 0777661 0777671 0777677
062296: 0777683 0777731 0777737 0777743 0777761 0777769 0777781 0777787 0777817 0777839 0777857 0777859 0777863 0777871 0777877
062311: 0777901 0777911 0777917 0777977 0777979 0777989 0778013 0778027 0778049 0778069 0778079 0778081 0778091 0778097
062326: 0778109 0778111 0778121 0778123 0778153 0778163 0778187 0778201 0778213 0778217 0778237 0778241 0778247 0778301 0778307
062341: 0778313 0778319 0778333 0778337 0778361 0778363 0778391 0778397 0778403 0778409 0778417 0778439 0778469 0778507 0778511
062356: 0778513 0778523 0778529 0778537 0778541 0778553 0778559 0778567 0778579 0778597 0778633 0778643 0778663 0778667 0778681
062371: 0778691 0778697 0778709 0778717 0778727 0778733 0778759 0778763 0778769 0778777 0778793 0778819 0778831 0778847
062386: 0778871 0778873 0778879 0778903 0778907 0778913 0778927 0778933 0778951 0778963 0778979 0778993 0779003 0779011 0779021
062401: 0779039 0779063 0779069 0779081 0779091 0779101 0779119 0779131 0779137 0779159 0779173 0779189 0779221 0779231 0779239 0779297
062416: 0779267 0779329 0779341 0779347 0779351 0779353 0779357 0779377 0779411 0779473 0779477 0779489 0779507 0779519 0779531
062431: 0779543 0779561 0779563 0779573 0779579 0779591 0779593 0779599 0779609 0779617 0779621 0779637 0779659 0779663 0779693
062446: 0779699 0779707 0779731 0779747 0779751 0779761 0779767 0779771 0779791 0779797 0779827 0779837 0779869 0779873 0779879
062461: 0779887 0779899 0779927 0779939 0779971 0779981 0779983 0779993 0780029 0780037 0780041 0780047 0780049 0780061 0780119
062476: 0780127 0780163 0780179 0780191 0780193 0780211 0780223 0780233 0780253 0780257 0780287 0780323 0780343 0780347
062491: 0780371 0780379 0780383 0780389 0780397 0780401 0780421 0780433 0780457 0780469 0780499 0780523 0780553 0780583 0780587
062506: 0780601 0780613 0780691 0780649 0780667 0780671 0780679 0780683 0780689 0780707 0780719 0780731 0780733 0780799 0780803
062521: 0780809 0780817 0780823 0780833 0780841 0780851 0780853 0780869 0780877 0780887 0780889 0780917 0780931 0780953 0780961
062536: 0780971 0780973 0781001 0781003 0781007 0781021 0781027 0781063 0781069 0781087 0781111 0781117 0781127 0781129
062551: 0781139 0781163 0781171 0781199 0781217 0781229 0781243 0781247 0781271 0781283 0781301 0781307 0781309 0781321
062566: 0781327 0781351 0781367 0781369 0781387 0781391 0781409 0781423 0781427 0781433 0781453 0781481 0781483
062581: 0781493 0781511 0781513 0781519 0781523 0781531 0781559 0781567 0781589 0781601 0781607 0781619 0781631 0781633 0781661
062596: 0781673 0781681 0781721 0781733 0781741 0781771 0781799 0781801 0781817 0781819 0781853 0781861 0781867 0781883 0781889
062611: 0781897 0781919 0781951 0781961 0781967 0781969 0781973 0781987 0781997 0781999 0782003 0782009 0782011 0782053 0782057
062626: 0782071 0782083 0782087 0782107 0782113 0782123 0782129 0782137 0782141 0782147 0782163 0782183 0782189 0782191 0782209
062641: 0782219 0782231 0782251 0782263 0782267 0782297 0782311 0782329 0782339 0782371 0782381 0782387 0782389 0782393 0782429
062656: 0782443 0782461 0782483 0782489 0782497 0782501 0782539 0782549 0782561 0782611 0782621 0782629 0782657 0782671 0782687
062671: 0782689 0782707 0782713 0782723 0782737 0782783 0782791 0782839 0782849 0782861 0782891 0782911 0782921 0782941 0782963
062686: 0782981 0782983 0782993 0783007 0783011 0783019 0783023 0783043 0783077 0783089 0783119 0783131 0783137 0783143
062701: 0783149 0783151 0783163 0783193 0783197 0783327 0783247 0783257 0783269 0783283 0783311 0783323 0783329 0783337
062716: 0783359 0783373 0783379 0783407 0783413 0783421 0783473 0783487 0783527 0783529 0783533 0783553 0783557 0783569
062731: 0783571 0783599 0783613 0783619 0783641 0783647 0783667 0783689 0783691 0783701 0783703 0783707 0783719 0783721
062746: 0783733 0783737 0783743 0783749 0783763 0783767 0783779 0783781 0783787 0783791 0783793 0783799 0783803 0783829 0783869
062761: 0783881 0783931 0783953 0784009 0784039 0784061 0784081 0784087 0784097 0784103 0784109 0784117 0784129 0784153 0784171
062776: 0784181 0784183 0784211 0784213 0784229 0784243 0784249 0784283 0784307 0784309 0784313 0784321 0784327 0784349
062791: 0784351 0784361 0784367 0784379 0784387 0784409 0784411 0784423 0784427 0784441 0784457 0784463 0784469 0784481 0784489
062806: 0784501 0784513 0784541 0784543 0784561 0784573 0784577 0784583 0784603 0784627 0784649 0784661 0784687 0784697
062821: 0784717 0784747 0784753 0784789 0784799 0784831 0784837 0784841 0784859 0784877 0784897 0784903 0784919 0784939
062836: 0784957 0784961 0784981 0785017 0785033 0785053 0785093 0785101 0785107 0785119 0785123 0785129 0785143 0785153
062851: 0785159 0785167 0785203 0785207 0785219 0785221 0785227 0785249 0785287 0785291 0785293 0785299 0785303 0785311 0785321
062866: 0785329 0785333 0785341 0785347 0785353 0785357 0785363 0785377 0785413 0785423 0785431 0785459 0785465 0785483 0785501
062881: 0785503 0785527 0785537 0785549 0785569 0785573 0785579 0785591 0785597 0785623 0785627 0785641 0785651 0785671 0785693
062896: 0785717 0785719 0785747 0785753 0785773 0785777 0785779 0785791 0785801 0785803 0785809 0785839 0785857 0785881 0785903
062911: 0785947 0785951 0785977 0785981 0786001 0786013 0786011 0786019 0786031 0786047 0786059 0786061 0786067 0786089
062926: 0786127 0786131 0786151 0786167 0786173 0786179 0786191 0786223 0786241 0786251 0786271 0786277 0786307 0786311 0786319 0786329
062941: 0786337 0786349 0786371 0786407 0786419 0786431 0786443 0786449 0786469 0786491 0786547 0786551 0786557 0786589
062956: 0786613 0786629 0786661 0786673 0786691 0786697 0786701 0786713 0786727 0786731 0786739 0786763 0786787 0786803 0786811 0786813 0786823
062971: 0786829 0786833 0786859 0786881 0786887 0786889 0786901 0786917 0786931 0786937 0786941 0786949 0786959 0786971 0786979 0786983
062986: 0787021 0787043 0787051 0787057 0787067 0787069 0787079 0787091 0787099 0787123 0787139 0787153 0787181 0787187 0787207
```

Prime numbers 063001-064500

```
063001:  0787217 0787243 0787261 0787277 0787289 0787309 0787331 0787333 0787337 0787357 0787361 0787427 0787429 0787433 0787439
063016:  0787447 0787469 0787477 0787483 0787489 0787513 0787517 0787519 0787529 0787537 0787541 0787547 0787573 0787601 0787609
063031:  0787621 0787639 0787649 0787667 0787697 0787711 0787747 0787751 0787757 0787769 0787771 0787777 0787783 0787793 0787807
063046:  0787811 0787817 0787823 0787837 0787879 0787883 0787903 0787907 0787939 0787973 0787981 0787993 0787999 0788009 0788023
063061:  0788027 0788033 0788041 0788071 0788077 0788087 0788089 0788093 0788107 0788129 0788153 0788159 0788167 0788173 0788189
063076:  0788209 0788213 0788231 0788261 0788267 0788287 0788309 0788321 0788351 0788353 0788357 0788363 0788369 0788377
063091:  0788383 0788387 0788393 0788399 0788413 0788419 0788429 0788449 0788467 0788479 0788497 0788521 0788527 0788531 0788537
063106:  0788549 0788561 0788563 0788569 0788603 0788621 0788651 0788659 0788677 0788687 0788701 0788719 0788761 0788779 0788789
063121:  0788813 0788819 0788849 0788863 0788867 0788869 0788873 0788891 0788897 0788903 0788927 0788933 0788941 0788947 0788959
063136:  0788971 0788993 0788999 0789001 0789017 0789029 0789031 0789067 0789077 0789091 0789097 0789101 0789109 0789121 0789133
063151:  0789137 0789149 0789169 0789181 0789221 0789227 0789251 0789311 0789323 0789331 0789343 0789367 0789377 0789389 0789391
063166:  0789407 0789419 0789443 0789473 0789491 0789493 0789511 0789527 0789533 0789551 0789557 0789571 0789577 0789587 0789589 0789611
063181:  0789623 0789631 0789653 0789671 0789673 0789683 0789689 0789709 0789713 0789721 0789731 0789737 0789739 0789749 0789793 0789823
063196:  0789829 0789847 0789851 0789857 0789883 0789941 0789959 0789961 0789967 0789977 0789979 0790003 0790021 0790033 0790043
063211:  0790051 0790057 0790063 0790087 0790093 0790099 0790121 0790169 0790171 0790189 0790199 0790201 0790219 0790241 0790261
063226:  0790271 0790277 0790289 0790291 0790327 0790331 0790333 0790351 0790369 0790379 0790397 0790403 0790417 0790421 0790429
063241:  0790451 0790459 0790469 0790501 0790513 0790519 0790523 0790529 0790547 0790567 0790583 0790589 0790607 0790613 0790633
063256:  0790637 0790649 0790651 0790693 0790697 0790703 0790709 0790733 0790739 0790747 0790753 0790781 0790793 0790817 0790819
063271:  0790831 0790843 0790861 0790871 0790879 0790883 0790907 0790927 0790957 0790961 0790991 0790949 0790969 0790991 0790997 0791003
063286:  0791009 0791017 0791029 0791047 0791053 0791081 0791093 0791099 0791111 0791117 0791137 0791159 0791191 0791201 0791209
063301:  0791227 0791233 0791251 0791257 0791261 0791291 0791309 0791311 0791317 0791321 0791347 0791363 0791377 0791381 0791411
063316:  0791419 0791431 0791443 0791447 0791473 0791489 0791519 0791543 0791561 0791563 0791569 0791573 0791599 0791627 0791629
063331:  0791657 0791663 0791669 0791677 0791713 0791783 0791789 0791797 0791801 0791803 0791827 0791849 0791851 0791881 0791891
063346:  0791897 0791899 0791909 0791927 0791929 0791933 0791951 0791969 0791971 0791993 0792023 0792031 0792037 0792041 0792049
063361:  0792061 0792067 0792073 0792101 0792107 0792109 0792119 0792131 0792151 0792163 0792171 0792207 0792223 0792241 0792257
063376:  0792247 0792257 0792263 0792277 0792283 0792293 0792299 0792301 0792307 0792331 0792359 0792371 0792377 0792383 0792397
063391:  0792413 0792443 0792461 0792479 0792481 0792487 0792521 0792529 0792551 0792555 0792559 0792563 0792581 0792593 0792601
063406:  0792613 0792629 0792637 0792641 0792643 0792647 0792667 0792679 0792689 0792691 0792697 0792703 0792709 0792713 0792731
063421:  0792751 0792769 0792793 0792797 0792821 0792871 0792881 0792893 0792907 0792919 0792929 0792941 0792959 0792973 0792983
063436:  0792989 0792991 0793043 0793069 0793099 0793103 0793121 0793127 0793139 0793159 0793181 0793187 0793189 0793207 0793229
063451:  0793253 0793279 0793297 0793301 0793327 0793333 0793337 0793343 0793379 0793399 0793439 0793447 0793453 0793487 0793489
063466:  0793493 0793511 0793517 0793519 0793537 0793543 0793547 0793553 0793591 0793601 0793607 0793621 0793627 0793633 0793669
063481:  0793673 0793691 0793699 0793711 0793717 0793721 0793733 0793739 0793757 0793769 0793777 0793787 0793789 0793813 0793841
063496:  0793843 0793867 0793893 0793897 0793901 0793927 0793931 0793939 0793957 0793967 0793979 0793981 0793999 0794009 0794011
063511:  0794023 0794033 0794039 0794041 0794063 0794077 0794089 0794111 0794113 0794119 0794127 0794137 0794141 0794149 0794153
063526:  0794161 0794171 0794173 0794191 0794201 0794203 0794207 0794221 0794221 0794231 0794249 0794237 0794341 0794363 0794383
063541:  0794389 0794399 0794407 0794413 0794449 0794471 0794473 0794477 0794483 0794491 0794509 0794531 0794537 0794543 0794551
063556:  0794557 0794569 0794579 0794587 0794593 0794641 0794653 0794659 0794669 0794693 0794711 0794741 0794747 0794749
063571:  0794779 0794781 0794789 0794881 0794887 0794913 0794923 0794953 0794993 0794999 0795001 0795007 0795023 0795071
063586:  0795077 0795079 0795083 0795097 0795101 0795103 0795121 0795127 0795139 0795149 0795161 0795187 0795203 0795211 0795217
063601:  0795233 0795239 0795251 0795253 0795299 0795307 0795323 0795329 0795337 0795343 0795349 0795421 0795449 0795461 0795481
063616:  0795479 0795493 0795503 0795517 0795527 0795533 0795539 0795551 0795581 0795589 0795601 0795643 0795647 0795649 0795653
063631:  0795659 0795661 0795669 0795673 0795703 0795709 0795737 0795751 0795761 0795763 0795771 0795791 0795793 0795797 0795799
063646:  0795803 0795827 0795829 0795871 0795877 0795913 0795917 0795931 0795937 0795941 0795943 0795947 0795979 0795983 0795997
063661:  0796001 0796009 0796063 0796067 0796091 0796121 0796141 0796151 0796171 0796177 0796181 0796189 0796193 0796211 0796217
063676:  0796247 0796259 0796267 0796291 0796303 0796307 0796337 0796339 0796361 0796363 0796373 0796379 0796387 0796391 0796409
063691:  0796447 0796451 0796469 0796487 0796493 0796517 0796541 0796549 0796553 0796561 0796567 0796571 0796583 0796601 0796619
063706:  0796633 0796657 0796673 0796687 0796693 0796699 0796709 0796751 0796759 0796769 0796777 0796781 0796799 0796801
063721:  0796813 0796819 0796847 0796853 0796867 0796871 0796889 0796921 0796931 0796933 0796937 0796951 0796961 0796967
063736:  0796969 0796981 0797003 0797009 0797021 0797029 0797033 0797039 0797051 0797053 0797057 0797063 0797077 0797119 0797131
063751:  0797143 0797161 0797171 0797201 0797207 0797227 0797291 0797297 0797311 0797333 0797353 0797359 0797369 0797383 0797389
063766:  0797399 0797417 0797429 0797473 0797497 0797507 0797509 0797539 0797549 0797551 0797557 0797561 0797567 0797569 0797579
063781:  0797581 0797591 0797813 0797833 0797851 0797861 0797627 0797653 0797657 0797681 0797689 0797701 0797711 0797729 0797747 0797767
063796:  0797771 0797813 0797833 0797851 0797861 0797887 0797897 0797901 0797947 0797917 0797933 0797947 0797957 0797977 0797987 0798023
063811:  0798043 0798059 0798067 0798071 0798079 0798089 0798097 0798101 0798121 0798139 0798143 0798151 0798373 0798379
063826:  0798191 0798197 0798199 0798221 0798223 0798227 0798251 0798257 0798263 0798271 0798293 0798297 0798325 0798373 0798379
063841:  0798397 0798403 0798409 0798443 0798451 0798461 0798481 0798487 0798503 0798517 0798521 0798527 0798533 0798569 0798599
063856:  0798613 0798641 0798647 0798649 0798691 0798793 0798701 0798713 0798727 0798737 0798751 0798757 0798773 0798781
063871:  0798799 0798823 0798871 0798887 0798911 0798923 0798937 0798943 0798961 0799003 0799021 0799031 0799061 0799063
063886:  0799091 0799093 0799103 0799141 0799151 0799171 0799217 0799219 0799223 0799259 0799291 0799301 0799303 0799307 0799313
063901:  0799333 0799343 0799361 0799363 0799369 0799411 0799427 0799441 0799453 0799471 0799481 0799483 0799491 0799507 0799523
063916:  0799529 0799543 0799573 0799609 0799619 0799633 0799637 0799651 0799661 0799667 0799693 0799737 0799739 0799741 0799759 0799789 0799801 0799807 0799817 0799853 0799859 0799873 0799891 0799921
063931:  0799727 0799739 0799741 0799759 0799789 0799801 0799807 0799817 0799853 0799859 0799873 0799891 0799921
063946:  0799949 0799961 0799963 0799993 0799999 0800009 0800053 0800057 0800077 0800083 0800093 0800099 0800101 0800117
063961:  0800119 0800123 0800131 0800143 0800171 0800161 0800171 0800209 0800213 0800221 0800231 0800237 0800243 0800281 0800287
063976:  0800291 0800311 0800329 0800333 0800357 0800393 0800401 0800417 0800419 0800441 0800447 0800483 0800471 0800473 0800483
063991:  0800497 0800509 0800519 0800521 0800533 0800537 0800539 0800549 0800557 0800573 0800581 0800587 0800593 0800599 0800621 0800623
064006:  0800647 0800651 0800669 0800683 0800687 0800689 0800707 0800711 0800731 0800759 0800779 0800741 0800747 0800759
064021:  0800773 0800783 0800801 0800861 0800873 0800879 0800887 0800903 0800909 0800923 0800953 0800959 0800971 0800977 0800993
064036:  0800999 0801001 0801011 0801019 0801041 0801061 0801077 0801079 0801103 0801107 0801127 0801147 0801163 0801179 0801187
064051:  0801197 0801217 0801247 0801211 0801247 0801293 0801301 0801311 0801331 0801337 0801341 0801349 0801371 0801379 0801403 0801407
064066:  0801419 0801461 0801469 0801487 0801503 0801511 0801517 0801531 0801553 0801557 0801569 0801577 0801589 0801607 0801611 0801617
064081:  0801631 0801641 0801677 0801683 0801701 0801707 0801709 0801733 0801761 0801791 0801797 0801811 0801831 0801833 0801841
064096:  0801859 0801883 0801947 0801949 0801959 0801973 0801989 0802003 0802019 0802021 0802037 0802073 0802103 0802121
064111:  0802127 0802129 0802133 0802141 0802153 0802161 0802167 0802181 0802183 0802189 0802213 0802223 0802229 0802239 0802273 0802283
064126:  0802297 0802331 0802357 0802387 0802421 0802441 0802453 0802463 0802471 0802499 0802511 0802523 0802531 0802573
064141:  0802583 0802589 0802597 0802603 0802609 0802643 0802649 0802651 0802661 0802663 0802667 0802679 0802721 0802733 0802751
064156:  0802759 0802777 0802783 0802787 0802793 0802799 0802811 0802829 0802831 0802873 0802909 0802913 0802933 0802951 0802969
064171:  0802979 0802987 0803027 0803041 0803053 0803057 0803087 0803093 0803119 0803141 0803171 0803189 0803199 0803227
064186:  0803237 0803251 0803269 0803273 0803311 0803323 0803333 0803347 0803359 0803389 0803393 0803399 0803417 0803441
064201:  0803443 0803447 0803449 0803461 0803469 0803483 0803491 0803501 0803513 0803527 0803543 0803587 0803591 0803609 0803611
064216:  0803623 0803629 0803651 0803659 0803669 0803687 0803717 0803727 0803731 0803741 0803749 0803813 0803819 0803849 0803857
064231:  0803867 0803893 0803897 0803921 0803893 0803951 0803977 0803987 0803989 0804007 0804017 0804029 0804041 0804043
064246:  0804059 0804073 0804077 0804091 0804107 0804113 0804119 0804121 0804157 0804161 0804179 0804191 0804197 0804203 0804211
064261:  0804239 0804259 0804281 0804283 0804313 0804331 0804347 0804357 0804367 0804371 0804383 0804389 0804409 0804443 0804463
064276:  0804473 0804493 0804497 0804511 0804521 0804523 0804541 0804559 0804571 0804581 0804589 0804607 0804609 0804611 0804613
064291:  0804619 0804643 0804647 0804703 0804711 0804719 0804727 0804743 0804761 0804767 0804803 0804823 0804829 0804849
064306:  0804847 0804853 0804877 0804889 0804893 0804901 0804907 0804913 0804919 0804929 0804941 0804943 0804983 0804989 0805019
064321:  0805027 0805031 0805033 0805051 0805057 0805063 0805069 0805079 0805093 0805109 0805111 0805123 0805151 0805153 0805159
064336:  0805167 0805187 0805219 0805231 0805241 0805249 0805267 0805271 0805273 0805279 0805297 0805307 0805313 0805323 0805327
064351:  0805331 0805333 0805339 0805369 0805381 0805397 0805399 0805409 0805453 0805471 0805487 0805499 0805501 0805507
064366:  0805511 0805523 0805531 0805549 0805573 0805583 0805609 0805639 0805663 0805687 0805703 0805711 0805723 0805729
064381:  0805741 0805757 0805789 0805799 0805807 0805819 0805831 0805853 0805859 0805867 0805877 0805891 0805901 0805913
064396:  0805933 0805967 0805991 0805999 0806011 0806017 0806023 0806041 0806051 0806059 0806087 0806097 0806101 0806111
064411:  0806129 0806137 0806153 0806159 0806177 0806203 0806213 0806233 0806257 0806261 0806263 0806269 0806291 0806297 0806317
064426:  0806329 0806363 0806369 0806381 0806399 0806413 0806449 0806453 0806467 0806469 0806483 0806503 0806513 0806521 0806543
064441:  0806549 0806579 0806581 0806611 0806639 0806657 0806671 0806719 0806737 0806761 0806783 0806789 0806791 0806801 0806807
064456:  0806821 0806857 0806893 0806903 0806917 0806941 0806963 0806977 0806981 0806993 0807001 0807011 0807057 0807071 0807077
064471:  0807083 0807089 0807097 0807113 0807119 0807127 0807151 0807181 0807187 0807193 0807197 0807203 0807217 0807221 0807241
064486:  0807251 0807259 0807281 0807299 0807337 0807371 0807379 0807383 0807403 0807407 0807409 0807419 0807427 0807463 0807473
```

064501-066000   Prime numbers

```
064501:  0807479 0807487 0807491 0807493 0807509 0807511 0807523 0807539 0807559 0807571 0807607 0807613 0807629 0807637 0807647
064516:  0807689 0807707 0807731 0807733 0807749 0807757 0807787 0807797 0807809 0807817 0807869 0807871 0807901 0807907 0807923
064531:  0807931 0807941 0807943 0807949 0807973 0807997 0808019 0808021 0808039 0808081 0808097 0808111 0808147 0808153 0808169
064546:  0808177 0808187 0808211 0808217 0808229 0808237 0808261 0808267 0808307 0808309 0808343 0808349 0808351 0808363
064561:  0808369 0808373 0808391 0808399 0808417 0808421 0808439 0808441 0808459 0808481 0808517 0808523 0808553 0808559 0808579
064576:  0808589 0808597 0808601 0808603 0808607 0808627 0808661 0808679 0808681 0808693 0808699 0808721 0808733 0808739 0808747
064591:  0808751 0808771 0808777 0808789 0808793 0808837 0808853 0808867 0808919 0808937 0808957 0808961 0808981 0808991 0808993
064606:  0809023 0809041 0809063 0809089 0809093 0809101 0809141 0809143 0809147 0809173 0809177 0809191 0809201 0809203
064621:  0809213 0809231 0809239 0809243 0809261 0809269 0809273 0809297 0809309 0809323 0809339 0809357 0809359 0809377 0809383
064636:  0809399 0809401 0809407 0809423 0809437 0809443 0809447 0809453 0809461 0809491 0809507 0809521 0809527 0809563 0809569
064651:  0809579 0809581 0809587 0809603 0809629 0809701 0809707 0809719 0809729 0809737 0809741 0809747 0809749 0809759 0809771
064666:  0809779 0809797 0809801 0809803 0809821 0809827 0809833 0809839 0809843 0809869 0809891 0809903 0809909 0809917 0809929
064681:  0809981 0809983 0809993 0810013 0810023 0810049 0810053 0810059 0810071 0810079 0810091 0810103 0810109 0810137 0810151
064696:  0810191 0810193 0810209 0810223 0810253 0810259 0810269 0810281 0810307 0810319 0810343 0810349 0810353 0810361
064711:  0810367 0810377 0810381 0810389 0810391 0810401 0810409 0810419 0810427 0810437 0810443 0810457 0810473 0810487 0810493
064726:  0810503 0810517 0810533 0810539 0810541 0810547 0810553 0810571 0810581 0810583 0810587 0810643 0810653 0810659 0810671
064741:  0810697 0810737 0810757 0810763 0810769 0810791 0810809 0810839 0810853 0810871 0810883 0810893 0810907 0810913 0810923
064756:  0810941 0810949 0810961 0810967 0810973 0810989 0811037 0811039 0811067 0811081 0811099 0811123 0811127 0811147 0811157
064771:  0811163 0811171 0811183 0811193 0811201 0811209 0811217 0811231 0811241 0811253 0811259 0811273 0811277 0811289 0811297 0811337
064786:  0811351 0811379 0811387 0811411 0811429 0811441 0811457 0811469 0811493 0811501 0811511 0811519 0811523 0811553 0811561
064801:  0811583 0811601 0811607 0811619 0811627 0811637 0811649 0811651 0811667 0811691 0811697 0811703 0811709 0811717 0811753
064816:  0811757 0811763 0811771 0811777 0811799 0811819 0811861 0811871 0811879 0811897 0811919 0811931 0811933 0811957 0811961
064831:  0811981 0811991 0811997 0812011 0812033 0812047 0812051 0812057 0812081 0812101 0812129 0812137 0812167 0812173 0812179
064846:  0812183 0812191 0812213 0812223 0812247 0812257 0812267 0812281 0812297 0812299 0812309 0812341 0812347 0812351
064861:  0812353 0812359 0812363 0812381 0812387 0812393 0812401 0812423 0812431 0812443 0812447 0812473 0812477 0812491 0812501 0812503
064876:  0812519 0812527 0812587 0812597 0812599 0812627 0812633 0812639 0812641 0812671 0812681 0812687 0812699 0812701 0812711
064891:  0812717 0812731 0812759 0812761 0812807 0812849 0812857 0812869 0812921 0812939 0812963 0812969 0813013 0813017 0813023
064906:  0813041 0813049 0813061 0813083 0813089 0813091 0813097 0813107 0813121 0813133 0813157 0813167 0813179 0813203 0813209
064921:  0813217 0813221 0813227 0813251 0813269 0813277 0813283 0813287 0813299 0813301 0813311 0813343 0813361 0813367 0813377
064936:  0813383 0813401 0813419 0813427 0813443 0813493 0813499 0813503 0813511 0813529 0813541 0813559 0813577 0813583 0813601
064951:  0813613 0813623 0813647 0813677 0813697 0813707 0813721 0813749 0813767 0813797 0813817 0813829 0813833 0813847
064966:  0813863 0813871 0813893 0813907 0813931 0813961 0813971 0813989 0813997 0814003 0814007 0814013 0814019 0814031 0814043
064981:  0814049 0814061 0814063 0814067 0814069 0814081 0814097 0814127 0814129 0814139 0814171 0814183 0814193 0814199 0814211
064996:  0814213 0814237 0814241 0814243 0814279 0814309 0814327 0814337 0814361 0814379 0814381 0814393 0814399 0814403 0814423
065011:  0814447 0814469 0814477 0814493 0814501 0814531 0814537 0814543 0814559 0814577 0814579 0814601 0814603 0814609 0814631
065026:  0814633 0814643 0814687 0814699 0814717 0814741 0814747 0814763 0814771 0814783 0814789 0814799 0814823 0814829 0814841
065041:  0814859 0814873 0814883 0814889 0814901 0814903 0814927 0814937 0814939 0814943 0814949 0814991 0815029 0815033 0815047
065056:  0815053 0815063 0815123 0815141 0815149 0815159 0815173 0815197 0815209 0815231 0815251 0815257 0815261 0815273 0815279
065071:  0815291 0815317 0815333 0815341 0815351 0815389 0815401 0815411 0815413 0815417 0815431 0815453 0815459 0815471 0815491
065086:  0815501 0815519 0815527 0815533 0815539 0815543 0815559 0815587 0815599 0815611 0815617 0815623 0815627 0815653 0815669
065101:  0815671 0815681 0815687 0815693 0815713 0815729 0815809 0815819 0815821 0815831 0815851 0815869 0815891 0815897 0815923
065116:  0815933 0815939 0815953 0815963 0815977 0815989 0816019 0816037 0816043 0816047 0816077 0816091 0816103 0816113 0816121
065131:  0816131 0816133 0816157 0816161 0816163 0816169 0816191 0816203 0816209 0816217 0816223 0816227 0816239 0816251 0816271
065146:  0816317 0816329 0816341 0816353 0816367 0816377 0816401 0816427 0816443 0816451 0816469 0816499 0816521 0816539 0816547
065161:  0816559 0816581 0816587 0816589 0816593 0816649 0816653 0816667 0816689 0816691 0816703 0816709 0816743 0816763 0816769
065176:  0816779 0816811 0816817 0816819 0816841 0816847 0816857 0816859 0816869 0816883 0816887 0816899 0816911 0816917
065191:  0816919 0816929 0816941 0816947 0816961 0816971 0817013 0817027 0817039 0817049 0817051 0817073 0817081 0817087 0817093
065206:  0817111 0817123 0817127 0817147 0817151 0817153 0817163 0817169 0817183 0817211 0817237 0817273 0817277 0817279 0817291
065221:  0817303 0817319 0817331 0817337 0817357 0817379 0817403 0817409 0817433 0817457 0817463 0817481 0817483 0817519 0817529
065236:  0817549 0817561 0817567 0817603 0817637 0817651 0817669 0817679 0817687 0817697 0817709 0817711 0817721 0817723 0817727 0817757
065251:  0817769 0817777 0817783 0817787 0817793 0817823 0817837 0817841 0817867 0817871 0817877 0817879 0817889 0817891 0817897 0817907
065266:  0817913 0817919 0817933 0817951 0817979 0817987 0818011 0818017 0818021 0818093 0818099 0818101 0818113 0818123 0818143
065281:  0818171 0818173 0818189 0818219 0818231 0818239 0818249 0818281 0818287 0818289 0818291 0818303 0818309 0818327 0818339 0818341
065296:  0818347 0818353 0818359 0818371 0818383 0818393 0818399 0818419 0818443 0818473 0818509 0818561 0818569 0818579
065311:  0818581 0818603 0818621 0818659 0818683 0818687 0818689 0818707 0818717 0818723 0818813 0818819 0818821 0818827 0818837
065326:  0818887 0818897 0818947 0818959 0818963 0818981 0818977 0818999 0819001 0819017 0819029 0819031 0819037 0819061 0819073
065341:  0819083 0819101 0819131 0819149 0819157 0819167 0819173 0819187 0819229 0819239 0819241 0819251 0819253 0819263 0819271
065356:  0819289 0819307 0819311 0819317 0819319 0819367 0819373 0819383 0819391 0819407 0819409 0819419 0819431 0819437 0819443
065371:  0819449 0819457 0819463 0819473 0819487 0819491 0819493 0819499 0819503 0819509 0819523 0819563 0819583 0819593 0819607
065386:  0819617 0819619 0819629 0819647 0819653 0819659 0819673 0819691 0819701 0819719 0819737 0819739 0819761 0819769 0819773
065401:  0819781 0819787 0819799 0819811 0819823 0819827 0819829 0819853 0819899 0819911 0819913 0819937 0819943 0819977 0819989
065416:  0819991 0820037 0820051 0820067 0820073 0820091 0820103 0820109 0820131 0820179 0820181 0820207 0820187 0820201 0820213
065431:  0820223 0820231 0820241 0820243 0820247 0820271 0820273 0820279 0820319 0820321 0820331 0820333 0820343 0820349 0820361
065446:  0820367 0820399 0820409 0820411 0820427 0820441 0820459 0820481 0820489 0820537 0820541 0820567 0820577 0820597
065461:  0820609 0820619 0820627 0820637 0820643 0820649 0820657 0820679 0820681 0820691 0820711 0820723 0820733 0820747 0820753
065476:  0820759 0820763 0820781 0820793 0820837 0820873 0820891 0820907 0820909 0820921 0820947 0820983 0820989 0820987 0820991
065491:  0820997 0821003 0821027 0821039 0821051 0821057 0821063 0821069 0821081 0821089 0821099 0821101 0821113 0821131 0821143
065506:  0821147 0821153 0821171 0821173 0821207 0821209 0821263 0821281 0821291 0821297 0821311 0821323 0821333 0821377 0821383
065521:  0821411 0821441 0821449 0821459 0821461 0821467 0821477 0821479 0821489 0821497 0821507 0821519 0821551 0821573 0821603
065536:  0821641 0821647 0821671 0821689 0821677 0821741 0821747 0821753 0821759 0821771 0821801 0821803 0821809 0821819 0821827
065551:  0821833 0821851 0821857 0821861 0821869 0821879 0821897 0821911 0821939 0821941 0821971 0821993 0821999 0822007 0822011
065566:  0822013 0822037 0822049 0822057 0822077 0822113 0822139 0822161 0822163 0822167 0822169 0822189 0822191 0822197 0822227
065581:  0822223 0822229 0822233 0822253 0822259 0822277 0822299 0822313 0822317 0822323 0822343 0822347 0822361
065596:  0822379 0822383 0822389 0822391 0822407 0822431 0822433 0822517 0822539 0822541 0822551 0822553 0822557 0822571 0822581
065611:  0822587 0822599 0822607 0822611 0822631 0822667 0822671 0822673 0822683 0822691 0822697 0822713 0822721 0822727
065626:  0822739 0822743 0822761 0822763 0822781 0822791 0822793 0822803 0822821 0822823 0822839 0822853 0822881 0822883 0822889
065641:  0822893 0822901 0822907 0822949 0822971 0822979 0822989 0823001 0823003 0823013 0823033 0823111 0823127 0823129
065656:  0823153 0823169 0823177 0823183 0823201 0823219 0823231 0823237 0823241 0823243 0823271 0823283 0823309 0823337
065671:  0823349 0823351 0823373 0823379 0823399 0823421 0823447 0823451 0823483 0823489 0823499 0823519 0823541
065686:  0823547 0823553 0823573 0823591 0823601 0823613 0823619 0823621 0823637 0823643 0823651 0823663 0823679 0823703 0823709 0823717
065701:  0823727 0823723 0823729 0823741 0823747 0823759 0823777 0823787 0823799 0823741 0823787 0823799 0823817 0823819 0823841
065716:  0823843 0823877 0823903 0823913 0823961 0823967 0823969 0823981 0823993 0823997 0824017 0824029 0824039 0824063 0824069
065731:  0824081 0824099 0824123 0824137 0824147 0824179 0824183 0824189 0824191 0824227 0824231 0824233 0824239 0824279 0824281
065746:  0824287 0824339 0824393 0824399 0824401 0824413 0824419 0824437 0824443 0824459 0824477 0824489 0824497 0824501 0824513
065761:  0824531 0824537 0824539 0824579 0824609 0824641 0824647 0824669 0824671 0824683 0824699 0824719 0824737 0824741
065776:  0824749 0824753 0824773 0824777 0824779 0824801 0824821 0824833 0824843 0824861 0824893 0824899 0824911 0824921 0824933
065791:  0824947 0824949 0824951 0824977 0824981 0824993 0825007 0825017 0825023 0825029 0825047 0825053 0825059 0825067 0825073
065806:  0825101 0825107 0825109 0825131 0825161 0825191 0825199 0825209 0825233 0825229 0825239 0825241 0825247 0825259 0825277 0825281
065821:  0825283 0825287 0825301 0825319 0825337 0825347 0825353 0825361 0825389 0825397 0825403 0825413 0825421 0825433 0825439
065836:  0825443 0825461 0825475 0825491 0825509 0825527 0825553 0825567 0825569 0825583 0825601 0825611 0825613 0825621
065851:  0825647 0825661 0825679 0825689 0825697 0825701 0825709 0825733 0825739 0825749 0825763 0825779 0825791 0825817 0825827
065866:  0825829 0825829 0825851 0825871 0825881 0825919 0825947 0825959 0825961 0825971 0825983 0825991 0826019 0826037 0826049
065881:  0826051 0826061 0826069 0826087 0826093 0826097 0826129 0826151 0826153 0826169 0826171 0826193 0826201 0826211 0826271
065896:  0826283 0826289 0826303 0826313 0826333 0826339 0826343 0826351 0826373 0826381 0826393 0826403 0826411
065911:  0826453 0826477 0826493 0826499 0826541 0826549 0826559 0826561 0826571 0826583 0826603 0826607 0826613 0826661 0826663
065926:  0826667 0826681 0826709 0826711 0826717 0826719 0826721 0826727 0826741 0826761 0826769 0826777 0826783 0826789 0826807
065941:  0826811 0826831 0826849 0826867 0826879 0826883 0826907 0826921 0826927 0826939 0826957 0826963 0826967 0826979 0826997
065956:  0827009 0827023 0827029 0827041 0827057 0827087 0827129 0827131 0827143 0827183 0827209 0827221 0827227 0827231 0827271
065971:  0827269 0827293 0827303 0827311 0827327 0827341 0827347 0827369 0827389 0827417 0827423 0827429 0827443 0827447 0827461 0827473
065986:  0827501 0827521 0827537 0827539 0827549 0827581 0827591 0827599 0827633 0827639 0827677 0827681 0827693 0827699 0827719
```

Prime numbers 066001-067500

```
066001:  0827737 0827741 0827767 0827779 0827791 0827803 0827809 0827821 0827833 0827837 0827843 0827851 0827857 0827867 0827873
066016:  0827899 0827903 0827923 0827927 0827929 0827941 0827969 0827987 0827989 0828007 0828011 0828013 0828029 0828043 0828059
066031:  0828067 0828071 0828101 0828109 0828119 0828127 0828131 0828133 0828169 0828199 0828209 0828221 0828239 0828277 0828349
066046:  0828361 0828371 0828379 0828383 0828397 0828407 0828409 0828431 0828449 0828517 0828523 0828547 0828571 0828577 0828587
066061:  0828601 0828637 0828643 0828649 0828673 0828691 0828697 0828701 0828703 0828721 0828731 0828743 0828757 0828787
066076:  0828797 0828809 0828811 0828823 0828833 0828859 0828871 0828881 0828889 0828899 0828901 0828917 0828923 0828941
066091:  0828953 0828967 0828977 0829001 0829013 0829057 0829063 0829069 0829093 0829097 0829111 0829121 0829123 0829151 0829159
066106:  0829177 0829187 0829193 0829211 0829223 0829229 0829237 0829249 0829251 0829289 0829319 0829349 0829399 0829453
066121:  0829457 0829463 0829469 0829501 0829511 0829519 0829537 0829547 0829561 0829601 0829613 0829627 0829637 0829639 0829643
066136:  0829657 0829687 0829693 0829709 0829721 0829723 0829727 0829729 0829733 0829757 0829789 0829811 0829813 0829819 0829831
066151:  0829841 0829847 0829849 0829867 0829877 0829883 0829949 0829967 0829979 0829987 0829993 0830003 0830017 0830041 0830051
066166:  0830099 0830111 0830117 0830131 0830143 0830153 0830173 0830177 0830191 0830233 0830237 0830257 0830267 0830279 0830293
066181:  0830309 0830311 0830321 0830329 0830339 0830341 0830353 0830359 0830363 0830381 0830387 0830401 0830413 0830419 0830441
066196:  0830447 0830449 0830477 0830483 0830497 0830503 0830513 0830549 0830551 0830561 0830567 0830579 0830587 0830591 0830597
066211:  0830617 0830639 0830657 0830677 0830693 0830719 0830729 0830741 0830743 0830747 0830777 0830789 0830801 0830827 0830839
066226:  0830849 0830861 0830873 0830887 0830891 0830899 0830911 0830923 0830939 0830957 0830981 0830989 0831023 0831031 0831037
066241:  0831043 0831067 0831071 0831073 0831091 0831109 0831113 0831161 0831163 0831167 0831191 0831217 0831221 0831239 0831253
066256:  0831287 0831301 0831323 0831329 0831361 0831367 0831371 0831373 0831407 0831409 0831431 0831433 0831437 0831443 0831461
066271:  0831503 0831529 0831539 0831541 0831551 0831553 0831571 0831583 0831587 0831599 0831617 0831619 0831631 0831643 0831647
066286:  0831653 0831659 0831661 0831679 0831683 0831697 0831707 0831709 0831713 0831731 0831739 0831751 0831757 0831769 0831781
066301:  0831799 0831811 0831821 0831829 0831847 0831851 0831853 0831857 0831871 0831877 0831889 0831893 0831899 0831911 0831913 0831967
066316:  0831983 0832003 0832063 0832079 0832081 0832103 0832109 0832121 0832123 0832129 0832141 0832151 0832157 0832159 0832189
066331:  0832211 0832217 0832255 0832291 0832297 0832309 0832317 0832323 0832339 0832361 0832367 0832369 0832373 0832379 0832399
066346:  0832411 0832421 0832427 0832451 0832457 0832477 0832483 0832487 0832493 0832499 0832519 0832583 0832591 0832597 0832607
066361:  0832613 0832621 0832627 0832631 0832633 0832639 0832673 0832679 0832681 0832687 0832693 0832703 0832709 0832717 0832721
066376:  0832729 0832747 0832757 0832753 0832763 0832771 0832787 0832801 0832837 0832841 0832861 0832879 0832883 0832889 0832913 0832919
066391:  0832927 0832933 0832943 0832957 0832963 0832969 0832973 0832987 0833009 0833023 0833033 0833047 0833057 0833099 0833101
066406:  0833117 0833171 0833177 0833179 0833191 0833201 0833219 0833251 0833269 0833281 0833293 0833329 0833309 0833337
066421:  0833353 0833363 0833377 0833389 0833429 0833449 0833453 0833461 0833467 0833479 0833491 0833509 0833537 0833557
066436:  0833563 0833593 0833597 0833617 0833633 0833659 0833669 0833689 0833711 0833717 0833719 0833737 0833747 0833759
066451:  0833783 0833801 0833821 0833839 0833843 0833859 0833873 0833887 0833893 0833897 0833923 0833927 0833933 0833947 0833977
066466:  0833999 0834007 0834013 0834029 0834059 0834079 0834141 0834133 0834137 0834143 0834147 0834149 0834151 0834181 0834189 0834221
066481:  0834257 0834259 0834269 0834277 0834283 0834287 0834299 0834311 0834341 0834367 0834433 0834439 0834469 0834487 0834497
066496:  0834503 0834511 0834523 0834527 0834549 0834571 0834593 0834599 0834607 0834611 0834643 0834623 0834641 0834643 0834653
066511:  0834671 0834703 0834709 0834721 0834761 0834773 0834781 0834787 0834797 0834809 0834811 0834829 0834857 0834859 0834893
066526:  0834913 0834941 0834947 0834949 0834959 0834961 0834983 0834991 0835001 0835013 0835019 0835033 0835039 0835097 0835099
066541:  0835117 0835133 0835139 0835141 0835207 0835217 0835249 0835253 0835271 0835313 0835319 0835321 0835327 0835369
066556:  0835379 0835391 0835399 0835421 0835427 0835441 0835451 0835459 0835469 0835489 0835511 0835531 0835553 0835559
066571:  0835591 0835603 0835607 0835609 0835633 0835643 0835661 0835663 0835673 0835687 0835717 0835721 0835753 0835739 0835759
066586:  0835789 0835811 0835817 0835819 0835823 0835831 0835841 0835847 0835853 0835859 0835887 0835899 0835909 0835917 0835951
066601:  0835957 0835973 0835979 0835987 0835993 0835997 0836047 0836063 0836071 0836109 0836107 0836117 0836131 0836137 0836149 0836153
066616:  0836159 0836161 0836183 0836189 0836191 0836203 0836219 0836233 0836239 0836243 0836267 0836291 0836299 0836317 0836327
066631:  0836347 0836351 0836359 0836377 0836387 0836413 0836449 0836471 0836477 0836491 0836473 0836497 0836501 0836509 0836567 0836579
066646:  0836573 0836609 0836611 0836623 0836657 0836663 0836677 0836683 0836699 0836701 0836707 0836713 0836729 0836747 0836749
066661:  0836753 0836761 0836789 0836807 0836821 0836833 0836839 0836857 0836863 0836873 0836879 0836881 0836917 0836921 0836939
066676:  0836951 0836971 0837017 0837043 0837047 0837059 0837071 0837073 0837077 0837079 0837107 0837113 0837139 0837149 0837157
066691:  0837191 0837203 0837257 0837271 0837283 0837293 0837307 0837313 0837359 0837367 0837373 0837377 0837379 0837407 0837413
066706:  0837439 0837451 0837461 0837467 0837497 0837503 0837509 0837521 0837533 0837583 0837601 0837611 0837619 0837631 0837659
066721:  0837667 0837673 0837677 0837701 0837731 0837737 0837773 0837779 0837797 0837817 0837833 0837847 0837875 0837887
066736:  0837923 0837929 0837931 0837937 0837943 0837979 0838003 0838021 0838037 0838039 0838043 0838063 0838069 0838091 0838093
066751:  0838099 0838133 0838141 0838151 0838157 0838163 0838169 0838171 0838181 0838207 0838247 0838249 0838309 0838311 0838325
066766:  0838367 0838379 0838391 0838393 0838399 0838403 0838421 0838429 0838441 0838447 0838459 0838463 0838471 0838483 0838517
066781:  0838547 0838553 0838561 0838571 0838577 0838579 0838589 0838597 0838609 0838613 0838631 0838633 0838657 0838667 0838687
066796:  0838693 0838711 0838771 0838757 0838769 0838771 0838777 0838781 0838807 0838813 0838837 0838853 0838889 0838897 0838909
066811:  0838913 0838919 0838927 0838931 0838939 0838949 0838951 0838963 0838969 0838981 0838991 0838993 0839009 0839019 0839071
066826:  0839087 0839117 0839131 0839161 0839203 0839207 0839221 0839227 0839241 0839246 0839303 0839307 0839323 0839327 0839351 0839353
066841:  0839369 0839381 0839413 0839429 0839437 0839441 0839453 0839459 0839471 0839473 0839483 0839491 0839497 0839519 0839539
066856:  0839551 0839563 0839599 0839619 0839641 0839611 0839631 0839637 0839651 0839653 0839669 0839693 0839723 0839731
066871:  0839767 0839771 0839791 0839801 0839809 0839811 0839837 0839873 0839879 0839887 0839897 0839899 0839903 0839911 0839921
066886:  0839957 0839959 0839963 0839981 0839999 0840023 0840041 0840053 0840067 0840083 0840087 0840109 0840139 0840149 0840163
066901:  0840179 0840181 0840187 0840197 0840223 0840239 0840241 0840253 0840269 0840277 0840289 0840299 0840319 0840331 0840341
066916:  0840347 0840353 0840439 0840451 0840457 0840467 0840479 0840487 0840499 0840523 0840457 0840547 0840551 0840573 0840601
066931:  0840611 0840643 0840661 0840683 0840703 0840709 0840713 0840727 0840733 0840743 0840757 0840761 0840767 0840817 0840821
066946:  0840823 0840839 0840841 0840847 0840863 0840907 0840911 0840923 0840929 0840941 0840947 0840962 0840979 0840989 0840991
066961:  0841003 0841013 0841019 0841021 0841063 0841069 0841079 0841081 0841091 0841097 0841103 0841147 0841157 0841189 0841193
066976:  0841207 0841213 0841219 0841223 0841237 0841247 0841273 0841249 0841277 0841281 0841289 0841297 0841307 0841327
066991:  0841333 0841349 0841369 0841391 0841397 0841411 0841427 0841447 0841457 0841459 0841541 0841549 0841559 0841573 0841597
067006:  0841601 0841637 0841651 0841661 0841697 0841727 0841741 0841751 0841771 0841801 0841849 0841859 0841873
067021:  0841879 0841889 0841913 0841921 0841927 0841931 0841933 0841979 0841987 0842003 0842021 0842041 0842047 0842063 0842071
067036:  0842077 0842081 0842087 0842089 0842111 0842113 0842141 0842161 0842171 0842173 0842183 0842191 0842203 0842209
067051:  0842249 0842257 0842267 0842279 0842293 0842311 0842321 0842339 0842341 0842351 0842353 0842371 0842383 0842393
067066:  0842399 0842407 0842417 0842419 0842423 0842473 0842471 0842477 0842479 0842489 0842497 0842507 0842519 0842521
067081:  0842531 0842551 0842581 0842587 0842599 0842617 0842623 0842627 0842651 0842701 0842729 0842747 0842751 0842771
067096:  0842791 0842801 0842813 0842819 0842857 0842867 0842879 0842881 0842923 0842939 0842951 0842957 0842969 0842977 0842981
067111:  0842987 0842993 0843043 0843061 0843091 0843103 0843113 0843127 0843131 0843137 0843173 0843179 0843183 0843209
067126:  0843211 0843229 0843253 0843257 0843289 0843299 0843301 0843307 0843331 0843347 0843361 0843371 0843377 0843379 0843383
067141:  0843397 0843443 0843449 0843457 0843473 0843481 0843487 0843503 0843527 0843539 0843553 0843559 0843571 0843577 0843581
067156:  0843607 0843613 0843629 0843643 0843649 0843671 0843679 0843701 0843731 0843757 0843763 0843779 0843781 0843793 0843797
067171:  0843811 0843823 0843833 0843871 0843881 0843889 0843901 0843907 0843911 0844001 0844013 0844043 0844061 0844069
067186:  0844087 0844093 0844111 0844117 0844121 0844127 0844139 0844141 0844153 0844157 0844163 0844181 0844187 0844199 0844201
067201:  0844243 0844247 0844267 0844279 0844289 0844297 0844303 0844321 0844361 0844369 0844411 0844427 0844433 0844449 0844553
067216:  0844447 0844453 0844457 0844463 0844469 0844483 0844489 0844499 0844507 0844511 0844513 0844517 0844523 0844549 0844553
067231:  0844601 0844603 0844613 0844619 0844621 0844661 0844679 0844681 0844691 0844697 0844709 0844717 0844723 0844727 0844759
067246:  0844771 0844777 0844841 0844847 0844867 0844891 0844897 0844903 0844913 0844927 0844957 0844999 0845003 0845017
067261:  0845021 0845027 0845041 0845069 0845083 0845109 0845111 0845129 0845137 0845167 0845179 0845183 0845207 0845209
067276:  0845219 0845231 0845237 0845251 0845287 0845303 0845309 0845333 0845347 0845357 0845363 0845371 0845381 0845387
067291:  0845431 0845441 0845447 0845459 0845477 0845491 0845523 0845603 0845669 0845683 0845711 0845713 0845717
067306:  0845723 0845729 0845749 0845753 0845771 0845777 0845809 0845833 0845849 0845863 0845879 0845881 0845893 0845909 0845923
067321:  0845927 0845941 0845951 0845969 0845981 0845983 0845987 0845999 0846037 0846059 0846061 0846067 0846113 0846137 0846149
067336:  0846161 0846179 0846181 0846217 0846229 0846257 0846259 0846271 0846323 0846341 0846343 0846353 0846359 0846361
067351:  0846383 0846389 0846397 0846401 0846403 0846407 0846421 0846427 0846457 0846487 0846499 0846529 0846563
067366:  0846577 0846581 0846599 0846623 0846659 0846679 0846683 0846709 0846739 0846749 0846751 0846757 0846779 0846797
067381:  0846841 0846851 0846869 0846871 0846877 0846913 0846917 0846919 0846931 0846943 0846949 0846953 0846961 0846973 0846977
067396:  0846983 0846997 0847009 0847011 0847031 0847037 0847043 0847057 0847073 0847077 0847093 0847103 0847109 0847129 0847139
067411:  0847151 0847157 0847163 0847169 0847193 0847201 0847213 0847219 0847237 0847247 0847271 0847277 0847279 0847283 0847309
067426:  0847321 0847339 0847361 0847379 0847391 0847393 0847423 0847423 0847457 0847493 0847497 0847507 0847519 0847537
067441:  0847543 0847549 0847577 0847589 0847601 0847607 0847621 0847651 0847657 0847663 0847673 0847681 0847687 0847697 0847703 0847727
067456:  0847747 0847753 0847789 0847791 0847799 0847801 0847807 0847813 0847871 0847873 0847897 0847919 0847933 0847937 0847949 0847961
067471:  0847969 0847991 0847993 0847997 0848017 0848051 0848077 0848101 0848119 0848123 0848131 0848143 0848149 0848173 0848201
067486:  0848203 0848213 0848227 0848251 0848269 0848273 0848297 0848321 0848359 0848363 0848383 0848387 0848399 0848417 0848423
```

067501-069000 Prime numbers

```
067501: 0848429 0848443 0848461 0848467 0848473 0848489 0848501 0848531 0848537 0848557 0848567 0848579 0848591 0848593 0848599 0848611
067516: 0848629 0848633 0848647 0848651 0848671 0848681 0848699 0848707 0848713 0848737 0848761 0848777 0848779 0848789 0848791
067531: 0848797 0848803 0848807 0848839 0848843 0848849 0848851 0848857 0848879 0848893 0848909 0848921 0848923 0848927 0848933
067546: 0848941 0848959 0848989 0848993 0849019 0849049 0849061 0849083 0849097 0849119 0849127 0849131 0849143
067561: 0849161 0849179 0849197 0849203 0849217 0849221 0849223 0849241 0849253 0849271 0849301 0849311 0849347 0849349 0849353
067576: 0849383 0849391 0849419 0849427 0849443 0849461 0849467 0849481 0849523 0849533 0849539 0849571 0849581 0849587 0849593 0849599
067591: 0849601 0849649 0849691 0849701 0849703 0849721 0849727 0849731 0849733 0849749 0849763 0849767 0849773 0849829 0849833
067606: 0849857 0849869 0849883 0849917 0849923 0849931 0849943 0849967 0849973 0849991 0849997 0850009 0850021 0850027
067621: 0850033 0850043 0850049 0850061 0850063 0850081 0850093 0850121 0850133 0850139 0850147 0850177 0850181 0850189 0850207
067636: 0850211 0850229 0850243 0850247 0850253 0850261 0850271 0850273 0850301 0850303 0850313 0850337 0850349 0850351 0850373
067651: 0850387 0850393 0850397 0850403 0850417 0850427 0850433 0850439 0850453 0850457 0850481 0850529 0850537 0850567 0850571
067666: 0850613 0850631 0850637 0850673 0850679 0850691 0850711 0850727 0850753 0850781 0850807 0850823 0850849 0850853 0850879
067681: 0850891 0850897 0850933 0850941 0850951 0850973 0850979 0851009 0851017 0851033 0851041 0851051 0851057 0851087 0851093
067696: 0851113 0851117 0851131 0851153 0851159 0851171 0851177 0851197 0851203 0851209 0851231 0851239 0851251 0851261 0851267
067711: 0851273 0851293 0851297 0851303 0851321 0851327 0851351 0851359 0851381 0851387 0851393 0851401 0851413 0851419
067726: 0851423 0851449 0851471 0851491 0851507 0851519 0851537 0851549 0851569 0851571 0851597 0851603 0851623 0851633 0851639
067741: 0851647 0851659 0851671 0851677 0851689 0851723 0851731 0851749 0851761 0851777 0851801 0851803 0851813 0851821 0851831
067756: 0851839 0851843 0851863 0851881 0851891 0851899 0851953 0851957 0851971 0852013 0852031 0852037 0852079 0852101
067771: 0852129 0852143 0852149 0852151 0852167 0852179 0852191 0852197 0852199 0852223 0852229 0852233 0852253 0852259
067786: 0852263 0852287 0852289 0852301 0852323 0852347 0852367 0852391 0852409 0852427 0852437 0852457 0852463 0852521 0852557
067801: 0852559 0852563 0852569 0852577 0852583 0852589 0852613 0852617 0852623 0852641 0852661 0852671 0852673 0852689 0852741
067816: 0852751 0852757 0852763 0852769 0852793 0852799 0852809 0852827 0852829 0852833 0852847 0852851 0852857 0852871 0852881
067831: 0852889 0852893 0852937 0852953 0852959 0852989 0852997 0853007 0853013 0853023 0853049 0853057 0853079 0853091
067846: 0853103 0853123 0853133 0853159 0853187 0853189 0853211 0853217 0853241 0853283 0853289 0853291 0853319 0853339 0853357
067861: 0853387 0853403 0853419 0853429 0853439 0853477 0853481 0853493 0853529 0853543 0853571 0853577 0853637
067876: 0853663 0853667 0853669 0853687 0853693 0853703 0853717 0853733 0853739 0853759 0853763 0853793 0853799 0853807 0853811
067891: 0853819 0853823 0853837 0853843 0853873 0853889 0853901 0853903 0853913 0853933 0853949 0853969 0853981 0853999 0854017
067906: 0854029 0854039 0854041 0854047 0854053 0854083 0854089 0854093 0854099 0854111 0854123 0854129 0854141 0854149 0854159
067921: 0854171 0854213 0854257 0854263 0854299 0854303 0854323 0854327 0854333 0854351 0854353 0854363 0854383 0854387 0854407
067936: 0854417 0854419 0854423 0854431 0854443 0854459 0854461 0854467 0854479 0854527 0854533 0854569 0854579 0854593 0854599
067951: 0854617 0854621 0854629 0854647 0854683 0854713 0854729 0854747 0854771 0854801 0854807 0854849 0854869 0854881 0854897
067966: 0854899 0854921 0854923 0854927 0854929 0854951 0854957 0854963 0854969 0854999 0855031 0855059 0855061 0855067 0855079
067981: 0855089 0855119 0855131 0855143 0855187 0855191 0855199 0855203 0855221 0855229 0855241 0855269 0855271 0855277 0855293
067996: 0855307 0855311 0855317 0855331 0855359 0855373 0855377 0855391 0855397 0855401 0855419 0855427 0855431 0855467
068011: 0855499 0855511 0855521 0855557 0855581 0855601 0855607 0855619 0855641 0855667 0855671 0855683 0855697 0855709 0855713
068026: 0855719 0855721 0855727 0855731 0855733 0855737 0855739 0855781 0855787 0855821 0855851 0855857 0855863 0855887 0855889
068041: 0855901 0855919 0855923 0855937 0855947 0855983 0855989 0855997 0856021 0856043 0856057 0856061 0856063 0856073 0856099
068056: 0856111 0856117 0856133 0856139 0856147 0856153 0856169 0856181 0856187 0856213 0856237 0856241 0856249 0856267 0856279
068071: 0856301 0856309 0856333 0856343 0856351 0856369 0856373 0856381 0856391 0856393 0856411 0856417 0856421 0856441 0856459 0856469
068086: 0856483 0856487 0856507 0856519 0856529 0856547 0856573 0856579 0856591 0856613 0856627 0856637 0856649 0856693 0856697
068101: 0856699 0856703 0856711 0856717 0856721 0856733 0856757 0856787 0856799 0856811 0856813 0856831 0856841 0856847
068116: 0856853 0856897 0856901 0856903 0856909 0856927 0856939 0856943 0856949 0856969 0856993 0857009 0857021 0857027 0857029
068131: 0857039 0857047 0857053 0857069 0857081 0857083 0857099 0857107 0857117 0857161 0857167 0857201 0857221 0857249
068146: 0857267 0857273 0857281 0857287 0857309 0857321 0857333 0857341 0857347 0857357 0857369 0857407 0857417 0857419 0857431
068161: 0857453 0857471 0857513 0857539 0857551 0857567 0857569 0857573 0857579 0857581 0857629 0857653 0857663 0857669
068176: 0857671 0857687 0857707 0857711 0857713 0857723 0857737 0857741 0857743 0857749 0857809 0857821 0857827 0857839 0857851
068191: 0857867 0857873 0857897 0857917 0857929 0857951 0857953 0857957 0857959 0857963 0857977 0857981 0857991 0858023 0858041 0858053
068206: 0858079 0858083 0858101 0858103 0858113 0858127 0858149 0858161 0858167 0858217 0858223 0858233 0858239 0858241 0858251
068221: 0858259 0858269 0858281 0858293 0858301 0858307 0858311 0858317 0858373 0858389 0858397 0858427 0858433 0858463 0858467
068236: 0858479 0858497 0858503 0858527 0858563 0858577 0858589 0858623 0858631 0858673 0858691 0858701 0858707 0858709 0858713
068251: 0858749 0858757 0858763 0858787 0858817 0858821 0858833 0858841 0858859 0858877 0858883 0858899 0858911 0858919
068266: 0858931 0858943 0858953 0858961 0858989 0858997 0859003 0859031 0859037 0859049 0859051 0859057 0859081 0859091 0859093
068281: 0859109 0859121 0859181 0859191 0859213 0859223 0859249 0859259 0859261 0859271 0859277 0859279 0859297 0859321 0859331
068296: 0859363 0859373 0859381 0859393 0859423 0859433 0859447 0859457 0859473 0859513 0859553 0859577 0859709 0859751 0859783
068311: 0859807 0859601 0859621 0859663 0859679 0859681 0859669 0859691 0859901 0859919 0859927 0859933 0859939 0859973
068326: 0859787 0859799 0859801 0859823 0859841 0859849 0859853 0859861 0859891 0859913 0859919 0859927 0859933 0859939 0859973
068341: 0859981 0859987 0860009 0860011 0860029 0860051 0860059 0860063 0860071 0860077 0860087 0860089 0860107 0860113 0860117
068356: 0860143 0860239 0860257 0860267 0860291 0860297 0860309 0860311 0860317 0860323 0860333 0860341 0860351 0860353 0860369
068371: 0860381 0860383 0860393 0860399 0860413 0860417 0860423 0860441 0860479 0860501 0860507 0860513 0860533 0860543 0860569
068386: 0860579 0860581 0860593 0860609 0860623 0860641 0860647 0860663 0860689 0860701 0860747 0860757 0860759 0860779
068401: 0860789 0860791 0860809 0860813 0860819 0860843 0860861 0860887 0860891 0860911 0860917 0860921 0860927 0860929 0860939
068416: 0860947 0860989 0860993 0860997 0861001 0861013 0861019 0861031 0861041 0861043 0861051 0861059 0861079 0861081 0861089
068431: 0861109 0861121 0861131 0861139 0861163 0861167 0861191 0861199 0861221 0861239 0861293 0861299 0861317 0861347 0861353
068446: 0861361 0861391 0861433 0861437 0861439 0861491 0861493 0861499 0861541 0861547 0861551 0861557 0861559 0861563 0861571 0861589
068461: 0861599 0861613 0861617 0861647 0861659 0861691 0861701 0861703 0861719 0861733 0861739 0861743 0861761 0861797 0861799
068476: 0861803 0861823 0861829 0861853 0861857 0861871 0861877 0861881 0861899 0861901 0861907 0861929 0861937 0861949 0861961
068491: 0861977 0861979 0861997 0862009 0862013 0862031 0862033 0862061 0862067 0862097 0862117 0862123 0862129 0862139 0862157
068506: 0862159 0862171 0862177 0862181 0862187 0862207 0862219 0862229 0862231 0862241 0862249 0862259 0862261 0862273 0862283
068521: 0862289 0862297 0862307 0862319 0862331 0862343 0862369 0862387 0862397 0862399 0862409 0862417 0862423 0862441 0862447
068536: 0862471 0862481 0862487 0862493 0862501 0862541 0862553 0862559 0862567 0862571 0862573 0862583 0862607 0862671
068551: 0862633 0862649 0862651 0862669 0862703 0862727 0862729 0862751 0862777 0862789 0862811 0862819 0862861 0862879
068566: 0862907 0862909 0862919 0862921 0862941 0862957 0862973 0862987 0862991 0862997 0863003 0863017 0863047 0863081
068581: 0863087 0863119 0863121 0863131 0863143 0863151 0863179 0863197 0863231 0863257 0863279 0863287 0863299 0863309 0863323
068596: 0863363 0863377 0863393 0863479 0863491 0863499 0863521 0863537 0863539 0863561 0863593 0863609 0863633 0863641
068611: 0863681 0863689 0863693 0863711 0863729 0863743 0863747 0863767 0863771 0863783 0863801 0863803 0863833 0863843 0863851
068626: 0863867 0863869 0863879 0863887 0863897 0863899 0863909 0863917 0863921 0863959 0863983 0864007 0864011 0864013 0864029
068641: 0864037 0864047 0864053 0864077 0864079 0864091 0864103 0864121 0864127 0864131 0864151 0864157 0864161 0864167
068656: 0864169 0864191 0864203 0864211 0864223 0864251 0864277 0864289 0864299 0864301 0864317 0864319 0864323 0864341
068671: 0864359 0864361 0864379 0864407 0864419 0864427 0864439 0864449 0864491 0864503 0864509 0864511 0864543 0864551
068686: 0864581 0864583 0864587 0864613 0864623 0864629 0864631 0864641 0864673 0864679 0864691 0864707 0864733 0864737 0864757
068701: 0864781 0864793 0864803 0864811 0864817 0864883 0864887 0864901 0864911 0864917 0864923 0864937 0864947 0864967 0864979
068716: 0864989 0865001 0865003 0865043 0865049 0865057 0865061 0865069 0865087 0865091 0865103 0865121 0865153 0865159 0865177
068731: 0865201 0865211 0865213 0865217 0865231 0865247 0865253 0865259 0865261 0865301 0865307 0865313 0865327 0865339
068746: 0865343 0865349 0865357 0865363 0865379 0865409 0865457 0865477 0865481 0865483 0865493 0865499 0865511 0865537 0865577
068761: 0865591 0865597 0865609 0865619 0865631 0865639 0865643 0865651 0865661 0865681 0865717 0865721 0865729 0865741 0865747
068776: 0865751 0865757 0865769 0865771 0865783 0865801 0865807 0865813 0865819 0865829 0865847 0865859 0865867 0865871 0865877
068791: 0865889 0865937 0865957 0865963 0865991 0866003 0866009 0866011 0866023 0866039 0866053 0866059 0866077 0866087 0866093
068806: 0866087 0866093 0866101 0866119 0866123 0866161 0866183 0866213 0866221 0866249 0866279 0866293 0866309 0866311
068821: 0866329 0866353 0866369 0866371 0866413 0866441 0866443 0866461 0866471 0866477 0866513 0866519 0866573 0866611 0866623
068836: 0866629 0866639 0866641 0866665 0866683 0866689 0866693 0866707 0866713 0866717 0866747 0866753 0866767 0866777 0866783
068851: 0866819 0866843 0866849 0866851 0866857 0866869 0866909 0866917 0866927 0866933 0866941 0866953 0866963 0866969 0867001
068866: 0867007 0867011 0867037 0867059 0867067 0867087 0867091 0867117 0867121 0867131 0867143 0867151 0867161 0867173 0867203
068881: 0867211 0867227 0867233 0867253 0867257 0867259 0867263 0867271 0867281 0867301 0867319 0867337 0867343 0867371 0867389
068896: 0867397 0867401 0867407 0867431 0867443 0867457 0867463 0867467 0867487 0867509 0867511 0867541 0867547 0867553
068911: 0867563 0867577 0867589 0867617 0867619 0867623 0867631 0867641 0867653 0867677 0867683 0867689 0867701 0867707 0867719
068926: 0867733 0867767 0867779 0867793 0867803 0867817 0867823 0867829 0867859 0867869 0867887 0867911 0867919 0867943 0867947
068941: 0867959 0867991 0868019 0868033 0868039 0868051 0868069 0868073 0868081 0868103 0868111 0868121 0868123 0868151 0868157
068956: 0868171 0868177 0868199 0868211 0868249 0868267 0868271 0868277 0868291 0868313 0868327 0868433 0868337 0868371
068971: 0868369 0868379 0868381 0868397 0868409 0868423 0868451 0868453 0868459 0868487 0868489 0868493 0868529 0868531 0868537
068986: 0868559 0868561 0868577 0868583 0868603 0868613 0868639 0868663 0868669 0868691 0868697 0868727 0868739 0868741 0868771
```

Prime numbers 069001-070500

```
069001:  0868783 0868787 0868793 0868799 0868801 0868817 0868841 0868849 0868867 0868873 0868877 0868883 0868891 0868909 0868937
069016:  0868939 0868943 0868951 0868957 0868997 0868997 0868999 0869017 0869021 0869029 0869053 0869059 0869069 0869081 0869119
069031:  0869131 0869137 0869153 0869173 0869179 0869203 0869233 0869249 0869251 0869257 0869273 0869291 0869293 0869299 0869303
069046:  0869317 0869321 0869339 0869369 0869371 0869381 0869399 0869413 0869419 0869437 0869443 0869461 0869467 0869471 0869489
069061:  0869501 0869521 0869543 0869551 0869563 0869579 0869587 0869597 0869599 0869657 0869663 0869683 0869689 0869707 0869717
069076:  0869747 0869753 0869773 0869777 0869779 0869807 0869809 0869819 0869839 0869857 0869861 0869879 0869887 0869893 0869909
069091:  0869927 0869951 0869959 0869983 0869989 0870007 0870013 0870031 0870047 0870049 0870059 0870083 0870097 0870109 0870127
069106:  0870131 0870137 0870151 0870161 0870169 0870173 0870197 0870221 0870223 0870229 0870239 0870241 0870253 0870271 0870283
069121:  0870301 0870323 0870329 0870341 0870367 0870391 0870403 0870407 0870413 0870431 0870433 0870437 0870461 0870479 0870491
069136:  0870497 0870517 0870553 0870547 0870577 0870589 0870593 0870601 0870613 0870629 0870641 0870643 0870679 0870691 0870703
069151:  0870731 0870739 0870743 0870773 0870797 0870809 0870811 0870823 0870833 0870847 0870853 0870871 0870889 0870901 0870907
069166:  0870911 0870917 0870929 0870931 0870953 0870967 0870977 0870983 0870997 0871001 0871021 0871027 0871037 0871061 0871103
069181:  0871147 0871159 0871153 0871163 0871187 0871211 0871229 0871231 0871249 0871259 0871271 0871289 0871303 0871337 0871393
069196:  0871439 0871459 0871463 0871477 0871513 0871517 0871531 0871553 0871571 0871589 0871597 0871613 0871621 0871639 0871643
069211:  0871649 0871657 0871679 0871681 0871687 0871717 0871763 0871771 0871789 0871817 0871823 0871837 0871867 0871873 0871901
069226:  0871919 0871931 0871957 0871963 0871973 0871987 0871993 0872017 0872023 0872033 0872041 0872057 0872071 0872077 0872089
069241:  0872099 0872107 0872123 0872141 0872143 0872149 0872159 0872161 0872173 0872177 0872189 0872203 0872227 0872231 0872237
069256:  0872243 0872251 0872257 0872269 0872281 0872317 0872323 0872351 0872353 0872369 0872381 0872383 0872387 0872393 0872411
069271:  0872419 0872429 0872437 0872453 0872471 0872477 0872489 0872519 0872549 0872551 0872557 0872563 0872567 0872587 0872609
069286:  0872611 0872621 0872623 0872647 0872657 0872659 0872671 0872687 0872731 0872737 0872747 0872749 0872761 0872789 0872791
069301:  0872843 0872861 0872923 0872947 0872951 0872953 0872959 0872999 0873017 0873043 0873049 0873073 0873079 0873083 0873091
069316:  0873109 0873113 0873121 0873133 0873139 0873157 0873209 0873247 0873251 0873263 0873293 0873317 0873319 0873331 0873343
069331:  0873349 0873359 0873403 0873407 0873413 0873421 0873427 0873431 0873463 0873469 0873487 0873497 0873527 0873529 0873539
069346:  0873541 0873553 0873569 0873571 0873617 0873619 0873641 0873643 0873659 0873667 0873671 0873689 0873707 0873709 0873721
069361:  0873727 0873739 0873767 0873773 0873781 0873787 0873863 0873877 0873913 0873959 0873979 0873989 0873991 0874001 0874009
069376:  0874037 0874063 0874087 0874091 0874099 0874103 0874109 0874117 0874121 0874127 0874141 0874193 0874213 0874217 0874229
069391:  0874249 0874267 0874271 0874277 0874301 0874303 0874331 0874337 0874343 0874351 0874357 0874373 0874387 0874397 0874403 0874409
069406:  0874427 0874457 0874459 0874477 0874487 0874537 0874543 0874547 0874567 0874583 0874587 0874597 0874619 0874637 0874651
069421:  0874661 0874681 0874693 0874697 0874711 0874721 0874723 0874727 0874739 0874751 0874771 0874777 0874787 0874799 0874807
069436:  0874813 0874823 0874841 0874849 0874873 0874879 0874889 0874891 0874919 0874957 0874967 0874987 0875011 0875027
069451:  0875033 0875089 0875107 0875113 0875117 0875129 0875141 0875183 0875201 0875209 0875213 0875239 0875243 0875261
069466:  0875263 0875267 0875269 0875297 0875299 0875317 0875323 0875327 0875353 0875339 0875341 0875363 0875377 0875389 0875393
069481:  0875417 0875419 0875429 0875443 0875447 0875477 0875491 0875503 0875509 0875513 0875519 0875521 0875543 0875579 0875591
069496:  0875593 0875617 0875621 0875627 0875629 0875647 0875653 0875681 0875683 0875689 0875701 0875711 0875717 0875731
069511:  0875741 0875759 0875761 0875773 0875779 0875783 0875803 0875821 0875837 0875851 0875893 0875923 0875929 0875933 0875947
069526:  0875969 0875981 0875983 0876011 0876013 0876017 0876049 0876057 0876067 0876079 0876097 0876103 0876107
069541:  0876121 0876131 0876137 0876149 0876181 0876191 0876193 0876199 0876203 0876229 0876257 0876263 0876287 0876301
069556:  0876307 0876311 0876329 0876331 0876341 0876349 0876351 0876371 0876373 0876431 0876433 0876443 0876479 0876487 0876523
069571:  0876529 0876569 0876581 0876589 0876601 0876611 0876619 0876643 0876647 0876653 0876661 0876677 0876719 0876721 0876731
069586:  0876749 0876751 0876761 0876769 0876787 0876791 0876797 0876811 0876817 0876857 0876877 0876881 0876883 0876893 0876913
069601:  0876929 0876947 0876971 0877003 0877027 0877043 0877057 0877073 0877091 0877109 0877111 0877117 0877163 0877169 0877181
069616:  0877187 0877199 0877213 0877223 0877237 0877267 0877291 0877297 0877301 0877313 0877321 0877333 0877343 0877351 0877371
069631:  0877367 0877379 0877377 0877399 0877403 0877411 0877423 0877463 0877469 0877511 0877543 0877567 0877573 0877577 0877601
069646:  0877609 0877619 0877621 0877651 0877661 0877699 0877739 0877783 0877817 0877823 0877837 0877843 0877853 0877867
069661:  0877871 0877873 0877879 0877883 0877907 0877909 0877937 0877939 0877949 0877997 0878011 0878021 0878023 0878039 0878041
069676:  0878077 0878083 0878089 0878099 0878107 0878113 0878117 0878147 0878153 0878159 0878167 0878173 0878183 0878191 0878197
069691:  0878201 0878221 0878239 0878279 0878287 0878291 0878299 0878309 0878359 0878377 0878387 0878411 0878413 0878419 0878443
069706:  0878453 0878467 0878489 0878513 0878539 0878551 0878567 0878573 0878593 0878597 0878609 0878621 0878629 0878641 0878651
069721:  0878659 0878663 0878667 0878681 0878699 0878719 0878737 0878743 0878749 0878771 0878783 0878789 0878821 0878831
069736:  0878833 0878837 0878851 0878863 0878869 0878873 0878893 0878929 0878939 0878953 0878957 0878987 0878989 0879001 0879007
069751:  0879023 0879031 0879061 0879089 0879097 0879103 0879111 0879113 0879143 0879167 0879169 0879181 0879199 0879227
069766:  0879239 0879247 0879259 0879269 0879271 0879283 0879287 0879299 0879331 0879341 0879343 0879353 0879371 0879391 0879401
069781:  0879413 0879449 0879457 0879463 0879523 0879539 0879547 0879557 0879581 0879587 0879617 0879623 0879629 0879649
069796:  0879653 0879661 0879667 0879673 0879679 0879689 0879691 0879701 0879707 0879709 0879713 0879721 0879743 0879797 0879799
069811:  0879817 0879821 0879839 0879847 0879851 0879869 0879881 0879917 0879919 0879941 0879949 0879961 0879973 0879979 0880001 0880007
069826:  0880021 0880027 0880031 0880043 0880057 0880067 0880081 0880097 0880109 0880127 0880151 0880153 0880199
069841:  0880211 0880219 0880223 0880247 0880249 0880259 0880283 0880301 0880303 0880331 0880337 0880343 0880349 0880361 0880367
069856:  0880409 0880421 0880427 0880443 0880487 0880513 0880519 0880531 0880541 0880543 0880549 0880553 0880559 0880571 0880573
069871:  0880589 0880603 0880661 0880667 0880673 0880681 0880687 0880699 0880703 0880709 0880723 0880727 0880729 0880751 0880793
069886:  0880799 0880801 0880813 0880819 0880823 0880853 0880861 0880871 0880889 0880907 0880909 0880919 0880933 0880949 0880951
069901:  0880961 0880981 0880993 0881003 0881009 0881017 0881029 0881057 0881071 0881077 0881099 0881119 0881141 0881143 0881147
069916:  0881159 0881171 0881173 0881177 0881191 0881207 0881213 0881231 0881249 0881261 0881263 0881309 0881311 0881327 0881333
069931:  0881351 0881357 0881369 0881393 0881407 0881411 0881417 0881437 0881449 0881471 0881473 0881477 0881479 0881509 0881527
069946:  0881533 0881537 0881539 0881591 0881597 0881615 0881641 0881669 0881681 0881707 0881711 0881717 0881729 0881743 0881779
069961:  0881813 0881833 0881849 0881897 0881899 0881911 0881939 0881953 0881963 0881983 0881987 0882017 0882019 0882029
069976:  0882031 0882047 0882061 0882067 0882071 0882083 0882103 0882123 0882139 0882149 0882157 0882173 0882179 0882187 0882199
069991:  0882241 0882247 0882251 0882253 0882263 0882289 0882359 0882367 0882377 0882389 0882391 0882433 0882439 0882449
070006:  0882451 0882461 0882481 0882491 0882517 0882527 0882551 0882571 0882587 0882593 0882599 0882617 0882633 0882881
070021:  0882659 0882697 0882701 0882703 0882719 0882723 0882727 0882751 0882773 0882779 0882823 0882851 0882853 0882877 0882881
070036:  0882883 0882907 0882913 0882923 0882943 0882961 0882967 0882983 0883013 0883049 0883061 0883013 0883087 0883093
070051:  0883109 0883111 0883117 0883121 0883163 0883187 0883207 0883213 0883217 0883229 0883231 0883237 0883241 0883247 0883249
070066:  0883273 0883277 0883301 0883307 0883331 0883337 0883339 0883373 0883403 0883407 0883409 0883411 0883423 0883429 0883433
070081:  0883451 0883471 0883443 0883469 0883517 0883519 0883541 0883547 0883579 0883561 0883613 0883621 0883627 0883639 0883661 0883667
070096:  0883691 0883697 0883699 0883703 0883721 0883737 0883733 0883739 0883763 0883777 0883781 0883873 0883877 0883879 0883889
070111:  0883921 0883933 0883963 0883969 0883973 0883979 0883991 0884003 0884011 0884023 0884057 0884069 0884087 0884107 0884111
070126:  0884129 0884159 0884167 0884171 0884183 0884201 0884227 0884243 0884257 0884267 0884269 0884287 0884293
070141:  0884309 0884311 0884321 0884341 0884353 0884369 0884391 0884417 0884441 0884443 0884453 0884483 0884493
070156:  0884491 0884497 0884501 0884537 0884573 0884579 0884591 0884593 0884617 0884651 0884669 0884693 0884699 0884717 0884743
070171:  0884789 0884791 0884803 0884813 0884827 0884831 0884837 0884857 0884921 0884951 0884959 0884977 0884981 0884987
070186:  0884999 0885023 0885041 0885061 0885083 0885091 0885097 0885103 0885107 0885121 0885133 0885161 0885163 0885169 0885187
070201:  0885217 0885223 0885233 0885239 0885251 0885257 0885263 0885287 0885299 0885331 0885331 0885359 0885371 0885383 0885389
070216:  0885397 0885403 0885421 0885427 0885449 0885473 0885487 0885497 0885503 0885509 0885517 0885529 0885551 0885553 0885589
070231:  0885607 0885611 0885623 0885633 0885719 0885727 0885731 0885769 0885787 0885793 0885803 0885811 0885857
070246:  0885823 0885839 0885869 0885881 0885883 0885889 0885919 0885923 0885931 0885943 0885947 0885951 0885961 0885967
070261:  0885971 0885977 0885991 0886007 0886013 0886061 0886081 0886097 0886117 0886119 0886123 0886163 0886169 0886167
070276:  0886181 0886183 0886189 0886199 0886241 0886243 0886247 0886271 0886283 0886307 0886313 0886339 0886349 0886367
070291:  0886381 0886387 0886421 0886427 0886429 0886439 0886457 0886469 0886471 0886493 0886511 0886517 0886519 0886529
070306:  0886541 0886547 0886549 0886583 0886591 0886607 0886609 0886619 0886649 0886651 0886663 0886667 0886741 0886747 0886751
070321:  0886759 0886777 0886783 0886793 0886797 0886807 0886817 0886829 0886871 0886879 0886883 0886887 0886923 0886953 0887171
070336:  0886981 0886987 0886993 0886999 0887017 0887049 0887059 0887069 0887077 0887093 0887101 0887113 0887141 0887143 0887153
070351:  0887177 0887191 0887197 0887233 0887261 0887267 0887269 0887291 0887311 0887323 0887339 0887357 0887387 0887389 0887399
070366:  0887423 0887441 0887449 0887459 0887479 0887513 0887537 0887567 0887569 0887573 0887571 0887581 0887599 0887611 0887617
070381:  0887629 0887633 0887641 0887649 0887657 0887659 0887669 0887671 0887681 0887693 0887701 0887707 0887717 0887743 0887749
070396:  0887759 0887819 0887827 0887839 0887849 0887861 0887891 0887921 0887923 0887941 0887947 0887949 0887983 0887989
070411:  0888001 0888011 0888047 0888059 0888061 0888079 0888091 0888103 0888109 0888133 0888143 0888157 0888161 0888163 0888179
070426:  0888203 0888211 0888217 0888227 0888253 0888263 0888269 0888271 0888281 0888287 0888319 0888359 0888361 0888389 0888409
070441:  0888409 0888413 0888419 0888427 0888431 0888443 0888457 0888469 0888479 0888493 0888533 0888541 0888557 0888623
070456:  0888631 0888637 0888653 0888659 0888683 0888689 0888691 0888713 0888719 0888721 0888743 0888751 0888761 0888773 0888781
070471:  0888793 0888799 0888809 0888827 0888857 0888869 0888887 0888917 0888919 0888931 0888959 0888961 0888967 0888983
070486:  0888989 0888997 0889001 0889027 0889037 0889039 0889043 0889051 0889069 0889081 0889087 0889123 0889139 0889171 0889177
```

070501-072000 Prime numbers

```
070501: 0889211 0889237 0889247 0889261 0889271 0889279 0889289 0889309 0889313 0889327 0889337 0889349 0889351 0889363 0889367
070516: 0889373 0889391 0889411 0889429 0889439 0889453 0889481 0889489 0889501 0889519 0889529 0889549 0889589 0889597 0889631 0889679
070531: 0889657 0889673 0889687 0889697 0889699 0889703 0889727 0889747 0889769 0889783 0889829 0889871 0889873 0889877 0889879
070546: 0889891 0889901 0889907 0889909 0889921 0889937 0889951 0889957 0889963 0889997 0890001 0890011 0890027 0890053 0890063
070561: 0890083 0890107 0890111 0890117 0890119 0890129 0890147 0890159 0890161 0890177 0890221 0890231 0890237 0890287 0890291
070576: 0890303 0890317 0890333 0890371 0890377 0890419 0890429 0890437 0890441 0890459 0890461 0890501 0890531 0890543 0890551
070591: 0890563 0890597 0890609 0890653 0890657 0890671 0890683 0890707 0890711 0890717 0890737 0890761 0890789 0890797 0890803
070606: 0890809 0890821 0890833 0890843 0890861 0890863 0890867 0890881 0890887 0890893 0890927 0890933 0890941 0890957 0890963
070621: 0890969 0890993 0890999 0891001 0891017 0891047 0891049 0891061 0891067 0891091 0891101 0891103 0891133 0891151 0891161
070636: 0891173 0891179 0891223 0891229 0891251 0891227 0891287 0891301 0891323 0891329 0891349 0891377 0891379 0891389 0891391
070651: 0891409 0891421 0891427 0891439 0891481 0891487 0891491 0891493 0891509 0891521 0891523 0891551 0891557 0891559 0891563
070666: 0891571 0891577 0891589 0891593 0891601 0891617 0891629 0891641 0891647 0891659 0891661 0891677 0891679 0891707 0891743
070681: 0891749 0891763 0891767 0891797 0891799 0891809 0891817 0891823 0891827 0891829 0891851 0891859 0891887 0891889 0891893
070696: 0891899 0891907 0891923 0891929 0891967 0891983 0891991 0891997 0892019 0892027 0892049 0892057 0892079 0892091 0892093
070711: 0892097 0892103 0892123 0892141 0892153 0892159 0892169 0892189 0892219 0892237 0892249 0892253 0892261 0892267 0892271
070726: 0892291 0892321 0892351 0892357 0892387 0892391 0892421 0892433 0892439 0892457 0892471 0892481 0892513 0892523 0892531
070741: 0892547 0892553 0892559 0892579 0892597 0892603 0892609 0892627 0892643 0892657 0892663 0892667 0892709 0892733 0892741
070756: 0892757 0892763 0892777 0892781 0892783 0892817 0892841 0892849 0892861 0892877 0892901 0892919 0892933 0892951 0892973
070771: 0892987 0892999 0893003 0893023 0893029 0893033 0893041 0893051 0893059 0893093 0893099 0893107 0893111 0893117 0893119
070786: 0893131 0893147 0893149 0893161 0893183 0893213 0893219 0893227 0893237 0893257 0893261 0893281 0893317 0893339 0893341
070801: 0893351 0893353 0893359 0893363 0893381 0893383 0893407 0893413 0893419 0893429 0893441 0893449 0893479 0893489 0893509 0893521
070816: 0893549 0893567 0893591 0893603 0893609 0893653 0893657 0893671 0893681 0893701 0893719 0893723 0893743 0893777 0893797
070831: 0893821 0893839 0893857 0893863 0893881 0893883 0893897 0893903 0893917 0893929 0893931 0893977 0893983 0893989 0893999 0894011
070846: 0894037 0894059 0894067 0894073 0894097 0894109 0894119 0894137 0894139 0894151 0894161 0894167 0894181 0894191 0894193
070861: 0894203 0894209 0894211 0894221 0894237 0894233 0894247 0894259 0894277 0894281 0894287 0894301 0894329 0894343
070876: 0894371 0894391 0894403 0894407 0894409 0894419 0894427 0894431 0894449 0894451 0894503 0894511 0894521 0894527 0894541
070891: 0894547 0894559 0894581 0894589 0894611 0894613 0894637 0894643 0894647 0894689 0894709 0894711 0894723 0894731 0894749
070906: 0894763 0894779 0894791 0894793 0894811 0894869 0894871 0894893 0894917 0894923 0894947 0894959 0894989 0895003 0895007
070921: 0895009 0895039 0895049 0895051 0895079 0895087 0895127 0895133 0895151 0895157 0895159 0895171 0895189 0895211 0895231
070936: 0895241 0895243 0895247 0895253 0895259 0895277 0895283 0895291 0895309 0895313 0895319 0895333 0895343 0895351 0895361
070951: 0895387 0895393 0895421 0895423 0895457 0895463 0895469 0895471 0895507 0895529 0895553 0895571 0895579 0895591 0895613
070966: 0895627 0895633 0895649 0895651 0895667 0895669 0895673 0895681 0895691 0895703 0895709 0895727 0895729 0895757 0895771
070981: 0895777 0895787 0895789 0895799 0895801 0895813 0895823 0895841 0895861 0895879 0895889 0895901 0895903 0895913 0895927
070996: 0895933 0895957 0895987 0896009 0896047 0896069 0896101 0896107 0896111 0896113 0896123 0896143 0896167 0896191
071011: 0896201 0896263 0896281 0896293 0896297 0896299 0896323 0896327 0896341 0896347 0896353 0896369 0896381 0896417 0896443
071026: 0896447 0896449 0896453 0896467 0896491 0896509 0896521 0896531 0896537 0896543 0896569 0896571 0896561 0896573 0896587
071041: 0896617 0896633 0896647 0896669 0896677 0896681 0896717 0896719 0896723 0896771 0896783 0896803 0896837 0896867 0896879
071056: 0896897 0896921 0896927 0896947 0896953 0896963 0896983 0897007 0897019 0897049 0897053 0897059 0897069 0897271
071071: 0897101 0897103 0897119 0897133 0897137 0897157 0897163 0897191 0897223 0897229 0897241 0897251 0897263 0897269 0897271
071086: 0897307 0897317 0897319 0897329 0897349 0897359 0897373 0897401 0897433 0897443 0897461 0897467 0897473
071101: 0897497 0897499 0897517 0897527 0897553 0897557 0897563 0897581 0897587 0897611 0897619 0897631 0897643 0897657 0897607 0897647
071116: 0897649 0897671 0897679 0897691 0897703 0897707 0897709 0897727 0897751 0897779 0897781 0897817 0897829 0897871 0897873 0897881
071131: 0897887 0897899 0897907 0897931 0897947 0897971 0897983 0898013 0898019 0898063 0898067 0898069 0898091 0898097
071146: 0898109 0898129 0898133 0898147 0898153 0898171 0898181 0898189 0898199 0898211 0898213 0898223 0898231 0898241 0898243
071161: 0898253 0898259 0898277 0898283 0898291 0898307 0898319 0898327 0898361 0898369 0898409 0898421 0898427 0898439
071176: 0898459 0898477 0898481 0898483 0898493 0898519 0898523 0898543 0898549 0898553 0898561 0898607 0898613 0898621 0898661
071191: 0898663 0898669 0898691 0898717 0898727 0898753 0898763 0898769 0898787 0898831 0898841 0898843 0898853 0898883 0898867
071206: 0898873 0898889 0898897 0898921 0898927 0898951 0898981 0898987 0899009 0899057 0899069 0899123 0899149 0899153
071221: 0899159 0899161 0899177 0899183 0899199 0899209 0899221 0899223 0899237 0899263 0899273 0899281 0899301 0899321
071236: 0899387 0899401 0899413 0899429 0899447 0899469 0899473 0899477 0899491 0899519 0899537 0899611 0899617 0899659
071251: 0899689 0899711 0899729 0899749 0899751 0899761 0899779 0899791 0899807 0899831 0899849 0899851
071266: 0899863 0899881 0899891 0899893 0899903 0899917 0899939 0899971 0899981 0900007 0900019 0900037 0900061 0900089
071281: 0900091 0900101 0900107 0900109 0900143 0900149 0900157 0900161 0900169 0900187 0900217 0900233 0900241 0900253 0900259
071296: 0900283 0900287 0900293 0900307 0900329 0900331 0900349 0900377 0900409 0900443 0900481 0900491 0900511 0900553
071311: 0900551 0900553 0900563 0900569 0900583 0900587 0900599 0900593 0900607 0900623 0900649 0900659 0900671 0900673
071326: 0900689 0900701 0900719 0900737 0900743 0900751 0900761 0900763 0900773 0900797 0900803 0900817 0900821 0900863 0900869
071341: 0900917 0900929 0900931 0900937 0900959 0900971 0900973 0900997 0901007 0901009 0901013 0901063 0901067 0901079 0901093
071356: 0901097 0901111 0901133 0901141 0901169 0901171 0901117 0901183 0901193 0901207 0901211 0901213 0901247 0901249 0901253
071371: 0901273 0901309 0901333 0901339 0901347 0901399 0901403 0901423 0901427 0901429 0901441 0901447 0901451 0901457
071386: 0901471 0901489 0901493 0901501 0901513 0901517 0901521 0901529 0901547 0901567 0901591 0901613 0901643 0901657 0901679 0901687
071401: 0901709 0901717 0901739 0901741 0901751 0901781 0901787 0901811 0901819 0901841 0901861 0901871 0901907 0901909 0901919
071416: 0901931 0901937 0901961 0901973 0901993 0901997 0902009 0902017 0902029 0902034 0902047 0902053 0902087 0902109 0902119
071431: 0902141 0902179 0902191 0902201 0902227 0902261 0902263 0902281 0902299 0902303 0902333 0902347 0902351
071446: 0902357 0902389 0902401 0902413 0902437 0902449 0902471 0902447 0902483 0902501 0902507 0902521 0902569 0902579
071461: 0902591 0902597 0902599 0902611 0902639 0902653 0902659 0902669 0902677 0902687 0902719 0902723 0902753 0902761 0902767
071476: 0902771 0902777 0902789 0902807 0902821 0902827 0902849 0902873 0902903 0902933 0902953 0902961 0902963 0902977 0902981
071491: 0902987 0903017 0903029 0903037 0903073 0903079 0903103 0903109 0903143 0903151 0903173 0903179 0903197 0903211 0903223
071506: 0903251 0903257 0903263 0903311 0903323 0903337 0903347 0903359 0903367 0903383 0903389 0903391 0903403 0903407 0903443
071521: 0903449 0903451 0903457 0903479 0903493 0903527 0903541 0903547 0903563 0903569 0903607 0903613 0903641 0903649 0903673
071536: 0903679 0903683 0903691 0903737 0903751 0903757 0903761 0903787 0903803 0903827 0903841 0903857 0903871 0903883 0903913
071551: 0903919 0903949 0903967 0903979 0904019 0904027 0904049 0904057 0904067 0904069 0904073 0904087 0904093 0904097 0904103 0904111
071566: 0904121 0904147 0904181 0904191 0904201 0904211 0904217 0904219 0904261 0904283 0904229 0904287 0904303 0904357
071581: 0904369 0904373 0904399 0904441 0904449 0904483 0904489 0904499 0904511 0904513 0904517 0904523 0904531 0904549 0904573
071596: 0904577 0904601 0904619 0904627 0904633 0904637 0904643 0904661 0904663 0904667 0904679 0904681 0904693 0904697 0904721
071611: 0904727 0904733 0904759 0904777 0904781 0904789 0904791 0904801 0904811 0904823 0904847 0904881 0904867 0904871
071626: 0904879 0904901 0904903 0904907 0904919 0904931 0904933 0904987 0904997 0904999 0905001 0905053 0905059 0905071 0905083
071641: 0905087 0905111 0905121 0905137 0905145 0905147 0905151 0905167 0905171 0905189 0905197 0905207 0905209 0905211 0905227
071656: 0905249 0905269 0905291 0905297 0905299 0905329 0905339 0905347 0905381 0905413 0905449 0905453 0905461 0905477 0905491
071671: 0905497 0905519 0905543 0905571 0905587 0905599 0905617 0905621 0905653 0905629 0905647 0905655 0905659 0905677 0905687
071686: 0905693 0905701 0905713 0905719 0905761 0905767 0905783 0905803 0905819 0905833 0905857 0905897 0905909 0905917
071701: 0905923 0905951 0905959 0905963 0905999 0906007 0906011 0906013 0906023 0906029 0906043 0906053 0906091 0906113 0906121
071716: 0906133 0906143 0906187 0906197 0906203 0906211 0906229 0906233 0906259 0906263 0906289 0906293 0906313 0906317 0906329
071731: 0906331 0906343 0906353 0906361 0906379 0906383 0906391 0906403 0906421 0906437 0906443 0906451 0906473 0906487 0906491
071746: 0906497 0906517 0906523 0906539 0906541 0906547 0906589 0906601 0906613 0906617 0906641 0906647 0906649 0906673 0906679 0906691
071761: 0906701 0906707 0906713 0906727 0906749 0906751 0906767 0906767 0906773 0906793 0906803 0906809 0906823 0906841 0906847
071776: 0906869 0906881 0906901 0906911 0906923 0906929 0906931 0906943 0906949 0906973 0907019 0907021 0907031 0907063 0907073
071791: 0907099 0907111 0907127 0907133 0907141 0907163 0907169 0907181 0907199 0907211 0907213 0907217 0907221 0907223 0907237
071806: 0907259 0907267 0907279 0907297 0907301 0907327 0907349 0907353 0907361 0907367 0907369 0907391 0907393 0907397 0907399 0907427
071821: 0907433 0907447 0907459 0907471 0907481 0907493 0907507 0907513 0907549 0907561 0907567 0907583 0907589 0907637
071836: 0907651 0907657 0907663 0907667 0907691 0907703 0907717 0907723 0907727 0907757 0907759 0907777 0907793 0907807
071851: 0907811 0907813 0907831 0907843 0907849 0907871 0907891 0907901 0907913 0907919 0907927 0907957 0907979 0907989 0907999
071866: 0908003 0908011 0908033 0908041 0908057 0908071 0908081 0908101 0908113 0908129 0908137 0908161 0908179 0908181 0908219
071881: 0908221 0908233 0908249 0908287 0908317 0908321 0908333 0908359 0908363 0908377 0908381 0908417 0908419 0908441 0908449
071896: 0908453 0908471 0908489 0908491 0908503 0908513 0908527 0908533 0908539 0908557 0908563 0908569 0908573 0908581 0908591
071911: 0908597 0908603 0908617 0908623 0908627 0908649 0908669 0908671 0908711 0908723 0908731 0908741 0908749 0908759 0908771
071926: 0908797 0908807 0908827 0908839 0908841 0908849 0908851 0908857 0908861 0908863 0908873 0908879 0908881 0908883 0908891 0908921
071941: 0908927 0908953 0908959 0908967 0908993 0909023 0909031 0909037 0909043 0909047 0909059 0909071 0909089 0909091 0909107
071956: 0909113 0909119 0909149 0909173 0909203 0909217 0909239 0909241 0909247 0909253 0909269 0909281 0909287 0909293 0909299
071971: 0909301 0909317 0909319 0909329 0909331 0909341 0909371 0909379 0909383 0909401 0909409 0909437 0909451 0909457
071986: 0909463 0909481 0909521 0909529 0909539 0909541 0909547 0909577 0909599 0909611 0909613 0909631 0909637 0909679 0909683
```

Prime numbers 072001-073500

```
072001:  0909691 0909697 0909731 0909737 0909743 0909761 0909767 0909773 0909787 0909791 0909803 0909809 0909829 0909833 0909859
072016:  0909863 0909877 0909889 0909899 0909901 0909907 0909911 0909917 0909929 0909931 0909937 0909971 0909973 0909977 0910003 0910031 0910051 0910069
072031:  0910093 0910097 0910099 0910103 0910109 0910121 0910127 0910139 0910141 0910171 0910177 0910199 0910201 0910207 0910213
072046:  0910219 0910229 0910277 0910279 0910307 0910361 0910369 0910421 0910447 0910451 0910453 0910457 0910471 0910519 0910523
072061:  0910561 0910577 0910583 0910603 0910619 0910621 0910627 0910631 0910643 0910661 0910691 0910709 0910711 0910747 0910751
072076:  0910771 0910781 0910787 0910799 0910807 0910817 0910849 0910853 0910883 0910909 0910919 0910939 0910957 0910981 0911011
072091:  0911023 0911033 0911039 0911063 0911077 0911087 0911089 0911101 0911111 0911129 0911147 0911159 0911161 0911167 0911171
072106:  0911173 0911179 0911211 0911219 0911227 0911231 0911233 0911249 0911269 0911291 0911293 0911303 0911311 0911321 0911327
072121:  0911341 0911357 0911359 0911363 0911371 0911413 0911419 0911437 0911453 0911459 0911503 0911507 0911527 0911549 0911593
072136:  0911597 0911621 0911633 0911657 0911663 0911671 0911681 0911683 0911689 0911707 0911719 0911723 0911737 0911749 0911773
072151:  0911777 0911783 0911819 0911831 0911837 0911839 0911851 0911861 0911873 0911879 0911893 0911899 0911903 0911917 0911947
072166:  0911951 0911957 0911959 0911969 0912007 0912031 0912047 0912049 0912053 0912061 0912083 0912089 0912103 0912167 0912173
072181:  0912187 0912193 0912211 0912217 0912227 0912239 0912251 0912269 0912287 0912337 0912343 0912349 0912367 0912391 0912397
072196:  0912403 0912409 0912413 0912449 0912451 0912463 0912467 0912469 0912481 0912487 0912491 0912497 0912511 0912521 0912523
072211:  0912533 0912539 0912559 0912581 0912631 0912647 0912649 0912727 0912763 0912773 0912797 0912799 0912809 0912823 0912829
072226:  0912839 0912851 0912853 0912859 0912869 0912871 0912911 0912929 0912941 0912953 0912959 0912971 0912973 0912979 0912991
072241:  0913013 0913027 0913037 0913039 0913063 0913067 0913103 0913139 0913151 0913177 0913183 0913217 0913247 0913259 0913279
072256:  0913309 0913321 0913327 0913331 0913337 0913373 0913397 0913417 0913421 0913433 0913441 0913447 0913457 0913483 0913487
072271:  0913513 0913531 0913537 0913571 0913573 0913579 0913589 0913637 0913639 0913687 0913709 0913723 0913739 0913753 0913771 0913799 0913811
072286:  0913853 0913873 0913889 0913907 0913921 0913933 0913943 0913981 0913999 0914021 0914027 0914041 0914047 0914117 0914131
072301:  0914161 0914189 0914141 0914163 0914219 0914227 0914239 0914257 0914269 0914279 0914313 0914321 0914327 0914339 0914351
072316:  0914357 0914359 0914363 0914369 0914371 0914429 0914443 0914449 0914461 0914467 0914477 0914491 0914513 0914519 0914521
072331:  0914533 0914561 0914569 0914579 0914581 0914591 0914597 0914609 0914611 0914629 0914647 0914657 0914701 0914713 0914723
072346:  0914731 0914737 0914777 0914783 0914789 0914791 0914801 0914813 0914819 0914827 0914843 0914857 0914861 0914867 0914873
072361:  0914887 0914891 0914897 0914941 0914951 0914971 0914981 0915007 0915017 0915029 0915041 0915049 0915057 0915067 0915071
072376:  0915113 0915139 0915143 0915157 0915163 0915191 0915197 0915199 0915203 0915221 0915223 0915247 0915251 0915253 0915259
072391:  0915283 0915301 0915311 0915353 0915367 0915379 0915391 0915437 0915451 0915479 0915487 0915527 0915533 0915539 0915547
072406:  0915557 0915587 0915599 0915601 0915611 0915613 0915623 0915631 0915641 0915659 0915683 0915691 0915703 0915727 0915731
072421:  0915737 0915757 0915763 0915769 0915799 0915839 0915851 0915869 0915881 0915911 0915917 0915919 0915947 0915949 0915961
072436:  0915973 0915991 0916031 0916033 0916049 0916057 0916061 0916073 0916099 0916103 0916109 0916121 0916127 0916129 0916141
072451:  0916169 0916177 0916183 0916187 0916189 0916213 0916217 0916219 0916259 0916261 0916273 0916291 0916319 0916337 0916339
072466:  0916361 0916367 0916387 0916411 0916417 0916441 0916457 0916463 0916469 0916471 0916477 0916501 0916507 0916509 0916511
072481:  0916537 0916561 0916571 0916583 0916613 0916621 0916633 0916649 0916651 0916679 0916703 0916733 0916771 0916781 0916787
072496:  0916831 0916837 0916841 0916859 0916871 0916879 0916907 0916913 0916931 0916933 0916939 0916961 0916973 0916999 0917003
072511:  0917039 0917041 0917051 0917053 0917083 0917089 0917093 0917101 0917113 0917117 0917123 0917141 0917153 0917159 0917173
072526:  0917179 0917209 0917219 0917227 0917237 0917239 0917243 0917251 0917281 0917291 0917317 0917327 0917333 0917353 0917363
072541:  0917381 0917407 0917443 0917459 0917461 0917471 0917503 0917513 0917519 0917521 0917557 0917573 0917591 0917593 0917611
072556:  0917617 0917629 0917633 0917641 0917659 0917669 0917687 0917689 0917713 0917729 0917737 0917753 0917759 0917767 0917771
072571:  0917773 0917783 0917789 0917803 0917809 0917827 0917831 0917837 0917843 0917849 0917869 0917887 0917893 0917923 0917927
072586:  0917951 0917971 0917993 0918011 0918019 0918041 0918057 0918079 0918089 0918103 0918109 0918131 0918139 0918143 0918149
072601:  0918157 0918161 0918173 0918193 0918199 0918209 0918223 0918257 0918259 0918263 0918283 0918301 0918319 0918329 0918341
072616:  0918347 0918353 0918361 0918371 0918389 0918397 0918431 0918439 0918443 0918449 0918469 0918481 0918497 0918529 0918539
072631:  0918563 0918581 0918583 0918587 0918613 0918641 0918647 0918653 0918677 0918679 0918683 0918733 0918737 0918751 0918763
072646:  0918767 0918779 0918787 0918793 0918823 0918829 0918839 0918857 0918877 0918881 0918889 0918899 0918913 0918943 0918947 0918949
072661:  0918959 0918971 0918989 0919013 0919019 0919021 0919031 0919063 0919067 0919081 0919109 0919111 0919129 0919147
072676:  0919153 0919169 0919183 0919189 0919223 0919229 0919231 0919249 0919253 0919267 0919301 0919313 0919319 0919337 0919349
072691:  0919351 0919381 0919393 0919409 0919417 0919421 0919427 0919447 0919511 0919519 0919531 0919559 0919583 0919571 0919591
072706:  0919613 0919621 0919631 0919679 0919691 0919693 0919703 0919729 0919757 0919759 0919769 0919781 0919799 0919811 0919817
072721:  0919823 0919859 0919871 0919883 0919901 0919903 0919913 0919927 0919937 0919939 0919941 0919951 0919969 0919979 0920011
072736:  0920021 0920039 0920053 0920107 0920123 0920137 0920147 0920149 0920167 0920197 0920201 0920203 0920209 0920219 0920233
072751:  0920263 0920267 0920273 0920279 0920281 0920291 0920323 0920333 0920357 0920371 0920393 0920399 0920407 0920411
072766:  0920419 0920441 0920443 0920467 0920473 0920477 0920497 0920509 0920519 0920539 0920561 0920609 0920641 0920651 0920653
072781:  0920677 0920681 0920701 0920707 0920729 0920741 0920747 0920753 0920761 0920769 0920783 0920789 0920791 0920807 0920833
072796:  0920849 0920863 0920869 0920891 0920921 0920947 0920951 0920957 0920963 0920971 0920999 0921001 0921007 0921013 0921029
072811:  0921031 0921073 0921079 0921091 0921121 0921133 0921143 0921149 0921157 0921169 0921111 0921197 0921119 0921123 0921227
072826:  0921233 0921241 0921257 0921259 0921281 0921293 0921331 0921353 0921379 0921407 0921409 0921457 0921463 0921467
072841:  0921491 0921497 0921499 0921517 0921523 0921563 0921581 0921589 0921601 0921611 0921629 0921637 0921643 0921659 0921667
072856:  0921677 0921703 0921713 0921727 0921743 0921749 0921751 0921761 0921779 0921787 0921821 0921839 0921841 0921871 0921887
072871:  0921889 0921901 0921911 0921913 0921919 0921931 0921959 0921989 0922021 0922027 0922037 0922039 0922043 0922057 0922067
072886:  0922069 0922073 0922079 0922081 0922087 0922099 0922123 0922161 0922217 0922223 0922237 0922247 0922261 0922283
072901:  0922289 0922291 0922303 0922309 0922321 0922331 0922333 0922351 0922357 0922367 0922391 0922423 0922451 0922457 0922463
072916:  0922487 0922489 0922499 0922511 0922513 0922517 0922521 0922549 0922561 0922601 0922613 0922619 0922627 0922631 0922637
072931:  0922639 0922643 0922667 0922679 0922681 0922699 0922717 0922729 0922739 0922741 0922781 0922807 0922813 0922853 0922861
072946:  0922897 0922907 0922931 0922937 0922993 0923017 0923023 0923047 0923051 0923053 0923107 0923123 0923129 0923137
072961:  0923141 0923147 0923171 0923177 0923179 0923183 0923201 0923203 0923227 0923229 0923249 0923309 0923311 0923333
072976:  0923341 0923347 0923369 0923371 0923389 0923399 0923407 0923411 0923437 0923441 0923449 0923453 0923467 0923471 0923501
072991:  0923509 0923513 0923539 0923543 0923551 0923561 0923567 0923573 0923581 0923591 0923599 0923603 0923617 0923641 0923653
073006:  0923687 0923693 0923701 0923711 0923719 0923743 0923773 0923789 0923803 0923833 0923849 0923851 0923861 0923869 0923903
073021:  0923917 0923929 0923939 0923947 0923953 0923959 0923963 0923971 0923983 0923987 0924019 0924023 0924031 0924037
073036:  0924041 0924043 0924059 0924073 0924083 0924097 0924101 0924109 0924139 0924141 0924173 0924191 0924197 0924241 0924269
073051:  0924281 0924283 0924299 0924323 0924337 0924359 0924361 0924383 0924397 0924401 0924403 0924419 0924421 0924431 0924437
073066:  0924463 0924493 0924499 0924503 0924523 0924527 0924529 0924551 0924601 0924611 0924617 0924641 0924643 0924659 0924661
073081:  0924683 0924697 0924709 0924713 0924727 0924731 0924743 0924751 0924757 0924769 0924773 0924779 0924793 0924809
073096:  0924811 0924827 0924829 0924841 0924871 0924877 0924881 0924907 0924929 0924961 0924967 0924499 0925019 0925027 0925033
073111:  0925039 0925051 0925061 0925063 0925079 0925081 0925087 0925097 0925099 0925109 0925111 0925121 0925141 0925153 0925159
073126:  0925163 0925181 0925189 0925193 0925217 0925237 0925241 0925271 0925273 0925279 0925291 0925307 0925339 0925349 0925369
073141:  0925373 0925387 0925391 0925399 0925409 0925423 0925447 0925451 0925487 0925499 0925501 0925513 0925517 0925523 0925537
073156:  0925577 0925581 0925597 0925607 0925619 0925621 0925647 0925649 0925663 0925669 0925679 0925697 0925721 0925733 0925741
073171:  0925783 0925789 0925823 0925831 0925843 0925849 0925891 0925901 0925913 0925921 0925937 0925943 0925949 0925961 0925979
073186:  0925987 0925997 0926017 0926027 0926033 0926077 0926087 0926089 0926099 0926111 0926113 0926129 0926131 0926153 0926159
073201:  0926171 0926179 0926183 0926203 0926227 0926233 0926239 0926263 0926309 0926327 0926351 0926353 0926363 0926371 0926377
073216:  0926389 0926399 0926411 0926423 0926437 0926453 0926461 0926479 0926489 0926503 0926507 0926533 0926537 0926557 0926561 0926567
073231:  0926581 0926617 0926623 0926633 0926651 0926673 0926683 0926687 0926693 0926701 0926707 0926741 0926747 0926767
073246:  0926777 0926797 0926803 0926819 0926843 0926851 0926867 0926879 0926899 0926903 0926921 0926957 0926963 0926971 0926977
073261:  0926983 0927027 0927037 0927049 0927077 0927083 0927089 0927137 0927149 0927171 0927187 0927191
073276:  0927229 0927233 0927257 0927259 0927287 0927301 0927313 0927317 0927331 0927373 0927397 0927403 0927431 0927439 0927491
073291:  0927497 0927517 0927529 0927533 0927541 0927571 0927577 0927599 0927611 0927623 0927631 0927643 0927649 0927653 0927671
073306:  0927683 0927709 0927727 0927743 0927763 0927769 0927779 0927791 0927803 0927821 0927833 0927841 0927847 0927853 0927863
073321:  0927869 0927961 0928001 0928009 0928029 0928051 0928063 0928079 0928097 0928099 0928111 0928133 0928137 0928143 0928149
073336:  0928157 0928159 0928163 0928171 0928223 0928231 0928253 0928457 0928463 0928473 0928493 0928289 0928307 0928311 0928337
073351:  0928351 0928399 0928409 0928423 0928427 0928453 0928457 0928463 0928484 0928559 0928561
073366:  0928571 0928619 0928621 0928637 0928643 0928651 0928661 0928663 0928703 0928679 0928771 0928787
073381:  0928793 0928799 0928813 0928817 0928819 0928849 0928859 0928871 0928877 0928883 0928903 0928913 0928927 0928933 0928979 0929003
073396:  0929009 0929011 0929023 0929029 0929051 0929057 0929059 0929069 0929077 0929087 0929113 0929129 0929141
073411:  0929153 0929161 0929171 0929197 0929207 0929209 0929243 0929251 0929261 0929293 0929303 0929311 0929321 0929323 0929333
073426:  0929381 0929383 0929389 0929399 0929417 0929419 0929443 0929473 0929491 0929497 0929503 0929521 0929527 0929529 0929557
073441:  0929561 0929573 0929581 0929587 0929609 0929623 0929627 0929629 0929639 0929641 0929647 0929671 0929693 0929717 0929737
073456:  0929741 0929743 0929749 0929771 0929791 0929809 0929813 0929831 0929863 0929867 0929873 0929879 0929881 0929891 0929941
073471:  0929953 0929963 0929977 0929983 0930011 0930043 0930073 0930077 0930079 0930089 0930101 0930113 0930119 0930157
073486:  0930173 0930179 0930187 0930191 0930197 0930199 0930211 0930229 0930269 0930277 0930283 0930287 0930289 0930301 0930323
```

073501-075000   Prime numbers

```
073501: 0930337 0930379 0930389 0930409 0930437 0930467 0930469 0930481 0930491 0930499 0930509 0930547 0930551 0930569 0930571
073516: 0930583 0930593 0930617 0930619 0930637 0930653 0930667 0930689 0930707 0930719 0930737 0930749 0930763 0930773 0930779
073531: 0930817 0930827 0930841 0930847 0930859 0930863 0930889 0930911 0930931 0930973 0930977 0930989 0930991 0931003 0931013
073546: 0931067 0931087 0931097 0931123 0931127 0931129 0931153 0931163 0931169 0931181 0931193 0931199 0931213 0931237 0931241
073561: 0931267 0931289 0931303 0931309 0931313 0931319 0931351 0931363 0931387 0931417 0931421 0931487 0931499 0931517 0931529
073576: 0931537 0931543 0931571 0931577 0931597 0931621 0931639 0931651 0931657 0931691 0931709 0931727 0931729 0931739 0931747
073591: 0931751 0931757 0931781 0931783 0931789 0931811 0931837 0931849 0931859 0931873 0931877 0931883 0931901 0931907 0931913
073606: 0931921 0931933 0931943 0931949 0931967 0931981 0931999 0932003 0932021 0932039 0932051 0932081 0932101 0932117 0932119
073621: 0932131 0932149 0932153 0932177 0932189 0932203 0932207 0932209 0932219 0932221 0932227 0932231 0932257 0932303 0932317
073636: 0932333 0932341 0932353 0932373 0932413 0932417 0932424 0932419 0932441 0932447 0932449 0932453 0932471 0932473 0932483 0932497 0932513
073651: 0932521 0932537 0932549 0932557 0932563 0932567 0932579 0932587 0932593 0932597 0932609 0932647 0932651 0932663 0932677
073666: 0932681 0932683 0932749 0932761 0932779 0932783 0932801 0932803 0932819 0932839 0932863 0932879 0932887 0932917 0932923
073681: 0932927 0932941 0932947 0932951 0932963 0932969 0932983 0932999 0933001 0933019 0933047 0933059 0933061 0933067 0933073
073696: 0933151 0933157 0933173 0933199 0933209 0933217 0933221 0933231 0933253 0933263 0933269 0933293 0933301 0933313 0933319
073711: 0933329 0933349 0933389 0933397 0933403 0933407 0933421 0933433 0933463 0933479 0933497 0933523 0933551 0933553 0933563
073726: 0933601 0933607 0933613 0933643 0933649 0933671 0933677 0933703 0933707 0933739 0933761 0933781 0933787 0933797 0933809
073741: 0933811 0933817 0933839 0933847 0933851 0933853 0933883 0933893 0933923 0933931 0933943 0933949 0933953 0933961 0933967 0933973
073756: 0933979 0934001 0934009 0934033 0934039 0934049 0934051 0934057 0934067 0934069 0934079 0934111 0934117 0934121 0934127
073771: 0934151 0934159 0934187 0934223 0934229 0934243 0934253 0934259 0934277 0934291 0934301 0934319 0934343 0934387 0934393
073786: 0934399 0934403 0934429 0934441 0934463 0934469 0934481 0934487 0934489 0934499 0934517 0934523 0934537 0934543 0934547
073801: 0934561 0934567 0934579 0934597 0934603 0934607 0934613 0934639 0934649 0934673 0934693 0934721 0934749 0934753
073816: 0934763 0934771 0934793 0934799 0934811 0934831 0934837 0934853 0934861 0934883 0934889 0934891 0934897 0934907 0934909
073831: 0934919 0934939 0934943 0934961 0934979 0934981 0935003 0935021 0935029 0935039 0935063 0935071 0935093 0935107
073846: 0935113 0935147 0935149 0935167 0935183 0935189 0935197 0935201 0935213 0935243 0935257 0935261 0935303 0935339 0935353
073861: 0935359 0935371 0935381 0935393 0935399 0935413 0935423 0935441 0935461 0935489 0935507 0935515 0935531 0935537
073876: 0935581 0935587 0935591 0935593 0935603 0935621 0935639 0935651 0935653 0935677 0935687 0935689 0935699 0935707 0935717
073891: 0935719 0935761 0935771 0935777 0935791 0935813 0935819 0935827 0935839 0935843 0935849 0935857 0935861 0935899 0935903 0935971 0935999
073906: 0936007 0936029 0936053 0936097 0936113 0936119 0936127 0936151 0936161 0936179 0936181 0936197 0936203 0936223 0936227
073921: 0936233 0936253 0936259 0936281 0936283 0936313 0936329 0936361 0936379 0936391 0936401 0936407 0936413 0936437
073936: 0936451 0936469 0936487 0936493 0936499 0936511 0936521 0936527 0936539 0936557 0936567 0936587 0936599 0936619 0936647
073951: 0936659 0936667 0936673 0936679 0936697 0936709 0936713 0936731 0936737 0936739 0936769 0936773 0936779 0936797 0936811
073966: 0936827 0936869 0936889 0936907 0936911 0936917 0936919 0936937 0936941 0936953 0936967 0937003 0937007 0937009 0937031
073981: 0937033 0937049 0937067 0937121 0937127 0937147 0937151 0937171 0937187 0937229 0937231 0937241 0937243 0937253
073996: 0937331 0937337 0937373 0937379 0937421 0937429 0937453 0937463 0937477 0937481 0937501 0937511 0937537 0937571
074011: 0937589 0937591 0937613 0937627 0937633 0937637 0937639 0937661 0937663 0937667 0937679 0937681 0937693 0937709
074026: 0937721 0937747 0937751 0937777 0937789 0937801 0937813 0937819 0937823 0937841 0937847 0937877 0937883 0937891 0937901
074041: 0937903 0937919 0937927 0937943 0937949 0937969 0937991 0938017 0938023 0938027 0938033 0938051 0938057 0938059
074056: 0938071 0938083 0938099 0938107 0938117 0938129 0938183 0938207 0938219 0938233 0938243 0938251 0938257 0938289
074071: 0938293 0938309 0938323 0938341 0938347 0938351 0938359 0938369 0938387 0938393 0938437 0938447 0938453 0938459
074086: 0938491 0938507 0938533 0938537 0938563 0938569 0938573 0938591 0938611 0938617 0938669 0938677 0938681 0938713 0938747
074101: 0938761 0938803 0938807 0938827 0938831 0938843 0938857 0938869 0938879 0938881 0938921 0938939 0938947 0938953 0938963
074116: 0938969 0938981 0939179 0939181 0939189 0939101 0939103 0939061 0939089 0939091 0939109 0939119 0939121 0939157 0939167
074131: 0939179 0939181 0939193 0939203 0939229 0939247 0939287 0939293 0939299 0939317 0939347 0939359 0939391 0939399
074146: 0939377 0939391 0939411 0939413 0939431 0939437 0939443 0939461 0939469 0939487 0939511 0939551 0939581 0939599 0939611 0939613
074161: 0939623 0939649 0939661 0939677 0939707 0939713 0939717 0939719 0939739 0939749 0939767 0939769 0939777 0939793 0939823
074176: 0939839 0939847 0939853 0939871 0939881 0939901 0939923 0939929 0939931 0939971 0939973 0939989 0939997 0940001 0940003 0940019
074191: 0940031 0940067 0940073 0940087 0940097 0940127 0940167 0940183 0940189 0940201 0940223 0940223 0940229 0940247 0940249
074206: 0940259 0940271 0940279 0940297 0940301 0940319 0940327 0940349 0940351 0940361 0940369 0940399 0940403 0940421 0940469
074221: 0940477 0940483 0940501 0940523 0940529 0940531 0940543 0940549 0940553 0940577 0940607 0940619 0940649 0940669
074236: 0940691 0940703 0940721 0940727 0940733 0940739 0940759 0940781 0940783 0940787 0940801 0940813 0940817 0940829 0940853
074251: 0940879 0940889 0940903 0940913 0940921 0940931 0940949 0940957 0940981 0940993 0941009 0941019 0941023
074266: 0941041 0941093 0941099 0941117 0941119 0941121 0941131 0941153 0941159 0941167 0941171 0941201 0941207 0941209 0941221
074281: 0941249 0941251 0941267 0941299 0941309 0941323 0941329 0941351 0941367 0941379 0941407 0941429 0941441 0941449
074296: 0941453 0941461 0941467 0941471 0941489 0941491 0941503 0941509 0941513 0941519 0941537 0941551 0941561 0941573 0941593
074311: 0941599 0941609 0941617 0941641 0941653 0941663 0941669 0941671 0941681 0941713 0941717 0941723 0941737 0941747 0941753
074326: 0941771 0941791 0941813 0941839 0941861 0941879 0941893 0941901 0941903 0941911 0941929 0941933 0941947 0941971 0941981 0941989 0941999
074341: 0942013 0942017 0942031 0942037 0942041 0942049 0942061 0942079 0942091 0942101 0942113 0942143 0942163 0942167
074356: 0942177 0942187 0942199 0942217 0942223 0942247 0942257 0942269 0942301 0942311 0942333 0942337 0942341 0942367 0942371
074371: 0942401 0942433 0942437 0942439 0942449 0942479 0942509 0942521 0942527 0942541 0942569 0942577 0942583 0942593 0942607
074386: 0942637 0942653 0942659 0942661 0942691 0942699 0942719 0942727 0942729 0942749 0942763 0942779 0942787 0942821 0942847
074401: 0942853 0942857 0942859 0942869 0942889 0942899 0942901 0942917 0942943 0942979 0942983 0943003 0943009 0943013
074416: 0943031 0943043 0943057 0943073 0943079 0943081 0943097 0943107 0943121 0943139 0943143 0943157 0943183 0943199 0943213
074431: 0943219 0943231 0943249 0943273 0943277 0943289 0943301 0943303 0943307 0943321 0943343 0943363 0943367 0943373
074446: 0943387 0943403 0943409 0943421 0943429 0943471 0943479 0943499 0943511 0943541 0943547 0943567 0943571 0943589 0943601
074461: 0943603 0943637 0943651 0943693 0943699 0943729 0943741 0943751 0943757 0943763 0943769 0943777 0943781 0943783 0943799
074476: 0943801 0943819 0943843 0943849 0943871 0943903 0943909 0943913 0943931 0943951 0943957 0943981 0944011 0944017
074491: 0944029 0944039 0944071 0944077 0944123 0944137 0944143 0944147 0944149 0944161 0944191 0944223 0944239 0944257
074506: 0944261 0944263 0944287 0944309 0944389 0944393 0944399 0944417 0944429 0944431 0944441 0944447 0944457
074521: 0944483 0944491 0944497 0944519 0944521 0944527 0944533 0944543 0944551 0944561 0944563 0944579 0944591 0944609 0944621
074536: 0944639 0944659 0944671 0944687 0944701 0944711 0944717 0944747 0944729 0944731 0944773 0944777 0944817 0944823 0944833
074551: 0944857 0944873 0944887 0944893 0944897 0944899 0944929 0944953 0944963 0944969 0944987 0945031 0945037 0945059 0945089
074566: 0945103 0945143 0945151 0945179 0945209 0945211 0945227 0945263 0945283 0945289 0945293 0945311 0945341 0945359 0945371
074581: 0945373 0945389 0945391 0945397 0945409 0945431 0945457 0945463 0945467 0945479 0945481 0945521 0945547 0945577 0945579
074596: 0945589 0945601 0945629 0945631 0945541 0945573 0945671 0945677 0945701 0945731 0945737 0945757 0945767 0945787 0945799
074611: 0945809 0945811 0945817 0945823 0945851 0945851 0945883 0945887 0945889 0945907 0945929 0945937 0945941 0945943 0945949
074626: 0945961 0945983 0946003 0946021 0946031 0946041 0946079 0946081 0946091 0946093 0946109 0946111 0946123 0946147 0946163
074641: 0946177 0946193 0946207 0946223 0946249 0946273 0946291 0946307 0946323 0946343 0946367 0946369 0946391 0946397 0946411
074656: 0946417 0946459 0946467 0946469 0946487 0946489 0946507 0946511 0946513 0946549 0946573 0946591 0946607 0946661 0946663
074671: 0946667 0946693 0946711 0946717 0946727 0946733 0946741 0946753 0946757 0946793 0946801 0946819 0946831 0946841
074686: 0946859 0946861 0946873 0946877 0946901 0946919 0946931 0946943 0946949 0946961 0946969 0946987 0946993 0946997 0947027
074701: 0947033 0947083 0947119 0947121 0947137 0947171 0947181 0947197 0947203 0947239 0947251 0947263 0947299 0947321 0947351
074716: 0947357 0947369 0947377 0947381 0947383 0947407 0947411 0947413 0947417 0947471 0947449 0947483 0947501
074731: 0947509 0947527 0947541 0947567 0947579 0947603 0947621 0947627 0947641 0947647 0947651 0947669 0947707 0947711 0947729
074746: 0947741 0947743 0947747 0947753 0947773 0947797 0947819 0947833 0947851 0947857 0947867 0947873 0947893 0947911
074761: 0947917 0947927 0947949 0947963 0947987 0948007 0948019 0948029 0948041 0948049 0948061 0948067 0948089 0948091
074776: 0948133 0948139 0948149 0948151 0948169 0948173 0948187 0948247 0948253 0948263 0948281 0948287 0948293 0948317 0948331
074791: 0948349 0948357 0948377 0948391 0948401 0948403 0948407 0948427 0948373 0948431 0948449 0948491 0948469 0948487 0948503 0948519 0948533
074806: 0948547 0948551 0948557 0948581 0948593 0948659 0948671 0948707 0948713 0948721 0948749 0948767 0948797 0948799 0948839
074821: 0948847 0948853 0948877 0948887 0948901 0948907 0948917 0948929 0948947 0948971 0949021 0949213 0949241 0949243
074836: 0949037 0949043 0949051 0949111 0949121 0949129 0949137 0949149 0949181 0949187 0949207 0949229 0949231 0949261
074851: 0949253 0949261 0949381 0949307 0949381 0949387 0949391 0949401 0949423 0949427 0949441 0949451 0949453 0949471
074866: 0949477 0949513 0949517 0949523 0949567 0949583 0949609 0949607 0949609 0949621 0949631 0949633 0949643 0949649 0949651
074881: 0949667 0949673 0949687 0949691 0949699 0949733 0949747 0949777 0949779 0949811 0949849 0949853 0949889 0949891
074896: 0949903 0949931 0949937 0949939 0949951 0949957 0949961 0949979 0949993 0949997 0950009 0950023 0950027 0950231
074911: 0950051 0950057 0950071 0950077 0950083 0950099 0950111 0950149 0950161 0950171 0950177 0950179 0950207 0950227 0950231 0950233
074926: 0950239 0950257 0950267 0950269 0950287 0950301 0950329 0950331 0950347 0950353 0950363 0950393 0950401 0950423 0950447 0950473
074941: 0950473 0950479 0950483 0950497 0950501 0950507 0950509 0950519 0950527 0950531 0950557 0950569 0950611 0950617 0950633 0950639
074956: 0950667 0950669 0950671 0950677 0950687 0950699 0950717 0950723 0950737 0950741 0950749 0950771 0950789 0950791 0950813
074971: 0950819 0950837 0950839 0950867 0950869 0950879 0950901 0950927 0950931 0950947 0950961 0950959 0950991 0951001 0951019
074986: 0951023 0951029 0951047 0951053 0951059 0951061 0951079 0951089 0951091 0951101 0951107 0951109 0951131 0951151 0951161
```

Prime numbers 075001-076500

```
075001: 0951193 0951221 0951259 0951277 0951281 0951283 0951299 0951331 0951341 0951343 0951361 0951367 0951373 0951389 0951407
075016: 0951413 0951427 0951437 0951449 0951469 0951479 0951491 0951497 0951553 0951571 0951581 0951583 0951589 0951611 0951623
075031: 0951637 0951641 0951647 0951649 0951659 0951689 0951697 0951749 0951781 0951787 0951791 0951803 0951829 0951851 0951859
075046: 0951887 0951893 0951911 0951941 0951943 0951959 0951967 0951997 0952001 0952009 0952027 0952057 0952073 0952087 0952097
075061: 0952111 0952117 0952123 0952129 0952141 0952151 0952163 0952169 0952183 0952199 0952207 0952219 0952229 0952247 0952253
075076: 0952277 0952279 0952291 0952297 0952313 0952343 0952363 0952373 0952381 0952397 0952423 0952429 0952439 0952481 0952487
075091: 0952507 0952513 0952541 0952547 0952559 0952573 0952583 0952597 0952619 0952649 0952657 0952667 0952669 0952681 0952687
075106: 0952691 0952709 0952739 0952741 0952753 0952771 0952789 0952811 0952813 0952819 0952823 0952829 0952843 0952859 0952873
075121: 0952883 0952921 0952927 0952933 0952937 0952943 0952957 0952967 0952979 0952981 0952997 0953023 0953039 0953041 0953053
075136: 0953077 0953081 0953093 0953111 0953131 0953149 0953171 0953179 0953191 0953221 0953237 0953243 0953261 0953273 0953297
075151: 0953321 0953333 0953341 0953347 0953399 0953431 0953437 0953443 0953473 0953483 0953497 0953501 0953503 0953507 0953521
075166: 0953539 0953543 0953551 0953567 0953593 0953621 0953639 0953647 0953651 0953671 0953681 0953699 0953707 0953731 0953747
075181: 0953773 0953789 0953791 0953831 0953851 0953861 0953873 0953881 0953917 0953923 0953929 0953941 0953969 0953977 0953983
075196: 0953987 0954001 0954007 0954011 0954043 0954067 0954097 0954103 0954131 0954133 0954143 0954153 0954157 0954167 0954181 0954203
075211: 0954209 0954221 0954223 0954253 0954257 0954259 0954263 0954269 0954277 0954287 0954307 0954319 0954323 0954367 0954377
075226: 0954379 0954391 0954409 0954433 0954451 0954461 0954469 0954491 0954497 0954509 0954517 0954539 0954571 0954599 0954619
075241: 0954623 0954641 0954649 0954671 0954677 0954697 0954713 0954719 0954727 0954743 0954757 0954763 0954827 0954829 0954847
075256: 0954851 0954853 0954857 0954869 0954871 0954911 0954917 0954923 0954929 0954971 0954973 0954977 0954979 0954991 0954037
075271: 0955039 0955051 0955061 0955063 0955093 0955103 0955127 0955139 0955147 0955153 0955183 0955193 0955211 0955217
075286: 0955223 0955243 0955261 0955267 0955271 0955277 0955307 0955309 0955313 0955319 0955333 0955337 0955363 0955379 0955391
075301: 0955433 0955439 0955441 0955451 0955457 0955469 0955477 0955481 0955483 0955501 0955511 0955541 0955601 0955607 0955649
075316: 0955657 0955693 0955697 0955709 0955711 0955729 0955769 0955777 0955781 0955793 0955807 0955813 0955819 0955841
075331: 0955853 0955879 0955883 0955891 0955901 0955919 0955937 0955939 0955951 0955967 0955987 0955991 0955993
075346: 0956003 0956051 0956057 0956083 0956107 0956113 0956119 0956143 0956147 0956177 0956231 0956257 0956261 0956269 0956273
075361: 0956281 0956303 0956311 0956341 0956353 0956357 0956367 0956383 0956387 0956391 0956399 0956401 0956423 0956477 0956503
075376: 0956513 0956521 0956569 0956587 0956617 0956633 0956689 0956699 0956713 0956723 0956749 0956759 0956789 0956801 0956831
075391: 0956843 0956849 0956851 0956881 0956903 0956929 0956941 0956951 0956963 0956987 0956993 0957009 0957017 0957031 0957037
075406: 0957041 0957043 0957059 0957071 0957091 0957097 0957101 0957103 0957119 0957133 0957139 0957161 0957169 0957181 0957193
075421: 0957211 0957221 0957241 0957247 0957263 0957289 0957317 0957337 0957349 0957351 0957361 0957403 0957409 0957413 0957419
075436: 0957431 0957433 0957499 0957529 0957547 0957553 0957557 0957563 0957587 0957599 0957601 0957611 0957641 0957643 0957659
075451: 0957701 0957703 0957709 0957721 0957731 0957751 0957769 0957773 0957811 0957821 0957823 0957851 0957871 0957877 0957889
075466: 0957917 0957937 0957949 0957953 0957959 0957971 0957991 0958007 0958021 0958039 0958043 0958049 0958051 0958057 0958063
075481: 0958121 0958123 0958141 0958159 0958163 0958183 0958193 0958213 0958259 0958261 0958289 0958313 0958319 0958327 0958333
075496: 0958339 0958343 0958351 0958357 0958361 0958367 0958369 0958381 0958393 0958423 0958439 0958459 0958481 0958487 0958499
075511: 0958501 0958519 0958523 0958541 0958543 0958547 0958549 0958553 0958577 0958609 0958627 0958637 0958667 0958669 0958673
075526: 0958679 0958687 0958693 0958729 0958739 0958777 0958787 0958807 0958819 0958823 0958843 0958849 0958871 0958877 0958883
075541: 0958897 0958901 0958921 0958931 0958933 0958957 0958963 0958967 0958973 0959009 0959083 0959093 0959099 0959131 0959143
075556: 0959149 0959159 0959171 0959183 0959207 0959209 0959219 0959227 0959237 0959263 0959267 0959269 0959277 0959323 0959333
075571: 0959339 0959351 0959363 0959369 0959377 0959383 0959389 0959449 0959461 0959467 0959471 0959473 0959477 0959479 0959489
075586: 0959533 0959561 0959579 0959597 0959603 0959617 0959627 0959659 0959677 0959699 0959719 0959723 0959737 0959759
075601: 0959773 0959779 0959801 0959809 0959831 0959863 0959867 0959869 0959873 0959879 0959887 0959911 0959921 0959927 0959941
075616: 0959947 0959953 0959969 0960017 0960019 0960031 0960049 0960059 0960077 0960119 0960121 0960131 0960137 0960139
075631: 0960151 0960173 0960191 0960199 0960217 0960229 0960251 0960259 0960293 0960299 0960323 0960341 0960353 0960373
075646: 0960383 0960389 0960419 0960467 0960493 0960497 0960499 0960521 0960523 0960527 0960569 0960581 0960587 0960593 0960601
075661: 0960637 0960643 0960647 0960649 0960667 0960677 0960691 0960703 0960709 0960737 0960763 0960793 0960803 0960809 0960829
075676: 0960833 0960863 0960889 0960931 0960937 0960941 0960961 0960977 0960983 0960989 0960991 0961003 0961021 0961033 0961063
075691: 0961067 0961069 0961073 0961087 0961091 0961097 0961109 0961117 0961123 0961129 0961139 0961141 0961151 0961157
075706: 0961159 0961183 0961187 0961189 0961201 0961241 0961243 0961271 0961283 0961313 0961319 0961337 0961339 0961393 0961397
075721: 0961399 0961427 0961441 0961451 0961453 0961459 0961487 0961507 0961511 0961529 0961531 0961547 0961549 0961567 0961601
075736: 0961613 0961619 0961627 0961633 0961637 0961643 0961657 0961661 0961663 0961679 0961687 0961691 0961703 0961729 0961733
075751: 0961739 0961747 0961757 0961769 0961777 0961783 0961789 0961811 0961813 0961817 0961841 0961847 0961853 0961861 0961871
075766: 0961879 0961927 0961937 0961943 0961957 0961973 0961981 0961991 0961993 0962009 0962011 0962033 0962041 0962051 0962063
075781: 0962077 0962099 0962119 0962131 0962161 0962177 0962223 0962237 0962243 0962257 0962267 0962323 0962309 0962341
075796: 0962363 0962413 0962417 0962431 0962441 0962447 0962453 0962461 0962471 0962477 0962497 0962503 0962509 0962537 0962543
075811: 0962561 0962569 0962587 0962603 0962609 0962621 0962627 0962653 0962669 0962671 0962677 0962681 0962683 0962727
075826: 0962743 0962747 0962779 0962783 0962789 0962791 0962807 0962837 0962839 0962861 0962867 0962869 0962903 0962909 0962911
075841: 0962921 0962959 0962963 0962971 0962993 0963019 0963043 0963047 0963097 0963103 0963121 0963143 0963163 0963173
075856: 0963181 0963187 0963191 0963211 0963223 0963227 0963239 0963241 0963253 0963283 0963299 0963301 0963311 0963323 0963331
075871: 0963341 0963343 0963349 0963367 0963379 0963397 0963419 0963427 0963441 0963451 0963461 0963469 0963479 0963487 0963499
075886: 0963601 0963607 0963629 0963643 0963653 0963659 0963667 0963669 0963689 0963691 0963701 0963707 0963709 0963731 0963751
075901: 0963761 0963767 0963779 0963793 0963799 0963811 0963817 0963839 0963841 0963847 0963863 0963871 0963877 0963899 0963901
075916: 0963913 0963943 0963971 0963979 0964009 0964021 0964027 0964039 0964049 0964081 0964097 0964131 0964151 0964163 0964199
075931: 0964207 0964213 0964217 0964219 0964253 0964259 0964261 0964267 0964283 0964297 0964303 0964309 0964333 0964339
075946: 0964351 0964357 0964363 0964373 0964411 0964423 0964449 0964451 0964507 0964517 0964519 0964531 0964549 0964559
075961: 0964571 0964577 0964583 0964589 0964609 0964637 0964661 0964679 0964683 0964697 0964703 0964721 0964753 0964757 0964783
075976: 0964787 0964793 0964823 0964829 0964861 0964871 0964879 0964883 0964829 0964911 0964927 0964933 0964939 0964967
075991: 0964969 0964973 0964981 0965023 0965047 0965059 0965077 0965089 0965101 0965113 0965117 0965131 0965147 0965161 0965171
076006: 0965177 0965179 0965189 0965191 0965197 0965201 0965227 0965229 0965267 0965291 0965303 0965317 0965329 0965357
076021: 0965369 0965399 0965401 0965407 0965411 0965423 0965429 0965443 0965453 0965467 0965483 0965491 0965507 0965519 0965533
076036: 0965551 0965567 0965603 0965611 0965621 0965623 0965639 0965647 0965659 0965677 0965711 0965749 0965759 0965773 0965777
076051: 0965779 0965791 0965801 0965843 0965851 0965857 0965893 0965927 0965953 0965963 0965969 0965983 0965989 0966011 0966013
076066: 0966029 0966041 0966109 0966113 0966139 0966149 0966157 0966169 0966197 0966209 0966221 0966227 0966233 0966241
076081: 0966257 0966271 0966293 0966307 0966313 0966319 0966323 0966337 0966347 0966353 0966373 0966377 0966379 0966389 0966401
076096: 0966409 0966419 0966431 0966443 0966463 0966481 0966491 0966499 0966521 0966529 0966547 0966557 0966583 0966607 0966613
076111: 0966617 0966619 0966631 0966653 0966659 0966661 0966677 0966727 0966751 0966781 0966803 0966817 0966863 0966869 0966871
076126: 0966883 0966887 0966893 0966913 0966919 0966923 0966937 0966961 0966971 0966991 0967001 0967009 0967019 0967049 0967061
076141: 0967111 0967129 0967139 0967169 0967171 0967021 0967229 0967231 0967289 0967297 0967319 0967321 0967323 0967333 0967349
076156: 0967361 0967363 0967383 0967391 0967397 0967427 0967429 0967441 0967451 0967459 0967481 0967493 0967501 0967507 0967529
076171: 0967567 0967583 0967607 0967627 0967631 0967667 0967693 0967699 0967709 0967721 0967729 0967751 0967753 0967763 0967781
076186: 0967787 0967819 0967823 0967831 0967843 0967847 0967859 0967873 0967877 0967903 0967919 0967927 0967937 0967951 0967961
076201: 0967979 0967999 0968003 0968017 0968021 0968027 0968041 0968063 0968089 0968101 0968111 0968113 0968117 0968137 0968141
076216: 0968147 0968159 0968173 0968197 0968213 0968237 0968239 0968251 0968263 0968267 0968273 0968281 0968291 0968299 0968311 0968321
076231: 0968329 0968333 0968337 0968347 0968381 0968389 0968399 0968423 0968441 0968447 0968449 0968467 0968471 0968501 0968503
076246: 0968519 0968521 0968537 0968557 0968567 0968573 0968593 0968641 0968647 0968659 0968663 0968689 0968699 0968713 0968729
076261: 0968731 0968761 0968801 0968809 0968819 0968827 0968831 0968857 0968869 0968877 0968899 0968911 0968917 0968939 0968959
076276: 0968963 0968971 0969011 0969037 0969041 0969049 0969071 0969083 0969097 0969109 0969113 0969131 0969139 0969167 0969179
076291: 0969181 0969233 0969239 0969253 0969257 0969263 0969287 0969301 0969311 0969323 0969359 0969377 0969403 0969407
076306: 0969421 0969431 0969433 0969443 0969457 0969461 0969467 0969481 0969497 0969503 0969509 0969553 0969559 0969569 0969593
076321: 0969599 0969637 0969641 0969667 0969671 0969679 0969713 0969719 0969727 0969749 0969757 0969769 0969771 0969791
076336: 0969797 0969809 0969821 0969851 0969863 0969869 0969877 0969889 0969907 0969911 0969919 0969923 0969929 0969977 0969989
076351: 0970027 0970031 0970043 0970051 0970061 0970063 0970097 0970107 0970111 0970123 0970147 0970221 0970213 0970217
076366: 0970219 0970231 0970237 0970247 0970259 0970261 0970267 0970279 0970297 0970303 0970313 0970351 0970373 0970421 0970423
076381: 0970433 0970441 0970447 0970457 0970469 0970481 0970493 0970523 0970549 0970561 0970573 0970583 0970603 0970633 0970643
076396: 0970657 0970667 0970687 0970697 0970721 0970747 0970717 0970787 0970793 0970799 0970813 0970831 0970843 0970847
076411: 0970859 0970861 0970867 0970877 0970883 0970891 0970903 0970909 0970927 0970939 0970961 0970967 0970969 0970987 0970997
076426: 0971009 0971021 0971027 0971029 0971039 0971051 0971057 0971077 0971093 0971099 0971111 0971141 0971149
076441: 0971153 0971171 0971177 0971197 0971207 0971237 0971251 0971263 0971271 0971279 0971281 0971291 0971309 0971339 0971353
076456: 0971371 0971381 0971387 0971389 0971401 0971419 0971421 0971441 0971473 0971479 0971483 0971501 0971513
076471: 0971521 0971549 0971561 0971563 0971569 0971591 0971621 0971651 0971653 0971683 0971693 0971699 0971713 0971723 0971753
076486: 0971759 0971767 0971783 0971821 0971833 0971851 0971857 0971863 0971899 0971903 0971917 0971921 0971933 0971939 0971951
```

076501–078000 Prime numbers

```
076501: 0971959 0971977 0971981 0971989 0972001 0972017 0972029 0972031 0972047 0972071 0972079 0972091 0972113 0972119 0972121
076516: 0972131 0972133 0972137 0972161 0972163 0972197 0972199 0972221 0972227 0972229 0972259 0972263 0972271 0972277 0972313
076531: 0972319 0972329 0972337 0972343 0972347 0972353 0972373 0972403 0972407 0972409 0972427 0972431 0972443 0972469 0972473
076546: 0972481 0972493 0972533 0972557 0972577 0972581 0972599 0972611 0972613 0972623 0972637 0972649 0972661 0972679 0972683
076561: 0972701 0972721 0972787 0972793 0972799 0972823 0972827 0972833 0972847 0972869 0972887 0972899 0972901 0972941 0972943
076576: 0972967 0972977 0972991 0973001 0973003 0973031 0973033 0973051 0973057 0973067 0973069 0973073 0973081 0973099 0973129
076591: 0973151 0973169 0973177 0973187 0973213 0973253 0973277 0973279 0973283 0973289 0973321 0973331 0973333 0973367 0973373
076606: 0973387 0973397 0973409 0973411 0973421 0973439 0973457 0973523 0973529 0973537 0973547 0973561 0973591 0973597
076621: 0973631 0973657 0973669 0973681 0973691 0973727 0973757 0973759 0973781 0973787 0973789 0973801 0973813 0973823 0973837
076636: 0973853 0973891 0973897 0973901 0973919 0973957 0974003 0974009 0974033 0974041 0974053 0974063 0974089 0974107 0974123
076651: 0974137 0974143 0974147 0974159 0974161 0974167 0974177 0974179 0974189 0974213 0974249 0974261 0974273 0974279
076666: 0974293 0974317 0974329 0974349 0974383 0974387 0974401 0974411 0974417 0974419 0974431 0974437 0974443 0974459 0974473
076681: 0974489 0974497 0974507 0974513 0974531 0974537 0974539 0974551 0974557 0974563 0974581 0974591 0974599 0974651 0974653
076696: 0974657 0974707 0974711 0974713 0974737 0974747 0974749 0974761 0974773 0974803 0974819 0974821 0974837 0974849 0974861
076711: 0974863 0974867 0974873 0974879 0974887 0974891 0974923 0974927 0974957 0974959 0974969 0974971 0974977 0974983 0974989
076726: 0974999 0975011 0975017 0975049 0975053 0975071 0975083 0975089 0975133 0975151 0975171 0975181 0975187 0975193 0975199
076741: 0975217 0975257 0975259 0975263 0975277 0975281 0975287 0975313 0975323 0975343 0975367 0975379 0975383 0975389 0975421
076756: 0975427 0975433 0975439 0975463 0975493 0975497 0975509 0975521 0975523 0975551 0975553 0975581 0975599 0975619 0975629
076771: 0975643 0975649 0975661 0975671 0975691 0975701 0975731 0975739 0975743 0975797 0975803 0975811 0975823 0975827 0975847
076786: 0975857 0975869 0975883 0975899 0975901 0975907 0975941 0975943 0975967 0975977 0975991 0976009 0976013 0976033 0976039
076801: 0976091 0976103 0976109 0976111 0976117 0976127 0976147 0976167 0976187 0976193 0976211 0976231 0976253 0976271 0976279
076816: 0976301 0976303 0976307 0976309 0976351 0976369 0976403 0976411 0976439 0976447 0976453 0976457 0976471 0976477 0976483
076831: 0976489 0976501 0976511 0976513 0976537 0976553 0976559 0976561 0976571 0976601 0976607 0976621 0976637 0976639 0976643 0976669
076846: 0976699 0976709 0976721 0976727 0976777 0976799 0976817 0976823 0976849 0976853 0976883 0976909 0976919 0976933 0976951
076861: 0976957 0976961 0977021 0977023 0977047 0977057 0977069 0977087 0977107 0977117 0977129 0977147 0977149 0977167 0977183 0977191 0977203
076876: 0977209 0977233 0977239 0977243 0977257 0977269 0977299 0977323 0977351 0977357 0977359 0977363 0977369 0977407 0977411
076891: 0977413 0977437 0977447 0977507 0977513 0977521 0977539 0977557 0977567 0977573 0977591 0977609 0977611 0977629 0977671 0977681
076906: 0977693 0977719 0977723 0977747 0977761 0977791 0977803 0977813 0977819 0977831 0977849 0977861 0977881 0977897 0977923
076921: 0977927 0977971 0977981 0978001 0978007 0978011 0978017 0978031 0978037 0978041 0978047 0978051 0978053 0978067 0978073 0978077
076936: 0978079 0978091 0978113 0978149 0978151 0978157 0978179 0978181 0978203 0978209 0978217 0978223 0978239 0978269
076951: 0978277 0978283 0978287 0978323 0978337 0978343 0978347 0978349 0978359 0978389 0978403 0978413 0978427 0978449 0978457
076966: 0978463 0978473 0978479 0978491 0978511 0978521 0978541 0978569 0978599 0978611 0978617 0978619 0978643 0978647 0978683
076981: 0978689 0978697 0978713 0978722 0978743 0978749 0978773 0978797 0978799 0978821 0978839 0978851 0978853 0978863 0978871
076996: 0978883 0978907 0978917 0978931 0978947 0978973 0978989 0979001 0979009 0979031 0979037 0979061 0979063 0979093 0979103
077011: 0979109 0979117 0979159 0979163 0979171 0979177 0979189 0979201 0979207 0979211 0979219 0979229 0979261 0979273 0979283
077026: 0979291 0979313 0979321 0979333 0979337 0979343 0979361 0979369 0979373 0979379 0979403 0979423 0979439 0979457 0979471
077041: 0979481 0979519 0979529 0979541 0979543 0979549 0979553 0979567 0979651 0979691 0979709 0979717 0979747 0979757 0979787
077056: 0979807 0979819 0979831 0979873 0979883 0979889 0979897 0979919 0979921 0979949 0979967 0979987 0980027 0980047 0980069
077071: 0980071 0980081 0980107 0980117 0980131 0980137 0980149 0980159 0980173 0980179 0980197 0980219 0980261 0980293
077086: 0980299 0980321 0980327 0980363 0980377 0980393 0980401 0980417 0980423 0980431 0980449 0980459 0980471 0980489 0980491
077101: 0980503 0980549 0980557 0980579 0980587 0980591 0980593 0980599 0980621 0980641 0980677 0980687 0980689 0980711 0980717
077116: 0980719 0980729 0980731 0980773 0980801 0980803 0980827 0980831 0980855 0980887 0980893 0980897 0980899 0980909 0980911
077131: 0980921 0980957 0980963 0980989 0981011 0981017 0981023 0981037 0981049 0981061 0981067 0981073 0981077 0981091 0981133
077146: 0981137 0981139 0981151 0981171 0981199 0981201 0981209 0981221 0981241 0981263 0981271 0981283 0981287 0981289 0981301
077161: 0981311 0981319 0981317 0981373 0981317 0981391 0981401 0981437 0981439 0981443 0981451 0981467 0981473 0981481 0981493
077176: 0981517 0981523 0981527 0981569 0981577 0981587 0981599 0981601 0981623 0981637 0981661 0981683 0981691 0981697 0981703
077191: 0981707 0981713 0981731 0981769 0981797 0981809 0981811 0981817 0981823 0981887 0981889 0981913 0981919 0981941 0981947
077206: 0981949 0981961 0981979 0981983 0982021 0982057 0982061 0982063 0982067 0982087 0982097 0982099 0982103 0982117 0982133
077221: 0982147 0982151 0982217 0982181 0982187 0982211 0982213 0982217 0982223 0982271 0982273 0982301 0982321 0982337 0982339
077236: 0982343 0982351 0982363 0982381 0982393 0982403 0982453 0982489 0982493 0982559 0982561 0982573 0982577 0982589 0982603
077251: 0982613 0982621 0982633 0982643 0982687 0982693 0982697 0982703 0982711 0982739 0982741 0982759 0982769 0982777 0982783 0982801
077266: 0982819 0982829 0982841 0982843 0982847 0982867 0982871 0982903 0982909 0982931 0982939 0982967 0982973 0982981 0983063
077281: 0983069 0983083 0983113 0983149 0983123 0983131 0983141 0983149 0983153 0983173 0983179 0983189 0983197 0983209 0983233
077296: 0983239 0983243 0983261 0983267 0983299 0983317 0983327 0983329 0983341 0983363 0983371 0983377 0983407 0983429 0983431
077311: 0983441 0983447 0983449 0983461 0983491 0983513 0983519 0983527 0983531 0983533 0983557 0983579 0983581 0983597
077326: 0983617 0983659 0983699 0983701 0983737 0983771 0983783 0983789 0983791 0983803 0983809 0983813 0983819 0983849
077341: 0983861 0983863 0983881 0983911 0983923 0983929 0983951 0983987 0983993 0984007 0984017 0984037 0984047 0984059 0984083
077356: 0984091 0984119 0984121 0984127 0984149 0984167 0984199 0984211 0984241 0984253 0984299 0984301 0984307 0984323 0984329
077371: 0984337 0984341 0984349 0984353 0984359 0984367 0984383 0984391 0984397 0984407 0984413 0984421 0984427 0984437 0984457
077386: 0984461 0984481 0984491 0984497 0984539 0984541 0984563 0984583 0984587 0984593 0984611 0984617 0984647 0984683 0984701
077401: 0984703 0984707 0984733 0984749 0984757 0984761 0984817 0984847 0984853 0984863 0984871 0984881 0984911 0984913 0984917
077416: 0984923 0984931 0984947 0984959 0985003 0985007 0985013 0985027 0985057 0985063 0985079 0985097 0985103 0985121 0985129
077431: 0985151 0985177 0985181 0985213 0985219 0985253 0985277 0985291 0985301 0985307 0985331 0985339 0985351 0985379
077446: 0985399 0985403 0985417 0985433 0985447 0985451 0985463 0985471 0985483 0985487 0985493 0985499 0985519 0985529 0985531
077461: 0985547 0985571 0985597 0985601 0985613 0985631 0985639 0985657 0985667 0985679 0985703 0985709 0985723 0985729 0985741
077476: 0985759 0985781 0985783 0985799 0985807 0985819 0985851 0985871 0985877 0985893 0985921 0985937 0985951 0985969 0985973
077491: 0985979 0985981 0985991 0985993 0985997 0986023 0986047 0986051 0986071 0986101 0986113 0986131 0986137 0986143 0986147
077506: 0986177 0986189 0986197 0986219 0986191 0986207 0986223 0986239 0986257 0986267 0986281 0986287 0986333 0986339 0986351
077521: 0986369 0986411 0986417 0986429 0986437 0986471 0986477 0986497 0986507 0986509 0986519 0986533 0986543 0986563 0986567
077536: 0986569 0986593 0986657 0986599 0986611 0986617 0986641 0986659 0986693 0986707 0986717 0986719 0986729 0986737
077551: 0986749 0986759 0986767 0986779 0986801 0986813 0986819 0986849 0986851 0986857 0986903 0986927 0986929 0986933
077566: 0986941 0986963 0986981 0986983 0986989 0987019 0987023 0987029 0987043 0987057 0987061 0987067 0987079 0987083
077581: 0987089 0987097 0987101 0987127 0987143 0987191 0987193 0987199 0987209 0987211 0987227 0987251 0987293 0987299 0987313
077596: 0987353 0987361 0987383 0987387 0987391 0987343 0987457 0987461 0987491 0987509 0987533 0987541 0987557 0987587
077611: 0987593 0987599 0987607 0987631 0987659 0987697 0987713 0987739 0987793 0987797 0987803 0987809 0987821 0987851 0987869
077626: 0987911 0987913 0987929 0987971 0987979 0987983 0987991 0987997 0988007 0988011 0988023 0988051 0988061 0988067
077641: 0988069 0988093 0988109 0988111 0988129 0988147 0988159 0988177 0988213 0988217 0988219 0988233 0988237 0988249 0988271
077656: 0988279 0988297 0988313 0988319 0988321 0988343 0988357 0988367 0988403 0988411 0988423 0988429 0988433 0988443 0988449
077671: 0988501 0988511 0988541 0988549 0988571 0988577 0988579 0988583 0988591 0988607 0988643 0988649 0988651 0988661 0988681
077686: 0988693 0988711 0988727 0988733 0988759 0988763 0988781 0988789 0988799 0988837 0988849 0988859 0988861 0988877 0988901
077701: 0988909 0988937 0988951 0988963 0988979 0988991 0989009 0989019 0989071 0989081 0989099 0989119 0989123 0989171 0989173
077716: 0989231 0989239 0989249 0989251 0989279 0989293 0989309 0989321 0989323 0989327 0989341 0989347 0989353 0989377 0989381
077731: 0989411 0989423 0989441 0989443 0989467 0989477 0989501 0989507 0989521 0989533 0989549 0989561 0989579 0989585 0989629
077746: 0989641 0989647 0989669 0989671 0989687 0989719 0989743 0989749 0989753 0989761 0989777 0989783 0989797 0989803 0989827
077761: 0989831 0989837 0989839 0989859 0989869 0989873 0989887 0989909 0989917 0989921 0989929 0989941 0989959 0989971 0989977
077776: 0989981 0989999 0990001 0990013 0990023 0990037 0990043 0990053 0990137 0990151 0990163 0990169 0990179 0990181 0990211
077791: 0990239 0990259 0990277 0990281 0990287 0990293 0990317 0990347 0990349 0990353 0990323 0990343 0990349 0990359 0990361
077806: 0990371 0990377 0990383 0990389 0990397 0990463 0990469 0990487 0990497 0990503 0990511 0990523 0990529 0990547 0990559
077821: 0990589 0990599 0990631 0990637 0990649 0990671 0990707 0990711 0990719 0990733 0990761 0990767 0990797 0990799 0990809
077836: 0990841 0990851 0990881 0990887 0990889 0990893 0990917 0990929 0990953 0990961 0990967 0990973 0990989 0991009 0991027
077851: 0991031 0991043 0991049 0991057 0991063 0991069 0991079 0991091 0991109 0991127 0991151 0991163 0991171 0991181 0991187
077866: 0991201 0991217 0991223 0991229 0991261 0991273 0991313 0991327 0991343 0991357 0991381 0991387 0991409 0991427 0991429
077881: 0991447 0991453 0991483 0991493 0991499 0991511 0991519 0991541 0991547 0991567 0991579 0991603 0991607 0991619 0991621
077896: 0991633 0991643 0991651 0991663 0991693 0991703 0991717 0991723 0991741 0991751 0991777 0991811 0991817 0991823 0991831
077911: 0991871 0991873 0991883 0991889 0991901 0991909 0991927 0991931 0991943 0991951 0991961 0991973 0991979 0991981
077926: 0991987 0991991 0992011 0992021 0992023 0992051 0992087 0992111 0992113 0992124 0992153 0992173 0992177 0992181 0992219
077941: 0992221 0992249 0992263 0992267 0992269 0992281 0992299 0992317 0992357 0992359 0992363 0992371 0992393 0992417 0992429
077956: 0992437 0992441 0992449 0992491 0992513 0992521 0992529 0992543 0992551 0992561 0992587 0992603 0992609 0992623 0992659
077971: 0992689 0992701 0992707 0992723 0992737 0992777 0992801 0992809 0992819 0992843 0992857 0992861 0992863 0992867 0992891
077986: 0992903 0992917 0992923 0992941 0992947 0992963 0992983 0993001 0993011 0993037 0993049 0993053 0993079 0993103 0993107
```

Prime numbers 078001-079500

```
078001:  0993121 0993137 0993169 0993197 0993199 0993203 0993211 0993217 0993233 0993241 0993247 0993253 0993269 0993283 0993287
078016:  0993319 0993323 0993329 0993341 0993347 0993367 0993397 0993401 0993431 0993439 0993451 0993479 0993481 0993493 0993527
078031:  0993541 0993557 0993589 0993611 0993617 0993647 0993679 0993683 0993689 0993703 0993763 0993779 0993781 0993793 0993821
078046:  0993823 0993827 0993841 0993851 0993859 0993887 0993893 0993907 0993913 0993919 0993937 0993961 0993977 0993983 0993997
078061:  0994013 0994027 0994039 0994051 0994067 0994069 0994073 0994087 0994093 0994141 0994163 0994181 0994183 0994193 0994199
078076:  0994229 0994237 0994241 0994247 0994249 0994271 0994297 0994303 0994307 0994309 0994321 0994337 0994339 0994361 0994363
078091:  0994369 0994391 0994393 0994417 0994447 0994453 0994457 0994471 0994489 0994501 0994549 0994559 0994561 0994571 0994579
078106:  0994583 0994603 0994621 0994645 0994657 0994661 0994691 0994699 0994709 0994711 0994723 0994747 0994723 0994769 0994793
078121:  0994811 0994813 0994817 0994831 0994837 0994853 0994867 0994871 0994879 0994901 0994907 0994913 0994927 0994933 0994949
078136:  0994963 0994991 0994997 0995009 0995023 0995051 0995053 0995081 0995117 0995119 0995143 0995167 0995173 0995219 0995227
078151:  0995237 0995243 0995273 0995303 0995327 0995329 0995339 0995341 0995347 0995363 0995369 0995377 0995381 0995387 0995399
078166:  0995431 0995443 0995447 0995461 0995471 0995513 0995531 0995539 0995549 0995551 0995567 0995573 0995577 0995591 0995593
078181:  0995611 0995623 0995641 0995651 0995663 0995669 0995677 0995699 0995713 0995719 0995737 0995747 0995783 0995791 0995801
078196:  0995833 0995881 0995887 0995903 0995909 0995927 0995941 0995957 0995959 0995963 0995987 0995989 0996001 0996011 0996019
078211:  0996049 0996067 0996103 0996109 0996119 0996143 0996157 0996161 0996167 0996169 0996173 0996187 0996197 0996209 0996211
078226:  0996253 0996257 0996263 0996271 0996293 0996301 0996311 0996323 0996329 0996361 0996367 0996403 0996407 0996409 0996431
078241:  0996461 0996487 0996511 0996529 0996539 0996551 0996563 0996571 0996581 0996599 0996601 0996617 0996629 0996631 0996647
078256:  0996649 0996689 0996703 0996739 0996763 0996781 0996803 0996811 0996841 0996847 0996857 0996859 0996871 0996881 0996883
078271:  0996887 0996899 0996901 0996917 0996973 0996979 0996991 0997019 0997027 0997039 0997043 0997057 0997069 0997081
078286:  0997091 0997097 0997099 0997103 0997109 0997111 0997121 0997123 0997141 0997147 0997151 0997153 0997163 0997201 0997207
078301:  0997219 0997247 0997259 0997267 0997271 0997279 0997297 0997307 0997309 0997319 0997327 0997343 0997357 0997369 0997379
078316:  0997391 0997427 0997433 0997439 0997453 0997463 0997511 0997541 0997547 0997553 0997573 0997583 0997589 0997597 0997609
078331:  0997627 0997649 0997651 0997663 0997681 0997691 0997699 0997709 0997727 0997739 0997741 0997751 0997769 0997783 0997793
078346:  0997807 0997811 0997813 0997877 0997879 0997889 0997891 0997897 0997933 0997949 0997961 0997963 0997973 0997991 0998009
078361:  0998017 0998027 0998029 0998069 0998071 0998077 0998083 0998111 0998117 0998147 0998161 0998167 0998197 0998201 0998213
078376:  0998219 0998237 0998243 0998273 0998281 0998287 0998311 0998329 0998353 0998377 0998381 0998399 0998411 0998419 0998423
078391:  0998429 0998443 0998471 0998497 0998513 0998527 0998537 0998539 0998551 0998561 0998617 0998623 0998629 0998633 0998651
078406:  0998663 0998681 0998687 0998689 0998717 0998737 0998743 0998749 0998759 0998767 0998771 0998813 0998819 0998831 0998839 0998843
078421:  0998857 0998861 0998897 0998909 0998917 0998927 0998941 0998947 0998951 0998957 0998969 0998983 0998989 0999007 0999023
078436:  0999029 0999043 0999049 0999067 0999083 0999091 0999101 0999133 0999149 0999181 0999189 0999191 0999199 0999217 0999221 0999233
078451:  0999239 0999269 0999287 0999307 0999329 0999331 0999359 0999371 0999377 0999383 0999389 0999431 0999433 0999437 0999451 0999491
078466:  0999499 0999521 0999529 0999541 0999553 0999563 0999599 0999601 0999613 0999631 0999653 0999667 0999671 0999673 0999683
078481:  0999721 0999727 0999749 0999763 0999769 0999773 0999809 0999853 0999863 0999883 0999907 0999917 0999931 0999953 0999959
078496:  0999961 0999979 0999983 1000003 1000033 1000037 1000039 1000081 1000099 1000117 1000121 1000133 1000151 1000159 1000171
078511:  1000183 1000187 1000193 1000199 1000211 1000213 1000231 1000249 1000253 1000273 1000289 1000291 1000303 1000313 1000333
078526:  1000357 1000367 1000381 1000393 1000397 1000403 1000409 1000423 1000427 1000429 1000453 1000457 1000507 1000537 1000541
078541:  1000547 1000577 1000579 1000589 1000609 1000619 1000621 1000639 1000651 1000667 1000669 1000679 1000691 1000697 1000721
078556:  1000723 1000763 1000777 1000793 1000829 1000847 1000849 1000859 1000861 1000889 1000907 1000919 1000921 1000931 1000969
078571:  1000973 1000981 1000999 1001003 1001017 1001023 1001027 1001041 1001069 1001081 1001087 1001089 1001093 1001117 1001123
078586:  1001153 1001159 1001173 1001177 1001191 1001219 1001237 1001267 1001291 1001303 1001311 1001321 1001323 1001329 1001347
078601:  1001327 1001347 1001353 1001369 1001381 1001387 1001389 1001401 1001411 1001431 1001447 1001459 1001467 1001491 1001501
078616:  1001527 1001531 1001549 1001551 1001563 1001569 1001587 1001593 1001621 1001629 1001639 1001659 1001669 1001683 1001687
078631:  1001713 1001723 1001741 1001743 1001771 1001797 1001801 1001807 1001809 1001821 1001831 1001839 1001911 1001933 1001941 1001947
078646:  1001953 1001977 1001981 1001987 1001989 1002017 1002049 1002061 1002073 1002077 1002083 1002091 1002101 1002109 1002121
078661:  1002143 1002149 1002151 1002171 1002191 1002227 1002241 1002247 1002257 1002259 1002263 1002289 1002299 1002341 1002343
078676:  1002347 1002349 1002359 1002361 1002377 1002403 1002427 1002433 1002451 1002457 1002467 1002481 1002487 1002493 1002503
078691:  1002511 1002517 1002523 1002527 1002553 1002569 1002577 1002583 1002619 1002623 1002647 1002649 1002653 1002679 1002713
078706:  1002719 1002721 1002739 1002751 1002767 1002769 1002773 1002787 1002797 1002809 1002817 1002821 1002851 1002853 1002857
078721:  1002863 1002871 1002887 1002899 1002913 1002917 1002929 1002931 1002973 1002979 1003001 1003003 1003019 1003031 1003039
078736:  1003049 1003087 1003091 1003097 1003103 1003109 1003111 1003133 1003141 1003193 1003199 1003201 1003241 1003259 1003273
078751:  1003279 1003291 1003307 1003337 1003349 1003351 1003361 1003367 1003369 1003381 1003379 1003397 1003411 1003417 1003443
078766:  1003463 1003469 1003507 1003517 1003543 1003549 1003561 1003589 1003601 1003609 1003619 1003621 1003627 1003631 1003679 1003693
078781:  1003711 1003729 1003733 1003741 1003747 1003753 1003757 1003763 1003771 1003793 1003819 1003841 1003879 1003889
078796:  1003897 1003907 1003909 1003913 1003931 1003943 1003957 1003963 1004027 1004033 1004053 1004057 1004063 1004077 1004089
078811:  1004117 1004119 1004137 1004141 1004161 1004167 1004209 1004221 1004223 1004273 1004279 1004287 1004293 1004303 1004317
078826:  1004323 1004363 1004371 1004401 1004429 1004441 1004449 1004453 1004461 1004467 1004477 1004483 1004501 1004527 1004557 1004571
078841:  1004561 1004567 1004579 1004651 1004681 1004669 1004671 1004687 1004717 1004723 1004737 1004743 1004747 1004749
078856:  1004761 1004779 1004797 1004813 1004903 1004911 1004917 1004963 1004977 1004981 1005007 1005017 1005019 1005029
078871:  1005041 1005049 1005071 1005073 1005079 1005101 1005107 1005131 1005133 1005143 1005161 1005187 1005203 1005209 1005217
078886:  1005223 1005229 1005241 1005247 1005269 1005287 1005293 1005307 1005311 1005331 1005349 1005359 1005371 1005373 1005391
078901:  1005409 1005413 1005427 1005437 1005439 1005457 1005467 1005481 1005493 1005503 1005527 1005541 1005551 1005553 1005581
078916:  1005593 1005617 1005619 1005637 1005643 1005647 1005661 1005677 1005679 1005701 1005709 1005721 1005761 1005821 1005827
078931:  1005833 1005883 1005911 1005913 1005931 1005937 1005941 1005959 1005971 1005989 1006007 1006021 1006049 1006063 1006087
078946:  1006091 1006123 1006133 1006147 1006151 1006153 1006163 1006169 1006171 1006177 1006193 1006217 1006219 1006231
078961:  1006237 1006241 1006249 1006253 1006267 1006279 1006301 1006303 1006307 1006309 1006331 1006333 1006337 1006339 1006351
078976:  1006361 1006367 1006391 1006393 1006433 1006441 1006463 1006469 1006471 1006493 1006507 1006513 1006531 1006543 1006547
078991:  1006559 1006583 1006589 1006609 1006613 1006633 1006637 1006651 1006711 1006729 1006739 1006751 1006769 1006781 1006783
079006:  1006799 1006847 1006853 1006861 1006877 1006879 1006891 1006897 1006907 1006969 1006971 1006977 1006979 1006987
079021:  1006991 1007021 1007023 1007047 1007059 1007071 1007081 1007089 1007099 1007117 1007119 1007129 1007137 1007161 1007173 1007179
079036:  1007203 1007231 1007243 1007247 1007249 1007271 1007279 1007309 1007317 1007353 1007359 1007381 1007387 1007401 1007417
079051:  1007429 1007441 1007459 1007467 1007483 1007497 1007519 1007527 1007549 1007557 1007597 1007599 1007609 1007647 1007651
079066:  1007681 1007683 1007693 1007701 1007711 1007719 1007723 1007729 1007731 1007741 1007759 1007777 1007787 1007789
079081:  1007801 1007807 1007813 1007819 1007827 1007861 1007873 1007881 1007891 1007921 1007923 1007933 1007939 1007957 1007979
079096:  1007971 1007977 1007991 1008001 1008013 1008017 1008031 1008037 1008047 1008053 1008101 1008109 1008127 1008157 1008181 1008187 1008193
079111:  1008199 1008209 1008223 1008229 1008233 1008239 1008247 1008253 1008263 1008317 1008331 1008347 1008353 1008377 1008403
079126:  1008379 1008401 1008403 1008407 1008409 1008419 1008421 1008433 1008437 1008451 1008467 1008493 1008499 1008503 1008517 1008541
079141:  1008547 1008563 1008571 1008583 1008587 1008601 1008607 1008611 1008623 1008659 1008691 1008701 1008719 1008741 1008773 1008779
079156:  1008781 1008793 1008809 1008817 1008829 1008851 1008853 1008857 1008859 1008863 1008871 1008891 1008911 1008913 1008923
079171:  1008937 1008947 1008979 1008979 1008989 1008991 1009007 1009033 1009061 1009097 1009121 1009139 1009153 1009171
079186:  1009159 1009163 1009193 1009199 1009201 1009207 1009237 1009243 1009247 1009259 1009289 1009291 1009301 1009303
079201:  1009319 1009321 1009343 1009357 1009361 1009363 1009373 1009389 1009391 1009397 1009411 1009433 1009439 1009457 1009481
079216:  1009499 1009501 1009507 1009531 1009537 1009559 1009573 1009601 1009609 1009621 1009627 1009637 1009643 1009649 1009651
079231:  1009669 1009741 1009747 1009769 1009787 1009807 1009829 1009853 1009859 1009859 1009891 1009900 1009909 1009927
079246:  1009937 1009951 1009963 1009991 1009993 1009997 1010003 1010033 1010039 1010063 1010081 1010083 1010131 1010143 1010167
079261:  1010203 1010207 1010219 1010237 1010263 1010279 1010297 1010303 1010311 1010333 1010357 1010373 1010411 1010419 1010423
079276:  1010431 1010461 1010467 1010473 1010491 1010501 1010509 1010519 1010549 1010567 1010579 1010617 1010623 1010627 1010671
079291:  1010677 1010681 1010703 1010719 1010747 1010767 1010771 1010773 1010777 1010783 1010791 1010797 1010809 1010813 1010827
079306:  1010843 1010861 1010881 1010897 1010899 1010903 1010917 1010929 1010957 1010981 1010983 1010993 1011001 1011013 1011023
079321:  1011037 1011067 1011071 1011079 1011087 1011111 1011119 1011123 1011139 1011143 1011149 1011167 1011191 1011213 1011221 1011229
079336:  1011233 1011239 1011271 1011281 1011289 1011331 1011343 1011349 1011359 1011371 1011377 1011391 1011397 1011401 1011407
079351:  1011431 1011443 1011509 1011517 1011539 1011553 1011559 1011581 1011583 1011587 1011589 1011591 1011601 1011631 1011641 1011649 1011667
079366:  1011671 1011677 1011699 1011697 1011701 1011733 1011737 1011747 1011767 1011777 1011797 1011799 1011817 1011827 1011889 1011893
079381:  1011917 1011937 1011943 1011947 1011961 1011973 1011979 1012007 1012009 1012031 1012043 1012049 1012079 1012087 1012093
079396:  1012097 1012103 1012123 1012147 1012171 1012183 1012189 1012213 1012217 1012229 1012241 1012229 1012259 1012261
079411:  1012267 1012279 1012289 1012307 1012321 1012369 1012373 1012379 1012397 1012399 1012411 1012421 1012423 1012433 1012439
079426:  1012447 1012457 1012477 1012489 1012507 1012513 1012519 1012523 1012547 1012549 1012573 1012573 1012577 1012591 1012597
079441:  1012601 1012619 1012631 1012637 1012657 1012663 1012679 1012691 1012699 1012703 1012717 1012721 1012733 1012751
079456:  1012763 1012781 1012789 1012811 1012829 1012831 1012841 1012919 1012951 1012961 1012967 1012981 1012993 1012997
079471:  1013003 1013009 1013029 1013041 1013053 1013063 1013143 1013153 1013197 1013203 1013227 1013237 1013239 1013263
079486:  1013267 1013279 1013291 1013321 1013329 1013377 1013399 1013401 1013429 1013431 1013471 1013477 1013501 1013503 1013527
```

079501-081000   Prime numbers

```
079501: 1013531 1013533 1013563 1013569 1013581 1013603 1013609 1013627 1013629 1013641 1013671 1013681 1013687 1013699 1013711
079516: 1013713 1013717 1013729 1013741 1013767 1013773 1013791 1013813 1013819 1013827 1013833 1013839 1013843 1013879
079531: 1013891 1013893 1013899 1013921 1013923 1013933 1013993 1014007 1014029 1014037 1014061 1014089 1014113 1014121 1014127
079546: 1014131 1014137 1014149 1014157 1014161 1014173 1014193 1014197 1014199 1014229 1014257 1014259 1014263 1014287 1014301
079561: 1014317 1014319 1014331 1014337 1014341 1014359 1014361 1014371 1014389 1014397 1014451 1014457 1014469 1014487 1014493
079576: 1014521 1014539 1014547 1014557 1014571 1014593 1014611 1014631 1014641 1014649 1014677 1014697 1014719 1014721 1014731
079591: 1014743 1014749 1014763 1014779 1014787 1014817 1014821 1014833 1014863 1014869 1014877 1014887 1014889 1014907 1014941
079606: 1014953 1014973 1014989 1015009 1015039 1015043 1015051 1015057 1015061 1015067 1015073 1015081 1015093 1015097 1015123
079621: 1015127 1015139 1015159 1015163 1015171 1015199 1015207 1015277 1015309 1015349 1015361 1015363 1015367 1015369 1015403
079636: 1015409 1015423 1015433 1015451 1015453 1015459 1015463 1015471 1015481 1015499 1015501 1015507 1015517 1015523 1015541
079651: 1015549 1015559 1015561 1015571 1015601 1015603 1015627 1015661 1015691 1015697 1015709 1015723 1015727 1015739 1015747
079666: 1015753 1015769 1015813 1015823 1015829 1015843 1015853 1015871 1015877 1015891 1015897 1015907 1015913 1015919 1015967
079681: 1015981 1015991 1016009 1016011 1016023 1016027 1016033 1016051 1016053 1016069 1016083 1016089 1016111 1016123 1016137
079696: 1016143 1016153 1016159 1016173 1016201 1016203 1016221 1016227 1016231 1016237 1016263 1016303 1016339 1016341 1016357
079711: 1016359 1016371 1016399 1016401 1016419 1016423 1016441 1016453 1016489 1016497 1016527 1016567 1016569 1016573 1016581
079726: 1016599 1016611 1016621 1016641 1016663 1016681 1016731 1016737 1016749 1016773 1016779 1016783 1016789
079741: 1016839 1016843 1016849 1016879 1016881 1016891 1016909 1016921 1016927 1016929 1016941 1016947 1016959 1016971 1017007
079756: 1017011 1017031 1017041 1017043 1017061 1017077 1017097 1017119 1017131 1017139 1017157 1017173 1017179 1017193 1017199
079771: 1017209 1017227 1017271 1017293 1017299 1017301 1017307 1017331 1017339 1017323 1017329 1017347 1017353 1017361 1017371
079786: 1017377 1017383 1017391 1017437 1017439 1017449 1017473 1017479 1017481 1017539 1017551 1017553 1017559 1017607 1017613
079801: 1017617 1017623 1017647 1017649 1017673 1017683 1017703 1017713 1017719 1017721 1017749 1017781 1017787 1017799 1017817
079816: 1017827 1017847 1017851 1017857 1017859 1017881 1017889 1017923 1017953 1017959 1017997 1018007 1018019 1018021 1018057
079831: 1018091 1018097 1018109 1018123 1018177 1018201 1018207 1018217 1018223 1018247 1018253 1018271 1018291 1018301 1018309
079846: 1018313 1018337 1018357 1018411 1018421 1018429 1018439 1018447 1018471 1018477 1018489 1018513 1018543 1018559 1018583
079861: 1018613 1018621 1018643 1018687 1018651 1018669 1018673 1018679 1018697 1018709 1018711 1018729 1018733 1018763 1018769
079876: 1018777 1018789 1018807 1018811 1018813 1018817 1018859 1018873 1018877 1018889 1018903 1018907 1018931 1018937 1018949
079891: 1018957 1018967 1018987 1018993 1018999 1019023 1019033 1019059 1019069 1019071 1019077 1019093 1019119 1019129
079906: 1019173 1019177 1019197 1019209 1019237 1019251 1019257 1019261 1019267 1019273 1019297 1019329 1019339 1019351
079921: 1019353 1019373 1019377 1019399 1019411 1019413 1019423 1019443 1019449 1019453 1019467 1019471 1019479 1019503 1019509
079936: 1019531 1019533 1019537 1019549 1019563 1019617 1019639 1019647 1019657 1019663 1019687 1019693 1019699 1019701 1019713
079951: 1019717 1019723 1019729 1019731 1019741 1019747 1019771 1019783 1019801 1019819 1019827 1019839 1019849 1019857 1019861
079966: 1019873 1019899 1019903 1019927 1019971 1020001 1020000 1020011 1020013 1020023 1020037 1020043 1020049 1020059 1020077
079981: 1020079 1020101 1020109 1020113 1020137 1020143 1020157 1020163 1020223 1020233 1020247 1020259 1020269 1020293 1020301
079996: 1020329 1020337 1020353 1020361 1020379 1020389 1020401 1020407 1020413 1020419 1020431 1020451 1020457 1020491 1020517
080001: 1020529 1020541 1020557 1020583 1020589 1020599 1020619 1020631 1020667 1020683 1020689 1020707 1020709 1020743 1020751
080026: 1020757 1020779 1020797 1020821 1020883 1020827 1020839 1020841 1020853 1020857 1020881 1020883 1020907 1020913 1020931
080041: 1020959 1020961 1020967 1020973 1020977 1020979 1020989 1020991 1020997 1021001 1021019 1021043 1021067 1021073 1021081
080056: 1021087 1021091 1021093 1021113 1021127 1021129 1021157 1021183 1021199 1021217 1021243 1021253 1021259 1021261
080071: 1021271 1021283 1021289 1021291 1021297 1021301 1021303 1021327 1021331 1021333 1021367 1021369 1021373 1021381 1021387
080086: 1021403 1021417 1021429 1021441 1021447 1021463 1021483 1021487 1021541 1021561 1021571 1021577 1021621 1021627 1021651
080101: 1021661 1021663 1021673 1021697 1021711 1021747 1021753 1021759 1021777 1021793 1021799 1021807 1021831 1021837 1021849
080116: 1021861 1021879 1021897 1021907 1021919 1021961 1021963 1022001 1022017 1022033 1022053 1022059 1022071 1022083
080131: 1022113 1022123 1022129 1022137 1022141 1022167 1022179 1022183 1022191 1022203 1022209 1022237 1022243 1022249 1022251
080146: 1022291 1022303 1022341 1022377 1022381 1022383 1022387 1022389 1022429 1022443 1022449 1022467 1022491 1022501 1022503
080161: 1022507 1022509 1022513 1022519 1022541 1022573 1022603 1022611 1022629 1022631 1022639 1022653 1022677 1022683 1022689
080176: 1022701 1022719 1022729 1022761 1022773 1022797 1022821 1022837 1022843 1022849 1022869 1022881 1022891 1022899 1022911
080191: 1022929 1022933 1022963 1022977 1022981 1022919 1023037 1023041 1023047 1023067 1023079 1023083 1023101 1023107 1023133
080206: 1023163 1023167 1023173 1023179 1023203 1023221 1023227 1023229 1023257 1023259 1023263 1023277 1023289 1023293 1023301
080221: 1023311 1023313 1023317 1023329 1023353 1023361 1023367 1023389 1023391 1023409 1023413 1023419 1023461 1023467 1023487
080236: 1023499 1023521 1023541 1023551 1023557 1023571 1023577 1023601 1023643 1023653 1023697 1023719 1023727 1023731 1023733
080251: 1023769 1023821 1023833 1023839 1023851 1023857 1023871 1023941 1023943 1023947 1023949 1023973 1023977 1023979
080266: 1024021 1024031 1024061 1024073 1024087 1024091 1024099 1024103 1024151 1024159 1024171 1024183 1024189 1024207 1024249
080281: 1024277 1024307 1024313 1024319 1024321 1024327 1024337 1024349 1024379 1024391 1024399 1024411 1024421 1024427
080296: 1024433 1024477 1024481 1024511 1024523 1024547 1024559 1024577 1024579 1024589 1024591 1024609 1024633 1024663 1024669
080311: 1024693 1024697 1024703 1024711 1024721 1024729 1024757 1024783 1024799 1024823 1024843 1024853 1024871 1024883 1024891
080326: 1024909 1024921 1024931 1024939 1024943 1024951 1024957 1024963 1024987 1024997 1025009 1025021 1025029 1025039 1025047
080341: 1025081 1025093 1025099 1025111 1025113 1025119 1025137 1025147 1025149 1025153 1025161 1025197 1025203 1025209 1025231
080356: 1025239 1025257 1025261 1025267 1025273 1025279 1025281 1025303 1025327 1025333 1025347 1025351 1025383 1025393 1025407
080371: 1025413 1025417 1025419 1025443 1025459 1025477 1025483 1025503 1025509 1025513 1025527 1025543 1025551 1025561 1025579
080386: 1025611 1025621 1025623 1025641 1025653 1025659 1025669 1025693 1025707 1025741 1025747 1025749 1025767 1025789 1025803
080401: 1025807 1025819 1025839 1025849 1025863 1025867 1025879 1025911 1025909 1025917 1025929 1025939 1025947 1026029 1026031
080416: 1026037 1026041 1026043 1026061 1026073 1026101 1026119 1026127 1026143 1026161 1026167 1026191 1026199 1026221 1026227
080431: 1026229 1026251 1026253 1026257 1026293 1026299 1026313 1026331 1026359 1026371 1026383 1026391 1026401 1026407 1026413
080446: 1026427 1026439 1026449 1026457 1026479 1026481 1026521 1026647 1026653 1026577 1026583 1026587 1026593 1026661
080461: 1026667 1026673 1026677 1026679 1026709 1026733 1026757 1026761 1026791 1026799 1026811 1026829 1026833 1026847 1026853
080476: 1026857 1026899 1026911 1026913 1026917 1026941 1026947 1026979 1026989 1027001 1027003 1027011 1027027 1027031
080491: 1027051 1027067 1027097 1027127 1027129 1027139 1027153 1027163 1027181 1027189 1027199 1027207 1027211 1027223 1027241
080506: 1027261 1027277 1027289 1027379 1027331 1027337 1027349 1027409 1027417 1027427 1027447 1027459 1027471 1027483
080521: 1027487 1027489 1027493 1027519 1027547 1027549 1027567 1027591 1027597 1027613 1027643 1027679 1027687 1027693 1027703
080536: 1027717 1027727 1027739 1027751 1027753 1027759 1027777 1027783 1027787 1027789 1027799 1027853 1027859 1027883 1027889
080551: 1027931 1027969 1027987 1028003 1028011 1028017 1028023 1028029 1028047 1028051 1028063 1028081 1028089 1028099 1028101
080566: 1028107 1028113 1028129 1028141 1028149 1028189 1028191 1028201 1028207 1028213 1028221 1028231 1028243 1028263
080581: 1028273 1028303 1028309 1028311 1028327 1028329 1028333 1028389 1028393 1028411 1028437 1028471 1028473 1028479 1028509
080596: 1028557 1028591 1028609 1028579 1028581 1028647 1028617 1028663 1028669 1028681 1028687 1028737 1028747 1028787
080611: 1028761 1028773 1028777 1028803 1028809 1028837 1028843 1028873 1028893 1028903 1028939 1028941 1028953 1028957 1028969
080626: 1028981 1028999 1029001 1029013 1029023 1029073 1029103 1029109 1029111 1029133 1029139 1029151 1029179 1029183 1029191
080641: 1029199 1029209 1029229 1029247 1029251 1029263 1029277 1029289 1029307 1029323 1029331 1029337 1029341 1029349 1029359
080656: 1029383 1029403 1029407 1029409 1029433 1029467 1029473 1029481 1029487 1029499 1029511 1029521 1029527 1029553 1029547
080671: 1029563 1029569 1029577 1029587 1029593 1029601 1029617 1029643 1029647 1029653 1029689 1029697 1029731 1029751 1029757
080686: 1029767 1029803 1029823 1029827 1029839 1029841 1029859 1029881 1029883 1029907 1029929 1029937 1029943 1029953 1029967
080701: 1029983 1029989 1029999 1030001 1030021 1030027 1030031 1030033 1030049 1030061 1030067 1030069 1030089 1030111 1030121
080716: 1030153 1030157 1030181 1030201 1030213 1030219 1030241 1030247 1030291 1030297 1030307 1030317 1030357 1030361 1030369
080731: 1030411 1030437 1030439 1030441 1030471 1030493 1030511 1030529 1030537 1030543 1030579 1030583 1030619 1030637
080746: 1030639 1030643 1030681 1030703 1030723 1030739 1030741 1030751 1030759 1030763 1030787 1030793 1030801 1030811 1030817
080761: 1030823 1030831 1030847 1030887 1030873 1030889 1030919 1030933 1030949 1030951 1030961 1031003 1031017 1031047
080776: 1031053 1031057 1031081 1031117 1031119 1031137 1031141 1031161 1031181 1031231 1031267 1031279 1031281 1031291 1031299
080791: 1031309 1031323 1031341 1031347 1031351 1031371 1031399 1031411 1031413 1031431 1031441 1031447 1031479 1031483 1031497
080806: 1031507 1031521 1031531 1031533 1031549 1031561 1031593 1031609 1031623 1031629 1031633 1031669 1031677 1031707 1031717
080821: 1031719 1031737 1031741 1031753 1031759 1031761 1031809 1031813 1031817 1031836 1031863 1031911 1031923 1031981 1031999
080836: 1032007 1032047 1032049 1032067 1032071 1032107 1032131 1032151 1032191 1032193 1032211 1032221 1032233 1032259 1032287
080851: 1032299 1032307 1032319 1032323 1032341 1032349 1032373 1032377 1032391 1032397 1032407 1032419 1032449 1032453 1032457
080866: 1032463 1032467 1032491 1032497 1032509 1032511 1032527 1032541 1032571 1032583 1032601 1032607 1032613 1032617 1032643
080881: 1032649 1032679 1032683 1032697 1032701 1032709 1032721 1032727 1032739 1032751 1032763 1032799 1032803 1032807 1032837
080896: 1032839 1032841 1032847 1032851 1032853 1032881 1032887 1032901 1032943 1032949 1032959 1032961 1033001 1033007 1033027
080911: 1033033 1033037 1033051 1033061 1033063 1033069 1033079 1033099 1033117 1033139 1033171 1033181 1033189 1033223 1033271
080926: 1033273 1033289 1033323 1033327 1033329 1033339 1033313 1033337 1033343 1033349 1033363 1033381 1033387 1033393 1033399
080941: 1033421 1033423 1033427 1033441 1033451 1033457 1033463 1033469 1033489 1033493 1033499 1033507 1033517 1033537 1033541
080956: 1033559 1033583 1033591 1033603 1033631 1033661 1033663 1033697 1033679 1033687 1033693 1033711 1033727 1033759 1033777
080971: 1033783 1033789 1033793 1033801 1033807 1033829 1033841 1033843 1033867 1033927 1033951 1033987 1034003 1034009 1034027
080986: 1034029 1034069 1034071 1034101 1034119 1034123 1034147 1034167 1034171 1034177 1034183 1034197 1034207 1034219 1034221
```

Prime numbers 081001-082500

```
081001: 1034233 1034237 1034239 1034249 1034251 1034281 1034309 1034317 1034323 1034339 1034353 1034357 1034359 1034381 1034387
081016: 1034419 1034443 1034447 1034457 1034479 1034489 1034491 1034503 1034513 1034519 1034531 1034543 1034549 1034581 1034591 1034597
081031: 1034617 1034639 1034651 1034653 1034659 1034707 1034729 1034731 1034767 1034771 1034783 1034791 1034809 1034827 1034833
081046: 1034837 1034849 1034861 1034863 1034867 1034879 1034893 1034911 1034921 1034941 1034951 1034953 1034959 1034983 1034989 1034993
081061: 1035007 1035019 1035043 1035061 1035077 1035107 1035131 1035163 1035187 1035191 1035197 1035211 1035241 1035247 1035257
081076: 1035263 1035277 1035301 1035313 1035323 1035341 1035343 1035361 1035379 1035383 1035403 1035409 1035413 1035427 1035449
081091: 1035451 1035467 1035469 1035473 1035479 1035499 1035527 1035533 1035547 1035563 1035571 1035581 1035599 1035607 1035613
081106: 1035631 1035637 1035641 1035649 1035659 1035707 1035733 1035743 1035751 1035761 1035763 1035781 1035791 1035829 1035869 1035893
081121: 1035917 1035949 1035953 1035959 1035973 1035977 1036001 1036003 1036027 1036039 1036067 1036069 1036073 1036093 1036109
081136: 1036117 1036121 1036129 1036153 1036163 1036183 1036213 1036229 1036247 1036249 1036253 1036259 1036261 1036267 1036271
081151: 1036291 1036297 1036307 1036319 1036327 1036331 1036339 1036349 1036351 1036363 1036367 1036369 1036391 1036411 1036459
081166: 1036471 1036493 1036499 1036513 1036531 1036537 1036561 1036579 1036613 1036619 1036631 1036649 1036661 1036667 1036669
081181: 1036681 1036729 1036747 1036751 1036757 1036759 1036769 1036787 1036793 1036799 1036829 1036831 1036853 1036873 1036877
081196: 1036883 1036913 1036921 1036943 1036951 1036957 1036979 1036991 1036993 1037041 1037053 1037059 1037081 1037087 1037089
081211: 1037123 1037129 1037137 1037143 1037213 1037233 1037261 1037273 1037293 1037297 1037303 1037317 1037327 1037329
081226: 1037339 1037347 1037401 1037411 1037437 1037441 1037447 1037471 1037479 1037489 1037497 1037503 1037537 1037557 1037563
081241: 1037567 1037593 1037611 1037627 1037653 1037677 1037681 1037683 1037711 1037747 1037753 1037759 1037767 1037791
081256: 1037801 1037819 1037831 1037857 1037873 1037879 1037893 1037903 1037917 1037929 1037941 1037957 1037963 1037983 1038001
081271: 1038017 1038019 1038029 1038041 1038043 1038047 1038073 1038077 1038119 1038127 1038143 1038157 1038187 1038199 1038203
081286: 1038209 1038211 1038227 1038251 1038253 1038259 1038263 1038269 1038307 1038311 1038319 1038329 1038337 1038383 1038391
081301: 1038409 1038421 1038449 1038463 1038487 1038497 1038503 1038523 1038529 1038539 1038565 1038589 1038599 1038601 1038617
081316: 1038619 1038623 1038629 1038637 1038643 1038671 1038689 1038691 1038707 1038721 1038727 1038731 1038757 1038797 1038803
081331: 1038811 1038823 1038831 1038881 1038913 1038937 1038941 1038953 1039001 1039007 1039021 1039033 1039037 1039039
081346: 1039043 1039067 1039069 1039081 1039109 1039111 1039127 1039139 1039153 1039169 1039187 1039229 1039249 1039279 1039289
081361: 1039307 1039321 1039327 1039343 1039349 1039351 1039387 1039393 1039421 1039427 1039429 1039463 1039469 1039477 1039481 1039513
081376: 1039517 1039537 1039543 1039553 1039603 1039607 1039611 1039631 1039657 1039667 1039681 1039733 1039763 1039769 1039789
081391: 1039799 1039817 1039823 1039837 1039891 1039897 1039901 1039921 1039931 1039943 1039949 1039973 1039999 1040021 1040029
081406: 1040051 1040057 1040059 1040069 1040071 1040089 1040093 1040101 1040113 1040119 1040141 1040155 1040159 1040161 1040167
081421: 1040183 1040189 1040191 1040203 1040219 1040227 1040311 1040327 1040339 1040353 1040371 1040381 1040387 1040407 1040411
081436: 1040419 1040447 1040449 1040489 1040503 1040521 1040531 1040563 1040579 1040581 1040597 1040629 1040651 1040657
081451: 1040659 1040671 1040717 1040731 1040747 1040749 1040777 1040779 1040783 1040797 1040803 1040807 1040813 1040821
081466: 1040827 1040833 1040861 1040873 1040881 1040899 1040929 1040939 1040947 1040951 1040959 1040981 1040989
081481: 1041041 1041077 1041083 1041091 1041109 1041119 1041121 1041127 1041137 1041149 1041151 1041163 1041167 1041169 1041203
081496: 1041221 1041223 1041239 1041241 1041253 1041269 1041281 1041283 1041289 1041307 1041311 1041317 1041329 1041343 1041349
081511: 1041373 1041421 1041427 1041449 1041451 1041461 1041497 1041511 1041517 1041529 1041553 1041559 1041563 1041571 1041577
081526: 1041583 1041617 1041619 1041643 1041651 1041671 1041673 1041701 1041731 1041737 1041757 1041777 1041779 1041787 1041823
081541: 1041829 1041841 1041853 1041857 1041863 1041869 1041889 1041893 1041907 1041919 1041949 1041961 1041983 1041991 1042001
081556: 1042021 1042039 1042043 1042081 1042087 1042091 1042099 1042103 1042109 1042121 1042123 1042133 1042141 1042183 1042187
081571: 1042193 1042211 1042241 1042243 1042259 1042267 1042273 1042309 1042331 1042333 1042357 1042369 1042373 1042381
081586: 1042399 1042427 1042439 1042451 1042469 1042481 1042523 1042529 1042571 1042577 1042583 1042597 1042607 1042609
081601: 1042619 1042631 1042633 1042681 1042687 1042693 1042703 1042709 1042723 1042771 1042781 1042799 1042819 1042829 1042837
081616: 1042849 1042861 1042897 1042901 1042903 1042931 1042949 1042961 1042997 1043011 1043023 1043047 1043083 1043089 1043111
081631: 1043113 1043117 1043131 1043167 1043173 1043177 1043183 1043191 1043201 1043209 1043213 1043221 1043279 1043291 1043293
081646: 1043299 1043311 1043323 1043351 1043369 1043377 1043401 1043453 1043467 1043479 1043489 1043501 1043513 1043521 1043531
081661: 1043543 1043557 1043587 1043591 1043593 1043597 1043599 1043617 1043639 1043657 1043663 1043683 1043701 1043723 1043743
081676: 1043747 1043753 1043759 1043761 1043767 1043773 1043831 1043837 1043839 1043843 1043849 1043857 1043869 1043873 1043897
081691: 1043899 1043923 1043929 1043951 1043969 1043981 1044019 1044023 1044041 1044063 1044079 1044091 1044097 1044133
081706: 1044139 1044149 1044161 1044167 1044179 1044181 1044187 1044193 1044209 1044217 1044227 1044247 1044257 1044271 1044283
081721: 1044287 1044289 1044299 1044343 1044347 1044353 1044367 1044371 1044383 1044391 1044397 1044409 1044437 1044443 1044451
081736: 1044457 1044479 1044509 1044517 1044529 1044559 1044569 1044583 1044587 1044613 1044619 1044629 1044653 1044689 1044697
081751: 1044727 1044733 1044737 1044739 1044749 1044751 1044761 1044767 1044781 1044809 1044811 1044823 1044839 1044857
081766: 1044851 1044859 1044877 1044889 1044893 1044931 1044941 1044971 1044997 1045003 1045013 1045021 1045027 1045043 1045061
081781: 1045063 1045081 1045111 1045117 1045123 1045129 1045147 1045151 1045153 1045183 1045153 1045199 1045223 1045229 1045237
081796: 1045241 1045273 1045277 1045307 1045309 1045321 1045349 1045367 1045391 1045393 1045397 1045409 1045411 1045423 1045427
081811: 1045469 1045487 1045491 1045507 1045523 1045529 1045541 1045547 1045549 1045553 1045573 1045607 1045609 1045613
081826: 1045643 1045661 1045663 1045679 1045691 1045727 1045729 1045739 1045763 1045799 1045801 1045819 1045829 1045841 1045859
081841: 1045903 1045907 1045963 1045981 1045987 1045997 1046029 1046047 1046051 1046053 1046069 1046077 1046081 1046113 1046119
081856: 1046179 1046183 1046189 1046191 1046203 1046207 1046237 1046239 1046257 1046263 1046329 1046347 1046351 1046369 1046371
081871: 1046389 1046393 1046399 1046413 1046447 1046449 1046459 1046497 1046519 1046527 1046557 1046579 1046587 1046597 1046599
081886: 1046627 1046641 1046657 1046659 1046677 1046687 1046701 1046711 1046679 1046717 1046797 1046807 1046827 1046833
081901: 1046849 1046863 1046867 1046897 1046917 1046933 1046951 1046959 1046977 1046993 1046999 1047031 1047041 1047043 1047061
081916: 1047077 1047089 1047097 1047107 1047119 1047127 1047131 1047139 1047151 1047163 1047173 1047197 1047199 1047229 1047239
081931: 1047247 1047271 1047281 1047283 1047289 1047307 1047311 1047313 1047317 1047323 1047341 1047367 1047373 1047379 1047391
081946: 1047419 1047441 1047469 1047471 1047479 1047491 1047499 1047511 1047521 1047539 1047551 1047559 1047587 1047589 1047647 1047649
081961: 1047653 1047667 1047671 1047689 1047691 1047701 1047703 1047713 1047721 1047737 1047751 1047763 1047773 1047779 1047821
081976: 1047833 1047841 1047849 1047859 1047881 1047887 1047923 1047929 1047941 1047961 1047971 1047979 1047989 1047999 1048007
081991: 1048009 1048013 1048027 1048043 1048049 1048051 1048073 1048123 1048127 1048129 1048139 1048189 1048193 1048213 1048217
082006: 1048219 1048261 1048273 1048281 1048291 1048309 1048343 1048361 1048367 1048387 1048391 1048411 1048433 1048447 1048507
082021: 1048517 1048549 1048559 1048571 1048573 1048583 1048589 1048601 1048609 1048613 1048627 1048633 1048661 1048681 1048703
082036: 1048709 1048717 1048721 1048729 1048781 1048799 1048807 1048811 1048867 1048877 1048867 1048889 1048891
082051: 1048897 1048909 1048919 1048963 1048991 1049011 1049023 1049039 1049051 1049057 1049063 1049087 1049089 1049093 1049101
082066: 1049117 1049129 1049131 1049137 1049141 1049143 1049173 1049177 1049191 1049207 1049209 1049219 1049227 1049239 1049251
082081: 1049281 1049297 1049333 1049339 1049387 1049413 1049429 1049437 1049459 1049471 1049473 1049479 1049483 1049497 1049509
082096: 1049519 1049527 1049603 1049617 1049639 1049569 1049599 1049603 1049611 1049623 1049647 1049663 1049667 1049681 1049683
082111: 1049687 1049707 1049717 1049747 1049773 1049791 1049809 1049821 1049827 1049833 1049837 1049849 1049857 1049861
082126: 1049863 1049891 1049897 1049899 1049941 1049953 1049963 1049977 1049999 1050001 1050013 1050041 1050053 1050079
082141: 1050083 1050139 1050151 1050167 1050169 1050191 1050197 1050229 1050233 1050241 1050253 1050287 1050307 1050317
082156: 1050323 1050331 1050337 1050349 1050367 1050391 1050421 1050431 1050437 1050449 1050451 1050457 1050473 1050503 1050509
082171: 1050523 1050563 1050593 1050611 1050631 1050713 1050721 1050733 1050737 1050743 1050769 1050773 1050781 1050811
082186: 1050817 1050851 1050853 1050887 1050899 1050901 1050913 1050949 1050961 1050977 1050997 1051003 1051007 1051009 1051019
082201: 1051027 1051051 1051069 1051079 1051081 1051139 1051151 1051153 1051177 1051181 1051247 1051283
082216: 1051291 1051301 1051313 1051319 1051333 1051373 1051397 1051409 1051417 1051423 1051459 1051469 1051471 1051481 1051499
082231: 1051507 1051543 1051549 1051553 1051559 1051573 1051601 1051603 1051619 1051621 1051633 1051643 1051649 1051663
082246: 1051697 1051709 1051717 1051747 1051759 1051763 1051781 1051789 1051811 1051819 1051829 1051847 1051849 1051879 1051889
082261: 1051903 1051913 1051927 1051933 1051939 1051961 1051973 1051987 1051991 1052027 1052039 1052041 1052063 1052083 1052099
082276: 1052111 1052119 1052137 1052141 1052179 1052197 1052203 1052221 1052231 1052237 1052257 1052269 1052279 1052287 1052299
082291: 1052309 1052321 1052323 1052333 1052353 1052413 1052417 1052423 1052427 1052431 1052447 1052453 1052459 1052467
082306: 1052537 1052551 1052557 1052563 1052567 1052573 1052609 1052629 1052663 1052693 1052707 1052719 1052731 1052743 1052747
082321: 1052767 1052797 1052801 1052803 1052813 1052819 1052857 1052861 1052893 1052897 1052899 1052939 1052971 1052981
082336: 1052993 1053007 1053029 1053061 1053067 1053071 1053079 1053083 1053089 1053097 1053101 1053103 1053181 1053191 1053197
082351: 1053233 1053257 1053259 1053263 1053271 1053293 1053301 1053319 1053347 1053361 1053383 1053401 1053407 1053421 1053449
082366: 1053461 1053481 1053487 1053491 1053497 1053509 1053511 1053539 1053551 1053557 1053571 1053581 1053583 1053589
082381: 1053593 1053617 1053691 1053697 1053707 1053713 1053727 1053737 1053749 1053769 1053789 1053809 1053817 1053821
082396: 1053827 1053841 1053953 1053959 1053963 1053967 1053971 1053989 1053991 1054003 1054007 1054013 1054043 1054049 1054081
082411: 1054073 1054091 1054133 1054169 1054171 1054181 1054189 1054199 1054201 1054213 1054219 1054243 1054247 1054259 1054267
082426: 1054301 1054303 1054309 1054321 1054327 1054337 1054347 1054387 1054383 1054409 1054381 1054353 1054361 1054429 1054439
082441: 1054441 1054457 1054477 1054483 1054517 1054523 1054531 1054549 1054577 1054583 1054597 1054607 1054609 1054621 1054639
082456: 1054649 1054659 1054667 1054717 1054721 1054723 1054739 1054757 1054777 1054811 1054819 1054831 1054843 1054853 1054903
082471: 1054909 1054927 1054931 1054951 1054957 1054993 1055017 1055039 1055057 1055063 1055077 1055083 1055113 1055137 1055141
082486: 1055143 1055167 1055189 1055191 1055231 1055233 1055251 1055261 1055267 1055269 1055303 1055321 1055347 1055359 1055363
```

082501-084000 Prime numbers

Prime numbers 084001-085500

084001:	1076167	1076171	1076191	1076203	1076213	1076237	1076263	1076279	1076281	1076303	1076323	1076329	1076353	1076359	1076381
084016:	1076399	1076401	1076417	1076429	1076443	1076447	1076461	1076473	1076477	1076501	1076503	1076507	1076513	1076519	1076557
084031:	1076563	1076587	1076611	1076617	1076639	1076651	1076657	1076671	1076707	1076717	1076731	1076753	1076767	1076771	1076773
084046:	1076813	1076821	1076827	1076843	1076861	1076869	1076879	1076893	1076903	1076917	1076921	1076953	1076981	1077017	1077023
084061:	1077047	1077059	1077079	1077101	1077127	1077143	1077161	1077179	1077191	1077203	1077221	1077227	1077233	1077289	1077299
084076:	1077301	1077311	1077337	1077347	1077353	1077371	1077397	1077413	1077421	1077449	1077457	1077469	1077499	1077533	1077539
084091:	1077541	1077563	1077599	1077607	1077641	1077673	1077677	1077691	1077697	1077707	1077719	1077721	1077733	1077743	1077751
084106:	1077761	1077763	1077793	1077799	1077821	1077823	1077827	1077841	1077859	1077863	1077893	1077911	1077913	1077917	1077943
084121:	1077971	1077977	1077997	1078001	1078009	1078019	1078027	1078031	1078043	1078081	1078109	1078111	1078127	1078151	1078153
084136:	1078159	1078163	1078169	1078183	1078199	1078219	1078241	1078247	1078331	1078333	1078367	1078369	1078373	1078387	1078393
084151:	1078403	1078409	1078411	1078417	1078471	1078489	1078507	1078537	1078559	1078589	1078643	1078657	1078673	1078681	1078691
084166:	1078699	1078711	1078717	1078733	1078739	1078757	1078787	1078789	1078807	1078813	1078817	1078841	1078849	1078853	1078873
084181:	1078879	1078919	1078927	1078937	1078943	1078951	1078967	1078981	1078993	1079009	1079011	1079021	1079033	1079053	1079059
084196:	1079069	1079077	1079081	1079087	1079093	1079101	1079107	1079123	1079147	1079153	1079173	1079189	1079213	1079227	1079233
084211:	1079251	1079269	1079291	1079297	1079311	1079317	1079329	1079339	1079357	1079359	1079369	1079383	1079399	1079417	1079431
084226:	1079453	1079461	1079471	1079473	1079503	1079509	1079527	1079531	1079539	1079569	1079593	1079609	1079621	1079629	1079633
084241:	1079647	1079651	1079669	1079671	1079681	1079711	1079717	1079753	1079777	1079779	1079783	1079797	1079809	1079821	1079831
084256:	1079849	1079861	1079867	1079879	1079887	1079917	1079927	1079929	1079933	1079957	1079963	1079977	1079983	1079987	1079999
084271:	1080007	1080029	1080043	1080049	1080059	1080073	1080077	1080083	1080089	1080091	1080097	1080119	1080137	1080143	1080173
084286:	1080199	1080217	1080223	1080229	1080251	1080259	1080263	1080269	1080271	1080281	1080301	1080307	1080311	1080329	1080341
084301:	1080347	1080353	1080383	1080413	1080419	1080433	1080439	1080449	1080451	1080463	1080479	1080481	1080491	1080523	1080539
084316:	1080553	1080557	1080559	1080589	1080613	1080647	1080649	1080661	1080679	1080683	1080713	1080749	1080757	1080763	1080767
084331:	1080773	1080787	1080791	1080797	1080803	1080811	1080817	1080823	1080841	1080847	1080851	1080857	1080899	1080901	1080907
084346:	1080913	1080923	1080941	1080943	1080971	1080973	1080983	1081027	1081037	1081051	1081061	1081079	1081097	1081099	1081121
084361:	1081123	1081127	1081133	1081139	1081153	1081163	1081219	1081229	1081231	1081237	1081243	1081247	1081277	1081279	1081291
084376:	1081303	1081307	1081331	1081337	1081351	1081361	1081369	1081403	1081417	1081429	1081441	1081477	1081501	1081513	1081541
084391:	1081583	1081631	1081637	1081657	1081679	1081681	1081687	1081699	1081709	1081711	1081721	1081723	1081733	1081741	1081757
084406:	1081763	1081771	1081777	1081781	1081789	1081793	1081813	1081823	1081853	1081859	1081891	1081901	1081907	1081919	1081937
084421:	1081939	1081979	1081981	1082017	1082023	1082027	1082047	1082083	1082089	1082093	1082099	1082129	1082141	1082143	1082149
084436:	1082153	1082161	1082171	1082177	1082189	1082197	1082209	1082231	1082233	1082243	1082273	1082317	1082321	1082351	1082369
084451:	1082377	1082381	1082383	1082387	1082399	1082429	1082443	1082447	1082467	1082491	1082527	1082531	1082533	1082573	1082579
084466:	1082581	1082593	1082597	1082603	1082621	1082629	1082647	1082659	1082681	1082699	1082707	1082717	1082723	1082729	1082743
084481:	1082761	1082777	1082801	1082881	1082891	1082911	1082969	1082971	1082989	1082993	1082999	1083007	1083031	1083037	1083059
084496:	1083073	1083077	1083079	1083083	1083107	1083113	1083119	1083151	1083167	1083191	1083193	1083211	1083241	1083253	1083283
084511:	1083287	1083289	1083301	1083307	1083311	1083317	1083319	1083337	1083349	1083367	1083371	1083377	1083391	1083409	1083431
084526:	1083443	1083449	1083451	1083463	1083473	1083497	1083517	1083541	1083559	1083571	1083583	1083601	1083611	1083613	1083659
084541:	1083689	1083707	1083713	1083721	1083743	1083749	1083757	1083793	1083809	1083827	1083833	1083839	1083847	1083851	1083871
084556:	1083881	1083899	1083911	1083913	1083923	1083941	1083947	1083949	1083983	1084001	1084019	1084043	1084051	1084067	1084079
084571:	1084087	1084093	1084103	1084133	1084147	1084157	1084177	1084217	1084219	1084247	1084253	1084267	1084297	1084301	1084309
084586:	1084313	1084333	1084357	1084367	1084373	1084403	1084423	1084429	1084451	1084459	1084469	1084471	1084477	1084483	1084493
084601:	1084543	1084547	1084553	1084579	1084609	1084613	1084621	1084627	1084637	1084649	1084661	1084669	1084673	1084697	1084711
084616:	1084723	1084747	1084757	1084771	1084777	1084793	1084799	1084817	1084823	1084829	1084859	1084871	1084891	1084927	1084939
084631:	1084943	1084949	1084981	1084987	1084997	1085003	1085011	1085017	1085023	1085047	1085053	1085101	1085111	1085113	1085131
084646:	1085137	1085141	1085143	1085153	1085159	1085179	1085197	1085221	1085269	1085309	1085317	1085327	1085351	1085353	1085369
084661:	1085389	1085407	1085419	1085429	1085431	1085443	1085459	1085473	1085509	1085521	1085551	1085587	1085611	1085627	1085633
084676:	1085657	1085663	1085677	1085681	1085687	1085719	1085737	1085753	1085767	1085771	1085779	1085801	1085809	1085813	1085827
084691:	1085857	1085863	1085867	1085873	1085881	1085891	1085911	1085933	1085957	1085971	1085989	1086031	1086047	1086073	1086089
084706:	1086091	1086101	1086103	1086119	1086133	1086139	1086149	1086161	1086179	1086191	1086193	1086199	1086203	1086247	1086251
084721:	1086257	1086259	1086263	1086277	1086299	1086301	1086307	1086331	1086343	1086347	1086353	1086361	1086373	1086389	1086391
084736:	1086413	1086433	1086443	1086461	1086469	1086493	1086509	1086511	1086523	1086529	1086557	1086559	1086587	1086607	1086611
084751:	1086619	1086637	1086641	1086647	1086677	1086689	1086703	1086731	1086749	1086763	1086769	1086791	1086809	1086817	1086859
084766:	1086863	1086881	1086893	1086901	1086913	1086919	1086923	1086931	1086937	1086989	1086991	1087001	1087019	1087027	1087061
084781:	1087091	1087109	1087117	1087129	1087147	1087159	1087231	1087241	1087249	1087259	1087271	1087291	1087301	1087309	1087349
084796:	1087357	1087379	1087381	1087391	1087409	1087423	1087433	1087451	1087453	1087459	1087483	1087487	1087517	1087519	1087543
084811:	1087553	1087561	1087589	1087591	1087621	1087631	1087657	1087663	1087673	1087679	1087687	1087717	1087729	1087741	1087747
084826:	1087753	1087781	1087787	1087789	1087799	1087811	1087817	1087829	1087841	1087843	1087861	1087873	1087897	1087903	1087907
084841:	1087937	1087963	1087967	1087973	1087981	1087987	1088023	1088027	1088039	1088053	1088063	1088071	1088081	1088089	1088093
084856:	1088123	1088159	1088161	1088209	1088233	1088237	1088239	1088251	1088267	1088273	1088293	1088309	1088371	1088387	1088389
084871:	1088393	1088407	1088413	1088419	1088431	1088443	1088447	1088449	1088467	1088471	1088489	1088519	1088533	1088537	1088543
084886:	1088569	1088579	1088603	1088611	1088617	1088621	1088623	1088639	1088641	1088657	1088669	1088671	1088687	1088693	1088707
084901:	1088723	1088749	1088753	1088761	1088777	1088783	1088807	1088827	1088831	1088839	1088851	1088903	1088917	1088933	1088953
084916:	1088957	1088959	1088977	1088987	1088993	1089017	1089029	1089047	1089091	1089103	1089107	1089113	1089133	1089161	1089191
084931:	1089197	1089217	1089223	1089227	1089239	1089259	1089299	1089313	1089359	1089383	1089397	1089401	1089421	1089427	1089457
084946:	1089461	1089463	1089469	1089481	1089497	1089503	1089509	1089523	1089551	1089563	1089611	1089629	1089653	1089661	1089677
084961:	1089679	1089703	1089709	1089713	1089757	1089793	1089799	1089841	1089863	1089877	1089917	1089919	1089941	1089943	1089961
084976:	1089967	1090003	1090013	1090021	1090027	1090031	1090097	1090099	1090127	1090129	1090151	1090153	1090169	1090181	1090189
084991:	1090211	1090213	1090217	1090241	1090249	1090267	1090273	1090303	1090333	1090373	1090381	1090387	1090403	1090409	1090421
085006:	1090423	1090457	1090459	1090469	1090471	1090483	1090493	1090519	1090553	1090577	1090589	1090597	1090613	1090627	1090681
085021:	1090697	1090709	1090711	1090717	1090721	1090757	1090759	1090769	1090783	1090799	1090807	1090819	1090841	1090849	1090877
085036:	1090879	1090883	1090889	1090891	1090897	1090909	1090919	1090927	1090937	1090939	1090949	1090963	1090967	1090979	1090997
085051:	1091003	1091017	1091021	1091023	1091033	1091047	1091053	1091059	1091063	1091071	1091119	1091137	1091147	1091149	1091159
085066:	1091161	1091173	1091177	1091191	1091219	1091221	1091239	1091243	1091257	1091261	1091263	1091267	1091269	1091273	1091287
085081:	1091329	1091339	1091359	1091369	1091371	1091381	1091393	1091399	1091401	1091411	1091413	1091443	1091459	1091471	1091477
085096:	1091509	1091521	1091527	1091549	1091551	1091561	1091581	1091591	1091609	1091617	1091627	1091633	1091639	1091659	1091663
085111:	1091681	1091687	1091711	1091729	1091731	1091737	1091749	1091777	1091807	1091809	1091837	1091843	1091863	1091869	1091887
085126:	1091917	1091939	1091957	1091983	1092019	1092023	1092041	1092043	1092059	1092061	1092067	1092089	1092103	1092107	1092127
085141:	1092137	1092151	1092163	1092173	1092181	1092191	1092209	1092229	1092241	1092251	1092257	1092269	1092283	1092307	1092331
085156:	1092337	1092349	1092353	1092361	1092373	1092379	1092389	1092391	1092397	1092419	1092433	1092451	1092461	1092463	1092473
085171:	1092479	1092493	1092541	1092583	1092593	1092601	1092629	1092643	1092659	1092667	1092677	1092713	1092731	1092733	1092757
085186:	1092779	1092803	1092821	1092827	1092829	1092851	1092853	1092863	1092887	1092893	1092901	1092907	1092911	1092919	1092929
085201:	1092961	1092977	1092989	1092991	1092997	1093007	1093033	1093061	1093063	1093067	1093069	1093087	1093109	1093111	1093129
085216:	1093133	1093159	1093163	1093177	1093199	1093201	1093223	1093237	1093243	1093249	1093273	1093283	1093289	1093297	1093307
085231:	1093327	1093331	1093357	1093363	1093381	1093399	1093403	1093409	1093427	1093441	1093487	1093493	1093517	1093529	1093531
085246:	1093537	1093541	1093553	1093571	1093577	1093591	1093633	1093637	1093639	1093657	1093663	1093667	1093679	1093681	1093699
085261:	1093717	1093723	1093733	1093739	1093747	1093751	1093753	1093777	1093789	1093823	1093837	1093843	1093847	1093871	1093889
085276:	1093901	1093907	1093927	1093943	1093951	1093957	1093969	1093991	1093993	1093997	1093999	1094011	1094029	1094047	1094057
085291:	1094059	1094081	1094089	1094099	1094101	1094123	1094129	1094131	1094143	1094147	1094161	1094183	1094209	1094237	1094263
085306:	1094293	1094299	1094321	1094333	1094339	1094371	1094377	1094407	1094411	1094417	1094437	1094441	1094449	1094453	1094461
085321:	1094473	1094491	1094519	1094531	1094539	1094543	1094549	1094551	1094557	1094567	1094573	1094603	1094623	1094629	1094633
085336:	1094657	1094669	1094671	1094683	1094689	1094693	1094701	1094711	1094747	1094759	1094773	1094791	1094801	1094803	1094809
085351:	1094831	1094833	1094843	1094881	1094887	1094897	1094911	1094921	1094923	1094939	1094957	1094963	1094969	1094983	1094999
085366:	1095023	1095043	1095047	1095049	1095067	1095071	1095091	1095119	1095161	1095169	1095173	1095209	1095221	1095223	1095229
085381:	1095239	1095247	1095251	1095257	1095287	1095313	1095319	1095343	1095349	1095401	1095403	1095427	1095433	1095439	1095443
085396:	1095449	1095461	1095481	1095487	1095491	1095503	1095529	1095541	1095551	1095557	1095569	1095581	1095583	1095613	1095631
085411:	1095671	1095691	1095713	1095719	1095727	1095733	1095739	1095751	1095779	1095781	1095791	1095793	1095811	1095821	1095833
085426:	1095839	1095841	1095847	1095851	1095859	1095907	1095931	1095947	1095959	1095961	1095979	1095989	1096031	1096057	1096061
085441:	1096079	1096097	1096099	1096127	1096133	1096141	1096159	1096163	1096189	1096201	1096219	1096267	1096289	1096307	1096327
085456:	1096349	1096351	1096363	1096373	1096379	1096393	1096399	1096423	1096427	1096451	1096477	1096481	1096489	1096493	1096499
085471:	1096507	1096541	1096549	1096553	1096559	1096561	1096583	1096609	1096621	1096631	1096639	1096673	1096691	1096703	1096727
085486:	1096741	1096763	1096787	1096793	1096807	1096817	1096829	1096831	1096853	1096859	1096861	1096871	1096883	1096919	1096951

085501-087000 Prime numbers

```
085501: 1096957 1096967 1096969 1096981 1096999 1097009 1097017 1097029 1097039 1097051 1097069 1097081 1097101 1097111 1097113
085516: 1097141 1097143 1097163 1097167 1097179 1097189 1097203 1097209 1097221 1097237 1097267 1097291 1097293 1097323 1097351
085531: 1097359 1097377 1097381 1097413 1097419 1097423 1097441 1097443 1097461 1097483 1097501 1097513 1097533 1097539 1097543
085546: 1097549 1097557 1097599 1097627 1097633 1097651 1097653 1097659 1097669 1097687 1097711 1097717 1097729 1097743 1097783
085561: 1097791 1097797 1097819 1097849 1097851 1097861 1097869 1097879 1097891 1097893 1097897 1097903 1097909 1097923 1097933
085576: 1097947 1097983 1098017 1098023 1098037 1098071 1098073 1098077 1098101 1098109 1098121 1098133 1098151 1098187 1098191 1098193
085591: 1098203 1098211 1098221 1098233 1098269 1098287 1098301 1098311 1098313 1098341 1098373 1098379 1098397 1098401 1098439
085606: 1098443 1098451 1098463 1098469 1098479 1098481 1098509 1098511 1098533 1098541 1098593 1098613 1098623 1098631 1098649
085621: 1098667 1098673 1098689 1098707 1098709 1098731 1098737 1098787 1098791 1098803 1098821 1098833 1098847 1098953 1098967
085636: 1098973 1098989 1099031 1099051 1099057 1099079 1099081 1099097 1099103 1099117 1099121 1099139 1099171 1099177 1099181
085651: 1099199 1099223 1099247 1099249 1099261 1099279 1099289 1099309 1099313 1099327 1099337 1099363 1099369 1099391 1099393
085666: 1099409 1099411 1099421 1099433 1099459 1099463 1099487 1099489 1099493 1099499 1099507 1099511 1099519 1099523 1099541
085681: 1099547 1099559 1099573 1099589 1099619 1099621 1099627 1099633 1099649 1099669 1099687 1099711 1099717 1099723 1099727
085696: 1099729 1099741 1099757 1099771 1099783 1099793 1099799 1099807 1099817 1099823 1099841 1099843 1099859 1099867 1099927
085711: 1099933 1099957 1099961 1099977 1100009 1100023 1100027 1100039 1100041 1100051 1100063 1100089 1100093 1100101 1100123
085726: 1100131 1100147 1100149 1100161 1100167 1100171 1100179 1100213 1100219 1100243 1100249 1100261 1100273 1100279 1100303
085741: 1100311 1100321 1100353 1100357 1100377 1100381 1100387 1100419 1100441 1100443 1100447 1100467 1100471 1100483 1100503
085756: 1100509 1100513 1100543 1100557 1100569 1100581 1100591 1100611 1100641 1100653 1100681 1100683 1100747 1100773 1100777
085771: 1100783 1100791 1100831 1100833 1100837 1100839 1100891 1100851 1100857 1100887 1100893 1100899 1100909 1100921 1100933
085786: 1100947 1100977 1101071 1101091 1101097 1101103 1101109 1101127 1101143 1101169 1101179 1101193 1101211 1101229 1101253
085801: 1101283 1101299 1101307 1101319 1101323 1101341 1101349 1101371 1101377 1101389 1101403 1101407 1101409 1101421 1101431
085816: 1101433 1101439 1101467 1101473 1101509 1101511 1101517 1101521 1101533 1101559 1101571 1101577 1101587 1101593 1101613
085831: 1101619 1101641 1101649 1101671 1101673 1101689 1101691 1101697 1101733 1101743 1101761 1101767 1101773 1101781 1101803
085846: 1101811 1101839 1101851 1101871 1101883 1101901 1101917 1101929 1101931 1101937 1101941 1101959 1101967 1102001 1102007
085861: 1102021 1102027 1102063 1102069 1102111 1102117 1102147 1102151 1102159 1102163 1102169 1102181 1102187 1102201 1102237
085876: 1102243 1102249 1102253 1102259 1102271 1102279 1102301 1102307 1102313 1102333 1102337 1102393 1102397 1102411 1102427
085891: 1102429 1102441 1102447 1102457 1102463 1102481 1102483 1102523 1102537 1102547 1102553 1102567 1102571 1102583 1102663
085906: 1102669 1102679 1102681 1102691 1102693 1102709 1102721 1102727 1102729 1102733 1102747 1102757 1102813 1102823 1102831
085921: 1102847 1102853 1102861 1102879 1102883 1102891 1102897 1102901 1102903 1102921 1102939 1102951 1102963 1102967 1102991
085936: 1102999 1103009 1103017 1103029 1103041 1103059 1103087 1103101 1103107 1103111 1103119 1103129 1103143 1103171 1103183
085951: 1103191 1103203 1103213 1103237 1103257 1103279 1103281 1103293 1103309 1103339 1103341 1103353 1103371 1103437 1103449
085966: 1103461 1103467 1103483 1103489 1103497 1103519 1103533 1103549 1103561 1103579 1103581 1103587 1103591 1103603 1103611
085981: 1103617 1103621 1103629 1103633 1103639 1103699 1103723 1103737 1103749 1103779 1103797 1103803 1103849 1103857 1103863
085996: 1103873 1103899 1103903 1103911 1103923 1103933 1103981 1103987 1103989 1104017 1104041 1104079 1104097 1104101 1104107
086011: 1104113 1104119 1104137 1104139 1104157 1104179 1104193 1104203 1104209 1104217 1104221 1104241 1104247 1104289 1104293
086026: 1104307 1104319 1104343 1104353 1104373 1104377 1104379 1104403 1104409 1104427 1104431 1104449 1104479 1104491
086041: 1104511 1104517 1104533 1104557 1104559 1104589 1104599 1104613 1104619 1104659 1104661 1104671 1104683 1104703 1104707
086056: 1104731 1104737 1104749 1104743 1104749 1104751 1104767 1104769 1104781 1104787 1104791 1104797 1104811 1104821 1104823
086071: 1104833 1104853 1104877 1104889 1104899 1104913 1104919 1104937 1104941 1104947 1104959 1105009 1105019 1105033 1105061
086086: 1105063 1105067 1105099 1105141 1105157 1105163 1105171 1105177 1105193 1105201 1105207 1105213 1105217 1105231 1105261
086101: 1105267 1105271 1105309 1105327 1105333 1105337 1105339 1105343 1105387 1105397 1105427 1105441 1105457 1105463 1105501
086116: 1105513 1105519 1105537 1105547 1105549 1105571 1105583 1105589 1105603 1105607 1105609 1105613 1105619 1105627
086131: 1105639 1105649 1105651 1105661 1105669 1105691 1105693 1105711 1105757 1105759 1105787 1105807 1105813 1105823 1105847
086146: 1105861 1105873 1105879 1105883 1105891 1105913 1105919 1105943 1105961 1105963 1105997 1105999 1106009 1106069 1106087
086161: 1106099 1106101 1106129 1106137 1106159 1106167 1106171 1106177 1106179 1106197 1106201 1106213 1106219 1106233 1106243 1106249
086176: 1106257 1106267 1106279 1106293 1106311 1106317 1106363 1106381 1106401 1106407 1106419 1106423 1106429 1106447 1106449
086191: 1106471 1106477 1106489 1106491 1106509 1106527 1106531 1106543 1106563 1106569 1106593 1106621 1106627 1106629 1106653
086206: 1106671 1106687 1106689 1106741 1106747 1106761 1106767 1106771 1106779 1106789 1106801 1106821 1106827 1106837 1106839
086221: 1106881 1106891 1106909 1106923 1106927 1106939 1106953 1106977 1106979 1106999 1107019 1107031 1107047
086236: 1107049 1107053 1107083 1107101 1107107 1107109 1107157 1107167 1107173 1107199 1107203 1107217 1107269 1107317 1107319
086251: 1107347 1107347 1107389 1107401 1107409 1107419 1107433 1107439 1107467 1107479 1107487 1107497 1107503 1107511
086266: 1107523 1107527 1107553 1107569 1107571 1107581 1107583 1107593 1107619 1107667 1107679 1107721 1107727 1107751 1107763
086281: 1107773 1107781 1107787 1107791 1107793 1107797 1107803 1107811 1107823 1107881 1107893 1107913 1107917
086296: 1107923 1107929 1107937 1107989 1108001 1108007 1108021 1108049 1108057 1108069 1108073 1108091 1108103 1108123 1108127
086311: 1108147 1108169 1108171 1108181 1108201 1108207 1108223 1108229 1108241 1108253 1108259 1108267 1108313 1108321 1108333
086326: 1108357 1108361 1108363 1108369 1108397 1108423 1108427 1108447 1108453 1108463 1108469 1108477 1108487 1108489 1108501
086341: 1108507 1108537 1108541 1108543 1108551 1108567 1108573 1108579 1108603 1108609 1108619 1108633 1108709 1108771 1108801
086356: 1108813 1108697 1108703 1108711 1108717 1108729 1108733 1108739 1108747 1108753 1108759 1108771 1108781 1108801
086371: 1108817 1108819 1108823 1108867 1108903 1108907 1108909 1108957 1108967 1108993 1108997 1109019 1109021 1109023 1109057
086386: 1109113 1109117 1109123 1109159 1109161 1109167 1109189 1109197 1109219 1109231 1109243 1109249 1109257 1109281 1109287
086401: 1109291 1109309 1109327 1109347 1109351 1109363 1109387 1109393 1109399 1109401 1109411 1109431 1109473 1109477 1109489
086416: 1109491 1109509 1109513 1109531 1109533 1109561 1109579 1109609 1109611 1109629 1109639 1109653 1109663 1109723 1109737
086431: 1109749 1109761 1109783 1109789 1109791 1109813 1109821 1109839 1109851 1109861 1109869 1109881 1109887 1109891 1109897
086446: 1109903 1109909 1109921 1109951 1109987 1110007 1110013 1110019 1110023 1110041 1110061 1110077 1110089 1110103 1110127
086461: 1110133 1110167 1110181 1110223 1110229 1110247 1110269 1110271 1110289 1110301 1110311 1110313 1110331 1110349 1110353
086476: 1110367 1110397 1110401 1110413 1110427 1110439 1110449 1110467 1110479 1110517 1110521 1110523 1110533 1110539 1110541
086491: 1110547 1110583 1110587 1110589 1110611 1110617 1110643 1110667 1110679 1110709 1110713 1110719 1110727 1110743 1110773
086506: 1110779 1110803 1110817 1110821 1110839 1110859 1110881 1110887 1110913 1110917 1110919 1110929 1110931 1110943 1110953
086521: 1110959 1110971 1110973 1110979 1110983 1110997 1111007 1111013 1111021 1111031 1111043 1111049 1111057 1111067 1111081
086536: 1111087 1111091 1111151 1111157 1111169 1111181 1111183 1111213 1111219 1111247 1111259 1111283 1111289
086551: 1111301 1111333 1111339 1111351 1111361 1111379 1111393 1111399 1111423 1111427 1111433 1111447 1111457 1111489 1111493
086566: 1111499 1111531 1111543 1111547 1111553 1111559 1111573 1111577 1111637 1111639 1111651 1111661 1111667 1111673 1111687
086581: 1111703 1111711 1111723 1111727 1111741 1111757 1111771 1111787 1111793 1111801 1111841 1111853 1111867 1111897 1111921
086596: 1111933 1111949 1111963 1111967 1111991 1112003 1112011 1112017 1112047 1112057 1112077 1112081 1112087 1112093 1112107
086611: 1112113 1112129 1112131 1112141 1112143 1112147 1112159 1112171 1112173 1112197 1112201 1112239 1112269 1112273 1112291 1112323
086626: 1112333 1112339 1112341 1112351 1112359 1112369 1112381 1112383 1112389 1112413 1112467 1112471 1112477 1112483 1112509
086641: 1112513 1112519 1112543 1112549 1112561 1112567 1112569 1112581 1112591 1112597 1112611 1112623 1112651 1112653 1112663
086656: 1112677 1112689 1112707 1112723 1112729 1112731 1112737 1112747 1112777 1112779 1112789 1112821 1112827 1112831 1112833
086671: 1112877 1112897 1112899 1112911 1112921 1112941 1112953 1112959 1112971 1112977 1112983 1113011 1113019 1113029 1113043
086686: 1113059 1113083 1113089 1113103 1113137 1113149 1113157 1113173 1113181 1113187 1113193 1113197 1113199 1113221 1113239
086701: 1113253 1113257 1113313 1113317 1113319 1113337 1113343 1113373 1113401 1113403 1113431 1113451 1113461 1113481 1113491
086716: 1113509 1113521 1113527 1113557 1113569 1113587 1113599 1113617 1113643 1113667 1113701 1113703 1113713 1113719 1113751
086731: 1113773 1113791 1113797 1113793 1113797 1113809 1113859 1113883 1113887 1113899 1113929 1113941 1113949 1113953
086746: 1113961 1113971 1113991 1113997 1114019 1114031 1114037 1114039 1114049 1114063 1114111 1114117 1114159 1114193 1114207
086761: 1114213 1114249 1114261 1114279 1114307 1114273 1114283 1114289 1114303 1114349 1114361 1114381 1114397 1114423
086776: 1114427 1114447 1114471 1114489 1114493 1114501 1114507 1114523 1114541 1114549 1114567 1114573 1114577 1114591 1114601
086791: 1114613 1114651 1114657 1114661 1114669 1114693 1114697 1114709 1114721 1114723 1114723 1114753 1114759 1114801 1114807
086806: 1114811 1114829 1114837 1114849 1114859 1114873 1114891 1114907 1114909 1114931 1114937 1114943 1114969 1114973 1114987
086821: 1114999 1115011 1115013 1115027 1115029 1115057 1115071 1115089 1115099 1115113 1115117 1115131 1115189 1115207 1115237
086836: 1115239 1115261 1115267 1115269 1115273 1115291 1115299 1115321 1115327 1115329 1115351 1115363 1115381 1115399 1115407 1115417
086851: 1115419 1115447 1115449 1115453 1115467 1115497 1115501 1115519 1115531 1115533 1115539 1115551 1115561 1115567 1115573
086866: 1115579 1115581 1115599 1115627 1115633 1115641 1115657 1115683 1115701 1115711 1115713 1115731 1115743 1115759 1115767
086881: 1115771 1115773 1115789 1115831 1115839 1115843 1115857 1115879 1115899 1115911 1115923 1115929 1115941 1115987 1115993
086896: 1116001 1116053 1116077 1116091 1116107 1116133 1116163 1116173 1116187 1116209 1116223 1116229 1116257 1116277 1116281
086911: 1116289 1116301 1116317 1116319 1116329 1116337 1116347 1116371 1116419 1116431 1116439 1116449 1116461 1116469 1116473
086926: 1116491 1116499 1116523 1116541 1116547 1116569 1116571 1116583 1116601 1116631 1116637 1116641 1116653 1116659 1116677
086941: 1116701 1116743 1116749 1116751 1116809 1116821 1116851 1116853 1116859 1116887 1116889 1116893 1116911 1116937 1116943
086956: 1116977 1116989 1117009 1117013 1117021 1117027 1117031 1117051 1117057 1117069 1117073 1117079 1117099 1117109 1117117
086971: 1117153 1117169 1117177 1117181 1117243 1117247 1117253 1117267 1117273 1117279 1117301 1117307 1117309 1117321 1117349
086986: 1117367 1117379 1117433 1117439 1117451 1117463 1117471 1117477 1117481 1117483 1117489 1117513 1117549 1117553 1117579
```

Prime numbers 087001-088500

```
087001: 1117591 1117601 1117603 1117607 1117609 1117657 1117661 1117673 1117679 1117681 1117709 1117729 1117741 1117757 1117759
087016: 1117763 1117769 1117793 1117799 1117811 1117813 1117817 1117819 1117861 1117867 1117879 1117889 1117901 1117913 1117931
087031: 1117933 1117939 1117943 1117967 1117973 1117993 1118003 1118009 1118011 1118021 1118023 1118027 1118041 1118063 1118081
087046: 1118101 1118113 1118123 1118137 1118147 1118149 1118189 1118197 1118203 1118219 1118261 1118267 1118291 1118303 1118309
087061: 1118317 1118339 1118363 1118371 1118393 1118419 1118437 1118441 1118479 1118483 1118497 1118519 1118527 1118563 1118567
087076: 1118569 1118599 1118629 1118653 1118659 1118713 1118717 1118723 1118737 1118749 1118773 1118779 1118783 1118797 1118807
087091: 1118809 1118827 1118837 1118851 1118857 1118861 1118863 1118867 1118869 1118893 1118911 1118921 1118941 1118947 1118951
087106: 1118969 1118987 1118993 1119029 1119037 1119047 1119049 1119077 1119091 1119109 1119121 1119169 1119179 1119221 1119227
087121: 1119241 1119269 1119281 1119299 1119319 1119323 1119343 1119359 1119389 1119397 1119403 1119449 1119473 1119523 1119527
087136: 1119529 1119557 1119577 1119589 1119607 1119611 1119623 1119649 1119653 1119659 1119673 1119691 1119697 1119707 1119733
087151: 1119737 1119779 1119793 1119799 1119809 1119817 1119821 1119823 1119857 1119863 1119871 1119907 1119913 1119947 1119949
087166: 1119959 1120001 1120019 1120051 1120073 1120081 1120087 1120101 1120121 1120153 1120157 1120159 1120187 1120211 1120219
087181: 1120237 1120271 1120277 1120289 1120291 1120303 1120313 1120319 1120321 1120337 1120349 1120351 1120363 1120369 1120391 1120423
087196: 1120429 1120459 1120481 1120499 1120501 1120507 1120513 1120517 1120519 1120529 1120541 1120543 1120547 1120549 1120573
087211: 1120577 1120591 1120607 1120627 1120633 1120649 1120661 1120663 1120667 1120669 1120673 1120687 1120711 1120723 1120727 1120739
087226: 1120741 1120747 1120771 1120781 1120783 1120787 1120799 1120807 1120811 1120831 1120837 1120849 1120871 1120883 1120901
087241: 1120907 1120913 1120939 1120957 1120961 1120969 1120993 1121011 1121017 1121023 1121027 1121033 1121047 1121051
087256: 1121083 1121093 1121101 1121143 1121147 1121173 1121179 1121189 1121191 1121203 1121221 1121231 1121249 1121257 1121261
087271: 1121293 1121297 1121311 1121333 1121347 1121357 1121369 1121371 1121383 1121387 1121389 1121423 1121431 1121443 1121447
087286: 1121453 1121509 1121539 1121543 1121557 1121599 1121621 1121629 1121651 1121671 1121689 1121693 1121699 1121707 1121723
087301: 1121737 1121819 1121831 1121853 1121837 1121839 1121867 1121899 1121933 1121941 1121947 1121987 1121993 1122001 1122029
087316: 1122041 1122053 1122071 1122089 1122091 1122103 1122113 1122131 1122133 1122137 1122139 1122157 1122179 1122181 1122227
087331: 1122241 1122259 1122263 1122269 1122281 1122283 1122287 1122367 1122371 1122389 1122397 1122419 1122427 1122431 1122437
087346: 1122449 1122467 1122481 1122491 1122529 1122533 1122551 1122571 1122587 1122599 1122623 1122643 1122647 1122659 1122679
087361: 1122683 1122701 1122721 1122739 1122749 1122757 1122761 1122781 1122841 1122857 1122887 1122889 1122923 1122937 1122941
087376: 1122983 1122997 1123051 1123079 1123081 1123093 1123127 1123151 1123181 1123199 1123211 1123217 1123229 1123231 1123247
087391: 1123267 1123279 1123303 1123307 1123319 1123327 1123349 1123351 1123361 1123379 1123391 1123399 1123403 1123427 1123429
087406: 1123439 1123477 1123483 1123487 1123501 1123511 1123517 1123531 1123541 1123553 1123561 1123567 1123589 1123597 1123601
087421: 1123621 1123631 1123637 1123651 1123667 1123669 1123691 1123693 1123699 1123709 1123729 1123739 1123741 1123747 1123777
087436: 1123807 1123841 1123867 1123873 1123879 1123883 1123897 1123901 1123909 1123931 1123943 1123951 1123961 1123973
087451: 1123979 1123999 1124027 1124041 1124051 1124083 1124087 1124107 1124113 1124119 1124131 1124141 1124147 1124197 1124203
087466: 1124209 1124239 1124251 1124267 1124269 1124293 1124297 1124303 1124317 1124351 1124353 1124369 1124377 1124423
087481: 1124429 1124437 1124441 1124443 1124449 1124509 1124531 1124551 1124561 1124581 1124593 1124597 1124603 1124639 1124647
087496: 1124653 1124659 1124681 1124687 1124699 1124719 1124741 1124749 1124759 1124781 1124797 1124803 1124807 1124813 1124831
087511: 1124833 1124867 1124869 1124951 1124957 1124969 1124983 1124987 1124993 1125001 1125013 1125017 1125029 1125053 1125097
087526: 1125109 1125121 1125127 1125129 1125139 1125143 1125161 1125169 1125193 1125203 1125209 1125217 1125221 1125253 1125259
087541: 1125283 1125317 1125323 1125329 1125343 1125359 1125361 1125379 1125391 1125401 1125407 1125419 1125431 1125433 1125469
087556: 1125473 1125479 1125499 1125529 1125539 1125557 1125559 1125569 1125571 1125581 1125599 1125629 1125647 1125653 1125679
087571: 1125701 1125713 1125739 1125763 1125767 1125793 1125797 1125811 1125823 1125833 1125857 1125871 1125889 1125907 1125911
087586: 1125913 1125923 1125931 1125941 1125953 1125973 1125991 1126031 1126033 1126041 1126067 1126093 1126159 1126189 1126201
087601: 1126211 1126219 1126247 1126253 1126259 1126283 1126313 1126319 1126343 1126351 1126357 1126361 1126381 1126387 1126397
087616: 1126399 1126421 1126439 1126441 1126457 1126459 1126483 1126501 1126513 1126519 1126523 1126537 1126553 1126561 1126577
087631: 1126579 1126597 1126621 1126649 1126661 1126663 1126667 1126669 1126693 1126703 1126711 1126751 1126759 1126771 1126781
087646: 1126787 1126823 1126831 1126837 1126843 1126847 1126859 1126861 1126889 1126897 1126963 1126973 1126991 1126999 1127011
087661: 1127029 1127033 1127039 1127051 1127081 1127101 1127111 1127123 1127149 1127153 1127167 1127177 1127183 1127197 1127209
087676: 1127221 1127227 1127239 1127249 1127263 1127281 1127297 1127303 1127309 1127311 1127323 1127333 1127351 1127359 1127369
087691: 1127381 1127383 1127393 1127407 1127411 1127443 1127447 1127453 1127461 1127461 1127507 1127513 1127527 1127531 1127537
087706: 1127561 1127573 1127587 1127603 1127617 1127629 1127641 1127657 1127663 1127683 1127701 1127741 1127767 1127773 1127801
087721: 1127803 1127809 1127813 1127837 1127849 1127857 1127881 1127891 1127911 1127947 1127957 1127969 1127981 1127983 1127993
087736: 1128031 1128037 1128089 1128091 1128107 1128109 1128143 1128151 1128161 1128181 1128229 1128223 1128227 1128233 1128247
087751: 1128251 1128287 1128289 1128293 1128299 1128301 1128313 1128349 1128371 1128373 1128389 1128397 1128427 1128433 1128451
087766: 1128497 1128499 1128503 1128509 1128521 1128527 1128539 1128553 1128557 1128577 1128583 1128599 1128601 1128623 1128629
087781: 1128637 1128641 1128651 1128661 1128667 1128691 1128709 1128719 1128721 1128731 1128737 1128751 1128761 1128763
087796: 1128769 1128773 1128779 1128781 1128811 1128821 1128823 1128889 1128899 1128901 1128917 1128931 1128943 1128947
087811: 1128949 1128977 1128979 1128997 1129013 1129019 1129033 1129043 1129103 1129109 1129111 1129127 1129133 1129153 1129159
087826: 1129169 1129187 1129211 1129213 1129217 1129229 1129253 1129283 1129307 1129311 1129313 1129343 1129367 1129391 1129399
087841: 1129409 1129433 1129439 1129441 1129459 1129477 1129487 1129489 1129501 1129511 1129519 1129523 1129559 1129561 1129571
087856: 1129577 1129603 1129619 1129643 1129663 1129679 1129693 1129699 1129717 1129729 1129741 1129747 1129757 1129763 1129787
087871: 1129789 1129819 1129831 1129841 1129847 1129853 1129859 1129861 1129889 1129897 1129951 1129957 1129963 1129991 1130011
087886: 1130023 1130039 1130047 1130053 1130057 1130081 1130099 1130117 1130123 1130131 1130191 1130237 1130251 1130257 1130267
087901: 1130273 1130281 1130287 1130293 1130299 1130317 1130321 1130353 1130359 1130369 1130407 1130413 1130417 1130429 1130431
087916: 1130447 1130471 1130497 1130501 1130527 1130561 1130579 1130581 1130587 1130621 1130627 1130629 1130639 1130641 1130651
087931: 1130677 1130693 1130699 1130711 1130719 1130737 1130741 1130777 1130783 1130803 1130807 1130809 1130813 1130819 1130827
087946: 1130863 1130929 1130939 1130947 1130951 1130953 1130957 1130963 1130981 1131023 1131047 1131049 1131077 1131079 1131083
087961: 1131103 1131113 1131121 1131131 1131133 1131139 1131157 1131181 1131191 1131217 1131223 1131239 1131253 1131259 1131269
087976: 1131271 1131307 1131323 1131329 1131331 1131341 1131343 1131353 1131379 1131397 1131411 1131413 1131419 1131421 1131447 1131451
087991: 1131463 1131467 1131479 1131491 1131509 1131523 1131547 1131553 1131569 1131617 1131629 1131643 1131653 1131671 1131677
088006: 1131701 1131721 1131727 1131737 1131749 1131751 1131763 1131769 1131787 1131791 1131799 1131821 1131827 1131829 1131839 1131857
088021: 1131863 1131869 1131881 1131883 1131913 1131917 1131919 1131937 1131943 1131959 1131961 1131973 1131997 1132003 1132009
088036: 1132063 1132067 1132091 1132123 1132139 1132141 1132177 1132199 1132223 1132247 1132259 1132291 1132301 1132309 1132321
088051: 1132333 1132393 1132403 1132409 1132423 1132429 1132447 1132463 1132471 1132477 1132487 1132499 1132507 1132511 1132519
088066: 1132529 1132541 1132561 1132567 1132583 1132597 1132601 1132603 1132627 1132633 1132639 1132643 1132661 1132667 1132673
088081: 1132679 1132697 1132711 1132739 1132753 1132783 1132787 1132793 1132811 1132823 1132861 1132837 1132883 1132909 1132919
088096: 1132927 1132933 1132949 1132969 1132979 1132987 1132991 1132993 1132997 1133009 1133017 1133039 1133047 1133053 1133071
088111: 1133131 1133147 1133149 1133159 1133173 1133177 1133183 1133189 1133191 1133219 1133227 1133229 1133239 1133261 1133263
088126: 1133287 1133303 1133317 1133333 1133357 1133359 1133381 1133387 1133459 1133467 1133477 1133479 1133501 1133507 1133513
088141: 1133519 1133533 1133573 1133551 1133579 1133591 1133621 1133623 1133633 1133641 1133651 1133653 1133659 1133677 1133681
088156: 1133683 1133689 1133731 1133777 1133789 1133809 1133819 1133827 1133837 1133843 1133851 1133857 1133861 1133893 1133897
088171: 1133903 1133911 1133933 1133947 1133959 1133963 1133971 1133989 1134031 1134047 1134059 1134071 1134079
088186: 1134113 1134137 1134143 1134149 1134151 1134163 1134167 1134169 1134179 1134187 1134193 1134209 1134241 1134271 1134283
088201: 1134299 1134311 1134313 1134319 1134391 1134403 1134421 1134437 1134443 1134449 1134467 1134479 1134481 1134487 1134503
088216: 1134517 1134541 1134557 1134559 1134583 1134587 1134607 1134611 1134619 1134649 1134667 1134673 1134691 1134697 1134703
088231: 1134709 1134719 1134749 1134781 1134787 1134811 1134821 1134841 1134851 1134877 1134883 1134907 1134923 1134929
088246: 1134961 1134967 1134977 1134989 1135007 1135009 1135019 1135021 1135061 1135063 1135081 1135087 1135091 1135093 1135103
088261: 1135111 1135129 1135133 1135159 1135171 1135187 1135201 1135217 1135229 1135237 1135241 1135247 1135273 1135279 1135283
088276: 1135291 1135327 1135333 1135339 1135363 1135367 1135381 1135403 1135411 1135427 1135439 1135451 1135469 1135483 1135513
088291: 1135531 1135553 1135573 1135613 1135619 1135633 1135661 1135673 1135681 1135703 1135711 1135721 1135733 1135757 1135777
088306: 1135819 1135831 1135837 1135847 1135853 1135859 1135861 1135873 1135879 1135891 1135903 1135913 1135919 1135921 1135951
088321: 1135963 1135969 1135997 1135999 1136041 1136053 1136063 1136077 1136081 1136087 1136089 1136111 1136117 1136123 1136143
088336: 1136147 1136153 1136183 1136203 1136221 1136231 1136237 1136287 1136291 1136309 1136327 1136341 1136353 1136357 1136357
088351: 1136363 1136383 1136389 1136393 1136411 1136417 1136449 1136459 1136461 1136477 1136483 1136557 1136567 1136579 1136587
088366: 1136593 1136609 1136611 1136623 1136627 1136633 1136647 1136651 1136659 1136669 1136699 1136717 1136731 1136741 1136749
088381: 1136767 1136809 1136813 1136819 1136831 1136833 1136843 1136869 1136897 1136917 1136921 1136939 1136951 1136969 1136981
088396: 1136983 1136999 1137001 1137007 1137029 1137041 1137091 1137109 1137131 1137141 1137163 1137167 1137171 1137179 1137203
088411: 1137209 1137229 1137233 1137247 1137263 1137271 1137289 1137313 1137329 1137337 1137341 1137401 1137403 1137427 1137439
088426: 1137457 1137481 1137503 1137527 1137529 1137541 1137551 1137571 1137583 1137601 1137613 1137629 1137641 1137659 1137673
088441: 1137677 1137701 1137707 1137733 1137743 1137749 1137767 1137781 1137803 1137809 1137817 1137859 1137863 1137869 1137881
088456: 1137887 1137887 1137889 1137911 1137919 1137923 1137959 1137973 1137977 1137991 1138019 1138073 1138081 1138091
088471: 1138097 1138117 1138127 1138141 1138147 1138171 1138183 1138213 1138227 1138273 1138363 1138367 1138369 1138391 1138393
088486: 1138409 1138411 1138427 1138429 1138433 1138441 1138451 1138457 1138483 1138519 1138547 1138559 1138567 1138589 1138591
```

088501-090000 Prime numbers

```
088501: 1138637 1138639 1138649 1138667 1138673 1138679 1138681 1138703 1138717 1138729 1138733 1138741 1138751 1138757 1138771
088516: 1138777 1138793 1138829 1138831 1138849 1138853 1138867 1138883 1138901 1138919 1138957 1138961 1138967 1138979 1138987
088531: 1138997 1138999 1139003 1139011 1139021 1139059 1139081 1139087 1139123 1139141 1139143 1139147 1139191 1139197 1139227
088546: 1139239 1139249 1139263 1139267 1139293 1139269 1139287 1139291 1139293 1139309 1139321 1139329 1139353 1139387 1139393 1139407
088561: 1139423 1139461 1139471 1139473 1139483 1139491 1139503 1139519 1139521 1139531 1139539 1139549 1139557 1139573 1139587
088576: 1139623 1139641 1139661 1139669 1139713 1139717 1139741 1139771 1139771 1139773 1139779 1139807 1139871 1139843 1139849
088591: 1139851 1139861 1139863 1139869 1139909 1139911 1139917 1139921 1139951 1139959 1139989 1139993 1140091 1140101 1140103
088606: 1140121 1140127 1140131 1140137 1140143 1140157 1140163 1140197 1140203 1140223 1140234 1140253 1140257 1140281 1140289
088621: 1140311 1140319 1140341 1140353 1140371 1140379 1140383 1140389 1140413 1140421 1140431 1140439 1140449 1140463 1140487
088636: 1140493 1140533 1140549 1140563 1140569 1140571 1140577 1140611 1140619 1140637 1140677 1140679 1140689 1140701 1140709
088651: 1140721 1140749 1140787 1140803 1140847 1140851 1140859 1140863 1140871 1140901 1140911 1140913 1140929 1140949 1140959
088666: 1140967 1140973 1140983 1140991 1141009 1141013 1141027 1141031 1141033 1141039 1141061 1141067 1141081 1141087 1141093
088681: 1141097 1141103 1141109 1141111 1141123 1141171 1141211 1141219 1141223 1141229 1141241 1141243 1141253 1141267 1141271 1141277
088696: 1141279 1141289 1141291 1141303 1141319 1141321 1141351 1141373 1141379 1141381 1141391 1141417 1141423 1141447 1141453
088711: 1141477 1141507 1141523 1141529 1141531 1141541 1141571 1141573 1141597 1141611 1141633 1141649 1141661 1141667 1141717
088726: 1141739 1141757 1141769 1141801 1141813 1141837 1141849 1141853 1141867 1141871 1141901 1141909 1141949 1141963 1141967
088741: 1141969 1141999 1142017 1142021 1142069 1142083 1142129 1142131 1142159 1142161 1142171
088756: 1142191 1142201 1142233 1142237 1142243 1142263 1142269 1142279 1142287 1142311 1142321 1142333 1142353 1142357 1142359
088771: 1142363 1142389 1142431 1142473 1142493 1142503 1142507 1142509 1142539 1142549 1142569 1142573 1142593 1142599
088786: 1142633 1142651 1142677 1142693 1142707 1142737 1142759 1142773 1142777 1142783 1142789 1142809 1142821 1142833 1142837
088801: 1142851 1142863 1142881 1142891 1142909 1142917 1142923 1142929 1142941 1142959 1142969 1142971 1143013 1143019 1143047
088816: 1143049 1143053 1143061 1143067 1143071 1143073 1143089 1143091 1143101 1143113 1143143 1143161 1143167 1143193 1143217
088831: 1143223 1143227 1143239 1143257 1143269 1143281 1143283 1143299 1143331 1143347 1143371 1143391 1143407 1143433 1143469
088846: 1143473 1143481 1143487 1143529 1143551 1143563 1143577 1143587 1143589 1143601 1143619 1143643 1143647 1143661 1143679
088861: 1143697 1143719 1143747 1143763 1143799 1143803 1143809 1143811 1143829 1143851 1143887 1143893 1143943 1143949 1143953
088876: 1143959 1143977 1144001 1144007 1144019 1144037 1144061 1144081 1144103 1144139 1144141 1144147 1144153 1144163 1144183
088891: 1144193 1144211 1144223 1144243 1144249 1144261 1144271 1144277 1144279 1144291 1144301 1144323 1144327 1144343 1144349
088906: 1144357 1144379 1144393 1144399 1144417 1144439 1144441 1144453 1144477 1144483 1144499 1144511 1144519 1144523 1144529
088921: 1144537 1144573 1144589 1144603 1144607 1144621 1144643 1144657 1144667 1144681 1144691 1144721 1144723 1144727 1144739
088936: 1144757 1144783 1144823 1144837 1144877 1144879 1144889 1144901 1144903 1144907 1144919 1144931 1144951
088951: 1144973 1144981 1144993 1145003 1145021 1145057 1145059 1145077 1145093 1145099 1145129 1145141 1145143 1145173
088966: 1145189 1145191 1145203 1145213 1145227 1145269 1145281 1145293 1145299 1145303 1145311 1145323 1145327 1145329 1145359
088981: 1145369 1145371 1145381 1145387 1145393 1145411 1145429 1145461 1145479 1145497 1145509 1145533 1145537 1145539 1145593
088996: 1145611 1145621 1145659 1145689 1145693 1145713 1145723 1145741 1145743 1145747 1145773 1145789 1145797 1145801
089011: 1145803 1145831 1145843 1145849 1145873 1145897 1145899 1145971 1145983 1145999 1146037 1146043 1146049 1146071 1146083
089026: 1146091 1146097 1146113 1146143 1146179 1146217 1146221 1146263 1146281 1146307 1146323 1146329 1146331 1146347 1146367
089041: 1146391 1146407 1146413 1146419 1146421 1146461 1146487 1146491 1146511 1146521 1146529 1146533 1146539 1146559 1146569
089056: 1146581 1146661 1146679 1146697 1146703 1146709 1146713 1146727 1146731 1146763 1146773 1146777 1146783 1146787
089071: 1146791 1146793 1146797 1146799 1146809 1146823 1146829 1146833 1146841 1146857 1146869 1146877 1146881 1146911 1146917
089086: 1146931 1146947 1146953 1146967 1146989 1147009 1147021 1147039 1147043 1147051 1147067 1147073 1147099 1147103 1147117
089101: 1147121 1147127 1147141 1147169 1147183 1147187 1147189 1147193 1147213 1147229 1147231 1147243 1147247 1147249 1147255 1147271
089116: 1147273 1147297 1147301 1147331 1147339 1147351 1147379 1147387 1147409 1147417 1147423 1147427 1147441 1147451 1147453
089131: 1147459 1147463 1147499 1147507 1147511 1147561 1147567 1147571 1147579 1147583 1147591 1147613 1147621 1147637 1147639
089146: 1147669 1147697 1147709 1147711 1147717 1147739 1147759 1147793 1147819 1147841 1147843 1147889 1147897 1147903 1147921
089161: 1147931 1147969 1147981 1147987 1147997 1148029 1148039 1148047 1148087 1148089 1148099 1148111 1148167 1148171 1148177
089176: 1148219 1148249 1148261 1148263 1148291 1148293 1148297 1148311 1148327 1148339 1148359 1148377 1148387 1148437 1148453
089191: 1148489 1148501 1148507 1148513 1148527 1148549 1148561 1148593 1148599 1148621 1148629 1148647 1148663 1148677 1148681
089206: 1148687 1148701 1148713 1148729 1148731 1148737 1148747 1148753 1148761 1148773 1148837 1148839 1148857 1148867 1148879
089221: 1148921 1148933 1148941 1148957 1148971 1148977 1148981 1148899 1148999 1149007 1149017 1149037 1149053 1149073 1149079
089236: 1149061 1149131 1149151 1149157 1149163 1149167 1149191 1149193 1149209 1149221 1149227 1149229 1149233 1149259 1149283
089251: 1149307 1149341 1149361 1149373 1149403 1149409 1149411 1149427 1149457 1149469 1149487 1149493 1149503 1149509
089266: 1149521 1149527 1149539 1149559 1149569 1149581 1149587 1149593 1149601 1149607 1149619 1149637 1149641 1149661 1149679
089281: 1149689 1149737 1149769 1149773 1149779 1149803 1149817 1149857 1149859 1149887 1149901 1149907 1149909 1149913 1149977
089296: 1149919 1149943 1149971 1149979 1149983 1149989 1149991 1150027 1150031 1150057 1150063 1150073 1150081 1150103 1150117
089311: 1150139 1150141 1150151 1150159 1150183 1150187 1150199 1150213 1150217 1150229 1150243 1150249 1150301 1150309
089326: 1150349 1150351 1150363 1150397 1150403 1150411 1150417 1150421 1150423 1150447 1150489 1150511 1150519 1150531 1150537
089341: 1150547 1150561 1150579 1150603 1150609 1150631 1150649 1150651 1150657 1150661 1150673 1150687 1150703 1150717 1150729
089356: 1150733 1150739 1150741 1150757 1150763 1150769 1150777 1150783 1150823 1150837 1150847 1150861 1150867 1150871 1150873
089371: 1150879 1150909 1150921 1150927 1150939 1150949 1150957 1150973 1150987 1151021 1151041 1151047 1151057 1151063 1151069
089386: 1151083 1151089 1151111 1151141 1151147 1151159 1151167 1151177 1151179 1151203 1151209 1151221 1151233 1151237 1151243
089401: 1151251 1151287 1151303 1151317 1151327 1151333 1151363 1151369 1151383 1151389 1151399 1151401 1151413 1151417 1151431
089416: 1151441 1151443 1151471 1151473 1151483 1151519 1151537 1151569 1151581 1151593 1151599 1151603 1151611 1151621 1151639
089431: 1151651 1151653 1151659 1151671 1151687 1151701 1151713 1151729 1151737 1151747 1151753 1151779 1151807 1151861 1151873
089446: 1151879 1151881 1151911 1151933 1151961 1151981 1151987 1151993 1151999 1152023 1152029 1152037 1152071 1152077 1152079
089461: 1152091 1152113 1152119 1152121 1152149 1152157 1152161 1152163 1152181 1152187 1152227 1152233 1152287 1152313 1152317
089476: 1152337 1152343 1152367 1152383 1152391 1152397 1152419 1152421 1152493 1152509 1152517 1152523 1152527 1152589 1152623
089491: 1152629 1152631 1152637 1152643 1152649 1152653 1152667 1152677 1152707 1152733 1152751 1152757 1152761 1152763 1152773
089506: 1152791 1152793 1152799 1152889 1152911 1152881 1152887 1152913 1152917 1152919 1152931 1152937 1152941 1152979 1152989 1152997 1153001
089521: 1153007 1153021 1153027 1153049 1153057 1153063 1153073 1153099 1153109 1153123 1153147 1153153 1153157 1153171 1153177
089536: 1153183 1153199 1153211 1153219 1153223 1153237 1153241 1153247 1153249 1153261 1153267 1153277 1153309 1153313 1153343
089551: 1153349 1153367 1153393 1153421 1153429 1153441 1153457 1153459 1153463 1153483 1153487 1153511 1153517 1153531 1153553
089566: 1153573 1153577 1153589 1153597 1153609 1153613 1153631 1153681 1153721 1153729 1153751 1153753 1153759
089581: 1153769 1153777 1153799 1153811 1153849 1153853 1153871 1153891 1153921 1153967 1153973 1154017 1154029 1154033 1154039
089596: 1154047 1154051 1154119 1154127 1154159 1154173 1154177 1154183 1154207 1154221 1154227 1154233 1154239 1154243
089611: 1154267 1154291 1154299 1154311 1154323 1154327 1154339 1154359 1154369 1154401 1154411 1154431 1154449
089626: 1154467 1154473 1154509 1154513 1154537 1154539 1154551 1154561 1154563 1154567 1154579 1154581 1154603 1154633 1154639
089641: 1154651 1154653 1154671 1154737 1154753 1154771 1154789 1154819 1154821 1154849 1154863 1154887 1154893 1154897
089656: 1154911 1154927 1154947 1154969 1154971 1154987 1155001 1155017 1155019 1155053 1155061 1155071 1155097 1155101 1155107
089671: 1155127 1155149 1155151 1155161 1155179 1155211 1155223 1155233 1155239 1155247 1155263 1155293 1155311 1155317 1155373
089686: 1155377 1155379 1155403 1155419 1155431 1155437 1155449 1155457 1155461 1155499 1155527 1155529 1155569 1155577 1155601
089701: 1155607 1155611 1155613 1155619 1155629 1155631 1155653 1155659 1155669 1155689 1155697 1155701 1155703 1155709 1155733
089716: 1155821 1155823 1155829 1155841 1155851 1155859 1155863 1155899 1155901 1155907 1155919 1155923 1155929 1155937 1155943
089731: 1155953 1155961 1155971 1155977 1155997 1156009 1156013 1156031 1156037 1156073 1156079
089746: 1156087 1156097 1156109 1156121 1156151 1156157 1156171 1156217 1156229 1156231 1156249 1156261 1156271 1156291 1156297
089761: 1156303 1156307 1156327 1156343 1156367 1156369 1156387 1156403 1156423 1156427 1156429 1156451 1156453 1156457
089776: 1156483 1156501 1156523 1156537 1156541 1156553 1156567 1156591 1156613 1156627 1156633 1156637 1156643 1156681 1156699
089791: 1156709 1156711 1156721 1156741 1156763 1156769 1156777 1156783 1156801 1156807 1156819 1156823 1156847 1156849 1156871
089806: 1156907 1156927 1156949 1156963 1156997 1157011 1157017 1157033 1157053 1157059 1157063 1157069 1157077 1157099 1157111
089821: 1157131 1157179 1157177 1157179 1157183 1157201 1157203 1157209 1157213 1157227 1157237 1157243 1157253 1157257 1157263
089836: 1157279 1157293 1157327 1157333 1157339 1157341 1157357 1157363 1157369 1157381 1157393 1157413 1157437 1157449 1157489
089851: 1157491 1157503 1157531 1157539 1157557 1157579 1157591 1157609 1157617 1157621 1157627 1157641 1157669 1157671 1157699 1157701
089866: 1157711 1157723 1157747 1157749 1157751 1157771 1157773 1157791 1157811 1157813 1157817 1157839 1157851 1157869
089881: 1157873 1157899 1157929 1157953 1157969 1157977 1157987 1158007 1158011 1158037 1158071 1158077 1158089 1158121 1158133
089896: 1158139 1158161 1158187 1158197 1158203 1158217 1158247 1158251 1158263 1158271 1158293 1158301 1158307 1158317 1158323
089911: 1158341 1158361 1158383 1158389 1158401 1158407 1158419 1158427 1158457 1158461 1158467 1158473 1158481 1158491 1158523
089926: 1158529 1158539 1158541 1158551 1158559 1158569 1158587 1158593 1158607 1158611 1158631 1158637 1158643 1158661 1158673
089941: 1158679 1158683 1158713 1158719 1158743 1158757 1158761 1158769 1158799 1158821 1158823 1158827 1158841 1158847 1158863
089956: 1158881 1158923 1158953 1158961 1158971 1158991 1159001 1159007 1159027 1159031 1159049 1159053 1159063 1159069 1159079
089971: 1159087 1159091 1159127 1159139 1159153 1159169 1159187 1159189 1159199 1159201 1159229 1159231 1159241 1159243 1159259 1159271
089986: 1159283 1159303 1159337 1159339 1159381 1159393 1159397 1159421 1159423 1159429 1159447 1159463 1159489 1159517 1159523
```

Prime numbers 090001-091500

```
090001:  1159531 1159541 1159577 1159583 1159597 1159601 1159633 1159649 1159661 1159663 1159709 1159721 1159777 1159787 1159789
090016:  1159811 1159813 1159843 1159853 1159861 1159877 1159889 1159901 1159909 1159919 1159967 1159973 1159981 1159993 1159997
090031:  1160009 1160039 1160041 1160057 1160077 1160111 1160129 1160141 1160147 1160161 1160167 1160179 1160207 1160213 1160219
090046:  1160221 1160227 1160251 1160279 1160287 1160297 1160303 1160309 1160317 1160351 1160359 1160363 1160371 1160407 1160413
090061:  1160429 1160443 1160447 1160449 1160459 1160473 1160479 1160491 1160503 1160513 1160539 1160543 1160567 1160569 1160581
090076:  1160597 1160611 1160639 1160659 1160681 1160689 1160713 1160717 1160749 1160771 1160807 1160813 1160837 1160839 1160867
090091:  1160893 1160903 1160911 1160927 1160941 1160953 1160977 1160983 1160987 1160989 1161001 1161007 1161011 1161031 1161037
090106:  1161047 1161059 1161077 1161091 1161101 1161107 1161113 1161137 1161143 1161163 1161169 1161203 1161217 1161227 1161233
090121:  1161239 1161241 1161263 1161269 1161313 1161317 1161331 1161343 1161371 1161397 1161401 1161403 1161437 1161439
090136:  1161443 1161444 1161463 1161481 1161487 1161493 1161497 1161499 1161509 1161521 1161529 1161547 1161551 1161553 1161581
090151:  1161599 1161617 1161619 1161637 1161647 1161659 1161683 1161691 1161703 1161749 1161757 1161761 1161767 1161781 1161791
090166:  1161829 1161833 1161841 1161851 1161857 1161871 1161877 1161883 1161893 1161929 1161931 1161947 1161949 1161991 1161997
090181:  1162009 1162037 1162043 1162061 1162067 1162079 1162081 1162093 1162099 1162129 1162133 1162193 1162219 1162223 1162243
090196:  1162253 1162261 1162277 1162279 1162297 1162303 1162321 1162339 1162361 1162367 1162373 1162417 1162423 1162453 1162463
090211:  1162471 1162481 1162493 1162501 1162507 1162529 1162537 1162541 1162543 1162547 1162559 1162571 1162573 1162583 1162589
090226:  1162597 1162619 1162621 1162631 1162649 1162663 1162669 1162687 1162691 1162709 1162727 1162729 1162741 1162751 1162753
090241:  1162771 1162789 1162793 1162807 1162853 1162859 1162867 1162877 1162879 1162891 1162901 1162907 1162927 1162937 1162943
090256:  1162951 1162957 1162961 1162969 1162981 1162991 1163003 1163011 1163017 1163033 1163039 1163069 1163077 1163081 1163083
090271:  1163093 1163111 1163119 1163131 1163137 1163159 1163161 1163167 1163177 1163189 1163207 1163221 1163231 1163233
090286:  1163251 1163257 1163263 1163273 1163311 1163329 1163333 1163339 1163353 1163417 1163423 1163431 1163441 1163467 1163473
090301:  1163479 1163483 1163507 1163521 1163543 1163551 1163557 1163581 1163587 1163609 1163611 1163627 1163629 1163641 1163651
090316:  1163653 1163663 1163671 1163689 1163699 1163711 1163713 1163717 1163719 1163737 1163753 1163759 1163783 1163791 1163821
090331:  1163831 1163843 1163849 1163853 1163879 1163891 1163923 1163947 1163969 1163971 1163977 1163989 1163993 1164001 1164029
090346:  1164043 1164067 1164071 1164077 1164091 1164101 1164173 1164179 1164181 1164193 1164199 1164203 1164217 1164221 1164253
090361:  1164287 1164323 1164343 1164367 1164409 1164413 1164419 1164431 1164433 1164439 1164461 1164479 1164497 1164503 1164511
090376:  1164521 1164533 1164557 1164571 1164587 1164589 1164593 1164599 1164607 1164617 1164623 1164629 1164641 1164659 1164671
090391:  1164689 1164731 1164749 1164761 1164799 1164803 1164811 1164817 1164829 1164841 1164853 1164859 1164869 1164899 1164937
090406:  1164941 1164953 1164967 1164979 1164991 1164997 1165001 1165037 1165049 1165051 1165057 1165069 1165079 1165081 1165103
090421:  1165121 1165127 1165139 1165147 1165183 1165187 1165189 1165193 1165201 1165207 1165211 1165217 1165223 1165273 1165279
090436:  1165301 1165303 1165349 1165357 1165361 1165363 1165379 1165391 1165399 1165421 1165447 1165453 1165471 1165511 1165529
090451:  1165531 1165579 1165583 1165643 1165667 1165691 1165711 1165721 1165727 1165729 1165739 1165751 1165777 1165789 1165799
090466:  1165819 1165823 1165831 1165837 1165849 1165861 1165873 1165889 1165903 1165909 1165919 1165921 1165933 1165937 1165943
090481:  1165949 1165951 1165991 1165993 1166021 1166027 1166041 1166057 1166083 1166089 1166093 1166101 1166107 1166131 1166141
090496:  1166147 1166153 1166163 1166219 1166227 1166237 1166287 1166311 1166323 1166329 1166359 1166383 1166393 1166401 1166411
090511:  1166413 1166441 1166453 1166479 1166483 1166497 1166507 1166527 1166531 1166533 1166549 1166563 1166567 1166569 1166579
090526:  1166597 1166603 1166609 1166617 1166633 1166639 1166663 1166677 1166687 1166711 1166717 1166729 1166741 1166773 1166801
090541:  1166807 1166827 1166833 1166839 1166849 1166857 1166861 1166903 1166927 1166929 1166947 1166993 1166969 1166987 1167011
090556:  1167013 1167053 1167059 1167077 1167083 1167139 1167143 1167157 1167161 1167167 1167173 1167193 1167209 1167211 1167217 1167233 1167241
090571:  1167251 1167277 1167289 1167293 1167307 1167317 1167329 1167347 1167349 1167359 1167391 1167409 1167421 1167443 1167449
090586:  1167469 1167473 1167539 1167547 1167559 1167571 1167581 1167587 1167599 1167613 1167623 1167637 1167653 1167659 1167667
090601:  1167689 1167697 1167703 1167707 1167709 1167731 1167673 1167791 1167799 1167811 1167821 1167823 1167833
090616:  1167839 1167841 1167847 1167853 1167869 1167889 1167899 1167913 1167919 1167937 1167953 1167973 1168001 1168007 1168031
090631:  1168039 1168043 1168093 1168133 1168151 1168169 1168183 1168187 1168231 1168241 1168243 1168247 1168249 1168261 1168301
090646:  1168319 1168327 1168337 1168339 1168351 1168357 1168361 1168397 1168399 1168403 1168411 1168451 1168463 1168477 1168487
090661:  1168493 1168501 1168523 1168537 1168553 1168619 1168621 1168627 1168637 1168639 1168693 1168711 1168721 1168751 1168757
090676:  1168763 1168771 1168789 1168799 1168819 1168829 1168831 1168841 1168847 1168859 1168877 1168879 1168897 1168919 1168927
090691:  1168931 1168933 1168957 1168969 1168987 1168997 1169009 1169011 1169017 1169023 1169027 1169029 1169059 1169081 1169131
090706:  1169137 1169149 1169171 1169177 1169183 1169191 1169249 1169257 1169261 1169269 1169281 1169293 1169323 1169327 1169341
090721:  1169347 1169353 1169369 1169381 1169383 1169401 1169411 1169417 1169419 1169449 1169453 1169473 1169477 1169491 1169513
090736:  1169521 1169563 1169587 1169591 1169593 1169603 1169627 1169633 1169647 1169669 1169677 1169683 1169687 1169713 1169741
090751:  1169747 1169759 1169761 1169767 1169789 1169801 1169809 1169827 1169873 1169879 1169899 1169929 1169933 1169939 1170007
090766:  1170011 1170019 1170023 1170031 1170049 1170061 1170067 1170089 1170107 1170109 1170119 1170131 1170133 1170137 1170139
090781:  1170167 1170173 1170193 1170203 1170209 1170233 1170251 1170271 1170277 1170311 1170317 1170319 1170331 1170349 1170373
090796:  1170397 1170437 1170443 1170451 1170461 1170487 1170497 1170511 1170517 1170523 1170541 1170553 1170563 1170581 1170583
090811:  1170593 1170599 1170607 1170641 1170649 1170661 1170667 1170679 1170683 1170707 1170713 1170721 1170727 1170731 1170751
090826:  1170779 1170781 1170787 1170803 1170811 1170821 1170853 1170857 1170863 1170899 1170941 1170947 1170971 1170979
090841:  1171031 1171033 1171039 1171057 1171061 1171069 1171073 1171109 1171111 1171117 1171123 1171133 1171189 1171199 1171201
090856:  1171207 1171231 1171241 1171243 1171253 1171259 1171267 1171301 1171319 1171341 1171393 1171399 1171421 1171427 1171447
090871:  1171451 1171463 1171471 1171477 1171517 1171523 1171529 1171549 1171553 1171561 1171579 1171591 1171601 1171619 1171633 1171637
090886:  1171661 1171669 1171721 1171747 1171771 1171783 1171789 1171801 1171811 1171813 1171823 1171837 1171847 1171867
090901:  1171921 1171927 1171931 1171957 1171967 1171969 1171979 1171981 1171991 1171999 1172021 1172023 1172027 1172029
090916:  1172047 1172063 1172069 1172081 1172107 1172111 1172147 1172179 1172207 1172233 1172257 1172261 1172273 1172279 1172317
090931:  1172329 1172351 1172377 1172393 1172401 1172407 1172411 1172417 1172429 1172443 1172447 1172461 1172467 1172491 1172497
090946:  1172503 1172531 1172533 1172539 1172543 1172573 1172579 1172657 1172659 1172663 1172671 1172681 1172683 1172687
090961:  1172713 1172749 1172777 1172783 1172797 1172803 1172807 1172819 1172833 1172867 1172893 1172903 1172921 1172929 1172933
090976:  1172939 1172953 1172957 1172959 1172981 1172993 1173001 1173013 1173043 1173059 1173101 1173121 1173127 1173157 1173163
090991:  1173173 1173181 1173191 1173199 1173223 1173239 1173259 1173281 1173283 1173301 1173343 1173349 1173373 1173397 1173401
091006:  1173407 1173433 1173439 1173463 1173481 1173511 1173521 1173539 1173541 1173551 1173553 1173581 1173793 1173841 1173853
091021:  1173593 1173617 1173631 1173709 1173713 1173743 1173749 1173779 1173787 1173803 1173811 1173827 1173829 1173841 1173881
091036:  1173883 1173917 1173923 1173941 1173947 1173959 1173961 1173973 1173983 1174021 1174027 1174031 1174049 1174073 1174079
091051:  1174091 1174093 1174099 1174141 1174163 1174171 1174193 1174211 1174213 1174231 1174247 1174259 1174267 1174273
091066:  1174301 1174307 1174319 1174331 1174337 1174339 1174361 1174387 1174399 1174423 1174441 1174451 1174463 1174469 1174477
091081:  1174487 1174489 1174499 1174507 1174513 1174549 1174571 1174583 1174601 1174603 1174619 1174627 1174649 1174669 1174673
091096:  1174681 1174687 1174709 1174721 1174727 1174739 1174759 1174763 1174769 1174781 1174783 1174793 1174801 1174829 1174847
091111:  1174879 1174883 1174881 1174897 1174913 1174919 1174949 1174969 1174973 1175003 1175021 1175029 1175039 1175071
091126:  1175077 1175099 1175107 1175123 1175143 1175149 1175173 1175191 1175219 1175243 1175249 1175257 1175267 1175297 1175351
091141:  1175353 1175371 1175387 1175389 1175407 1175411 1175413 1175417 1175437 1175467 1175479 1175483 1175497 1175509 1175521
091156:  1175561 1175569 1175579 1175591 1175617 1175623 1175627 1175651 1175659 1175677 1175683 1175687 1175711 1175717 1175723
091171:  1175729 1175743 1175767 1175789 1175791 1175803 1175807 1175813 1175819 1175821 1175833 1175849 1175857 1175887 1175899
091186:  1175927 1175939 1175953 1175959 1175963 1175969 1175981 1175989 1176023 1176029 1176031 1176041 1176061 1176083 1176089
091201:  1176113 1176121 1176123 1176127 1176131 1176163 1176173 1176187 1176191 1176221 1176223 1176239 1176277 1176293 1176353
091216:  1176361 1176367 1176377 1176391 1176397 1176403 1176407 1176421 1176433 1176449 1176463 1176509 1176521 1176529 1176533
091231:  1176571 1176583 1176589 1176599 1176601 1176631 1176641 1176647 1176671 1176679 1176701 1176709 1176713 1176731
091246:  1176767 1176779 1176787 1176793 1176797 1176811 1176827 1176869 1176871 1176881 1176899 1176911 1176937 1176943 1176947
091261:  1176949 1176983 1177009 1177019 1177027 1177037 1177067 1177073 1177087 1177093 1177103 1177129 1177147 1177153 1177157
091276:  1177159 1177171 1177181 1177201 1177207 1177219 1177223 1177237 1177243 1177247 1177277 1177291 1177331 1177387 1177399
091291:  1177427 1177433 1177447 1177453 1177459 1177481 1177489 1177499 1177507 1177513 1177523 1177529 1177541 1177553 1177571
091306:  1177609 1177613 1177619 1177621 1177637 1177651 1177667 1177681 1177697 1177711 1177727 1177723 1177739 1177741
091321:  1177751 1177763 1177769 1177801 1177843 1177859 1177873 1177877 1177901 1177919 1177921 1177933 1177949 1177987 1177997
091336:  1178003 1178017 1178033 1178039 1178041 1178059 1178069 1178087 1178101 1178113 1178123 1178131 1178141 1178159 1178161
091351:  1178167 1178173 1178189 1178197 1178201 1178207 1178213 1178227 1178231 1178237 1178239 1178263 1178269 1178273 1178297
091366:  1178347 1178363 1178369 1178371 1178377 1178393 1178417 1178447 1178461 1178471 1178479 1178483 1178513 1178537 1178549
091381:  1178557 1178591 1178609 1178621 1178623 1178633 1178641 1178659 1178669 1178689 1178699 1178701 1178707 1178711 1178717
091396:  1178719 1178743 1178753 1178767 1178803 1178809 1178833 1178849 1178851 1178887 1178897 1178909 1178921 1178927 1178939
091411:  1178953 1178959 1178963 1178971 1178977 1178981 1178993 1179011 1179019 1179047 1179109 1179127 1179149 1179151 1179173
091426:  1179179 1179193 1179203 1179223 1179251 1179259 1179263 1179281 1179287 1179311 1179317 1179319 1179323
091441:  1179329 1179331 1179337 1179379 1179383 1179389 1179403 1179413 1179419 1179421 1179427 1179467 1179491 1179499 1179527
091456:  1179547 1179551 1179559 1179571 1179581 1179589 1179599 1179637 1179641 1179673 1179697 1179733 1179751 1179773
091471:  1179779 1179793 1179797 1179839 1179847 1179853 1179859 1179863 1179869 1179883 1179901 1179907 1179929 1179947 1179961
091486:  1179973 1179977 1179979 1179989 1179991 1180009 1180013 1180019 1180027 1180031 1180043 1180057 1180073 1180087 1180093
```

091501-093000 Prime numbers

```
091501:  1180099 1180111 1180117 1180121 1180133 1180141 1180159 1180171 1180219 1180237 1180241 1180243 1180247 1180253 1180279
091516:  1180303 1180313 1180351 1180369 1180373 1180381 1180391 1180397 1180409 1180423 1180427 1180447 1180477 1180493 1180507
091531:  1180519 1180537 1180547 1180549 1180577 1180591 1180631 1180637 1180643 1180657 1180661 1180691 1180693 1180709 1180721
091546:  1180723 1180727 1180733 1180757 1180771 1180799 1180807 1180811 1180819 1180847 1180849 1180853 1180859 1180873 1180877
091561:  1180891 1180897 1180901 1180903 1180913 1180931 1180937 1180951 1180957 1180961 1180979 1180987 1180997 1181017 1181023
091576:  1181039 1181051 1181053 1181057 1181093 1181097 1181137 1181149 1181153 1181171 1181183 1181197 1181203 1181209 1181237
091591:  1181263 1181267 1181269 1181281 1181293 1181309 1181311 1181321 1181329 1181407 1181413 1181437 1181443 1181461 1181471
091606:  1181473 1181501 1181507 1181519 1181527 1181549 1181561 1181563 1181571 1181581 1181611 1181617 1181633 1181647 1181681
091621:  1181699 1181701 1181723 1181729 1181731 1181759 1181767 1181771 1181773 1181777 1181839 1181879 1181881 1181893 1181897
091636:  1181911 1181923 1181927 1181963 1181969 1181981 1181987 1182007 1182019 1182023 1182031 1182043 1182073 1182121 1182133
091651:  1182143 1182157 1182211 1182253 1182277 1182281 1182283 1182287 1182289 1182331 1182341 1182343 1182347 1182353 1182383
091666:  1182397 1182403 1182413 1182421 1182431 1182437 1182439 1182449 1182451 1182463 1182479 1182487 1182491 1182509 1182521
091681:  1182539 1182547 1182581 1182593 1182611 1182659 1182677 1182679 1182685 1182689 1182691 1182697 1182703 1182737 1182739 1182757
091696:  1182763 1182767 1182781 1182787 1182791 1182817 1182847 1182869 1182889 1182893 1182901 1182917 1182919 1182947 1182953
091711:  1182967 1182989 1183003 1183027 1183031 1183057 1183079 1183093 1183103 1183121 1183123 1183141 1183151 1183157
091726:  1183159 1183163 1183181 1183199 1183201 1183211 1183213 1183241 1183261 1183267 1183271 1183277 1183279 1183333 1183337
091741:  1183349 1183381 1183393 1183397 1183409 1183411 1183423 1183447 1183451 1183471 1183477 1183531 1183537 1183541 1183561
091756:  1183571 1183579 1183597 1183607 1183613 1183687 1183697 1183709 1183723 1183729 1183733 1183739 1183753 1183759 1183769
091771:  1183771 1183781 1183799 1183811 1183813 1183837 1183877 1183913 1183933 1183939 1183943 1183951 1183961 1183969
091786:  1183981 1183993 1183997 1184003 1184011 1184047 1184059 1184069 1184077 1184081 1184083 1184093 1184119 1184123 1184129
091801:  1184143 1184149 1184171 1184173 1184207 1184219 1184243 1184269 1184291 1184299 1184303 1184317 1184329 1184347 1184357
091816:  1184363 1184369 1184377 1184399 1184411 1184413 1184423 1184429 1184453 1184459 1184461 1184471 1184473 1184483 1184489
091831:  1184507 1184527 1184531 1184539 1184549 1184551 1184587 1184609 1184653 1184663 1184671 1184683 1184713 1184717 1184749
091846:  1184759 1184767 1184791 1184797 1184837 1184839 1184867 1184881 1184893 1184901 1184923 1184927 1184933 1184947 1184957
091861:  1184959 1184987 1184993 1185013 1185017 1185071 1185077 1185089 1185103 1185109 1185123 1185127 1185131 1185179 1185181
091876:  1185241 1185281 1185287 1185299 1185307 1185313 1185319 1185329 1185337 1185343 1185361 1185367 1185377 1185383 1185389
091891:  1185403 1185439 1185463 1185469 1185493 1185497 1185511 1185523 1185551 1185559 1185577 1185589 1185601 1185617 1185623
091906:  1185637 1185643 1185647 1185659 1185661 1185671 1185677 1185683 1185689 1185697 1185703 1185707 1185721 1185749 1185787
091921:  1185791 1185797 1185817 1185823 1185827 1185851 1185859 1185871 1185883 1185889 1185893 1185907 1185929 1185931 1185953
091936:  1185979 1185997 1186003 1186031 1186049 1186051 1186057 1186063 1186067 1186079 1186099 1186111 1186117 1186121 1186127
091951:  1186147 1186169 1186181 1186217 1186231 1186249 1186259 1186291 1186321 1186337 1186349 1186351 1186373 1186397 1186403
091966:  1186411 1186439 1186441 1186489 1186517 1186519 1186541 1186573 1186589 1186597 1186621 1186631 1186657 1186673 1186693
091981:  1186697 1186699 1186739 1186741 1186751 1186769 1186789 1186807 1186811 1186813 1186837 1186841 1186847 1186879 1186931
091996:  1186937 1186943 1186973 1186981 1187003 1187009 1187023 1187047 1187051 1187089 1187107 1187111 1187117 1187141 1187159
092011:  1187167 1187189 1187201 1187227 1187233 1187239 1187261 1187279 1187287 1187309 1187311 1187317 1187321 1187339 1187341
092026:  1187353 1187357 1187363 1187369 1187383 1187387 1187411 1187413 1187419 1187429 1187453 1187471 1187479 1187489 1187507
092041:  1187509 1187539 1187551 1187561 1187567 1187587 1187611 1187623 1187629 1187639 1187657 1187687 1187689 1187699 1187701 1187707
092056:  1187717 1187723 1187741 1187749 1187761 1187801 1187803 1187819 1187821 1187833 1187839 1187863 1187867 1187873 1187887
092071:  1187897 1187911 1187933 1187939 1187941 1187947 1187981 1187993 1187999 1188001 1188007 1188017 1188029 1188037 1188041
092086:  1188049 1188059 1188071 1188073 1188149 1188151 1188167 1188169 1188179 1188197 1188223 1188227 1188233 1188247 1188259
092101:  1188263 1188269 1188277 1188287 1188289 1188293 1188307 1188337 1188353 1188359 1188361 1188377 1188389 1188409 1188413 1188457
092116:  1188491 1188511 1188527 1188529 1188553 1188557 1188559 1188581 1188587 1188601 1188613 1188619 1188637 1188653 1188661
092131:  1188667 1188679 1188689 1188721 1188727 1188731 1188763 1188769 1188787 1188839 1188841 1188851 1188857 1188889 1188917
092146:  1188931 1188937 1188947 1188973 1188977 1188991 1189003 1189007 1189021 1189033 1189057 1189061 1189063 1189093 1189109
092161:  1189121 1189127 1189151 1189159 1189193 1189213 1189171 1189189 1189193 1189213 1189219 1189229 1189231 1189277 1189301 1189313
092176:  1189327 1189333 1189339 1189361 1189387 1189403 1189417 1189453 1189469 1189471 1189481 1189483 1189553 1189567 1189577
092191:  1189579 1189603 1189607 1189613 1189627 1189631 1189633 1189637 1189649 1189651 1189673 1189703 1189709 1189717
092206:  1189751 1189757 1189759 1189763 1189789 1189801 1189807 1189823 1189831 1189843 1189871 1189879 1189891 1189897 1189901
092221:  1189907 1189919 1189933 1189967 1189999 1190011 1190023 1190029 1190041 1190047 1190069 1190071 1190081 1190143 1190147
092236:  1190159 1190177 1190201 1190237 1190249 1190261 1190263 1190279 1190291 1190311 1190347 1190359 1190381 1190417 1190429
092251:  1190447 1190467 1190473 1190489 1190561 1190573 1190677 1190509 1190513 1190533 1190557 1190587 1190591 1190607 1190633
092266:  1190639 1190647 1190671 1190699 1190701 1190719 1190723 1190737 1190743 1190753 1190767 1190773 1190789 1190807 1190823
092281:  1190831 1190837 1190851 1190873 1190897 1190899 1190911 1190923 1190929 1190947 1190953 1191011 1191013
092296:  1191019 1191031 1191041 1191067 1191079 1191081 1191097 1191103 1191107 1191109 1191119 1191131 1191149 1191165 1191187
092311:  1191191 1191199 1191209 1191221 1191247 1191277 1191283 1191293 1191301 1191313 1191341 1191347 1191353 1191373 1191409
092326:  1191431 1191439 1191471 1191481 1191499 1191529 1191539 1191541 1191559 1191563 1191571 1191577 1191601 1191611 1191613
092341:  1191637 1191643 1191667 1191679 1191691 1191703 1191719 1191727 1191731 1191739 1191761 1191767 1191769 1191781 1191793
092356:  1191809 1191821 1191833 1191847 1191889 1191923 1191937 1191941 1191947 1191973 1191979 1191991 1192013 1192027 1192039
092371:  1192069 1192073 1192097 1192099 1192109 1192127 1192141 1192151 1192153 1192171 1192181 1192183 1192187 1192199 1192201
092386:  1192207 1192211 1192241 1192253 1192259 1192267 1192271 1192327 1192337 1192339 1192349 1192357 1192369 1192391 1192409
092401:  1192417 1192423 1192427 1192453 1192469 1192483 1192517 1192549 1192559 1192561 1192571 1192579 1192589 1192603 1192651
092416:  1192673 1192679 1192697 1192717 1192721 1192753 1192781 1192811 1192817 1192823 1192829 1192831 1192853 1192859 1192879
092431:  1192883 1192889 1192897 1192903 1192909 1192927 1192937 1192951 1192967 1192969 1193011 1193021 1193041 1193047 1193057
092446:  1193081 1193107 1193119 1193123 1193131 1193149 1193161 1193173 1193183 1193209 1193233 1193237 1193239 1193243 1193261
092461:  1193267 1193299 1193303 1193329 1193351 1193363 1193369 1193399 1193429 1193431 1193443 1193459 1193473 1193483 1193497
092476:  1193501 1193503 1193513 1193537 1193557 1193567 1193573 1193603 1193609 1193617 1193653 1193663 1193683 1193693 1193701
092491:  1193707 1193711 1193729 1193741 1193743 1193761 1193767 1193771 1193783 1193821 1193833 1193837 1193839 1193849
092506:  1193867 1193869 1193887 1193909 1193911 1193939 1193947 1193963 1193971 1193989 1194019 1194029 1194023 1194031 1194041
092521:  1194047 1194059 1194103 1194151 1194161 1194163 1194203 1194209 1194211 1194231 1194241 1194251 1194253 1194269 1194293 1194311
092536:  1194329 1194341 1194373 1194379 1194383 1194407 1194421 1194439 1194449 1194463 1194493 1194517 1194523 1194529 1194533
092551:  1194541 1194547 1194553 1194581 1194593 1194601 1194631 1194659 1194667 1194671 1194679 1194707 1194727 1194731 1194733
092566:  1194751 1194757 1194763 1194769 1194797 1194799 1194803 1194821 1194847 1194857 1194877 1194883 1194889 1194899 1194901
092581:  1194917 1194923 1194929 1194961 1194971 1194979 1195021 1195031 1195037 1195039 1195067 1195091 1195117 1195123
092596:  1195127 1195141 1195153 1195169 1195171 1195189 1195193 1195217 1195223 1195231 1195237 1195247 1195277 1195291 1195361
092611:  1195387 1195421 1195429 1195459 1195463 1195477 1195483 1195489 1195501 1195543 1195547 1195559 1195561 1195567 1195571
092626:  1195589 1195669 1195673 1195679 1195681 1195693 1195703 1195709 1195721 1195723 1195741 1195751 1195759 1195771 1195801
092641:  1195807 1195811 1195837 1195849 1195891 1195897 1195907 1195919 1195927 1195937 1195971 1195991 1196003 1196029 1196033
092656:  1196059 1196077 1196087 1196089 1196119 1196123 1196141 1196177 1196191 1196201 1196219 1196227 1196231 1196267 1196269
092671:  1196281 1196287 1196309 1196323 1196329 1196347 1196357 1196359 1196399 1196401 1196433 1196431 1196471 1196473 1196477
092686:  1196501 1196509 1196513 1196519 1196521 1196537 1196539 1196593 1196597 1196603 1196609 1196633 1196653 1196683 1196707
092701:  1196717 1196719 1196729 1196731 1196759 1196773 1196813 1196837 1196843 1196857 1196861 1196863 1196869 1196873 1196891
092716:  1196911 1196927 1196939 1196959 1196999 1197011 1197013 1197017 1197029 1197037 1197041 1197059 1197067 1197073 1197103
092731:  1197107 1197113 1197121 1197157 1197187 1197193 1197197 1197199 1197211 1197221 1197239 1197257 1197263 1197269
092746:  1197281 1197289 1197307 1197337 1197347 1197349 1197353 1197359 1197367 1197389 1197407 1197409 1197433 1197451
092761:  1197467 1197473 1197479 1197493 1197499 1197527 1197571 1197577 1197601 1197617 1197619 1197631 1197649 1197707 1197739
092776:  1197741 1197751 1197767 1197799 1197817 1197827 1197829 1197881 1197901 1197907 1197923 1197929 1197941 1197947 1197953
092791:  1197971 1197997 1198013 1198033 1198037 1198049 1198051 1198059 1198063 1198069 1198073 1198103 1198123 1198151
092806:  1198157 1198187 1198189 1198201 1198217 1198249 1198247 1198259 1198261 1198289 1198291 1198297 1198303 1198321 1198331
092821:  1198361 1198363 1198397 1198399 1198403 1198411 1198427 1198433 1198447 1198451 1198469 1198481 1198513 1198523
092836:  1198537 1198583 1198589 1198609 1198621 1198643 1198651 1198661 1198669 1198679 1198689 1198727 1198763 1198793 1198811
092851:  1198819 1198849 1198853 1198861 1198867 1198877 1198903 1198927 1198931 1198939 1198973 1198979 1198991 1198997 1199039
092866:  1199047 1199069 1199083 1199087 1199089 1199117 1199123 1199131 1199137 1199167 1199183 1199189 1199203 1199257 1199309
092881:  1199329 1199351 1199357 1199369 1199371 1199377 1199383 1199389 1199417 1199423 1199437 1199441 1199447 1199459 1199461 1199467
092896:  1199471 1199477 1199491 1199509 1199521 1199551 1199557 1199573 1199587 1199591 1199593 1199617 1199621 1199623 1199629
092911:  1199659 1199663 1199677 1199683 1199689 1199699 1199711 1199719 1199729 1199767 1199777 1199789 1199801 1199813 1199819 1199833
092926:  1199839 1199891 1199893 1199911 1199917 1199921 1199929 1199941 1199963 1199999 1200017 1200039 1200043 1200007 1200027
092941:  1200077 1200083 1200109 1200139 1200161 1200167 1200179 1200187 1200191 1200233 1200253 1200307 1200313 1200323 1200341
092956:  1200349 1200361 1200371 1200377 1200383 1200389 1200403 1200443 1200449 1200461 1200467 1200491 1200499
092971:  1200509 1200527 1200581 1200583 1200607 1200611 1200637 1200643 1200673 1200679 1200691 1200697 1200701 1200739 1200751
092986:  1200779 1200799 1200809 1200811 1200833 1200839 1200869 1200883 1200887 1200889 1200917 1200929 1200937 1200943 1200949
```

Prime numbers 093001-094500

```
093001:  1200959 1200989 1201001 1201003 1201019 1201021 1201027 1201043 1201049 1201061 1201073 1201087 1201097 1201103 1201111
093016:  1201117 1201141 1201153 1201163 1201171 1201183 1201201 1201217 1201229 1201241 1201247 1201261 1201283 1201307 1201309
093031:  1201327 1201337 1201381 1201439 1201469 1201481 1201483 1201489 1201493 1201513 1201523 1201531 1201553 1201559 1201567
093046:  1201583 1201601 1201633 1201637 1201643 1201687 1201691 1201699 1201703 1201709 1201729 1201787 1201793 1201813 1201829
093061:  1201841 1201843 1201853 1201873 1201909 1201919 1201939 1201961 1201969 1201999 1202009 1202017 1202023 1202027 1202029
093076:  1202041 1202057 1202063 1202077 1202081 1202099 1202107 1202124 1202153 1202183 1202191 1202219 1202221 1202231
093091:  1202239 1202251 1202261 1202269 1202293 1202303 1202317 1202321 1202329 1202347 1202363 1202387 1202423 1202429 1202437
093106:  1202447 1202471 1202473 1202477 1202483 1202497 1202501 1202507 1202529 1202561 1202569 1202603 1202609 1202627 1202629
093121:  1202633 1202689 1202741 1202743 1202771 1202779 1202783 1202791 1202807 1202813 1202819 1202827 1202837 1202843 1202849
093136:  1202857 1202863 1202867 1202881 1202939 1202959 1202963 1202977 1202981 1203019 1203027 1203027 1203101 1203121 1203127
093151:  1203149 1203151 1203161 1203179 1203193 1203211 1203217 1203221 1203229 1203233 1203263 1203283 1203287 1203329 1203331
093166:  1203343 1203359 1203361 1203421 1203437 1203443 1203457 1203463 1203467 1203487 1203493 1203509 1203533 1203557 1203571
093181:  1203581 1203607 1203611 1203619 1203641 1203667 1203689 1203691 1203701 1203731 1203733 1203739 1203757 1203773 1203779
093196:  1203791 1203793 1203799 1203809 1203817 1203827 1203841 1203863 1203887 1203893 1203899 1203901 1203913 1203919 1203929
093211:  1203931 1203941 1203949 1203953 1203959 1203971 1204003 1204019 1204037 1204097 1204103 1204117 1204139 1204141 1204153
093226:  1204169 1204171 1204183 1204207 1204219 1204243 1204271 1204279 1204289 1204309 1204337 1204363 1204369 1204397 1204409
093241:  1204421 1204447 1204451 1204453 1204471 1204477 1204493 1204507 1204519 1204529 1204561 1204583 1204597 1204607 1204613
093256:  1204633 1204649 1204669 1204681 1204699 1204711 1204729 1204741 1204781 1204783 1204787 1204813 1204823 1204859 1204871
093271:  1204883 1204889 1204891 1204937 1204969 1204987 1205027 1205047 1205081 1205089 1205093 1205101 1205117 1205119
093286:  1205123 1205159 1205173 1205179 1205219 1205231 1205251 1205257 1205287 1205293 1205339 1205377 1205387 1205411 1205437
093301:  1205447 1205459 1205467 1205471 1205473 1205489 1205513 1205527 1205537 1205539 1205549 1205557 1205563 1205609 1205627
093316:  1205629 1205639 1205647 1205653 1205663 1205669 1205681 1205693 1205707 1205713 1205717 1205731 1205749 1205753 1205767
093331:  1205773 1205779 1205819 1205843 1205891 1205899 1205903 1205921 1205947 1205951 1205969 1205977 1205999 1206013 1206017
093346:  1206043 1206053 1206059 1206061 1206071 1206113 1206131 1206151 1206157 1206169 1206173 1206181 1206187 1206199 1206209
093361:  1206223 1206229 1206259 1206263 1206277 1206307 1206319 1206323 1206341 1206347 1206353 1206377 1206383 1206391 1206407
093376:  1206433 1206449 1206461 1206467 1206479 1206487 1206529 1206539 1206553 1206563 1206577 1206581 1206587 1206619 1206637
093391:  1206679 1206683 1206691 1206701 1206703 1206713 1206721 1206731 1206743 1206749 1206761 1206767 1206769 1206773 1206781
093406:  1206791 1206809 1206827 1206841 1206869 1206941 1206973 1206979 1207001 1207027 1207033 1207039 1207043 1207079 1207093
093421:  1207097 1207111 1207117 1207121 1207123 1207133 1207147 1207159 1207177 1207223 1207237 1207249 1207259 1207267 1207291
093436:  1207307 1207309 1207313 1207319 1207343 1207357 1207363 1207379 1207387 1207403 1207417 1207429 1207439 1207441
093451:  1207447 1207489 1207501 1207511 1207519 1207529 1207537 1207597 1207603 1207627 1207649 1207681 1207699 1207721 1207727
093466:  1207751 1207757 1207769 1207841 1207883 1207903 1207909 1207931 1207957 1207961 1207979 1207981 1208011 1208021
093481:  1208023 1208027 1208033 1208057 1208069 1208089 1208113 1208117 1208131 1208149 1208159 1208177 1208189 1208209 1208219
093496:  1208237 1208243 1208263 1208269 1208279 1208287 1208289 1208303 1208341 1208371 1208387 1208399 1208407 1208413 1208423
093511:  1208447 1208461 1208507 1208521 1208561 1208569 1208573 1208591 1208651 1208657 1208663 1208667 1208681 1208689 1208707
093526:  1208731 1208741 1208771 1208779 1208791 1208797 1208813 1208821 1208833 1208843 1208849 1208863 1208873 1208927 1208939
093541:  1208941 1208957 1209007 1209017 1209029 1209053 1209073 1209079 1209083 1209107 1209113 1209121 1209139 1209151 1209163
093556:  1209181 1209191 1209199 1209209 1209223 1209233 1209239 1209251 1209269 1209277 1209281 1209299 1209311 1209337 1209347
093571:  1209353 1209367 1209379 1209427 1209437 1209457 1209463 1209469 1209487 1209491 1209517 1209539 1209553 1209563 1209577
093586:  1209583 1209587 1209617 1209629 1209631 1209647 1209671 1209697 1209707 1209709 1209739 1209757 1209763 1209773 1209779
093601:  1209781 1209809 1209881 1209841 1209853 1209877 1209883 1209901 1209931 1209947 1209959 1209973 1209979 1210003
093616:  1210019 1210021 1210037 1210039 1210049 1210051 1210067 1210093 1210103 1210123 1210127 1210151 1210163 1210169 1210177
093631:  1210193 1210207 1210211 1210229 1210241 1210259 1210289 1210351 1210369 1210379 1210381 1210393 1210397 1210399 1210403
093646:  1210409 1210411 1210427 1210439 1210441 1210459 1210477 1210483 1210499 1210523 1210541 1210549 1210597 1210609 1210613
093661:  1210631 1210637 1210639 1210711 1210717 1210747 1210753 1210777 1210787 1210793 1210799 1210801 1210817 1210819 1210831
093676:  1210843 1210871 1210873 1210877 1210879 1210883 1210897 1210903 1210921 1210933 1210939 1210949 1210967 1210987 1210999
093691:  1211027 1211039 1211051 1211105 1211059 1211081 1211083 1211087 1211141 1211167 1211179 1211183 1211191 1211207 1211227
093706:  1211261 1211279 1211281 1211303 1211311 1211333 1211339 1211381 1211389 1211393 1211407 1211411 1211423 1211443 1211477
093721:  1211489 1211501 1211503 1211511 1211547 1211549 1211563 1211593 1211597 1211599 1211603 1211621 1211629 1211639 1211647
093736:  1211653 1211657 1211659 1211669 1211677 1211689 1211701 1211719 1211723 1211731 1211737 1211741 1211761 1211767 1211779
093751:  1211789 1211797 1211807 1211813 1211827 1211843 1211857 1211863 1211897 1211911 1211921 1211923 1211933 1211983 1211999
093766:  1212011 1212017 1212023 1212047 1212053 1212061 1212103 1212119 1212121 1212149 1212173 1212187 1212191 1212199 1212221
093781:  1212227 1212241 1212251 1212259 1212283 1212293 1212301 1212319 1212331 1212347 1212361 1212373 1212397 1212401 1212427
093796:  1212433 1212437 1212439 1212443 1212473 1212479 1212487 1212517 1212521 1212551 1212569 1212611 1212613 1212641 1212649
093811:  1212671 1212677 1212683 1212697 1212703 1212709 1212719 1212737 1212769 1212773 1212781 1212787 1212793 1212811 1212817
093826:  1212839 1212847 1212851 1212853 1212857 1212877 1212889 1212907 1212917 1212919 1212923 1212931 1212943 1212973 1212989
093841:  1213007 1213019 1213021 1213027 1213033 1213049 1213057 1213063 1213081 1213087 1213097 1213109 1213123 1213133 1213141
093856:  1213151 1213153 1213163 1213189 1213213 1213241 1213253 1213259 1213271 1213301 1213327 1213339 1213357 1213367 1213379
093871:  1213427 1213439 1213451 1213469 1213481 1213483 1213517 1213529 1213531 1213547 1213561 1213573 1213577 1213591 1213601 1213607
093886:  1213627 1213631 1213633 1213643 1213651 1213657 1213661 1213673 1213721 1213741 1213747 1213757 1213759 1213763 1213781
093901:  1213801 1213829 1213837 1213841 1213873 1213879 1213897 1213907 1213909 1213913 1213921 1213931 1213939 1213943 1213951
093916:  1213981 1214011 1214023 1214029 1214047 1214077 1214093 1214113 1214117 1214131 1214137 1214141 1214159 1214167 1214183
093931:  1214189 1214197 1214219 1214221 1214237 1214261 1214273 1214281 1214299 1214333 1214357 1214371 1214393 1214401 1214407
093946:  1214413 1214417 1214431 1214441 1214453 1214459 1214471 1214483 1214489 1214519 1214533 1214567 1214573 1214579 1214593
093961:  1214617 1214623 1214639 1214641 1214657 1214659 1214663 1214669 1214671 1214683 1214687 1214711 1214729 1214737 1214743
093976:  1214749 1214761 1214819 1214827 1214849 1214867 1214891 1214907 1214923 1214933 1214947 1214957 1214959 1214963 1214971
093991:  1214977 1214981 1215017 1215029 1215047 1215079 1215083 1215103 1215121 1215133 1215157 1215161 1215167 1215173 1215197
094006:  1215209 1215229 1215239 1215271 1215283 1215293 1215301 1215311 1215329 1215349 1215367 1215391 1215397 1215407
094021:  1215421 1215433 1215437 1215439 1215451 1215457 1215463 1215497 1215499 1215509 1215521 1215553 1215559 1215583 1215587
094036:  1215629 1215631 1215647 1215649 1215671 1215673 1215679 1215703 1215719 1215743 1215749 1215767 1215779 1215787 1215827
094051:  1215839 1215847 1215853 1215859 1215881 1215899 1215917 1215923 1216009 1216013 1216021 1216043 1216067 1216069
094066:  1216087 1216091 1216109 1216123 1216147 1216151 1216177 1216213 1216249 1216273 1216277 1216337 1216339 1216349 1216351
094081:  1216373 1216379 1216387 1216393 1216417 1216421 1216463 1216441 1216451 1216459 1216489 1216507 1216529 1216543 1216547
094096:  1216559 1216561 1216577 1216583 1216591 1216601 1216603 1216619 1216681 1216693 1216711 1216717 1216729 1216751 1216759
094111:  1216777 1216781 1216793 1216799 1216807 1216823 1216841 1216847 1216849 1216867 1216871 1216879 1216903 1216913 1216937
094126:  1216939 1216951 1216961 1216973 1216987 1216997 1217009 1217017 1217023 1217033 1217053 1217057 1217063 1217071 1217077
094141:  1217089 1217093 1217107 1217113 1217119 1217131 1217141 1217143 1217147 1217171 1217179 1217191 1217207 1217213 1217219
094156:  1217233 1217261 1217269 1217297 1217299 1217303 1217309 1217317 1217329 1217351 1217393 1217399 1217407 1217417 1217423
094171:  1217443 1217467 1217471 1217473 1217477 1217491 1217521 1217533 1217519 1217543 1217579 1217597 1217617 1217647 1217651 1217663
094186:  1217669 1217677 1217683 1217687 1217719 1217731 1217753 1217759 1217771 1217809 1217813 1217831 1217833 1217861 1217893
094201:  1217899 1217911 1217921 1217927 1217933 1217947 1217963 1217977 1217999 1218003 1218017 1218043 1218089 1218121
094216:  1218131 1218157 1218167 1218179 1218197 1218199 1218209 1218211 1218221 1218247 1218251 1218257 1218263 1218277 1218281
094231:  1218313 1218367 1218383 1218391 1218401 1218421 1218433 1218449 1218457 1218463 1218467 1218473 1218487 1218531 1218539
094246:  1218557 1218559 1218571 1218583 1218601 1218617 1218631 1218649 1218653 1218683 1218691 1218709 1218727 1218731 1218539
094261:  1218761 1218773 1218779 1218787 1218821 1218829 1218853 1218859 1218901 1218907 1218919 1218923 1218941 1218949 1218955
094276:  1218989 1218991 1219003 1219061 1219081 1219091 1219109 1219111 1219123 1219129 1219147 1219177 1219213 1219237 1219241
094291:  1219271 1219279 1219287 1219301 1219303 1219307 1219313 1219343 1219347 1219357 1219379 1219401 1219433 1219453 1219457
094306:  1219469 1219481 1219487 1219489 1219501 1219507 1219549 1219577 1219607 1219613 1219619 1219639 1219643 1219649 1219651
094321:  1219657 1219663 1219679 1219703 1219717 1219721 1219727 1219739 1219747 1219753 1219763 1219783 1219785 1219787 1219789 1219793
094336:  1219807 1219811 1219831 1219837 1219843 1219847 1219849 1219859 1219881 1219861 1219877 1219879 1219891 1219909 1219913
094351:  1219919 1219931 1219949 1219951 1219957 1219961 1219963 1219991 1220007 1220029 1220063 1220071 1220077 1220099 1220147
094366:  1220171 1220203 1220239 1220251 1220271 1220289 1220329 1220297 1220331 1220337 1220357 1220363 1220369 1220393 1220411
094381:  1220423 1220437 1220489 1220491 1220497 1220507 1220591 1220599 1220623 1220657 1220663 1220669 1220689 1220699 1220711
094396:  1220727 1220717 1220743 1220761 1220771 1220777 1220783 1220789 1220803 1220819 1220829 1220839 1220883 1220897
094411:  1220903 1220917 1220927 1220953 1220969 1220981 1220983 1220993 1221019 1221029 1221049 1221061 1221079 1221083 1221089
094426:  1221097 1221119 1221121 1221131 1221163 1221167 1221189 1221197 1221213 1221239 1221247 1221251 1221289 1221291 1221299
094441:  1221373 1221379 1221383 1221391 1221421 1221427 1221443 1221449 1221457 1221463 1221469 1221499 1221503 1221523 1221527
094456:  1221529 1221541 1221551 1221557 1221571 1221601 1221611 1221631 1221641 1221653 1221655 1221663 1221667 1221707 1221749
094471:  1221751 1221761 1221767 1221791 1221793 1221811 1221821 1221823 1221853 1221863 1221907 1221917 1221937 1221959 1221971
094486:  1222003 1222019 1222027 1222037 1222049 1222057 1222063 1222097 1222129 1222157 1222159 1222171 1222187 1222219 1222229
```

094501-096000 Prime numbers

```
094501: 1222231 1222241 1222253 1222259 1222267 1222271 1222279 1222307 1222373 1222393 1222409 1222411 1222433 1222471 1222483
094516: 1222493 1222499 1222513 1222523 1222537 1222561 1222567 1222583 1222597 1222601 1222603 1222633 1222643 1222651 1222667
094531: 1222679 1222681 1222693 1222717 1222723 1222729 1222751 1222757 1222769 1222777 1222789 1222801 1222811 1222829 1222831
094546: 1222847 1222853 1222889 1222909 1222913 1222943 1222957 1222967 1222993 1223003 1223021 1223029 1223039 1223051
094561: 1223059 1223077 1223083 1223093 1223119 1223149 1223161 1223177 1223179 1223197 1223203 1223207 1223231 1223237 1223263
094576: 1223279 1223281 1223309 1223311 1223323 1223329 1223351 1223359 1223381 1223419 1223437 1223447 1223449 1223453 1223471
094591: 1223489 1223491 1223527 1223533 1223549 1223561 1223569 1223587 1223591 1223603 1223633 1223683 1223687 1223689 1223693
094606: 1223723 1223731 1223749 1223753 1223767 1223773 1223777 1223851 1223863 1223867 1223881 1223897 1223921 1223939 1223941
094621: 1223953 1223977 1223987 1223993 1224029 1224031 1224053 1224059 1224077 1224079 1224089 1224109 1224121 1224131 1224133
094636: 1224149 1224163 1224169 1224193 1224203 1224217 1224229 1224233 1224239 1224257 1224259 1224269 1224271 1224281 1224287
094651: 1224299 1224329 1224337 1224347 1224389 1224403 1224413 1224437 1224439 1224473 1224479 1224481 1224529 1224533 1224577
094666: 1224599 1224637 1224673 1224677 1224701 1224703 1224709 1224739 1224763 1224767 1224809 1224823 1224851 1224857 1224859
094681: 1224863 1224869 1224887 1224889 1224893 1224913 1224919 1224943 1224953 1224967 1224973 1224983 1224991 1225009 1225019
094696: 1225061 1225067 1225073 1225079 1225087 1225093 1225097 1225099 1225109 1225111 1225117 1225123 1225127 1225129 1225153
094711: 1225157 1225183 1225219 1225223 1225261 1225283 1225297 1225303 1225319 1225327 1225331 1225361 1225373 1225381 1225397
094726: 1225409 1225459 1225493 1225501 1225507 1225517 1225529 1225541 1225559 1225571 1225577 1225579 1225589 1225591 1225603
094741: 1225621 1225643 1225647 1225663 1225687 1225691 1225703 1225723 1225727 1225729 1225759 1225769 1225787 1225817 1225849
094756: 1225871 1225879 1225883 1225891 1225897 1225907 1225909 1225919 1225927 1225933 1225949 1225963 1225981 1225997 1225999
094771: 1226011 1226041 1226053 1226063 1226077 1226081 1226087 1226101 1226111 1226117 1226179 1226189 1226191 1226209 1226213
094786: 1226237 1226257 1226263 1226293 1226297 1226299 1226311 1226321 1226339 1226341 1226347 1226353 1226377 1226387 1226417
094801: 1226471 1226479 1226483 1226501 1226503 1226531 1226539 1226549 1226557 1226581 1226593 1226609 1226611 1226623
094816: 1226629 1226651 1226663 1226677 1226681 1226683 1226699 1226707 1226711 1226713 1226741 1226767 1226779 1226783 1226789
094831: 1226801 1226803 1226809 1226819 1226831 1226857 1226861 1226867 1226891 1226899 1226957 1226977 1226983 1226993
094846: 1227047 1227053 1227101 1227103 1227131 1227133 1227141 1227151 1227157 1227167 1227173 1227181 1227241 1227271 1227277
094861: 1227299 1227301 1227319 1227323 1227329 1227337 1227353 1227379 1227407 1227431 1227437 1227463 1227469 1227491 1227497
094876: 1227519 1227547 1227559 1227563 1227619 1227637 1227649 1227659 1227683 1227701 1227703 1227713 1227719 1227769 1227797
094891: 1227829 1227833 1227841 1227847 1227781 1227881 1227887 1227911 1227917 1227929 1227943 1227949 1227973 1227977 1227979
094906: 1227983 1228001 1228009 1228013 1228021 1228091 1228099 1228119 1228133 1228147 1228153 1228159 1228163 1228181 1228187
094921: 1228193 1228219 1228243 1228247 1228273 1228277 1228291 1228303 1228309 1228321 1228333 1228351 1228373 1228391 1228393
094936: 1228397 1228399 1228441 1228457 1228459 1228489 1228501 1228519 1228537 1228541 1228543 1228547 1228567 1228571
094951: 1228583 1228589 1228603 1228613 1228631 1228651 1228657 1228679 1228691 1228693 1228741 1228763 1228783 1228789 1228837
094966: 1228841 1228849 1228883 1228889 1228891 1228907 1228919 1228931 1228943 1228949 1228951 1228961 1228963 1228987
094981: 1228993 1229021 1229023 1229071 1229077 1229093 1229113 1229131 1229141 1229149 1229159 1229197 1229201 1229203 1229209
094996: 1229213 1229227 1229237 1229257 1229279 1229297 1229309 1229311 1229317 1229329 1229351 1229353 1229359
095011: 1229369 1229377 1229381 1229401 1229443 1229447 1229453 1229461 1229483 1229489 1229519 1229521 1229531 1229561 1229563
095026: 1229581 1229597 1229617 1229633 1229647 1229663 1229689 1229707 1229719 1229731 1229743 1229773 1229809 1229817 1229827
095041: 1229869 1229873 1229897 1229903 1229911 1229939 1229941 1229981 1229993 1229999 1230013 1230023 1230029 1230067
095056: 1230071 1230107 1230127 1230167 1230183 1230169 1230181 1230199 1230223 1230227 1230233 1230041 1230263 1230301 1230329
095071: 1230331 1230337 1230343 1230347 1230349 1230361 1230371 1230373 1230377 1230379 1230391 1230401 1230433 1230461 1230469
095086: 1230479 1230491 1230521 1230529 1230539 1230547 1230571 1230587 1230599 1230629 1230631 1230637 1230667 1230689 1230727
095101: 1230739 1230743 1230751 1230769 1230791 1230829 1230863 1230869 1230871 1230881 1230907 1230913 1230941 1230949 1230967
095116: 1230997 1231001 1231003 1231039 1231049 1231051 1231063 1231073 1231091 1231093 1231099 1231127 1231129 1231141 1231171
095131: 1231177 1231193 1231199 1231207 1231223 1231231 1231247 1231261 1231267 1231277 1231283 1231301 1231303 1231309
095146: 1231313 1231319 1231337 1231339 1231357 1231379 1231381 1231387 1231411 1231421 1231423 1231453 1231457 1231459 1231469
095161: 1231481 1231487 1231511 1231513 1231547 1231553 1231577 1231579 1231589 1231617 1231613 1231631 1231643 1231669 1231687
095176: 1231691 1231697 1231709 1231721 1231733 1231753 1231757 1231771 1231781 1231787 1231799 1231807 1231817 1231829 1231831
095191: 1231843 1231859 1231873 1231981 1231883 1231889 1231943 1231961 1231981 1231987 1231999 1232003 1232069 1232071 1232083
095206: 1232089 1232171 1232183 1232201 1232213 1232221 1232227 1232243 1232269 1232291 1232299 1232327 1232339 1232351 1232353
095221: 1232377 1232389 1232393 1232411 1232417 1232431 1232437 1232453 1232461 1232477 1232527 1232531 1232557 1232563
095236: 1232573 1232603 1232611 1232617 1232657 1232659 1232683 1232689 1232713 1232719 1232771 1232797 1232801 1232809 1232831
095251: 1232843 1232879 1232881 1232893 1232909 1232941 1232947 1232977 1232981 1232983 1232999 1233019 1233047 1233073
095266: 1233097 1233101 1233107 1233121 1233143 1233147 1233179 1233181 1233209 1233241 1233251 1233259 1233263 1233301
095281: 1233313 1233319 1233361 1233371 1233373 1233377 1233409 1233431 1233433 1233437 1233439 1233473 1233493 1233497 1233509
095296: 1233523 1233527 1233539 1233561 1233569 1233577 1233587 1233593 1233599 1233607 1233611 1233619 1233641 1233647 1233653
095311: 1233709 1233721 1233761 1233763 1233779 1233781 1233851 1233887 1233899 1233907 1233923 1233929 1233949 1233983
095326: 1234001 1234003 1234049 1234063 1234067 1234099 1234109 1234117 1234133 1234147 1234187 1234231 1234237 1234241
095341: 1234243 1234253 1234271 1234309 1234333 1234349 1234351 1234367 1234379 1234391 1234393 1234417 1234439 1234463 1234511
095356: 1234517 1234531 1234543 1234547 1234577 1234603 1234613 1234627 1234657 1234687 1234703 1234721 1234747 1234757
095371: 1234759 1234769 1234777 1234787 1234789 1234799 1234813 1234819 1234837 1234841 1234843 1234853 1234873 1234889 1234901
095386: 1234951 1234967 1234969 1235021 1235027 1235041 1235063 1235083 1235093 1235099 1235131 1235137 1235141 1235149
095401: 1235159 1235167 1235177 1235183 1235191 1235239 1235243 1235249 1235251 1235263 1235281 1235287 1235303 1235309 1235321
095416: 1235327 1235363 1235369 1235383 1235389 1235417 1235419 1235431 1235447 1235449 1235473 1235477 1235497 1235501
095431: 1235503 1235539 1235569 1235573 1235593 1235651 1235653 1235659 1235669 1235701 1235711 1235761 1235789 1235791 1235803
095446: 1235807 1235821 1235831 1235833 1235867 1235879 1235887 1235891 1235909 1235929 1235933 1235947 1235977 1235981 1235987
095461: 1235999 1236017 1236073 1236077 1236161 1236163 1236173 1236203 1236211 1236229 1236233 1236239 1236259 1236307 1236317
095476: 1236329 1236337 1236383 1236397 1236419 1236439 1236449 1236467 1236479 1236481 1236491 1236517 1236527 1236533 1236541
095491: 1236553 1236583 1236611 1236623 1236629 1236643 1236659 1236661 1236667 1236701 1236709 1236713 1236727 1236737 1236743
095506: 1236751 1236757 1236761 1236769 1236787 1236791 1236797 1236803 1236811 1236827 1236857 1236883 1236901 1236953 1236959
095521: 1236979 1237001 1237013 1237031 1237037 1237043 1237051 1237057 1237063 1237079 1237091 1237121 1237129 1237139 1237151
095536: 1237163 1237177 1237199 1237207 1237211 1237213 1237217 1237231 1237253 1237273 1237279 1237283 1237297 1237307 1237349
095551: 1237363 1237373 1237387 1237393 1237403 1237417 1237433 1237441 1237471 1237487 1237493 1237499 1237501 1237513 1237519
095566: 1237529 1237531 1237543 1237547 1237567 1237571 1237589 1237619 1237627 1237661 1237721 1237727 1237739 1237757 1237763
095581: 1237781 1237813 1237823 1237839 1237843 1237849 1237853 1237867 1237877 1237897 1237919 1237931 1237939 1237949 1237961
095596: 1237963 1237967 1237993 1238023 1238033 1238051 1238063 1238071 1238087 1238089 1238101 1238119 1238129 1238137 1238177
095611: 1238179 1238189 1238197 1238201 1238219 1238267 1238269 1238273 1238291 1238317 1238327 1238333 1238371 1238381 1238383
095626: 1238407 1238411 1238423 1238429 1238431 1238437 1238449 1238459 1238491 1238509 1238521 1238533 1238537 1238551 1238597
095641: 1238599 1238621 1238647 1238659 1238681 1238683 1238687 1238693 1238717 1238719 1238747 1238749 1238761 1238767
095656: 1238771 1238789 1238801 1238821 1238827 1238833 1238843 1238863 1238893 1238903 1238911 1238917 1238921 1238947 1238989
095671: 1238999 1239001 1239071 1239073 1239041 1239067 1239089 1239103 1239109 1239127 1239151 1239179 1239191 1239197 1239223
095686: 1239229 1239239 1239247 1239269 1239281 1239311 1239319 1239323 1239341 1239347 1239353 1239361 1239367 1239377 1239379
095701: 1239397 1239421 1239443 1239499 1239457 1239461 1239481 1239499 1239509 1239517 1239523 1239529 1239533 1239551 1239573
095716: 1239583 1239593 1239599 1239607 1239619 1239643 1239661 1239671 1239697 1239727 1239737 1239739 1239751 1239761 1239773
095731: 1239803 1239811 1239839 1239877 1239893 1239899 1239911 1239913 1239923 1239949 1239941 1239973 1239983 1239989
095746: 1240007 1240009 1240013 1240021 1240027 1240039 1240081 1240087 1240097 1240117 1240139 1240153 1240159 1240181 1240193
095761: 1240199 1240207 1240219 1240231 1240241 1240247 1240271 1240273 1240307 1240319 1240333 1240361 1240363 1240387 1240391
095776: 1240399 1240423 1240481 1240487 1240511 1240517 1240523 1240543 1240551 1240559 1240607 1240621 1240637 1240667 1240669
095791: 1240691 1240699 1240703 1240709 1240717 1240739 1240741 1240751 1240763 1240769 1240777 1240783 1240807 1240817 1240831
095806: 1240859 1240861 1240931 1240957 1240973 1240979 1240991 1240999 1241003 1241027 1241033 1241039 1241059 1241077 1241081
095821: 1241087 1241159 1241161 1241173 1241197 1241203 1241243 1241249 1241257 1241263 1241267 1241269 1241291 1241297 1241341
095836: 1241347 1241351 1241369 1241377 1241381 1241399 1241407 1241413 1241417 1241423 1241437 1241447 1241467 1241477 1241483
095851: 1241489 1241491 1241507 1241509 1241549 1241551 1241557 1241573 1241579 1241587 1241627 1241651 1241659 1241677 1241699
095866: 1241741 1241747 1241771 1241789 1241813 1241819 1241827 1241869 1241879 1241893 1241921 1241923 1241927 1241939
095881: 1241941 1241951 1241957 1241963 1241971 1241987 1242001 1242029 1242061 1242067 1242089 1242097 1242103 1242107 1242119
095896: 1242121 1242151 1242163 1242169 1242181 1242191 1242193 1242217 1242221 1242223 1242251 1242271 1242289 1242317 1242347
095911: 1242359 1242361 1242379 1242403 1242407 1242413 1242419 1242421 1242457 1242487 1242503 1242517 1242569 1242601 1242611
095926: 1242617 1242623 1242629 1242641 1242643 1242759 1242761 1242763 1242767 1242781 1242803 1242811 1242817 1242823 1242827
095941: 1242841 1242859 1242869 1242889 1242893 1242929 1242931 1242937 1242947 1242959 1242977 1242979 1242991 1243003 1243013
095956: 1243093 1243097 1243111 1243129 1243133 1243141 1243147 1243157 1243169 1243181 1243211 1243271 1243273 1243293 1243337
095971: 1243343 1243349 1243367 1243369 1243377 1243387 1243391 1243393 1243421 1243439 1243471 1243477 1243481 1243483
095986: 1243511 1243523 1243537 1243547 1243559 1243577 1243579 1243609 1243631 1243639 1243643 1243663 1243673 1243691 1243709
```

Prime numbers 096001-097500

```
096001:  1243717 1243741 1243747 1243783 1243789 1243793 1243807 1243811 1243819 1243841 1243843 1243859 1243877 1243883 1243889
096016:  1243927 1243933 1243939 1243943 1243951 1243961 1243967 1243969 1243997 1244003 1244021 1244027 1244029 1244039 1244041
096031:  1244053 1244057 1244059 1244083 1244099 1244141 1244143 1244149 1244153 1244167 1244183 1244197 1244203 1244233 1244249
096046:  1244261 1244263 1244279 1244289 1244293 1244333 1244357 1244359 1244363 1244381 1244393 1244401 1244423 1244429 1244437 1244447
096061:  1244459 1244471 1244479 1244483 1244501 1244521 1244531 1244533 1244543 1244567 1244591 1244603 1244609 1244611 1244627
096076:  1244629 1244647 1244687 1244699 1244713 1244729 1244741 1244753 1244759 1244777 1244787 1244797 1244803 1244819 1244821 1244833
096091:  1244839 1244857 1244863 1244879 1244909 1244911 1244923 1244953 1244987 1244989 1244993 1245001 1245017 1245019 1245037
096106:  1245067 1245091 1245103 1245113 1245121 1245137 1245149 1245169 1245187 1245191 1245217 1245227 1245281 1245331 1245353
096121:  1245379 1245397 1245401 1245421 1245449 1245451 1245479 1245509 1245527 1245529 1245551 1245557 1245589 1245613 1245617
096136:  1245619 1245623 1245649 1245683 1245689 1245691 1245701 1245707 1245719 1245721 1245763 1245767 1245779 1245781 1245791
096151:  1245799 1245817 1245833 1245847 1245863 1245877 1245883 1245917 1245929 1245943 1245953 1245961 1245971 1245973 1246013
096166:  1246033 1246057 1246061 1246073 1246081 1246093 1246099 1246103 1246181 1246187 1246199 1246207 1246213 1246241 1246243
096181:  1246247 1246249 1246261 1246283 1246303 1246307 1246313 1246319 1246327 1246331 1246339 1246351 1246361 1246363 1246367
096196:  1246369 1246373 1246379 1246387 1246397 1246429 1246433 1246451 1246459 1246471 1246477 1246481 1246489 1246499 1246501
096211:  1246513 1246517 1246529 1246537 1246543 1246561 1246573 1246579 1246589 1246591 1246601 1246631 1246639 1246667 1246673
096226:  1246697 1246703 1246711 1246733 1246747 1246757 1246781 1246823 1246829 1246841 1246867 1246879 1246891 1246907 1246919
096241:  1246943 1246961 1246981 1246997 1247009 1247017 1247033 1247053 1247063 1247081 1247091 1247101 1247107 1247119 1247167
096256:  1247177 1247189 1247209 1247231 1247243 1247263 1247269 1247291 1247297 1247303 1247317 1247321 1247327 1247329 1247371
096271:  1247383 1247401 1247417 1247419 1247447 1247453 1247479 1247497 1247501 1247509 1247527 1247549 1247557 1247563
096286:  1247569 1247581 1247591 1247599 1247611 1247621 1247627 1247641 1247651 1247663 1247693 1247699 1247737 1247759 1247761
096301:  1247767 1247797 1247801 1247833 1247837 1247861 1247867 1247879 1247881 1247893 1247923 1247947 1247951 1247959
096316:  1247969 1248001 1248007 1248011 1248017 1248019 1248031 1248059 1248061 1248083 1248101 1248103 1248113 1248119
096331:  1248151 1248193 1248199 1248209 1248211 1248217 1248229 1248233 1248241 1248253 1248271 1248323 1248329 1248337 1248341
096346:  1248347 1248349 1248353 1248383 1248391 1248407 1248413 1248427 1248449 1248451 1248469 1248493 1248503 1248529 1248539
096361:  1248551 1248553 1248563 1248571 1248583 1248589 1248631 1248641 1248671 1248673 1248691 1248697 1248703 1248721 1248757
096376:  1248781 1248799 1248809 1248829 1248833 1248844 1248857 1248859 1248869 1248881 1248893 1248917 1248941 1248953 1248957
096391:  1248979 1248991 1249013 1249019 1249033 1249037 1249043 1249049 1249057 1249063 1249091 1249099 1249111 1249121 1249133
096406:  1249139 1249141 1249151 1249159 1249163 1249187 1249201 1249217 1249243 1249247 1249273 1249301 1249319 1249321 1249333
096421:  1249343 1249361 1249363 1249373 1249397 1249403 1249411 1249427 1249433 1249477 1249481 1249487 1249489 1249499 1249511
096436:  1249519 1249531 1249559 1249603 1249621 1249627 1249631 1249643 1249657 1249661 1249663 1249681 1249691 1249693 1249727 1249733
096451:  1249739 1249741 1249747 1249757 1249799 1249811 1249817 1249819 1249837 1249841 1249847 1249849 1249861 1249873 1249901
096466:  1249921 1249939 1249943 1249999 1250003 1250021 1250023 1250057 1250069 1250083 1250087 1250099 1250107 1250141
096481:  1250147 1250149 1250173 1250177 1250189 1250201 1250203 1250237 1250243 1250273 1250281 1250297 1250309 1250351 1250357
096496:  1250407 1250411 1250437 1250443 1250449 1250453 1250461 1250471 1250479 1250497 1250507 1250519 1250521 1250527 1250551
096511:  1250593 1250609 1250611 1250629 1250647 1250653 1250677 1250701 1250737 1250749 1250761 1250773 1250779 1250783
096526:  1250801 1250813 1250831 1250839 1250863 1250867 1250917 1250923 1250929 1250939 1250969 1250971 1250981 1250983 1251011
096541:  1251037 1251043 1251053 1251071 1251083 1251099 1251101 1251109 1251121 1251157 1251161 1251179 1251227 1251247 1251259
096556:  1251287 1251301 1251307 1251313 1251321 1251329 1251449 1251409 1251427 1251431 1251433 1251441 1251463 1251527 1251529 1251533
096571:  1251571 1251577 1251581 1251583 1251641 1251661 1251667 1251671 1251697 1251713 1251703 1251707 1251713 1251721 1251743 1251787
096586:  1251791 1251797 1251827 1251841 1251851 1251857 1251869 1251871 1251881 1251907 1251911 1251919 1251923 1251937 1251947
096601:  1251953 1251961 1251983 1252021 1252037 1252049 1252057 1252063 1252073 1252079 1252103 1252109 1252123 1252129 1252151
096616:  1252159 1252177 1252187 1252193 1252201 1252211 1252217 1252219 1252247 1252259 1252267 1252283 1252331 1252343 1252357
096631:  1252399 1252403 1252411 1252421 1252429 1252439 1252451 1252457 1252469 1252483 1252507 1252523 1252579 1252609 1252631
096646:  1252639 1252661 1252663 1252681 1252711 1252717 1252721 1252729 1252739 1252751 1252777 1252799 1252817 1252819 1252843
096661:  1252873 1252877 1252897 1252903 1252913 1252921 1252943 1252957 1252963 1252987 1252991 1252997 1253011 1253023 1253027
096676:  1253047 1253059 1253071 1253089 1253093 1253099 1253111 1253137 1253167 1253171 1253249 1253251 1253261 1253279 1253323
096691:  1253327 1253333 1253347 1253377 1253381 1253401 1253437 1253453 1253471 1253479 1253513 1253519 1253521 1253567 1253587
096706:  1253591 1253599 1253621 1253627 1253683 1253689 1253701 1253717 1253723 1253729 1253737 1253741 1253761 1253783 1253803
096721:  1253831 1253839 1253849 1253851 1253887 1253897 1253909 1253911 1253947 1253951 1253953 1253963 1253969 1253999 1254013
096736:  1254017 1254023 1254031 1254037 1254049 1254053 1254059 1254061 1254079 1254091 1254109 1254119 1254131 1254137 1254151
096751:  1254161 1254169 1254179 1254193 1254203 1254217 1254241 1254251 1254257 1254269 1254293 1254301 1254317 1254329 1254367
096766:  1254371 1254373 1254377 1254427 1254433 1254467 1254469 1254479 1254497 1254503 1254523 1254527 1254529 1254541 1254553
096781:  1254557 1254577 1254593 1254607 1254613 1254619 1254623 1254637 1254647 1254653 1254661 1254667 1254673 1254677 1254731
096796:  1254733 1254739 1254751 1254761 1254767 1254793 1254823 1254833 1254839 1254863 1254869 1254897 1254907 1254941 1254959
096811:  1254971 1254983 1254993 1255021 1255039 1255049 1255063 1255069 1255081 1255091 1255097 1255109 1255117 1255123 1255129
096826:  1255139 1255141 1255153 1255157 1255169 1255181 1255183 1255187 1255201 1255211 1255237 1255249 1255253 1255259 1255279
096841:  1255301 1255307 1255313 1255321 1255333 1255337 1255357 1255361 1255367 1255391 1255393 1255421 1255427 1255451 1255453
096856:  1255477 1255519 1255549 1255559 1255567 1255591 1255601 1255609 1255619 1255633 1255651 1255663 1255679 1255687 1255693
096871:  1255721 1255747 1255757 1255759 1255799 1255801 1255811 1255829 1255831 1255847 1255861 1255907 1255913 1255927 1255931
096886:  1255939 1255949 1255963 1255967 1255993 1255999 1256009 1256023 1256029 1256041 1256063 1256107 1256149 1256161 1256167
096901:  1256201 1256209 1256231 1256243 1256267 1256279 1256303 1256323 1256347 1256369 1256383 1256389 1256393 1256407 1256429
096916:  1256449 1256467 1256531 1256533 1256563 1256573 1256579 1256587 1256597 1256611 1256617 1256621 1256659 1256681 1256687
096931:  1256693 1256707 1256711 1256729 1256737 1256747 1256753 1256777 1256797 1256809 1256813 1256819 1256821 1256837 1256863
096946:  1256867 1256873 1256887 1256891 1256897 1256903 1256911 1256917 1256923 1256939 1256941 1256957 1256993 1257013 1257017
096961:  1257029 1257041 1257043 1257049 1257071 1257073 1257077 1257089 1257103 1257119 1257131 1257163 1257197 1257199 1257209
096976:  1257229 1257233 1257239 1257241 1257247 1257251 1257253 1257281 1257293 1257307 1257313 1257317 1257323 1257341 1257359
096991:  1257397 1257409 1257437 1257457 1257461 1257463 1257491 1257493 1257499 1257517 1257521 1257547 1257559 1257563 1257569
097006:  1257587 1257589 1257611 1257647 1257653 1257689 1257691 1257713 1257719 1257721 1257749 1257811 1257817 1257827 1257853
097021:  1257859 1257869 1257877 1257911 1257931 1257953 1257959 1257961 1257973 1257989 1258001 1258013 1258027 1258039 1258079
097036:  1258087 1258097 1258099 1258109 1258133 1258139 1258141 1258153 1258171 1258177 1258181 1258183 1258207 1258211
097051:  1258217 1258219 1258241 1258267 1258291 1258297 1258303 1258319 1258337 1258343 1258349 1258373 1258403 1258409 1258417
097066:  1258421 1258423 1258429 1258441 1258451 1258457 1258469 1258471 1258483 1258487 1258511 1258531 1258559 1258589 1258597
097081:  1258601 1258623 1258637 1258639 1258643 1258657 1258661 1258667 1258681 1258709 1258717 1258727 1258753 1258771
097096:  1258781 1258783 1258789 1258811 1258819 1258837 1258847 1258871 1258877 1258889 1258903 1258927 1258931 1258937 1258967
097111:  1258973 1258993 1259017 1259029 1259039 1259047 1259051 1259053 1259057 1259077 1259081 1259087 1259099 1259107
097126:  1259113 1259123 1259129 1259143 1259171 1259179 1259191 1259213 1259231 1259243 1259247 1259287 1259299 1259317 1259329
097141:  1259371 1259389 1259393 1259413 1259429 1259447 1259509 1259527 1259537 1259539 1259541 1259543 1259549 1259561 1259593
097156:  1259603 1259627 1259639 1259653 1259659 1259663 1259669 1259677 1259689 1259701 1259737 1259743 1259749 1259759 1259767
097171:  1259777 1259803 1259819 1259821 1259851 1259873 1259899 1259903 1259927 1259939 1259959 1259983 1260011 1260019 1260031
097186:  1260047 1260059 1260067 1260113 1260121 1260131 1260143 1260157 1260163 1260167 1260169 1260191 1260223 1260269 1260277
097201:  1260283 1260293 1260317 1260319 1260323 1260341 1260359 1260361 1260383 1260401 1260419 1260437 1260439 1260461 1260473
097216:  1260481 1260487 1260509 1260541 1260547 1260551 1260569 1260581 1260583 1260599 1260629 1260641 1260643 1260661 1260673
097231:  1260691 1260713 1260719 1260731 1260773 1260757 1260767 1260769 1260797 1260799 1260827 1260829 1260841 1260851
097246:  1260877 1260881 1260887 1260893 1260899 1260901 1260911 1260971 1260979 1260989 1260991 1261033 1261069 1261079 1261081
097261:  1261109 1261121 1261123 1261157 1261171 1261177 1261199 1261217 1261223 1261259 1261261 1261279 1261289 1261301 1261313
097276:  1261321 1261327 1261333 1261357 1261363 1261373 1261387 1261411 1261427 1261459 1261487 1261489 1261523 1261531 1261549
097291:  1261567 1261571 1261627 1261633 1261643 1261649 1261697 1261699 1261717 1261721 1261733 1261747 1261759 1261763 1261791
097306:  1261789 1261801 1261823 1261839 1261831 1261837 1261861 1261889 1261891 1261901 1261913 1261933 1261943 1261963 1261969
097321:  1261973 1262011 1262017 1262057 1262071 1262081 1262083 1262087 1262099 1262101 1262143 1262161 1262167 1262203 1262207
097336:  1262221 1262231 1262237 1262269 1262281 1262291 1262293 1262311 1262321 1262323 1262361 1262377 1262411 1262419 1262441
097351:  1262453 1262461 1262479 1262483 1262491 1262509 1262519 1262543 1262557 1262563 1262581 1262587 1262617 1262621 1262623
097366:  1262629 1262633 1262669 1262671 1262691 1262711 1262713 1262717 1262731 1262741 1262747 1262753 1262771 1262783 1262819 1262839
097381:  1262851 1262869 1262881 1262887 1262893 1262897 1262903 1262917 1262927 1262929 1262939 1262941 1262957 1263007 1263047
097396:  1263057 1263061 1263079 1263103 1263107 1263109 1263131 1263113 1263173 1263179 1263187 1263191 1263193
097411:  1263209 1263239 1263247 1263259 1263263 1263299 1263307 1263319 1263323 1263331 1263337 1263341 1263343 1263373 1263377
097426:  1263403 1263461 1263463 1263473 1263507 1263529 1263531 1263539 1263541 1263559 1263569 1263581 1263583 1263599
097441:  1263607 1263629 1263631 1263659 1263667 1263677 1263697 1263701 1263751 1263761 1263767 1263793 1263799 1263803 1263817
097456:  1263853 1263883 1263887 1263917 1263929 1263931 1263943 1263947 1263969 1263991 1263999 1264001 1264007 1264009 1264027
097471:  1264033 1264037 1264049 1264061 1264063 1264129 1264177 1264189 1264199 1264213 1264231 1264259 1264261 1264267 1264271
097486:  1264301 1264303 1264331 1264337 1264363 1264387 1264411 1264447 1264451 1264499 1264537 1264541 1264559 1264561 1264573
```

097501-099000 Prime numbers

```
097501: 1264577 1264597 1264607 1264643 1264649 1264651 1264657 1264663 1264667 1264687 1264699 1264733 1264741 1264763 1264787
097516: 1264801 1264807 1264819 1264829 1264859 1264867 1264873 1264877 1264883 1264877 1264883 1264897 1264903 1264909 1264933
097531: 1264969 1264979 1264981 1264997 1265029 1265041 1265051 1265053 1265063 1265081 1265083 1265087 1265093 1265101 1265111
097546: 1265113 1265119 1265123 1265167 1265177 1265179 1265197 1265233 1265243 1265249 1265273 1265279 1265281 1265321 1265333
097561: 1265347 1265353 1265377 1265387 1265393 1265431 1265443 1265449 1265461 1265471 1265477 1265479 1265503 1265519 1265521
097576: 1265527 1265543 1265167 1265581 1265597 1265603 1265611 1265617 1265623 1265639 1265653 1265657 1265681 1265729
097591: 1265741 1265777 1265779 1265801 1265813 1265827 1265843 1265857 1265861 1265863 1265867 1265899 1265903 1265909 1265911
097606: 1265923 1265941 1265959 1265969 1265977 1265981 1265987 1265993 1266019 1266043 1266047 1266059 1266073 1266077
097621: 1266079 1266091 1266101 1266107 1266113 1266149 1266157 1266163 1266191 1266197 1266229 1266241 1266247 1266259 1266263
097636: 1266269 1266271 1266277 1266281 1266301 1266323 1266337 1266341 1266359 1266371 1266373 1266379 1266389 1266409 1266413
097651: 1266431 1266451 1266469 1266487 1266491 1266493 1266511 1266523 1266527 1266539 1266557 1266563 1266583 1266589 1266593
097666: 1266611 1266673 1266677 1266719 1266731 1266743 1266751 1266757 1266761 1266763 1266767 1266773 1266781 1266799 1266841
097681: 1266847 1266851 1266869 1266883 1266893 1266899 1266913 1266919 1266929 1266931 1266943 1266949 1266953 1267009 1267043
097696: 1267051 1267067 1267103 1267109 1267117 1267121 1267127 1267151 1267157 1267159 1267183 1267193 1267199 1267223 1267237
097711: 1267291 1267297 1267303 1267307 1267349 1267381 1267403 1267411 1267429 1267447 1267451 1267459 1267463 1267481 1267501
097726: 1267517 1267529 1267531 1267549 1267577 1267579 1267589 1267613 1267633 1267649 1267663 1267681 1267709 1267711 1267723
097741: 1267727 1267775 1267787 1267789 1267823 1267831 1267837 1267883 1267891 1267897 1267907 1267933
097756: 1267939 1267943 1267951 1267957 1267961 1267999 1268011 1268017 1268039 1268051 1268053 1268077 1268093 1268119 1268143
097771: 1268147 1268167 1268173 1268207 1268213 1268221 1268223 1268261 1268279 1268287 1268291 1268299 1268327 1268351
097786: 1268357 1268359 1268369 1268413 1268419 1268429 1268447 1268453 1268461 1268467 1268479 1268537 1268549 1268563 1268567
097801: 1268583 1268599 1268623 1268627 1268635 1268669 1268681 1268713 1268731 1268741 1268747 1268753 1268759 1268777
097816: 1268783 1268789 1268791 1268797 1268803 1268807 1268843 1268849 1268861 1268881 1268899 1268921 1268929 1268947 1268961
097831: 1269001 1269007 1269013 1269017 1269041 1269049 1269061 1269077 1269091 1269113 1269119 1269131 1269147 1269173
097846: 1269179 1269187 1269191 1269197 1269221 1269223 1269239 1269241 1269253 1269263 1269283 1269287 1269299 1269311 1269337
097861: 1269343 1269377 1269379 1269383 1269391 1269413 1269427 1269461 1269467 1269493 1269497 1269529 1269547 1269559 1269563
097876: 1269571 1269589 1269601 1269641 1269643 1269683 1269691 1269703 1269731 1269733 1269743 1269777 1269797 1269847 1269859
097891: 1269869 1269871 1269901 1269907 1269911 1269923 1269929 1269937 1269953 1269971 1270001 1270013 1270033 1270051 1270063
097906: 1270067 1270079 1270097 1270101 1270123 1270141 1270147 1270151 1270183 1270193 1270201 1270213 1270237 1270249
097921: 1270271 1270279 1270301 1270309 1270319 1270327 1270333 1270337 1270343 1270361 1270391 1270417 1270421 1270429 1270433
097936: 1270441 1270471 1270483 1270499 1270513 1270531 1270537 1270541 1270547 1270559 1270561 1270567 1270571 1270573 1270579
097951: 1270609 1270627 1270639 1270649 1270651 1270657 1270667 1270669 1270679 1270747 1270757 1270771 1270817 1270823 1270849
097966: 1270859 1270861 1270879 1270901 1270909 1270933 1270943 1270961 1270981 1271027 1271029 1271033 1271047 1271051
097981: 1271059 1271069 1271087 1271089 1271111 1271117 1271129 1271147 1271161 1271167 1271173 1271183 1271197 1271201 1271203
097996: 1271213 1271227 1271239 1271251 1271293 1271299 1271317 1271321 1271339 1271351 1271353 1271359 1271383 1271393 1271399
098011: 1271401 1271419 1271429 1271449 1271471 1271483 1271503 1271507 1271513 1271521 1271531 1271551 1271561 1271597 1271603
098026: 1271609 1271657 1271659 1271671 1271687 1271701 1271731 1271747 1271749 1271751 1271767 1271787 1271797 1271807 1271813 1271837
098041: 1271833 1271839 1271843 1271849 1271903 1271927 1271929 1271939 1271953 1271971 1271987 1271999 1272001 1272043 1272049
098056: 1272067 1272071 1272079 1272091 1272109 1272113 1272151 1272157 1272163 1272169 1272191 1272203 1272211 1272223
098071: 1272233 1272247 1272253 1272269 1272281 1272283 1272287 1272289 1272323 1272343 1272347 1272361 1272367 1272377 1272379
098086: 1272409 1272421 1272443 1272451 1272461 1272539 1272547 1272559 1272577 1272589 1272617 1272629 1272631 1272641 1272647
098101: 1272653 1272673 1272679 1272749 1272811 1272827 1272833 1272847 1272851 1272857 1272869 1272881 1272883 1272893 1272899
098116: 1272913 1272917 1272919 1272937 1272941 1272961 1272983 1272989 1272991 1273001 1273021 1273033 1273037 1273039 1273087
098131: 1273099 1273109 1273111 1273127 1273157 1273159 1273199 1273213 1273231 1273241 1273267 1273289 1273291 1273301
098146: 1273309 1273313 1273331 1273333 1273343 1273367 1273381 1273403 1273409 1273411 1273417 1273421 1273423 1273457 1273463
098161: 1273483 1273499 1273507 1273541 1273543 1273549 1273561 1273567 1273609 1273637 1273639 1273643 1273673 1273679 1273681
098176: 1273687 1273693 1273721 1273729 1273733 1273739 1273757 1273771 1273781 1273787 1273823 1273843 1273879 1273889 1273891
098191: 1273903 1273907 1273919 1273939 1273957 1273981 1274011 1274017 1274041 1274051 1274071 1274087 1274089 1274111
098206: 1274113 1274129 1274137 1274149 1274183 1274209 1274227 1274249 1274267 1274291 1274293 1274297 1274309 1274323 1274333
098221: 1274353 1274363 1274381 1274389 1274401 1274411 1274423 1274437 1274461 1274509 1274549 1274557 1274561 1274599 1274617
098236: 1274621 1274629 1274633 1274671 1274701 1274719 1274723 1274737 1274759 1274771 1274773 1274803 1274851 1274857 1274873
098251: 1274879 1274899 1274921 1274929 1274939 1274941 1274989 1275011 1275019 1275041 1275047 1275069 1275107 1275121 1275133 1275173
098266: 1275179 1275193 1275199 1275203 1275227 1275269 1275277 1275283 1275293 1275319 1275341 1275349 1275359 1275361 1275401
098281: 1275437 1275457 1275467 1275499 1275503 1275523 1275539 1275541 1275553 1275559 1275563 1275569 1275583 1275601 1275611
098296: 1275643 1275661 1275667 1275683 1275691 1275707 1275709 1275719 1275737 1275749 1275751 1275779 1275803 1275817 1275823
098311: 1275829 1275839 1275847 1275851 1275863 1275877 1275889 1275893 1275899 1275931 1275947 1275973 1275977 1275979 1276001
098326: 1276007 1276013 1276027 1276103 1276039 1276049 1276057 1276069 1276103 1276117 1276123 1276129 1276133 1276147 1276157
098341: 1276169 1276183 1276193 1276213 1276237 1276243 1276271 1276279 1276307 1276313 1276351 1276357 1276361 1276397 1276409
098356: 1276433 1276441 1276481 1276501 1276511 1276529 1276543 1276551 1276579 1276589 1276603 1276619 1276621 1276631
098371: 1276637 1276657 1276679 1276687 1276711 1276721 1276733 1276739 1276747 1276763 1276771 1276777 1276817 1276829 1276861
098386: 1276867 1276871 1276889 1276897 1276903 1276927 1276949 1276967 1276969 1276973 1276987 1276999 1277011 1277021 1277039
098401: 1277041 1277063 1277069 1277071 1277083 1277093 1277099 1277113 1277137 1277147 1277197 1277207 1277209 1277233 1277249
098416: 1277267 1277277 1277291 1277321 1277323 1277351 1277359 1277363 1277369 1277387 1277429 1277449 1277461 1277477 1277483
098431: 1277501 1277543 1277557 1277569 1277593 1277597 1277621 1277629 1277651 1277657 1277677 1277699 1277723 1277729 1277741
098446: 1277743 1277753 1277781 1277803 1277813 1277819 1277833 1277849 1277863 1277867 1277879 1277897 1277909 1277911
098461: 1277957 1277971 1277993 1278007 1278029 1278031 1278047 1278097 1278107 1278113 1278131 1278139 1278163 1278181 1278191
098476: 1278197 1278203 1278209 1278211 1278227 1278253 1278287 1278289 1278323 1278337 1278341 1278371 1278373 1278379 1278381
098491: 1278397 1278401 1278419 1278437 1278439 1278463 1278467 1278479 1278481 1278493 1278527 1278551 1278583 1278601 1278611
098506: 1278617 1278619 1278623 1278631 1278637 1278659 1278671 1278701 1278709 1278713 1278721 1278733 1278769 1278779 1278787
098521: 1278799 1278803 1278811 1278817 1278879 1278881 1278889 1278911 1278983 1278997 1279001 1279013 1279021 1279027
098536: 1279039 1279043 1279081 1279087 1279093 1279111 1279123 1279133 1279141 1279163 1279171 1279177 1279181 1279183 1279189
098551: 1279193 1279211 1279249 1279253 1279303 1279307 1279309 1279319 1279321 1279337 1279357 1279361 1279417 1279427 1279457
098566: 1279459 1279483 1279493 1279507 1279511 1279519 1279541 1279547 1279549 1279561 1279583 1279601 1279609 1279627 1279643
098581: 1279651 1279667 1279673 1279679 1279687 1279691 1279693 1279703 1279727 1279751 1279757 1279787 1279801 1279807 1279813
098596: 1279819 1279823 1279843 1279847 1279853 1279871 1279877 1279907 1279919 1279921 1279931 1279937 1279961 1279969 1279997
098611: 1280023 1280101 1280107 1280119 1280129 1280131 1280141 1280159 1280161 1280173 1280179 1280183 1280223 1280233
098626: 1280267 1280281 1280291 1280297 1280309 1280317 1280333 1280371 1280399 1280407 1280417 1280431 1280453 1280473
098641: 1280519 1280537 1280549 1280561 1280567 1280587 1280603 1280623 1280651 1280659 1280677 1280693 1280707 1280717 1280773
098656: 1280743 1280759 1280761 1280767 1280789 1280791 1280803 1280821 1280833 1280837 1280857 1280863 1280869 1280887 1280921
098671: 1280947 1280969 1280987 1280989 1281003 1281041 1281047 1281083 1281089 1281091 1281101 1281111 1281141 1281157
098686: 1281167 1281187 1281193 1281211 1281221 1281229 1281253 1281257 1281263 1281271 1281283 1281317 1281331 1281349 1281367
098701: 1281383 1281389 1281407 1281431 1281433 1281439 1281451 1281457 1281463 1281503 1281521 1281523 1281541 1281547 1281551
098716: 1281563 1281587 1281649 1281653 1281667 1281673 1281677 1281691 1281697 1281703 1281727 1281739 1281751 1281773 1281779
098731: 1281781 1281799 1281803 1281809 1281821 1281823 1281827 1281871 1281883 1281889 1281897 1281937 1281941 1281961 1281971
098746: 1281949 1281983 1282007 1282009 1282031 1282033 1282069 1282079 1282081 1282093 1282109 1282117 1282121 1282133
098761: 1282153 1282163 1282187 1282201 1282213 1282231 1282241 1282261 1282277 1282279 1282289 1282297 1282343 1282347 1282349
098776: 1282381 1282387 1282399 1282417 1282423 1282427 1282451 1282469 1282471 1282493 1282499 1282507 1282511 1282513 1282517
098791: 1282529 1282543 1282571 1282577 1282597 1282607 1282613 1282627 1282637 1282639 1282649 1282657 1282661 1282681 1282693
098806: 1282703 1282711 1282717 1282729 1282739 1282763 1282781 1282807 1282817 1282819 1282903 1282907 1282909 1282913
098821: 1282933 1282943 1282951 1282961 1282969 1282993 1283011 1283017 1283021 1283027 1283063 1283069 1283083 1283099 1283111
098836: 1283119 1283121 1283137 1283159 1283167 1283171 1283173 1283179 1283207 1283237 1283297 1283323 1283333 1283339 1283353
098851: 1283383 1283389 1283417 1283437 1283441 1283473 1283479 1283509 1283521 1283537 1283539 1283543 1283549 1283563 1283573
098866: 1283591 1283603 1283677 1283683 1283701 1283707 1283717 1283719 1283731 1283753 1283759 1283761 1283769 1283797 1283831
098881: 1283839 1283873 1283879 1283881 1283897 1283903 1283939 1283941 1283957 1283969 1283981 1283983 1284007 1284013 1284043
098896: 1284053 1284083 1284131 1284169 1284177 1284209 1284211 1284223 1284263 1284271 1284289 1284301 1284313
098911: 1284317 1284329 1284341 1284373 1284379 1284383 1284421 1284427 1284433 1284443 1284467 1284473 1284487 1284511 1284523
098926: 1284541 1284553 1284569 1284571 1284583 1284601 1284617 1284623 1284641 1284649 1284651 1284667 1284713 1284717 1284737
098941: 1284739 1284763 1284769 1284791 1284793 1284823 1284841 1284847 1284851 1284863 1284889 1284901 1284917 1284931 1284937
098956: 1284967 1284971 1284977 1284991 1285021 1285049 1285051 1285057 1285069 1285099 1285111 1285117 1285129 1285139
098971: 1285147 1285159 1285169 1285181 1285199 1285213 1285223 1285231 1285237 1285247 1285259 1285267 1285279 1285283 1285289
098986: 1285301 1285351 1285381 1285393 1285397 1285411 1285429 1285441 1285451 1285469 1285481 1285507 1285511 1285513 1285517
```

Prime numbers 099001-100500

```
099001:  1285519 1285547 1285549 1285553 1285607 1285619 1285633 1285649 1285679 1285699 1285703 1285717 1285741 1285747 1285759
099016:  1285763 1285777 1285789 1285793 1285799 1285811 1285813 1285831 1285847 1285853 1285859 1285871 1285877 1285891 1285903
099031:  1285913 1285937 1285943 1285969 1285981 1285993 1286011 1286017 1286039 1286071 1286081 1286093 1286099 1286107 1286119
099046:  1286147 1286149 1286177 1286189 1286191 1286209 1286227 1286239 1286261 1286267 1286269 1286273 1286287 1286303 1286323
099061:  1286359 1286371 1286381 1286387 1286399 1286419 1286447 1286489 1286491 1286503 1286513 1286521 1286533 1286557 1286561
099076:  1286569 1286581 1286587 1286617 1286629 1286633 1286641 1286647 1286653 1286657 1286669 1286683 1286693 1286707 1286711
099091:  1286773 1286777 1286783 1286797 1286807 1286819 1286821 1286833 1286837 1286839 1286843 1286881 1286939 1286941 1286953
099106:  1286959 1286969 1286981 1286983 1287007 1287047 1287059 1287061 1287067 1287071 1287101 1287109 1287121 1287133 1287157
099121:  1287163 1287173 1287179 1287197 1287199 1287217 1287233 1287239 1287289 1287323 1287329 1287343 1287347 1287353 1287361
099136:  1287371 1287373 1287401 1287431 1287457 1287467 1287469 1287473 1287487 1287491 1287499 1287517 1287541 1287551 1287553
099151:  1287569 1287589 1287593 1287607 1287611 1287623 1287661 1287683 1287691 1287697 1287707 1287731 1287737 1287743 1287749
099166:  1287751 1287757 1287761 1287787 1287799 1287817 1287821 1287829 1287841 1287857 1287883 1287887 1287899 1287917 1287947
099181:  1287961 1287967 1287973 1287983 1287989 1287997 1288003 1288009 1288013 1288033 1288037 1288043 1288051 1288057 1288061
099196:  1288099 1288103 1288109 1288117 1288163 1288169 1288171 1288187 1288193 1288201 1288213 1288247 1288249 1288291 1288307
099211:  1288337 1288349 1288361 1288363 1288367 1288393 1288421 1288423 1288429 1288439 1288487 1288513 1288519 1288551 1288541
099226:  1288543 1288559 1288571 1288597 1288603 1288607 1288613 1288643 1288649 1288657 1288691 1288697 1288699 1288709 1288711
099241:  1288733 1288769 1288783 1288799 1288817 1288823 1288829 1288831 1288843 1288847 1288851 1288853 1288859 1288871 1288877 1288891
099256:  1288919 1288921 1288933 1288939 1288951 1288967 1288981 1288993 1288997 1289003 1289009 1289027 1289039 1289053 1289077
099271:  1289083 1289091 1289111 1289129 1289149 1289153 1289159 1289171 1289179 1289213 1289231 1289237 1289261 1289273 1289287 1289303 1289329
099286:  1289333 1289341 1289363 1289371 1289381 1289401 1289411 1289423 1289429 1289447 1289459 1289513 1289531 1289537 1289551
099301:  1289557 1289567 1289573 1289591 1289599 1289621 1289623 1289627 1289653 1289657 1289677 1289711 1289713 1289731 1289747
099316:  1289749 1289753 1289779 1289789 1289801 1289803 1289831 1289839 1289851 1289861 1289867 1289881 1289921 1289927 1289933 1289963
099331:  1289969 1289971 1289981 1290019 1290031 1290049 1290077 1290083 1290109 1290111 1290131 1290143 1290151 1290161 1290167 1290169
099346:  1290173 1290199 1290203 1290209 1290257 1290259 1290287 1290293 1290299 1290319 1290329 1290331 1290379 1290427 1290431
099361:  1290433 1290439 1290463 1290467 1290469 1290491 1290503 1290533 1290539 1290551 1290556 1290563 1290571 1290593 1290607
099376:  1290629 1290631 1290637 1290643 1290649 1290659 1290673 1290689 1290719 1290791 1290811 1290823 1290847 1290853 1290857
099391:  1290869 1290901 1290907 1290923 1290937 1290983 1291001 1291007 1291009 1291019 1291021 1291063 1291079 1291111 1291117
099406:  1291139 1291153 1291159 1291163 1291177 1291193 1291211 1291217 1291219 1291223 1291229 1291249 1291271 1291313 1291321
099421:  1291327 1291343 1291349 1291357 1291369 1291379 1291387 1291391 1291421 1291447 1291453 1291471 1291481 1291483 1291489
099436:  1291501 1291523 1291547 1291567 1291579 1291603 1291637 1291669 1291673 1291691 1291783 1291793 1291799 1291817 1291819
099451:  1291831 1291861 1291877 1291883 1291907 1291909 1291931 1291957 1291963 1291967 1291991 1291999 1292009 1292023 1292029
099466:  1292063 1292069 1292089 1292099 1292113 1292131 1292141 1292143 1292149 1292167 1292177 1292219 1292237 1292243 1292251
099481:  1292257 1292261 1292281 1292293 1292309 1292329 1292339 1292353 1292371 1292381 1292387 1292419 1292429 1292441 1292477
099496:  1292491 1292503 1292509 1292525 1292549 1292563 1292567 1292579 1292581 1292591 1292593 1292597 1292609 1292613 1292639
099511:  1292653 1292657 1292659 1292693 1292701 1292713 1292717 1292729 1292737 1292783 1292789 1292801 1292813 1292831 1292843
099526:  1292857 1292887 1292927 1292947 1292953 1292957 1292971 1292983 1292989 1292999 1293001 1293011 1293031 1293077 1293119
099541:  1293133 1293137 1293157 1293169 1293179 1293199 1293203 1293233 1293239 1293247 1293251 1293277 1293283 1293287 1293307
099556:  1293317 1293319 1293323 1293329 1293361 1293367 1293373 1293389 1293419 1293421 1293433 1293473 1293491 1293463 1293499
099571:  1293529 1293533 1293541 1293553 1293571 1293583 1293613 1293619 1293631 1293647 1293659 1293701 1293739 1293757 1293763
099586:  1293791 1293797 1293821 1293829 1293839 1293841 1293857 1293859 1293891 1293917 1293923 1293931 1293949 1293953 1293961
099601:  1293967 1293977 1293979 1293981 1294019 1294021 1294031 1294037 1294039 1294061 1294081 1294087 1294093 1294121 1294123
099616:  1294129 1294169 1294177 1294199 1294201 1294231 1294253 1294273 1294277 1294301 1294303 1294309 1294339 1294351 1294361
099631:  1294367 1294369 1294393 1294399 1294453 1294459 1294471 1294477 1294483 1294561 1294571 1294583 1294597 1294609 1294621
099646:  1294627 1294643 1294639 1294649 1294651 1294691 1294721 1294723 1294729 1294753 1294757 1294759 1294817 1294823 1294841
099661:  1294849 1294859 1294957 1294967 1294973 1294987 1294999 1295003 1295027 1295051 1295057 1295069 1295071 1295081
099676:  1295089 1295113 1295131 1295137 1295159 1295183 1295191 1295201 1295207 1295219 1295221 1295243 1295263 1295279 1295293
099691:  1295297 1295299 1295309 1295311 1295321 1295323 1295339 1295347 1295369 1295377 1295387 1295389 1295447 1295473 1295491
099706:  1295501 1295513 1295533 1295543 1295549 1295551 1295561 1295563 1295603 1295611 1295617 1295639 1295647 1295653 1295681
099721:  1295711 1295717 1295737 1295741 1295747 1295761 1295783 1295789 1295803 1295813 1295839 1295849 1295867 1295869 1295873
099736:  1295881 1295947 1295953 1295989 1295993 1296007 1296011 1296019 1296023 1296037 1296041 1296059 1296077 1296089 1296101
099751:  1296109 1296137 1296143 1296147 1296181 1296187 1296209 1296227 1296271 1296283 1296293 1296319 1296331 1296341
099766:  1296343 1296371 1296391 1296409 1296413 1296419 1296467 1296473 1296481 1296499 1296511 1296521 1296523 1296551 1296557
099781:  1296563 1296571 1296583 1296587 1296593 1296601 1296613 1296623 1296641 1296659 1296679 1296689 1296703 1296713 1296727
099796:  1296749 1296781 1296787 1296803 1296817 1296829 1296833 1296839 1296877 1296899 1296907 1296929 1296949 1296973 1296983
099811:  1297001 1297003 1297013 1297019 1297027 1297057 1297061 1297091 1297123 1297129 1297139 1297147 1297157
099826:  1297169 1297171 1297187 1297201 1297211 1297213 1297217 1297229 1297243 1297249 1297271 1297273 1297279 1297297 1297333
099841:  1297337 1297349 1297357 1297367 1297369 1297383 1297397 1297399 1297403 1297411 1297423 1297441 1297447 1297451 1297459 1297477
099856:  1297487 1297501 1297507 1297519 1297523 1297537 1297561 1297573 1297601 1297607 1297619 1297631 1297633 1297649 1297651
099871:  1297657 1297669 1297687 1297693 1297727 1297739 1297771 1297781 1297799 1297841 1297847 1297853 1297873 1297927 1297963
099886:  1297973 1297979 1297993 1298027 1298039 1298047 1298053 1298071 1298081 1298113 1298117 1298119 1298131 1298141 1298161
099901:  1298173 1298191 1298197 1298221 1298261 1298279 1298291 1298309 1298317 1298323 1298333 1298351 1298357 1298371 1298387
099916:  1298467 1298489 1298491 1298513 1298537 1298573 1298581 1298611 1298641 1298653 1298669 1298699 1298719 1298723
099931:  1298747 1298771 1298779 1298789 1298797 1298809 1298819 1298849 1298863 1298887 1298909 1298911 1298923 1298951
099946:  1298963 1298981 1298989 1299007 1299013 1299019 1299041 1299059 1299061 1299077 1299097 1299101 1299143 1299169
099961:  1299173 1299187 1299203 1299209 1299211 1299223 1299227 1299257 1299269 1299283 1299289 1299299 1299317 1299323 1299341
099976:  1299343 1299349 1299359 1299367 1299377 1299379 1299437 1299449 1299461 1299487 1299499 1299541
099991:  1299553 1299583 1299601 1299631 1299637 1299647 1299663 1299673 1299689 1299709 1299721 1299743 1299763 1299791 1299811
100006:  1299817 1299821 1299827 1299853 1299869 1299877 1299881 1299911 1299919 1299941 1299953 1299979
100021:  1299989 1300001 1300027 1300031 1300051 1300073 1300111 1300127 1300129 1300133 1300139 1300141 1300147 1300153
100036:  1300181 1300193 1300199 1300237 1300253 1300283 1300289 1300297 1300307 1300309 1300333 1300339 1300367 1300391
100051:  1300421 1300423 1300433 1300451 1300457 1300463 1300471 1300487 1300501 1300511 1300553 1300571 1300573 1300583
100066:  1300597 1300609 1300611 1300633 1300639 1300661 1300703 1300711 1300727 1300751 1300769 1300771 1300781 1300813
100081:  1300829 1300837 1300841 1300843 1300907 1300921 1300927 1300931 1300963 1300967 1300979 1300997 1301011 1301017 1301021
100096:  1301023 1301033 1301057 1301077 1301081 1301099 1301119 1301123 1301147 1301149 1301159 1301171 1301173 1301219 1301221 1301233
100111:  1301239 1301243 1301249 1301257 1301273 1301281 1301297 1301303 1301347 1301353 1301381 1301389 1301393 1301411 1301423
100126:  1301437 1301451 1301459 1301467 1301471 1301497 1301507 1301527 1301531 1301539 1301543 1301551 1301561 1301581 1301591
100141:  1301603 1301617 1301621 1301669 1301693 1301701 1301711 1301719 1301761 1301779 1301821 1301827 1301849 1301851 1301857
100156:  1301863 1301879 1301887 1301893 1301903 1301921 1301929 1301939 1301941 1301957 1301959 1302017 1302019 1302029 1302043
100171:  1302061 1302079 1302107 1302121 1302137 1302151 1302163 1302173 1302181 1302199 1302209 1302221 1302227 1302233
100186:  1302239 1302253 1302269 1302277 1302281 1302293 1302313 1302331 1302347 1302349 1302373 1302377 1302383 1302391 1302397
100201:  1302443 1302449 1302461 1302491 1302493 1302563 1302577 1302607 1302617 1302647 1302667 1302673 1302683 1302689
100216:  1302701 1302729 1302739 1302757 1302787 1302803 1302827 1302839 1302841 1302869 1302901 1302911 1302919 1302929 1302937
100231:  1302953 1302991 1303009 1303013 1303031 1303037 1303051 1303069 1303073 1303091 1303109 1303111 1303117 1303121
100246:  1303129 1303139 1303151 1303163 1303171 1303189 1303199 1303219 1303229 1303241 1303243 1303261 1303279 1303283
100261:  1303297 1303307 1303321 1303327 1303331 1303333 1303409 1303411 1303417 1303427 1303439 1303447 1303453 1303469 1303481 1303483
100276:  1303499 1303507 1303517 1303537 1303541 1303553 1303567 1303573 1303591 1303597 1303613 1303633 1303667 1303669 1303693
100291:  1303703 1303711 1303713 1303741 1303751 1303787 1303789 1303793 1303807 1303811 1303813 1303859 1303867 1303871 1303873
100306:  1303879 1303903 1303919 1303931 1303933 1303961 1303963 1303979 1303987 1304003 1304029 1304033 1304071 1304081 1304089
100321:  1304111 1304143 1304159 1304171 1304173 1304179 1304191 1304227 1304231 1304233 1304239 1304249
100336:  1304267 1304273 1304299 1304309 1304321 1304367 1304371 1304389 1304411 1304419 1304447 1304477 1304503 1304519 1304539
100351:  1304543 1304551 1304581 1304591 1304599 1304603 1304609 1304627 1304659 1304669 1304687 1304707 1304713 1304741 1304753
100366:  1304783 1304801 1304833 1304837 1304867 1304869 1304873 1304923 1304929 1304957 1304969 1304981 1304983 1304997
100381:  1305011 1305013 1305047 1305061 1305097 1305121 1305137 1305149 1305151 1305163 1305169 1305223 1305247 1305251
100396:  1305253 1305287 1305289 1305307 1305311 1305329 1305353 1305391 1305401 1305427 1305431 1305449 1305511 1305517
100411:  1305527 1305553 1305559 1305571 1305581 1305587 1305589 1305599 1305607 1305637 1305643 1305653 1305659 1305679
100426:  1305691 1305701 1305707 1305713 1305739 1305743 1305797 1305803 1305869 1305883 1305893 1305907 1305919
100441:  1305947 1305959 1305961 1305971 1306001 1306007 1306027 1306051 1306069 1306087 1306099 1306103 1306121 1306133
100456:  1306139 1306143 1306159 1306169 1306181 1306213 1306223 1306237 1306241 1306243 1306259 1306267 1306273 1306313
100471:  1306339 1306343 1306351 1306367 1306373 1306381 1306387 1306391 1306411 1306429 1306439 1306451 1306477 1306483
100486:  1306489 1306499 1306517 1306519 1306541 1306589 1306597 1306601 1306633 1306661 1306663 1306667 1306691 1306693 1306717
```

100501-102000   Prime numbers

```
100501: 1306733 1306751 1306757 1306759 1306777 1306817 1306819 1306829 1306831 1306849 1306853 1306873 1306889 1306891 1306901
100516: 1306913 1306933 1306961 1306973 1306979 1306999 1307051 1307057 1307063 1307069 1307077 1307081 1307083 1307087 1307093
100531: 1307101 1307107 1307123 1307153 1307161 1307183 1307197 1307209 1307221 1307261 1307281 1307303 1307309 1307311 1307347
100546: 1307353 1307393 1307417 1307431 1307437 1307441 1307461 1307473 1307479 1307483 1307497 1307507 1307519 1307539 1307551
100561: 1307591 1307627 1307633 1307641 1307651 1307671 1307689 1307693 1307701 1307729 1307731 1307741 1307747 1307767 1307771
100576: 1307809 1307821 1307833 1307849 1307893 1307909 1307923 1307927 1307951 1307981 1307993 1308011 1308019 1308029 1308037
100591: 1308049 1308077 1308091 1308121 1308137 1308157 1308173 1308191 1308193 1308221 1308247 1308287 1308299 1308301 1308313
100606: 1308323 1308331 1308343 1308353 1308367 1308383 1308403 1308413 1308421 1308457 1308467 1308491 1308497 1308499 1308521
100621: 1308523 1308529 1308547 1308551 1308557 1308563 1308581 1308583 1308589 1308599 1308607 1308611 1308613 1308647 1308649
100636: 1308691 1308707 1308709 1308719 1308731 1308737 1308757 1308773 1308803 1308809 1308829 1308841 1308863 1308869 1308887
100651: 1308899 1308911 1308917 1308919 1308943 1308977 1309013 1309039 1309057 1309067 1309073 1309079 1309093 1309103 1309117
100666: 1309123 1309127 1309129 1309163 1309177 1309181 1309207 1309219 1309237 1309249 1309283 1309291 1309313 1309333
100681: 1309337 1309339 1309349 1309351 1309369 1309397 1309411 1309421 1309463 1309501 1309513 1309531 1309549 1309559 1309571
100696: 1309589 1309591 1309601 1309631 1309639 1309661 1309691 1309699 1309709 1309717 1309723 1309739 1309747 1309753
100711: 1309757 1309769 1309793 1309801 1309807 1309811 1309817 1309829 1309831 1309849 1309877 1309883 1309907 1309921 1309927
100726: 1309939 1309949 1309961 1309963 1309999 1310013 1310039 1310041 1310053 1310063 1310077 1310083 1310087 1310093 1310117
100741: 1310119 1310123 1310137 1310143 1310147 1310171 1310189 1310209 1310233 1310251 1310261 1310269 1310279 1310293 1310311
100756: 1310327 1310329 1310359 1310363 1310369 1310371 1310381 1310383 1310389 1310399 1310417 1310431 1310467 1310473 1310489
100771: 1310509 1310527 1310533 1310549 1310579 1310591 1310599 1310611 1310627 1310629 1310633 1310657 1310669 1310681 1310693
100786: 1310719 1310723 1310741 1310759 1310779 1310789 1310797 1310801 1310807 1310809 1310851 1310891 1310899 1310923 1310927
100801: 1310963 1310987 1310993 1310999 1311001 1311029 1311031 1311041 1311047 1311053 1311067 1311097 1311103 1311109 1311127
100816: 1311131 1311143 1311173 1311181 1311217 1311223 1311229 1311239 1311241 1311251 1311259 1311263 1311287 1311301 1311307
100831: 1311341 1311353 1311361 1311367 1311377 1311383 1311403 1311407 1311419 1311433 1311449 1311473 1311481 1311493 1311503
100846: 1311509 1311523 1311547 1311553 1311559 1311577 1311599 1311617 1311619 1311623 1311643 1311689 1311691 1311701 1311721
100861: 1311733 1311749 1311767 1311769 1311773 1311797 1311799 1311829 1311847 1311853 1311857 1311899 1311901 1311917 1311923
100876: 1311967 1311971 1311991 1312001 1312019 1312027 1312079 1312093 1312133 1312139 1312153 1312169 1312177 1312183 1312187
100891: 1312189 1312211 1312229 1312237 1312277 1312301 1312303 1312319 1312331 1312343 1312351 1312373 1312379 1312391 1312393
100906: 1312397 1312411 1312459 1312471 1312513 1312517 1312523 1312543 1312547 1312559 1312561 1312567 1312579 1312583 1312601
100921: 1312603 1312637 1312657 1312667 1312669 1312673 1312681 1312733 1312739 1312769 1312777 1312789 1312813 1312823 1312841
100936: 1312847 1312853 1312867 1312873 1312877 1312889 1312891 1312907 1312921 1312931 1312937 1312951 1312963 1312967 1313041
100951: 1313057 1313069 1313083 1313087 1313141 1313153 1313161 1313171 1313219 1313237 1313239 1313293 1313297 1313311 1313317
100966: 1313329 1313333 1313339 1313357 1313359 1313363 1313371 1313383 1313423 1313443 1313447 1313449 1313453 1313467 1313567 1313569
100981: 1313579 1313591 1313597 1313621 1313623 1313629 1313633 1313651 1313657 1313677 1313699 1313701 1313723 1313731 1313747 1313761
100996: 1313771 1313797 1313813 1313827 1313839 1313843 1313857 1313863 1313881 1313891 1313899 1313911 1313929 1313953 1313957
101011: 1313959 1313987 1313999 1314011 1314017 1314023 1314043 1314101 1314109 1314113 1314127 1314133 1314143 1314149 1314161
101026: 1314163 1314169 1314179 1314191 1314199 1314217 1314233 1314239 1314259 1314283 1314301 1314317 1314359 1314361 1314371
101041: 1314377 1314409 1314433 1314437 1314451 1314463 1314479 1314497 1314503 1314517 1314527 1314539 1314563 1314569 1314571
101056: 1314587 1314601 1314613 1314659 1314671 1314673 1314701 1314767 1314769 1314799 1314809 1314821 1314823 1314851 1314853
101071: 1314871 1314883 1314893 1314917 1314941 1314953 1314997 1315003 1315007 1315019 1315037 1315049 1315073 1315081 1315087
101086: 1315151 1315159 1315177 1315181 1315183 1315187 1315211 1315213 1315229 1315231 1315243 1315253 1315283 1315289 1315297
101101: 1315309 1315367 1315373 1315397 1315399 1315441 1315451 1315453 1315463 1315481 1315487 1315493 1315507 1315519 1315537
101116: 1315543 1315549 1315553 1315591 1315957 1315603 1315607 1315621 1315627 1315637 1315651 1315661 1315673 1315697 1315711
101131: 1315723 1315729 1315747 1315771 1315781 1315801 1315823 1315837 1315849 1315861 1315871 1315889 1315891 1315901 1315907
101146: 1315927 1315931 1315943 1315949 1315961 1315967 1315969 1316009 1316017 1316033 1316039 1316041 1316071 1316099 1316143
101161: 1316177 1316209 1316213 1316239 1316251 1316257 1316261 1316279 1316299 1316303 1316311 1316321 1316323 1316347 1316363
101176: 1316389 1316401 1316407 1316417 1316431 1316437 1316479 1316507 1316509 1316519 1316527 1316533 1316537 1316591 1316593
101191: 1316603 1316621 1316639 1316647 1316657 1316669 1316671 1316677 1316699 1316717 1316719 1316741 1316743 1316761 1316767
101206: 1316779 1316801 1316813 1316831 1316869 1316873 1316881 1316899 1316921 1316923 1316951 1316963 1316969 1316983 1316989
101221: 1316999 1317013 1317031 1317059 1317067 1317079 1317083 1317091 1317119 1317131 1317157 1317161 1317191 1317193 1317223
101236: 1317227 1317229 1317247 1317257 1317259 1317271 1317299 1317301 1317307 1317317 1317319 1317359 1317361 1317377 1317397
101251: 1317401 1317409 1317413 1317419 1317427 1317443 1317451 1317461 1317487 1317493 1317521 1317523 1317541 1317553 1317571
101266: 1317583 1317587 1317599 1317629 1317671 1317677 1317683 1317691 1317697 1317703 1317713 1317727 1317737 1317761 1317763
101281: 1317771 1317787 1317793 1317817 1317839 1317853 1317881 1317887 1317917 1317929 1317941 1317947 1317961 1317971 1317989
101296: 1318003 1318013 1318019 1318033 1318039 1318063 1318067 1318073 1318099 1318103 1318139 1318147 1318157 1318169 1318183
101311: 1318193 1318211 1318231 1318241 1318249 1318259 1318267 1318277 1318279 1318283 1318301 1318313 1318349 1318379 1318409 1318411 1318441
101326: 1318451 1318459 1318463 1318477 1318487 1318489 1318517 1318549 1318553 1318579 1318581 1318609 1318633 1318661 1318663 1318697
101341: 1318699 1318703 1318711 1318721 1318727 1318729 1318739 1318753 1318781 1318783 1318789 1318821 1318829 1318833 1318841 1318883
101356: 1318861 1318889 1318883 1318897 1318901 1318903 1318913 1318927 1318931 1318937 1318943 1318963 1318973 1318987 1318991
101371: 1318997 1319023 1319033 1319053 1319057 1319077 1319083 1319107 1319137 1319147 1319167 1319193 1319201 1319209 1319261
101386: 1319273 1319281 1319293 1319321 1319323 1319333 1319371 1319377 1319389 1319399 1319401 1319407 1319411 1319419 1319429
101401: 1319443 1319459 1319477 1319509 1319543 1319561 1319567 1319609 1319623 1319651 1319687 1319707 1319711 1319719 1319723
101416: 1319729 1319737 1319741 1319743 1319777 1319779 1319803 1319821 1319839 1319849 1319861 1319869 1319893 1319909 1319917
101431: 1319933 1319951 1319963 1320019 1320023 1320031 1320037 1320061 1320091 1320107 1320113 1320119 1320127 1320149 1320157
101446: 1320161 1320173 1320181 1320191 1320199 1320211 1320247 1320251 1320287 1320301 1320307 1320331 1320337 1320343 1320353
101461: 1320377 1320379 1320391 1320409 1320413 1320421 1320427 1320433 1320437 1320533 1320541 1320607 1320617 1320623 1320667
101476: 1320721 1320727 1320749 1320751 1320773 1320791 1320799 1320811 1320859 1320871 1320881 1320887 1320889 1320901
101491: 1320911 1320923 1320929 1320931 1320947 1320961 1320973 1320983 1321007 1321031 1321063 1321079 1321093 1321109 1321139
101506: 1321141 1321157 1321163 1321169 1321171 1321193 1321213 1321219 1321247 1321249 1321259 1321267 1321273 1321283 1321289
101521: 1321301 1321303 1321319 1321349 1321351 1321357 1321363 1321379 1321391 1321399 1321409 1321417 1321421 1321429 1321447
101536: 1321451 1321457 1321459 1321477 1321483 1321487 1321513 1321517 1321549 1321571 1321577 1321589 1321601 1321627 1321633
101551: 1321637 1321651 1321657 1321669 1321679 1321681 1321693 1321711 1321729 1321753 1321757 1321759 1321763 1321769 1321813
101566: 1321823 1321841 1321847 1321867 1321891 1321897 1321919 1321927 1321939 1321951 1321961 1321981 1321991 1321997 1322011
101581: 1322021 1322033 1322089 1322117 1322129 1322137 1322143 1322147 1322149 1322159 1322161 1322171 1322173 1322177 1322179
101596: 1322207 1322219 1322221 1322227 1322257 1322261 1322281 1322287 1322303 1322317 1322321 1322327 1322329 1322333 1322393
101611: 1322357 1322359 1322369 1322389 1322423 1322437 1322443 1322449 1322467 1322471 1322483 1322501 1322507 1322521 1322527
101626: 1322543 1322557 1322579 1322591 1322593 1322597 1322599 1322611 1322621 1322641 1322669 1322681 1322689 1322693 1322731
101641: 1322743 1322747 1322749 1322767 1322813 1322831 1322843 1322851 1322857 1322869 1322873 1322887 1322897 1322903 1322917
101656: 1322921 1322927 1322939 1322941 1322953 1322963 1322977 1323001 1323017 1323041 1323043 1323053 1323073 1323079 1323107
101671: 1323109 1323131 1323137 1323143 1323149 1323169 1323187 1323197 1323199 1323221 1323233 1323247 1323253 1323281
101686: 1323307 1323319 1323323 1323337 1323349 1323367 1323373 1323389 1323409 1323431 1323437 1323457 1323461 1323479 1323499
101701: 1323503 1323529 1323533 1323541 1323551 1323571 1323577 1323593 1323599 1323611 1323629 1323649 1323659 1323689 1323701
101716: 1323727 1323733 1323737 1323743 1323779 1323797 1323799 1323851 1323869 1323871 1323877 1323893 1323899 1323919 1323923
101731: 1323967 1323997 1324007 1324033 1324039 1324051 1324061 1324069 1324093 1324097 1324111 1324123 1324151 1324159
101746: 1324171 1324187 1324199 1324201 1324217 1324223 1324261 1324313 1324327 1324361 1324369 1324381 1324387 1324391 1324403
101761: 1324429 1324441 1324451 1324457 1324481 1324511 1324513 1324523 1324547 1324571 1324573 1324583 1324591 1324607 1324613
101776: 1324619 1324621 1324627 1324649 1324651 1324663 1324667 1324679 1324681 1324717 1324721 1324733 1324753 1324783 1324819
101791: 1324837 1324831 1324837 1324849 1324867 1324871 1324907 1324913 1324949 1324957 1324969 1324999 1325011 1325017 1325021
101806: 1325047 1325063 1325083 1325089 1325111 1325119 1325123 1325143 1325173 1325179 1325183 1325197 1325227 1325251 1325263
101821: 1325267 1325273 1325287 1325293 1325309 1325333 1325351 1325399 1325417 1325419 1325423 1325449 1325483 1325491 1325501
101836: 1325509 1325551 1325543 1325557 1325567 1325579 1325581 1325617 1325627 1325633 1325657 1325659 1325663 1325669 1325693
101851: 1325707 1325761 1325771 1325773 1325791 1325803 1325861 1325867 1325873 1325903 1325911 1325939 1325941 1325947 1325959
101866: 1325997 1325993 1326001 1326037 1326041 1326057 1326067 1326071 1326089 1326097 1326109 1326133 1326137 1326147 1326151
101881: 1326161 1326167 1326187 1326239 1326251 1326253 1326271 1326277 1326287 1326301 1326307 1326313 1326319 1326343 1326349
101896: 1326359 1326383 1326389 1326419 1326427 1326443 1326449 1326461 1326463 1326467 1326489 1326503 1326511 1326523 1326529
101911: 1326551 1326587 1326607 1326613 1326623 1326631 1326641 1326649 1326653 1326659 1326673 1326683 1326689 1326691 1326701 1326727
101926: 1326731 1326769 1326787 1326791 1326797 1326811 1326821 1326823 1326839 1326859 1326863 1326881 1326887 1326889 1326893
101941: 1326929 1326943 1326947 1326967 1326971 1326989 1327009 1327013 1327019 1327043 1327063 1327091 1327099 1327111 1327133
101956: 1327147 1327181 1327194 1327199 1327201 1327217 1327221 1327231 1327237 1327259 1327267 1327289 1327297 1327303 1327349 1327351 1327363
101971: 1327369 1327373 1327379 1327387 1327409 1327427 1327481 1327489 1327517 1327561 1327577 1327603 1327619 1327631 1327673
101986: 1327679 1327709 1327759 1327769 1327783 1327789 1327793 1327801 1327831 1327841 1327849 1327871 1327877 1327889 1327901
```

Prime numbers 102001-103500

```
102001: 1327903 1327933 1327973 1327987 1327999 1328003 1328017 1328051 1328077 1328087 1328099 1328101 1328111 1328143 1328161
102016: 1328167 1328179 1328183 1328203 1328207 1328213 1328219 1328231 1328237 1328269 1328279 1328297 1328311 1328317 1328323
102031: 1328351 1328357 1328387 1328407 1328417 1328447 1328449 1328473 1328477 1328479 1328491 1328497 1328501 1328507 1328521
102046: 1328531 1328539 1328563 1328573 1328603 1328611 1328617 1328647 1328653 1328671 1328683 1328699 1328711 1328729 1328731
102061: 1328741 1328749 1328777 1328783 1328797 1328807 1328827 1328843 1328861 1328863 1328891 1328893 1328897 1328909 1328911
102076: 1328923 1328927 1328953 1328969 1328981 1329011 1329061 1329067 1329073 1329091 1329103 1329109 1329127 1329131 1329143
102091: 1329161 1329197 1329217 1329233 1329241 1329269 1329277 1329283 1329287 1329313 1329337 1329353 1329359 1329371 1329379
102106: 1329397 1329407 1329437 1329439 1329457 1329479 1329499 1329529 1329533 1329541 1329589 1329593 1329599 1329619
102121: 1329623 1329631 1329637 1329661 1329673 1329701 1329703 1329707 1329709 1329719 1329721 1329733 1329761 1329763 1329767
102136: 1329787 1329799 1329847 1329863 1329871 1329899 1329907 1329941 1329953 1329971 1330001 1330003 1330009 1330031
102151: 1330061 1330073 1330093 1330103 1330111 1330129 1330157 1330177 1330207 1330211 1330213 1330223 1330229 1330237 1330249
102166: 1330253 1330309 1330313 1330321 1330337 1330393 1330397 1330411 1330423 1330453 1330487 1330493 1330499 1330501 1330519
102181: 1330529 1330541 1330547 1330559 1330577 1330583 1330601 1330603 1330621 1330633 1330649 1330691 1330699 1330727 1330733
102196: 1330751 1330783 1330787 1330789 1330831 1330843 1330859 1330867 1330873 1330909 1330933 1330943 1330957 1330961 1330963
102211: 1330997 1331023 1331039 1331041 1331051 1331059 1331063 1331093 1331107 1331119 1331123 1331153 1331207 1331227 1331243
102226: 1331249 1331251 1331261 1331269 1331279 1331293 1331299 1331327 1331329 1331333 1331339 1331347 1331377 1331381 1331383
102241: 1331399 1331411 1331431 1331437 1331443 1331471 1331489 1331497 1331513 1331521 1331527 1331549 1331567 1331573 1331579
102256: 1331587 1331591 1331597 1331599 1331611 1331633 1331641 1331647 1331657 1331663 1331683 1331699 1331711 1331719 1331749
102271: 1331761 1331779 1331787 1331783 1331789 1331801 1331821 1331851 1331857 1331921 1331923 1331929 1331951 1331959 1331969
102286: 1331987 1331989 1332017 1332047 1332059 1332077 1332119 1332127 1332151 1332167 1332169 1332181 1332187 1332193 1332217
102301: 1332251 1332277 1332281 1332285 1332283 1332313 1332319 1332329 1332343 1332361 1332371 1332379 1332389 1332421 1332431
102316: 1332433 1332439 1332449 1332467 1332479 1332491 1332503 1332509 1332517 1332547 1332553 1332557 1332571 1332587 1332589
102331: 1332631 1332649 1332671 1332673 1332691 1332701 1332713 1332719 1332733 1332739 1332757 1332763 1332767 1332769 1332797
102346: 1332803 1332823 1332833 1332841 1332847 1332853 1332893 1332913 1332917 1332941 1332949 1332959 1332973 1332979 1332997
102361: 1333019 1333027 1333039 1333079 1333091 1333117 1333121 1333133 1333139 1333141 1333151 1333153 1333169 1333181 1333193
102376: 1333253 1333261 1333271 1333273 1333289 1333291 1333313 1333331 1333337 1333353 1333393 1333411 1333417 1333457 1333483
102391: 1333511 1333537 1333543 1333547 1333567 1333571 1333583 1333597 1333601 1333613 1333621 1333643 1333663 1333669 1333679
102406: 1333687 1333691 1333693 1333697 1333721 1333723 1333733 1333741 1333751 1333777 1333799 1333807 1333811 1333831 1333841
102421: 1333883 1333889 1333901 1333909 1333919 1333949 1333963 1333967 1333991 1333993 1333999 1334057 1334071 1334077 1334093
102436: 1334101 1334107 1334111 1334117 1334119 1334129 1334141 1334233 1334239 1334273 1334287 1334297 1334329 1334333 1334339
102451: 1334341 1334353 1334357 1334363 1334369 1334371 1334393 1334401 1334407 1334413 1334423 1334441 1334453 1334461 1334463
102466: 1334477 1334491 1334507 1334537 1334549 1334561 1334563 1334569 1334603 1334629 1334633 1334651 1334681 1334717 1334719
102481: 1334737 1334743 1334747 1334771 1334797 1334813 1334819 1334833 1334881 1334903 1334933 1334947 1334969 1335007 1335023
102496: 1335043 1335053 1335067 1335079 1335137 1335157 1335161 1335201 1335209 1335221 1335233 1335239 1335241 1335259 1335277
102511: 1335287 1335289 1335319 1335331 1335343 1335349 1335361 1335371 1335379 1335391 1335407 1335409 1335413 1335431 1335457
102526: 1335461 1335497 1335527 1335533 1335557 1335563 1335611 1335617 1335619 1335637 1335641 1335647 1335661 1335667 1335683
102541: 1335689 1335743 1335749 1335751 1335781 1335791 1335797 1335847 1335853 1335869 1335889 1335899 1335907 1335941 1335949
102556: 1335953 1335977 1335989 1335991 1336009 1336019 1336021 1336037 1336039 1336057 1336091 1336103 1336121
102571: 1336133 1336141 1336151 1336169 1336171 1336177 1336187 1336189 1336201 1336211 1336229 1336241 1336253 1336261 1336267
102586: 1336271 1336273 1336333 1336337 1336343 1336393 1336399 1336417 1336429 1336453 1336457 1336463 1336469 1336471 1336481
102601: 1336487 1336493 1336499 1336519 1336529 1336547 1336561 1336567 1336579 1336589 1336597 1336603 1336613 1336619 1336637
102616: 1336649 1336663 1336729 1336747 1336781 1336793 1336799 1336801 1336817 1336861 1336873 1336877 1336883 1336891 1336901
102631: 1336919 1336927 1336939 1336943 1336949 1336957 1336961 1336969 1336997 1337003 1337023 1337027 1337057 1337071 1337093
102646: 1337153 1337159 1337173 1337209 1337227 1337261 1337263 1337267 1337269 1337293 1337299 1337317 1337327 1337333 1337351
102661: 1337359 1337363 1337377 1337383 1337389 1337411 1337419 1337431 1337443 1337447 1337459 1337477 1337489 1337507 1337527
102676: 1337563 1337591 1337593 1337603 1337617 1337621 1337627 1337629 1337647 1337663 1337671 1337689 1337701 1337723 1337729
102691: 1337731 1337753 1337777 1337779 1337783 1337801 1337803 1337813 1337851 1337879 1337899 1337911 1337969 1337971
102706: 1337977 1337981 1337983 1337989 1338013 1338041 1338049 1338101 1338107 1338109 1338167 1338217 1338229 1338241 1338247
102721: 1338269 1338277 1338299 1338319 1338331 1338343 1338349 1338361 1338367 1338371 1338377 1338391 1338397 1338411 1338433
102736: 1338443 1338451 1338457 1338473 1338479 1338481 1338499 1338517 1338521 1338539 1338551 1338559 1338581 1338587 1338637
102751: 1338641 1338653 1338661 1338671 1338679 1338703 1338731 1338737 1338749 1338781 1338787 1338791 1338793
102766: 1338803 1338809 1338811 1338823 1338851 1338863 1338871 1338877 1338881 1338907 1338923 1338941 1338979 1339001 1339003
102781: 1339027 1339031 1339057 1339061 1339069 1339087 1339097 1339109 1339111 1339127 1339147 1339153 1339157 1339177 1339199
102796: 1339207 1339211 1339223 1339229 1339259 1339297 1339333 1339337 1339339 1339343 1339357 1339381 1339391 1339399 1339409
102811: 1339411 1339427 1339433 1339463 1339487 1339523 1339553 1339567 1339571 1339577 1339601 1339607 1339613 1339619 1339631
102826: 1339643 1339661 1339669 1339673 1339687 1339691 1339693 1339711 1339729 1339759 1339777 1339781 1339813 1339817 1339843
102841: 1339853 1339859 1339873 1339901 1339903 1339907 1339909 1339931 1339951 1339961 1339973 1339991 1340011 1340021 1340033
102856: 1340039 1340041 1340047 1340069 1340071 1340083 1340107 1340113 1340149 1340153 1340179 1340221 1340237 1340243
102871: 1340281 1340291 1340321 1340323 1340327 1340329 1340333 1340357 1340359 1340363 1340369 1340401 1340407 1340411
102886: 1340419 1340441 1340447 1340459 1340477 1340489 1340491 1340497 1340527 1340557 1340561 1340587 1340617 1340627 1340639
102901: 1340653 1340681 1340687 1340701 1340707 1340723 1340747 1340749 1340753 1340761 1340767 1340777 1340789 1340797
102916: 1340803 1340827 1340861 1340879 1340891 1340897 1340929 1340947 1340961 1340981 1341007 1341017 1341019
102931: 1341023 1341071 1341073 1341089 1341097 1341101 1341103 1341121 1341143 1341167 1341173 1341187 1341203 1341209 1341217
102946: 1341257 1341259 1341293 1341313 1341323 1341359 1341371 1341409 1341413 1341437 1341443 1341449 1341467 1341469 1341481
102961: 1341491 1341493 1341523 1341539 1341547 1341551 1341553 1341559 1341577 1341581 1341611 1341617 1341619 1341677 1341689
102976: 1341701 1341707 1341713 1341717 1341733 1341747 1341757 1341779 1341787 1341839 1341841 1341863 1341869 1341871 1341873
102991: 1341883 1341911 1341919 1341931 1341947 1341983 1342001 1342007 1342049 1342051 1342063 1342067 1342069 1342079 1342087
103006: 1342093 1342109 1342111 1342129 1342153 1342163 1342171 1342177 1342199 1342213 1342219 1342223 1342241 1342247 1342259
103021: 1342261 1342267 1342277 1342279 1342283 1342291 1342333 1342339 1342343 1342361 1342379 1342403 1342409 1342423 1342433
103036: 1342457 1342493 1342499 1342501 1342519 1342531 1342547 1342567 1342573 1342591 1342609 1342633 1342651 1342661
103051: 1342667 1342669 1342697 1342699 1342723 1342727 1342739 1342741 1342751 1342753 1342799 1342801 1342829 1342849 1342871
103066: 1342877 1342883 1342887 1342891 1342907 1342909 1342963 1342969 1342973 1342987 1343001 1343009 1343029 1343033 1343047
103081: 1343059 1343071 1343081 1343113 1343161 1343183 1343191 1343203 1343219 1343233 1343253 1343263 1343299 1343311 1343317
103096: 1343327 1343333 1343341 1343351 1343369 1343383 1343387 1343389 1343413 1343423 1343431 1343467 1343479 1343491
103111: 1343501 1343519 1343549 1343567 1343579 1343593 1343597 1343607 1343627 1343631 1343637 1343669 1343677 1343681 1343689
103126: 1343717 1343723 1343743 1343747 1343759 1343767 1343789 1343791 1343801 1343863 1343873 1343887 1343893 1343899 1343911
103141: 1343917 1343941 1343957 1343963 1343971 1343983 1343987 1344011 1344017 1344029 1344043 1344053 1344073 1344113 1344127
103156: 1344151 1344157 1344163 1344169 1344181 1344199 1344227 1344283 1344311 1344319 1344337 1344347 1344359 1344389
103171: 1344401 1344403 1344407 1344437 1344441 1344463 1344487 1344491 1344503 1344509 1344511 1344569 1344583 1344589 1344593
103186: 1344599 1344601 1344641 1344647 1344667 1344671 1344709 1344727 1344743 1344767 1344779 1344781 1344793 1344797 1344799
103201: 1344821 1344823 1344829 1344857 1344859 1344869 1344899 1344901 1344941 1344947 1344949 1344979 1345009 1345013
103216: 1345027 1345033 1345037 1345051 1345079 1345117 1345129 1345139 1345153 1345177 1345207 1345217 1345231 1345241 1345243
103231: 1345273 1345277 1345277 1345277 1345301 1345303 1345333 1345361 1345423 1345441 1345451 1345453 1345459 1345467 1345471
103246: 1345481 1345507 1345537 1345541 1345549 1345559 1345577 1345583 1345621 1345627 1345633 1345649 1345651 1345667 1345691
103261: 1345699 1345711 1345713 1345719 1345757 1345781 1345783 1345837 1345841 1345849 1345867 1345873 1345879 1345913 1345921
103276: 1345931 1345933 1345951 1345957 1345973 1345987 1345997 1346003 1346021 1346039 1346063 1346083 1346117 1346119 1346123
103291: 1346129 1346143 1346159 1346161 1346173 1346183 1346243 1346269 1346297 1346309 1346311 1346333 1346341 1346353 1346357
103306: 1346363 1346369 1346377 1346419 1346437 1346443 1346447 1346461 1346479 1346483 1346491 1346533 1346537 1346539 1346557
103321: 1346593 1346603 1346623 1346629 1346639 1346641 1346647 1346669 1346671 1346719 1346729 1346743 1346747 1346821 1346827
103336: 1346831 1346843 1346861 1346881 1346899 1346909 1346951 1346953 1346957 1346971 1346977 1346987 1346999 1347001
103351: 1347013 1347019 1347053 1347077 1347091 1347103 1347113 1347127 1347149 1347191 1347209 1347211 1347221 1347223 1347263
103366: 1347277 1347287 1347289 1347293 1347329 1347331 1347333 1347341 1347397 1347389 1347391 1347407 1347413 1347433 1347457
103381: 1347469 1347473 1347477 1347487 1347527 1347553 1347557 1347569 1347587 1347611 1347617 1347623 1347637 1347667 1347679
103396: 1347707 1347713 1347733 1347747 1347739 1347757 1347763 1347767 1347769 1347781 1347791 1347841 1347877 1347881 1347893 1347901
103411: 1347919 1347937 1347953 1347967 1347971 1347989 1348001 1348013 1348027 1348033 1348051 1348063 1348073 1348111 1348129
103426: 1348177 1348211 1348271 1348223 1348231 1348247 1348273 1348287 1348309 1348311 1348361 1348511 1348517 1348391 1348493
103441: 1348387 1348393 1348409 1348427 1348441 1348483 1348489 1348493 1348511 1348517 1348537 1348541 1348547 1348549
103456: 1348573 1348577 1348574 1348581 1348597 1348613 1348619 1348627 1348631 1348657 1348687 1348733 1348747 1348757 1348769
103471: 1348793 1348843 1348847 1348849 1348871 1348873 1348889 1348891 1348901 1348907 1348913 1348931 1348937 1348951 1348957
103486: 1348961 1348987 1349003 1349017 1349053 1349059 1349063 1349077 1349087 1349119 1349129 1349143 1349147 1349149 1349177
```

103501-105000 Prime numbers

```
103501: 1349189 1349207 1349219 1349233 1349251 1349281 1349287 1349317 1349339 1349357 1349363 1349371 1349393 1349401 1349407
103516: 1349423 1349471 1349473 1349531 1349533 1349651 1349669 1349671 1349683 1349687 1349701 1349713 1349737 1349753
103531: 1349773 1349807 1349809 1349827 1349867 1349891 1349897 1349903 1349917 1349927 1349941 1349947 1349977 1349993 1350001
103546: 1350017 1350023 1350029 1350047 1350089 1350053 1350059 1350061 1350073 1350101 1350119 1350127 1350133 1350187 1350203
103561: 1350229 1350247 1350257 1350277 1350287 1350313 1350317 1350319 1350331 1350341 1350343 1350367 1350373 1350379 1350383
103576: 1350403 1350449 1350457 1350467 1350469 1350473 1350487 1350509 1350521 1350523 1350533 1350541 1350551 1350553 1350563
103591: 1350593 1350607 1350623 1350641 1350647 1350677 1350697 1350703 1350709 1350731 1350743 1350749 1350751 1350761 1350773
103606: 1350779 1350799 1350809 1350823 1350847 1350851 1350857 1350883 1350889 1350893 1350901 1350959 1350961 1350977 1351019
103621: 1351027 1351037 1351039 1351061 1351069 1351079 1351087 1351093 1351099 1351111 1351117 1351121 1351123 1351127 1351151
103636: 1351169 1351171 1351183 1351199 1351213 1351241 1351243 1351247 1351249 1351253 1351267 1351283 1351289 1351291 1351309
103651: 1351327 1351373 1351387 1351397 1351403 1351417 1351421 1351423 1351439 1351459 1351523 1351529 1351541 1351543 1351547
103666: 1351589 1351621 1351639 1351663 1351667 1351697 1351703 1351711 1351747 1351751 1351781 1351783 1351799 1351813 1351829
103681: 1351837 1351841 1351843 1351853 1351897 1351901 1351913 1351919 1351921 1351949 1351957 1351967 1351979 1351981 1351991
103696: 1351997 1352069 1352093 1352107 1352119 1352123 1352149 1352167 1352171 1352191 1352201 1352203 1352207 1352209
103711: 1352227 1352257 1352269 1352277 1352293 1352311 1352317 1352347 1352359 1352369 1352371 1352383 1352389 1352419
103726: 1352441 1352443 1352447 1352459 1352489 1352521 1352543 1352557 1352597 1352599 1352627 1352641 1352657 1352669 1352749
103741: 1352753 1352761 1352773 1352777 1352779 1352783 1352803 1352807 1352839 1352849 1352861 1352863 1352873 1352881 1352893
103756: 1352903 1352917 1352921 1352957 1352963 1352969 1352977 1352987 1352993 1352999 1353007 1353019 1353029 1353043 1353059
103771: 1353089 1353091 1353101 1353133 1353137 1353173 1353179 1353191 1353221 1353223 1353239 1353241 1353257 1353259 1353269
103786: 1353277 1353281 1353293 1353301 1353311 1353329 1353371 1353377 1353383 1353397 1353433 1353449 1353463 1353479 1353487
103801: 1353551 1353581 1353593 1353607 1353613 1353629 1353641 1353679 1353689 1353701 1353707 1353713 1353733 1353743 1353763
103816: 1353767 1353791 1353809 1353827 1353839 1353857 1353881 1353887 1353893 1353901 1353917 1353949 1353967 1353973 1353977
103831: 1353983 1354007 1354009 1354013 1354019 1354021 1354037 1354043 1354051 1354057 1354063 1354123 1354127 1354153
103846: 1354159 1354181 1354193 1354207 1354229 1354231 1354247 1354267 1354289 1354291 1354303 1354307 1354321 1354333 1354337
103861: 1354343 1354349 1354361 1354391 1354393 1354471 1354481 1354487 1354499 1354501 1354523 1354547 1354571 1354583 1354589
103876: 1354601 1354603 1354637 1354649 1354651 1354663 1354711 1354741 1354777 1354811 1354813 1354819 1354823 1354841
103891: 1354853 1354877 1354889 1354901 1354931 1354937 1354939 1354943 1354949 1354957 1354981 1354989 1355007 1355021 1355063
103906: 1355071 1355089 1355113 1355119 1355129 1355131 1355153 1355191 1355219 1355243 1355261 1355267 1355269 1355279 1355281
103921: 1355293 1355297 1355303 1355309 1355311 1355323 1355329 1355353 1355357 1355363 1355371 1355399 1355401 1355423 1355429
103936: 1355443 1355447 1355449 1355483 1355503 1355507 1355513 1355533 1355573 1355579 1355591 1355609 1355623 1355647 1355657
103951: 1355659 1355677 1355681 1355693 1355713 1355741 1355743 1355749 1355759 1355771 1355777 1355803 1355807 1355819 1355831
103966: 1355843 1355857 1355863 1355867 1355881 1355891 1355917 1355923 1355933 1355941 1355947 1355957 1355983 1355987 1355989
103981: 1355999 1356007 1356037 1356053 1356059 1356067 1356077 1356079 1356083 1356101 1356109 1356133 1356143 1356151 1356167
103996: 1356169 1356181 1356197 1356221 1356227 1356247 1356253 1356259 1356269 1356319 1356331 1356337 1356371 1356389 1356401
104011: 1356409 1356427 1356431 1356451 1356461 1356463 1356473 1356491 1356497 1356499 1356503 1356539 1356547 1356571 1356577
104026: 1356593 1356611 1356623 1356629 1356643 1356647 1356659 1356671 1356689 1356697 1356709 1356713 1356721 1356727 1356737
104041: 1356743 1356757 1356763 1356811 1356829 1356857 1356869 1356871 1356877 1356899 1356907 1356911 1356913 1356919 1356947
104056: 1356973 1357001 1357003 1357009 1357021 1357039 1357043 1357063 1357079 1357091 1357129 1357163 1357187 1357193
104071: 1357201 1357333 1357337 1357351 1357361 1357423 1357427 1357429 1357453 1357463 1357507 1357513 1357537 1357547 1357549
104086: 1357561 1357571 1357589 1357619 1357661 1357669 1357673 1357679 1357703 1357717 1357727 1357729 1357753 1357771 1357781
104101: 1357787 1357801 1357817 1357823 1357843 1357871 1357883 1357901 1357907 1357919 1357927 1357969 1358009 1358029 1358033
104116: 1358039 1358047 1358057 1358059 1358083 1358087 1358111 1358143 1358153 1358167 1358171 1358179 1358183 1358197 1358209
104131: 1358213 1358221 1358251 1358257 1358263 1358267 1358289 1358297 1358299 1358303 1358309 1358323 1358333 1358353 1358359 1358363
104146: 1358369 1358377 1358387 1358393 1358411 1358417 1358437 1358459 1358471 1358477 1358479 1358491 1358507 1358509 1358537
104161: 1358561 1358611 1358639 1358647 1358689 1358701 1358703 1358713 1358717 1358729 1358741 1358743 1358753 1358779 1358783 1358801 1358803
104176: 1358807 1358809 1358813 1358821 1358831 1358837 1358857 1358881 1358887 1358891 1358927 1358933 1358939 1358953 1358957
104191: 1358977 1358983 1358993 1359023 1359053 1359077 1359091 1359097 1359161 1359173 1359179 1359181 1359209 1359213 1359233
104206: 1359247 1359271 1359283 1359307 1359311 1359313 1359329 1359349 1359361 1359367 1359373 1359377 1359401 1359427 1359467
104221: 1359487 1359493 1359499 1359509 1359521 1359529 1359563 1359571 1359581 1359619 1359641 1359647 1359661 1359679 1359689
104236: 1359719 1359727 1359731 1359733 1359739 1359769 1359803 1359817 1359823 1359833 1359857 1359859 1359871 1359901 1359913
104251: 1359937 1359947 1359953 1359971 1359977 1359991 1359999 1360027 1360047 1360067 1360069 1360087 1360097
104266: 1360103 1360141 1360159 1360171 1360189 1360193 1360201 1360207 1360213 1360223 1360237 1360241 1360253 1360259 1360277
104281: 1360279 1360283 1360309 1360313 1360319 1360327 1360349 1360367 1360409 1360421 1360423 1360429 1360439 1360441 1360451 1360507
104296: 1360511 1360517 1360529 1360531 1360537 1360589 1360591 1360607 1360613 1360631 1360637 1360673 1360687 1360699 1360729
104311: 1360747 1360753 1360757 1360759 1360763 1360769 1360781 1360789 1360801 1360811 1360819 1360829 1360847 1360871 1360873
104326: 1360889 1360903 1360921 1360943 1360967 1360973 1360981 1361011 1361021 1361023 1361029 1361047 1361051 1361053 1361069
104341: 1361081 1361089 1361099 1361121 1361131 1361137 1361149 1361153 1361183 1361197 1361273 1361279 1361287 1361291 1361299
104356: 1361317 1361357 1361363 1361383 1361387 1361389 1361401 1361417 1361431 1361441 1361443 1361453 1361471 1361491 1361497
104371: 1361533 1361573 1361587 1361593 1361599 1361603 1361609 1361629 1361677 1361699 1361707 1361713 1361741 1361743 1361777
104386: 1361791 1361803 1361807 1361813 1361817 1361819 1361849 1361873 1361827 1361831 1361843 1361893 1361929 1361953 1361957 1361959
104401: 1361963 1361999 1362017 1362019 1362041 1362059 1362071 1362089 1362103 1362131 1362161 1362181 1362203 1362209 1362211
104416: 1362223 1362247 1362271 1362287 1362291 1362299 1362301 1362337 1362341 1362343 1362353 1362367 1362371 1362401
104431: 1362407 1362409 1362421 1362437 1362443 1362457 1362461 1362463 1362479 1362511 1362521 1362523 1362551 1362607 1362619
104446: 1362629 1362631 1362637 1362643 1362653 1362689 1362701 1362707 1362709 1362719 1362731 1362761 1362763 1362787 1362833
104461: 1362863 1362869 1362883 1362919 1362929 1362931 1362937 1362961 1362967 1362989 1362997 1363027 1363031 1363051 1363069
104476: 1363081 1363093 1363099 1363123 1363133 1363139 1363151 1363157 1363171 1363183 1363189 1363207 1363217 1363223 1363275
104491: 1363267 1363273 1363277 1363301 1363309 1363321 1363331 1363333 1363361 1363381 1363393 1363403 1363409 1363429
104506: 1363433 1363447 1363477 1363489 1363501 1363513 1363541 1363547 1363577 1363603 1363627 1363631 1363637 1363673
104521: 1363679 1363717 1363727 1363751 1363753 1363771 1363781 1363787 1363793 1363807 1363811 1363837 1363847 1363867 1363883
104536: 1363897 1363909 1363913 1363933 1363937 1363951 1363969 1363973 1363993 1364009 1364017 1364039 1364047 1364059
104551: 1364071 1364101 1364137 1364141 1364161 1364171 1364179 1364183 1364191 1364201 1364203 1364213 1364221 1364239 1364243
104566: 1364263 1364287 1364299 1364303 1364309 1364323 1364327 1364329 1364331 1364339 1364351 1364359 1364381 1364399 1364401 1364417
104581: 1364423 1364431 1364443 1364453 1364477 1364483 1364491 1364533 1364569 1364581 1364609 1364617 1364621 1364633 1364663 1364677
104596: 1364717 1364719 1364731 1364747 1364761 1364771 1364773 1364791 1364809 1364821 1364861 1364897 1364911 1364917 1364953
104611: 1364963 1364969 1364971 1365011 1365019 1365029 1365037 1365043 1365047 1365071 1365079 1365097 1365103 1365107 1365109
104626: 1365127 1365137 1365149 1365163 1365167 1365181 1365193 1365197 1365223 1365239 1365251 1365269 1365281 1365289
104641: 1365307 1365311 1365313 1365361 1365367 1365373 1365383 1365431 1365449 1365461 1365467 1365499 1365503 1365547
104656: 1365557 1365563 1365571 1365577 1365583 1365659 1365667 1365703 1365709 1365719 1365731 1365733 1365761 1365787 1365799
104671: 1365811 1365821 1365869 1365877 1365907 1365911 1365913 1365919 1365977 1365991 1365989 1366009 1366019 1366021 1366031
104686: 1366087 1366093 1366109 1366117 1366121 1366159 1366163 1366187 1366213 1366241 1366279 1366289 1366291 1366297 1366303
104701: 1366337 1366349 1366367 1366397 1366427 1366433 1366459 1366471 1366481 1366483 1366489 1366493 1366507 1366517 1366523
104716: 1366529 1366531 1366543 1366549 1366577 1366597 1366601 1366609 1366621 1366639 1366643 1366649 1366657 1366661 1366663
104731: 1366667 1366693 1366709 1366721 1366747 1366753 1366763 1366769 1366793 1366801 1366799 1366827 1366831 1366843 1366861
104746: 1366877 1366889 1366903 1366907 1366921 1366933 1366943 1366957 1366987 1366991 1366997 1367017 1367027 1367057 1367059
104761: 1367077 1367087 1367103 1367117 1367137 1367159 1367171 1367153 1367161 1367167 1367201 1367203 1367231 1367277 1367291
104776: 1367299 1367323 1367339 1367341 1367383 1367393 1367417 1367423 1367447 1367459 1367461 1367479 1367501 1367507 1367519
104791: 1367521 1367533 1367537 1367543 1367551 1367573 1367579 1367581 1367593 1367617 1367647 1367687 1367711 1367713 1367749
104806: 1367761 1367777 1367783 1367789 1367819 1367827 1367831 1367851 1367857 1367869 1367881 1367887 1367893 1367903 1367921
104821: 1367929 1367953 1367963 1367987 1368013 1368053 1368071 1368077 1368079 1368083 1368119 1368121 1368127 1368161 1368163
104836: 1368167 1368173 1368181 1368187 1368203 1368229 1368233 1368251 1368253 1368259 1368271 1368281 1368287 1368313 1368329
104851: 1368331 1368337 1368343 1368349 1368373 1368377 1368397 1368401 1368439 1368443 1368461 1368463 1368467 1368469 1368473
104866: 1368487 1368491 1368503 1368527 1368529 1368547 1368589 1368671 1368643 1368659 1368673 1368683 1368727 1368737 1368773
104881: 1368761 1368791 1368793 1368797 1368803 1368811 1368827 1368839 1368841 1368847 1368869 1368907 1368911 1368943 1368967
104896: 1368971 1368979 1368989 1368999 1369013 1369019 1369021 1369033 1369051 1369057 1369083 1369099 1369103 1369133 1369139
104911: 1369153 1369169 1369183 1369201 1369217 1369219 1369223 1369229 1369277 1369297 1369309 1369321 1369337 1369339 1369369
104926: 1369373 1369391 1369403 1369411 1369427 1369429 1369451 1369457 1369489 1369499 1369517 1369531 1369541 1369559 1369561
104941: 1369597 1369607 1369619 1369651 1369657 1369723 1369727 1369733 1369747 1369759 1369763 1369781 1369783 1369789 1369793
104956: 1369801 1369813 1369823 1369861 1369853 1369861 1369871 1369883 1369891 1369901 1369961 1369981 1370007 1370027 1370051 1370053
104971: 1370059 1370063 1370069 1370077 1370093 1370099 1370101 1370111 1370113 1370119 1370143 1370177 1370189 1370197 1370227
104986: 1370263 1370269 1370287 1370297 1370311 1370321 1370323 1370329 1370359 1370377 1370389 1370407 1370431 1370449 1370459
```

Prime numbers   105001-106500

```
105001:  1370461 1370471 1370483 1370491 1370503 1370519 1370521 1370531 1370533 1370573 1370587 1370597 1370599 1370617 1370623
105016:  1370657 1370669 1370683 1370687 1370701 1370723 1370741 1370749 1370753 1370771 1370779 1370819 1370821 1370833 1370839 1370857
105031:  1370861 1370891 1370899 1370909 1370921 1370933 1370953 1370977 1370981 1370987 1371001 1371017 1371031 1371047 1371061
105046:  1371079 1371089 1371103 1371107 1371113 1371119 1371121 1371137 1371151 1371157 1371179 1371187 1371193 1371217 1371229
105061:  1371259 1371263 1371301 1371343 1371353 1371389 1371397 1371431 1371449 1371493 1371499 1371511 1371541 1371551 1371563
105076:  1371569 1371581 1371583 1371589 1371593 1371599 1371607 1371619 1371641 1371647 1371653 1371661 1371683 1371703 1371731
105091:  1371749 1371763 1371767 1371779 1371803 1371817 1371827 1371841 1371863 1371893 1371899 1371911 1371913 1371943 1371947
105106:  1371949 1371989 1371991 1372027 1372043 1372051 1372079 1372081 1372097 1372103 1372109 1372127 1372139 1372171 1372183
105121:  1372187 1372207 1372211 1372243 1372253 1372271 1372301 1372307 1372331 1372363 1372369 1372373 1372379 1372391 1372403
105136:  1372411 1372417 1372421 1372451 1372471 1372493 1372531 1372537 1372543 1372549 1372559 1372583 1372607 1372621 1372627
105151:  1372633 1372661 1372667 1372673 1372677 1372739 1372747 1372757 1372759 1372771 1372779 1372789 1372843 1372849 1372867
105166:  1372879 1372913 1372933 1372951 1372957 1372961 1372963 1372979 1372981 1372991 1372999 1373027 1373041 1373051 1373059
105181:  1373081 1373087 1373129 1373137 1373141 1373153 1373159 1373161 1373167 1373173 1373189 1373191 1373201 1373219 1373227
105196:  1373233 1373321 1373341 1373347 1373357 1373363 1373369 1373371 1373381 1373417 1373419 1373431 1373441 1373473 1373483
105211:  1373497 1373501 1373521 1373531 1373539 1373543 1373557 1373563 1373591 1373611 1373627 1373639 1373677 1373683 1373689
105226:  1373717 1373761 1373777 1373789 1373803 1373819 1373839 1373843 1373849 1373851 1373861 1373873 1373881 1373887 1373891
105241:  1373959 1373989 1374007 1374019 1374029 1374041 1374053 1374067 1374073 1374077 1374083 1374101 1374113 1374161 1374173
105256:  1374187 1374209 1374211 1374239 1374257 1374271 1374277 1374299 1374301 1374311 1374313 1374341 1374367 1374377 1374379
105271:  1374407 1374431 1374437 1374443 1374473 1374481 1374497 1374511 1374533 1374539 1374547 1374551 1374557 1374559 1374589
105286:  1374601 1374613 1374617 1374619 1374673 1374677 1374683 1374691 1374697 1374713 1374719 1374721 1374731 1374743 1374749
105301:  1374761 1374787 1374821 1374833 1374847 1374851 1374869 1374877 1374887 1374929 1374937 1374941 1374953 1374983 1375013
105316:  1375019 1375021 1375037 1375039 1375043 1375051 1375063 1375091 1375103 1375109 1375111 1375117 1375133 1375141 1375151
105331:  1375189 1375211 1375219 1375223 1375237 1375241 1375253 1375259 1375273 1375297 1375301 1375337 1375357 1375373 1375379
105346:  1375417 1375421 1375433 1375457 1375481 1375513 1375531 1375547 1375567 1375571 1375597 1375601 1375609 1375637 1375639
105361:  1375669 1375679 1375681 1375709 1375723 1375727 1375729 1375739 1375747 1375757 1375769 1375783 1375799 1375807 1375813
105376:  1375817 1375819 1375823 1375853 1375877 1375879 1375901 1375921 1375937 1375949 1375951 1375981 1375987 1376003 1376009
105391:  1376017 1376033 1376071 1376077 1376093 1376131 1376147 1376153 1376161 1376171 1376173 1376191 1376197 1376203 1376213
105406:  1376231 1376237 1376257 1376317 1376321 1376339 1376359 1376377 1376383 1376393 1376407 1376423 1376429 1376443 1376447
105421:  1376449 1376461 1376467 1376471 1376491 1376497 1376503 1376509 1376513 1376533 1376539 1376561 1376567 1376591 1376603 1376621
105436:  1376623 1376661 1376693 1376699 1376701 1376719 1376723 1376729 1376737 1376747 1376761 1376777 1376789 1376819 1376827
105451:  1376839 1376897 1376899 1376923 1376929 1376939 1376957 1376971 1376981 1377023 1377031 1377037 1377041 1377043 1377071
105466:  1377107 1377121 1377127 1377133 1377137 1377151 1377157 1377169 1377171 1377179 1377191 1377223 1377269 1377281 1377293 1377317
105481:  1377347 1377349 1377353 1377359 1377371 1377377 1377379 1377403 1377407 1377421 1377427 1377451 1377457 1377469 1377479
105496:  1377487 1377497 1377499 1377511 1377533 1377553 1377577 1377589 1377601 1377637 1377643 1377653 1377659 1377667 1377679
105511:  1377713 1377737 1377749 1377751 1377757 1377773 1377781 1377787 1377791 1377793 1377811 1377821 1377829 1377847 1377851
105526:  1377853 1377881 1377911 1377913 1377923 1377931 1377941 1377947 1377961 1377977 1377983 1378001 1378007 1378009 1378031
105541:  1378033 1378057 1378061 1378067 1378073 1378081 1378099 1378103 1378129 1378141 1378147 1378151 1378163 1378187 1378189
105556:  1378199 1378217 1378219 1378231 1378249 1378253 1378271 1378277 1378301 1378319 1378337 1378339 1378373 1378387 1378397
105571:  1378427 1378439 1378441 1378499 1378501 1378511 1378519 1378529 1378541 1378561 1378567 1378579 1378589 1378591 1378603
105586:  1378613 1378639 1378669 1378673 1378679 1378681 1378691 1378703 1378721 1378733 1378759 1378763 1378777 1378799 1378801
105601:  1378807 1378813 1378823 1378831 1378841 1378843 1378847 1378859 1378903 1378907 1378943 1378957 1378961 1378969 1378997
105616:  1378999 1379003 1379017 1379029 1379047 1379069 1379071 1379089 1379099 1379107 1379111 1379129 1379137 1379141 1379167
105631:  1379173 1379201 1379207 1379227 1379239 1379251 1379263 1379291 1379321 1379353 1379359 1379369 1379383 1379387 1379423
105646:  1379447 1379449 1379461 1379467 1379473 1379489 1379491 1379503 1379509 1379513 1379519 1379549 1379579 1379603 1379621
105661:  1379629 1379633 1379639 1379641 1379657 1379669 1379681 1379699 1379703 1379797 1379801 1379803 1379809 1379813
105676:  1379821 1379857 1379867 1379869 1379879 1379887 1379897 1379923 1379929 1379947 1379953 1379957 1379969 1379981 1379993
105691:  1380007 1380013 1380031 1380047 1380053 1380089 1380149 1380157 1380163 1380199 1380221 1380227 1380223 1380241 1380251
105706:  1380259 1380271 1380277 1380283 1380289 1380307 1380317 1380329 1380341 1380377 1380389 1380397 1380401 1380419 1380427
105721:  1380439 1380443 1380469 1380499 1380517 1380551 1380557 1380563 1380571 1380583 1380607 1380611 1380619 1380623 1380637
105736:  1380653 1380671 1380677 1380679 1380707 1380721 1380727 1380763 1380779 1380781 1380793 1380811 1380817 1380853 1380881
105751:  1380887 1380889 1380913 1380931 1380947 1380949 1380959 1380983 1380989 1380997 1381017 1381031 1381043 1381057 1381069
105766:  1381103 1381109 1381111 1381141 1381147 1381153 1381181 1381207 1381213 1381217 1381229 1381231 1381271 1381273 1381277
105781:  1381279 1381291 1381297 1381301 1381313 1381327 1381349 1381357 1381361 1381379 1381397 1381409 1381411 1381421 1381427 1381439
105796:  1381441 1381451 1381459 1381483 1381487 1381489 1381493 1381507 1381517 1381519 1381537 1381553 1381571 1381573 1381609
105811:  1381613 1381621 1381637 1381643 1381649 1381693 1381697 1381727 1381739 1381747 1381759 1381769 1381811 1381819 1381837 1381859
105826:  1381871 1381883 1381901 1381907 1381921 1381967 1381969 1381973 1381979 1381991 1381993 1381997 1381999 1382003 1382039
105841:  1382057 1382089 1382099 1382107 1382113 1382123 1382159 1382167 1382177 1382179 1382183 1382191 1382201 1382207 1382221
105856:  1382237 1382243 1382247 1382279 1382309 1382327 1382393 1382419 1382449 1382467 1382501 1382503 1382519 1382525 1382533
105871:  1382543 1382551 1382567 1382597 1382609 1382621 1382629 1382651 1382663 1382671 1382673 1382681 1382753 1382767 1382779
105886:  1382819 1382827 1382861 1382891 1382893 1382939 1382957 1382989 1382989 1382991 1383037 1383043 1383047
105901:  1383077 1383089 1383113 1383121 1383139 1383169 1383191 1383199 1383203 1383209 1383287 1383301 1383323 1383331 1383359
105916:  1383367 1383377 1383379 1383391 1383401 1383433 1383449 1383451 1383479 1383493 1383497 1383509 1383517 1383521 1383553
105931:  1383583 1383589 1383593 1383607 1383653 1383659 1383667 1383691 1383731 1383737 1383743 1383757 1383761 1383769 1383797
105946:  1383799 1383803 1383829 1383853 1383857 1383881 1383901 1383913 1383917 1383937 1383947 1383959 1383961 1383983
105961:  1384013 1384027 1384043 1384067 1384069 1384079 1384087 1384091 1384099 1384109 1384111 1384139 1384171 1384189 1384193
105976:  1384219 1384231 1384237 1384241 1384247 1384249 1384303 1384337 1384343 1384357 1384367 1384387 1384391 1384403
105991:  1384433 1384477 1384499 1384501 1384507 1384561 1384601 1384603 1384619 1384631 1384661 1384663 1384673 1384679 1384697 1384699
106006:  1384711 1384727 1384741 1384781 1384787 1384813 1384829 1384841 1384847 1384859 1384861 1384891 1384909 1384913 1384921
106021:  1384919 1384921 1384937 1384951 1384961 1384963 1384979 1384993 1385003 1385009 1385017 1385023 1385039 1385051 1385057
106036:  1385071 1385077 1385093 1385099 1385113 1385117 1385129 1385137 1385149 1385171 1385173 1385191 1385203 1385213
106051:  1385273 1385287 1385291 1385299 1385303 1385327 1385333 1385341 1385369 1385383 1385387 1385389 1385399 1385401
106066:  1385411 1385413 1385437 1385441 1385459 1385471 1385477 1385479 1385507 1385521 1385561 1385563 1385569 1385603 1385609
106081:  1385621 1385641 1385743 1385757 1385777 1385779 1385801 1385809 1385827 1385833 1385837 1385843
106096:  1385861 1385863 1385869 1385873 1385887 1385893 1385899 1385921 1385929 1385947 1385953 1385963 1385977 1385987 1386013
106111:  1386037 1386043 1386053 1386079 1386089 1386097 1386139 1386149 1386167 1386177 1386181 1386193 1386199 1386211
106126:  1386223 1386239 1386263 1386271 1386283 1386293 1386311 1386313 1386317 1386337 1386361 1386377 1386379 1386383 1386419
106141:  1386443 1386467 1386479 1386491 1386499 1386551 1386557 1386569 1386587 1386607 1386611 1386617 1386631 1386643 1386679
106156:  1386667 1386691 1386703 1386731 1386733 1386757 1386767 1386779 1386787 1386811 1386821 1386823 1386839 1386857
106171:  1386863 1386881 1386889 1386899 1386929 1386947 1386977 1386991 1387007 1387017 1387037 1387039 1387069
106186:  1387109 1387117 1387121 1387123 1387129 1387147 1387151 1387163 1387189 1387207 1387213 1387231 1387259 1387261 1387271
106201:  1387289 1387313 1387347 1387349 1387357 1387363 1387387 1387407 1387411 1387417 1387471 1387493 1387499 1387501 1387517
106216:  1387571 1387579 1387583 1387597 1387601 1387649 1387667 1387669 1387681 1387691 1387717 1387727 1387733 1387781 1387783
106231:  1387801 1387817 1387819 1387877 1387883 1387877 1387889 1387911 1387913 1387921 1387943 1387961 1387987 1387997
106246:  1388003 1388011 1388021 1388029 1388041 1388053 1388059 1388063 1388069 1388077 1388081 1388113 1388117 1388141 1388161
106261:  1388171 1388183 1388227 1388243 1388269 1388273 1388287 1388323 1388353 1388357 1388359 1388363 1388373 1388383
106276:  1388381 1388393 1388411 1388419 1388449 1388461 1388473 1388477 1388479 1388483 1388579 1388583 1388603 1388623
106291:  1388627 1388653 1388659 1388669 1388687 1388693 1388701 1388719 1388747 1388773 1388777 1388779 1388797 1388819
106306:  1388837 1388857 1388887 1388921 1388941 1388953 1388963 1388969 1389001 1389007 1389097 1389107 1389131 1389139
106321:  1389149 1389163 1389169 1389173 1389191 1389209 1389211 1389217 1389221 1389229 1389233 1389251 1389259 1389277 1389281
106336:  1389301 1389319 1389337 1389347 1389371 1389383 1389419 1389433 1389469 1389473 1389481 1389491 1389511
106351:  1389533 1389539 1389547 1389551 1389559 1389569 1389587 1389589 1389623 1389629 1389643 1389647 1389663 1389677 1389697
106366:  1389727 1389749 1389769 1389797 1389809 1389811 1389861 1389881 1389891 1389893 1389911 1389917
106381:  1389919 1389943 1389961 1389989 1389991 1390003 1390019 1390027 1390043 1390069 1390087 1390111 1390117 1390121 1390157
106396:  1390159 1390177 1390181 1390219 1390241 1390247 1390253 1390283 1390327 1390337 1390339 1390343 1390357 1390369
106411:  1390387 1390391 1390399 1390409 1390421 1390457 1390469 1390471 1390483 1390489 1390507 1390517 1390541 1390547 1390573
106426:  1390577 1390601 1390619 1390621 1390633 1390643 1390681 1390721 1390729 1390693 1390699 1390703 1390733 1390777
106441:  1390759 1390771 1390783 1390789 1390801 1390813 1390841 1390847 1390859 1390891 1390901 1390903 1390913 1390919 1390931
106456:  1390967 1390969 1390979 1390993 1391011 1391023 1391029 1391041 1391051 1391057 1391101 1391107 1391117
106471:  1391119 1391129 1391183 1391189 1391207 1391233 1391239 1391261 1391273 1391287 1391297 1391317 1391323 1391353 1391363
106486:  1391381 1391393 1391407 1391413 1391419 1391441 1391447 1391461 1391479 1391483 1391519 1391521 1391549 1391557 1391561
```

106501-108000 Prime numbers

```
106501: 1391563 1391567 1391573 1391587 1391597 1391627 1391629 1391641 1391647 1391651 1391653 1391669 1391701 1391713 1391729
106516: 1391779 1391849 1391861 1391893 1391899 1391917 1391927 1391933 1391941 1391969 1391981 1391989 1392007 1392089 1392101
106531: 1392103 1392133 1392143 1392163 1392197 1392221 1392229 1392233 1392253 1392269 1392271 1392277 1392311 1392323 1392353
106546: 1392361 1392367 1392373 1392379 1392407 1392431 1392449 1392451 1392463 1392473 1392481 1392497 1392527 1392539 1392541
106561: 1392553 1392557 1392607 1392619 1392631 1392649 1392679 1392697 1392701 1392707 1392731 1392733 1392763 1392773 1392779
106576: 1392803 1392817 1392829 1392847 1392851 1392877 1392883 1392889 1392901 1392943 1392953 1392959 1392977 1392983 1393003
106591: 1393019 1393027 1393039 1393043 1393069 1393079 1393097 1393103 1393121 1393123 1393141 1393159 1393181 1393187 1393193
106606: 1393219 1393229 1393241 1393253 1393261 1393283 1393297 1393313 1393331 1393333 1393343 1393361 1393367 1393373 1393387 1393397
106621: 1393417 1393451 1393453 1393459 1393471 1393489 1393493 1393523 1393559 1393577 1393589 1393607 1393619 1393627 1393633
106636: 1393649 1393657 1393661 1393663 1393681 1393687 1393697 1393723 1393739 1393751 1393771 1393781 1393807 1393817 1393831
106651: 1393837 1393871 1393883 1393891 1393913 1393919 1393921 1393927 1393933 1393937 1393939 1393957 1393961 1393967 1393969
106666: 1393979 1393981 1393991 1393999 1394009 1394021 1394023 1394027 1394047 1394083 1394089 1394131 1394137 1394147 1394149
106681: 1394167 1394271 1394273 1394291 1394251 1394269 1394273 1394291 1394297 1394299 1394321 1394359 1394383 1394389 1394401 1394413
106696: 1394417 1394423 1394431 1394441 1394453 1394479 1394489 1394501 1394509 1394539 1394557 1394573 1394579 1394599 1394633
106711: 1394669 1394671 1394681 1394683 1394699 1394707 1394711 1394713 1394737 1394747 1394749 1394753 1394759 1394777 1394831
106726: 1394849 1394857 1394891 1394893 1394909 1394917 1394933 1394941 1394977 1394983 1394989 1394993 1395001 1395029 1395047
106741: 1395059 1395067 1395073 1395077 1395083 1395109 1395127 1395137 1395161 1395175 1395181 1395187 1395209 1395223 1395263
106756: 1395283 1395293 1395301 1395319 1395323 1395337 1395347 1395367 1395413 1395419 1395439 1395463 1395467 1395469 1395481
106771: 1395491 1395523 1395533 1395551 1395553 1395557 1395559 1395613 1395629 1395643 1395659 1395661
106786: 1395671 1395673 1395679 1395697 1395739 1395743 1395749 1395773 1395781 1395791 1395809 1395817 1395829 1395839 1395859
106801: 1395883 1395871 1395883 1395907 1395923 1395943 1395983 1395991 1395997 1396001 1396007 1396013 1396027 1396033 1396037
106816: 1396049 1396051 1396061 1396069 1396093 1396099 1396103 1396127 1396141 1396183 1396189 1396207 1396211 1396217 1396223
106831: 1396237 1396247 1396259 1396271 1396273 1396301 1396303 1396327 1396331 1396387 1396393 1396411 1396429 1396433 1396453
106846: 1396469 1396487 1396513 1396517 1396523 1396529 1396531 1396541 1396547 1396559 1396561 1396579 1396607 1396613 1396627
106861: 1396657 1396663 1396667 1396673 1396691 1396687 1396691 1396697 1396711 1396723 1396751 1396753 1396757 1396789 1396817
106876: 1396819 1396841 1396847 1396849 1396867 1396877 1396903 1396909 1396939 1396949 1396963 1396979 1396987 1396991 1396999
106891: 1397021 1397023 1397029 1397041 1397057 1397059 1397063 1397069 1397087 1397101 1397107 1397117 1397119 1397131 1397153
106906: 1397159 1397161 1397167 1397177 1397189 1397219 1397233 1397251 1397257 1397261 1397267 1397299 1397303 1397311 1397329
106921: 1397339 1397359 1397437 1397441 1397443 1397447 1397477 1397483 1397491 1397497 1397509 1397521 1397531 1397551 1397563
106936: 1397569 1397579 1397581 1397603 1397609 1397613 1397657 1397681 1397719 1397729 1397743 1397761 1397783 1397833
106951: 1397839 1397857 1397861 1397873 1397881 1397909 1397933 1397939 1397951 1397953 1397959 1397983 1397989 1397999 1398011
106966: 1398017 1398031 1398037 1398043 1398049 1398053 1398079 1398083 1398091 1398107 1398121 1398127 1398139 1398141 1398151 1398211
106981: 1398161 1398197 1398209 1398211 1398227 1398229 1398247 1398251 1398259 1398263 1398269 1398281 1398283 1398289 1398307
106996: 1398323 1398329 1398349 1398361 1398401 1398407 1398413 1398421 1398427 1398451 1398471 1398479 1398493 1398497 1398517
107011: 1398521 1398541 1398557 1398559 1398569 1398577 1398581 1398599 1398611 1398619 1398623 1398659 1398667 1398701 1398707
107026: 1398721 1398731 1398757 1398763 1398769 1398773 1398779 1398781 1398841 1398847 1398859 1398871 1398911 1398967 1398973
107041: 1398977 1398979 1398997 1399003 1399009 1399019 1399033 1399037 1399039 1399063 1399109 1399121 1399129 1399133 1399183
107056: 1399187 1399193 1399199 1399201 1399223 1399231 1399261 1399271 1399273 1399283 1399301 1399319 1399351 1399357 1399361
107071: 1399367 1399373 1399381 1399391 1399399 1399403 1399417 1399427 1399439 1399441 1399469 1399471 1399477 1399493 1399499
107086: 1399507 1399513 1399529 1399537 1399543 1399547 1399549 1399553 1399577 1399579 1399583 1399589 1399603 1399609 1399621
107101: 1399633 1399639 1399663 1399679 1399687 1399691 1399709 1399721 1399733 1399751 1399777 1399789 1399793 1399813 1399817
107116: 1399819 1399837 1399843 1399847 1399861 1399883 1399913 1399919 1399943 1399963 1399999 1400017 1400023 1400029 1400039
107131: 1400051 1400081 1400093 1400107 1400131 1400141 1400143 1400159 1400173 1400197 1400249 1400251 1400261 1400279 1400297
107146: 1400299 1400303 1400327 1400353 1400369 1400383 1400387 1400411 1400417 1400423 1400449 1400453 1400479 1400489 1400507
107161: 1400521 1400543 1400567 1400587 1400599 1400621 1400653 1400669 1400687 1400689 1400701 1400711 1400747 1400753 1400801
107176: 1400803 1400807 1400809 1400821 1400863 1400873 1400879 1400881 1400887 1400891 1400899 1400923 1400939 1400941 1400947
107191: 1400989 1401007 1401017 1401031 1401053 1401067 1401083 1401119 1401131 1401139 1401151 1401167 1401187 1401199 1401203
107206: 1401217 1401233 1401247 1401263 1401287 1401317 1401319 1401349 1401371 1401377 1401401 1401403 1401409 1401437 1401443
107221: 1401461 1401481 1401487 1401511 1401529 1401559 1401577 1401601 1401607 1401613 1401623 1401629 1401641 1401679 1401683
107236: 1401703 1401713 1401721 1401737 1401739 1401761 1401767 1401791 1401793 1401809 1401811 1401817 1401821 1401823 1401857
107251: 1401937 1401943 1401949 1401971 1401977 1401979 1401989 1402003 1402019 1402031 1402061 1402081 1402087 1402103 1402123
107266: 1402129 1402147 1402153 1402157 1402169 1402201 1402231 1402249 1402267 1402277 1402283 1402301 1402309 1402361 1402363
107281: 1402367 1402369 1402391 1402397 1402399 1402417 1402421 1402429 1402477 1402493 1402501 1402519 1402529 1402543
107296: 1402547 1402557 1402571 1402589 1402603 1402673 1402669 1402697 1402699 1402711 1402727 1402763 1402771 1402799 1402801
107311: 1402811 1402829 1402847 1402859 1402871 1402873 1402883 1402901 1402937 1402943 1402957 1403009 1403021 1403057 1403071
107326: 1403081 1403113 1403137 1403147 1403159 1403167 1403189 1403239 1403249 1403251 1403257 1403261 1403287 1403309 1403323
107341: 1403327 1403333 1403371 1403377 1403383 1403393 1403399 1403407 1403411 1403417 1403429 1403443 1403453 1403459
107356: 1403461 1403489 1403491 1403531 1403533 1403557 1403569 1403603 1403609 1403611 1403617 1403627 1403641 1403651 1403653
107371: 1403657 1403681 1403683 1403693 1403747 1403789 1403791 1403807 1403813 1403819 1403827 1403833 1403849 1403869 1403879
107386: 1403893 1403903 1403921 1403923 1403933 1403939 1403951 1403953 1403957 1403961 1403971 1403989 1404059 1404061 1404071
107401: 1404107 1404131 1404133 1404163 1404181 1404191 1404211 1404229 1404257 1404283 1404287 1404289 1404323 1404367 1404371
107416: 1404391 1404397 1404419 1404427 1404437 1404439 1404461 1404467 1404497 1404503 1404527 1404541 1404547 1404569 1404577
107431: 1404581 1404583 1404617 1404643 1404649 1404653 1404671 1404709 1404721 1404737 1404743 1404749 1404763 1404791 1404797
107446: 1404811 1404833 1404859 1404869 1404881 1404883 1404899 1404911 1404919 1404937 1404961 1404961 1404973 1404979 1404989
107461: 1405007 1405009 1405039 1405087 1405097 1405099 1405109 1405127 1405133 1405141 1405147 1405153 1405163 1405171 1405181
107476: 1405211 1405241 1405247 1405249 1405267 1405285 1405297 1405303 1405319 1405333 1405351 1405361 1405363 1405367
107491: 1405387 1405403 1405421 1405451 1405477 1405491 1405493 1405511 1405513 1405529 1405531 1405561 1405583 1405597 1405631 1405637
107506: 1405643 1405661 1405693 1405699 1405709 1405721 1405751 1405759 1405769 1405787 1405793 1405813 1405823 1405831 1405837
107521: 1405879 1405919 1405927 1405939 1405979 1405997 1406011 1406033 1406051 1406071 1406077 1406081 1406089 1406101
107536: 1406159 1406161 1406173 1406213 1406221 1406231 1406267 1406281 1406311 1406351 1406357 1406387 1406389 1406417 1406429
107551: 1406441 1406463 1406453 1406469 1406479 1406491 1406523 1406533 1406539 1406543 1406549 1406557 1406591 1406593 1406609
107566: 1406617 1406633 1406651 1406677 1406683 1406689 1406701 1406707 1406711 1406771 1406773 1406789 1406803 1406827 1406837
107581: 1406849 1406871 1406879 1406889 1406927 1406929 1406941 1406947 1406953 1406959 1406981 1407011 1407017 1407019 1407023
107596: 1407037 1407041 1407047 1407053 1407061 1407101 1407113 1407143 1407151 1407181 1407187 1407193 1407223 1407229 1407247
107611: 1407251 1407253 1407277 1407281 1407291 1407293 1407317 1407319 1407323 1407337 1407361 1407383 1407389 1407391 1407397
107626: 1407409 1407449 1407467 1407473 1407487 1407491 1407499 1407503 1407533 1407547 1407551 1407557 1407559 1407569 1407587
107641: 1407599 1407607 1407611 1407613 1407679 1407629 1407647 1407661 1407667 1407671 1407707 1407727 1407751 1407793 1407811
107656: 1407823 1407827 1407829 1407841 1407851 1407869 1407877 1407883 1407893 1407937 1407971 1407997 1408007 1408009 1408021
107671: 1408027 1408031 1408057 1408067 1408097 1408111 1408123 1408145 1408177 1408181 1408201 1408217 1408219 1408241 1408279
107686: 1408289 1408301 1408339 1408349 1408367 1408373 1408397 1408409 1408411 1408417 1408453 1408493 1408499 1408523 1408529
107701: 1408531 1408597 1408621 1408601 1408613 1408639 1408653 1408681 1408649 1408657 1408663 1408669 1408697 1408699
107716: 1408703 1408709 1408741 1408763 1408769 1408787 1408789 1408817 1408829 1408843 1408859 1408867 1408871 1408873 1408879
107731: 1408889 1408963 1408967 1408991 1408993 1408999 1409027 1409011 1409031 1409041 1409049 1409063 1409069 1409071
107746: 1409117 1409159 1409171 1409203 1409207 1409209 1409227 1409231 1409237 1409251 1409263 1409299 1409311 1409327 1409329
107761: 1409341 1409357 1409381 1409393 1409397 1409407 1409459 1409467 1409489 1409491 1409503 1409519 1409531 1409537
107776: 1409547 1409549 1409579 1409587 1409591 1409633 1409651 1409659 1409677 1409713 1409717 1409731 1409741 1409753 1409773
107791: 1409783 1409789 1409791 1409797 1409803 1409833 1409843 1409851 1409869 1409879 1409899 1409917 1409957 1409977 1409999
107806: 1410007 1410023 1410037 1410041 1410047 1410053 1410077 1410103 1410109 1410119 1410131 1410163 1410169 1410187 1410197
107821: 1410203 1410217 1410223 1410229 1410247 1410257 1410289 1410293 1410301 1410317 1410323 1410341 1410343 1410377 1410397
107836: 1410401 1410413 1410421 1410449 1410457 1410463 1410467 1410499 1410509 1410527 1410553 1410571 1410587 1410599 1410623
107851: 1410653 1410679 1410683 1410697 1410707 1410709 1410727 1410733 1410743 1410757 1410767 1410781 1410803 1410809 1410811
107866: 1410823 1410833 1410859 1410887 1410907 1410911 1410923 1410931 1410943 1410947 1410961 1410971 1410973 1410977 1410979
107881: 1411013 1411021 1411031 1411043 1411049 1411061 1411099 1411117 1411127 1411141 1411159 1411171 1411181 1411193 1411199
107896: 1411219 1411241 1411247 1411271 1411283 1411297 1411307 1411313 1411331 1411369 1411387 1411411 1411423 1411429 1411433
107911: 1411471 1411481 1411499 1411519 1411541 1411559 1411567 1411573 1411583 1411603 1411607 1411609 1411621 1411637 1411649 1411667
107926: 1411679 1411721 1411727 1411729 1411759 1411769 1411777 1411783 1411789 1411793 1411801 1411829 1411831 1411847 1411873 1411889
107941: 1411897 1411903 1411931 1411937 1411961 1411979 1411987 1411997 1412009 1412011 1412017 1412041 1412051 1412053 1412057
107956: 1412087 1412093 1412099 1412141 1412153 1412171 1412183 1412189 1412197 1412219 1412221 1412227 1412243 1412263 1412273
107971: 1412287 1412297 1412317 1412321 1412339 1412347 1412351 1412357 1412363 1412381 1412393 1412399 1412413 1412419 1412429
107986: 1412447 1412461 1412471 1412473 1412483 1412497 1412527 1412539 1412563 1412597 1412603 1412617 1412629 1412633 1412641
```

Prime numbers 108001-109500

```
108001:  1412647 1412651 1412659 1412681 1412689 1412693 1412711 1412713 1412753 1412759 1412767 1412777 1412779 1412791 1412797
108016:  1412813 1412833 1412837 1412849 1412857 1412861 1412863 1412893 1412903 1412911 1412933 1412947 1412969 1412981 1413001
108031:  1413007 1413017 1413029 1413031 1413043 1413077 1413079 1413089 1413103 1413107 1413131 1413133 1413161 1413169 1413173
108046:  1413179 1413211 1413221 1413233 1413253 1413271 1413283 1413301 1413341 1413361 1413371 1413413 1413427 1413439 1413443
108061:  1413449 1413479 1413481 1413487 1413509 1413521 1413523 1413527 1413541 1413551 1413571 1413593 1413623 1413641 1413647
108076:  1413661 1413673 1413677 1413679 1413689 1413691 1413749 1413751 1413773 1413781 1413793 1413827 1413829 1413851 1413859
108091:  1413877 1413889 1413931 1413949 1413959 1413991 1414001 1414027 1414031 1414067 1414073 1414081 1414097 1414123 1414129
108106:  1414181 1414207 1414211 1414241 1414261 1414267 1414291 1414297 1414307 1414319 1414321 1414331 1414373 1414381 1414393
108121:  1414397 1414409 1414423 1414453 1414463 1414481 1414507 1414513 1414549 1414573 1414577 1414597 1414613 1414619 1414627
108136:  1414631 1414663 1414681 1414697 1414703 1414709 1414733 1414741 1414801 1414837 1414849 1414913 1414921 1414943 1414957
108151:  1414979 1414993 1414999 1415023 1415039 1415059 1415069 1415077 1415081 1415083 1415093 1415137 1415143 1415179 1415191
108166:  1415207 1415221 1415231 1415237 1415263 1415273 1415303 1415317 1415321 1415339 1415341 1415357 1415377 1415387 1415411
108181:  1415419 1415441 1415459 1415467 1415473 1415497 1415507 1415567 1415569 1415591 1415611 1415629 1415639 1415647 1415651
108196:  1415681 1415707 1415741 1415753 1415773 1415779 1415783 1415803 1415819 1415831 1415833 1415837 1415851 1415881 1415929
108211:  1415933 1415957 1415971 1415977 1415989 1416007 1416011 1416029 1416031 1416043 1416047 1416053 1416061 1416067 1416071
108226:  1416073 1416097 1416109 1416113 1416137 1416143 1416161 1416167 1416187 1416197 1416199 1416209 1416211 1416223 1416277
108241:  1416293 1416299 1416329 1416341 1416333 1416449 1416461 1416473 1416479 1416487 1416497 1416511 1416551 1416577 1416587
108256:  1416601 1416617 1416629 1416631 1416641 1416671 1416691 1416703 1416713 1416739 1416749 1416757 1416769 1416799 1416803
108271:  1416809 1416851 1416859 1416851 1416859 1416871 1416913 1416931 1416937 1416941 1416949 1416953 1416977 1416997 1417019 1417033
108286:  1417051 1417057 1417067 1417093 1417123 1417159 1417183 1417189 1417217 1417219 1417223 1417253 1417261 1417271 1417279
108301:  1417301 1417303 1417309 1417311 1417319 1417331 1417337 1417349 1417363 1417369 1417373 1417391 1417397 1417417 1417453
108316:  1417459 1417463 1417469 1417487 1417489 1417499 1417523 1417541 1417543 1417561 1417573 1417583 1417597 1417631 1417639
108331:  1417649 1417679 1417693 1417709 1417727 1417747 1417751 1417769 1417771 1417777 1417807 1417831 1417841 1417873 1417883
108346:  1417891 1417901 1417907 1417931 1417967 1417979 1417991 1417993 1418009 1418023 1418047 1418051 1418059 1418063 1418077
108361:  1418093 1418103 1418107 1418117 1418119 1418147 1418159 1418161 1418167 1418201 1418213 1418233 1418239 1418243 1418251
108376:  1418257 1418267 1418297 1418299 1418353 1418363 1418399 1418423 1418447 1418449 1418453 1418491 1418513 1418551 1418561
108391:  1418567 1418569 1418579 1418581 1418611 1418621 1418687 1418689 1418693 1418741 1418759 1418777 1418783 1418797 1418831
108406:  1418849 1418867 1418869 1418873 1418881 1418917 1418951 1418953 1418959 1418983 1419001 1419023 1419029 1419037 1419059
108421:  1419073 1419079 1419083 1419097 1419137 1419161 1419163 1419179 1419199 1419233 1419239 1419247 1419251 1419263
108436:  1419269 1419293 1419331 1419317 1419337 1419349 1419359 1419371 1419373 1419377 1419389 1419401 1419403 1419427 1419469 1419487
108451:  1419493 1419497 1419511 1419527 1419533 1419557 1419563 1419589 1419611 1419617 1419641 1419643 1419673 1419679 1419683
108466:  1419689 1419697 1419701 1419713 1419739 1419749 1419763 1419791 1419791 1419809 1419827 1419829 1419833 1419839 1419877
108481:  1419883 1419911 1419919 1419947 1419961 1419967 1419973 1420009 1420031 1420037 1420039 1420057 1420063 1420073 1420091
108496:  1420093 1420099 1420109 1420121 1420123 1420151 1420169 1420201 1420207 1420253 1420259 1420261 1420277 1420283 1420291
108511:  1420301 1420303 1420357 1420369 1420373 1420399 1420403 1420429 1420483 1420493 1420501 1420511 1420519 1420561 1420577
108526:  1420583 1420603 1420607 1420613 1420621 1420631 1420633 1420651 1420667 1420697 1420717 1420721 1420729 1420753 1420777
108541:  1420789 1420807 1420817 1420819 1420831 1420841 1420847 1420879 1420883 1420891 1420901 1420919 1420921 1420931 1420933
108556:  1420949 1420967 1420989 1420999 1421011 1421027 1421039 1421041 1421083 1421093 1421099 1421113 1421141 1421153 1421159
108571:  1421191 1421213 1421221 1421227 1421243 1421249 1421261 1421271 1421293 1421309 1421317 1421339 1421351 1421389 1421401
108586:  1421417 1421437 1421449 1421461 1421471 1421473 1421479 1421501 1421521 1421527 1421543 1421549 1421569 1421603 1421611
108601:  1421621 1421627 1421639 1421647 1421663 1421669 1421677 1421689 1421711 1421731 1421737 1421741 1421747 1421759 1421773
108616:  1421779 1421801 1421813 1421857 1421867 1421909 1421911 1421933 1421963 1421969 1421977 1421989 1422007 1422011 1422013
108631:  1422023 1422061 1422089 1422097 1422103 1422107 1422119 1422133 1422163 1422191 1422193 1422199 1422221 1422227 1422229
108646:  1422241 1422257 1422277 1422287 1422293 1422367 1422409 1422419 1422433 1422437 1422439 1422461 1422469 1422493 1422521
108661:  1422523 1422541 1422563 1422583 1422593 1422599 1422601 1422637 1422647 1422661 1422671 1422677 1422683 1422709 1422721
108676:  1422727 1422749 1422763 1422797 1422821 1422833 1422857 1422877 1422889 1422907 1422923 1422937 1422961 1422973 1422977
108691:  1422979 1422991 1423003 1423039 1423061 1423067 1423073 1423091 1423111 1423127 1423159 1423181 1423183 1423187
108706:  1423193 1423231 1423237 1423243 1423259 1423273 1423283 1423297 1423301 1423319 1423321 1423327 1423333 1423339
108721:  1423361 1423369 1423379 1423381 1423391 1423399 1423403 1423417 1423439 1423441 1423451 1423453 1423463 1423469 1423481
108736:  1423483 1423511 1423547 1423553 1423579 1423589 1423603 1423607 1423621 1423637 1423663 1423691 1423703 1423711
108751:  1423717 1423753 1423757 1423759 1423781 1423789 1423819 1423843 1423853 1423897 1423901 1423907 1423909 1423921 1423943
108766:  1423949 1423967 1423969 1423979 1423991 1423997 1424021 1424023 1424041 1424077 1424219 1424123 1424149 1424177
108781:  1424191 1424231 1424237 1424257 1424261 1424263 1424317 1424329 1424341 1424347 1424351 1424359 1424369 1424399 1424407
108796:  1424417 1424431 1424441 1424443 1424471 1424477 1424483 1424497 1424503 1424513 1424519 1424531 1424539 1424571 1424561
108811:  1424569 1424573 1424581 1424699 1424651 1424669 1424701 1424707 1424707 1424723 1424737 1424723 1424737 1424743 1424749 1424767 1424771
108826:  1424779 1424789 1424803 1424809 1424831 1424837 1424849 1424851 1424869 1424881 1424903 1424911 1424933 1424939 1424947
108841:  1424959 1424963 1424989 1425007 1425029 1425049 1425071 1425077 1425079 1425091 1425097 1425121 1425139 1425169
108856:  1425187 1425199 1425217 1425227 1425251 1425253 1425271 1425293 1425299 1425301 1425311 1425337 1425343 1425367 1425371
108871:  1425427 1425439 1425451 1425469 1425481 1425491 1425497 1425511 1425521 1425539 1425547 1425583 1425601
108886:  1425607 1425629 1425649 1425653 1425661 1425667 1425707 1425733 1425757 1425769 1425791 1425797 1425811 1425821 1425863
108901:  1425877 1425881 1425883 1425889 1425899 1425911 1425913 1425917 1425929 1425953 1425967 1425973 1426003 1426043 1426057
108916:  1426063 1426067 1426081 1426097 1426109 1426111 1426123 1426127 1426241 1426151 1426153 1426157 1426163 1426169
108931:  1426171 1426199 1426211 1426213 1426223 1426231 1426237 1426247 1426277 1426289 1426291 1426301 1426303 1426331 1426343
108946:  1426361 1426367 1426379 1426393 1426427 1426429 1426471 1426499 1426511 1426519 1426541 1426549 1426553
108961:  1426559 1426583 1426613 1426619 1426627 1426643 1426667 1426669 1426693 1426699 1426703 1426717 1426723 1426731
108976:  1426751 1426753 1426781 1426801 1426817 1426841 1426849 1426867 1426871 1426897 1426907 1426913 1426927 1426933
108991:  1426939 1426949 1426951 1426969 1426981 1426987 1426991 1427017 1427021 1427039 1427047 1427089 1427093 1427117 1427141
109006:  1427143 1427171 1427247 1427297 1427233 1427281 1427291 1427327 1427329 1427341 1427347 1427359 1427383 1427389
109021:  1427399 1427401 1427407 1427411 1427431 1427453 1427479 1427483 1427501 1427509 1427513 1427521 1427539 1427551 1427561
109036:  1427563 1427567 1427599 1427611 1427627 1427651 1427663 1427681 1427687 1427707 1427717 1427747 1427749 1427753 1427773
109051:  1427809 1427821 1427843 1427851 1427879 1427887 1427893 1427897 1427911 1427917 1427927 1427957 1427963 1427969 1427999
109066:  1428013 1428021 1428029 1428079 1428109 1428113 1428127 1428143 1428151 1428157 1428169 1428171 1428197 1428199
109081:  1428209 1428233 1428247 1428253 1428257 1428281 1428289 1428301 1428419 1428431 1428473 1428477 1428491 1428521 1428529
109096:  1428541 1428571 1428587 1428593 1428601 1428613 1428631 1428649 1428671 1428673 1428647 1428677 1428689 1428703 1428709 1428751
109111:  1428767 1428769 1428787 1428793 1428811 1428839 1428851 1428853 1428863 1428889 1428893 1428899 1428923 1428929 1428937
109126:  1428949 1428953 1428979 1428991 1428997 1429027 1429061 1429063 1429067 1429081 1429093 1429097 1429117 1429133 1429163
109141:  1429187 1429201 1429231 1429247 1429249 1429261 1429277 1429279 1429283 1429303 1429319 1429344 1429369 1429387 1429397
109156:  1429399 1429403 1429409 1429423 1429451 1429469 1429481 1429507 1429523 1429529 1429531 1429543 1429553 1429567 1429573
109171:  1429583 1429591 1429601 1429609 1429619 1429633 1429651 1429669 1429697 1429719 1429733 1429741 1429759 1429763
109186:  1429777 1429783 1429801 1429811 1429817 1429829 1429837 1429843 1429849 1429859 1429861 1429867 1429871 1429889 1429907
109201:  1429913 1429927 1429943 1429951 1429969 1430027 1430041 1430063 1430089 1430111 1430167 1430179 1430183 1430197
109216:  1430201 1430237 1430239 1430243 1430279 1430281 1430287 1430291 1430293 1430321 1430357 1430381 1430413 1430419 1430441
109231:  1430473 1430479 1430503 1430521 1430543 1430581 1430587 1430603 1430617 1430641 1430653 1430659 1430677 1430683 1430658
109246:  1430707 1430711 1430713 1430717 1430729 1430749 1430783 1430789 1430797 1430801 1430813 1430851 1430857 1430861 1430879
109261:  1430887 1430903 1430907 1430929 1430939 1430947 1430971 1430987 1430993 1431001 1431007 1431013 1431019 1431039 1431047
109276:  1431071 1431097 1431107 1431113 1431119 1431127 1431139 1431149 1431161 1431173 1431191 1431193 1431203 1431211 1431217
109291:  1431223 1431251 1431253 1431257 1431263 1431277 1431307 1431317 1431331 1431337 1431347 1431373 1431383 1431371 1431581
109306:  1431413 1431421 1431439 1431449 1431461 1431467 1431491 1431503 1431511 1431523 1431537 1431557 1431569 1431571 1431581
109321:  1431601 1431607 1431623 1431637 1431649 1431661 1431691 1431697 1431711 1431721 1431733 1431737 1431751 1431763 1431799
109336:  1431809 1431823 1431841 1431847 1431851 1431859 1431887 1431889 1431917 1431919 1431923 1431937 1431941 1431959 1431967 1431977 1432001
109351:  1432028 1432021 1432031 1432073 1432091 1432103 1432111 1432129 1432139 1432147 1432177 1432181 1432217 1432243 1432271
109366:  1432273 1432287 1432289 1432303 1432331 1432351 1432363 1432411 1432423 1432427 1432439 1432441 1432447 1432451 1432469
109381:  1432481 1432489 1432493 1432511 1432517 1432531 1432547 1432549 1432559 1432577 1432583 1432589 1432591 1432621 1432637
109396:  1432649 1432667 1432679 1432681 1432699 1432703 1432717 1432729 1432741 1432757 1432771 1432801 1432811 1432831 1432841
109411:  1432859 1432891 1432897 1432903 1432927 1432931 1432943 1432957 1432979 1432987 1432997 1433011 1433017 1433021 1433041
109426:  1433053 1433057 1433059 1433071 1433101 1433119 1433123 1433129 1433137 1433139 1433149 1433187 1433193 1433207 1433213 1433229
109441:  1433251 1433273 1433299 1433309 1433329 1433351 1433353 1433357 1433363 1433371 1433413 1433437 1433473 1433477 1433489
109456:  1433503 1433519 1433527 1433539 1433553 1433579 1433587 1433591 1433603 1433623 1433629 1433641 1433649 1433669 1433681
109471:  1433689 1433699 1433711 1433717 1433723 1433737 1433741 1433743 1433767 1433777 1433801 1433813 1433819 1433821 1433833
109486:  1433849 1433891 1433903 1433909 1433941 1433947 1433953 1433989 1434011 1434019 1434023 1434031 1434067 1434077 1434089
```

109501-111000 Prime numbers

```
109501: 1434107 1434109 1434131 1434133 1434143 1434149 1434161 1434187 1434203 1434217 1434229 1434241 1434247 1434259 1434281
109516: 1434283 1434289 1434353 1434359 1434373 1434383 1434397 1434421 1434431 1434439 1434451 1434457 1434469 1434473
109531: 1434491 1434493 1434497 1434539 1434541 1434553 1434571 1434593 1434599 1434607 1434617 1434623 1434637 1434661 1434677
109546: 1434679 1434691 1434707 1434731 1434737 1434743 1434757 1434779 1434791 1434793 1434803 1434827 1434841 1434847 1434857
109561: 1434883 1434887 1434911 1434913 1434929 1434941 1434943 1434991 1434997 1435001 1435009 1435037 1435061 1435069 1435079
109576: 1435097 1435103 1435111 1435121 1435129 1435139 1435141 1435151 1435163 1435171 1435183 1435201 1435219 1435229
109591: 1435237 1435243 1435249 1435261 1435271 1435277 1435289 1435307 1435339 1435363 1435373 1435403 1435409 1435417 1435457
109606: 1435459 1435477 1435493 1435501 1435519 1435523 1435537 1435543 1435559 1435561 1435571 1435573 1435589 1435597 1435607
109621: 1435613 1435627 1435631 1435657 1435663 1435669 1435739 1435741 1435751 1435783 1435787 1435793 1435801 1435829 1435831
109636: 1435853 1435901 1435909 1435919 1435921 1435937 1435997 1436003 1436021 1436023 1436027 1436063 1436069 1436087 1436089
109651: 1436093 1436101 1436111 1436131 1436147 1436159 1436173 1436203 1436207 1436221 1436231 1436249 1436251 1436257 1436263
109666: 1436269 1436291 1436297 1436311 1436333 1436339 1436363 1436387 1436411 1436417 1436429 1436431 1436437 1436441 1436443
109681: 1436467 1436471 1436507 1436527 1436531 1436537 1436563 1436593 1436623 1436627 1436639 1436651 1436693 1436711 1436731
109696: 1436737 1436749 1436767 1436779 1436797 1436801 1436803 1436849 1436867 1436899 1436909 1436917 1436923 1436933 1436957
109711: 1436999 1437011 1437013 1437019 1437031 1437041 1437047 1437049 1437053 1437097 1437101 1437133 1437187 1437193 1437199
109726: 1437203 1437223 1437229 1437239 1437257 1437263 1437283 1437287 1437301 1437313 1437323 1437329 1437341 1437347
109741: 1437349 1437379 1437391 1437409 1437421 1437427 1437451 1437461 1437467 1437481 1437493 1437511 1437517 1437551
109756: 1437577 1437581 1437607 1437613 1437629 1437641 1437647 1437659 1437691 1437697 1437713 1437719 1437739 1437743 1437757
109771: 1437773 1437797 1437833 1437841 1437847 1437851 1437853 1437869 1437883 1437899 1437913 1437949 1437959 1437967
109786: 1437991 1438001 1438009 1438033 1438057 1438061 1438067 1438069 1438093 1438097 1438103 1438109 1438117 1438123 1438159
109801: 1438163 1438169 1438181 1438207 1438211 1438223 1438231 1438237 1438253 1438267 1438271 1438279 1438291 1438303 1438379
109816: 1438399 1438417 1438447 1438457 1438477 1438483 1438501 1438517 1438537 1438583 1438609 1438643 1438663 1438667 1438681
109831: 1438709 1438721 1438729 1438747 1438751 1438753 1438763 1438771 1438793 1438811 1438817 1438831 1438837 1438847 1438849
109846: 1438867 1438883 1438891 1438901 1438907 1438919 1438933 1438937 1438939 1438961 1438963 1438973 1438979 1438991 1438993
109861: 1439017 1439023 1439027 1439071 1439077 1439089 1439107 1439111 1439129 1439147 1439161 1439171 1439173 1439177
109876: 1439233 1439239 1439261 1439267 1439279 1439287 1439293 1439309 1439323 1439329 1439359 1439369 1439371 1439377 1439381
109891: 1439393 1439401 1439413 1439429 1439437 1439443 1439447 1439513 1439521 1439527 1439561 1439579 1439651 1439663
109906: 1439681 1439693 1439699 1439701 1439717 1439729 1439743 1439749 1439759 1439773 1439791 1439803 1439827 1439833
109921: 1439881 1439891 1439903 1439909 1439927 1439947 1439969 1439989 1440011 1440017 1440037 1440079 1440101 1440119 1440203
109936: 1440209 1440211 1440233 1440239 1440247 1440253 1440259 1440269 1440293 1440301 1440317 1440349 1440379 1440391 1440403
109951: 1440419 1440437 1440443 1440449 1440469 1440473 1440479 1440493 1440499 1440511 1440533 1440553 1440557 1440577 1440581
109966: 1440583 1440587 1440589 1440611 1440619 1440623 1440641 1440679 1440689 1440707 1440727 1440731 1440757 1440763 1440773
109981: 1440779 1440799 1440811 1440823 1440847 1440851 1440853 1440877 1440883 1440889 1440913 1440929 1440949 1440953 1440961 1440983
109996: 1441001 1441009 1441031 1441049 1441051 1441057 1441061 1441081 1441117 1441127 1441133 1441151 1441189 1441199
110011: 1441201 1441217 1441241 1441259 1441289 1441301 1441309 1441313 1441327 1441331 1441339 1441343 1441351 1441361 1441367
110026: 1441373 1441381 1441417 1441423 1441439 1441459 1441463 1441471 1441523 1441529 1441543 1441553 1441567 1441579 1441589
110041: 1441591 1441603 1441633 1441637 1441669 1441673 1441679 1441681 1441697 1441703 1441721 1441723 1441729 1441751 1441757
110056: 1441771 1441807 1441811 1441871 1441877 1441879 1441883 1441933 1441949 1441963 1441981 1442003 1442009
110071: 1442017 1442053 1442057 1442069 1442071 1442087 1442143 1442159 1442173 1442191 1442209 1442227 1442251 1442267 1442279
110086: 1442299 1442317 1442321 1442323 1442341 1442351 1442377 1442393 1442411 1442423 1442429 1442443 1442459 1442509
110101: 1442513 1442527 1442531 1442549 1442579 1442591 1442599 1442611 1442621 1442627 1442633 1442641 1442657 1442669
110116: 1442717 1442723 1442731 1442743 1442783 1442797 1442827 1442849 1442863 1442869 1442873 1442887 1442899 1442911 1442921
110131: 1442923 1442939 1442941 1442971 1442981 1442989 1443007 1443053 1443059 1443067 1443073 1443083 1443103 1443119 1443131
110146: 1443139 1443151 1443157 1443161 1443193 1443203 1443223 1443257 1443271 1443293 1443307 1443311 1443331 1443341 1443353
110161: 1443383 1443389 1443391 1443401 1443427 1443437 1443439 1443461 1443469 1443473 1443509 1443517 1443523 1443529 1443551
110176: 1443557 1443571 1443581 1443587 1443613 1443647 1443653 1443679 1443683 1443697 1443709 1443713 1443719 1443727 1443781
110191: 1443787 1443797 1443803 1443817 1443839 1443857 1443859 1443899 1443913 1443941 1443961 1443971 1443987 1443989 1444007
110206: 1444043 1444063 1444067 1444081 1444087 1444103 1444109 1444111 1444181 1444187 1444213 1444217 1444237 1444249 1444271
110221: 1444279 1444291 1444309 1444411 1444441 1444447 1444459 1444463 1444477 1444481 1444483 1444489 1444493 1444501
110236: 1444523 1444529 1444543 1444567 1444571 1444613 1444633 1444649 1444657 1444661 1444679 1444687 1444697 1444747 1444753
110251: 1444759 1444763 1444771 1444777 1444787 1444799 1444801 1444811 1444819 1444829 1444877 1444891 1444901 1444903 1444909
110266: 1444913 1444943 1444957 1444967 1444979 1444981 1444999 1445033 1445039 1445047 1445053 1445057 1445071 1445077
110281: 1445107 1445117 1445137 1445149 1445161 1445173 1445177 1445197 1445207 1445223 1445261 1445287 1445303 1445317
110296: 1445329 1445333 1445341 1445351 1445371 1445401 1445407 1445413 1445417 1445419 1445429 1445443 1445453 1445467 1445497
110311: 1445503 1445513 1445519 1445533 1445567 1445569 1445581 1445593 1445599 1445621 1445651 1445653 1445671 1445687 1445699
110326: 1445707 1445713 1445723 1445749 1445753 1445771 1445797 1445813 1445831 1445863 1445879 1445887 1445921 1445929 1445953
110341: 1445959 1445963 1445971 1445981 1445989 1446001 1446007 1446019 1446023 1446041 1446043 1446059 1446073 1446077 1446083
110356: 1446089 1446091 1446097 1446113 1446131 1446167 1446169 1446187 1446191 1446197 1446227 1446233 1446239 1446251 1446257
110371: 1446281 1446301 1446311 1446323 1446353 1446359 1446383 1446397 1446409 1446427 1446437 1446449 1446457 1446469 1446509
110386: 1446551 1446559 1446587 1446611 1446617 1446629 1446649 1446659 1446673 1446689 1446701 1446703 1446713 1446719
110401: 1446761 1446779 1446791 1446803 1446829 1446833 1446871 1446881 1446889 1446899 1446901 1446917 1446919 1446923 1446941
110416: 1446971 1446997 1447001 1447003 1447007 1447009 1447031 1447037 1447063 1447067 1447073 1447099 1447123 1447139 1447151
110431: 1447153 1447169 1447189 1447213 1447217 1447219 1447223 1447231 1447241 1447247 1447273 1447279 1447283 1447291 1447309
110446: 1447331 1447333 1447343 1447347 1447351 1447373 1447379 1447397 1447409 1447423 1447427 1447429 1447441 1447471 1447487
110461: 1447507 1447529 1447543 1447549 1447559 1447561 1447571 1447583 1447609 1447627 1447631 1447639 1447661 1447711 1447717
110476: 1447727 1447759 1447777 1447799 1447807 1447811 1447813 1447843 1447861 1447867 1447871 1447889 1447891 1447913 1447949
110491: 1447951 1447961 1447969 1447973 1447981 1447987 1448003 1448021 1448039 1448053 1448059 1448063 1448081 1448087 1448171
110506: 1448189 1448203 1448301 1448203 1448207 1448219 1448221 1448303 1448309 1448357 1448371 1448387 1448401 1448411 1448423
110521: 1448431 1448443 1448449 1448453 1448477 1448497 1448533 1448569 1448583 1448593 1448611 1448659 1448663 1448683 1448687 1448717
110536: 1448747 1448749 1448763 1448773 1448801 1448767 1448771 1448779 1448809 1448819 1448827 1448833 1448839 1448857 1448873
110551: 1448879 1448903 1448929 1448947 1448983 1448989 1449001 1449013 1449017 1449061 1449067 1449089 1449113 1449121 1449127
110566: 1449163 1449167 1449189 1449191 1449193 1449209 1449211 1449241 1449271 1449289 1449293 1449307 1449311 1449319 1449337
110581: 1449361 1449367 1449373 1449379 1449389 1449431 1449439 1449443 1449479 1449509 1449517 1449521 1449523 1449553 1449557 1449573
110596: 1449577 1449583 1449587 1449589 1449599 1449601 1449611 1449619 1449647 1449649 1449661 1449671 1449673 1449683 1449691
110611: 1449733 1449779 1449817 1449823 1449827 1449829 1449841 1449863 1449869 1449893 1449907 1449911 1449937 1449941 1449949
110626: 1449953 1449967 1449977 1449979 1449983 1450019 1450021 1450051 1450063 1450069 1450073 1450103 1450109 1450113 1450147
110641: 1450157 1450171 1450199 1450201 1450231 1450237 1450243 1450249 1450271 1450277 1450283 1450297 1450307 1450331 1450333
110656: 1450367 1450391 1450399 1450429 1450439 1450447 1450469 1450481 1450487 1450489 1450499 1450507 1450513 1450519
110671: 1450543 1450571 1450559 1450577 1450613 1450619 1450637 1450643 1450651 1450667 1450697 1450709 1450727 1450739 1450741
110686: 1450747 1450753 1450759 1450819 1450847 1450849 1450853 1450861 1450873 1450877 1450889 1450903 1450907 1450913 1450919
110701: 1450931 1450957 1450979 1450991 1451003 1451019 1451041 1451049 1451057 1451059 1451081 1451083 1451119 1451123
110716: 1451143 1451147 1451161 1451179 1451209 1451213 1451237 1451243 1451249 1451257 1451267 1451291 1451321 1451339 1451347
110731: 1451371 1451383 1451419 1451423 1451509 1451521 1451531 1451533 1451557 1451561 1451573 1451603 1451609 1451623 1451633
110746: 1451641 1451663 1451677 1451713 1451717 1451719 1451729 1451741 1451743 1451759 1451767 1451797 1451831 1451833 1451837
110761: 1451839 1451861 1451893 1451899 1451909 1451911 1451919 1451929 1451969 1452047 1452079 1452083 1452109 1452127 1452131
110776: 1452149 1452169 1452181 1452193 1452203 1452211 1452221 1452223 1452229 1452247 1452263 1452271 1452277 1452281 1452299
110791: 1452301 1452317 1452323 1452329 1452337 1452383 1452413 1452419 1452421 1452433 1452429 1452447 1452521 1452461 1452487
110806: 1452491 1452511 1452521 1452527 1452533 1452541 1452551 1452553 1452557 1452559 1452613 1452631 1452637 1452653 1452727
110821: 1452743 1452751 1452767 1452777 1452779 1452791 1452809 1452827 1452833 1452839 1452851 1452853 1452859 1452881 1452923
110836: 1452947 1452961 1452977 1452981 1452991 1453003 1453009 1453019 1453033 1453043 1453057 1453061 1453091 1453093 1453129
110851: 1453141 1453169 1453171 1453181 1453201 1453223 1453241 1453267 1453307 1453331 1453337 1453339 1453343 1453389 1453391
110866: 1453399 1453411 1453427 1453429 1453453 1453457 1453469 1453473 1453489 1453511 1453517 1453537 1453547 1453549
110881: 1453553 1453597 1453603 1453607 1453609 1453643 1453651 1453657 1453681 1453703 1453723 1453729 1453759 1453783 1453817
110896: 1453831 1453847 1453853 1453877 1453883 1453889 1453907 1453909 1453913 1453919 1453927 1453931 1453957 1453961
110911: 1453997 1454003 1454021 1454029 1454041 1454053 1454059 1454071 1454081 1454099 1454119 1454143 1454149 1454177 1454191
110926: 1454211 1454237 1454239 1454261 1454273 1454339 1454347 1454351 1454371 1454377 1454381 1454399 1454417 1454423 1454437
110941: 1454441 1454443 1454459 1454461 1454477 1454513 1454521 1454533 1454539 1454549 1454567 1454569 1454573 1454587 1454591
110956: 1454611 1454633 1454657 1454683 1454689 1454693 1454701 1454711 1454731 1454741 1454747 1454749 1454767 1454779 1454801
110971: 1454807 1454821 1454839 1454851 1454863 1454891 1454897 1454899 1454927 1454939 1454941 1454953 1454969 1454977 1454983
110986: 1454987 1454989 1454993 1455007 1455011 1455019 1455023 1455029 1455031 1455037 1455043 1455053 1455067 1455079 1455089
```

Prime numbers 111001-112500

```
111001: 1455119 1455121 1455127 1455143 1455151 1455193 1455197 1455199 1455203 1455211 1455227 1455241 1455253 1455257 1455263
111016: 1455301 1455317 1455323 1455329 1455341 1455359 1455361 1455367 1455373 1455379 1455383 1455403 1455409 1455431 1455437
111031: 1455439 1455491 1455499 1455527 1455563 1455569 1455599 1455607 1455613 1455653 1455661 1455673 1455677 1455683 1455697
111046: 1455703 1455721 1455757 1455767 1455781 1455809 1455821 1455827 1455833 1455841 1455847 1455859 1455871 1455893 1455901
111061: 1455907 1455911 1455929 1455941 1455947 1455953 1455959 1455973 1455983 1455991 1456001 1456019 1456057 1456087 1456099
111076: 1456121 1456123 1456127 1456157 1456159 1456171 1456187 1456219 1456229 1456241 1456243 1456267 1456289 1456313 1456321
111091: 1456333 1456381 1456391 1456393 1456417 1456439 1456451 1456501 1456517 1456519 1456529 1456537 1456541 1456547 1456561
111106: 1456603 1456627 1456633 1456643 1456657 1456667 1456687 1456691 1456703 1456709 1456717 1456739 1456749 1456769 1456799
111121: 1456823 1456837 1456867 1456877 1456891 1456919 1456921 1456927 1456937 1456943 1456963 1457011 1457021 1457033 1457039
111136: 1457051 1457059 1457069 1457077 1457083 1457111 1457123 1457143 1457149 1457161 1457177 1457201 1457207 1457213 1457219
111151: 1457251 1457273 1457293 1457321 1457333 1457353 1457363 1457371 1457381 1457389 1457411 1457419 1457429 1457437 1457459
111166: 1457479 1457483 1457497 1457501 1457503 1457513 1457551 1457633 1457639 1457647 1457653 1457663 1457683 1457741 1457749
111181: 1457783 1457791 1457803 1457821 1457849 1457857 1457861 1457867 1457873 1457879 1457887 1457891 1457921 1457933 1457941
111196: 1457957 1457959 1457969 1457983 1457999 1458011 1458019 1458031 1458049 1458053 1458071 1458097 1458101 1458113 1458151
111211: 1458157 1458167 1458169 1458179 1458203 1458229 1458239 1458253 1458257 1458283 1458293 1458319 1458337 1458343 1458349
111226: 1458371 1458397 1458403 1458409 1458427 1458433 1458461 1458463 1458469 1458473 1458487 1458521 1458533 1458547 1458593
111241: 1458599 1458601 1458603 1458619 1458623 1458629 1458631 1458641 1458663 1458673 1458683 1458697 1458703 1458707 1458713 1458727
111256: 1458749 1458757 1458817 1458841 1458857 1458871 1458881 1458883 1458907 1458911 1458971 1458973 1458997 1459027 1459061
111271: 1459069 1459091 1459099 1459109 1459111 1459123 1459141 1459153 1459163 1459177 1459207 1459217 1459253 1459259 1459261
111286: 1459277 1459301 1459319 1459351 1459369 1459411 1459421 1459427 1459429 1459453 1459457 1459481 1459517 1459519 1459531
111301: 1459537 1459543 1459583 1459589 1459597 1459609 1459631 1459651 1459663 1459681 1459691 1459709 1459727 1459771 1459793
111316: 1459811 1459823 1459849 1459853 1459873 1459891 1459901 1459907 1459921 1459933 1459937 1459949 1459951 1459957 1459963
111331: 1459993 1460003 1460021 1460027 1460029 1460033 1460059 1460077 1460087 1460089 1460099 1460101 1460111 1460117
111346: 1460143 1460153 1460161 1460167 1460171 1460177 1460189 1460213 1460233 1460267 1460269 1460281 1460311 1460341 1460369
111361: 1460377 1460383 1460413 1460423 1460429 1460447 1460467 1460479 1460483 1460497 1460507 1460567 1460593 1460603 1460609
111376: 1460617 1460629 1460633 1460651 1460653 1460671 1460681 1460687 1460729 1460731 1460737 1460741 1460743 1460747 1460773
111391: 1460821 1460857 1460863 1460867 1460887 1460903 1460911 1460923 1460941 1460951 1460971 1460981 1460989 1460993
111406: 1461001 1461073 1461077 1461079 1461091 1461101 1461127 1461139 1461151 1461169 1461179 1461181 1461193 1461209 1461211
111421: 1461283 1461287 1461289 1461293 1461301 1461311 1461329 1461349 1461353 1461359 1461367 1461391 1461401 1461403 1461407
111436: 1461409 1461413 1461419 1461437 1461451 1461479 1461497 1461511 1461517 1461553 1461563 1461583 1461587 1461599 1461601
111451: 1461623 1461631 1461637 1461641 1461659 1461661 1461667 1461671 1461683 1461697 1461701 1461703 1461709 1461731 1461749
111466: 1461763 1461769 1461781 1461791 1461797 1461809 1461821 1461851 1461853 1461877 1461883 1461913 1461923 1461931 1461953
111481: 1461973 1461979 1461989 1462001 1462009 1462033 1462037 1462039 1462049 1462057 1462061 1462063 1462099 1462127 1462157
111496: 1462163 1462169 1462171 1462189 1462193 1462199 1462213 1462229 1462247 1462249 1462313 1462319 1462327 1462337 1462339
111511: 1462367 1462381 1462397 1462399 1462403 1462421 1462423 1462427 1462457 1462463 1462477 1462507 1462519 1462523 1462567
111526: 1462589 1462603 1462607 1462613 1462619 1462621 1462627 1462631 1462651 1462679 1462691 1462693 1462711 1462717 1462723
111541: 1462739 1462751 1462759 1462777 1462781 1462801 1462807 1462819 1462861 1462871 1462873 1462883 1462891 1462897 1462927 1462933
111556: 1462939 1462957 1462973 1462999 1463091 1463027 1463067 1463097 1463123 1463149 1463153 1463177 1463179
111571: 1463183 1463197 1463201 1463219 1463221 1463233 1463243 1463257 1463261 1463263 1463269 1463327 1463339 1463353 1463359
111586: 1463447 1463453 1463459 1463471 1463491 1463503 1463507 1463509 1463521 1463537 1463555 1463563 1463569 1463587 1463597
111601: 1463599 1463611 1463617 1463621 1463641 1463647 1463719 1463767 1463773 1463797 1463821 1463837 1463857 1463863 1463873
111616: 1463879 1463883 1463897 1463899 1463911 1463933 1463941 1463947 1463953 1463971 1463981 1463999 1464011 1464031 1464049
111631: 1464079 1464101 1464103 1464131 1464137 1464143 1464149 1464163 1464171 1464173 1464179 1464241 1464251 1464257 1464263
111646: 1464269 1464271 1464277 1464283 1464289 1464293 1464299 1464343 1464371 1464373 1464383 1464391 1464401 1464403 1464461
111661: 1464467 1464481 1464483 1464503 1464559 1464583 1464611 1464641 1464649 1464689 1464713 1464721 1464731
111676: 1464733 1464751 1464769 1464773 1464787 1464809 1464811 1464817 1464823 1464829 1464863 1464899 1464901 1464917 1464929
111691: 1464949 1464959 1464961 1464977 1464997 1465007 1465019 1465021 1465027 1465049 1465067 1465073 1465081 1465097 1465127
111706: 1465129 1465133 1465141 1465171 1465181 1465187 1465193 1465229 1465237 1465249 1465255 1465259 1465273 1465279 1465301
111721: 1465313 1465351 1465361 1465367 1465391 1465393 1465421 1465423 1465427 1465433 1465439 1465441 1465469 1465481 1465487
111736: 1465493 1465523 1465547 1465549 1465559 1465561 1465567 1465571 1465579 1465583 1465613 1465643 1465661 1465663 1465669
111751: 1465691 1465693 1465703 1465727 1465729 1465771 1465777 1465783 1465801 1465819 1465823 1465837 1465843 1465847 1465861
111766: 1465889 1465901 1465931 1465943 1465957 1465963 1465987 1465991 1465993 1466039 1466053 1466057 1466099 1466107 1466111
111781: 1466123 1466173 1466303 1466317 1466321 1466323 1466329 1466371 1466381 1466389 1466407 1466417 1466449 1466459 1466471 1466519
111796: 1466297 1466303 1466317 1466321 1466323 1466329 1466371 1466381 1466389 1466407 1466417 1466449 1466459 1466471 1466519
111811: 1466533 1466551 1466557 1466567 1466599 1466603 1466639 1466657 1466659 1466667 1466671 1466711 1466713 1466719
111826: 1466741 1466747 1466753 1466767 1466771 1466783 1466797 1466813 1466837 1466867 1466887 1466893 1466897 1466911
111841: 1466929 1466953 1466957 1466999 1467001 1467007 1467017 1467043 1467061 1467091 1467097 1467107 1467121 1467131 1467143
111856: 1467149 1467157 1467173 1467181 1467209 1467211 1467217 1467223 1467229 1467241 1467281 1467283 1467299 1467307 1467317
111871: 1467329 1467337 1467341 1467353 1467359 1467391 1467397 1467413 1467419 1467437 1467443 1467497 1467511 1467527
111886: 1467533 1467539 1467553 1467581 1467589 1467611 1467679 1467691 1467703 1467749 1467751 1467773 1467779 1467787
111901: 1467821 1467839 1467859 1467863 1467887 1467889 1467911 1467913 1467919 1467937 1467953 1467971 1467989 1468079 1468109
111916: 1468163 1468189 1468191 1468211 1468213 1468219 1468261 1468267 1468277 1468349 1468399 1468403 1468427 1468447
111931: 1468457 1468459 1468469 1468499 1468507 1468513 1468517 1468543 1468547 1468553 1468559 1468561 1468591 1468603 1468631
111946: 1468633 1468637 1468639 1468651 1468657 1468667 1468703 1468717 1468723 1468729 1468739 1468741 1468759 1468781 1468799
111961: 1468801 1468807 1468877 1468889 1468897 1468913 1468921 1468927 1468933 1468939 1468949 1468963 1468967 1468969 1469047
111976: 1469057 1469081 1469087 1469129 1469131 1469141 1469147 1469161 1469171 1469179 1469189 1469191 1469201 1469231 1469249
111991: 1469257 1469287 1469291 1469311 1469323 1469341 1469357 1469359 1469389 1469393 1469407 1469437 1469467 1469471 1469477
112006: 1469509 1469519 1469521 1469527 1469543 1469551 1469561 1469569 1469591 1469597 1469621 1469623 1469627 1469641
112021: 1469659 1469687 1469693 1469717 1469729 1469731 1469747 1469753 1469761 1469773 1469777 1469801 1469833 1469843 1469851
112036: 1469857 1469879 1469887 1469891 1469903 1469937 1469957 1469993 1469981 1469983 1469989 1470023 1470043 1470059
112051: 1470067 1470071 1470149 1470151 1470173 1470179 1470187 1470191 1470199 1470233 1470241 1470251 1470281 1470289 1470319
112066: 1470323 1470373 1470377 1470401 1470407 1470419 1470431 1470437 1470451 1470461 1470487 1470491 1470521 1470529 1470559
112081: 1470571 1470577 1470601 1470613 1470641 1470659 1470689 1470709 1470727 1470751 1470757 1470797 1470767 1470817 1470829 1470841
112096: 1470869 1470871 1470913 1470941 1470947 1470949 1470971 1470977 1470983 1470991 1471007 1471021 1471031 1471033 1471069
112111: 1471079 1471091 1471111 1471123 1471133 1471137 1471181 1471213 1471219 1471271 1471277 1471279 1471289 1471297 1471307
112126: 1471313 1471321 1471339 1471343 1471361 1471397 1471403 1471409 1471411 1471423 1471427 1471433 1471441 1471447 1471487
112141: 1471499 1471501 1471511 1471513 1471529 1471541 1471553 1471571 1471579 1471583 1471619 1471621 1471633 1471649
112156: 1471661 1471667 1471669 1471681 1471693 1471697 1471703 1471709 1471751 1471763 1471807 1471817 1471819 1471829 1471853
112171: 1471867 1471879 1471891 1471903 1471907 1471909 1471913 1471937 1472017 1472021 1472023 1472029 1472033 1472041 1472083
112186: 1472111 1472117 1472137 1472143 1472153 1472167 1472173 1472197 1472203 1472227 1472239 1472257 1472257 1472279 1472293
112201: 1472297 1472333 1472339 1472371 1472389 1472399 1472411 1472419 1472423 1472429 1472441 1472447 1472453 1472461 1472467 1472501
112216: 1472507 1472539 1472543 1472547 1472551 1472561 1472573 1472579 1472587 1472591 1472599 1472623 1472657 1472663 1472677 1472687 1472689
112231: 1472701 1472719 1472743 1472767 1472777 1472789 1472791 1472803 1472813 1472831 1472837 1472861 1472869 1472893 1472909 1472927
112246: 1472929 1472951 1472953 1472959 1472963 1472971 1472981 1472987 1472991 1472993 1473011 1473019 1473023 1473041 1473047 1473049
112261: 1473061 1473077 1473083 1473091 1473097 1473103 1473187 1473191 1473193 1473197 1473211 1473239 1473247 1473257 1473301
112276: 1473319 1473331 1473341 1473343 1473379 1473383 1473389 1473391 1473419 1473421 1473433 1473457 1473463 1473487 1473503
112291: 1473529 1473541 1473543 1473557 1473569 1473601 1473607 1473613 1473637 1473641 1473647 1473653 1473677 1473737 1473743
112306: 1473749 1473763 1473767 1473793 1473803 1473841 1473847 1473853 1473869 1473919 1473737 1473947 1473959 1473961 1473971
112321: 1473973 1473977 1474003 1474021 1474027 1474037 1474049 1474069 1474079 1474097 1474103 1474127 1474129 1474141 1474159
112336: 1474171 1474177 1474181 1474199 1474211 1474217 1474243 1474247 1474261 1474271 1474283 1474307 1474313
112351: 1474321 1474349 1474357 1474397 1474411 1474433 1474439 1474441 1474489 1474519 1474523 1474549 1474559 1474579 1474589
112366: 1474611 1474633 1474637 1474643 1474661 1474717 1474721 1474747 1474757 1474769 1474787 1474793 1474843
112381: 1474849 1474859 1474861 1474873 1474877 1474901 1474961 1474981 1474999 1475003 1475021 1475051 1475087 1475113
112396: 1475129 1475137 1475147 1475203 1475213 1475231 1475239 1475251 1475261 1475281 1475291 1475297 1475323
112411: 1475339 1475351 1475363 1475371 1475387 1475399 1475401 1475431 1475443 1475489 1475503 1475527 1475561 1475563 1475567
112426: 1475587 1475609 1475647 1475687 1475701 1475729 1475741 1475759 1475777 1475797 1475813 1475827 1475833
112441: 1475843 1475861 1475869 1475899 1475911 1475917 1475927 1475953 1476001 1476011 1476023 1476031 1476043 1476047 1476067
112456: 1476073 1476089 1476109 1476149 1476151 1476179 1476191 1476197 1476223 1476227 1476253
112471: 1476259 1476283 1476311 1476323 1476329 1476359 1476379 1476401 1476403 1476407 1476413 1476457 1476463 1476469 1476473
112486: 1476511 1476523 1476529 1476539 1476551 1476581 1476641 1476647 1476649 1476659 1476677 1476689 1476691 1476701 1476703
```

112501-114000 Prime numbers

112501:	1476719	1476743	1476751	1476791	1476793	1476799	1476803	1476817	1476823	1476857	1476859	1476869	1476877	1476887	1476911
112516:	1476913	1476919	1476949	1476953	1476961	1476967	1476973	1476983	1476989	1477001	1477027	1477031	1477039	1477043	1477051
112531:	1477061	1477067	1477081	1477087	1477097	1477103	1477109	1477111	1477127	1477139	1477159	1477169	1477187	1477207	1477219
112546:	1477291	1477309	1477321	1477361	1477381	1477337	1477339	1477349	1477361	1477381	1477393	1477397	1477403	1477409
112561:	1477457	1477477	1477499	1477501	1477507	1477513	1477519	1477547	1477559	1477577	1477583	1477607	1477613	1477621	1477631
112576:	1477639	1477643	1477661	1477699	1477703	1477711	1477747	1477757	1477769	1477771	1477787	1477789	1477807	1477823	1477831
112591:	1477843	1477871	1477897	1477901	1477907	1477913	1477937	1477951	1477961	1477979	1477999	1478017	1478021	1478027	1478033
112606:	1478047	1478051	1478063	1478069	1478083	1478089	1478119	1478123	1478129	1478161	1478179	1478189	1478203	1478207	1478209
112621:	1478231	1478237	1478251	1478263	1478273	1478287	1478293	1478353	1478357	1478369	1478381	1478387	1478413	1478423	1478429
112636:	1478437	1478443	1478459	1478467	1478471	1478473	1478549	1478561	1478591	1478593	1478611	1478621	1478627	1478639	1478683
112651:	1478689	1478699	1478707	1478723	1478759	1478767	1478777	1478809	1478837	1478839	1478843	1478857	1478861	1478863	1478887
112666:	1478909	1478921	1478929	1478933	1478947	1478957	1478963	1478987	1478999	1479007	1479011	1479013	1479031	1479047	1479059
112681:	1479073	1479083	1479089	1479109	1479113	1479133	1479139	1479151	1479161	1479173	1479183	1479197	1479209	1479211	1479217
112696:	1479229	1479251	1479253	1479263	1479271	1479277	1479281	1479287	1479301	1479341	1479343	1479409	1479437	1479449	1479451
112711:	1479469	1479479	1479481	1479497	1479539	1479547	1479553	1479557	1479569	1479571	1479581	1479585	1479589	1479617	1479671
112726:	1479679	1479713	1479721	1479727	1479733	1479757	1479761	1479763	1479773	1479781	1479791	1479809	1479817	1479823	1479839
112741:	1479857	1479859	1479881	1479883	1479887	1479911	1479913	1479937	1479941	1479977	1479997	1480001	1480013	1480019
112756:	1480021	1480067	1480079	1480093	1480099	1480153	1480163	1480181	1480201	1480229	1480243	1480261	1480273	1480277	1480291
112771:	1480301	1480313	1480319	1480331	1480379	1480393	1480397	1480411	1480417	1480429	1480433	1480459	1480483	1480517	1480519
112786:	1480541	1480543	1480553	1480561	1480573	1480597	1480601	1480609	1480621	1480627	1480631	1480643	1480663	1480669	1480673
112801:	1480691	1480707	1480733	1480741	1480757	1480771	1480781	1480783	1480793	1480811	1480837	1480849	1480871
112816:	1480903	1480907	1480909	1480931	1480933	1480937	1480991	1481003	1481021	1481027	1481033	1481041	1481047	1481071	1481099
112831:	1481113	1481143	1481161	1481173	1481189	1481197	1481209	1481221	1481239	1481241	1481257	1481281	1481309	1481321	1481339
112846:	1481353	1481357	1481377	1481387	1481413	1481477	1481479	1481483	1481489	1481497	1481503	1481527	1481537	1481539	1481551	1481573
112861:	1481603	1481611	1481665	1481693	1481717	1481729	1481731	1481743	1481747	1481749	1481759	1481773	1481783	1481797
112876:	1481801	1481819	1481849	1481881	1481891	1481897	1481899	1481911	1481917	1481927	1481947	1481951	1481971	1481989	1481993
112891:	1481999	1482007	1482011	1482023	1482029	1482049	1482053	1482059	1482101	1482121	1482127	1482137	1482163	1482181	1482193
112906:	1482199	1482211	1482233	1482263	1482289	1482293	1482301	1482307	1482319	1482337	1482343	1482359	1482407	1482413	1482421
112921:	1482431	1482443	1482449	1482457	1482461	1482469	1482487	1482491	1482499	1482541	1482581	1482583	1482599	1482617
112936:	1482631	1482647	1482661	1482671	1482707	1482727	1482739	1482743	1482763	1482773	1482797	1482809	1482821	1482827
112951:	1482853	1482863	1482869	1482883	1482889	1482907	1482919	1482937	1482959	1482967	1483003	1483019	1483021	1483039
112966:	1483043	1483049	1483061	1483073	1483087	1483091	1483103	1483123	1483151	1483169	1483171	1483177	1483187	1483193	1483231
112981:	1483241	1483249	1483253	1483259	1483277	1483283	1483289	1483309	1483327	1483331	1483333	1483343	1483357	1483393	1483397
112996:	1483411	1483423	1483429	1483439	1483451	1483453	1483507	1483519	1483529	1483549	1483561	1483597	1483621	1483627	1483631
113011:	1483633	1483637	1483681	1483693	1483697	1483711	1483717	1483721	1483733	1483739	1483759	1483763	1483787	1483793	1483813
113026:	1483819	1483861	1483903	1483907	1483927	1483967	1483969	1483991	1483997	1483999	1484009	1484023	1484039	1484047
113041:	1484051	1484057	1484081	1484111	1484137	1484141	1484143	1484177	1484183	1484201	1484207	1484209	1484221	1484227	1484233
113056:	1484237	1484243	1484257	1484267	1484281	1484293	1484359	1484369	1484377	1484387	1484393	1484407	1484419	1484437
113071:	1484449	1484453	1484459	1484467	1484473	1484479	1484501	1484507	1484513	1484517	1484533	1484573	1484579	1484591	1484629
113086:	1484633	1484641	1484643	1484661	1484667	1484701	1484723	1484737	1484741	1484803	1484827	1484837	1484849	1484911	1484927
113101:	1484929	1484947	1484969	1484999	1485013	1485017	1485019	1485023	1485031	1485037	1485047	1485049	1485067	1485101	1485109
113116:	1485139	1485191	1485193	1485199	1485221	1485227	1485233	1485251	1485259	1485269	1485287	1485347	1485355	1485373	1485383
113131:	1485397	1485413	1485431	1485461	1485469	1485479	1485487	1485503	1485541	1485547	1485557	1485559	1485563	1485571	1485599
113146:	1485619	1485683	1485703	1485713	1485719	1485721	1485733	1485739	1485751	1485761	1485763	1485787	1485793	1485821	1485853
113161:	1485871	1485877	1485889	1485917	1485937	1485947	1486003	1486019	1486057	1486081	1486087	1486091	1486097	1486103	1486117
113176:	1486139	1486141	1486153	1486181	1486183	1486189	1486223	1486241	1486249	1486267	1486271	1486297	1486301	1486321	1486333
113191:	1486339	1486343	1486349	1486363	1486367	1486379	1486399	1486403	1486409	1486429	1486411	1486451	1486493	1486501	1486517	1486523
113206:	1486547	1486561	1486571	1486577	1486591	1486603	1486607	1486609	1486637	1486649	1486687	1486691	1486699	1486711	1486733
113221:	1486747	1486757	1486777	1486787	1486799	1486813	1486829	1486841	1486843	1486849	1486867	1486873	1486907	1486909
113236:	1486943	1486951	1486957	1486963	1486987	1486999	1487009	1487027	1487051	1487053	1487071	1487081	1487093	1487099	1487113
113251:	1487117	1487131	1487173	1487171	1487179	1487197	1487201	1487219	1487221	1487243	1487251	1487271	1487273	1487303	1487359
113266:	1487383	1487389	1487399	1487401	1487417	1487429	1487441	1487459	1487461	1487471	1487471	1487489	1487509	1487527	1487539	1487543
113281:	1487557	1487569	1487571	1487581	1487593	1487599	1487621	1487649	1487653	1487659	1487673	1487719	1487743	1487753	1487771	1487779
113296:	1487797	1487809	1487819	1487821	1487867	1487873	1487887	1487917	1487933	1487951	1487963	1487977	1487987	1487989
113311:	1488007	1488017	1488043	1488073	1488119	1488121	1488127	1488131	1488133	1488139	1488143	1488167	1488173	1488181	1488199
113326:	1488209	1488211	1488233	1488239	1488241	1488301	1488343	1488363	1488371	1488373	1488414	1488419	1488427	1488433	1488451
113341:	1488467	1488481	1488493	1488499	1488553	1488559	1488563	1488577	1488581	1488607	1488623	1488653	1488661	1488667	1488671
113356:	1488701	1488721	1488731	1488749	1488761	1488763	1488787	1488791	1488793	1488797	1488803	1488811	1488847	1488857	1488859
113371:	1488871	1488901	1488931	1488943	1488953	1488959	1488967	1488989	1489003	1489009	1489021	1489031	1489039	1489051	1489057
113386:	1489067	1489069	1489091	1489097	1489099	1489109	1489121	1489153	1489157	1489171	1489177	1489199	1489207	1489223	1489231
113401:	1489249	1489253	1489259	1489261	1489283	1489291	1489297	1489303	1489309	1489321	1489351	1489393	1489399	1489403	1489409
113416:	1489441	1489451	1489481	1489507	1489511	1489523	1489529	1489531	1489541	1489547	1489557	1489589	1489597	1489613	1489627
113431:	1489633	1489637	1489661	1489667	1489669	1489673	1489717	1489721	1489723	1489729	1489751	1489753	1489757	1489769	1489781
113446:	1489783	1489799	1489819	1489841	1489867	1489887	1489903	1489909	1489937	1489951	1489971	1490001	1490009	1490029
113461:	1490039	1490051	1490059	1490081	1490089	1490117	1490119	1490129	1490161	1490171	1490179	1490183	1490207	1490213	1490233
113476:	1490243	1490257	1490263	1490267	1490287	1490299	1490317	1490327	1490329	1490347	1490351	1490363	1490353	1490361	1490371
113491:	1490381	1490429	1490443	1490459	1490477	1490479	1490507	1490527	1490557	1490591	1490603	1490609	1490627	1490633	1490639
113506:	1490641	1490647	1490663	1490669	1490677	1490701	1490711	1490717	1490729	1490737	1490743	1490773	1490789	1490799	1490801	1490807	1490813
113521:	1490833	1490843	1490889	1490893	1490899	1490921	1490933	1490941	1490953	1490959	1490963	1490969	1490999	1491001	1491013
113536:	1491031	1491041	1491079	1491103	1491109	1491157	1491179	1491179	1491199	1491227	1491233	1491239	1491241	1491247
113551:	1491299	1491377	1491401	1491403	1491407	1491419	1491421	1491423	1491439	1491449	1491493	1491501	1491509	1491517	1491521
113566:	1491547	1491571	1491577	1491583	1491597	1491601	1491629	1491641	1491643	1491649	1491653	1491661	1491663	1491687	1491701
113581:	1491719	1491727	1491739	1491761	1491769	1491771	1491797	1491821	1491839	1491851	1491859	1491863	1491911	1491913	1491929
113596:	1491943	1491947	1491953	1491961	1491967	1491977	1491979	1491989	1491991	1492009	1492019	1492063	1492069	1492087	1492097
113611:	1492103	1492111	1492121	1492147	1492159	1492161	1492177	1492181	1492187	1492189	1492201	1492213	1492229	1492223	1492251
113626:	1492273	1492289	1492303	1492307	1492313	1492331	1492343	1492357	1492411	1492417	1492453	1492457	1492459	1492499	1492501
113641:	1492511	1492529	1492541	1492561	1492567	1492571	1492577	1492597	1492607	1492627	1492631	1492643	1492649	1492657	1492703
113656:	1492709	1492739	1492747	1492783	1492789	1492793	1492801	1492807	1492819	1492823	1492859	1492871	1492873	1492879	1492901
113671:	1492919	1492943	1492961	1492969	1492993	1493027	1493057	1493071	1493099	1493101	1493159	1493169	1493189	1493197	1493207
113686:	1493213	1493221	1493249	1493257	1493273	1493279	1493281	1493291	1493293	1493299	1493311	1493329	1493333	1493353	1493369
113701:	1493377	1493383	1493431	1493441	1493443	1493447	1493449	1493461	1493473	1493483	1493489	1493491	1493537	1493539	1493563
113716:	1493567	1493573	1493581	1493599	1493617	1493621	1493623	1493633	1493641	1493651	1493659	1493663	1493677	1493683	1493693
113731:	1493717	1493719	1493723	1493729	1493731	1493741	1493743	1493747	1493749	1493771	1493773	1493793	1493801	1493813	1493839	1493851
113746:	1493927	1493929	1493963	1493971	1493981	1494019	1494029	1494037	1494047	1494049	1494061	1494067	1494071	1494089	1494133
113761:	1494137	1494151	1494181	1494161	1494197	1494221	1494227	1494229	1494231	1494247	1494257	1494269	1494299	1494343	1494347
113776:	1494349	1494359	1494371	1494373	1494377	1494391	1494401	1494427	1494463	1494467	1494473	1494481	1494509	1494511
113791:	1494539	1494557	1494583	1494599	1494607	1494613	1494617	1494641	1494643	1494659	1494671	1494677	1494679	1494697	1494707
113806:	1494709	1494717	1494743	1494781	1494799	1494803	1494811	1494853	1494859	1494869	1494881	1494887	1494907	1494917
113821:	1494943	1494947	1494973	1494989	1495003	1495009	1495019	1495063	1495073	1495093	1495097	1495157	1495159	1495163	1495177
113836:	1495181	1495221	1495231	1495241	1495263	1495279	1495285	1495297	1495301	1495321	1495343	1495349	1495353	1495379	1495381
113851:	1495387	1495421	1495447	1495451	1495463	1495469	1495477	1495481	1495499	1495511	1495517	1495533	1495561	1495567	1495597	1495601
113866:	1495631	1495681	1495687	1495717	1495723	1495727	1495751	1495771	1495777	1495783	1495789	1495799	1495831	1495853
113881:	1495859	1495861	1495867	1495877	1495919	1495939	1495961	1495973	1495979	1495987	1495993	1495999	1496009	1496039	1496059
113896:	1496069	1496071	1496089	1496129	1496141	1496149	1496167	1496171	1496189	1496201	1496237	1496243	1496257	1496267
113911:	1496273	1496279	1496291	1496309	1496311	1496353	1496359	1496387	1496393	1496399	1496423	1496431	1496437	1496471	1496477
113926:	1496479	1496489	1496507	1496519	1496533	1496543	1496569	1496573	1496627	1496633	1496637	1496639	1496641
113941:	1496647	1496657	1496669	1496707	1496717	1496723	1496741	1496749	1496753	1496767	1496779	1496783	1496791	1496797	1496827
113956:	1496837	1496849	1496927	1496939	1496941	1496987	1497003	1497019	1497043	1497079	1497061	1497103	1497107	1497121
113971:	1497127	1497149	1497157	1497161	1497187	1497193	1497211	1497227	1497229	1497233	1497253	1497263	1497271	1497281	1497283
113986:	1497289	1497313	1497317	1497337	1497341	1497347	1497359	1497407	1497421	1497439	1497493	1497511	1497521	1497533	1497541

Prime numbers 114001-115500

```
114001: 1497557 1497571 1497577 1497593 1497619 1497653 1497659 1497667 1497673 1497701 1497707 1497719 1497721 1497731 1497757
114016: 1497787 1497799 1497803 1497809 1497841 1497851 1497857 1497863 1497869 1497877 1497911 1497949 1497961 1497983 1497997
114031: 1498001 1498009 1498027 1498073 1498097 1498121 1498129 1498139 1498141 1498153 1498213 1498223 1498229 1498279 1498303
114046: 1498309 1498319 1498327 1498333 1498349 1498351 1498361 1498379 1498391 1498403 1498411 1498417 1498429 1498433 1498439
114061: 1498457 1498481 1498489 1498513 1498529 1498531 1498543 1498561 1498577 1498583 1498619 1498621 1498649 1498661 1498667
114076: 1498687 1498697 1498729 1498741 1498751 1498789 1498799 1498801 1498811 1498813 1498829 1498843 1498921 1498927
114091: 1498951 1498961 1498969 1498993 1498997 1499011 1499041 1499053 1499059 1499123 1499149 1499153 1499161 1499167 1499189
114106: 1499207 1499219 1499221 1499227 1499231 1499237 1499243 1499257 1499273 1499287 1499291 1499321 1499353 1499357 1499359
114121: 1499369 1499389 1499413 1499419 1499429 1499447 1499461 1499471 1499497 1499521 1499549 1499551 1499567 1499569 1499579
114136: 1499593 1499609 1499611 1499627 1499681 1499683 1499699 1499713 1499759 1499767 1499779 1499831 1499843 1499857 1499881
114151: 1499891 1499921 1499933 1499963 1499977 1500007 1500019 1500021 1500023 1500041 1500047 1500061 1500073 1500101 1500113
114166: 1500127 1500133 1500139 1500143 1500151 1500157 1500181 1500229 1500241 1500269 1500277 1500283 1500293 1500337 1500341
114181: 1500347 1500349 1500353 1500371 1500379 1500397 1500407 1500409 1500413 1500419 1500463 1500467 1500469 1500479 1500491
114196: 1500503 1500511 1500517 1500523 1500529 1500533 1500593 1500613 1500619 1500643 1500647 1500649 1500691 1500701 1500703
114211: 1500713 1500731 1500739 1500761 1500767 1500769 1500781 1500787 1500791 1500797 1500811 1500817 1500823 1500827 1500833 1500839
114226: 1500847 1500853 1500857 1500859 1500871 1500893 1500899 1500929 1500931 1500937 1500973 1500991 1500997 1501009 1501021
114241: 1501037 1501043 1501081 1501139 1501169 1501177 1501193 1501207 1501217 1501223 1501229 1501261 1501263 1501307 1501333
114256: 1501343 1501351 1501363 1501369 1501411 1501427 1501429 1501441 1501447 1501471 1501481 1501483 1501499 1501501 1501523
114271: 1501529 1501541 1501561 1501573 1501583 1501597 1501607 1501613 1501639 1501663 1501667 1501673 1501679 1501681 1501699
114286: 1501723 1501777 1501781 1501783 1501807 1501811 1501837 1501847 1501849 1501859 1501873 1501889 1501897 1501901 1501909
114301: 1501921 1501937 1501943 1501949 1501957 1501961 1501999 1502021 1502023 1502041 1502047 1502057 1502063 1502093 1502099
114316: 1502101 1502141 1502143 1502161 1502183 1502191 1502201 1502203 1502209 1502219 1502227 1502233 1502269 1502297 1502309
114331: 1502323 1502327 1502329 1502381 1502407 1502419 1502437 1502467 1502471 1502503 1502531 1502551 1502563 1502569 1502581 1502591
114346: 1502621 1502629 1502639 1502651 1502687 1502689 1502711 1502717 1502719 1502723 1502741 1502747 1502759 1502777 1502801 1502819
114361: 1502827 1502861 1502863 1502869 1502887 1502909 1502923 1502929 1502933 1502939 1502947 1502959 1502971 1502989 1502993
114376: 1503017 1503031 1503037 1503043 1503049 1503053 1503059 1503091 1503113 1503127 1503137 1503149 1503163 1503169 1503181
114391: 1503233 1503241 1503247 1503253 1503263 1503269 1503287 1503311 1503317 1503319 1503329 1503353 1503367 1503371 1503373
114406: 1503377 1503401 1503419 1503431 1503461 1503473 1503479 1503503 1503517 1503521 1503529 1503583 1503611 1503613
114421: 1503637 1503647 1503653 1503659 1503661 1503683 1503713 1503721 1503731 1503739 1503751 1503767 1503781 1503787 1503811
114436: 1503823 1503829 1503843 1503863 1503881 1503883 1503899 1503913 1503919 1503937 1503941 1503943 1503959 1503961 1503967 1503989
114451: 1504033 1504037 1504057 1504067 1504073 1504093 1504103 1504117 1504121 1504147 1504157 1504171 1504163 1504187 1504231 1504247
114466: 1504267 1504271 1504289 1504297 1504319 1504339 1504379 1504409 1504411 1504417 1504421 1504429 1504443 1504469 1504471
114481: 1504487 1504493 1504501 1504513 1504519 1504537 1504543 1504571 1504579 1504583 1504589 1504609 1504627 1504631 1504651
114496: 1504661 1504663 1504669 1504673 1504681 1504691 1504709 1504717 1504713 1504739 1504747 1504757 1504767 1504777 1504793
114511: 1504801 1504813 1504817 1504831 1504843 1504847 1504859 1504861 1504879 1504903 1504907 1504941 1504949 1504961 1504967 1504969
114526: 1504981 1504991 1504999 1505005 1505011 1505033 1505087 1505089 1505093 1505099 1505109 1505107 1505111 1505113 1505131
114541: 1505137 1505167 1505173 1505177 1505183 1505191 1505201 1505209 1505227 1505243 1505261 1505273 1505291 1505293 1505311
114556: 1505323 1505341 1505353 1505369 1505381 1505407 1505411 1505431 1505437 1505443 1505447 1505459 1505489 1505507
114571: 1505519 1505521 1505563 1505587 1505591 1505599 1505611 1505657 1505659 1505681 1505683 1505687 1505711 1505723 1505729
114586: 1505737 1505743 1505747 1505753 1505761 1505773 1505797 1505813 1505837 1505849 1505851 1505873 1505893 1505899
114601: 1505929 1505953 1505983 1505993 1506007 1506023 1506031 1506069 1506077 1506079 1506091 1506103 1506121 1506137 1506157
114616: 1506163 1506179 1506191 1506199 1506203 1506223 1506229 1506257 1506269 1506287 1506301 1506317 1506341 1506359 1506371 1506389
114631: 1506391 1506413 1506433 1506467 1506473 1506487 1506491 1506499 1506509 1506511 1506541 1506551 1506553 1506559
114646: 1506563 1506587 1506607 1506611 1506613 1506619 1506623 1506641 1506649 1506653 1506689 1506697 1506721 1506731 1506733
114661: 1506749 1506779 1506781 1506797 1506803 1506809 1506823 1506839 1506851 1506869 1506877 1506887 1506899 1506907 1506929
114676: 1506943 1506959 1506977 1506979 1506997 1507007 1507019 1507039 1507057 1507069 1507073 1507091 1507097 1507111 1507123
114691: 1507139 1507141 1507153 1507171 1507183 1507211 1507229 1507291 1507301 1507321 1507369 1507373 1507417 1507423 1507427
114706: 1507439 1507453 1507469 1507481 1507483 1507487 1507501 1507531 1507559 1507591 1507603 1507607 1507609 1507613 1507637
114721: 1507651 1507657 1507687 1507697 1507699 1507729 1507753 1507763 1507769 1507771 1507789 1507793 1507837 1507841 1507853 1507867
114736: 1507879 1507889 1507907 1507921 1507993 1507997 1508003 1508047 1508051 1508063 1508077 1508081 1508093 1508113 1508131
114751: 1508141 1508147 1508173 1508197 1508207 1508213 1508219 1508221 1508263 1508279 1508281 1508293 1508303 1508321 1508323
114766: 1508333 1508389 1508401 1508407 1508411 1508417 1508449 1508459 1508471 1508473 1508489 1508509 1508519 1508531 1508561
114781: 1508579 1508587 1508611 1508623 1508627 1508629 1508651 1508663 1508671 1508687 1508693 1508707 1508711 1508717 1508723
114796: 1508729 1508743 1508753 1508779 1508789 1508797 1508803 1508813 1508833 1508851 1508867 1508873 1508879 1508893 1508909
114811: 1508911 1508921 1508929 1508933 1508939 1508951 1508953 1508959 1508977 1508981 1508993 1509019 1509031 1509059 1509061
114826: 1509071 1509077 1509097 1509121 1509133 1509161 1509187 1509197 1509203 1509229 1509269 1509287 1509289 1509303 1509331
114841: 1509353 1509367 1509371 1509377 1509407 1509427 1509437 1509439 1509457 1509463 1509491 1509509 1509517 1509523 1509533
114856: 1509551 1509553 1509581 1509587 1509589 1509601 1509613 1509643 1509649 1509659 1509701 1509707 1509733 1509737 1509749 1509757
114871: 1509779 1509841 1509857 1509863 1509887 1509899 1509911 1509919 1509929 1509941 1509947 1509953 1509961 1509967 1509971
114886: 1509997 1510013 1510081 1510039 1510043 1510049 1510057 1510087 1510109 1510121 1510141 1510147 1510163 1510189 1510199
114901: 1510207 1510213 1510217 1510219 1510259 1510273 1510279 1510307 1510309 1510319 1510321 1510337 1510339 1510343 1510357
114916: 1510361 1510363 1510373 1510391 1510393 1510417 1510423 1510427 1510429 1510469 1510477 1510489 1510493 1510507 1510511
114931: 1510541 1510573 1510583 1510591 1510601 1510643 1510651 1510669 1510679 1510681 1510687 1510693 1510703 1510741 1510753
114946: 1510757 1510759 1510763 1510777 1510781 1510799 1510819 1510843 1510853 1510867 1510877 1510889 1510897 1510913 1510921
114961: 1510933 1510961 1510963 1510967 1510991 1511017 1511021 1511047 1511053 1511099 1511101 1511119 1511129 1511143 1511179
114976: 1511201 1511207 1511217 1511221 1511231 1511239 1511243 1511269 1511273 1511287 1511291 1511303 1511317 1511323 1511327 1511371
114991: 1511387 1511423 1511429 1511441 1511443 1511449 1511459 1511527 1511533 1511537 1511539 1511561 1511563 1511569 1511597 1511617
115006: 1511633 1511643 1511647 1511651 1511663 1511669 1511687 1511719 1511721 1511723 1511729 1511731 1511743 1511747 1511777 1511801 1511819
115021: 1511821 1511881 1511891 1511897 1511911 1511921 1511927 1511933 1511941 1511947 1511953 1511971 1511977 1511997 1512019
115036: 1512023 1512029 1512041 1512071 1512083 1512097 1512109 1512113 1512127 1512169 1512187 1512209 1512221 1512223 1512233 1512241
115051: 1512253 1512281 1512283 1512289 1512299 1512307 1512311 1512331 1512333 1512361 1512381 1512421 1512431 1512479
115066: 1512481 1512493 1512517 1512527 1512547 1512551 1512557 1512559 1512569 1512607 1512619 1512629 1512661 1512683 1512689
115081: 1512691 1512703 1512713 1512751 1512767 1512773 1512809 1512817 1512827 1512829 1512857 1512877 1512923 1512943
115096: 1512947 1512961 1513013 1513019 1513021 1513033 1513037 1513049 1513067 1513069 1513073 1513091 1513093 1513111 1513117
115111: 1513121 1513123 1513139 1513159 1513163 1513199 1513207 1513219 1513229 1513271 1513273 1513277 1513279 1513319 1513321
115126: 1513361 1513367 1513381 1513387 1513397 1513399 1513417 1513427 1513429 1513441 1513453 1513487 1513489 1513511 1513517
115141: 1513529 1513531 1513537 1513543 1513553 1513573 1513583 1513591 1513601 1513609 1513619 1513621 1513651 1513657 1513661
115156: 1513667 1513669 1513693 1513717 1513727 1513739 1513741 1513751 1513777 1513807 1513819 1513859 1513871 1513891 1513909
115171: 1513913 1513921 1513927 1513937 1513949 1513973 1513991 1514027 1514033 1514039 1514059 1514063 1514099 1514101
115186: 1514131 1514147 1514153 1514179 1514197 1514209 1514213 1514231 1514273 1514291 1514321 1514323 1514327 1514329 1514363
115201: 1514399 1514407 1514413 1514423 1514437 1514441 1514453 1514459 1514489 1514497 1514507 1514537 1514549 1514557 1514561
115216: 1514563 1514587 1514593 1514599 1514603 1514633 1514647 1514651 1514657 1514659 1514671 1514701 1514713 1514719 1514731
115231: 1514741 1514749 1514783 1514791 1514797 1514801 1514831 1514867 1514879 1514881 1514887 1514911 1514917 1514919 1514963
115246: 1514971 1515011 1515029 1515049 1515053 1515089 1515109 1515119 1515149 1515169 1515197 1515225 1515251 1515259 1515271
115261: 1515281 1515313 1515317 1515347 1515359 1515377 1515391 1515413 1515419 1515461 1515469 1515487 1515509 1515541 1515571
115276: 1515583 1515599 1515617 1515623 1515643 1515671 1515691 1515697 1515713 1515719 1515721 1515727 1515733 1515739 1515749
115291: 1515757 1515791 1515809 1515811 1515821 1515823 1515841 1515847 1515881 1515919 1515923 1515929 1515937 1515959 1515971
115306: 1515973 1515979 1515989 1516007 1516019 1516027 1516037 1516049 1516071 1516081 1516093 1516103 1516127 1516129 1516153
115321: 1516157 1516187 1516189 1516199 1516217 1516231 1516243 1516259 1516261 1516279 1516289 1516331 1516333 1516343 1516357
115336: 1516363 1516369 1516391 1516393 1516417 1516421 1516423 1516441 1516483 1516499 1516513 1516531 1516547 1516583 1516591
115351: 1516591 1516607 1516609 1516633 1516639 1516651 1516657 1516663 1516681 1516687 1516693 1516697 1516709 1516733 1516759
115366: 1516763 1516771 1516787 1516819 1516829 1516843 1516847 1516871 1516873 1516877 1516879 1516909 1516951 1516987 1517023
115381: 1517027 1517039 1517051 1517053 1517059 1517099 1517101 1517107 1517111 1517143 1517161 1517179 1517189 1517209 1517213
115396: 1517227 1517239 1517241 1517273 1517279 1517291 1517311 1517317 1517363 1517377 1517387 1517393 1517401 1517413
115411: 1517423 1517441 1517449 1517507 1517519 1517521 1517531 1517557 1517561 1517567 1517569 1517591 1517603 1517611 1517627
115426: 1517639 1517647 1517653 1517671 1517687 1517689 1517699 1517707 1517713 1517747 1517753 1517783 1517807 1517819
115441: 1517837 1517843 1517849 1517869 1517881 1517917 1517921 1517927 1517933 1517939 1517941 1517981 1517993 1518001 1518007
115456: 1518071 1518067 1518077 1518089 1518091 1518103 1518109 1518133 1518137 1518149 1518191 1518199 1518203 1518239 1518263
115471: 1518277 1518281 1518311 1518313 1518329 1518337 1518343 1518359 1518379 1518383 1518427 1518449 1518463 1518467 1518481
115486: 1518497 1518521 1518533 1518551 1518553 1518563 1518571 1518577 1518581 1518589 1518623 1518677 1518679 1518691 1518707
```

115501-117000 Prime numbers

```
115501: 1518709 1518731 1518733 1518743 1518749 1518773 1518779 1518799 1518809 1518827 1518863 1518871 1518883 1518893 1518901
115516: 1518931 1518947 1518949 1518971 1518973 1518977 1519039 1519051 1519097 1519099 1519121 1519123 1519129 1519153 1519159
115531: 1519163 1519169 1519201 1519213 1519237 1519253 1519261 1519267 1519277 1519283 1519291 1519313 1519333 1519363 1519391
115546: 1519417 1519421 1519423 1519433 1519439 1519447 1519451 1519499 1519517 1519519 1519523 1519547 1519549 1519561 1519591
115561: 1519597 1519607 1519619 1519631 1519657 1519667 1519673 1519691 1519703 1519709 1519711 1519729 1519733 1519751 1519759
115576: 1519769 1519789 1519807 1519831 1519861 1519883 1519891 1519901 1519907 1519913 1519939 1519951 1519961 1519967 1520003
115591: 1520011 1520069 1520083 1520107 1520131 1520143 1520153 1520159 1520173 1520203 1520213 1520221 1520227 1520251 1520287
115606: 1520291 1520329 1520339 1520341 1520347 1520357 1520359 1520381 1520401 1520417 1520423 1520443 1520447 1520473 1520483
115621: 1520501 1520503 1520509 1520527 1520537 1520539 1520543 1520549 1520579 1520587 1520611 1520621 1520639 1520653 1520681
115636: 1520683 1520689 1520693 1520707 1520711 1520719 1520723 1520747 1520759 1520777 1520801 1520821 1520851 1520879 1520887
115651: 1520903 1520923 1520947 1520971 1520983 1520989 1521011 1521017 1521029 1521031 1521043 1521049 1521067 1521089 1521103
115666: 1521119 1521133 1521193 1521199 1521209 1521217 1521227 1521229 1521241 1521269 1521281 1521287 1521293 1521301 1521323
115681: 1521337 1521361 1521371 1521391 1521397 1521419 1521439 1521449 1521467 1521481 1521547 1521563 1521571 1521589 1521593 1521599 1521613
115696: 1521617 1521623 1521629 1521643 1521649 1521671 1521673 1521677 1521731 1521739 1521757 1521763 1521769 1521781 1521791
115711: 1521803 1521809 1521853 1521859 1521869 1521893 1521901 1521913 1521937 1521973 1521983 1521991 1522009 1522019 1522021
115726: 1522049 1522051 1522057 1522063 1522067 1522097 1522111 1522127 1522153 1522159 1522187 1522201 1522249 1522253 1522321
115741: 1522331 1522343 1522361 1522363 1522369 1522387 1522399 1522427 1522447 1522457 1522459 1522463 1522483 1522487
115756: 1522511 1522517 1522541 1522553 1522579 1522589 1522601 1522607 1522643 1522663 1522681 1522691 1522693 1522711 1522727
115771: 1522733 1522769 1522789 1522797 1522811 1522837 1522841 1522897 1522933 1522951 1522973 1522981 1523003 1523009
115786: 1523063 1523069 1523077 1523087 1523089 1523099 1523101 1523107 1523117 1523131 1523141 1523153 1523161 1523177 1523219
115801: 1523233 1523261 1523267 1523293 1523297 1523311 1523323 1523329 1523339 1523351 1523369 1523377 1523381 1523393 1523407
115816: 1523419 1523429 1523441 1523443 1523453 1523491 1523503 1523507 1523521 1523527 1523531 1523539 1523551 1523563 1523567
115831: 1523569 1523581 1523603 1523609 1523617 1523633 1523651 1523653 1523663 1523671 1523701 1523707 1523737 1523747 1523783
115846: 1523789 1523801 1523807 1523813 1523849 1523861 1523891 1523917 1523939 1523941 1523953 1523969 1523981 1523983 1523987
115861: 1524007 1524013 1524023 1524059 1524071 1524073 1524077 1524079 1524097 1524109 1524113 1524119 1524137 1524139 1524143
115876: 1524179 1524181 1524217 1524223 1524241 1524247 1524253 1524271 1524287 1524293 1524319 1524337 1524349 1524359 1524361
115891: 1524377 1524379 1524401 1524403 1524409 1524431 1524433 1524449 1524469 1524473 1524493 1524517 1524529 1524533 1524547
115906: 1524569 1524571 1524587 1524641 1524629 1524631 1524637 1524641 1524683 1524689 1524697 1524701 1524703 1524707 1524763
115921: 1524767 1524773 1524799 1524811 1524827 1524829 1524839 1524841 1524847 1524851 1524871 1524899 1524931 1524953 1524989
115936: 1525021 1525031 1525033 1525039 1525049 1525057 1525063 1525067 1525093 1525099 1525109 1525123 1525133 1525157 1525163
115951: 1525171 1525207 1525217 1525219 1525229 1525243 1525261 1525267 1525273 1525297 1525331 1525333 1525343 1525351 1525357
115966: 1525367 1525409 1525421 1525423 1525471 1525477 1525493 1525501 1525507 1525561 1525571 1525607 1525609 1525633 1525637
115981: 1525639 1525669 1525679 1525697 1525703 1525709 1525717 1525723 1525729 1525747 1525763 1525781 1525787 1525819 1525831
115996: 1525837 1525859 1525873 1525877 1525921 1525933 1525957 1525961 1525963 1525967 1525987 1526053 1526069
116011: 1526071 1526087 1526089 1526093 1526117 1526123 1526149 1526167 1526179 1526191 1526227 1526263 1526267 1526269 1526279
116026: 1526297 1526321 1526339 1526341 1526351 1526363 1526381 1526387 1526401 1526411 1526423 1526431 1526449 1526647
116041: 1526521 1526537 1526557 1526561 1526587 1526597 1526611 1526621 1526633 1526639 1526641 1526653 1526659 1526687 1526741
116056: 1526747 1526807 1526813 1526831 1526867 1526873 1526909 1526929 1526933 1526977 1526999 1527017 1527023 1527041 1527047
116071: 1527061 1527079 1527083 1527109 1527117 1527123 1527131 1527137 1527143 1527157 1527173 1527179 1527187 1527203 1527247
116086: 1527271 1527287 1527289 1527299 1527311 1527313 1527347 1527349 1527371 1527389 1527443 1527457 1527497 1527521 1527523
116101: 1527529 1527541 1527551 1527553 1527571 1527577 1527583 1527599 1527607 1527613 1527629 1527677 1527679 1527689 1527703
116116: 1527709 1527727 1527731 1527737 1527761 1527769 1527791 1527793 1527803 1527811 1527839 1527857 1527859 1527887 1527893
116131: 1527899 1527901 1527911 1527941 1527949 1527971 1527979 1527983 1527997 1528001 1528013 1528019 1528061 1528073
116146: 1528103 1528127 1528139 1528141 1528157 1528171 1528187 1528199 1528223 1528229 1528237 1528243 1528253 1528259 1528291
116161: 1528313 1528321 1528333 1528399 1528409 1528421 1528447 1528441 1528447 1528459 1528463 1528469 1528523 1528537 1528543
116176: 1528577 1528601 1528609 1528613 1528621 1528627 1528633 1528643 1528661 1528669 1528687 1528717 1528733 1528771
116191: 1528789 1528799 1528811 1528823 1528831 1528853 1528859 1528871 1528877 1528899 1528911 1528929 1528941 1528993 1528999
116206: 1529009 1529027 1529029 1529041 1529053 1529069 1529071 1529081 1529089 1529093 1529119 1529149 1529153 1529189 1529191
116221: 1529233 1529243 1529249 1529261 1529267 1529273 1529279 1529309 1529327 1529357 1529369 1529377 1529383 1529387 1529389
116236: 1529393 1529401 1529413 1529419 1529449 1529459 1529471 1529501 1529503 1529513 1529531 1529533 1529537 1529573 1529581
116251: 1529599 1529603 1529611 1529621 1529629 1529659 1529701 1529741 1529761 1529777 1529791 1529797 1529807 1529831
116266: 1529849 1529851 1529863 1529867 1529893 1529903 1529909 1529917 1529933 1529947 1529963 1529971 1529977 1529989 1530019
116281: 1530037 1530071 1530073 1530077 1530091 1530097 1530103 1530107 1530131 1530143 1530149 1530157 1530173 1530197 1530227
116296: 1530229 1530233 1530281 1530293 1530311 1530317 1530329 1530343 1530349 1530409 1530457 1530511 1530517 1530521 1530523
116311: 1530539 1530541 1530553 1530559 1530569 1530589 1530601 1530611 1530623 1530631 1530647 1530667 1530679 1530691 1530703
116326: 1530709 1530713 1530741 1530757 1530779 1530791 1530803 1530827 1530829 1530839 1530847 1530853 1530863 1530869 1530911
116341: 1530913 1530937 1530943 1530953 1530967 1531021 1531027 1531031 1531051 1531091 1531093 1531111 1531129 1531147
116356: 1531157 1531181 1531199 1531217 1531253 1531289 1531297 1531303 1531313 1531337 1531357 1531367 1531373 1531379
116371: 1531447 1531469 1531477 1531487 1531499 1531549 1531561 1531591 1531619 1531627 1531631 1531633 1531657 1531661
116386: 1531669 1531681 1531709 1531721 1531729 1531769 1531793 1531807 1531811 1531813 1531843 1531847 1531861 1531897
116401: 1531909 1531987 1531991 1531997 1532009 1532017 1532021 1532029 1532033 1532041 1532077 1532081 1532093 1532107 1532117
116416: 1532123 1532131 1532143 1532161 1532173 1532183 1532231 1532249 1532269 1532287 1532291 1532303 1532327 1532351
116431: 1532353 1532359 1532371 1532413 1532449 1532471 1532507 1532543 1532551 1532579 1532581 1532593 1532603 1532611 1532627
116446: 1532633 1532639 1532647 1532653 1532681 1532693 1532701 1532719 1532723 1532731 1532767 1532777 1532803 1532827 1532833
116461: 1532849 1532887 1532899 1532903 1532917 1532929 1532933 1532957 1532963 1532983 1532987 1533029 1533041 1533083 1533101
116476: 1533107 1533109 1533117 1533137 1533139 1533163 1533197 1533199 1533211 1533221 1533239 1533283 1533293 1533307 1533313
116491: 1533331 1533347 1533379 1533397 1533401 1533407 1533431 1533437 1533439 1533443 1533457 1533461 1533463 1533481 1533487
116506: 1533503 1533517 1533527 1533553 1533563 1533577 1533583 1533579 1533587 1533619 1533623 1533629 1533637 1533659 1533673
116521: 1533713 1533731 1533743 1533773 1533793 1533797 1533799 1533809 1533817 1533841 1533871 1533877 1533881 1533899 1533901 1533907
116536: 1533937 1533947 1533953 1533971 1533977 1534019 1534021 1534051 1534061 1534067 1534069 1534073 1534081 1534103 1534121
116551: 1534133 1534139 1534147 1534151 1534153 1534171 1534189 1534207 1534213 1534271 1534219 1534223 1534289 1534321 1534327
116566: 1534331 1534349 1534373 1534397 1534411 1534451 1534453 1534457 1534483 1534499 1534513 1534517 1534549 1534579 1534591
116581: 1534601 1534609 1534633 1534637 1534661 1534667 1534727 1534739 1534751 1534783 1534787 1534789 1534823 1534837 1534843
116596: 1534853 1534861 1534873 1534889 1534901 1534921 1534931 1534957 1534961 1534963 1534969 1534979 1534993 1535011 1535041
116611: 1535069 1535071 1535077 1535101 1535111 1535119 1535123 1535137 1535153 1535175 1535243 1535249 1535279 1535291
116626: 1535293 1535299 1535311 1535323 1535341 1535353 1535363 1535377 1535381 1535393 1535441 1535453 1535459 1535467
116641: 1535473 1535477 1535489 1535497 1535507 1535531 1535539 1535543 1535551 1535587 1535603 1535609 1535621 1535629
116656: 1535663 1535669 1535671 1535689 1535717 1535719 1535741 1535747 1535761 1535767 1535777 1535791 1535803 1535813
116671: 1535837 1535843 1535851 1535867 1535879 1535909 1535923 1535929 1535939 1535959 1535969 1535971 1535987 1535993
116686: 1536013 1536023 1536037 1536047 1536049 1536077 1536083 1536097 1536107 1536121 1536133 1536149 1536167 1536173 1536187
116701: 1536191 1536211 1536221 1536227 1536251 1536257 1536263 1536281 1536287 1536343 1536349 1536373 1536389 1536401 1536467
116716: 1536487 1536497 1536527 1536533 1536547 1536553 1536581 1536583 1536589 1536593 1536599 1536611 1536617 1536631
116731: 1536641 1536643 1536649 1536659 1536673 1536697 1536701 1536719 1536731 1536737 1536769 1536793 1536799 1536803 1536823
116746: 1536839 1536841 1536881 1536889 1536893 1536907 1536959 1536961 1536989 1536991 1537001 1537007 1537013 1537021 1537031
116761: 1537051 1537061 1537099 1537111 1537141 1537147 1537153 1537169 1537177 1537183 1537199 1537223 1537241 1537247 1537273
116776: 1537301 1537337 1537357 1537369 1537373 1537379 1537397 1537399 1537411 1537421 1537427 1537439 1537441 1537457 1537469
116791: 1537489 1537513 1537517 1537559 1537561 1537607 1537621 1537639 1537643 1537661 1537681 1537697 1537709 1537721 1537729
116806: 1537751 1537771 1537799 1537801 1537807 1537813 1537819 1537847 1537853 1537859 1537879 1537889 1537897 1537913 1537933
116821: 1537961 1537967 1537969 1537997 1537999 1538011 1538023 1538027 1538029 1538039 1538057 1538059 1538077 1538081 1538083
116836: 1538087 1538093 1538101 1538111 1538147 1538167 1538179 1538191 1538203 1538213 1538227 1538233 1538261 1538287 1538297
116851: 1538311 1538321 1538353 1538389 1538393 1538399 1538413 1538419 1538429 1538441 1538461 1538473 1538491 1538501 1538503
116866: 1538527 1538533 1538563 1538609 1538627 1538653 1538587 1538599 1538609 1538611 1538617 1538623 1538627 1538651 1538657
116881: 1538701 1538731 1538743 1538773 1538777 1538807 1538827 1538837 1538839 1538851 1538879 1538893 1538909 1538917 1538939 1538951
116896: 1538969 1538981 1538989 1539011 1539029 1539049 1539053 1539073 1539091 1539097 1539101 1539139 1539149 1539191 1539211 1539217
116911: 1539227 1539253 1539257 1539259 1539281 1539301 1539313 1539331 1539347 1539359 1539389 1539397 1539403 1539449 1539451
116926: 1539463 1539491 1539497 1539511 1539521 1539547 1539557 1539563 1539583 1539619 1539631 1539641 1539649 1539653 1539661
116941: 1539679 1539691 1539719 1539721 1539731 1539737 1539763 1539773 1539793 1539799 1539821 1539847 1539859 1539869 1539883
116956: 1539887 1539907 1539911 1539943 1539961 1539971 1539973 1539983 1539991 1539997 1540001 1540003 1540007 1540009 1540051
116971: 1540073 1540079 1540087 1540109 1540141 1540151 1540153 1540157 1540169 1540171 1540177 1540187 1540193 1540207 1540211 1540223
116986: 1540229 1540243 1540249 1540289 1540309 1540321 1540337 1540367 1540403 1540423 1540447 1540453 1540477 1540481 1540499
```

Prime numbers 117001-118500

```
117001:  1540541 1540543 1540559 1540573 1540603 1540619 1540621 1540631 1540639 1540661 1540673 1540681 1540687 1540697 1540699
117016:  1540709 1540711 1540751 1540753 1540783 1540787 1540789 1540807 1540813 1540823 1540831 1540841 1540849 1540859 1540867
117031:  1540871 1540873 1540879 1540901 1540927 1540949 1540961 1540963 1540967 1540969 1540997 1541003 1541009 1541051 1541063
117046:  1541111 1541119 1541143 1541171 1541191 1541209 1541251 1541273 1541279 1541291 1541297 1541303 1541317 1541333 1541341
117061:  1541347 1541357 1541359 1541363 1541377 1541381 1541389 1541429 1541431 1541453 1541471 1541497 1541503 1541513 1541539
117076:  1541581 1541591 1541597 1541629 1541651 1541663 1541671 1541681 1541689 1541693 1541699 1541707 1541731 1541773 1541779
117091:  1541783 1541791 1541797 1541809 1541819 1541821 1541863 1541867 1541873 1541899 1541921 1541923 1541933 1541941 1541957
117106:  1541963 1541987 1541999 1542007 1542029 1542031 1542041 1542043 1542071 1542077 1542089 1542091 1542119 1542131 1542137
117121:  1542179 1542187 1542193 1542217 1542221 1542239 1542251 1542259 1542283 1542287 1542347 1542349 1542361 1542377 1542383
117136:  1542433 1542451 1542473 1542479 1542487 1542503 1542509 1542511 1542517 1542521 1542533 1542551 1542571 1542581
117151:  1542589 1542599 1542661 1542689 1542691 1542703 1542727 1542811 1542823 1542841 1542851 1542881 1542889 1542899 1542911
117166:  1542917 1542941 1542973 1542991 1542997 1543007 1543013 1543019 1543033 1543037 1543051 1543063 1543067 1543081 1543099
117181:  1543103 1543111 1543127 1543133 1543169 1543181 1543187 1543207 1543229 1543259 1543271 1543279 1543291 1543309 1543319
117196:  1543337 1543357 1543391 1543393 1543417 1543429 1543441 1543463 1543489 1543501 1543511 1543513 1543537 1543543 1543559
117211:  1543589 1543631 1543637 1543639 1543649 1543687 1543709 1543717 1543733 1543741 1543777 1543781 1543793 1543811 1543813 1543819 1543823
117226:  1543859 1543879 1543891 1543909 1543951 1543961 1543979 1543981 1543999 1544003 1544021 1544027 1544033 1544051 1544063
117241:  1544071 1544077 1544083 1544113 1544119 1544123 1544131 1544159 1544167 1544171 1544177 1544201 1544209 1544219 1544227
117256:  1544311 1544317 1544341 1544357 1544363 1544383 1544407 1544423 1544437 1544441 1544449 1544479 1544483 1544489 1544503
117271:  1544507 1544509 1544567 1544533 1544537 1544563 1544573 1544623 1544633 1544641 1544651 1544653 1544659 1544663 1544693 1544717 1544789
117286:  1544831 1544849 1544863 1544869 1544891 1544903 1544923 1544929 1544941 1544957 1544987 1545001 1545007 1545017 1545029
117301:  1545041 1545059 1545069 1545067 1545073 1545097 1545101 1545107 1545121 1545127 1545139 1545143 1545169 1545179 1545217
117316:  1545233 1545239 1545241 1545253 1545259 1545277 1545287 1545311 1545329 1545343 1545353 1545361 1545367 1545371 1545389
117331:  1545391 1545421 1545431 1545433 1545449 1545461 1545473 1545493 1545499 1545503 1545529 1545539 1545547 1545553 1545563
117346:  1545569 1545581 1545587 1545617 1545619 1545641 1545647 1545653 1545667 1545701 1545703 1545713 1545751 1545769 1545773
117361:  1545779 1545799 1545809 1545811 1545839 1545847 1545857 1545871 1545911 1545913 1545917 1545949 1545959 1545983 1545989
117376:  1546003 1546033 1546057 1546073 1546081 1546093 1546117 1546121 1546141 1546147 1546157 1546189 1546199 1546211 1546217
117391:  1546219 1546231 1546241 1546247 1546261 1546271 1546283 1546291 1546297 1546301 1546327 1546351 1546357 1546361
117406:  1546379 1546387 1546393 1546399 1546403 1546423 1546453 1546463 1546469 1546477 1546499 1546537 1546547 1546549 1546627
117421:  1546639 1546663 1546669 1546679 1546687 1546697 1546709 1546729 1546757 1546759 1546781 1546799 1546823 1546837 1546861
117436:  1546873 1546879 1546901 1546903 1546907 1546927 1546939 1546947 1546961 1546969 1546981 1546997 1547009 1547023 1547027
117451:  1547069 1547093 1547101 1547129 1547131 1547173 1547177 1547191 1547197 1547201 1547207 1547213 1547239 1547251 1547257
117466:  1547261 1547267 1547339 1547347 1547383 1547389 1547407 1547419 1547423 1547431 1547437 1547449 1547453 1547471 1547477
117481:  1547479 1547501 1547519 1547521 1547537 1547543 1547563 1547577 1547591 1547593 1547597 1547603 1547641 1547657 1547659
117496:  1547671 1547677 1547713 1547717 1547723 1547771 1547773 1547779 1547803 1547807 1547827 1547837 1547839 1547849
117511:  1547857 1547879 1547881 1547893 1547921 1547927 1547929 1547939 1547941 1547947 1547951 1547989 1547993 1548031 1548059
117526:  1548067 1548073 1548083 1548097 1548103 1548121 1548127 1548133 1548137 1548143 1548149 1548169 1548181 1548187 1548221 1548247
117541:  1548251 1548277 1548281 1548311 1548331 1548337 1548341 1548359 1548389 1548401 1548409 1548427 1548433 1548437 1548461
117556:  1548493 1548497 1548517 1548527 1548539 1548541 1548553 1548577 1548587 1548593 1548619 1548623 1548641 1548647 1548653
117571:  1548719 1548721 1548733 1548739 1548761 1548763 1548767 1548779 1548787 1548793 1548847 1548871 1548881 1548893 1548901
117586:  1548913 1548917 1548923 1548929 1548941 1548947 1548949 1548961 1548983 1548991 1548997 1549003 1549033 1549049 1549061
117601:  1549081 1549087 1549099 1549129 1549139 1549157 1549169 1549183 1549199 1549213 1549271 1549277 1549283 1549319 1549321
117616:  1549351 1549367 1549369 1549391 1549403 1549409 1549411 1549439 1549447 1549459 1549463 1549477 1549481 1549489 1549501
117631:  1549511 1549519 1549529 1549531 1549547 1549549 1549553 1549571 1549609 1549619 1549631 1549657 1549669 1549699 1549733
117646:  1549739 1549741 1549787 1549817 1549831 1549837 1549843 1549853 1549883 1549897 1549921 1549931 1549937 1549943 1549957
117661:  1549981 1549987 1549997 1550027 1550033 1550071 1550069 1550083 1550099 1550110 1550141 1550147 1550161 1550167
117676:  1550173 1550203 1550207 1550209 1550221 1550231 1550233 1550243 1550257 1550287 1550299 1550309 1550321 1550327 1550359
117691:  1550363 1550371 1550377 1550387 1550401 1550413 1550431 1550441 1550443 1550449 1550467 1550477 1550503 1550509 1550513
117706:  1550539 1550551 1550567 1550597 1550603 1550611 1550617 1550629 1550663 1550669 1550693 1550701 1550737 1550741 1550753
117721:  1550771 1550777 1550779 1550789 1550819 1550827 1550831 1550851 1550861 1550869 1550881 1550917 1550947 1550961 1550993 1550999
117736:  1551001 1551013 1551019 1551037 1551041 1551049 1551083 1551089 1551107 1551113 1551133 1551157 1551163 1551167 1551191
117751:  1551197 1551203 1551229 1551241 1551269 1551289 1551343 1551371 1551383 1551449 1551463 1551467 1551479 1551497 1551499
117766:  1551551 1551577 1551593 1551601 1551617 1551619 1551623 1551647 1551659 1551661 1551677 1551691 1551701 1551707 1551731
117781:  1551733 1551757 1551763 1551773 1551791 1551793 1551859 1551871 1551883 1551887 1551889 1551899 1551901 1551911 1551917
117796:  1551919 1551929 1551943 1551959 1551961 1551967 1551997 1552000 1552037 1552079 1552087 1552121 1552123 1552147 1552169
117811:  1552207 1552217 1552223 1552237 1552241 1552247 1552277 1552289 1552297 1552307 1552333 1552337 1552367 1552373 1552379
117826:  1552381 1552393 1552403 1552417 1552451 1552469 1552501 1552513 1552517 1552531 1552541 1552543 1552553 1552561 1552567
117841:  1552571 1552583 1552589 1552597 1552613 1552619 1552643 1552651 1552669 1552693 1552709 1552723 1552757 1552769 1552781
117856:  1552807 1552819 1552829 1552843 1552861 1552867 1552871 1552879 1552901 1552903 1552913 1552929 1552947 1552963 1552981 1552987 1552997
117871:  1553009 1553011 1553017 1553023 1553053 1553063 1553081 1553089 1553093 1553099 1553107 1553119 1553129 1553147 1553159
117886:  1553173 1553171 1553191 1553201 1553249 1553281 1553287 1553291 1553303 1553309 1553311 1553323 1553333 1553347 1553369 1553381
117901:  1553389 1553401 1553407 1553413 1553417 1553423 1553429 1553437 1553467 1553471 1553479 1553507 1553509 1553527 1553537
117916:  1553543 1553551 1553561 1553567 1553599 1553653 1553701 1553707 1553711 1553723 1553729 1553737 1553743 1553753 1553771
117931:  1553803 1553807 1553809 1553821 1553837 1553869 1553873 1553887 1553899 1553927 1553947 1553971 1553983 1554019 1554043
117946:  1554073 1554083 1554101 1554143 1554107 1554117 1554193 1554221 1554273 1554273 1554291 1554297 1554277 1554281
117961:  1554283 1554299 1554307 1554347 1554349 1554359 1554367 1554379 1554383 1554391 1554401 1554419 1554439 1554451 1554461
117976:  1554521 1554529 1554549 1554559 1554583 1554589 1554613 1554643 1554659 1554667 1554721 1554737 1554739 1554747 1554757
117991:  1554779 1554781 1554797 1554811 1554821 1554841 1554853 1554863 1554877 1554881 1554899 1554913 1554977 1554989 1555013
118006:  1555027 1555033 1555039 1555051 1555061 1555079 1555091 1555111 1555117 1555123 1555129 1555133 1555153 1555157 1555159
118021:  1555163 1555167 1555187 1555189 1555193 1555199 1555223 1555231 1555247 1555249 1555259 1555261 1555289 1555331 1555339
118036:  1555327 1555343 1555349 1555409 1555423 1555429 1555469 1555471 1555481 1555507 1555523 1555529 1555553 1555571 1555573
118051:  1555577 1555607 1555613 1555633 1555637 1555639 1555643 1555657 1555661 1555679 1555691 1555693 1555699 1555711 1555717
118066:  1555727 1555733 1555751 1555759 1555781 1555787 1555793 1555807 1555819 1555831 1555837 1555847 1555861 1555901 1555907
118081:  1555913 1555919 1555943 1555951 1555963 1555999 1556001 1556011 1556017 1556039 1556059 1556069 1556083
118096:  1556117 1556147 1556173 1556179 1556189 1556201 1556243 1556263 1556267 1556297 1556323 1556327 1556329 1556339 1556351
118111:  1556363 1556369 1556371 1556393 1556403 1556431 1556441 1556447 1556453 1556473 1556491 1556501 1556509 1556519 1556551
118126:  1556561 1556563 1556567 1556573 1556587 1556591 1556609 1556623 1556641 1556657 1556669 1556671 1556717 1556719 1556747
118141:  1556759 1556761 1556767 1556771 1556773 1556791 1556837 1556839 1556869 1556873 1556881 1556897 1556909 1556927 1556963
118156:  1556977 1557001 1557007 1557019 1557029 1557041 1557043 1557053 1557067 1557079 1557089 1557101 1557103 1557109 1557113
118171:  1557119 1557131 1557137 1557161 1557211 1557229 1557247 1557287 1557289 1557301 1557313 1557337 1557341 1557343 1557359
118186:  1557371 1557377 1557389 1557397 1557403 1557407 1557419 1557427 1557433 1557443 1557469 1557481 1557499 1557509 1557547
118201:  1557551 1557559 1557593 1557607 1557613 1557623 1557641 1557649 1557653 1557667 1557677 1557707 1557709 1557733 1557763
118216:  1557769 1557797 1557823 1557833 1557839 1557869 1557883 1557907 1557947 1557949 1557973 1557991 1558009 1558061 1558079
118231:  1558087 1558097 1558103 1558129 1558177 1558189 1558201 1558213 1558217 1558223 1558241 1558269 1558273 1558283 1558289
118246:  1558303 1558307 1558309 1558313 1558321 1558327 1558343 1558351 1558357 1558387 1558409 1558423 1558439 1558483
118261:  1558511 1558517 1558523 1558541 1558559 1558561 1558571 1558573 1558619 1558631 1558637 1558643 1558651 1558657 1558663
118276:  1558691 1558709 1558711 1558717 1558753 1558757 1558771 1558787 1558789 1558807 1558811 1558813 1558819 1558829
118291:  1558831 1558841 1558867 1558873 1558877 1558891 1558901 1558913 1558919 1558931 1558933 1558937 1558939 1558979 1558981
118306:  1559017 1559052 1559059 1559093 1559113 1559119 1559123 1559149 1559161 1559171 1559177 1559183 1559203 1559209 1559213
118321:  1559227 1559267 1559281 1559297 1559303 1559329 1559333 1559347 1559351 1559357 1559399 1559407 1559431 1559443 1559447
118336:  1559449 1559477 1559479 1559483 1559491 1559527 1559531 1559549 1559581 1559603 1559609 1559611
118351:  1559617 1559647 1559651 1559669 1559683 1559689 1559713 1559731 1559749 1559759 1559773 1559777 1559797 1559807 1559821
118366:  1559839 1559849 1559871 1559891 1559893 1559963 1559969 1559989 1559993 1560011 1560023 1560037
118381:  1560047 1560049 1560059 1560077 1560121 1560127 1560131 1560149 1560187 1560193 1560203 1560211 1560217 1560227
118396:  1560239 1560257 1560263 1560271 1560281 1560307 1560311 1560347 1560407 1560409 1560427 1560443 1560457 1560473 1560511
118411:  1560523 1560529 1560539 1560547 1560569 1560589 1560593 1560631 1560659 1560673 1560677 1560683 1560707 1560709 1560733
118426:  1560739 1560743 1560749 1560781 1560799 1560817 1560827 1560833 1560869 1560877 1560881 1560893 1560901 1560913 1560967
118441:  1560973 1560997 1561003 1561013 1561019 1561037 1561039 1561069 1561111 1561117 1561121 1561123 1561145 1561151 1561159
118456:  1561163 1561169 1561741 1561193 1561213 1561243 1561247 1561259 1561279 1561303 1561317 1561337 1561349 1561367 1561393 1561421
118471:  1561423 1561429 1561453 1561457 1561463 1561499 1561519 1561529 1561537 1561541 1561559 1561577 1561579 1561589 1561597
118486:  1561601 1561607 1561633 1561639 1561657 1561673 1561697 1561711 1561727 1561741 1561753 1561757 1561759 1561801 1561817
```

118501-120000 Prime numbers

```
118501: 1561823 1561829 1561883 1561891 1561919 1562051 1562053 1562063 1562081 1562087 1562089 1562101 1562107 1562111 1562129
118516: 1562131 1562159 1562173 1562191 1562207 1562219 1562243 1562263 1562269 1562279 1562287 1562291 1562293 1562347 1562357
118531: 1562359 1562371 1562377 1562381 1562411 1562417 1562423 1562447 1562471 1562513 1562527 1562531 1562543 1562567 1562591
118546: 1562593 1562611 1562647 1562653 1562677 1562707 1562713 1562719 1562753 1562833 1562863 1562867 1562887 1562923 1562977
118561: 1562983 1562993 1562999 1563017 1563019 1563041 1563047 1563061 1563077 1563083 1563091 1563097 1563101 1563109 1563119
118576: 1563131 1563137 1563143 1563157 1563161 1563209 1563217 1563227 1563229 1563239 1563253 1563257 1563259 1563271 1563277
118591: 1563281 1563283 1563293 1563319 1563329 1563389 1563407 1563409 1563413 1563421 1563427 1563431 1563433 1563449 1563461
118606: 1563467 1563469 1563481 1563487 1563503 1563511 1563533 1563539 1563571 1563577 1563599 1563619 1563623 1563629 1563631
118621: 1563649 1563689 1563703 1563707 1563739 1563743 1563773 1563791 1563811 1563817 1563829 1563851 1563857 1563893 1563901
118636: 1563937 1563943 1563959 1563967 1563971 1563973 1564001 1564007 1564037 1564049 1564063 1564067 1564081 1564091 1564097
118651: 1564103 1564111 1564121 1564139 1564151 1564169 1564183 1564223 1564237 1564243 1564307 1564309 1564313 1564337 1564361
118666: 1564363 1564369 1564373 1564379 1564393 1564399 1564411 1564417 1564421 1564427 1564457 1564487 1564499 1564501 1564543
118681: 1564553 1564559 1564571 1564573 1564597 1564603 1564643 1564663 1564679 1564699 1564711 1564729 1564741 1564747 1564751
118696: 1564777 1564781 1564807 1564831 1564837 1564853 1564861 1564877 1564907 1564909 1564921 1564933 1564949 1564991 1564993
118711: 1564999 1565009 1565017 1565023 1565027 1565033 1565041 1565051 1565059 1565099 1565117 1565129 1565141 1565149 1565153
118726: 1565167 1565171 1565177 1565183 1565189 1565191 1565203 1565209 1565233 1565251 1565261 1565269 1565281 1565287 1565293
118741: 1565323 1565341 1565351 1565381 1565383 1565413 1565437 1565441 1565471 1565489 1565491 1565519 1565521 1565539 1565549
118756: 1565561 1565563 1565569 1565579 1565591 1565609 1565611 1565651 1565659 1565663 1565693 1565737 1565741 1565743 1565747
118771: 1565789 1565791 1565807 1565813 1565821 1565827 1565833 1565867 1565869 1565873 1565881 1565891 1565909 1565911 1565917
118786: 1565933 1565947 1565969 1565987 1566031 1566043 1566049 1566079 1566083 1566101 1566107 1566121 1566137 1566143 1566163
118801: 1566179 1566197 1566201 1566209 1566211 1566217 1566239 1566251 1566263 1566281 1566283 1566289 1566307 1566343 1566349
118816: 1566353 1566359 1566371 1566401 1566403 1566407 1566449 1566451 1566479 1566517 1566529 1566559 1566571 1566577 1566583
118831: 1566613 1566637 1566659 1566673 1566731 1566739 1566743 1566749 1566751 1566767 1566769 1566779 1566793 1566811 1566821
118846: 1566823 1566827 1566847 1566857 1566881 1566883 1566889 1566893 1566923 1566937 1566953 1566997 1567001 1567003 1567031
118861: 1567037 1567039 1567057 1567067 1567079 1567087 1567103 1567109 1567117 1567127 1567133 1567141 1567147 1567169 1567171
118876: 1567219 1567249 1567259 1567261 1567271 1567297 1567301 1567303 1567327 1567333 1567339 1567343 1567361 1567373 1567409
118891: 1567411 1567429 1567469 1567477 1567483 1567487 1567493 1567499 1567513 1567541 1567549 1567567 1567589 1567603 1567607
118906: 1567627 1567637 1567661 1567667 1567679 1567693 1567721 1567729 1567759 1567777 1567789 1567789 1567837 1567847 1567901
118921: 1567903 1567931 1567981 1567987 1567999 1568033 1568041 1568053 1568079 1568087 1568107 1568123 1568129 1568141 1568153
118936: 1568159 1568173 1568179 1568201 1568217 1568221 1568243 1568251 1568257 1568263 1568269 1568287 1568309 1568341 1568351
118951: 1568377 1568389 1568419 1568423 1568449 1568459 1568503 1568509 1568519 1568521 1568533 1568543 1568561 1568563 1568579
118966: 1568579 1568599 1568629 1568657 1568687 1568729 1568741 1568771 1568867 1568873 1568891 1568909 1568921 1568923 1568927
118981: 1568927 1568933 1568951 1568969 1568971 1568977 1568993 1569011 1569013 1569023 1569047 1569053 1569097 1569101 1569121
118996: 1569131 1569149 1569157 1569163 1569173 1569181 1569187 1569203 1569209 1569241 1569257 1569259 1569263 1569289 1569301
119011: 1569307 1569311 1569317 1569319 1569329 1569331 1569349 1569367 1569391 1569397 1569401 1569413 1569431 1569443 1569473
119026: 1569479 1569487 1569511 1569541 1569551 1569569 1569599 1569611 1569619 1569637 1569643 1569649 1569667 1569703 1569731
119041: 1569749 1569781 1569787 1569793 1569803 1569811 1569817 1569833 1569839 1569859 1569889 1569901 1569923 1569937 1569991
119056: 1569977 1569983 1570007 1570043 1570061 1570067 1570073 1570081 1570087 1570091 1570097 1570099 1570117 1570123 1570189
119071: 1570193 1570199 1570229 1570237 1570241 1570267 1570271 1570291 1570319 1570339 1570343 1570351 1570357 1570381 1570399
119086: 1570421 1570427 1570433 1570447 1570451 1570453 1570487 1570491 1570501 1570519 1570531 1570577 1570601 1570607 1570619
119101: 1570631 1570633 1570637 1570649 1570663 1570697 1570729 1570753 1570759 1570763 1570769 1570771 1570781 1570837 1570841
119116: 1570847 1570859 1570871 1570873 1570879 1570883 1570889 1570891 1570903 1570913 1570927 1570931 1570937 1570951 1570957
119131: 1570963 1570967 1570981 1570991 1570999 1571023 1571027 1571029 1571031 1571093 1571111 1571113 1571137 1571149 1571181
119146: 1571209 1571221 1571233 1571237 1571239 1571267 1571287 1571291 1571309 1571329 1571363 1571377 1571387 1571393 1571411
119161: 1571419 1571461 1571467 1571477 1571513 1571519 1571569 1571579 1571587 1571611 1571621 1571629 1571657 1571663 1571681
119176: 1571683 1571707 1571711 1571719 1571729 1571741 1571743 1571747 1571749 1571761 1571777 1571783 1571789 1571807 1571827
119191: 1571833 1571839 1571849 1571871 1571881 1571893 1571897 1571923 1571929 1571953 1571957 1571959 1571989 1572017 1572023
119206: 1572029 1572047 1572083 1572091 1572097 1572101 1572113 1572149 1572163 1572187 1572191 1572203 1572217 1572239 1572247
119221: 1572251 1572253 1572271 1572281 1572283 1572287 1572323 1572331 1572341 1572347 1572389 1572499 1572563 1572567 1572581
119236: 1572407 1572419 1572427 1572433 1572443 1572509 1572511 1572527 1572539 1572547 1572559 1572569 1572577 1572587 1572589
119251: 1572607 1572611 1572629 1572643 1572647 1572677 1572679 1572689 1572713 1572731 1572749 1572751 1572773 1572799 1572803
119266: 1572821 1572841 1572853 1572869 1572871 1572887 1572911 1572919 1572929 1572997 1573009 1573021 1573037 1573051 1573057
119281: 1573079 1573081 1573087 1573109 1573111 1573133 1573139 1573141 1573151 1573163 1573183 1573193 1573207 1573217 1573271
119296: 1573283 1573301 1573303 1573339 1573357 1573379 1573387 1573393 1573399 1573477 1573483 1573487 1573501 1573541 1573543
119311: 1573547 1573549 1573553 1573577 1573603 1573613 1573643 1573651 1573667 1573669 1573679 1573699 1573709 1573717 1573723
119326: 1573727 1573753 1573771 1573799 1573811 1573833 1573823 1573829 1573837 1573879 1573901 1573909 1573921 1573927 1573931
119341: 1573933 1573937 1573939 1573961 1573969 1573973 1573997 1574003 1574009 1574011 1574029 1574039 1574057 1574069 1574071
119356: 1574107 1574123 1574129 1574137 1574159 1574161 1574173 1574197 1574201 1574219 1574231 1574249 1574269 1574311 1574317
119371: 1574333 1574341 1574357 1574369 1574371 1574393 1574401 1574411 1574431 1574437 1574467 1574479 1574491 1574501 1574527
119386: 1574543 1574563 1574569 1574579 1574597 1574611 1574623 1574647 1574653 1574669 1574681 1574717 1574737 1574747 1574767
119401: 1574773 1574791 1574827 1574843 1574849 1574857 1574869 1574873 1574917 1574939 1574953 1574957 1574981 1574987 1575011
119416: 1575029 1575031 1575071 1575083 1575113 1575131 1575137 1575143 1575151 1575155 1575187 1575199 1575209 1575227 1575239
119431: 1575253 1575263 1575269 1575281 1575283 1575289 1575307 1575331 1575337 1575341 1575397 1575401 1575421 1575433 1575437
119446: 1575443 1575463 1575467 1575473 1575479 1575481 1575517 1575521 1575547 1575557 1575583 1575593 1575617 1575631 1575631
119461: 1575641 1575643 1575647 1575653 1575659 1575677 1575683 1575697 1575709 1575731 1575733 1575757 1575767 1575811 1575817
119476: 1575829 1575869 1575887 1575913 1575919 1575961 1575989 1575991 1576007 1576013 1576021 1576033 1576037 1576039 1576049
119491: 1576073 1576093 1576097 1576103 1576111 1576117 1576119 1576129 1576149 1576155 1576243 1576247 1576277 1576283 1576321
119506: 1576339 1576343 1576357 1576363 1576391 1576403 1576417 1576483 1576493 1576499 1576501 1576507 1576511 1576517 1576537
119521: 1576543 1576559 1576571 1576579 1576583 1576613 1576649 1576651 1576661 1576669 1576703 1576711 1576717 1576721 1576723
119536: 1576747 1576763 1576769 1576777 1576781 1576793 1576837 1576843 1576849 1576871 1576879 1576889 1576891 1576907 1576921
119551: 1576931 1576941 1576957 1576973 1576979 1576997 1577021 1577027 1577039 1577101 1577117 1577119 1577137 1577143 1577153
119566: 1577183 1577189 1577201 1577203 1577221 1577231 1577267 1577291 1577293 1577297 1577309 1577321 1577341 1577353 1577361
119581: 1577357 1577377 1577383 1577431 1577449 1577453 1577479 1577489 1577503 1577507 1577509 1577531 1577533 1577539 1577561
119596: 1577567 1577573 1577579 1577591 1577599 1577623 1577657 1577659 1577663 1577671 1577689 1577699 1577701 1577711 1577729
119611: 1577759 1577767 1577801 1577813 1577839 1577843 1577879 1577897 1577903 1577909 1577941 1577959 1577963 1577987 1577999
119626: 1578001 1578011 1578019 1578023 1578029 1578043 1578047 1578061 1578077 1578091 1578133 1578169 1578193 1578217 1578221
119641: 1578257 1578277 1578281 1578289 1578293 1578299 1578323 1578337 1578361 1578383 1578389 1578407 1578439 1578469 1578509
119656: 1578517 1578553 1578581 1578607 1578611 1578631 1578641 1578701 1578719 1578727 1578749 1578769 1578779 1578789 1578793
119671: 1578803 1578809 1578821 1578833 1578839 1578851 1578853 1578881 1578883 1578911 1578911 1578931 1578961 1578979 1578997
119686: 1579001 1579009 1579013 1579027 1579031 1579037 1579043 1579051 1579057 1579091 1579103 1579139 1579141 1579163 1579163
119701: 1579169 1579183 1579193 1579217 1579219 1579231 1579297 1579313 1579339 1579343 1579363 1579367 1579381 1579393 1579397
119716: 1579399 1579421 1579429 1579439 1579469 1579511 1579517 1579541 1579553 1579561 1579579 1579583 1579597 1579609 1579619
119731: 1579621 1579631 1579637 1579639 1579651 1579673 1579679 1579703 1579723 1579727 1579733 1579751 1579753 1579781 1579807
119746: 1579813 1579867 1579873 1579883 1579889 1579901 1579909 1579931 1579933 1579951 1579967 1579979 1579993 1580003 1580023
119761: 1580027 1580041 1580053 1580057 1580081 1580087 1580107 1580119 1580141 1580171 1580177 1580203 1580213 1580251 1580273
119776: 1580279 1580309 1580341 1580351 1580387 1580389 1580393 1580413 1580419 1580429 1580431 1580447 1580459 1580461 1580461
119791: 1580479 1580483 1580489 1580503 1580521 1580533 1580567 1580573 1580581 1580617 1580627 1580633 1580647 1580649 1580651
119806: 1580653 1580671 1580687 1580699 1580707 1580713 1580717 1580737 1580753 1580759 1580771 1580773 1580797 1580801 1580849
119821: 1580851 1580857 1580897 1580911 1580921 1580923 1580959 1580977 1580987 1581007 1581011 1581037 1581053 1581061 1581071
119836: 1581077 1581079 1581091 1581101 1581113 1581131 1581157 1581163 1581169 1581191 1581193 1581211 1581217 1581257 1581287
119851: 1581299 1581311 1581317 1581367 1581379 1581413 1581421 1581431 1581433 1581443 1581449 1581469 1581473 1581479 1581487
119866: 1581499 1581533 1581535 1581539 1581553 1581577 1581581 1581607 1581619 1581637 1581649 1581659 1581673 1581707 1581709
119881: 1581719 1581721 1581737 1581743 1581751 1581757 1581823 1581857 1581859 1581869 1581889 1581911 1581919 1581929 1581949
119896: 1582001 1582013 1582033 1582043 1582069 1582079 1582081 1582099 1582107 1582117 1582127 1582151 1582159 1582169 1582171
119911: 1582247 1582267 1582283 1582297 1582319 1582337 1582351 1582363 1582381 1582387 1582391 1582393 1582409 1582429 1582447
119926: 1582451 1582489 1582517 1582523 1582531 1582537 1582549 1582571 1582573 1582579 1582583 1582589 1582597 1582621 1582673
119941: 1582697 1582703 1582709 1582729 1582753 1582759 1582799 1582811 1582813 1582877 1582901 1582927 1582937 1582949 1582957
119956: 1582961 1582963 1582981 1582989 1582991 1583003 1583027 1583033 1583039 1583041 1583053 1583083 1583093 1583107 1583117
119971: 1583149 1583161 1583167 1583171 1583177 1583191 1583203 1583233 1583257 1583273 1583287 1583291 1583293 1583299 1583311
119986: 1583321 1583339 1583347 1583353 1583357 1583359 1583369 1583447 1583459 1583471 1583497 1583509 1583521 1583531 1583539
```

Prime numbers   120001-121500

```
120001: 1583591 1583599 1583629 1583651 1583653 1583657 1583671 1583689 1583731 1583741 1583749 1583753 1583761 1583767 1583773
120016: 1583801 1583807 1583809 1583833 1583837 1583843 1583851 1583861 1583863 1583867 1583887 1583899 1583909 1583917 1583927
120031: 1583929 1583999 1584001 1584017 1584031 1584047 1584059 1584083 1584101 1584103 1584113 1584127 1584137 1584139 1584151
120046: 1584157 1584169 1584203 1584227 1584257 1584259 1584269 1584283 1584307 1584311 1584343 1584367 1584387 1584389 1584403
120061: 1584409 1584413 1584431 1584433 1584437 1584439 1584469 1584481 1584487 1584491 1584509 1584547 1584551 1584571 1584577
120076: 1584607 1584613 1584623 1584629 1584641 1584643 1584697 1584701 1584703 1584721 1584731 1584743 1584767 1584787 1584811
120091: 1584827 1584829 1584881 1584889 1584899 1584901 1584929 1584931 1584941 1584943 1584949 1584959 1584967 1584971 1584983
120106: 1585007 1585009 1585013 1585021 1585027 1585033 1585093 1585127 1585141 1585201 1585219 1585249 1585253 1585261 1585279
120121: 1585289 1585291 1585313 1585319 1585373 1585387 1585393 1585399 1585411 1585427 1585447 1585457 1585469 1585477 1585481
120136: 1585483 1585499 1585513 1585523 1585537 1585541 1585547 1585559 1585583 1585589 1585603 1585631 1585637 1585667 1585669
120151: 1585663 1585669 1585673 1585679 1585687 1585697 1585699 1585723 1585771 1585763 1585769 1585799 1585819 1585889 1585897
120166: 1585901 1585937 1585963 1585967 1585973 1585993 1586023 1586027 1586041 1586077 1586089 1586093 1586099 1586111 1586113
120181: 1586147 1586161 1586191 1586197 1586201 1586209 1586251 1586257 1586309 1586311 1586327 1586339 1586371 1586381 1586393
120196: 1586401 1586419 1586437 1586467 1586513 1586527 1586531 1586537 1586539 1586551 1586567 1586581 1586587 1586617 1586621
120211: 1586623 1586693 1586699 1586707 1586719 1586723 1586737 1586771 1586773 1586777 1586783 1586789 1586797 1586813 1586821
120226: 1586857 1586867 1586869 1586881 1586887 1586891 1586911 1586939 1586951 1586953 1586971 1586989 1587007 1587011 1587067
120241: 1587077 1587101 1587121 1587167 1587191 1587221 1587251 1587283 1587301 1587323 1587343 1587361 1587389 1587389 1587389
120256: 1587407 1587413 1587449 1587473 1587491 1587499 1587503 1587527 1587533 1587557 1587563 1587569 1587577 1587581 1587587
120271: 1587611 1587617 1587629 1587637 1587653 1587673 1587679 1587683 1587701 1587707 1587709 1587737 1587739 1587743 1587787
120286: 1587809 1587829 1587841 1587847 1587869 1587871 1587877 1587899 1587917 1587923 1587959 1587961 1587973 1587977 1587991
120301: 1587997 1588019 1588031 1588043 1588049 1588051 1588063 1588073 1588087 1588091 1588111 1588121 1588133 1588141 1588159
120316: 1588163 1588183 1588187 1588189 1588193 1588211 1588231 1588253 1588271 1588289 1588297 1588303 1588309 1588333 1588387
120331: 1588393 1588399 1588423 1588439 1588451 1588507 1588511 1588513 1588523 1588567 1588577 1588597 1588603 1588661 1588663
120346: 1588673 1588681 1588687 1588711 1588729 1588733 1588747 1588751 1588753 1588757 1588759 1588787 1588793 1588801 1588813
120361: 1588819 1588841 1588859 1588861 1588877 1588879 1588883 1588889 1588901 1588903 1588907 1588921 1588931 1588933 1588969
120376: 1588963 1588987 1589017 1589051 1589059 1589069 1589083 1589089 1589113 1589129 1589183 1589201 1589207 1589219 1589239
120391: 1589249 1589251 1589257 1589291 1589297 1589299 1589303 1589317 1589327 1589333 1589359 1589363 1589377 1589387 1589389
120406: 1589411 1589431 1589443 1589453 1589459 1589473 1589501 1589503 1589537 1589563 1589567 1589569 1589573 1589591
120421: 1589633 1589641 1589647 1589657 1589663 1589669 1589671 1589677 1589683 1589689 1589701 1589713 1589719 1589747 1589771
120436: 1589803 1589813 1589821 1589831 1589837 1589849 1589851 1589881 1589899 1589911 1589923 1589933 1589941 1589999
120451: 1589981 1590019 1590037 1590047 1590049 1590073 1590077 1590079 1590101 1590107 1590119 1590131 1590133 1590137 1590161
120466: 1590203 1590221 1590229 1590223 1590241 1590247 1590263 1590271 1590293 1590311 1590317 1590343 1590373 1590377 1590383
120481: 1590397 1590403 1590437 1590461 1590467 1590481 1590487 1590493 1590521 1590539 1590541 1590551 1590553 1590559 1590643
120496: 1590653 1590671 1590673 1590677 1590731 1590739 1590791 1590793 1590803 1590829 1590857 1590873 1590893 1590907 1590913
120511: 1590917 1590931 1590937 1590949 1590961 1590991 1591001 1591021 1591033 1591097 1591099 1591103 1591127 1591141 1591159
120526: 1591189 1591207 1591211 1591229 1591237 1591241 1591253 1591267 1591273 1591277 1591313 1591339 1591363 1591367
120541: 1591391 1591397 1591417 1591441 1591463 1591483 1591487 1591507 1591511 1591547 1591551 1591567 1591589 1591621 1591631
120556: 1591637 1591663 1591697 1591721 1591729 1591753 1591781 1591783 1591787 1591813 1591841 1591859 1591871 1591873 1591901
120571: 1591913 1591921 1591927 1591949 1591969 1591973 1591981 1592027 1592047 1592051 1592069 1592081 1592099 1592111 1592113
120586: 1592117 1592159 1592183 1592197 1592207 1592243 1592251 1592263 1592273 1592281 1592323 1592321 1592323 1592329 1592341
120601: 1592387 1592401 1592411 1592429 1592431 1592471 1592489 1592533 1592557 1592573 1592579 1592581 1592609 1592621 1592623
120616: 1592639 1592653 1592659 1592663 1592671 1592683 1592693 1592699 1592729 1592737 1592753 1592761 1592777 1592779 1592797
120631: 1592807 1592821 1592831 1592861 1592863 1592867 1592869 1592879 1592881 1592893 1592917 1592947 1592953 1592961 1592993
120646: 1593029 1593037 1593043 1593047 1593061 1593071 1593133 1593149 1593167 1593181 1593191 1593193 1593217 1593227
120661: 1593239 1593247 1593259 1593269 1593271 1593281 1593299 1593323 1593331 1593349 1593377 1593379 1593401 1593409 1593411
120676: 1593433 1593467 1593481 1593491 1593497 1593499 1593523 1593539 1593541 1593583 1593589 1593593 1593607 1593619 1593643
120691: 1593653 1593659 1593703 1593743 1593749 1593773 1593797 1593799 1593811 1593881 1593883 1593841 1593847 1593857 1593859
120706: 1593887 1593899 1593931 1593947 1594027 1594031 1594037 1594049 1594057 1594063 1594093 1594097 1594111 1594123 1594127
120721: 1594129 1594133 1594147 1594149 1594183 1594207 1594211 1594223 1594249 1594251 1594253 1594257 1594277 1594281 1594299
120736: 1594283 1594289 1594297 1594301 1594331 1594339 1594387 1594403 1594421 1594433 1594451 1594459 1594471 1594477 1594517
120751: 1594553 1594559 1594573 1594597 1594611 1594631 1594639 1594643 1594649 1594651 1594657 1594669 1594671 1594693 1594721
120766: 1594729 1594763 1594771 1594783 1594793 1594807 1594819 1594837 1594849 1594861 1594867 1594871 1594883 1594897 1594903
120781: 1594909 1594921 1594927 1594933 1594939 1594951 1594961 1594987 1595003 1595047 1595051 1595053 1595057 1595063 1595071
120796: 1595081 1595101 1595117 1595149 1595173 1595189 1595197 1595201 1595213 1595219 1595239 1595267 1595273 1595287 1595309
120811: 1595311 1595317 1595321 1595327 1595339 1595357 1595369 1595381 1595389 1595391 1595393 1595401 1595417 1595431 1595453
120826: 1595483 1595507 1595511 1595521 1595527 1595557 1595591 1595593 1595611 1595623 1595647 1595651 1595669 1595701 1595719 1595723
120841: 1595729 1595731 1595743 1595751 1595767 1595771 1595801 1595813 1595819 1595823 1595827 1595831 1595833 1595857 1595861 1595863
120856: 1595887 1595903 1595921 1595929 1595933 1595953 1596013 1596029 1596043 1596047 1596059 1596061 1596071 1596107 1596121
120871: 1596139 1596163 1596169 1596211 1596229 1596233 1596251 1596277 1596299 1596311 1596313 1596319 1596341 1596347 1596349
120886: 1596367 1596373 1596377 1596379 1596383 1596389 1596433 1596451 1596467 1596481 1596493 1596509 1596527 1596541 1596563
120901: 1596629 1596631 1596641 1596649 1596659 1596667 1596697 1596701 1596719 1596737 1596739 1596743 1596767 1596781 1596787
120916: 1596839 1596851 1596859 1596869 1596871 1596941 1596961 1596989 1597033 1597039 1597067 1597069 1597081 1597091 1597097
120931: 1597109 1597111 1597129 1597139 1597147 1597153 1597157 1597171 1597181 1597187 1597229 1597243 1597259 1597289 1597331
120946: 1597357 1597361 1597369 1597381 1597391 1597397 1597411 1597417 1597423 1597433 1597441 1597451 1597473 1597469
120961: 1597489 1597499 1597513 1597553 1597567 1597597 1597601 1597613 1597619 1597621 1597657 1597663 1597679 1597693 1597703
120976: 1597721 1597727 1597747 1597753 1597759 1597763 1597771 1597781 1597793 1597801 1597823 1597829 1597853 1597871 1597873
120991: 1597877 1597913 1597927 1597931 1597943 1597951 1597961 1597969 1597973 1598011 1598021 1598089 1598053 1598089 1598099
121006: 1598131 1598137 1598167 1598171 1598183 1598197 1598209 1598213 1598227 1598237 1598239 1598257 1598263 1598267 1598273
121021: 1598279 1598309 1598327 1598341 1598371 1598381 1598447 1598449 1598501 1598503 1598507 1598521 1598539 1598543 1598551
121036: 1598557 1598563 1598573 1598581 1598587 1598617 1598633 1598651 1598669 1598677 1598689 1598699 1598711 1598743 1598759
121051: 1598789 1598791 1598801 1598813 1598819 1598827 1598833 1598873 1598887 1598897 1598899 1598911 1598923 1598941 1598951
121066: 1598963 1598999 1599023 1599029 1599053 1599061 1599067 1599109 1599119 1599131 1599137 1599151 1599183 1599217 1599229
121081: 1599253 1599271 1599293 1599307 1599319 1599331 1599347 1599361 1599373 1599407 1599413 1599421 1599427 1599431 1599461
121096: 1599463 1599469 1599509 1599511 1599523 1599529 1599539 1599571 1599583 1599601 1599607 1599613 1599617 1599677 1599691
121111: 1599709 1599803 1599809 1599811 1599829 1599863 1599899 1599863 1599871 1599883 1599889 1599919 1599931
121126: 1599937 1599977 1600033 1600037 1600051 1600061 1600069 1600097 1600109 1600121 1600141 1600153 1600177 1600187 1600201
121141: 1600211 1600219 1600221 1600241 1600253 1600259 1600261 1600273 1600279 1600283 1600301 1600337 1600349 1600367 1600373
121156: 1600349 1600387 1600393 1600421 1600433 1600451 1600483 1600519 1600531 1600537 1600603 1600607 1600631
121171: 1600633 1600673 1600677 1600649 1600663 1600691 1600699 1600721 1600727 1600733 1600741 1600777 1600793 1600803 1600811
121186: 1600861 1600877 1600889 1600891 1600897 1600901 1600909 1600913 1600919 1600957 1600967 1600969 1600981 1600993 1601023
121201: 1601051 1601059 1601071 1601077 1601103 1601117 1601123 1601137 1601143 1601161 1601203 1601207 1601211 1601221 1601227
121216: 1601239 1601261 1601267 1601269 1601273 1601287 1601309 1601317 1601359 1601371 1601381 1601389 1601399 1601413 1601441
121231: 1601447 1601451 1601459 1601473 1601477 1601489 1601503 1601507 1601521 1601527 1601543 1601563 1601569 1601573
121246: 1601591 1601599 1601609 1601617 1601623 1601627 1601629 1601647 1601651 1601659 1601671 1601687 1601711 1601729 1601731
121261: 1601741 1601743 1601747 1601777 1601779 1601783 1601789 1601797 1601803 1601857 1601863 1601867 1601903 1601869 1601953
121276: 1601969 1602011 1602059 1602067 1602071 1602077 1602079 1602091 1602101 1602103 1602113 1602119 1602121 1602143 1602151
121291: 1602169 1602187 1602203 1602229 1602241 1602279 1602281 1602283 1602293 1602323 1602331 1602349 1602361 1602379 1602383
121306: 1602389 1602397 1602401 1602407 1602427 1602453 1602463 1602473 1602487 1602493 1602529 1602547 1602551 1602569 1602571
121321: 1602589 1602599 1602611 1602637 1602661 1602677 1602691 1602697 1602703 1602709 1602721 1602727 1602737 1602749 1602751 1602761
121336: 1602817 1602823 1602829 1602833 1602851 1602857 1602863 1602867 1602869 1602883 1602889 1602901 1602907 1602919 1602929
121351: 1602941 1602943 1602949 1602961 1602983 1603009 1603013 1603027 1603051 1603057 1603063 1603067 1603073 1603079 1603081
121366: 1603093 1603111 1603129 1603131 1603139 1603163 1603183 1603193 1603237 1603247 1603249 1603261 1603267 1603271 1603289
121381: 1603333 1603337 1603339 1603361 1603363 1603397 1603403 1603411 1603417 1603421 1603453 1603471 1603489 1603493 1603501
121396: 1603523 1603529 1603533 1603531 1603541 1603573 1603597 1603603 1603631 1603633 1603663 1603667 1603673 1603681 1603697
121411: 1603699 1603709 1603711 1603747 1603769 1603793 1603799 1603801 1603807 1603819 1603837 1603843 1603853 1603867 1603871
121426: 1603907 1603889 1603897 1603919 1603949 1603951 1603963 1604003 1604017 1604041 1604063 1604071 1604081 1604087 1604093
121441: 1604101 1604111 1604123 1604129 1604131 1604143 1604147 1604149 1604157 1604177 1604179 1604191 1604231 1604237 1604243
121456: 1604293 1604267 1604297 1604299 1604311 1604313 1604329 1604357 1604381 1604399 1604401 1604413 1604419 1604437
121471: 1604441 1604461 1604479 1604497 1604501 1604509 1604513 1604521 1604539 1604543 1604557 1604567 1604573 1604593 1604597
121486: 1604609 1604611 1604621 1604651 1604711 1604719 1604731 1604737 1604747 1604753 1604809 1604821 1604833 1604857 1604923
```

121501-123000 Prime numbers

```
121501:  1604929 1604951 1604957 1604983 1605001 1605013 1605017 1605029 1605031 1605041 1605047 1605053 1605083 1605103 1605127
121516:  1605151 1605169 1605173 1605187 1605199 1605209 1605217 1605269 1605277 1605287 1605299 1605313 1605323 1605341
121531:  1605349 1605389 1605413 1605419 1605421 1605427 1605431 1605433 1605509 1605511 1605533 1605547 1605551 1605553 1605559
121546:  1605563 1605587 1605619 1605629 1605631 1605677 1605691 1605697 1605719 1605739 1605743 1605751 1605757 1605761 1605811
121561:  1605829 1605839 1605853 1605859 1605869 1605881 1605887 1605889 1605907 1605913 1605931 1605941 1605971 1605979 1606009
121576:  1606081 1606097 1606117 1606121 1606123 1606139 1606151 1606153 1606201 1606223 1606229 1606233 1606247 1606249 1606273 1606277
121591:  1606289 1606291 1606309 1606321 1606331 1606349 1606379 1606387 1606399 1606403 1606427 1606433 1606439 1606457 1606463
121606:  1606487 1606499 1606529 1606537 1606541 1606543 1606547 1606579 1606603 1606639 1606643 1606663 1606667 1606681
121621:  1606723 1606733 1606739 1606741 1606751 1606753 1606763 1606771 1606777 1606783 1606793 1606817 1606837 1606841 1606853
121636:  1606859 1606879 1606889 1606897 1606901 1606909 1606921 1606951 1606967 1606981 1606991 1607003 1607029 1607051 1607057
121651:  1607063 1607069 1607083 1607087 1607107 1607113 1607131 1607141 1607143 1607149 1607173 1607183 1607201 1607223 1607237
121666:  1607261 1607273 1607289 1607321 1607327 1607357 1607371 1607377 1607399 1607407 1607449 1607471 1607477 1607479 1607491
121681:  1607509 1607513 1607519 1607527 1607563 1607579 1607591 1607597 1607603 1607611 1607621 1607659 1607663 1607681 1607699
121696:  1607701 1607713 1607747 1607767 1607773 1607791 1607807 1607821 1607831 1607833 1607839 1607849 1607857 1607863 1607867 1607873
121711:  1607923 1607929 1607941 1607981 1607987 1608007 1608017 1608023 1608031 1608037 1608041 1608083 1608097 1608109 1608127 1608133
121726:  1608197 1608209 1608227 1608239 1608241 1608259 1608283 1608323 1608337 1608349 1608359 1608381 1608379 1608401 1608433
121741:  1608437 1608443 1608449 1608461 1608463 1608479 1608487 1608493 1608511 1608527 1608569 1608571 1608577 1608583
121756:  1608599 1608611 1608617 1608637 1608653 1608661 1608667 1608671 1608697 1608703 1608707 1608713 1608743 1608751 1608769
121771:  1608773 1608821 1608823 1608839 1608883 1608911 1608913 1608941 1608979 1609009 1609021 1609037 1609043 1609061 1609063
121786:  1609079 1609087 1609099 1609109 1609141 1609147 1609163 1609177 1609193 1609199 1609211 1609219 1609247 1609249 1609261
121801:  1609301 1609367 1609403 1609417 1609423 1609457 1609477 1609493 1609501 1609507 1609511 1609519 1609523 1609549
121816:  1609561 1609567 1609571 1609583 1609589 1609627 1609631 1609667 1609691 1609693 1609717 1609739 1609757 1609763
121831:  1609771 1609789 1609807 1609843 1609871 1609873 1609879 1609897 1609901 1609909 1609913 1609969 1609991 1609997
121846:  1609999 1610009 1610017 1610027 1610057 1610083 1610093 1610101 1610107 1610123 1610131 1610144 1610153 1610177 1610179
121861:  1610183 1610227 1610237 1610239 1610253 1610291 1610309 1610311 1610333 1610347 1610353 1610369 1610377 1610387 1610417
121876:  1610423 1610429 1610431 1610443 1610467 1610471 1610473 1610501 1610513 1610519 1610527 1610533 1610557 1610551 1610561
121891:  1610569 1610579 1610591 1610627 1610639 1610659 1610681 1610701 1610753 1610761 1610771 1610773 1610779 1610783
121906:  1610789 1610797 1610809 1610813 1610837 1610867 1610887 1610893 1610899 1610923 1610927 1610933 1610941 1610957 1610963
121921:  1610969 1610981 1610993 1611031 1611053 1611059 1611079 1611089 1611097 1611131 1611139 1611151 1611157 1611161 1611187
121936:  1611199 1611217 1611223 1611227 1611241 1611251 1611289 1611229 1611301 1611319 1611331 1611343 1611353 1611361
121951:  1611367 1611391 1611397 1611419 1611433 1611439 1611451 1611469 1611479 1611499 1611517 1611529 1611539 1611553 1611563
121966:  1611593 1611601 1611607 1611613 1611667 1611689 1611691 1611697 1611707 1611737 1611749 1611761 1611763 1611773 1611781
121981:  1611809 1611851 1611853 1611877 1611881 1611899 1611901 1611917 1611947 1611949 1611971 1612007 1612019 1612033 1612063
121996:  1612069 1612073 1612111 1612121 1612123 1612131 1612141 1612157 1612181 1612183 1612189 1612211 1612213 1612223 1612249 1612267
122011:  1612271 1612307 1612309 1612319 1612327 1612333 1612361 1612363 1612393 1612427 1612439 1612451 1612463 1612477 1612493
122026:  1612517 1612537 1612561 1612571 1612601 1612609 1612619 1612621 1612649 1612669 1612679 1612693 1612697 1612703 1612727 1612733
122041:  1612747 1612759 1612763 1612771 1612781 1612823 1612859 1612903 1612913 1612927 1612931 1612937 1612957 1612991 1612997
122056:  1612999 1613033 1613041 1613057 1613069 1613093 1613099 1613123 1613141 1613149 1613153 1613173 1613179 1613201 1613279
122071:  1613321 1613323 1613329 1613363 1613371 1613393 1613399 1613407 1613411 1613413 1613441 1613471 1613483 1613497 1613503
122086:  1613509 1613539 1613543 1613587 1613593 1613597 1613609 1613621 1613639 1613641 1613653 1613669 1613671 1613683 1613707
122101:  1613713 1613741 1613761 1613771 1613809 1613813 1613831 1613867 1613873 1613921 1613947 1613951 1613959 1613981 1613987
122116:  1614001 1614007 1614017 1614023 1614037 1614073 1614083 1614149 1614157 1614187 1614191 1614229 1614233 1614241 1614247
122131:  1614251 1614257 1614281 1614289 1614307 1614311 1614317 1614329 1614331 1614359 1614367 1614377 1614383 1614391 1614397
122146:  1614409 1614413 1614443 1614461 1614463 1614467 1614479 1614491 1614493 1614533 1614553 1614559 1614583 1614589 1614593
122161:  1614619 1614629 1614631 1614637 1614647 1614649 1614659 1614661 1614671 1614707 1614719 1614721 1614733 1614757 1614787
122176:  1614793 1614803 1614817 1614859 1614863 1614871 1614911 1614913 1614917 1614929 1614947 1614961 1614973 1614989 1615001
122191:  1615027 1615043 1615049 1615067 1615073 1615079 1615121 1615139 1615151 1615157 1615177 1615181 1615183 1615199
122206:  1615223 1615231 1615253 1615279 1615307 1615331 1615333 1615337 1615351 1615363 1615403 1615421 1615433 1615447 1615477
122221:  1615483 1615487 1615499 1615501 1615511 1615529 1615541 1615591 1615613 1615631 1615637 1615643 1615651 1615657
122236:  1615661 1615673 1615693 1615699 1615717 1615723 1615739 1615763 1615777 1615781 1615837 1615841 1615843 1615847 1615849
122251:  1615853 1615871 1615891 1615919 1615921 1615949 1615963 1615981 1615997 1616009 1616029 1616033 1616039 1616047 1616057
122266:  1616063 1616077 1616099 1616113 1616119 1616161 1616171 1616183 1616201 1616227 1616231 1616269 1616281 1616291
122281:  1616297 1616347 1616359 1616391 1616401 1616429 1616437 1616443 1616453 1616473 1616491 1616497 1616519 1616533 1616543 1616551
122296:  1616569 1616597 1616603 1616609 1616611 1616617 1616621 1616623 1616627 1616633 1616639 1616641 1616669 1616677 1616687
122311:  1616689 1616711 1616719 1616749 1616801 1616803 1616807 1616809 1616821 1616827 1616833 1616851 1616861 1616681 1616897
122326:  1616899 1616939 1616947 1616951 1616963 1616983 1617019 1617029 1617039 1617037 1617043 1617047 1617079 1617103 1617117 1617149
122341:  1617171 1617247 1617251 1617269 1617277 1617283 1617289 1617311 1617347 1617349 1617373 1617391 1617433 1617437 1617439
122356:  1617443 1617463 1617471 1617493 1617503 1617509 1617523 1617541 1617547 1617557 1617563 1617565 1617589 1617619 1617647 1617661
122371:  1617689 1617691 1617697 1617727 1617739 1617743 1617757 1617767 1617769 1617779 1617809 1617817 1617827 1617871
122386:  1617883 1617893 1617929 1617943 1617949 1617971 1617977 1617989 1618003 1618007 1618033 1618039 1618049 1618051
122401:  1618079 1618081 1618087 1618091 1618093 1618129 1618139 1618153 1618181 1618187 1618189 1618207 1618217 1618223 1618241
122416:  1618261 1618271 1618273 1618291 1618307 1618313 1618327 1618333 1618367 1618369 1618373 1618387 1618399 1618411 1618433
122431:  1618453 1618457 1618459 1618471 1618481 1618489 1618501 1618517 1618531 1618537 1618549 1618559 1618601 1618613 1618619
122446:  1618627 1618637 1618663 1618679 1618681 1618703 1618739 1618741 1618769 1618777 1618807 1618817 1618823 1618829 1618831
122461:  1618849 1618853 1618891 1618909 1618931 1618937 1618943 1618957 1618963 1618973 1618979 1619021 1619053 1619069 1619071
122476:  1619113 1619119 1619153 1619159 1619171 1619179 1619207 1619209 1619227 1619239 1619243 1619249 1619257 1619281
122491:  1619287 1619311 1619327 1619329 1619339 1619341 1619353 1619381 1619383 1619417 1619419 1619473 1619507 1619531 1619549
122506:  1619551 1619559 1619561 1619593 1619599 1619603 1619633 1619647 1619663 1619669 1619671 1619677 1619687 1619689 1619699
122521:  1619713 1619741 1619747 1619753 1619759 1619773 1619791 1619831 1619837 1619857 1619861 1619881 1619899 1619903 1619909
122536:  1619929 1619941 1619957 1619983 1619987 1620001 1620003 1620019 1620041 1620071 1620103 1620107 1620121 1620133 1620161
122551:  1620209 1620217 1620233 1620239 1620247 1620251 1620257 1620271 1620319 1620329 1620331 1620337 1620343 1620347 1620371 1620373
122566:  1620391 1620403 1620413 1620431 1620439 1620449 1620461 1620463 1620497 1620499 1620517 1620523 1620539 1620547 1620551
122581:  1620569 1620571 1620589 1620591 1620613 1620617 1620629 1620631 1620667 1620697 1620723 1620737 1620743 1620769
122596:  1620803 1620811 1620823 1620841 1620881 1620887 1620893 1620917 1620923 1620929 1620961 1620973 1620977 1620989 1621019
122611:  1621031 1621033 1621043 1621049 1621079 1621097 1621107 1621127 1621133 1621141 1621151 1621163 1621177 1621219 1621231
122626:  1621237 1621241 1621259 1621283 1621309 1621349 1621351 1621357 1621363 1621381 1621391 1621397 1621421 1621423
122641:  1621439 1621457 1621469 1621471 1621481 1621489 1621519 1621537 1621541 1621551 1621597 1621619 1621621 1621637
122656:  1621639 1621643 1621657 1621667 1621679 1621687 1621699 1621717 1621721 1621723 1621727 1621729 1621751 1621769 1621771 1621793
122671:  1621801 1621843 1621861 1621871 1621877 1621909 1621931 1621933 1621973 1621981 1621999 1622003 1622017 1622041 1622053
122686:  1622059 1622063 1622077 1622081 1622141 1622143 1622149 1622189 1622207 1622209 1622233 1622263 1622273 1622287 1622297
122701:  1622311 1622333 1622359 1622377 1622407 1622419 1622431 1622437 1622449 1622467 1622471 1622479 1622483 1622549 1622557
122716:  1622573 1622587 1622591 1622597 1622609 1622617 1622639 1622641 1622659 1622669 1622671 1622681 1622693 1622707 1622711
122731:  1622729 1622737 1622743 1622761 1622773 1622777 1622791 1622813 1622827 1622839 1622843 1622881 1622889 1622903 1622917
122746:  1622947 1622953 1622977 1622981 1622987 1623023 1623029 1623047 1623053 1623059 1623071 1623077 1623091 1623107 1623137
122761:  1623153 1623161 1623163 1623169 1623173 1623179 1623187 1623203 1623229 1623233 1623263 1623269 1623283 1623289 1623295
122776:  1623319 1623361 1623367 1623403 1623421 1623431 1623437 1623451 1623463 1623467 1623473 1623487 1623533 1623539 1623553
122791:  1623589 1623631 1623641 1623653 1623667 1623679 1623701 1623737 1623733 1623763 1623767 1623781 1623793 1623811 1623829
122806:  1623833 1623847 1623859 1623863 1623883 1623901 1623907 1623911 1623929 1623931 1623943 1623977 1623989 1624009 1624019
122821:  1624037 1624047 1624053 1624069 1624081 1624121 1624141 1624159 1624161 1624171 1624193 1624199 1624201 1624213 1624223
122836:  1624241 1624277 1624279 1624291 1624321 1624327 1624331 1624349 1624351 1624361 1624373 1624387 1624417 1624421 1624429
122851:  1624453 1624471 1624487 1624501 1624507 1624523 1624529 1624573 1624589 1624591 1624603 1624607 1624627 1624661 1624663
122866:  1624681 1624687 1624691 1624699 1624717 1624729 1624757 1624807 1624813 1624829 1624849 1624879 1624913 1624933 1624943
122881:  1624963 1624967 1624969 1624991 1624993 1625017 1625021 1625027 1625059 1625123 1625147 1625153 1625167 1625171 1625177
122896:  1625179 1625201 1625207 1625209 1625227 1625257 1625263 1625287 1625297 1625303 1625311 1625321 1625329 1625339 1625347
122911:  1625359 1625383 1625417 1625419 1625453 1625461 1625471 1625483 1625497 1625501 1625513 1625539 1625543 1625551 1625573
122926:  1625569 1625621 1625627 1625647 1625677 1625699 1625707 1625717 1625729 1625741 1625749 1625761 1625771 1625803 1625807
122941:  1625809 1625821 1625831 1625837 1625839 1625843 1625851 1625861 1625867 1625879 1625903 1625909 1625927 1625933 1625951
122956:  1625969 1625971 1625983 1625993 1626013 1626017 1626047 1626077 1626079 1626083 1626089 1626091 1626109 1626127 1626133
122971:  1626137 1626143 1626173 1626181 1626193 1626197 1626211 1626227 1626239 1626257 1626263 1626269 1626277 1626281 1626283
122986:  1626301 1626311 1626319 1626329 1626337 1626371 1626377 1626379 1626431 1626433 1626437 1626451 1626461 1626467 1626479
```

Prime numbers 123001-124500

```
123001:  1626481 1626487 1626497 1626503 1626589 1626613 1626617 1626619 1626637 1626649 1626673 1626701 1626707 1626739 1626749
123016:  1626763 1626769 1626771 1626791 1626803 1626817 1626829 1626881 1626887 1626893 1626923 1626941 1626943 1626949 1626953
123031:  1626959 1626971 1626979 1626983 1627007 1627013 1627033 1627051 1627057 1627061 1627063 1627069 1627079 1627099 1627111
123046:  1627117 1627123 1627133 1627147 1627169 1627177 1627191 1627201 1627237 1627247 1627253 1627267 1627309 1627333
123061:  1627337 1627357 1627361 1627403 1627429 1627441 1627459 1627481 1627487 1627489 1627501 1627513 1627523 1627537 1627553
123076:  1627573 1627579 1627583 1627601 1627603 1627607 1627609 1627627 1627649 1627651 1627669 1627693 1627723 1627727
123091:  1627729 1627739 1627763 1627771 1627781 1627783 1627793 1627807 1627819 1627831 1627837 1627849 1627853 1627859 1627861
123106:  1627867 1627877 1627883 1627919 1627943 1627979 1627981 1628051 1628057 1628059 1628063 1628071 1628093 1628117 1628131
123121:  1628149 1628153 1628161 1628171 1628173 1628177 1628183 1628197 1628203 1628227 1628261 1628279 1628293 1628299
123136:  1628309 1628317 1628323 1628329 1628353 1628359 1628363 1628381 1628383 1628387 1628401 1628423 1628461 1628477 1628489
123151:  1628491 1628507 1628551 1628567 1628579 1628587 1628591 1628593 1628603 1628621 1628633 1628689 1628701 1628729 1628747
123166:  1628773 1628779 1628801 1628839 1628857 1628867 1628873 1628881 1628891 1628897 1628909 1628917 1628933 1628947 1628983 1628987
123181:  1628989 1629007 1629011 1629013 1629031 1629071 1629077 1629083 1629091 1629101 1629107 1629109 1629119 1629137 1629149
123196:  1629163 1629169 1629197 1629203 1629209 1629211 1629233 1629253 1629259 1629281 1629293 1629317 1629331 1629337 1629359
123211:  1629361 1629371 1629377 1629409 1629427 1629431 1629449 1629451 1629457 1629469 1629479 1629541 1629547 1629557 1629559
123226:  1629581 1629583 1629587 1629599 1629601 1629623 1629643 1629647 1629653 1629673 1629689 1629721 1629731 1629767 1629809
123241:  1629851 1629853 1629863 1629893 1629899 1629919 1629923 1629937 1629983 1629997 1630019 1630021 1630049 1630051 1630091
123256:  1630093 1630117 1630127 1630129 1630133 1630141 1630159 1630169 1630193 1630199 1630243 1630247 1630253 1630261 1630273
123271:  1630303 1630231 1630241 1630247 1630279 1630301 1630323 1630379 1630403 1630411 1630417 1630427 1630429 1630441 1630451
123286:  1630457 1630459 1630463 1630471 1630483 1630501 1630543 1630547 1630549 1630597 1630619 1630621 1630633 1630663 1630669
123301:  1630721 1630763 1630771 1630803 1630807 1630811 1630823 1630829 1630841 1630843 1630859 1630891 1630897 1630913 1630919
123316:  1630927 1630933 1630943 1630987 1631023 1631027 1631029 1631051 1631053 1631057 1631059 1631101 1631117 1631143 1631153
123331:  1631159 1631171 1631177 1631191 1631209 1631243 1631257 1631261 1631263 1631297 1631299 1631301 1631341 1631351 1631363
123346:  1631369 1631407 1631447 1631471 1631489 1631491 1631503 1631519 1631521 1631537 1631543 1631557 1631573 1631579 1631611
123361:  1631629 1631633 1631639 1631647 1631657 1631659 1631683 1631723 1631731 1631741 1631761 1631771 1631783 1631797 1631821
123376:  1631837 1631843 1631869 1631879 1631897 1631899 1631911 1631921 1631939 1631951 1631957 1631969 1631989 1632013 1632019
123391:  1632031 1632041 1632047 1632079 1632101 1632129 1632121 1632133 1632139 1632143 1632167 1632173 1632177 1632193 1632199
123406:  1632209 1632227 1632259 1632307 1632311 1632313 1632321 1632359 1632383 1632427 1632431 1632437 1632457 1632467
123421:  1632469 1632473 1632479 1632481 1632487 1632509 1632523 1632557 1632569 1632571 1632607 1632611 1632623 1632637
123436:  1632647 1632649 1632679 1632691 1632703 1632749 1632751 1632767 1632779 1632781 1632797 1632809 1632817 1632821
123451:  1632853 1632871 1632881 1632887 1632893 1632899 1632913 1632919 1632941 1632949 1632979 1632997 1633007 1633033 1633039
123466:  1633043 1633057 1633076 1633081 1633103 1633117 1633123 1633127 1633129 1633133 1633157 1633169 1633171 1633187 1633201
123481:  1633211 1633223 1633231 1633237 1633243 1633249 1633267 1633319 1633321 1633333 1633339 1633361 1633363 1633369
123496:  1633403 1633404 1633447 1633459 1633531 1633549 1633553 1633559 1633561 1633573 1633589 1633603 1633609 1633627 1633633
123511:  1633679 1633691 1633693 1633703 1633711 1633729 1633741 1633747 1633757 1633777 1633787 1633789 1633811 1633817 1633823
123526:  1633837 1633843 1633847 1633873 1633903 1633913 1633939 1633949 1633967 1633987 1633989 1633993 1634011 1634027 1634047
123541:  1634051 1634053 1634069 1634071 1634089 1634099 1634107 1634117 1634141 1634153 1634167 1634177 1634183 1634201 1634203
123556:  1634231 1634233 1634239 1634257 1634267 1634279 1634291 1634303 1634309 1634317 1634333 1634341 1634371 1634393 1634407
123571:  1634417 1634441 1634443 1634447 1634453 1634461 1634471 1634489 1634497 1634541 1634557 1634569 1634579 1634593 1634597
123586:  1634603 1634609 1634657 1634681 1634683 1634687 1634693 1634713 1634753 1634761 1634767 1634791 1634797 1634803 1634819
123601:  1634833 1634837 1634849 1634879 1634881 1634911 1634923 1634929 1634939 1634947 1634951 1634953 1634959 1634987
123616:  1635003 1635031 1635037 1635041 1635061 1635069 1635081 1635111 1635143 1635149 1635163 1635169 1635181 1635187
123631:  1635199 1635217 1635229 1635241 1635287 1635299 1635307 1635313 1635315 1635329 1635341 1635353 1635357 1635373 1635377
123646:  1635401 1635417 1635477 1635499 1635503 1635509 1635541 1635547 1635551 1635553 1635559 1635563 1635583 1635607 1635611 1635619
123661:  1635631 1635637 1635649 1635661 1635703 1635713 1635727 1635741 1635761 1635773 1635811 1635817 1635827 1635863 1635889
123676:  1635899 1635913 1635937 1635943 1635947 1635971 1635973 1635983 1636001 1636007 1636009 1636039 1636043 1636049 1636067
123691:  1636069 1636079 1636091 1636111 1636121 1636139 1636157 1636181 1636189 1636213 1636231 1636237 1636249 1636277 1636291
123706:  1636303 1636331 1636333 1636339 1636343 1636363 1636367 1636373 1636379 1636391 1636423 1636457 1636463 1636469 1636501
123721:  1636513 1636529 1636541 1636549 1636553 1636561 1636577 1636603 1636619 1636627 1636637 1636651 1636661 1636659
123736:  1636697 1636699 1636711 1636721 1636729 1636741 1636751 1636757 1636759 1636781 1636787 1636819 1636823 1636849 1636867
123751:  1636871 1636883 1636891 1636909 1636919 1636927 1636931 1636937 1636951 1636961 1636973 1636997 1637029 1637087 1637093
123766:  1637147 1637161 1637177 1637183 1637197 1637221 1637239 1637243 1637261 1637297 1637299 1637357 1637371 1637381 1637407 1637429
123781:  1637437 1637459 1637477 1637497 1637501 1637515 1637539 1637549 1637561 1637563 1637591 1637597 1637611 1637617 1637639
123796:  1637641 1637677 1637683 1637687 1637693 1637707 1637711 1637719 1637723 1637737 1637759 1637773 1637777 1637813 1637851
123811:  1637863 1637887 1637927 1637963 1637983 1638011 1638019 1638023 1638031 1638053 1638059 1638061 1638067 1638079 1638097
123826:  1638107 1638121 1638127 1638139 1638149 1638167 1638191 1638209 1638211 1638225 1638269 1638311 1638331 1638347 1638349
123841:  1638353 1638431 1638463 1638471 1638487 1638551 1638563 1638569 1638579 1638581 1638577 1638583 1638653 1638673
123856:  1638677 1638683 1638701 1638719 1638733 1638743 1638797 1638799 1638809 1638821 1638869 1638899 1638907 1638913 1638929
123871:  1638943 1638947 1638959 1638973 1638989 1639019 1639046 1639081 1639087 1639091 1639097 1639121 1639141 1639153
123886:  1639159 1639193 1639196 1639201 1639221 1639223 1639229 1639241 1639243 1639271 1639307 1639349 1639353 1639367 1639381
123901:  1639387 1639409 1639427 1639429 1639471 1639481 1639493 1639511 1639513 1639557 1639579 1639597 1639607 1639619 1639613
123916:  1639663 1639699 1639711 1639717 1639723 1639733 1639751 1639763 1639789 1639793 1639811 1639817 1639823 1639829 1639849
123931:  1639853 1639861 1639879 1639889 1639901 1639907 1639919 1639927 1639949 1639987 1639991 1639999 1640017 1640021 1640033
123946:  1640053 1640057 1640059 1640071 1640077 1640083 1640131 1640137 1640141 1640167 1640189 1640197 1640221 1640231 1640263
123961:  1640267 1640273 1640281 1640299 1640311 1640323 1640333 1640393 1640399 1640423 1640447 1640461 1640463 1640497 1640503
123976:  1640519 1640531 1640539 1640547 1640557 1640609 1640621 1640623 1640653 1640591 1640647 1640657 1640663 1640647 1640689
123991:  1640701 1640729 1640741 1640753 1640761 1640773 1640807 1640809 1640819 1640833 1640851 1640869 1640879 1640887 1640927
124006:  1640929 1640939 1640941 1640971 1641001 1641043 1641053 1641077 1641089 1641091 1641103 1641113 1641127 1641161
124021:  1641217 1641229 1641253 1641281 1641301 1641323 1641329 1641359 1641361 1641373 1641377 1641379 1641389 1641403 1641407
124036:  1641457 1641471 1641509 1641513 1641519 1641561 1641563 1641593 1641613 1641617 1641623 1641613 1641623 1641641
124051:  1641659 1641709 1641713 1641721 1641737 1641751 1641797 1641799 1641811 1641817 1641821 1641833 1641841 1641863 1641881
124066:  1641889 1641907 1641913 1641919 1641931 1641953 1641971 1642021 1642023 1642033 1642047 1642051 1642077 1642079 1642093
124081:  1642117 1642141 1642153 1642187 1642211 1642231 1642237 1642247 1642259 1642273 1642279 1642283 1642297 1642309 1642313
124096:  1642327 1642339 1642363 1642373 1642397 1642423 1642441 1642447 1642451 1642463 1642481 1642487 1642513 1642517 1642519
124111:  1642549 1642559 1642567 1642579 1642601 1642631 1642633 1642649 1642657 1642663 1642673 1642679 1642699 1642717 1642723
124126:  1642741 1642769 1642771 1642787 1642801 1642807 1642811 1642813 1642831 1642843 1642847 1642853 1642859 1642903 1642909
124141:  1642919 1642939 1642943 1642951 1642997 1643001 1643021 1643027 1643033 1643069 1643077 1643099 1643109 1643129 1643137
124156:  1643141 1643171 1643179 1643197 1643219 1643221 1643231 1643233 1643251 1643291 1643299 1643343 1643329 1643331 1643347 1643351
124171:  1643357 1643363 1643387 1643423 1643431 1643441 1643461 1643477 1643501 1643513 1643539 1643581 1643591 1643597 1643599
124186:  1643617 1643623 1643639 1643641 1643659 1643669 1643683 1643687 1643693 1643701 1643717 1643729 1643747 1643773 1643779
124201:  1643791 1643797 1643803 1643809 1643819 1643821 1643827 1643839 1643839 1643849 1643863 1643881 1643891 1643893
124216:  1643959 1643963 1643969 1643987 1643989 1644001 1644061 1644067 1644073 1644079 1644103 1644143 1644163 1644173
124231:  1644193 1644197 1644199 1644217 1644221 1644223 1644283 1644287 1644299 1644307 1644311 1644341 1644347 1644361 1644367
124246:  1644371 1644373 1644413 1644421 1644437 1644439 1644451 1644491 1644493 1644497 1644547 1644571 1644593 1644607 1644611
124261:  1644641 1644637 1644641 1644643 1644667 1644677 1644691 1644739 1644751 1644755 1644757 1644771 1644781 1644817
124276:  1644823 1644871 1644883 1644893 1644899 1644901 1644931 1644943 1644947 1644949 1644989 1644991 1644997 1645003 1645009
124291:  1645019 1645087 1645093 1645097 1645123 1645129 1645151 1645159 1645183 1645187 1645221 1645249 1645253 1645291
124306:  1645327 1645337 1645343 1645363 1645367 1645399 1645421 1645429 1645433 1645439 1645459 1645463 1645469 1645477 1645487
124321:  1645501 1645519 1645529 1645579 1645583 1645589 1645601 1645603 1645607 1645613 1645643 1645661 1645663 1645665 1645679
124336:  1645691 1645729 1645733 1645747 1645757 1645769 1645771 1645801 1645829 1645843 1645849 1645867 1645873 1645879
124351:  1645901 1645907 1645909 1645931 1645939 1645941 1645967 1645979 1646003 1646017 1646023 1646031 1646083 1646091 1646101
124366:  1646107 1646111 1646143 1646147 1646149 1646153 1646171 1646189 1646209 1646219 1646231 1646237 1646261 1646287
124381:  1646329 1646363 1646399 1646401 1646413 1646429 1646431 1646463 1646481 1646557 1646561 1646563 1646593 1646611 1646639
124396:  1646647 1646479 1646483 1646503 1646509 1646521 1646567 1646579 1646609 1646629 1646633 1646641 1646647 1646669 1646677
124411:  1646681 1646717 1646719 1646737 1646741 1646747 1646783 1646791 1646793 1646813 1646833 1646839 1646851 1646869 1646903
124426:  1646921 1646933 1646947 1646951 1646977 1646989 1647001 1647013 1647017 1647047 1647059 1647067 1647083
124441:  1647097 1647101 1647119 1647127 1647137 1647161 1647179 1647193 1647227 1647241 1647251 1647267 1647299 1647307 1647311
124456:  1647323 1647353 1647361 1647371 1647379 1647397 1647431 1647433 1647437 1647469 1647471 1647497 1647523 1647551 1647553
124471:  1647563 1647599 1647601 1647617 1647649 1647673 1647677 1647689 1647707 1647719 1647727 1647761 1647769 1647781 1647797
124486:  1647847 1647853 1647857 1647859 1647871 1647887 1647911 1647917 1647931 1647937 1647941 1647949 1647953 1647959 1647977
```

124501-126000 Prime numbers

```
124501: 1648001 1648021 1648039 1648057 1648063 1648067 1648069 1648081 1648181 1648187 1648217 1648223 1648237 1648253 1648259
124516: 1648261 1648277 1648289 1648291 1648349 1648379 1648391 1648417 1648429 1648441 1648453 1648481 1648483 1648499 1648513
124531: 1648523 1648529 1648531 1648553 1648567 1648579 1648583 1648589 1648601 1648613 1648697 1648723 1648739 1648753 1648771
124546: 1648781 1648789 1648793 1648801 1648811 1648817 1648879 1648909 1648919 1648943 1648951 1648963 1648987 1649003 1649023
124561: 1649059 1649099 1649101 1649111 1649129 1649147 1649149 1649161 1649171 1649213 1649237 1649243 1649251 1649267
124576: 1649287 1649299 1649303 1649309 1649311 1649327 1649341 1649359 1649363 1649369 1649377 1649381 1649393 1649417 1649419
124591: 1649429 1649443 1649449 1649489 1649507 1649521 1649533 1649539 1649567 1649587 1649591 1649597 1649611 1649621 1649639
124606: 1649647 1649651 1649659 1649671 1649677 1649689 1649693 1649707 1649737 1649743 1649759 1649771 1649773 1649783 1649797
124621: 1649801 1649803 1649807 1649819 1649831 1649861 1649863 1649887 1649917 1649927 1649959 1649981 1649987 1649993 1650001
124636: 1650023 1650031 1650041 1650059 1650079 1650081 1650091 1650097 1650101 1650107 1650109 1650133 1650137 1650157 1650167
124651: 1650179 1650191 1650199 1650221 1650263 1650281 1650287 1650293 1650301 1650317 1650331 1650349 1650353 1650371 1650379
124666: 1650401 1650413 1650427 1650437 1650463 1650487 1650491 1650521 1650529 1650553 1650557 1650563 1650569 1650577 1650589
124681: 1650601 1650611 1650613 1650617 1650629 1650637 1650647 1650659 1650667 1650673 1650677 1650703 1650713 1650743 1650757 1650763 1650769
124696: 1650793 1650823 1650877 1650881 1650889 1650907 1650911 1650923 1650931 1650937 1650947 1650949 1650959 1650983 1650991 1651007
124711: 1651019 1651033 1651073 1651093 1651151 1651155 1651163 1651183 1651201 1651207 1651211 1651213 1651219 1651229 1651259
124726: 1651267 1651283 1651291 1651297 1651313 1651343 1651361 1651369 1651379 1651387 1651409 1651411 1651457 1651471 1651477
124741: 1651493 1651511 1651513 1651521 1651541 1651553 1651571 1651589 1651591 1651597 1651609 1651621 1651667 1651681 1651691
124756: 1651693 1651723 1651747 1651757 1651781 1651787 1651801 1651829 1651843 1651847 1651861 1651877 1651891 1651921 1651943
124771: 1651961 1651981 1652011 1652033 1652039 1652047 1652051 1652081 1652099 1652129 1652137 1652141 1652171 1652237 1652243
124786: 1652263 1652267 1652279 1652291 1652317 1652347 1652351 1652353 1652359 1652363 1652369 1652377 1652407 1652419 1652459
124801: 1652489 1652491 1652503 1652509 1652513 1652543 1652569 1652591 1652597 1652611 1652617 1652627 1652671 1652687
124816: 1652701 1652719 1652731 1652737 1652741 1652747 1652771 1652789 1652801 1652821 1652831 1652837 1652839 1652843
124831: 1652869 1652873 1652879 1652881 1652887 1652891 1652897 1652899 1652909 1652921 1652923 1652929 1652933 1652947
124846: 1652993 1653007 1653011 1653023 1653031 1653059 1653061 1653083 1653101 1653103 1653107 1653109 1653149 1653167 1653181
124861: 1653191 1653193 1653227 1653229 1653287 1653293 1653313 1653317 1653323 1653329 1653331 1653341 1653343 1653347 1653383
124876: 1653389 1653409 1653427 1653433 1653439 1653451 1653469 1653473 1653497 1653499 1653503 1653511 1653517 1653521 1653541
124891: 1653583 1653599 1653611 1653623 1653643 1653671 1653679 1653689 1653697 1653701 1653713 1653721 1653731 1653739 1653749 1653763
124906: 1653767 1653791 1653853 1653901 1653917 1653919 1653923 1653929 1653959 1653973 1653989 1653997 1654013 1654019 1654021
124921: 1654027 1654031 1654033 1654039 1654043 1654057 1654111 1654123 1654127 1654153 1654157 1654161 1654171 1654191 1654201
124936: 1654217 1654223 1654231 1654241 1654267 1654271 1654291 1654313 1654319 1654337 1654343 1654351 1654357 1654361 1654369
124951: 1654397 1654403 1654427 1654441 1654519 1654531 1654547 1654561 1654567 1654573 1654579 1654649 1654651 1654663 1654673
124966: 1654693 1654703 1654717 1654721 1654727 1654733 1654739 1654787 1654789 1654799 1654817 1654841 1654853 1654859 1654871
124981: 1654879 1654889 1654897 1654903 1654921 1654931 1654963 1654979 1654981 1654987 1655021 1655023 1655029 1655039 1655051
124996: 1655077 1655089 1655099 1655123 1655131 1655141 1655153 1655167 1655177 1655179 1655191 1655201 1655207 1655209
125011: 1655231 1655237 1655249 1655257 1655263 1655269 1655279 1655281 1655309 1655317 1655321 1655323 1655327 1655377 1655389 1655393
125026: 1655419 1655449 1655453 1655473 1655483 1655497 1655509 1655531 1655551 1655557 1655569 1655573 1655587 1655593 1655597
125041: 1655623 1655627 1655653 1655659 1655663 1655665 1655671 1655677 1655683 1655707 1655807 1655809 1655821 1655827 1655873 1655891
125056: 1655893 1655897 1655909 1655921 1655963 1655969 1655977 1655981 1655991 1655999 1656007 1656013 1656019 1656043 1656047
125071: 1656049 1656073 1656079 1656101 1656107 1656119 1656121 1656131 1656163 1656167 1656169 1656199 1656203 1656209 1656223
125086: 1656227 1656229 1656247 1656251 1656257 1656283 1656301 1656311 1656313 1656323 1656367 1656383 1656427 1656491 1656517
125101: 1656521 1656533 1656541 1656559 1656563 1656583 1656587 1656593 1656607 1656617 1656631 1656647 1656649 1656659 1656673
125116: 1656679 1656689 1656701 1656719 1656739 1656757 1656773 1656827 1656829 1656839 1656841 1656847 1656869 1656877 1656883
125131: 1656887 1656899 1656901 1656911 1656917 1656931 1656937 1656947 1656953 1656979 1656997 1657001 1657013 1657021 1657037
125146: 1657039 1657049 1657067 1657087 1657093 1657099 1657121 1657129 1657153 1657157 1657169 1657181 1657189 1657207 1657213
125161: 1657231 1657247 1657277 1657283 1657303 1657339 1657399 1657417 1657429 1657441 1657451 1657459 1657463 1657519 1657561
125176: 1657571 1657573 1657583 1657603 1657609 1657627 1657631 1657639 1657651 1657661 1657673 1657697 1657699 1657729 1657741
125191: 1657783 1657793 1657811 1657861 1657867 1657871 1657889 1657897 1657921 1657927 1657937 1657939 1657949 1657963 1657987
125206: 1658009 1658023 1658029 1658039 1658051 1658053 1658089 1658101 1658119 1658147 1658161 1658201 1658203 1658213 1658233
125221: 1658243 1658273 1658291 1658309 1658311 1658353 1658359 1658383 1658387 1658389 1658411 1658417 1658429 1658433 1658441
125236: 1658443 1658471 1658479 1658483 1658497 1658509 1658513 1658533 1658561 1658611 1658617 1658623 1658627 1658669 1658711
125251: 1658749 1658753 1658767 1658791 1658801 1658807 1658827 1658833 1658837 1658869 1658873 1658893 1658927 1658941 1658957
125266: 1658963 1658971 1658977 1658989 1658999 1659011 1659029 1659041 1659067 1659083 1659101 1659103 1659107 1659109 1659131
125281: 1659169 1659181 1659211 1659213 1659233 1659239 1659263 1659269 1659277 1659299 1659323 1659347 1659349 1659373
125296: 1659401 1659407 1659431 1659443 1659451 1659457 1659491 1659527 1659533 1659547 1659551 1659569 1659571 1659587 1659613
125311: 1659629 1659643 1659646 1659649 1659653 1659661 1659667 1659673 1659681 1659719 1659731 1659737 1659787 1659797 1659809 1659811
125326: 1659817 1659851 1659877 1659881 1659883 1659893 1659913 1659919 1659971 1659997 1660007 1660037 1660039 1660063 1660069
125341: 1660073 1660097 1660103 1660111 1660121 1660163 1660177 1660189 1660191 1660207 1660229 1660231 1660247 1660259 1660261
125356: 1660283 1660289 1660297 1660357 1660367 1660387 1660409 1660411 1660423 1660433 1660457 1660469 1660471 1660483 1660493
125371: 1660499 1660507 1660511 1660553 1660559 1660571 1660573 1660601 1660609 1660617 1660663 1660669 1660677 1660697 1660699 1660707
125386: 1660721 1660723 1660727 1660739 1660741 1660751 1660783 1660793 1660837 1660841 1660871 1660873 1660889 1660921 1660943
125401: 1660957 1660963 1661003 1661021 1661029 1661059 1661063 1661069 1661111 1661117 1661123 1661141 1661159 1661161
125416: 1661173 1661237 1661243 1661247 1661249 1661251 1661273 1661281 1661311 1661327 1661333 1661347 1661353 1661431 1661437
125431: 1661441 1661447 1661479 1661489 1661503 1661519 1661549 1661557 1661567 1661587 1661591 1661599 1661623 1661629 1661641 1661659
125446: 1661663 1661669 1661677 1661713 1661717 1661741 1661789 1661813 1661827 1661833 1661839 1661851 1661857 1661861
125461: 1661887 1661893 1661899 1661917 1661939 1661953 1661969 1661977 1661983 1662007 1662013 1662029 1662041 1662083 1662103
125476: 1662119 1662121 1662147 1662149 1662161 1662163 1662189 1662211 1662217 1662223 1662229 1662257 1662281 1662293 1662307 1662319
125491: 1662341 1662347 1662361 1662377 1662383 1662389 1662403 1662439 1662449 1662457 1662467 1662487 1662491 1662503 1662517
125506: 1662527 1662547 1662553 1662559 1662571 1662581 1662589 1662593 1662611 1662619 1662629 1662631 1662637 1662641 1662653
125521: 1662667 1662697 1662701 1662707 1662733 1662737 1662751 1662757 1662761 1662779 1662781 1662803 1662833 1662839 1662841
125536: 1662851 1662863 1662883 1662893 1662901 1662929 1662943 1662953 1662959 1662961 1662977 1662979 1663009 1663027 1663031
125551: 1663073 1663091 1663099 1663117 1663133 1663147 1663157 1663169 1663183 1663217 1663219 1663223 1663267 1663273 1663289
125566: 1663301 1663303 1663309 1663327 1663334 1663351 1663373 1663391 1663397 1663421 1663457 1663463 1663477 1663471 1663481
125581: 1663513 1663517 1663523 1663537 1663547 1663549 1663579 1663589 1663609 1663619 1663681 1663687 1663693 1663703 1663709
125596: 1663721 1663747 1663763 1663771 1663777 1663793 1663813 1663861 1663867 1663873 1663877 1663891 1663913 1663919
125611: 1663951 1663967 1663973 1663997 1664009 1664017 1664021 1664053 1664063 1664071 1664083 1664101 1664123 1664227 1664251
125626: 1664261 1664279 1664287 1664291 1664353 1664387 1664407 1664417 1664413 1664437 1664443 1664447 1664499 1664501 1664543
125641: 1664549 1664557 1664561 1664563 1664569 1664643 1664637 1664651 1664653 1664681 1664701 1664711 1664713 1664771 1664797
125656: 1664801 1664807 1664821 1664833 1664849 1664857 1664863 1664867 1664869 1664893 1664903 1664909 1664941 1664959 1664987
125671: 1665007 1665023 1665027 1665043 1665061 1665067 1665071 1665073 1665091 1665107 1665119 1665121 1665137 1665143 1665149
125686: 1665161 1665173 1665197 1665211 1665221 1665233 1665247 1665263 1665271 1665277 1665311 1665317 1665343 1665421 1665427
125701: 1665437 1665451 1665467 1665479 1665493 1665523 1665527 1665529 1665533 1665563 1665569 1665571 1665577 1665581 1665583
125716: 1665611 1665619 1665623 1665647 1665649 1665659 1665679 1665689 1665701 1665709 1665757 1665761 1665767 1665823 1665827
125731: 1665841 1665869 1665877 1665889 1665899 1665907 1665919 1665931 1665941 1665953 1665967 1665977 1665997 1665989 1666003
125746: 1666019 1666037 1666039 1666043 1666061 1666081 1666111 1666127 1666139 1666141 1666177 1666201 1666211 1666213 1666237
125761: 1666261 1666271 1666277 1666297 1666303 1666307 1666309 1666321 1666333 1666351 1666361 1666363 1666379 1666397 1666403
125776: 1666409 1666417 1666421 1666429 1666447 1666477 1666481 1666487 1666499 1666507 1666519 1666523 1666531 1666541 1666559
125791: 1666589 1666607 1666613 1666619 1666627 1666669 1666711 1666729 1666733 1666753 1666763 1666771 1666781 1666783 1666789
125806: 1666793 1666807 1666811 1666823 1666843 1666853 1666871 1666897 1666909 1666913 1666919 1666933 1666939 1666943 1666991
125821: 1666999 1667033 1667051 1667053 1667077 1667111 1667143 1667147 1667179 1667189 1667209 1667213 1667227 1667233
125836: 1667243 1667249 1667251 1667279 1667287 1667291 1667311 1667321 1667329 1667353 1667357 1667359 1667363 1667389 1667401
125851: 1667417 1667423 1667441 1667443 1667447 1667473 1667497 1667507 1667509 1667517 1667543 1667551 1667579 1667597
125866: 1667599 1667609 1667623 1667629 1667639 1667641 1667647 1667651 1667663 1667689 1667693 1667711 1667723 1667741 1667747
125881: 1667749 1667771 1667773 1667777 1667789 1667791 1667793 1667821 1667833 1667837 1667843 1667851 1667863 1667873 1667881
125896: 1667899 1667917 1667937 1667947 1667951 1667957 1667959 1667969 1668001 1668011 1668019 1668031 1668053 1668061 1668083
125911: 1668089 1668113 1668119 1668131 1668133 1668137 1668197 1668211 1668229 1668241 1668253 1668299 1668301 1668307 1668313
125926: 1668323 1668347 1668361 1668373 1668407 1668437 1668449 1668473 1668481 1668487 1668491 1668503 1668509 1668517
125941: 1668521 1668539 1668551 1668553 1668587 1668593 1668617 1668619 1668629 1668647 1668649 1668679 1668683 1668721 1668727
125956: 1668743 1668761 1668781 1668791 1668803 1668833 1668847 1668857 1668869 1668881 1668883 1668889 1668911 1668929 1668943
125971: 1668971 1668983 1669027 1669049 1669061 1669091 1669097 1669099 1669103 1669121 1669127 1669141 1669147 1669163 1669177
125986: 1669193 1669201 1669219 1669223 1669231 1669237 1669243 1669249 1669253 1669259 1669279 1669289 1669301 1669309 1669313
```

Prime numbers   126001-127500

```
126001: 1669331 1669351 1669357 1669361 1669391 1669399 1669427 1669433 1669441 1669453 1669463 1669469 1669471 1669489 1669513
126016: 1669537 1669541 1669543 1669571 1669579 1669589 1669597 1669627 1669637 1669649 1669651 1669687 1669697 1669727 1669741
126031: 1669747 1669751 1669763 1669781 1669783 1669793 1669799 1669813 1669817 1669861 1669873 1669879 1669883 1669897 1669931
126046: 1669933 1669937 1669951 1669963 1669979 1669999 1670003 1670017 1670057 1670059 1670069 1670089 1670093 1670129 1670161
126061: 1670183 1670213 1670269 1670281 1670287 1670303 1670327 1670341 1670353 1670359 1670399 1670407 1670411 1670413 1670419
126076: 1670447 1670467 1670489 1670491 1670503 1670519 1670527 1670531 1670533 1670551 1670561 1670563 1670567 1670569 1670579
126091: 1670597 1670623 1670629 1670633 1670639 1670653 1670657 1670659 1670687 1670717 1670723 1670741 1670761 1670783 1670813
126106: 1670819 1670827 1670831 1670833 1670857 1670863 1670881 1670887 1670899 1670923 1670953 1670959 1670971 1670983 1671041
126121: 1671053 1671073 1671077 1671097 1671101 1671121 1671133 1671139 1671161 1671191 1671199 1671209 1671221 1671223 1671227
126136: 1671277 1671289 1671311 1671337 1671343 1671347 1671349 1671359 1671379 1671421 1671431 1671437 1671443 1671451 1671463
126151: 1671493 1671497 1671515 1671517 1671525 1671547 1671581 1671599 1671619 1671629 1671641 1671643 1671671 1671679 1671689
126166: 1671707 1671713 1671727 1671731 1671739 1671757 1671781 1671907 1671941 1671947 1671961 1671973 1671983 1671997 1672003
126181: 1672009 1672037 1672051 1672063 1672069 1672081 1672087 1672091 1672117 1672129 1672199 1672219 1672223 1672243 1672301
126196: 1672331 1672337 1672339 1672379 1672381 1672393 1672421 1672423 1672441 1672453 1672457 1672469 1672471 1672487 1672499
126211: 1672501 1672507 1672519 1672523 1672529 1672543 1672553 1672603 1672607 1672609 1672631 1672637 1672639 1672651 1672663
126226: 1672747 1672751 1672753 1672771 1672787 1672799 1672849 1672861 1672873 1672889 1672897 1672901 1672921 1672927 1672939
126241: 1672949 1672961 1672963 1672967 1672999 1673011 1673017 1673023 1673053 1673069 1673071 1673081 1673091 1673107 1673131
126256: 1673137 1673167 1673171 1673179 1673183 1673207 1673209 1673237 1673249 1673279 1673281 1673297 1673317 1673339 1673377
126271: 1673381 1673389 1673401 1673411 1673417 1673419 1673439 1673461 1673489 1673509 1673513 1673519 1673527 1673541 1673543
126286: 1673563 1673569 1673591 1673627 1673629 1673663 1673669 1673681 1673713 1673719 1673723 1673731 1673741 1673747 1673753
126301: 1673779 1673807 1673809 1673813 1673827 1673831 1673839 1673849 1673857 1673897 1673911 1673921 1673927 1673933 1673941
126316: 1673951 1673953 1673981 1673983 1673993 1674011 1674047 1674053 1674067 1674073 1674107 1674133 1674151 1674157 1674161
126331: 1674163 1674181 1674203 1674209 1674229 1674259 1674269 1674271 1674289 1674301 1674319 1674329 1674353 1674371 1674391
126346: 1674437 1674457 1674461 1674473 1674503 1674523 1674539 1674547 1674557 1674559 1674577 1674581 1674587 1674593 1674601
126361: 1674613 1674637 1674643 1674649 1674667 1674683 1674703 1674733 1674737 1674741 1674757 1674763 1674767 1674769 1674787
126376: 1674811 1674821 1674847 1674877 1674889 1674901 1674913 1674917 1674919 1674931 1674941 1674947 1674949 1674971 1674989
126391: 1674991 1674997 1675001 1675007 1675013 1675039 1675049 1675057 1675073 1675087 1675109 1675111 1675117 1675133 1675139
126406: 1675181 1675183 1675199 1675213 1675217 1675229 1675231 1675253 1675291 1675307 1675321 1675327 1675329 1675341 1675351
126421: 1675361 1675369 1675379 1675393 1675411 1675441 1675447 1675459 1675463 1675507 1675561 1675567 1675577 1675579 1675589
126436: 1675607 1675613 1675627 1675631 1675637 1675679 1675697 1675703 1675711 1675721 1675733 1675747 1675759 1675763 1675769
126451: 1675771 1675787 1675789 1675799 1675801 1675831 1675847 1675859 1675867 1675873 1675931 1675937 1675943 1675951 1675963
126466: 1675967 1675981 1675991 1676023 1676027 1676029 1676041 1676053 1676069 1676071 1676083 1676111 1676167 1676173 1676221
126481: 1676243 1676261 1676267 1676281 1676303 1676321 1676333 1676347 1676383 1676393 1676413 1676417 1676431 1676453 1676471
126496: 1676473 1676497 1676501 1676533 1676551 1676561 1676569 1676599 1676611 1676621 1676627 1676629 1676641 1676651 1676657
126511: 1676663 1676689 1676711 1676713 1676749 1676767 1676771 1676783 1676813 1676827 1676833 1676837 1676869 1676879 1676887
126526: 1676891 1676893 1676911 1676921 1676947 1676963 1676971 1676981 1676991 1677001 1677019 1677031 1677037 1677047 1677083
126541: 1677089 1677113 1677121 1677133 1677163 1677167 1677191 1677197 1677199 1677209 1677217 1677225 1677273 1677281 1677283
126556: 1677287 1677323 1677329 1677337 1677343 1677349 1677353 1677359 1677443 1677451 1677457 1677461 1677463 1677493 1677521
126571: 1677523 1677527 1677539 1677569 1677583 1677589 1677593 1677631 1677661 1677667 1677673 1677701 1677707 1677721 1677737
126586: 1677743 1677773 1677779 1677787 1677791 1677811 1677847 1677857 1677877 1677887 1677899 1677941 1677961 1677971 1677997
126601: 1678009 1678013 1678021 1678031 1678037 1678067 1678069 1678073 1678091 1678093 1678111 1678129 1678133 1678141 1678153
126616: 1678181 1678199 1678211 1678217 1678219 1678231 1678249 1678267 1678277 1678301 1678319 1678321 1678331 1678337 1678349
126631: 1678363 1678367 1678381 1678399 1678409 1678427 1678429 1678459 1678463 1678507 1678531 1678543 1678553 1678561 1678567
126646: 1678571 1678577 1678601 1678603 1678613 1678627 1678639 1678657 1678673 1678679 1678687 1678693 1678697 1678711 1678717
126661: 1678739 1678751 1678753 1678757 1678759 1678771 1678777 1678837 1678843 1678847 1678861 1678871 1678877 1678879
126676: 1678883 1678889 1678891 1678921 1678951 1678961 1678979 1678993 1679009 1679017 1679033 1679057 1679059 1679077 1679099
126691: 1679101 1679113 1679123 1679131 1679143 1679159 1679189 1679203 1679213 1679233 1679261 1679267 1679273 1679281 1679287
126706: 1679291 1679297 1679323 1679329 1679333 1679351 1679371 1679383 1679417 1679443 1679459 1679471 1679473 1679479 1679501
126721: 1679521 1679533 1679539 1679599 1679603 1679609 1679627 1679641 1679653 1679663 1679669 1679681 1679683 1679687
126736: 1679693 1679701 1679723 1679773 1679779 1679801 1679807 1679831 1679833 1679849 1679857 1679863 1679903 1679917 1679939
126751: 1679959 1679963 1679981 1680013 1680023 1680073 1680089 1680011 1680103 1680123 1680131 1680149 1680167 1680179
126766: 1680181 1680191 1680247 1680253 1680269 1680271 1680313 1680317 1680319 1680323 1680359 1680361 1680373 1680377
126781: 1680401 1680407 1680421 1680439 1680457 1680461 1680491 1680509 1680527 1680529 1680551 1680557 1680563 1680589
126796: 1680593 1680617 1680643 1680647 1680659 1680683 1680691 1680701 1680703 1680719 1680739 1680763 1680749 1680769 1680803
126811: 1680821 1680823 1680839 1680853 1680859 1680877 1680881 1680893 1680901 1680907 1680919 1680929 1680961 1680967 1680983
126826: 1681003 1681007 1681027 1681031 1681061 1681073 1681091 1681147 1681153 1681151 1681157 1681187 1681193 1681201 1681219
126841: 1681241 1681247 1681259 1681261 1681271 1681279 1681289 1681307 1681321 1681349 1681363 1681397 1681403 1681411 1681423
126856: 1681469 1681501 1681513 1681517 1681541 1681571 1681573 1681591 1681597 1681619 1681621 1681639 1681649 1681651
126871: 1681661 1681679 1681703 1681711 1681717 1681721 1681723 1681787 1681807 1681817 1681837 1681853 1681871 1681873 1681877
126886: 1681879 1681891 1681903 1681907 1681931 1681957 1681973 1682047 1682069 1682081 1682101 1682111 1682119
126901: 1682123 1682143 1682159 1682179 1682207 1682237 1682249 1682251 1682257 1682273 1682281 1682293 1682311 1682333 1682363
126916: 1682383 1682389 1682411 1682423 1682443 1682449 1682477 1682479 1682489 1682509 1682521 1682531 1682537 1682539
126931: 1682543 1682557 1682561 1682567 1682573 1682581 1682627 1682663 1682669 1682671 1682693 1682701 1682713 1682717 1682753
126946: 1682801 1682809 1682827 1682831 1682833 1682843 1682867 1682893 1682911 1682939 1682953 1682987 1682999 1683007 1683013
126961: 1683029 1683037 1683041 1683043 1683049 1683053 1683067 1683089 1683103 1683113 1683169 1683223 1683233 1683239 1683251
126976: 1683259 1683271 1683293 1683299 1683313 1683317 1683359 1683397 1683403 1683433 1683461 1683469 1683483 1683491 1683497
126991: 1683503 1683523 1683553 1683581 1683589 1683601 1683631 1683637 1683661 1683673 1683679 1683691 1683719 1683733 1683749
127006: 1683767 1683779 1683799 1683811 1683839 1683841 1683887 1683949 1683971 1683977 1684019 1684063 1684079 1684081 1684097
127021: 1684099 1684127 1684169 1684171 1684187 1684223 1684229 1684231 1684237 1684247 1684259 1684283 1684289 1684297 1684301
127036: 1684303 1684327 1684347 1684357 1684373 1684379 1684387 1684399 1684409 1684423 1684441 1684451 1684453 1684481 1684531
127051: 1684537 1684549 1684561 1684577 1684591 1684607 1684609 1684679 1684691 1684693 1684703 1684703 1684711 1684741 1684763
127066: 1684769 1684777 1684789 1684801 1684807 1684811 1684817 1684839 1684847 1684867 1684871 1684883 1684891 1684951 1684973
127081: 1684979 1684993 1684999 1685011 1685019 1685021 1685071 1685087 1685093 1685097 1685101 1685111 1685113 1685115 1685153
127096: 1685171 1685207 1685209 1685213 1685231 1685267 1685269 1685273 1685297 1685317 1685323 1685381 1685389 1685399 1685407
127111: 1685419 1685423 1685429 1685441 1685443 1685447 1685449 1685459 1685473 1685483 1685503 1685521 1685523 1685527
127126: 1685543 1685549 1685573 1685581 1685591 1685599 1685617 1685627 1685681 1685701 1685707 1685711 1685713 1685731 1685759
127141: 1685767 1685773 1685777 1685779 1685809 1685819 1685821 1685833 1685837 1685857 1685869 1685881 1685897 1685911
127156: 1685917 1685933 1685951 1685953 1685963 1685977 1685989 1686017 1686029 1686049 1686067 1686081 1686109 1686119 1686133
127171: 1686137 1686141 1686143 1686149 1686169 1686117 1686191 1686203 1686239 1686257 1686293 1686297 1686317 1686319 1686329
127186: 1686341 1686343 1686353 1686367 1686389 1686403 1686409 1686439 1686449 1686473 1686479 1686491 1686511 1686527 1686547
127201: 1686563 1686569 1686583 1686593 1686611 1686631 1686637 1686641 1686647 1686661 1686669 1686671 1686673 1686697 1686701
127216: 1686703 1686743 1686749 1686779 1686823 1686827 1686851 1686857 1686877 1686907 1686913 1686931 1686943 1686967 1686973
127231: 1687009 1687033 1687039 1687057 1687061 1687067 1687087 1687117 1687123 1687127 1687151 1687157 1687161 1687171 1687177
127246: 1687183 1687187 1687193 1687247 1687289 1687297 1687319 1687327 1687331 1687339 1687373 1687381 1687393 1687421 1687451
127261: 1687469 1687489 1687497 1687531 1687547 1687561 1687571 1687583 1687603 1687613 1687621 1687639 1687643 1687651 1687657
127276: 1687661 1687667 1687669 1687729 1687739 1687757 1687759 1687771 1687787 1687789 1687799 1687801 1687807 1687823 1687831 1687837 1687843
127291: 1687849 1687853 1687879 1687889 1687909 1687937 1687961 1687969 1687991 1688041 1688043 1688051 1688059 1688077 1688081
127306: 1688101 1688123 1688143 1688147 1688153 1688161 1688173 1688189 1688211 1688213 1688357 1688371 1688387 1688411 1688413 1688443
127321: 1688263 1688279 1688299 1688311 1688317 1688327 1688341 1688353 1688369 1688371 1688387 1688411 1688413 1688443
127336: 1688451 1688479 1688509 1688543 1688573 1688579 1688623 1688651 1688657 1688669 1688711 1688729 1688741 1688753 1688759
127351: 1688773 1688789 1688803 1688809 1688837 1688857 1688861 1688887 1688893 1688903 1688909 1688917 1688923 1688927 1688969
127366: 1688971 1688987 1688993 1689001 1689019 1689023 1689067 1689071 1689091 1689103 1689109 1689111 1689113 1689211 1689217
127381: 1689253 1689263 1689277 1689287 1689319 1689343 1689353 1689367 1689373 1689379 1689397 1689431 1689437 1689481 1689497
127396: 1689533 1689543 1689551 1689553 1689603 1689607 1689609 1689611 1689713 1689737 1689749 1689769 1689793 1689797
127411: 1689739 1689757 1689763 1689767 1689773 1689829 1689847 1689869 1689881 1689883 1689907 1689911 1689913 1689923
127426: 1689929 1689941 1690009 1690019 1690049 1690057 1690073 1690079 1690081 1690091 1690097 1690121 1690141 1690151 1690153
127441: 1690187 1690189 1690193 1690211 1690217 1690219 1690229 1690231 1690253 1690259 1690267 1690277 1690303 1690309 1690313 1690319
127456: 1690349 1690351 1690421 1690433 1690441 1690447 1690471 1690483 1690499 1690517 1690537 1690547 1690571 1690573
127471: 1690597 1690603 1690609 1690621 1690651 1690669 1690673 1690681 1690687 1690691 1690693 1690697 1690739 1690757 1690781
127486: 1690783 1690811 1690831 1690847 1690849 1690853 1690883 1690901 1690933 1690967 1690993 1691003 1691023 1691033 1691051
```

127501-129000 Prime numbers

```
127501: 1691069 1691087 1691093 1691099 1691101 1691113 1691119 1691141 1691161 1691189 1691219 1691227 1691231 1691237 1691243
127516: 1691257 1691269 1691273 1691293 1691297 1691303 1691321 1691359 1691369 1691387 1691399 1691401 1691411 1691413 1691419 1691423
127531: 1691429 1691441 1691461 1691479 1691507 1691519 1691527 1691531 1691533 1691561 1691567 1691593 1691611 1691621 1691633
127546: 1691647 1691659 1691681 1691689 1691693 1691737 1691747 1691759 1691771 1691803 1691821 1691827 1691839 1691843 1691849
127561: 1691861 1691863 1691867 1691869 1691897 1691917 1691927 1691933 1691939 1691983 1692013 1692017 1692023 1692043 1692049
127576: 1692059 1692071 1692091 1692107 1692137 1692139 1692149 1692161 1692167 1692181 1692191 1692199 1692203 1692217 1692221
127591: 1692233 1692239 1692241 1692247 1692253 1692283 1692293 1692337 1692377 1692407 1692413 1692421 1692433 1692461 1692473
127606: 1692479 1692499 1692511 1692541 1692563 1692583 1692589 1692629 1692637 1692641 1692667 1692679 1692683 1692697 1692709
127621: 1692721 1692727 1692737 1692749 1692763 1692791 1692827 1692829 1692839 1692857 1692863 1692871 1692883 1692907 1692917
127636: 1692947 1692949 1692959 1692967 1692983 1692989 1693001 1693033 1693051 1693067 1693073 1693091 1693093 1693103 1693129
127651: 1693169 1693171 1693187 1693201 1693249 1693267 1693271 1693273 1693277 1693303 1693309 1693327 1693331 1693333 1693343
127666: 1693357 1693361 1693403 1693411 1693427 1693429 1693441 1693493 1693501 1693511 1693529 1693537 1693541 1693553 1693577
127681: 1693583 1693607 1693613 1693621 1693631 1693633 1693639 1693649 1693661 1693663 1693667 1693691 1693711 1693729 1693753
127696: 1693763 1693777 1693807 1693817 1693841 1693859 1693883 1693889 1693891 1693921 1693943 1693967 1693987 1694023 1694027
127711: 1694029 1694051 1694081 1694083 1694089 1694123 1694129 1694141 1694159 1694167 1694171 1694177 1694171 1694199 1694207
127726: 1694213 1694221 1694227 1694233 1694239 1694263 1694281 1694291 1694309 1694311 1694327 1694351 1694353 1694359 1694369
127741: 1694377 1694393 1694423 1694443 1694447 1694449 1694467 1694503 1694507 1694513 1694521 1694533 1694543 1694551 1694573 1694599
127756: 1694603 1694621 1694647 1694681 1694689 1694701 1694717 1694723 1694729 1694761 1694767 1694779 1694789 1694809 1694821 1694831
127771: 1694837 1694851 1694879 1694887 1694903 1694919 1694941 1694977 1694989 1695041 1695061 1695073 1695091 1695107
127786: 1695131 1695139 1695143 1695157 1695163 1695191 1695209 1695233 1695259 1695283 1695289 1695293 1695319 1695329 1695341
127801: 1695347 1695349 1695401 1695403 1695413 1695433 1695437 1695439 1695457 1695467 1695481 1695493 1695509 1695517 1695527
127816: 1695553 1695559 1695581 1695593 1695611 1695623 1695641 1695643 1695653 1695671 1695691 1695697 1695709 1695737 1695751
127831: 1695779 1695781 1695797 1695809 1695811 1695823 1695833 1695911 1695923 1695857 1695871 1695887 1695899 1695913
127846: 1695929 1695961 1695989 1696001 1696021 1696027 1696033 1696069 1696081 1696099 1696109 1696127 1696153 1696157 1696169
127861: 1696193 1696199 1696207 1696213 1696231 1696237 1696241 1696249 1696259 1696281 1696309 1696313 1696327 1696333 1696363
127876: 1696369 1696391 1696417 1696421 1696423 1696439 1696451 1696459 1696463 1696493 1696501 1696511 1696517 1696523 1696543
127891: 1696547 1696571 1696577 1696579 1696589 1696601 1696609 1696631 1696633 1696667 1696671 1696691 1696693 1696697 1696711 1696729
127906: 1696811 1696859 1696861 1696879 1696883 1696943 1696951 1696961 1696969 1696973 1696979 1697027 1697039 1697041 1697053 1697057
127921: 1697063 1697071 1697077 1697083 1697107 1697149 1697159 1697173 1697191 1697197 1697223 1697243 1697257 1697261 1697287
127936: 1697291 1697299 1697309 1697317 1697321 1697347 1697351 1697357 1697383 1697389 1697401 1697407 1697411 1697413 1697419
127951: 1697453 1697459 1697461 1697471 1697477 1697491 1697503 1697519 1697533 1697551 1697581 1697587 1697621 1697623 1697627
127966: 1697651 1697677 1697679 1697701 1697711 1697723 1697737 1697741 1697743 1697753 1697767 1697771 1697797 1697803 1697827 1697833
127981: 1697867 1697869 1697873 1697881 1697887 1697903 1697953 1697957 1697959 1697987 1697989 1698001 1698007 1698013 1698023
127996: 1698029 1698043 1698061 1698071 1698077 1698089 1698101 1698119 1698121 1698127 1698131 1698133 1698173 1698167 1698127
128011: 1698227 1698233 1698241 1698247 1698253 1698259 1698271 1698289 1698311 1698313 1698349 1698377 1698379 1698409 1698413
128026: 1698427 1698449 1698461 1698469 1698497 1698509 1698511 1698539 1698553 1698569 1698607 1698611 1698643 1698647 1698679
128041: 1698689 1698701 1698709 1698713 1698727 1698751 1698773 1698787 1698799 1698821 1698833 1698857 1698859 1698869 1698871
128056: 1698877 1698881 1698883 1698913 1698943 1698947 1698953 1698967 1698971 1699001 1699007 1699039 1699043 1699053 1699067
128071: 1699069 1699073 1699091 1699109 1699111 1699129 1699153 1699157 1699177 1699193 1699213 1699219 1699223 1699237 1699249
128086: 1699279 1699289 1699297 1699301 1699307 1699319 1699331 1699333 1699349 1699361 1699381 1699391 1699393 1699421 1699427
128101: 1699457 1699469 1699471 1699499 1699501 1699517 1699543 1699547 1699551 1699597 1699619 1699627 1699639 1699651 1699667
128116: 1699679 1699681 1699703 1699717 1699727 1699729 1699781 1699783 1699787 1699789 1699799 1699811 1699829 1699831 1699837
128131: 1699853 1699871 1699877 1699879 1699897 1699921 1699933 1699937 1699939 1699969 1699991 1700021 1700047 1700053 1700059
128146: 1700077 1700087 1700099 1700107 1700129 1700141 1700143 1700161 1700171 1700189 1700191 1700197 1700233 1700267 1700269
128161: 1700287 1700297 1700327 1700329 1700339 1700353 1700359 1700371 1700383 1700423 1700431 1700437 1700441 1700467 1700477
128176: 1700513 1700533 1700549 1700563 1700591 1700593 1700603 1700609 1700617 1700627 1700651 1700659 1700669 1700683 1700687
128191: 1700713 1700729 1700749 1700759 1700761 1700767 1700771 1700801 1700807 1700813 1700819 1700849 1700851 1700917
128206: 1700921 1700981 1700983 1700987 1701017 1701019 1701023 1701041 1701043 1701047 1701059 1701061 1701079 1701101 1701121
128221: 1701137 1701151 1701179 1701181 1701199 1701203 1701239 1701259 1701269 1701277 1701289 1701299 1701307 1701313 1701361
128236: 1701367 1701389 1701391 1701397 1701433 1701437 1701439 1701449 1701461 1701487 1701493 1701503 1701509 1701521 1701523
128251: 1701533 1701571 1701577 1701579 1701589 1701607 1701613 1701617 1701629 1701641 1701643 1701647 1701653 1701709 1701719
128266: 1701727 1701731 1701743 1701757 1701761 1701767 1701803 1701809 1701827 1701829 1701841 1701851 1701857 1701859 1701871
128281: 1701877 1701881 1701899 1701901 1701911 1701913 1701967 1701971 1701979 1701991 1702009 1702013 1702061 1702079 1702087
128296: 1702093 1702109 1702121 1702133 1702139 1702171 1702177 1702189 1702219 1702237 1702243 1702249 1702291 1702313 1702319
128311: 1702321 1702329 1702369 1702373 1702409 1702417 1702423 1702429 1702507 1702511 1702517 1702543 1702549 1702553 1702573
128326: 1702577 1702627 1702637 1702639 1702643 1702661 1702663 1702697 1702709 1702711 1702717 1702721 1702739 1702741 1702747
128341: 1702751 1702781 1702787 1702783 1702801 1702807 1702823 1702839 1702849 1702861 1702871 1702879 1702903 1702927
128356: 1702931 1702933 1702939 1702963 1702969 1702991 1702993 1703041 1703063 1703071 1703099 1703113 1703123 1703159 1703183
128371: 1703203 1703227 1703231 1703237 1703267 1703269 1703287 1703291 1703297 1703323 1703381 1703399 1703413 1703437 1703447
128386: 1703453 1703461 1703467 1703479 1703501 1703557 1703563 1703593 1703599 1703627 1703651 1703683 1703687 1703693
128401: 1703707 1703717 1703719 1703731 1703767 1703773 1703783 1703809 1703833 1703837 1703851 1703857 1703899 1703903 1703941 1703957
128416: 1703963 1703983 1703993 1704023 1704041 1704067 1704077 1704103 1704119 1704121 1704137 1704149 1704161 1704169 1704181
128431: 1704187 1704203 1704211 1704217 1704229 1704251 1704271 1704289 1704299 1704343 1704347 1704371 1704377 1704397 1704407
128446: 1704421 1704431 1704449 1704463 1704487 1704499 1704511 1704517 1704529 1704551 1704559 1704587 1704589 1704601 1704611
128461: 1704613 1704671 1704673 1704679 1704683 1704713 1704727 1704751 1704757 1704763 1704793 1704799 1704803 1704809 1704841
128476: 1704857 1704877 1704847 1704889 1704919 1704929 1704931 1704943 1704951 1704961 1704971 1704979 1704991 1705001 1705009
128491: 1705021 1705051 1705097 1705103 1705111 1705127 1705129 1705139 1705141 1705153 1705157 1705181 1705189 1705199 1705211
128506: 1705241 1705247 1705267 1705271 1705273 1705303 1705309 1705331 1705339 1705369 1705387 1705393 1705397 1705399 1705409
128521: 1705433 1705447 1705463 1705481 1705493 1705549 1705579 1705591 1705597 1705601 1705637 1705667 1705679 1705721 1705747
128536: 1705757 1705795 1705799 1705801 1705813 1705817 1705819 1705829 1705843 1705847 1705853 1705871 1705881 1705889 1705897
128551: 1705903 1705931 1705943 1705973 1705997 1706009 1706057 1706063 1706077 1706087 1706113 1706129 1706141 1706153 1706167
128566: 1706179 1706191 1706213 1706227 1706233 1706249 1706251 1706281 1706291 1706293 1706311 1706317 1706323 1706363 1706381
128581: 1706387 1706399 1706417 1706437 1706447 1706459 1706473 1706481 1706489 1706491 1706501 1706527 1706533 1706539 1706567
128596: 1706569 1706591 1706603 1706629 1706633 1706641 1706657 1706659 1706687 1706689 1706697 1706921 1706927 1706941 1706981
128611: 1706791 1706797 1706801 1706821 1706843 1706849 1706857 1706863 1706867 1706889 1706897 1706927 1706951 1706977 1706981
128626: 1706989 1707067 1707071 1707073 1707107 1707113 1707119 1707127 1707137 1707161 1707163 1707179 1707197 1707253 1707257
128641: 1707301 1707331 1707341 1707347 1707353 1707367 1707371 1707379 1707389 1707403 1707413 1707421 1707437 1707443 1707457
128656: 1707467 1707499 1707509 1707521 1707523 1707529 1707533 1707539 1707571 1707577 1707581 1707611 1707617 1707631 1707637
128671: 1707649 1707707 1707709 1707733 1707737 1707757 1707767 1707779 1707787 1707791 1707833 1707851 1707859 1707869 1707887
128686: 1707889 1707899 1707907 1707913 1707919 1707931 1707941 1707943 1707947 1707979 1707983 1708009 1708033 1708037 1708039
128701: 1708051 1708067 1708079 1708087 1708093 1708103 1708159 1708163 1708181 1708207 1708229 1708247 1708283 1708307
128716: 1708321 1708339 1708351 1708363 1708373 1708387 1708391 1708397 1708409 1708411 1708439 1708453 1708457 1708493 1708507
128731: 1708513 1708523 1708541 1708537 1708543 1708571 1708573 1708579 1708607 1708621 1708629 1708637 1708651 1708657 1708669 1708703
128746: 1708717 1708741 1708769 1708781 1708783 1708799 1708807 1708829 1708853 1708859 1708871 1708909 1708939 1708943 1708951
128761: 1708961 1708963 1708973 1708981 1708991 1708997 1709009 1709011 1709033 1709047 1709077 1709093 1709131 1709137
128776: 1709143 1709161 1709189 1709203 1709209 1709233 1709241 1709251 1709253 1709261 1709263 1709269 1709287 1709317 1709321
128791: 1709339 1709341 1709351 1709359 1709371 1709387 1709441 1709443 1709473 1709479 1709481 1709493 1709497 1709501 1709507
128806: 1709509 1709527 1709593 1709599 1709611 1709633 1709663 1709671 1709689 1709693 1709699 1709711 1709713 1709749 1709767
128821: 1709783 1709789 1709837 1709893 1709941 1709923 1709941 1709951 1709959 1709963 1709991 1709993 1709969 1709989 1709999
128836: 1709993 1709999 1710011 1710017 1710021 1710047 1710083 1710091 1710097 1710131 1710139 1710161 1710167 1710179 1710193
128851: 1710197 1710199 1710221 1710229 1710253 1710263 1710287 1710299 1710307 1710331 1710337 1710341 1710343 1710347 1710383
128866: 1710389 1710403 1710407 1710409 1710413 1710419 1710431 1710439 1710493 1710517 1710529 1710539 1710593 1710601 1710607
128881: 1710613 1710617 1710619 1710629 1710647 1710661 1710677 1710689 1710691 1710701 1710757 1710767 1710781 1710791
128896: 1710799 1710833 1710851 1710853 1710857 1710867 1710869 1710881 1710923 1710937 1710959 1710997 1711001 1711043
128911: 1711049 1711051 1711057 1711081 1711091 1711093 1711097 1711103 1711117 1711123 1711153 1711163 1711181 1711189 1711207
128926: 1711277 1711279 1711289 1711291 1711321 1711351 1711361 1711379 1711399 1711427 1711447 1711459 1711471 1711481 1711487
128941: 1711511 1711517 1711519 1711547 1711553 1711561 1711573 1711613 1711621 1711639 1711643 1711651 1711669 1711673 1711693
128956: 1711763 1711793 1711799 1711811 1711817 1711819 1711859 1711889 1711891 1711901 1711909 1711921 1711931
128971: 1711949 1711961 1711967 1711973 1711979 1711981 1711993 1712017 1712047 1712057 1712077 1712129 1712141 1712149 1712153
128986: 1712171 1712173 1712177 1712197 1712203 1712213 1712219 1712231 1712237 1712267 1712287 1712311 1712329 1712339 1712353
```

Prime numbers 129001-130500

```
129001: 1712369 1712371 1712383 1712387 1712401 1712407 1712411 1712437 1712467 1712497 1712509 1712519 1712531 1712549 1712551
129016: 1712567 1712569 1712617 1712621 1712629 1712639 1712707 1712743 1712747 1712759 1712771 1712777 1712761 1712807 1712813
129031: 1712839 1712861 1712881 1712891 1712899 1712917 1712927 1712929 1712933 1712951 1712969 1712981 1712987 1713007 1713043
129046: 1713071 1713083 1713121 1713133 1713167 1713181 1713221 1713223 1713227 1713251 1713281 1713289 1713311 1713317 1713319
129061: 1713343 1713353 1713373 1713389 1713403 1713449 1713457 1713469 1713493 1713497 1713511 1713521 1713541 1713557 1713559
129076: 1713599 1713601 1713637 1713641 1713671 1713683 1713689 1713709 1713713 1713719 1713737 1713739 1713763 1713769 1713791
129091: 1713797 1713809 1713823 1713847 1713853 1713863 1713883 1713913 1713919 1713931 1713941 1713977 1713979 1713989 1713997
129106: 1714003 1714049 1714057 1714061 1714091 1714117 1714133 1714147 1714151 1714157 1714159 1714171 1714177 1714183 1714187
129121: 1714189 1714211 1714241 1714253 1714261 1714289 1714327 1714369 1714387 1714403 1714409 1714411 1714417 1714421 1714423
129136: 1714439 1714441 1714457 1714477 1714483 1714499 1714507 1714519 1714529 1714547 1714577 1714591 1714621 1714631 1714633
129151: 1714639 1714651 1714663 1714667 1714723 1714729 1714747 1714751 1714759 1714777 1714787 1714789 1714793 1714813 1714819
129166: 1714831 1714837 1714849 1714859 1714861 1714871 1714891 1714901 1714919 1714931 1714939 1714957 1714963 1715033 1715039
129181: 1715047 1715059 1715099 1715107 1715117 1715123 1715143 1715167 1715177 1715213 1715237 1715243 1715269 1715293 1715309
129196: 1715341 1715353 1715369 1715387 1715393 1715407 1715411 1715429 1715449 1715459 1715471 1715473 1715479 1715489 1715507
129211: 1715513 1715533 1715537 1715561 1715569 1715599 1715603 1715617 1715621 1715627 1715681 1715711 1715713 1715717 1715723
129226: 1715729 1715737 1715741 1715761 1715767 1715771 1715783 1715789 1715797 1715807 1715821 1715849 1715851 1715867 1715873
129241: 1715887 1715899 1715911 1715927 1715971 1715983 1716037 1716041 1716047 1716049 1716059 1716079 1716089 1716103 1716107
129256: 1716109 1716139 1716149 1716163 1716181 1716203 1716217 1716241 1716263 1716271 1716277 1716287 1716311 1716313 1716317
129271: 1716343 1716359 1716361 1716367 1716389 1716391 1716397 1716401 1716413 1716419 1716427 1716443 1716457 1716469 1716497
129286: 1716499 1716509 1716521 1716529 1716551 1716557 1716577 1716599 1716613 1716619 1716623 1716647 1716653 1716661 1716667
129301: 1716683 1716691 1716703 1716733 1716761 1716787 1716791 1716797 1716839 1716853 1716889 1716893 1716901 1716917
129316: 1716931 1716937 1716941 1716943 1716971 1716991 1717007 1717043 1717063 1717081 1717099 1717117 1717129 1717139 1717151
129331: 1717169 1717181 1717211 1717229 1717237 1717241 1717283 1717297 1717321 1717337 1717343 1717349 1717361 1717363 1717379
129346: 1717393 1717399 1717439 1717447 1717451 1717477 1717489 1717501 1717517 1717553 1717567 1717591 1717603 1717609 1717621
129361: 1717627 1717631 1717637 1717669 1717673 1717687 1717739 1717747 1717787 1717817 1717829 1717853 1717871 1717913 1717951
129376: 1717957 1717973 1717981 1717993 1718011 1718027 1718029 1718033 1718039 1718053 1718069 1718083 1718107 1718131 1718137
129391: 1718141 1718153 1718159 1718177 1718191 1718203 1718219 1718251 1718267 1718281 1718287 1718291 1718293 1718333 1718357
129406: 1718369 1718371 1718383 1718389 1718393 1718401 1718407 1718429 1718441 1718447 1718449 1718459 1718462 1718467 1718473
129421: 1718477 1718489 1718503 1718551 1718557 1718567 1718573 1718593 1718599 1718653 1718663 1718669 1718693 1718699 1718701
129436: 1718707 1718711 1718713 1718719 1718723 1718747 1718749 1718771 1718789 1718791 1718807 1718861 1718863 1718867 1718869
129451: 1718879 1718881 1718891 1718923 1718929 1718933 1718947 1718971 1719001 1719049 1719059 1719143 1719187 1719197 1719203
129466: 1719209 1719217 1719233 1719239 1719241 1719271 1719293 1719299 1719301 1719317 1719337 1719343 1719359 1719367 1719409 1719413
129481: 1719433 1719451 1719469 1719491 1719493 1719517 1719541 1719547 1719551 1719583 1719607 1719611 1719623 1719629 1719643
129496: 1719647 1719659 1719667 1719701 1719719 1719721 1719743 1719749 1719763 1719799 1719829 1719841 1719853 1719857 1719859
129511: 1719863 1719869 1719877 1719901 1719919 1719923 1719931 1719943 1719947 1719967 1719983 1719989 1720003 1720031 1720039
129526: 1720049 1720057 1720063 1720109 1720123 1720151 1720157 1720163 1720171 1720177 1720179 1720181 1720183 1720189 1720211
129541: 1720217 1720219 1720223 1720231 1720273 1720289 1720291 1720297 1720307 1720339 1720361 1720363 1720379 1720399
129556: 1720421 1720427 1720429 1720547 1720471 1720513 1720517 1720549 1720591 1720597 1720603 1720613 1720619 1720633 1720639
129571: 1720643 1720669 1720679 1720703 1720709 1720711 1720769 1720777 1720781 1720787 1720799 1720843 1720847 1720867 1720897
129586: 1720909 1720931 1720937 1720949 1720951 1720973 1720991 1721003 1721009 1721011 1721023 1721081 1721123 1721129 1721143
129601: 1721147 1721149 1721183 1721179 1721201 1721227 1721243 1721257 1721261 1721273 1721299 1721323 1721327 1721339 1721347
129616: 1721371 1721383 1721407 1721417 1721441 1721449 1721453 1721477 1721497 1721501 1721507 1721509 1721513 1721521 1721543
129631: 1721557 1721567 1721569 1721579 1721593 1721613 1721639 1721651 1721659 1721683 1721689 1721693 1721717 1721719 1721729
129646: 1721749 1721767 1721773 1721779 1721807 1721809 1721827 1721831 1721857 1721887 1721891 1721893 1721899 1721903 1721911
129661: 1721921 1721927 1721983 1722013 1722029 1722031 1722037 1722053 1722067 1722073 1722089 1722113 1722131 1722137 1722163
129676: 1722173 1722181 1722187 1722191 1722199 1722209 1722211 1722241 1722251 1722283 1722307 1722319 1722323 1722359 1722373
129691: 1722377 1722419 1722427 1722431 1722443 1722449 1722463 1722481 1722529 1722551 1722557 1722563 1722587 1722599 1722601 1722607
129706: 1722619 1722647 1722649 1722653 1722667 1722713 1722719 1722731 1722737 1722739 1722751 1722793 1722821 1722829 1722839
129721: 1722857 1722869 1722883 1722893 1722923 1722937 1722983 1722999 1722991 1723003 1723027 1723031 1723037 1723063 1723109
129736: 1723147 1723177 1723193 1723219 1723223 1723231 1723247 1723277 1723291 1723303 1723327 1723333 1723339 1723361 1723369
129751: 1723417 1723451 1723453 1723481 1723487 1723489 1723523 1723541 1723573 1723577 1723583 1723609 1723619 1723621 1723627
129766: 1723637 1723639 1723651 1723669 1723721 1723723 1723727 1723747 1723751 1723769 1723801 1723807 1723811 1723823 1723837
129781: 1723853 1723861 1723903 1723957 1723961 1723973 1723991 1724027 1724029 1724033 1724059 1724083 1724113 1724131 1724147
129796: 1724153 1724183 1724201 1724209 1724221 1724227 1724263 1724273 1724299 1724309 1724321 1724329 1724339 1724347 1724351
129811: 1724357 1724363 1724387 1724389 1724399 1724407 1724413 1724417 1724423 1724441 1724447 1724449 1724453 1724477 1724483 1724507
129826: 1724509 1724537 1724551 1724557 1724579 1724581 1724587 1724617 1724627 1724641 1724651 1724663 1724669 1724677 1724683
129841: 1724689 1724699 1724713 1724761 1724743 1724773 1724767 1724779 1724783 1724791 1724813 1724819 1724843 1724857 1724861 1724887 1724893
129856: 1724923 1724927 1724929 1724969 1724971 1724981 1724999 1725011 1725013 1725071 1725077 1725079 1725083 1725089 1725091
129871: 1725121 1725127 1725133 1725151 1725173 1725179 1725197 1725221 1725223 1725235 1725247 1725259 1725287 1725301 1725307
129886: 1725343 1725359 1725379 1725389 1725419 1725425 1725463 1725481 1725497 1725499 1725509 1725527 1725539 1725541 1725557
129901: 1725583 1725593 1725617 1725641 1725671 1725683 1725697 1725707 1725743 1725767 1725781 1725811 1725821 1725833 1725859
129916: 1725869 1725907 1725923 1725929 1725931 1725937 1725947 1725953 1725961 1725967 1725991 1726003 1726009 1726031 1726033
129931: 1726037 1726079 1726091 1726103 1726139 1726147 1726159 1726171 1726189 1726199 1726201 1726211 1726217 1726237 1726253
129946: 1726259 1726267 1726273 1726289 1726303 1726313 1726321 1726339 1726343 1726349 1726363 1726379 1726409 1726411 1726429
129961: 1726433 1726441 1726447 1726453 1726471 1726477 1726481 1726489 1726513 1726561 1726567 1726577 1726591 1726597 1726601
129976: 1726603 1726609 1726643 1726651 1726661 1726667 1726691 1726693 1726729 1726757 1726759 1726767 1726781 1726841 1726859
129991: 1726883 1726897 1726903 1726913 1726919 1726927 1726931 1726937 1726939 1726943 1726951 1726957 1726969 1726993 1726997
130006: 1727021 1727023 1727029 1727051 1727057 1727069 1727071 1727101 1727109 1727129 1727137 1727161 1727179 1727189 1727191
130021: 1727221 1727227 1727263 1727271 1727273 1727287 1727291 1727293 1727317 1727321 1727329 1727337 1727377 1727381 1727393 1727417
130036: 1727427 1727441 1727477 1727483 1727491 1727503 1727513 1727521 1727527 1727573 1727563 1727569 1727573 1727587 1727597 1727623
130051: 1727639 1727653 1727669 1727683 1727701 1727711 1727717 1727743 1727749 1727771 1727773 1727777 1727779 1727797 1727813
130066: 1727819 1727827 1727839 1727851 1727881 1727903 1727911 1727923 1727939 1727941 1727951 1727957 1727969 1727987 1727989 1728017
130081: 1728019 1728043 1728061 1728071 1728091 1728119 1728121 1728149 1728163 1728179 1728193 1728229 1728247 1728253 1728257
130096: 1728269 1728271 1728317 1728319 1728323 1728329 1728341 1728361 1728403 1728409 1728419 1728439 1728451 1728457 1728471 1728481 1728511 1728527
130111: 1728539 1728541 1728547 1728581 1728583 1728593 1728659 1728669 1728691 1728697 1728733 1728737 1728737 1728761 1728767
130126: 1728773 1728809 1728821 1728823 1728827 1728871 1728889 1728907 1728911 1728949 1728953 1728959 1728967 1728971 1728977
130141: 1728983 1728997 1729001 1729033 1729037 1729041 1729051 1729079 1729109 1729127 1729129 1729141 1729153 1729157 1729187
130156: 1729193 1729197 1729229 1729237 1729249 1729253 1729261 1729279 1729283 1729307 1729309 1729327 1729333 1729363 1729369
130171: 1729373 1729379 1729391 1729433 1729447 1729457 1729477 1729487 1729493 1729499 1729517 1729523 1729541 1729593 1729621
130186: 1729633 1729681 1729687 1729697 1729709 1729711 1729723 1729727 1729747 1729757 1729771 1729789 1729799 1729813
130201: 1729823 1729829 1729831 1729841 1729843 1729877 1729891 1729901 1729909 1729921 1729927 1729943 1729957 1729961 1730041 1730063
130216: 1730081 1730087 1730089 1730101 1730119 1730147 1730149 1730153 1730167 1730171 1730177 1730207 1730213 1730237 1730263
130231: 1730299 1730303 1730317 1730353 1730357 1730401 1730429 1730437 1730441 1730463 1730471 1730473 1730507 1730515 1730533
130246: 1730567 1730579 1730581 1730591 1730623 1730657 1730671 1730683 1730693 1730713 1730717 1730723 1730741 1730779 1730789
130261: 1730791 1730797 1730809 1730831 1730849 1730851 1730863 1730873 1730887 1730891 1730877 1730873 1730887 1730881 1730921 1730929
130276: 1730941 1730959 1730983 1730999 1731007 1731013 1731053 1731057 1731081 1731091 1731113 1731167 1731179 1731181 1731199
130291: 1731209 1731221 1731227 1731271 1731251 1731253 1731287 1731311 1731313 1731349 1731361 1731317 1731383 1731397 1731407 1731421
130306: 1731437 1731449 1731479 1731491 1731493 1731497 1731511 1731539 1731551 1731559 1731571 1731589 1731591 1731617 1731643
130321: 1731659 1731701 1731703 1731711 1731731 1731733 1731767 1731779 1731823 1731853 1731857 1731871 1731887 1731893 1731913 1731929
130336: 1731931 1731937 1731941 1731949 1731993 1732261 1731971 1731979 1732037 1732039 1732043 1732051 1732057 1732109 1732117
130351: 1732139 1732193 1732219 1732237 1732253 1732261 1732267 1732271 1732273 1732277 1732301 1732307 1732319 1732321 1732327
130366: 1732331 1732337 1732343 1732361 1732369 1732387 1732397 1732399 1732421 1732441 1732457 1732463 1732469 1732483 1732499
130381: 1732501 1732519 1732529 1732531 1732579 1732597 1732609 1732631 1732649 1732669 1732671 1732697 1732723 1732727 1732763
130396: 1732777 1732799 1732811 1732817 1732831 1732847 1732859 1732867 1732873 1732879 1732883 1732891 1732901 1732903 1732909
130411: 1732921 1732961 1732967 1732979 1732987 1733003 1733021 1733033 1733041 1733057 1733063 1733077 1733087 1733101 1733113
130426: 1733129 1733141 1733143 1733159 1733177 1733181 1733197 1733213 1733227 1733231 1733267 1733281 1733293 1733297 1733309
130441: 1733311 1733321 1733327 1733353 1733363 1733371 1733383 1733393 1733449 1733519 1733527 1733539 1733549 1733569 1733581
130456: 1733623 1733634 1733647 1733651 1733653 1733659 1733663 1733701 1733713 1733723 1733729 1733771 1733787 1733791 1733801
130471: 1733827 1733843 1733869 1733873 1733899 1733903 1733909 1733911 1733917 1733929 1733981 1733989 1733999 1734011 1734023
130486: 1734037 1734041 1734043 1734049 1734067 1734071 1734097 1734101 1734121 1734133 1734143 1734151 1734167 1734179 1734193
```

130501-132000 Prime numbers

```
130501: 1734197 1734203 1734247 1734277 1734281 1734311 1734349 1734353 1734367 1734371 1734373 1734401 1734427 1734431 1734463
130516: 1734503 1734511 1734533 1734547 1734559 1734583 1734589 1734599 1734611 1734643 1734647 1734673 1734709 1734713
130531: 1734721 1734727 1734737 1734739 1734763 1734767 1734769 1734787 1734793 1734797 1734827 1734841 1734869 1734883 1734899
130546: 1734907 1734917 1734937 1734973 1734989 1735001 1735009 1735033 1735043 1735049 1735067 1735103 1735109 1735117 1735121
130561: 1735159 1735183 1735199 1735211 1735259 1735271 1735277 1735291 1735301 1735313 1735333 1735339 1735361 1735369 1735397
130576: 1735421 1735423 1735463 1735469 1735477 1735499 1735507 1735519 1735529 1735541 1735549 1735553 1735579 1735627
130591: 1735651 1735661 1735673 1735681 1735687 1735703 1735733 1735739 1735753 1735771 1735807 1735813 1735823 1735829 1735831
130606: 1735843 1735849 1735871 1735883 1735889 1735913 1735919 1735931 1735933 1735941 1735967 1735997 1736029 1736051
130621: 1736071 1736099 1736101 1736131 1736149 1736153 1736173 1736177 1736179 1736191 1736197 1736213 1736219 1736221 1736233
130636: 1736237 1736257 1736269 1736281 1736303 1736347 1736369 1736387 1736389 1736393 1736417 1736419 1736437 1736453 1736459
130651: 1736461 1736519 1736531 1736557 1736563 1736599 1736617 1736621 1736639 1736653 1736671 1736677 1736681 1736687 1736689
130666: 1736701 1736711 1736729 1736759 1736767 1736789 1736797 1736821 1736827 1736831 1736849 1736851 1736879 1736881 1736921
130681: 1736927 1736939 1736951 1736961 1736971 1736981 1736989 1736993 1737007 1737017 1737031 1737041 1737049 1737053 1737059
130696: 1737079 1737089 1737101 1737103 1737161 1737199 1737221 1737257 1737269 1737311 1737317 1737331 1737371 1737391 1737401
130711: 1737403 1737413 1737427 1737431 1737433 1737479 1737491 1737517 1737521 1737523 1737529 1737551 1737559 1737563 1737599
130726: 1737611 1737613 1737623 1737647 1737653 1737661 1737667 1737677 1737679 1737691 1737733 1737737 1737739 1737761 1737773 1737793
130741: 1737821 1737863 1737871 1737887 1737899 1737959 1737979 1737991 1738003 1738019 1738021 1738039 1738043 1738049
130756: 1738067 1738117 1738127 1738129 1738141 1738153 1738157 1738169 1738171 1738183 1738207 1738211 1738273 1738283 1738307
130771: 1738313 1738327 1738343 1738357 1738379 1738381 1738391 1738411 1738417 1738421 1738423 1738427 1738433 1738459 1738487
130786: 1738493 1738543 1738549 1738567 1738571 1738589 1738591 1738603 1738609 1738613 1738621 1738651 1738657 1738661 1738669
130801: 1738691 1738699 1738703 1738727 1738733 1738739 1738783 1738799 1738813 1738819 1738831 1738837 1738843 1738873 1738901
130816: 1738903 1738909 1738921 1738931 1738943 1738951 1738967 1738969 1738973 1738987 1738991 1738993 1739009 1739021 1739039
130831: 1739041 1739057 1739093 1739139 1739147 1739167 1739173 1739189 1739197 1739201 1739207 1739209 1739233 1739239 1739251 1739291
130846: 1739303 1739347 1739351 1739357 1739359 1739377 1739383 1739399 1739401 1739411 1739417 1739443 1739447 1739453 1739461
130861: 1739471 1739473 1739483 1739533 1739539 1739557 1739561 1739579 1739581 1739587 1739599 1739603 1739609 1739641 1739653
130876: 1739657 1739669 1739677 1739687 1739693 1739719 1739723 1739741 1739747 1739767 1739791 1739807 1739821 1739827 1739833
130891: 1739839 1739867 1739869 1739879 1739891 1739897 1739911 1739921 1739951 1739955 1739973 1739977 1739981 1740041 1740047 1740049
130906: 1740097 1740113 1740119 1740121 1740143 1740169 1740173 1740181 1740187 1740191 1740197 1740199 1740203 1740221 1740251
130921: 1740257 1740259 1740283 1740289 1740293 1740301 1740317 1740337 1740353 1740359 1740367 1740373 1740379 1740421 1740437
130936: 1740439 1740451 1740461 1740481 1740499 1740503 1740521 1740523 1740527 1740581 1740589 1740611 1740623 1740631 1740649
130951: 1740689 1740691 1740701 1740703 1740721 1740731 1740763 1740779 1740787 1740793 1740811 1740821 1740829 1740853 1740857
130966: 1740877 1740881 1740917 1740931 1740943 1740971 1741007 1741013 1741037 1741049 1741063 1741079 1741099 1741111
130981: 1741127 1741151 1741153 1741163 1741171 1741213 1741231 1741241 1741249 1741273 1741291 1741319 1741321 1741339 1741351
130996: 1741373 1741379 1741381 1741387 1741409 1741427 1741441 1741451 1741459 1741469 1741477 1741511 1741517 1741529 1741541
131011: 1741547 1741573 1741603 1741609 1741613 1741651 1741657 1741687 1741693 1741697 1741699 1741723 1741741 1741757 1741781
131026: 1741793 1741807 1741811 1741841 1741877 1741879 1741891 1741903 1741913 1741969 1741979 1742017 1742021 1742033
131041: 1742051 1742063 1742077 1742101 1742161 1742171 1742173 1742179 1742197 1742249 1742261 1742297 1742303 1742309 1742339
131056: 1742359 1742369 1742383 1742387 1742393 1742401 1742413 1742423 1742443 1742453 1742467 1742473 1742497 1742501 1742513
131071: 1742527 1742537 1742539 1742563 1742579 1742591 1742593 1742617 1742647 1742659 1742669 1742677 1742681 1742701 1742707
131086: 1742711 1742723 1742731 1742753 1742771 1742791 1742809 1742843 1742861 1742853 1742881 1742899 1742903 1742941 1742947
131101: 1742969 1742971 1742989 1743013 1743017 1743023 1743031 1743047 1743059 1743067 1743113 1743127 1743143 1743149
131116: 1743179 1743221 1743229 1743233 1743241 1743271 1743283 1743317 1743341 1743353 1743359 1743373 1743419 1743433 1743437
131131: 1743457 1743461 1743463 1743473 1743487 1743491 1743517 1743523 1743527 1743529 1743557 1743569 1743589 1743593 1743601
131146: 1743613 1743629 1743631 1743641 1743659 1743661 1743671 1743701 1743713 1743727 1743737 1743739 1743761 1743793 1743803
131161: 1743811 1743823 1743827 1743829 1743851 1743869 1743881 1743919 1743923 1743941 1743971 1744007 1744009 1744027
131176: 1744049 1744063 1744087 1744097 1744103 1744111 1744139 1744151 1744187 1744213 1744231 1744243 1744247 1744261 1744273
131191: 1744279 1744289 1744307 1744313 1744333 1744357 1744361 1744363 1744367 1744397 1744423 1744427 1744447 1744451 1744469
131206: 1744493 1744507 1744517 1744531 1744543 1744549 1744559 1744579 1744583 1744597 1744609 1744621 1744643 1744657 1744663
131221: 1744679 1744697 1744709 1744723 1744733 1744753 1744777 1744793 1744801 1744817 1744819 1744859 1744871 1744877 1744891
131236: 1744927 1744991 1744993 1745011 1745039 1745057 1745077 1745087 1745113 1745137 1745141 1745143 1745147 1745153
131251: 1745173 1745197 1745213 1745231 1745239 1745257 1745281 1745291 1745311 1745333 1745351 1745353 1745371 1745389 1745431
131266: 1745437 1745453 1745459 1745461 1745467 1745479 1745489 1745501 1745519 1745537 1745561 1745581 1745593 1745599 1745621
131281: 1745629 1745647 1745669 1745687 1745693 1745699 1745707 1745729 1745741 1745749 1745753 1745761 1745773 1745779
131296: 1745803 1745813 1745831 1745839 1745851 1745879 1745897 1745911 1745921 1745923 1745927 1745957 1745969 1745971 1746007
131311: 1746023 1746029 1746037 1746109 1746127 1746139 1746167 1746169 1746179 1746181 1746193 1746203 1746209 1746211 1746259
131326: 1746263 1746281 1746287 1746299 1746301 1746307 1746317 1746331 1746337 1746343 1746383 1746389 1746397 1746401 1746419
131341: 1746421 1746439 1746443 1746449 1746463 1746497 1746517 1746533 1746539 1746547 1746557 1746581 1746587 1746599 1746601
131356: 1746607 1746629 1746637 1746643 1746673 1746677 1746683 1746697 1746707 1746713 1746737 1746743 1746751 1746761 1746763
131371: 1746779 1746821 1746847 1746859 1746883 1746893 1746907 1746911 1746923 1746929 1746947 1746949 1746967 1746973 1746991
131386: 1747001 1747003 1747013 1747027 1747033 1747043 1747061 1747063 1747079 1747087 1747098 1747117 1747121 1747153
131401: 1747169 1747171 1747181 1747201 1747217 1747231 1747237 1747247 1747271 1747289 1747301 1747303 1747307 1747313 1747327
131416: 1747331 1747363 1747367 1747387 1747429 1747433 1747441 1747489 1747513 1747519 1747531 1747541 1747573 1747579
131431: 1747591 1747607 1747619 1747633 1747643 1747661 1747699 1747721 1747723 1747727 1747729 1747763 1747783 1747799 1747847
131446: 1747877 1747881 1747903 1747939 1747951 1747969 1747979 1747987 1748003 1748009 1748027 1748029 1748039 1748041 1748051
131461: 1748053 1748083 1748107 1748113 1748119 1748129 1748137 1748143 1748167 1748177 1748179 1748189 1748237 1748239 1748261
131476: 1748267 1748269 1748281 1748287 1748333 1748339 1748359 1748377 1748401 1748407 1748419 1748441 1748459 1748471 1748473 1748477
131491: 1748479 1748489 1748491 1748503 1748519 1748563 1748587 1748599 1748611 1748623 1748639 1748647 1748653 1748699 1748707
131506: 1748711 1748723 1748743 1748747 1748749 1748777 1748783 1748797 1748833 1748837 1748849 1748863 1748881 1748891 1748899
131521: 1748911 1748933 1748941 1748951 1748959 1748963 1748993 1749001 1749023 1749029 1749031 1749047 1749049 1749067 1749071
131536: 1749073 1749089 1749091 1749107 1749119 1749133 1749149 1749151 1749157 1749171 1749179 1749211 1749217 1749221 1749229
131551: 1749233 1749239 1749247 1749257 1749259 1749263 1749269 1749271 1749281 1749287 1749313 1749329 1749337 1749359
131566: 1749373 1749383 1749389 1749413 1749431 1749437 1749457 1749467 1749469 1749491 1749493 1749497 1749499 1749507 1749509
131581: 1749529 1749553 1749569 1749581 1749611 1749617 1749641 1749647 1749673 1749677 1749701 1749703 1749731 1749749 1749779
131596: 1749833 1749851 1749859 1749877 1749887 1749899 1749911 1749941 1749949 1749959 1749961 1749967 1749991 1750009 1750013
131611: 1750037 1750061 1750069 1750093 1750103 1750123 1750127 1750129 1750141 1750153 1750159 1750169 1750181 1750183 1750193
131626: 1750253 1750267 1750271 1750283 1750289 1750297 1750319 1750351 1750361 1750379 1750381 1750391 1750409 1750423 1750447
131641: 1750453 1750459 1750493 1750499 1750501 1750513 1750519 1750523 1750531 1750549 1750579 1750583 1750591 1750597 1750607
131656: 1750621 1750631 1750657 1750669 1750673 1750681 1750687 1750699 1750733 1750747 1750751 1750769 1750807 1750811 1750871
131671: 1750873 1750901 1750909 1750913 1750919 1750927 1750937 1750979 1750981 1750999 1751011 1751023 1751033 1751039 1751041
131686: 1751047 1751053 1751063 1751083 1751093 1751117 1751131 1751143 1751149 1751177 1751207 1751213 1751231 1751273 1751291
131701: 1751293 1751311 1751327 1751333 1751353 1751377 1751411 1751413 1751419 1751437 1751443 1751467 1751507 1751551 1751557
131716: 1751567 1751569 1751573 1751579 1751587 1751599 1751623 1751627 1751639 1751647 1751653 1751671 1751683 1751689 1751693
131731: 1751699 1751717 1751719 1751741 1751753 1751767 1751773 1751801 1751821 1751837 1751851 1751877 1751879 1751891 1751923
131746: 1751929 1751941 1751947 1751993 1752001 1752007 1752011 1752013 1752029 1752031 1752077 1752097 1752119 1752131 1752137
131761: 1752181 1752187 1752193 1752197 1752211 1752221 1752227 1752229 1752239 1752253 1752263 1752273 1752287 1752307 1752319
131776: 1752323 1752341 1752353 1752371 1752397 1752403 1752407 1752419 1752437 1752449 1752467 1752481 1752497 1752521 1752529
131791: 1752539 1752563 1752593 1752599 1752601 1752607 1752613 1752629 1752643 1752659 1752667 1752679 1752691 1752701 1752703 1752719
131806: 1752721 1752749 1752757 1752781 1752799 1752811 1752823 1752827 1752841 1752851 1752857 1752871 1752889 1752893 1752901
131821: 1752913 1752917 1752923 1752937 1752941 1752953 1752977 1752979 1752983 1753007 1753013 1753039 1753049 1753051
131836: 1753069 1753093 1753109 1753139 1753151 1753177 1753181 1753229 1753243 1753249 1753289 1753291 1753309 1753343 1753373
131851: 1753379 1753403 1753417 1753439 1753441 1753459 1753471 1753481 1753513 1753517 1753519 1753537 1753547 1753553 1753559
131866: 1753561 1753579 1753597 1753603 1753607 1753613 1753637 1753649 1753651 1753673 1753691 1753733 1753747 1753753 1753769
131881: 1753777 1753781 1753799 1753831 1753849 1753853 1753867 1753877 1753883 1753889 1753897 1753901 1753903 1753931 1753943
131896: 1753963 1753967 1753979 1753981 1753991 1754003 1754061 1754113 1754143 1754147 1754153 1754171 1754173 1754181 1754189
131911: 1754209 1754231 1754237 1754273 1754287 1754293 1754303 1754309 1754323 1754359 1754377 1754381 1754387 1754407 1754411
131926: 1754419 1754447 1754451 1754463 1754461 1754491 1754497 1754527 1754531 1754549 1754557 1754563 1754569 1754581 1754591
131941: 1754609 1754617 1754629 1754639 1754653 1754659 1754681 1754699 1754713 1754729 1754743 1754749 1754801 1754803 1754843
131956: 1754849 1754861 1754863 1754891 1754899 1754911 1754939 1754953 1754977 1755023 1755037 1755041 1755043 1755053 1755059
131971: 1755101 1755113 1755133 1755161 1755179 1755181 1755197 1755209 1755241 1755253 1755263 1755287 1755319 1755331 1755343
131986: 1755359 1755371 1755401 1755421 1755443 1755451 1755487 1755491 1755493 1755503 1755511 1755517 1755527 1755553 1755563
```

Prime numbers 132001-133500

```
132001: 1755569 1755571 1755583 1755587 1755599 1755629 1755643 1755653 1755697 1755701 1755707 1755713 1755727 1755739 1755749
132016: 1755757 1755769 1755773 1755799 1755821 1755823 1755827 1755829 1755839 1755851 1755877 1755883 1755893 1755911 1755937
132031: 1755953 1755959 1756009 1756021 1756063 1756093 1756109 1756127 1756141 1756171 1756177 1756187 1756199 1756207 1756213
132046: 1756229 1756231 1756259 1756267 1756273 1756309 1756319 1756331 1756333 1756357 1756361 1756369 1756393 1756397 1756409
132061: 1756463 1756471 1756483 1756499 1756511 1756519 1756523 1756541 1756549 1756567 1756591 1756597 1756613 1756633 1756639
132076: 1756663 1756687 1756691 1756697 1756709 1756747 1756787 1756789 1756791 1756793 1756817 1756819 1756823 1756837 1756877 1756883
132091: 1756903 1756913 1756919 1756921 1756927 1756939 1756943 1756957 1756969 1756991 1756999 1757031 1757033 1757057 1757071 1757083
132106: 1757087 1757089 1757143 1757153 1757191 1757201 1757221 1757233 1757237 1757251 1757257 1757267 1757309 1757311 1757323 1757339
132121: 1757347 1757351 1757363 1757387 1757401 1757411 1757417 1757447 1757449 1757467 1757479 1757491 1757521 1757527 1757531
132136: 1757549 1757597 1757617 1757653 1757663 1757677 1757687 1757699 1757741 1757771 1757779 1757801 1757809 1757813 1757827
132151: 1757849 1757863 1757869 1757881 1757887 1757897 1757911 1757923 1757927 1757939 1757961 1757963 1757971 1757983 1757989 1757993
132166: 1757999 1758007 1758019 1758073 1758101 1758131 1758139 1758149 1758161 1758179 1758187 1758193 1758209 1758221 1758233
132181: 1758247 1758257 1758269 1758283 1758287 1758301 1758307 1758311 1758329 1758347 1758359 1758371 1758389 1758391 1758397
132196: 1758401 1758403 1758433 1758437 1758439 1758443 1758503 1758527 1758539 1758541 1758553 1758623 1758629 1758641 1758689
132211: 1758709 1758719 1758727 1758737 1758739 1758761 1758781 1758793 1758797 1758839 1758851 1758857 1758863 1758877 1758893
132226: 1758899 1758923 1758929 1758947 1758959 1758983 1758989 1758997 1759003 1759049 1759097 1759103 1759129 1759133 1759159
132241: 1759171 1759181 1759213 1759223 1759231 1759249 1759271 1759283 1759291 1759333 1759337 1759349 1759361 1759363 1759379
132256: 1759397 1759399 1759427 1759453 1759463 1759469 1759481 1759489 1759493 1759507 1759543 1759553 1759561 1759573 1759579
132271: 1759607 1759627 1759643 1759649 1759651 1759669 1759711 1759717 1759729 1759763 1759787 1759829 1759847 1759867
132286: 1759909 1759921 1759939 1759943 1759969 1759987 1759991 1760021 1760047 1760069 1760071 1760081 1760113 1760117 1760131
132301: 1760159 1760173 1760203 1760217 1760233 1760261 1760267 1760279 1760281 1760287 1760309 1760327 1760359 1760371 1760389
132316: 1760419 1760431 1760449 1760467 1760477 1760491 1760527 1760533 1760557 1760567 1760569 1760579 1760589 1760609 1760641
132331: 1760657 1760659 1760669 1760699 1760701 1760723 1760743 1760747 1760767 1760773 1760777 1760779 1760783 1760797 1760813
132346: 1760849 1760873 1760881 1760897 1760917 1760921 1760923 1760947 1760953 1760959 1760981 1761029 1761049 1761059 1761077
132361: 1761101 1761103 1761107 1761127 1761139 1761161 1761169 1761173 1761187 1761289 1761299 1761301 1761307 1761337 1761367
132376: 1761371 1761379 1761401 1761413 1761437 1761449 1761467 1761489 1761503 1761517 1761527 1761553 1761583 1761601 1761611
132391: 1761629 1761671 1761677 1761689 1761691 1761703 1761733 1761751 1761757 1761763 1761787 1761797 1761817 1761821 1761827
132406: 1761833 1761847 1761853 1761857 1761871 1761901 1761911 1761919 1761941 1761943 1761973 1761989 1762031 1762039
132421: 1762049 1762073 1762087 1762129 1762141 1762157 1762207 1762213 1762237 1762247 1762259 1762261 1762279 1762297
132436: 1762309 1762333 1762361 1762391 1762399 1762427 1762429 1762451 1762457 1762463 1762471 1762477 1762499 1762511 1762531
132451: 1762561 1762571 1762583 1762589 1762601 1762603 1762609 1762619 1762627 1762637 1762661 1762681 1762693 1762711 1762721
132466: 1762751 1762771 1762777 1762793 1762843 1762853 1762897 1762903 1762907 1762909 1762919 1762921 1762931 1762933 1762963
132481: 1762987 1762993 1763011 1763057 1763081 1763089 1763093 1763131 1763137 1763147 1763149 1763157 1763173 1763191 1763207
132496: 1763231 1763243 1763263 1763269 1763273 1763297 1763303 1763321 1763381 1763401 1763407 1763413 1763417 1763423 1763429
132511: 1763431 1763453 1763459 1763477 1763491 1763513 1763539 1763543 1763549 1763551 1763579 1763603 1763611 1763623 1763627
132526: 1763639 1763651 1763679 1763701 1763707 1763719 1763747 1763759 1763803 1763813 1763821 1763843 1763849 1763851 1763857
132541: 1763873 1763887 1763897 1763911 1763929 1763953 1763959 1763963 1763969 1763977 1763991 1764001 1764013 1764029
132556: 1764047 1764053 1764067 1764071 1764089 1764097 1764101 1764127 1764151 1764173 1764187 1764193 1764199 1764221 1764223
132571: 1764227 1764229 1764251 1764253 1764263 1764281 1764289 1764293 1764299 1764313 1764319 1764349 1764377 1764391 1764407
132586: 1764431 1764437 1764449 1764457 1764461 1764463 1764479 1764487 1764541 1764557 1764559 1764577 1764589 1764611 1764619
132601: 1764661 1764667 1764671 1764683 1764691 1764727 1764731 1764733 1764743 1764767 1764779 1764809 1764811 1764817 1764823
132616: 1764839 1764871 1764877 1764881 1764887 1764899 1764901 1764949 1764977 1764979 1765013 1765033 1765051 1765061 1765063
132631: 1765079 1765087 1765121 1765123 1765129 1765139 1765147 1765163 1765187 1765201 1765207 1765229 1765301 1765343 1765349
132646: 1765363 1765369 1765403 1765417 1765429 1765469 1765507 1765511 1765541 1765553 1765559 1765567 1765573 1765579 1765597
132661: 1765609 1765619 1765627 1765639 1765657 1765661 1765679 1765697 1765703 1765741 1765759 1765769 1765787 1765789 1765817
132676: 1765823 1765831 1765843 1765861 1765873 1765877 1765891 1765901 1765913 1765949 1765957 1765969 1765979 1765987 1765997
132691: 1765999 1766003 1766021 1766041 1766057 1766087 1766099 1766117 1766123 1766143 1766153 1766159 1766161 1766163 1766179
132706: 1766201 1766209 1766227 1766231 1766243 1766251 1766263 1766291 1766309 1766327 1766333 1766353 1766357 1766363 1766399
132721: 1766441 1766447 1766459 1766461 1766507 1766509 1766533 1766537 1766573 1766579 1766581 1766587 1766603 1766617
132736: 1766627 1766629 1766663 1766689 1766701 1766707 1766717 1766719 1766729 1766747 1766749 1766761 1766773 1766801 1766803
132751: 1766879 1766881 1766899 1766903 1766911 1766971 1767001 1767011 1767023 1767037 1767041 1767043 1767053 1767061 1767071
132766: 1767079 1767091 1767121 1767131 1767147 1767161 1767187 1767203 1767211 1767229 1767239 1767281 1767307 1767313
132781: 1767317 1767329 1767331 1767373 1767383 1767397 1767401 1767407 1767419 1767421 1767427 1767449 1767461 1767487 1767499
132796: 1767503 1767509 1767511 1767523 1767539 1767553 1767559 1767569 1767593 1767611 1767617 1767641 1767679 1767683 1767691
132811: 1767697 1767707 1767737 1767739 1767751 1767767 1767781 1767809 1767833 1767863 1767877 1767889 1767907 1767911
132826: 1767917 1767919 1767923 1767937 1767943 1767947 1767979 1767973 1767979 1768001 1768003 1768037 1768057 1768069 1768127
132841: 1768141 1768157 1768181 1768199 1768223 1768229 1768231 1768241 1768243 1768253 1768271 1768313 1768321 1768339 1768343
132856: 1768367 1768373 1768379 1768381 1768399 1768441 1768423 1768433 1768439 1768441 1768471 1768477 1768499 1768517 1768519
132871: 1768523 1768537 1768541 1768553 1768583 1768589 1768597 1768607 1768609 1768619 1768639 1768651 1768661 1768667 1768673
132886: 1768709 1768721 1768727 1768747 1768757 1768759 1768771 1768787 1768801 1768849 1768853 1768873 1768879 1768903 1768927
132901: 1768937 1768951 1768967 1768973 1768993 1769017 1769023 1769041 1769069 1769093 1769099 1769101 1769111 1769113 1769129
132916: 1769153 1769161 1769171 1769189 1769197 1769227 1769239 1769281 1769291 1769297 1769323 1769329 1769333
132931: 1769357 1769371 1769399 1769401 1769423 1769431 1769441 1769471 1769501 1769507 1769531 1769539 1769543 1769563 1769591
132946: 1769623 1769633 1769669 1769687 1769701 1769737 1769741 1769749 1769771 1769779 1769791 1769813 1769839 1769851
132961: 1769863 1769881 1769891 1769893 1769897 1769909 1769917 1769927 1769947 1769981 1769987 1770001 1770029 1770053 1770061
132976: 1770071 1770077 1770089 1770113 1770127 1770143 1770151 1770157 1770163 1770169 1770187 1770199 1770217 1770221 1770233
132991: 1770239 1770259 1770271 1770277 1770313 1770331 1770337 1770409 1770427 1770437 1770449 1770463 1770481 1770491 1770493
133006: 1770497 1770511 1770521 1770529 1770547 1770551 1770557 1770583 1770589 1770617 1770679 1770683 1770707 1770717 1770739
133021: 1770757 1770763 1770773 1770787 1770799 1770817 1770829 1770841 1770851 1770859 1770883 1770871 1770887 1770893 1770911
133036: 1770919 1770949 1770961 1770973 1770983 1770991 1770997 1771027 1771031 1771051 1771057 1771087 1771093 1771097
133051: 1771103 1771119 1771139 1771151 1771157 1771169 1771177 1771183 1771193 1771201 1771223 1771261 1771271 1771283 1771337
133066: 1771361 1771373 1771387 1771397 1771411 1771421 1771423 1771453 1771457 1771459 1771463 1771481 1771489 1771493 1771507
133081: 1771511 1771541 1771559 1771607 1771613 1771651 1771667 1771687 1771717 1771741 1771747 1771751 1771787 1771793
133096: 1771799 1771849 1771877 1771879 1771937 1771963 1771981 1771993 1771999 1772003 1772011 1772033 1772047 1772077 1772087
133111: 1772101 1772107 1772119 1772167 1772201 1772209 1772213 1772227 1772237 1772249 1772273 1772291 1772293 1772297 1772317
133126: 1772327 1772333 1772341 1772359 1772387 1772399 1772401 1772423 1772461 1772467 1772473 1772483 1772497 1772501 1772531
133141: 1772557 1772565 1772579 1772585 1772591 1772593 1772597 1772609 1772623 1772629 1772647 1772687 1772711 1772713 1772723
133156: 1772737 1772747 1772759 1772767 1772783 1772801 1772809 1772819 1772851 1772867 1772873 1772893 1772923 1772959 1772971
133171: 1772987 1772989 1772993 1773007 1773017 1773019 1773029 1773041 1773067 1773071 1773131 1773143 1773157 1773173 1773179
133186: 1773181 1773203 1773227 1773229 1773241 1773259 1773271 1773281 1773283 1773307 1773319 1773337 1773349 1773361 1773371
133201: 1773391 1773397 1773407 1773413 1773419 1773439 1773469 1773487 1773511 1773523 1773571 1773581 1773587 1773589 1773601
133216: 1773613 1773637 1773641 1773643 1773649 1773671 1773677 1773679 1773683 1773689 1773703 1773713 1773719 1773721 1773749
133231: 1773781 1773791 1773799 1773803 1773823 1773841 1773847 1773853 1773869 1773871 1773881 1773883 1773887 1773907 1773911
133246: 1773917 1773923 1773941 1773971 1773977 1773979 1773997 1774007 1774009 1774021 1774027 1774043 1774061 1774067 1774117
133261: 1774121 1774139 1774149 1774169 1774177 1774183 1774203 1774207 1774229 1774247 1774259 1774271 1774301 1774303 1774313 1774321
133276: 1774337 1774339 1774349 1774363 1774369 1774373 1774403 1774443 1774447 1774453 1774463 1774489 1774499 1774517 1774523
133291: 1774529 1774541 1774547 1774559 1774583 1774601 1774609 1774613 1774621 1774637 1774639 1774641 1774649 1774667 1774691 1774699
133306: 1774723 1774741 1774747 1774757 1774763 1774777 1774781 1774819 1774871 1774879 1774891 1774921 1774937 1774939
133321: 1774951 1774957 1774973 1774991 1775009 1775017 1775041 1775063 1775069 1775171 1775173 1775183 1775201 1775203 1775219
133336: 1775231 1775243 1775253 1775261 1775269 1775273 1775281 1775309 1775317 1775353 1775359 1775387 1775399 1775419 1775441
133351: 1775471 1775483 1775489 1775491 1775503 1775533 1775537 1775549 1775551 1775563 1775573 1775591 1775597 1775611 1775629
133366: 1775647 1775663 1775677 1775687 1775689 1775717 1775731 1775767 1775783 1775795 1775813 1775815 1775819 1775831
133381: 1775843 1775867 1775869 1775881 1775887 1775903 1775909 1775927 1775933 1775953 1775981 1776011 1776013 1776023 1776031
133396: 1776053 1776067 1776091 1776097 1776103 1776113 1776139 1776149 1776169 1776193 1776199 1776211 1776217 1776227 1776229
133411: 1776241 1776253 1776263 1776271 1776277 1776289 1776301 1776311 1776317 1776323 1776389 1776397 1776403 1776419 1776421 1776433
133426: 1776457 1776461 1776469 1776473 1776493 1776499 1776539 1776547 1776577 1776623 1776637 1776659 1776673 1776683 1776701
133441: 1776739 1776751 1776757 1776767 1776779 1776787 1776791 1776793 1776821 1776833 1776839 1776847 1776881 1776913 1776923
133456: 1776941 1776951 1776953 1776967 1776989 1776997 1777007 1777031 1777043 1777057 1777067 1777079 1777093 1777103
133471: 1777109 1777121 1777133 1777169 1777213 1777219 1777247 1777267 1777289 1777313 1777339 1777351 1777379 1777403 1777411
133486: 1777423 1777427 1777441 1777453 1777459 1777481 1777483 1777487 1777513 1777541 1777543 1777547 1777553 1777609 1777661
```

133501-135000 Prime numbers

```
133501: 1777687 1777691 1777703 1777717 1777733 1777751 1777753 1777771 1777781 1777799 1777807 1777823 1777859 1777861 1777871
133516: 1777879 1777891 1777907 1777927 1777931 1777933 1777939 1777957 1777973 1777981 1777999 1778003 1778009 1778011 1778027 1778033
133531: 1778041 1778059 1778069 1778071 1778099 1778111 1778137 1778141 1778159 1778171 1778177 1778197 1778209 1778213 1778219
133546: 1778221 1778239 1778243 1778261 1778263 1778279 1778299 1778303 1778317 1778321 1778323 1778341 1778347 1778381 1778411
133561: 1778417 1778423 1778443 1778453 1778459 1778461 1778471 1778473 1778477 1778531 1778537 1778549 1778551 1778561 1778593
133576: 1778597 1778611 1778633 1778639 1778663 1778677 1778683 1778719 1778729 1778731 1778743 1778747 1778753 1778759 1778801
133591: 1778807 1778813 1778851 1778857 1778869 1778879 1778899 1778921 1778927 1778929 1778963 1778971 1778977 1778983 1778993
133606: 1779013 1779017 1779053 1779097 1779109 1779131 1779133 1779137 1779149 1779161 1779163 1779191 1779223 1779227
133621: 1779241 1779247 1779269 1779287 1779289 1779299 1779301 1779311 1779329 1779341 1779347 1779361 1779403 1779409 1779443
133636: 1779451 1779457 1779461 1779497 1779511 1779529 1779541 1779571 1779601 1779607 1779619 1779623 1779647 1779649 1779677
133651: 1779683 1779689 1779691 1779703 1779709 1779761 1779779 1779821 1779823 1779829 1779847 1779857 1779871 1779881 1779889
133666: 1779893 1779913 1779931 1779941 1779961 1779983 1780001 1780003 1780007 1780013 1780021 1780027 1780061 1780067 1780069
133681: 1780081 1780099 1780127 1780133 1780147 1780151 1780169 1780171 1780187 1780201 1780231 1780253 1780271 1780277 1780283
133696: 1780301 1780307 1780309 1780321 1780333 1780349 1780351 1780367 1780379 1780381 1780399 1780411 1780439 1780447 1780459
133711: 1780463 1780469 1780481 1780483 1780487 1780489 1780517 1780523 1780549 1780573 1780577 1780579 1780601 1780607 1780613
133726: 1780619 1780627 1780633 1780643 1780663 1780703 1780711 1780717 1780771 1780777 1780787 1780799 1780817 1780829 1780837
133741: 1780873 1780887 1780907 1780939 1780943 1780957 1780967 1780969 1781009 1781027 1781029 1781047 1781053 1781057 1781063
133756: 1781089 1781099 1781113 1781119 1781173 1781203 1781233 1781239 1781287 1781293 1781309 1781317 1781321 1781341 1781357
133771: 1781359 1781363 1781369 1781381 1781393 1781399 1781407 1781449 1781453 1781467 1781503 1781509 1781519 1781531 1781537 1781543
133786: 1781551 1781561 1781567 1781569 1781581 1781609 1781621 1781641 1781653 1781669 1781677 1781693 1781699 1781707 1781743
133801: 1781771 1781777 1781779 1781931 1781803 1781827 1781861 1781837 1781851 1781863 1781873 1781881 1781893 1781903 1781921
133816: 1781939 1781981 1782043 1782061 1782071 1782083 1782103 1782113 1782139 1782167 1782169 1782173 1782197 1782199 1782203
133831: 1782211 1782229 1782241 1782269 1782271 1782281 1782289 1782301 1782323 1782373 1782377 1782379 1782413 1782461 1782463
133846: 1782493 1782497 1782499 1782503 1782509 1782511 1782527 1782533 1782551 1782553 1782559 1782563 1782577 1782589 1782607
133861: 1782611 1782619 1782623 1782647 1782667 1782673 1782679 1782689 1782709 1782743 1782751 1782769 1782791 1782797 1782811 1782817 1782829
133876: 1782839 1782863 1782883 1782887 1782901 1782917 1782929 1782931 1782947 1782959 1782961 1782971 1782997 1783009 1783037
133891: 1783043 1783051 1783069 1783073 1783087 1783099 1783129 1783139 1783163 1783189 1783193 1783193 1783219 1783237 1783241
133906: 1783261 1783273 1783277 1783319 1783333 1783361 1783373 1783387 1783391 1783409 1783423 1783427 1783429 1783447 1783463
133921: 1783477 1783493 1783499 1783501 1783517 1783519 1783531 1783543 1783553 1783571 1783577 1783601 1783619 1783643 1783667
133936: 1783669 1783691 1783693 1783711 1783723 1783729 1783751 1783781 1783783 1783799 1783801 1783813 1783829 1783841 1783843
133951: 1783867 1783879 1783883 1783889 1783897 1783907 1783921 1783933 1783937 1783981 1784021 1784023 1784053 1784137 1784171
133966: 1784173 1784191 1784197 1784213 1784227 1784231 1784239 1784257 1784273 1784281 1784287 1784297 1784321 1784327
133981: 1784333 1784353 1784389 1784401 1784429 1784441 1784459 1784527 1784533 1784551 1784557 1784561 1784567 1784579 1784581
133996: 1784603 1784611 1784617 1784633 1784647 1784667 1784669 1784683 1784693 1784707 1784719 1784723 1784737 1784743
134011: 1784753 1784767 1784773 1784789 1784807 1784833 1784873 1784891 1784903 1784911 1784929 1784941 1784957 1784963 1784977
134026: 1784989 1785001 1785019 1785023 1785029 1785041 1785071 1785079 1785087 1785101 1785103 1785109 1785143 1785149 1785151
134041: 1785209 1785227 1785241 1785257 1785293 1785313 1785319 1785331 1785337 1785347 1785367 1785401 1785419 1785431
134056: 1785439 1785457 1785473 1785481 1785491 1785503 1785541 1785557 1785587 1785593 1785599 1785613 1785643 1785647 1785683
134071: 1785689 1785691 1785701 1785709 1785713 1785727 1785761 1785769 1785779 1785793 1785803 1785811 1785821 1785851 1785853
134086: 1785857 1785869 1785913 1785947 1785961 1785977 1785979 1786021 1786039 1786067 1786079 1786081 1786093 1786097 1786111 1786121 1786129
134101: 1786159 1786193 1786201 1786217 1786219 1786223 1786229 1786261 1786271 1786277 1786283 1786327 1786331 1786333 1786339
134116: 1786357 1786363 1786381 1786391 1786439 1786441 1786451 1786457 1786459 1786469 1786483 1786489 1786501 1786511 1786541
134131: 1786553 1786583 1786591 1786597 1786613 1786621 1786637 1786639 1786669 1786679 1786691 1786711 1786721 1786727
134146: 1786753 1786769 1786781 1786787 1786831 1786843 1786861 1786867 1786909 1786913 1786937 1786943 1786949 1786963 1786973
134161: 1786979 1786997 1787011 1787021 1787029 1787033 1787039 1787041 1787087 1787089 1787101 1787129 1787143 1787161 1787167
134176: 1787173 1787179 1787189 1787237 1787249 1787251 1787267 1787281 1787293 1787309 1787323 1787333 1787339 1787341 1787347
134191: 1787351 1787369 1787377 1787393 1787407 1787417 1787437 1787447 1787453 1787459 1787479 1787509 1787519 1787521 1787557
134206: 1787561 1787573 1787587 1787603 1787633 1787651 1787659 1787663 1787683 1787699 1787701 1787707 1787717 1787719 1787741
134221: 1787783 1787827 1787837 1787861 1787899 1787893 1787899 1787911 1787923 1787953 1788011 1788013 1788023 1788257
134236: 1788041 1788067 1788097 1788103 1788139 1788151 1788187 1788191 1788211 1788217 1788221 1788229 1788239 1788253 1788257
134251: 1788263 1788271 1788277 1788283 1788331 1788341 1788363 1788373 1788377 1788433 1788439 1788443 1788473 1788487 1788497 1788509
134266: 1788511 1788529 1788539 1788547 1788551 1788571 1788601 1788613 1788623 1788629 1788637 1788649 1788653 1788659 1788667
134281: 1788673 1788727 1788739 1788761 1788769 1788789 1788827 1788847 1788861 1788901 1788901 1788911 1788937 1788949
134296: 1788973 1788991 1789001 1789003 1789027 1789031 1789049 1789091 1789093 1789153 1789159 1789163 1789169 1789181 1789201
134311: 1789217 1789219 1789223 1789247 1789261 1789309 1789343 1789349 1789361 1789373 1789391 1789393 1789427 1789433 1789451
134326: 1789457 1789481 1789483 1789493 1789499 1789517 1789519 1789559 1789583 1789597 1789603 1789621 1789649 1789681 1789687
134341: 1789693 1789721 1789751 1789769 1789783 1789787 1789829 1789849 1789867 1789891 1789897 1789919 1789927 1789951 1789973
134356: 1789979 1789987 1789993 1789999 1790029 1790051 1790053 1790099 1790071 1790077 1790081 1790109 1790149 1790203
134371: 1790209 1790213 1790221 1790231 1790233 1790263 1790279 1790291 1790293 1790303 1790309 1790311 1790323 1790339 1790353
134386: 1790357 1790363 1790401 1790417 1790419 1790443 1790479 1790483 1790501 1790507 1790521 1790539 1790557
134401: 1790561 1790587 1790599 1790603 1790611 1790623 1790641 1790647 1790651 1790669 1790671 1790683 1790707 1790713 1790743
134416: 1790749 1790753 1790773 1790783 1790791 1790809 1790819 1790833 1790861 1790869 1790879 1790881 1790897 1790911 1790939
134431: 1790951 1790969 1790989 1791017 1791019 1791037 1791043 1791047 1791077 1791089 1791091 1791111 1791121 1791161 1791169
134446: 1791173 1791191 1791193 1791203 1791209 1791221 1791247 1791269 1791277 1791281 1791289 1791319 1791323 1791343 1791371 1791403
134461: 1791407 1791421 1791431 1791437 1791451 1791457 1791463 1791473 1791487 1791497 1791523 1791541 1791551 1791553 1791563 1791599
134476: 1791617 1791623 1791637 1791679 1791681 1791683 1791689 1791697 1791701 1791709 1791731 1791717 1791739 1791773 1791787
134491: 1791791 1791793 1791847 1791857 1791863 1791883 1791899 1791901 1791941 1791943 1791961 1791967 1791973 1791989 1791991
134506: 1792013 1792027 1792031 1792033 1792039 1792051 1792073 1792093 1792103 1792117 1792121 1792159 1792163 1792309 1792339
134521: 1792177 1792201 1792207 1792237 1792247 1792249 1792267 1792277 1792309 1792313 1792319 1792331 1792337 1792339
134536: 1792379 1792381 1792387 1792469 1792489 1792443 1792471 1792489 1792493 1792501 1792507 1792523 1792547 1792559
134551: 1792579 1792591 1792601 1792603 1792621 1792663 1792673 1792691 1792709 1792711 1792753 1792757 1792759 1792771 1792787
134566: 1792789 1792793 1792849 1792891 1792913 1792927 1792933 1792957 1792979 1792981 1792991 1793017 1793023 1793047 1793059
134581: 1793081 1793101 1793107 1793117 1793119 1793123 1793137 1793147 1793153 1793161 1793171 1793173 1793179 1793203 1793219
134596: 1793237 1793251 1793263 1793293 1793321 1793329 1793357 1793359 1793369 1793383 1793387 1793393 1793413 1793419
134611: 1793459 1793479 1793497 1793503 1793507 1793543 1793563 1793579 1793591 1793611 1793633 1793639 1793647 1793663 1793669
134626: 1793699 1793719 1793731 1793761 1793767 1793773 1793819 1793833 1793843 1793863 1793887 1793921 1793927 1793929
134641: 1793941 1793947 1793963 1793971 1793989 1794007 1794017 1794029 1794041 1794049 1794079 1794127 1794137
134656: 1794179 1794181 1794203 1794217 1794223 1794229 1794239 1794257 1794269 1794271 1794277 1794293 1794301 1794313 1794323
134671: 1794343 1794349 1794361 1794363 1794427 1794431 1794439 1794439 1794521 1794523 1794539 1794547 1794587 1794589
134686: 1794599 1794619 1794623 1794647 1794649 1794659 1794671 1794677 1794679 1794697 1794703 1794719 1794731 1794733 1794757
134701: 1794761 1794769 1794773 1794781 1794811 1794817 1794823 1794829 1794833 1794851 1794859 1794881 1794917 1794941 1794947
134716: 1794973 1794983 1795007 1795009 1795033 1795039 1795043 1795049 1795061 1795067 1795091 1795099 1795109 1795133 1795141
134731: 1795151 1795153 1795181 1795201 1795211 1795229 1795247 1795253 1795273 1795279 1795307 1795327 1795331 1795333 1795357
134746: 1795363 1795369 1795411 1795439 1795483 1795487 1795511 1795517 1795529 1795531 1795537 1795543 1795559 1795561 1795571
134761: 1795583 1795591 1795603 1795621 1795627 1795663 1795669 1795681 1795691 1795697 1795729 1795733 1795763 1795769
134776: 1795777 1795793 1795811 1795813 1795819 1795837 1795847 1795853 1795867 1795871 1795889 1795891 1795921 1795951 1795957 1795961
134791: 1795987 1795991 1795997 1796001 1796007 1796009 1796071 1796077 1796099 1796109 1796111 1796123 1796129 1796143 1796147
134806: 1796157 1796171 1796183 1796189 1796191 1796229 1796227 1796269 1796281 1796309 1796321 1796341 1796351 1796363 1796413
134821: 1796437 1796477 1796479 1796489 1796503 1796519 1796527 1796567 1796573 1796581 1796591 1796617 1796657 1796671 1796673
134836: 1796693 1796699 1796759 1796761 1796777 1796779 1796801 1796803 1796819 1796833 1796843 1796851 1796897 1796911 1796941
134851: 1796947 1796953 1796959 1796983 1796987 1797011 1797017 1797031 1797049 1797067 1797097 1797109 1797161 1797167 1797181
134866: 1797193 1797203 1797209 1797227 1797239 1797241 1797277 1797281 1797293 1797307 1797331 1797337 1797371 1797373
134881: 1797377 1797379 1797407 1797413 1797437 1797463 1797469 1797503 1797539 1797541 1797547 1797581 1797589 1797617 1797637
134896: 1797751 1797755 1797771 1797769 1797773 1797777 1797779 1797781 1797821 1797829 1797839 1797847 1797881
134911: 1797877 1797893 1797911 1797947 1797953 1797967 1798001 1798003 1798009 1798021 1798033 1798037 1798051 1798057 1798081
134926: 1798109 1798123 1798127 1798129 1798133 1798151 1798157 1798177 1798183 1798193 1798199 1798201 1798207
134941: 1798241 1798253 1798271 1798273 1798289 1798309 1798327 1798333 1798351 1798367 1798387 1798409 1798421 1798427 1798429
134956: 1798441 1798457 1798469 1798471 1798489 1798487 1798519 1798523 1798529 1798543 1798571 1798601 1798603 1798619 1798631
134971: 1798633 1798637 1798639 1798649 1798679 1798697 1798703 1798717 1798721 1798723 1798729 1798739 1798747 1798759 1798763
134986: 1798781 1798801 1798813 1798817 1798861 1798871 1798891 1798897 1798913 1798919 1798921 1798931 1798943 1798963 1798967
```

Prime numbers 135001-136500

```
135001:  1798987 1798997 1798999 1799003 1799009 1799011 1799041 1799071 1799081 1799089 1799099 1799107 1799117 1799123 1799137
135016:  1799141 1799153 1799173 1799177 1799179 1799219 1799227 1799233 1799251 1799261 1799269 1799279 1799309 1799311 1799381
135031:  1799393 1799407 1799417 1799423 1799453 1799477 1799503 1799521 1799527 1799533 1799549 1799563 1799573 1799579 1799591
135046:  1799599 1799617 1799621 1799627 1799639 1799701 1799711 1799713 1799729 1799741 1799753 1799761 1799783 1799797 1799803
135061:  1799839 1799843 1799849 1799867 1799881 1799887 1799923 1799929 1799951 1799969 1799983 1799999 1800017 1800037 1800047
135076:  1800067 1800083 1800091 1800103 1800119 1800121 1800137 1800157 1800167 1800179 1800191 1800197 1800199 1800209 1800221 1800257
135091:  1800259 1800277 1800301 1800311 1800313 1800341 1800343 1800361 1800377 1800389 1800397 1800401 1800413 1800431 1800451
135106:  1800473 1800493 1800499 1800529 1800541 1800551 1800553 1800581 1800593 1800599 1800613 1800619 1800637 1800641
135121:  1800677 1800707 1800709 1800713 1800719 1800727 1800731 1800767 1800787 1800803 1800809 1800811 1800823 1800829 1800833
135136:  1800853 1800859 1800863 1800889 1800907 1800913 1800937 1800949 1800959 1800961 1800973 1800979 1801003 1801013 1801021
135151:  1801039 1801073 1801091 1801109 1801111 1801187 1801207 1801213 1801223 1801229 1801237 1801259 1801273 1801297 1801309
135166:  1801339 1801357 1801361 1801363 1801403 1801441 1801433 1801453 1801469 1801477 1801489 1801517 1801529 1801531 1801549
135181:  1801577 1801589 1801601 1801619 1801639 1801673 1801691 1801717 1801727 1801733 1801747 1801759 1801769 1801771 1801777
135196:  1801781 1801817 1801819 1801823 1801853 1801867 1801873 1801897 1801901 1801907 1801913 1801927 1801931 1801967
135211:  1801997 1802039 1802057 1802077 1802081 1802083 1802107 1802113 1802117 1802137 1802149 1802189 1802197 1802219
135226:  1802231 1802239 1802261 1802267 1802279 1802287 1802293 1802327 1802347 1802363 1802393 1802407 1802419 1802491 1802503
135241:  1802513 1802519 1802531 1802597 1802599 1802609 1802621 1802641 1802647 1802651 1802653 1802657 1802659 1802667 1802693
135256:  1802699 1802707 1802711 1802719 1802737 1802753 1802771 1802797 1802803 1802821 1802837 1802839 1802897 1802909 1802923
135271:  1802989 1803001 1803023 1803029 1803031 1803059 1803077 1803089 1803097 1803101 1803103 1803127 1803149 1803163
135286:  1803167 1803169 1803203 1803209 1803211 1803227 1803251 1803253 1803259 1803293 1803299 1803317 1803323 1803337 1803349
135301:  1803353 1803371 1803379 1803383 1803419 1803421 1803449 1803457 1803469 1803493 1803497 1803509 1803511 1803517 1803523
135316:  1803533 1803541 1803551 1803553 1803563 1803569 1803577 1803583 1803629 1803647 1803667 1803671 1803677 1803679 1803691
135331:  1803701 1803743 1803761 1803799 1803811 1803817 1803863 1803881 1803889 1803923 1803947 1803973 1804007 1804013 1804037 1804063
135346:  1804073 1804079 1804093 1804129 1804133 1804139 1804199 1804207 1804213 1804219 1804249 1804267 1804273 1804303 1804307
135361:  1804321 1804349 1804381 1804391 1804399 1804403 1804421 1804433 1804447 1804459 1804463 1804469 1804481 1804489 1804493
135376:  1804501 1804507 1804513 1804529 1804547 1804549 1804559 1804577 1804609 1804613 1804619 1804631 1804643 1804657 1804687
135391:  1804709 1804711 1804763 1804793 1804799 1804801 1804813 1804819 1804841 1804871 1804919 1804921 1804927 1804937 1804939
135406:  1804961 1804961 1804973 1804991 1804993 1804997 1805003 1805039 1805053 1805059 1805081 1805087 1805093 1805117
135421:  1805123 1805137 1805143 1805147 1805203 1805227 1805231 1805239 1805261 1805263 1805299 1805303 1805327 1805357 1805359
135436:  1805369 1805371 1805381 1805393 1805413 1805483 1805491 1805497 1805501 1805521 1805537 1805549 1805561 1805579
135451:  1805581 1805591 1805593 1805597 1805603 1805633 1805641 1805651 1805653 1805663 1805677 1805701 1805729 1805747 1805761
135466:  1805767 1805773 1805789 1805819 1805821 1805827 1805833 1805857 1805863 1805873 1805879 1805887 1805891 1805911 1805941
135481:  1805963 1805989 1806001 1806011 1806017 1806031 1806041 1806059 1806061 1806099 1806107 1806113 1806137 1806143
135496:  1806151 1806191 1806193 1806209 1806221 1806223 1806227 1806241 1806247 1806263 1806263 1806269 1806281 1806313 1806331
135511:  1806341 1806347 1806353 1806361 1806373 1806379 1806383 1806407 1806421 1806461 1806479 1806487 1806491 1806499 1806503
135526:  1806509 1806527 1806533 1806551 1806557 1806559 1806589 1806617 1806631 1806653 1806659 1806683 1806689 1806697 1806703 1806713
135541:  1806733 1806769 1806781 1806797 1806803 1806839 1806841 1806859 1806863 1806869 1806877 1806887 1806899 1806901 1806941
135556:  1806943 1806953 1806971 1806977 1807007 1807027 1807049 1807057 1807061 1807067 1807093 1807097 1807101 1807125 1807153 1807171
135571:  1807177 1807187 1807189 1807199 1807213 1807231 1807237 1807243 1807249 1807277 1807287 1807297 1807301 1807313 1807327 1807357
135586:  1807361 1807371 1807391 1807397 1807439 1807453 1807469 1807479 1807493 1807499 1807511 1807513 1807537 1807543 1807549 1807571
135601:  1807577 1807607 1807609 1807643 1807651 1807691 1807693 1807697 1807709 1807711 1807723 1807733 1807759 1807769 1807781 1807807
135616:  1807811 1807829 1807837 1807853 1807867 1807891 1807903 1807909 1807913 1807921 1807943 1807957 1807963 1807969 1807987
135631:  1807997 1807999 1808003 1808011 1808029 1808033 1808039 1808071 1808077 1808089 1808099 1808111 1808119 1808161
135646:  1808167 1808207 1808243 1808269 1808281 1808293 1808297 1808309 1808327 1808377 1808399 1808431 1808453 1808459 1808479
135661:  1808489 1808491 1808497 1808501 1808507 1808539 1808549 1808551 1808561 1808567 1808581 1808611 1808627 1808669 1808683
135676:  1808687 1808699 1808707 1808713 1808761 1808767 1808771 1808801 1808803 1808813 1808831 1808839 1808843 1808869 1808887
135691:  1808921 1808923 1808951 1808959 1808969 1808977 1808981 1808993 1808993 1809029 1808979 1809083 1809091 1809097 1809113 1809121
135706:  1809133 1809149 1809163 1809167 1809169 1809193 1809209 1809211 1809217 1809221 1809229 1809233 1809271 1809277
135721:  1809287 1809299 1809319 1809323 1809331 1809349 1809373 1809391 1809403 1809413 1809419 1809421 1809449 1809461
135736:  1809481 1809487 1809491 1809517 1809523 1809527 1809529 1809539 1809551 1809553 1809557 1809581 1809583 1809601 1809631
135751:  1809671 1809673 1809683 1809757 1809767 1809773 1809787 1809791 1809799 1809823 1809833 1809859 1809873 1809881
135766:  1809887 1809901 1809911 1809917 1809937 1809949 1809953 1809967 1809971 1809979 1809991 1810001 1810013 1810033 1810043
135781:  1810057 1810069 1810087 1810097 1810121 1810153 1810191 1810213 1810217 1810219 1810241 1810243 1810247 1810253
135796:  1810271 1810283 1810309 1810337 1810357 1810363 1810397 1810409 1810421 1810423 1810433 1810439 1810451 1810469 1810477
135811:  1810481 1810507 1810531 1810553 1810577 1810579 1810597 1810603 1810607 1810617 1810619 1810649 1810641 1810649
135826:  1810693 1810709 1810723 1810733 1810747 1810751 1810771 1810799 1810819 1810861 1810877 1810889 1810931 1810933 1810937
135841:  1810967 1810969 1810973 1810979 1810981 1810999 1811041 1811053 1811059 1811071 1811081 1811083 1811107 1811119 1811141
135856:  1811167 1811179 1811129 1811127 1811281 1811297 1811321 1811323 1811347 1811353 1811357 1811371 1811377 1811387
135871:  1811389 1811413 1811431 1811443 1811473 1811489 1811507 1811519 1811527 1811533 1811539 1811561 1811567 1811569 1811603
135886:  1811627 1811647 1811651 1811657 1811681 1811683 1811723 1811731 1811737 1811743 1811759 1811767 1811791 1811819 1811827
135901:  1811837 1811851 1811867 1811893 1811899 1811903 1811923 1811939 1811959 1811983 1811987 1811993 1812037 1812053 1812059
135916:  1812061 1812073 1812089 1812097 1812103 1812121 1812131 1812137 1812179 1812197 1812223 1812233 1812243 1812269 1812271
135931:  1812301 1812311 1812341 1812347 1812359 1812361 1812383 1812401 1812403 1812409 1812431 1812439 1812443 1812449
135946:  1812457 1812509 1812511 1812527 1812541 1812553 1812563 1812571 1812589 1812611 1812623 1812661 1812673 1812677 1812683
135961:  1812689 1812721 1812749 1812763 1812773 1812793 1812817 1812821 1812823 1812827 1812851 1812869 1812871 1812907 1812917
135976:  1812947 1812949 1812959 1812989 1812989 1813001 1813003 1813039 1813073 1813081 1813121 1813131 1813157 1813177 1813211
135991:  1813219 1813223 1813277 1813291 1813313 1813319 1813321 1813327 1813337 1813351 1813367 1813369 1813387 1813391 1813421
136006:  1813429 1813447 1813459 1813477 1813499 1813517 1813523 1813547 1813561 1813579 1813583 1813597 1813613 1813627 1813639
136021:  1813667 1813673 1813681 1813699 1813729 1813739 1813741 1813751 1813789 1813793 1813813 1813817 1813829 1813843 1813853
136036:  1813897 1813901 1813913 1813937 1813939 1813941 1813961 1813991 1813993 1814003 1814011 1814013 1814029 1814039 1814047
136051:  1814051 1814069 1814083 1814117 1814129 1814143 1814161 1814167 1814179 1814233 1814237 1814261 1814279
136066:  1814311 1814339 1814341 1814357 1814361 1814377 1814381 1814377 1814383 1814413 1814417 1814419 1814431 1814431 1814473
136081:  1814507 1814509 1814531 1814543 1814569 1814573 1814581 1814599 1814611 1814639 1814641 1814651 1814653 1814659
136096:  1814693 1814713 1814719 1814737 1814749 1814753 1814759 1814777 1814803 1814807 1814819 1814821 1814843 1814851
136111:  1814909 1814921 1814929 1814939 1814993 1815001 1815007 1815043 1815053 1815061 1815073 1815083 1815101 1815103
136126:  1815131 1815179 1815199 1815217 1815221 1815223 1815259 1815269 1815271 1815287 1815301 1815323 1815337 1815343
136141:  1815347 1815349 1815351 1815377 1815383 1815389 1815397 1815403 1815427 1815449 1815461 1815467 1815491 1815497
136156:  1815509 1815523 1815533 1815547 1815557 1815559 1815587 1815599 1815629 1815631 1815637 1815647 1815673 1815691 1815703
136171:  1815707 1815731 1815719 1815739 1815749 1815809 1815817 1815823 1815839 1815841 1815859 1815871 1815881 1815883 1815899
136186:  1815907 1815911 1815917 1815941 1815943 1815977 1816007 1816027 1816051 1816063 1816069 1816091 1816099 1816117
136201:  1816121 1816141 1816161 1816167 1816187 1816209 1816211 1816217 1816227 1816229 1816247 1816253 1816261 1816271 1816279
136216:  1816301 1816337 1816387 1816403 1816411 1816421 1816429 1816439 1816453 1816489 1816511 1816523 1816543 1816553 1816559
136231:  1816567 1816583 1816613 1816627 1816643 1816679 1816699 1816729 1816769 1816771 1816777 1816781 1816813 1816831 1816847
136246:  1816853 1816861 1816901 1816933 1816949 1816957 1816963 1816979 1816987 1817009 1817041 1817063 1817077 1817083 1817087
136261:  1817093 1817099 1817113 1817141 1817149 1817171 1817217 1817251 1817261 1817267 1817269 1817271 1817275 1817279 1817303
136276:  1817311 1817327 1817341 1817383 1817393 1817399 1817411 1817447 1817449 1817471 1817513 1817517 1817533 1817539 1817549
136291:  1817581 1817603 1817611 1817663 1817677 1817687 1817689 1817701 1817707 1817717 1817771 1817779 1817791 1817801 1817821
136306:  1817833 1817839 1817843 1817873 1817891 1817909 1817947 1817969 1817987 1817999 1818013 1818017 1818023 1818049 1818067
136321:  1818077 1818079 1818107 1818119 1818151 1818163 1818169 1818181 1818199 1818231 1818241 1818277 1818281 1818307
136336:  1818317 1818331 1818347 1818353 1818373 1818379 1818407 1818409 1818411 1818413 1818419 1818437 1818437 1818451 1818457 1818469
136351:  1818499 1818521 1818527 1818529 1818533 1818539 1818559 1818569 1818577 1818611 1818617 1818631 1818647 1818667 1818689
136366:  1818711 1818721 1818727 1818743 1818747 1818749 1818781 1818789 1818799 1818901 1818919 1818923 1818957 1818937 1818977
136381:  1818979 1818989 1818991 1819007 1819043 1819057 1819061 1819063 1819067 1819109 1819123 1819151 1819157 1819183 1819189
136396:  1819217 1819261 1819271 1819273 1819283 1819309 1819343 1819353 1819361 1819367 1819387 1819393 1819397 1819409 1819423
136411:  1819471 1819481 1819487 1819513 1819523 1819539 1819541 1819577 1819583 1819591 1819603 1819637 1819651 1819667 1819679 1819693
136426:  1819709 1819711 1819723 1819739 1819743 1819757 1819771 1819781 1819781 1819783 1819867 1819879 1819843 1819847 1819889
136441:  1819871 1819879 1819891 1819913 1819931 1819933 1819957 1819999 1820009 1820023 1820033 1820047 1820051 1820087 1820089
136456:  1820111 1820123 1820129 1820143 1820171 1820201 1820207 1820213 1820219 1820227 1820267 1820277 1820281 1820293 1820323
136471:  1820311 1820339 1820341 1820347 1820353 1820387 1820389 1820407 1820419 1820431 1820449 1820461 1820471 1820501 1820509
136486:  1820521 1820527 1820549 1820551 1820557 1820573 1820579 1820597 1820617 1820629 1820633 1820641 1820647 1820669 1820671
```

136501-138000   Prime numbers

```
136501: 1820677 1820699 1820701 1820711 1820737 1820743 1820747 1820759 1820773 1820783 1820809 1820813 1820821 1820837 1820843
136516: 1820857 1820869 1820881 1820899 1820917 1820927 1820947 1820957 1820969 1820977 1820983 1820999 1821013 1821019 1821037 1821067
136531: 1821101 1821107 1821121 1821137 1821139 1821151 1821167 1821181 1821191 1821233 1821257 1821263 1821289 1821311 1821319
136546: 1821331 1821353 1821371 1821373 1821401 1821409 1821427 1821433 1821439 1821481 1821487 1821491 1821509 1821541 1821551
136561: 1821553 1821571 1821583 1821613 1821641 1821649 1821679 1821691 1821707 1821709 1821713 1821731 1821733 1821749 1821763
136576: 1821779 1821791 1821821 1821841 1821857 1821871 1821877 1821893 1821913 1821923 1821941 1821959 1821987 1822003 1822013
136591: 1822019 1822021 1822027 1822063 1822091 1822109 1822123 1822147 1822169 1822181 1822187 1822189 1822207 1822217 1822229
136606: 1822241 1822259 1822277 1822287 1822319 1822321 1822361 1822367 1822391 1822393 1822411 1822427 1822439 1822441 1822463 1822477
136621: 1822481 1822487 1822493 1822501 1822517 1822529 1822547 1822549 1822559 1822571 1822633 1822637 1822649 1822661 1822663
136636: 1822669 1822673 1822691 1822693 1822703 1822781 1822787 1822811 1822823 1822837 1822861 1822871 1822903 1822907 1822939 1822943
136651: 1822963 1822967 1822981 1822999 1823009 1823011 1823021 1823033 1823047 1823051 1823053 1823057 1823077 1823093 1823099
136666: 1823117 1823119 1823123 1823149 1823153 1823179 1823189 1823191 1823197 1823207 1823219 1823233 1823257 1823281 1823287
136681: 1823291 1823293 1823303 1823331 1823373 1823383 1823401 1823407 1823413 1823429 1823431 1823443 1823447 1823483 1823489
136696: 1823531 1823533 1823537 1823543 1823567 1823579 1823581 1823599 1823603 1823609 1823617 1823621 1823659 1823663 1823669
136711: 1823671 1823681 1823683 1823687 1823713 1823719 1823729 1823737 1823771 1823779 1823797 1823813 1823821 1823837 1823849
136726: 1823863 1823903 1823911 1823953 1823957 1823963 1823993 1823999 1824001 1824007 1824037 1824041 1824047 1824073 1824077
136741: 1824113 1824119 1824143 1824167 1824169 1824227 1824239 1824259 1824269 1824271 1824281 1824289 1824307 1824331 1824341
136756: 1824349 1824353 1824367 1824371 1824373 1824379 1824391 1824397 1824401 1824409 1824421 1824451 1824461 1824463 1824467
136771: 1824481 1824499 1824523 1824539 1824577 1824583 1824601 1824607 1824617 1824643 1824673 1824677 1824676 1824689
136786: 1824701 1824707 1824721 1824727 1824731 1824743 1824749 1824761 1824773 1824827 1824829 1824839 1824841 1824847 1824857
136801: 1824859 1824871 1824881 1824917 1824919 1824943 1824947 1824959 1824971 1824973 1824979 1824989 1824989 1825003 1825039
136816: 1825079 1825081 1825129 1825139 1825141 1825157 1825163 1825169 1825177 1825183 1825193 1825207 1825217 1825261 1825277
136831: 1825297 1825309 1825319 1825331 1825333 1825337 1825357 1825379 1825381 1825391 1825403 1825429 1825451 1825457 1825459
136846: 1825489 1825493 1825513 1825517 1825531 1825553 1825591 1825597 1825601 1825627 1825631 1825661 1825667 1825673 1825679
136861: 1825687 1825693 1825699 1825711 1825723 1825739 1825757 1825781 1825787 1825793 1825799 1825829 1825861 1825867 1825883
136876: 1825891 1825897 1825933 1825937 1825963 1825969 1826003 1826021 1826047 1826051 1826057 1826059 1826063 1826093 1826107 1826113
136891: 1826119 1826129 1826131 1826141 1826161 1826171 1826173 1826183 1826189 1826197 1826207 1826239 1826257 1826261 1826291
136906: 1826311 1826323 1826329 1826371 1826389 1826399 1826411 1826417 1826423 1826443 1826459 1826477 1826491 1826501 1826519
136921: 1826521 1826537 1826543 1826549 1826557 1826563 1826567 1826609 1826611 1826639 1826651 1826659 1826687 1826689 1826711
136936: 1826723 1826743 1826761 1826771 1826777 1826807 1826819 1826849 1826863 1826873 1826879 1826887 1826893 1826897
136951: 1826899 1826917 1826933 1826947 1826969 1826977 1826987 1826999 1827017 1827071 1827101 1827103 1827121 1827127 1827139
136966: 1827151 1827179 1827181 1827197 1827209 1827227 1827229 1827253 1827257 1827269 1827271 1827277 1827283 1827307
136981: 1827311 1827337 1827341 1827361 1827367 1827379 1827389 1827421 1827431 1827479 1827487 1827509 1827533 1827563 1827583
136996: 1827589 1827593 1827613 1827647 1827659 1827673 1827697 1827703 1827731 1827733 1827737 1827751 1827767 1827773
137011: 1827779 1827799 1827803 1827809 1827817 1827829 1827863 1827869 1827901 1827929 1827937 1827949 1827953 1827983 1828003
137026: 1828019 1828051 1828069 1828093 1828117 1828121 1828153 1828193 1828217 1828223 1828243 1828249 1828259 1828271 1828273
137041: 1828279 1828283 1828291 1828301 1828303 1828319 1828331 1828361 1828373 1828381 1828397 1828399 1828423 1828433 1828439
137056: 1828451 1828471 1828481 1828487 1828499 1828501 1828507 1828517 1828531 1828543 1828549 1828583 1828591 1828601 1828609
137071: 1828627 1828633 1828637 1828649 1828663 1828667 1828669 1828681 1828691 1828703 1828709 1828727 1828759 1828763 1828781
137086: 1828789 1828793 1828829 1828831 1828847 1828867 1828901 1828907 1828933 1828937 1828973 1828989 1828999 1829011 1829017 1829027
137101: 1829041 1829057 1829089 1829111 1829137 1829141 1829143 1829171 1829197 1829203 1829209 1829211 1829222 1829249 1829257
137116: 1829281 1829293 1829299 1829301 1829339 1829417 1829441 1829449 1829459 1829473 1829479 1829483 1829497 1829501 1829519
137131: 1829533 1829537 1829549 1829551 1829563 1829579 1829587 1829609 1829617 1829621 1829623 1829629 1829647 1829671 1829683
137146: 1829699 1829701 1829717 1829743 1829747 1829753 1829759 1829771 1829777 1829797 1829801 1829803 1829827 1829831 1829843
137161: 1829873 1829879 1829891 1829923 1829959 1829961 1830011 1830013 1830029 1830047 1830053 1830071 1830077 1830079 1830083
137176: 1830089 1830113 1830119 1830163 1830181 1830211 1830223 1830253 1830263 1830289 1830307 1830319 1830331 1830337 1830341
137191: 1830343 1830347 1830349 1830379 1830391 1830401 1830419 1830421 1830431 1830443 1830469 1830481 1830511 1830523 1830533
137206: 1830539 1830557 1830559 1830571 1830583 1830589 1830599 1830613 1830617 1830623 1830629 1830637 1830659 1830677 1830701
137221: 1830733 1830739 1830749 1830767 1830817 1830833 1830839 1830863 1830887 1830889 1830901 1830911 1830923 1830937 1830961
137236: 1830967 1830971 1830977 1831001 1831003 1831009 1831013 1831021 1831033 1831051 1831079 1831103 1831111 1831127 1831129
137251: 1831133 1831141 1831149 1831171 1831187 1831211 1831243 1831267 1831273 1831289 1831307 1831331 1831339 1831343
137266: 1831369 1831373 1831381 1831399 1831417 1831441 1831447 1831451 1831469 1831477 1831481 1831483 1831493 1831507 1831517
137281: 1831523 1831589 1831591 1831601 1831633 1831667 1831673 1831679 1831681 1831691 1831697 1831703 1831717 1831723 1831741 1831747
137296: 1831783 1831787 1831799 1831807 1831811 1831831 1831849 1831853 1831859 1831861 1831867 1831877 1831909 1831913 1831933 1831939
137311: 1831967 1831969 1831979 1831987 1831993 1832011 1832029 1832057 1832061 1832063 1832071 1832093 1832099 1832119 1832123 1832137
137326: 1832143 1832147 1832177 1832179 1832181 1832197 1832213 1832219 1832221 1832229 1832251 1832261 1832271 1832279 1832291 1832293
137341: 1832309 1832329 1832333 1832353 1832371 1832377 1832381 1832393 1832407 1832419 1832459 1832461 1832471 1832477 1832497
137356: 1832513 1832543 1832611 1832629 1832641 1832653 1832657 1832669 1832681 1832693 1832707 1832711 1832789 1832819 1832833
137371: 1832839 1832851 1832861 1832863 1832881 1832927 1832933 1832947 1832969 1832977 1832983 1833001 1833019 1833023 1833067
137386: 1833079 1833089 1833113 1833121 1833131 1833137 1833151 1833163 1833173 1833179 1833257 1833259 1833269 1833317 1833319
137401: 1833341 1833343 1833347 1833383 1833389 1833401 1833427 1833431 1833437 1833439 1833451 1833457 1833473 1833487 1833509
137416: 1833521 1833523 1833529 1833551 1833571 1833581 1833613 1833631 1833647 1833653 1833673 1833677 1833679 1833697
137431: 1833701 1833731 1833737 1833749 1833751 1833761 1833763 1833781 1833787 1833803 1833809 1833817 1833851 1833863 1833883
137446: 1833911 1833919 1833931 1833961 1833983 1834003 1834007 1834033 1834037 1834049 1834067 1834069 1834099 1834109 1834111 1834117
137461: 1834139 1834141 1834153 1834159 1834193 1834199 1834207 1834229 1834237 1834243 1834253 1834303 1834307 1834309 1834321
137476: 1834333 1834373 1834387 1834397 1834421 1834429 1834333 1834439 1834447 1834463 1834477 1834487 1834513 1834523 1834597
137491: 1834601 1834603 1834607 1834619 1834631 1834639 1834643 1834663 1834667 1834669 1834717 1834727 1834741 1834747 1834751
137506: 1834753 1834757 1834783 1834791 1834817 1834831 1834879 1834883 1834891 1834907 1834909 1834919 1834937 1834969 1834981
137521: 1834991 1834993 1834999 1835003 1835017 1835027 1835051 1835081 1835083 1835087 1835117 1835129 1835131 1835161 1835177
137536: 1835189 1835227 1835257 1835263 1835291 1835297 1835299 1835321 1835329 1835333 1835359 1835363 1835399 1835401 1835411
137551: 1835413 1835453 1835467 1835501 1835521 1835527 1835557 1835569 1835573 1835591 1835593 1835633 1835657 1835689
137566: 1835737 1835741 1835753 1835767 1835773 1835809 1835819 1835831 1835861 1835863 1835879 1835909 1835921 1835923 1835941
137581: 1835947 1835957 1835969 1835993 1836011 1836041 1836047 1836053 1836059 1836061 1836073 1836081 1836151 1836157
137596: 1836239 1836259 1836271 1836277 1836281 1836299 1836301 1836379 1836383 1836413 1836423 1836427 1836433 1836437 1836449
137611: 1836451 1836467 1836473 1836479 1836511 1836517 1836539 1836553 1836581 1836623 1836641 1836647 1836669 1836691
137626: 1836727 1836733 1836761 1836763 1836797 1836811 1836827 1836839 1836853 1836911 1836929 1836931 1836937 1836943 1836949
137641: 1836959 1836971 1836973 1836991 1836997 1837007 1837009 1837027 1837061 1837067 1837097 1837103 1837113 1837127 1837151
137656: 1837159 1837181 1837189 1837223 1837249 1837271 1837273 1837289 1837313 1837349 1837361 1837379 1837387 1837391 1837393
137671: 1837397 1837399 1837427 1837453 1837477 1837481 1837489 1837529 1837541 1837573 1837601 1837607 1837621 1837639 1837657
137686: 1837663 1837681 1837687 1837709 1837727 1837729 1837733 1837739 1837741 1837763 1837789 1837831 1837867 1837873
137701: 1837819 1837903 1837919 1837943 1837961 1837967 1837979 1837981 1837983 1837987 1838003 1838027 1838047 1838059 1838069
137716: 1838087 1838101 1838131 1838141 1838143 1838167 1838173 1838191 1838203 1838209 1838233 1838237 1838267 1838297 1838299
137731: 1838327 1838341 1838371 1838391 1838401 1838407 1838423 1838429 1838441 1838459 1838471 1838477 1838531 1838549
137746: 1838569 1838587 1838591 1838621 1838659 1838671 1838693 1838717 1838719 1838741 1838743 1838747 1838761 1838773 1838791
137761: 1838807 1838813 1838819 1838843 1838869 1838909 1838911 1838923 1838933 1838957 1838987 1838983 1838987 1839023 1839029
137776: 1839059 1839073 1839091 1839121 1839127 1839133 1839169 1839203 1839221 1839283 1839293 1839317 1839329 1839347 1839353
137791: 1839359 1839361 1839401 1839403 1839413 1839427 1839433 1839449 1839457 1839463 1839509 1839523 1839479 1839491
137806: 1839493 1839511 1839559 1839589 1839601 1839611 1839631 1839647 1839653 1839659 1839667 1839671 1839693 1839727 1839737
137821: 1839743 1839753 1839757 1839793 1839781 1839787 1839809 1839833 1839853 1839857 1839907 1839911 1839919 1839923 1839947
137836: 1839949 1839967 1839983 1839991 1839997 1840019 1840031 1840043 1840049 1840051 1840057 1840073 1840081 1840087 1840101
137851: 1840117 1840123 1840171 1840183 1840219 1840231 1840259 1840261 1840297 1840313 1840337 1840357 1840391 1840393
137866: 1840429 1840441 1840453 1840457 1840469 1840469 1840473 1840519 1840537 1840541 1840567 1840591 1840603 1840633
137881: 1840649 1840651 1840669 1840673 1840679 1840697 1840703 1840711 1840723 1840733 1840747 1840771 1840781 1840789 1840829
137896: 1840843 1840847 1840871 1840921 1840939 1840971 1840961 1840973 1841001 1841014 1841057 1841069 1841071
137911: 1841087 1841089 1841107 1841111 1841113 1841141 1841153 1841171 1841201 1841221 1841237 1841249 1841251 1841261 1841267
137926: 1841291 1841293 1841313 1841317 1841327 1841339 1841377 1841383 1841387 1841401 1841443 1841447 1841473 1841477 1841479
137941: 1841513 1841519 1841531 1841557 1841579 1841599 1841603 1841621 1841639 1841641 1841657 1841659 1841681 1841699 1841701
137956: 1841711 1841713 1841759 1841777 1841783 1841821 1841837 1841849 1841857 1841869 1841891 1841911 1841929 1841941
137971: 1841947 1841951 1841969 1842011 1842023 1842041 1842067 1842073 1842079 1842083 1842097 1842101 1842131 1842133 1842151
137986: 1842161 1842173 1842187 1842199 1842229 1842233 1842251 1842263 1842287 1842289 1842293 1842311 1842317 1842329 1842349
```

Prime numbers 138001-139500

```
138001: 1842377 1842391 1842413 1842419 1842431 1842469 1842473 1842479 1842481 1842493 1842497 1842509 1842523 1842527 1842539
138016: 1842551 1842557 1842569 1842583 1842587 1842611 1842619 1842641 1842661 1842667 1842703 1842719 1842727 1842767 1842769
138031: 1842779 1842781 1842793 1842803 1842809 1842811 1842839 1842847 1842853 1842877 1842887 1842889 1842899 1842901 1842913
138046: 1842931 1842941 1842961 1842977 1842989 1843003 1843027 1843033 1843063 1843067 1843087 1843097 1843099 1843111
138061: 1843117 1843129 1843139 1843141 1843147 1843159 1843169 1843183 1843189 1843201 1843207 1843213 1843217 1843241 1843253
138076: 1843273 1843277 1843313 1843321 1843349 1843357 1843421 1843433 1843447 1843487 1843489 1843493 1843511 1843537
138091: 1843547 1843549 1843561 1843571 1843579 1843591 1843607 1843619 1843631 1843643 1843649 1843687 1843697 1843753 1843757
138106: 1843771 1843783 1843789 1843801 1843823 1843843 1843859 1843867 1843889 1843901 1843909 1843943 1843949 1843967 1843981
138121: 1843993 1843997 1843999 1844011 1844021 1844027 1844033 1844039 1844077 1844093 1844099 1844111 1844119 1844123 1844131 1844153
138136: 1844179 1844189 1844201 1844207 1844243 1844257 1844263 1844287 1844291 1844299 1844317 1844329 1844333 1844341 1844357
138151: 1844369 1844377 1844383 1844411 1844417 1844441 1844443 1844447 1844497 1844503 1844519 1844527 1844537 1844567 1844569
138166: 1844581 1844617 1844641 1844659 1844677 1844681 1844683 1844707 1844723 1844737 1844741 1844747 1844749 1844813 1844819
138181: 1844827 1844837 1844863 1844867 1844897 1844917 1844923 1844939 1844951 1844963 1844971 1844977 1844981 1844987 1845017 1845023
138196: 1845029 1845047 1845049 1845073 1845119 1845133 1845139 1845143 1845149 1845157 1845161 1845167 1845187 1845199 1845209
138211: 1845211 1845229 1845271 1845289 1845293 1845307 1845317 1845351 1845353 1845373 1845379 1845419 1845421 1845427 1845457
138226: 1845463 1845491 1845499 1845509 1845521 1845539 1845541 1845551 1845559 1845563 1845577 1845581 1845583 1845601 1845611
138241: 1845637 1845713 1845719 1845729 1845731 1845757 1845769 1845781 1845791 1845827 1845829 1845841 1845881 1845901 1845913
138256: 1845919 1845931 1845941 1845959 1846001 1846037 1846057 1846063 1846067 1846073 1846079 1846093 1846099 1846121 1846129
138271: 1846139 1846153 1846171 1846177 1846181 1846219 1846223 1846231 1846261 1846253 1846261 1846283 1846289 1846297
138286: 1846321 1846331 1846333 1846357 1846367 1846373 1846379 1846393 1846399 1846441 1846457 1846469 1846487 1846511 1846529
138301: 1846541 1846547 1846561 1846567 1846571 1846609 1846613 1846649 1846591 1846601 1846657 1846673 1846703 1846711 1846729
138316: 1846751 1846769 1846777 1846811 1846837 1846843 1846847 1846849 1846861 1846879 1846903 1846909 1846913 1846921 1846939
138331: 1846951 1846963 1846967 1846993 1847023 1847051 1847071 1847093 1847111 1847129 1847149 1847169 1847179 1847221 1847233
138346: 1847239 1847243 1847267 1847273 1847281 1847297 1847309 1847323 1847327 1847333 1847341 1847347 1847353 1847357 1847359
138361: 1847369 1847381 1847393 1847401 1847411 1847423 1847431 1847471 1847473 1847477 1847513 1847537 1847539 1847563 1847591
138376: 1847603 1847609 1847623 1847627 1847641 1847647 1847653 1847687 1847689 1847701 1847737 1847767 1847777 1847779 1847789
138391: 1847803 1847809 1847827 1847831 1847861 1847863 1847869 1847887 1847891 1847903 1847929 1847933 1847969 1847971 1847983
138406: 1847999 1848013 1848023 1848029 1848031 1848043 1848057 1848101 1848107 1848151 1848167 1848169 1848193 1848221 1848233
138421: 1848241 1848247 1848277 1848281 1848289 1848311 1848323 1848331 1848347 1848367 1848397 1848439 1848443 1848449
138436: 1848467 1848503 1848541 1848569 1848577 1848589 1848593 1848599 1848607 1848617 1848641 1848667 1848673 1848677 1848697
138451: 1848713 1848751 1848761 1848773 1848787 1848811 1848823 1848827 1848841 1848859 1848863 1848877 1848907 1848919 1848923 1848929
138466: 1848943 1848949 1848983 1848997 1849013 1849021 1849037 1849049 1849051 1849063 1849079 1849087 1849091 1849097 1849103
138481: 1849109 1849147 1849151 1849171 1849189 1849207 1849217 1849223 1849229 1849231 1849241 1849259 1849271 1849273
138496: 1849279 1849283 1849291 1849319 1849333 1849349 1849357 1849381 1849391 1849399 1849423 1849433 1849439 1849451 1849457
138511: 1849483 1849487 1849493 1849511 1849513 1849577 1849579 1849609 1849643 1849663 1849681 1849691 1849699 1849711 1849721
138526: 1849723 1849751 1849759 1849781 1849829 1849831 1849847 1849849 1849853 1849877 1849899 1849909 1849919 1849921
138541: 1849933 1849977 1850021 1850023 1850041 1850053 1850089 1850119 1850129 1850131 1850141 1850159 1850179 1850227
138556: 1850243 1850257 1850267 1850269 1850279 1850293 1850309 1850341 1850369 1850413 1850423 1850441 1850447
138571: 1850489 1850491 1850503 1850509 1850521 1850561 1850573 1850587 1850593 1850609 1850633 1850687 1850699 1850701 1850749
138586: 1850759 1850767 1850789 1850803 1850831 1850837 1850839 1850843 1850887 1850939 1850941 1850951 1850969 1850987 1851019
138601: 1851023 1851029 1851043 1851047 1851077 1851089 1851097 1851111 1851127 1851133 1851139 1851163 1851173 1851203 1851217
138616: 1851253 1851259 1851271 1851287 1851299 1851301 1851313 1851319 1851329 1851337 1851349 1851359 1851371 1851373 1851391
138631: 1851401 1851403 1851407 1851413 1851457 1851463 1851491 1851503 1851509 1851511 1851539 1851541 1851547 1851557 1851559
138646: 1851571 1851581 1851587 1851611 1851637 1851649 1851667 1851671 1851677 1851701 1851719 1851727 1851749 1851757
138661: 1851761 1851763 1851767 1851769 1851779 1851781 1851803 1851809 1851821 1851841 1851851 1851859 1851869 1851877 1851901 1851907
138676: 1851917 1851919 1851931 1851953 1851973 1851991 1852003 1852009 1852013 1852049 1852051 1852057 1852073 1852079 1852087
138691: 1852091 1852121 1852153 1852159 1852163 1852171 1852181 1852189 1852211 1852217 1852221 1852241 1852247 1852261 1852271
138706: 1852273 1852283 1852289 1852307 1852327 1852363 1852373 1852393 1852427 1852429 1852447 1852451 1852457 1852469 1852493
138721: 1852511 1852523 1852529 1852579 1852597 1852601 1852621 1852631 1852661 1852669 1852679 1852681 1852687 1852699 1852703
138736: 1852727 1852771 1852789 1852793 1852817 1852819 1852843 1852859 1852909 1852951 1852957 1852969 1852973 1852987 1853011
138751: 1853053 1853063 1853081 1853083 1853107 1853151 1853167 1853177 1853183 1853191 1853207 1853209 1853231 1853239 1853263
138766: 1853281 1853309 1853321 1853329 1853333 1853339 1853377 1853381 1853387 1853399 1853443 1853447 1853461 1853471 1853479
138781: 1853483 1853497 1853503 1853513 1853549 1853557 1853563 1853581 1853587 1853591 1853611 1853617 1853627 1853641 1853647
138796: 1853669 1853671 1853701 1853711 1853713 1853723 1853743 1853747 1853749 1853751 1853759 1853771 1853779 1853791 1853801 1853807 1853809
138811: 1853857 1853861 1853879 1853927 1853939 1853947 1853977 1853981 1853997 1854001 1854019 1854029 1854087 1854101 1854109
138826: 1854113 1854119 1854131 1854137 1854163 1854179 1854187 1854211 1854221 1854227 1854233 1854247 1854257 1854269 1854271
138841: 1854277 1854313 1854317 1854331 1854337 1854341 1854353 1854373 1854379 1854383 1854407 1854409 1854439 1854487
138856: 1854491 1854497 1854521 1854529 1854541 1854599 1854607 1854613 1854617 1854623 1854653 1854659 1854661 1854673 1854679
138871: 1854689 1854701 1854703 1854709 1854731 1854739 1854763 1854779 1854781 1854791 1854793 1854833 1854851 1854859 1854863
138886: 1854883 1854889 1854899 1854911 1854917 1854971 1854977 1854997 1855001 1855013 1855031 1855033
138901: 1855039 1855093 1855097 1855099 1855109 1855111 1855153 1855169 1855171 1855187 1855207 1855211 1855219 1855229 1855237
138916: 1855247 1855253 1855267 1855279 1855303 1855307 1855333 1855349 1855361 1855393 1855411 1855421 1855423 1855457
138931: 1855463 1855501 1855517 1855519 1855523 1855531 1855541 1855549 1855577 1855589 1855591 1855603 1855613 1855621 1855627
138946: 1855649 1855687 1855697 1855723 1855729 1855741 1855757 1855759 1855769 1855807 1855811 1855813 1855817 1855823
138961: 1855849 1855853 1855891 1855921 1855927 1855933 1855949 1855951 1855961 1855969 1855979 1855981 1855993 1855999 1856003
138976: 1856017 1856021 1856027 1856039 1856059 1856069 1856083 1856089 1856119 1856137 1856147 1856149 1856159 1856191
138991: 1856201 1856207 1856221 1856227 1856233 1856237 1856269 1856287 1856293 1856297 1856303 1856333 1856339 1856347 1856363
139006: 1856411 1856419 1856441 1856443 1856507 1856513 1856581 1856599 1856663 1856713 1856717 1856747 1856753 1856759
139021: 1856773 1856801 1856819 1856821 1856837 1856843 1856857 1856861 1856891 1856903 1856909 1856917 1856941 1856947 1856963
139036: 1856969 1856983 1856989 1856999 1857001 1857049 1857091 1857101 1857109 1857113 1857139 1857147 1857157 1857161
139051: 1857169 1857171 1857197 1857203 1857209 1857217 1857251 1857257 1857281 1857283 1857287 1857293 1857313 1857343 1857347 1857353 1857371
139066: 1857377 1857391 1857407 1857439 1857461 1857473 1857481 1857509 1857517 1857521 1857535 1857543 1857553 1857563 1857589
139081: 1857593 1857599 1857617 1857621 1857673 1857677 1857679 1857687 1857701 1857719 1857731 1857761 1857767 1857773
139096: 1857797 1857803 1857829 1857859 1857887 1857893 1857899 1857929 1857931 1857941 1857949 1857959 1857967 1857971 1857979
139111: 1858007 1858033 1858057 1858061 1858081 1858091 1858093 1858109 1858139 1858149 1858163 1858169 1858181 1858189 1858201
139126: 1858211 1858217 1858249 1858261 1858267 1858271 1858303 1858309 1858313 1858319 1858343 1858369 1858403 1858421 1858433
139141: 1858459 1858529 1858531 1858537 1858541 1858571 1858579 1858583 1858601 1858631 1858643 1858647 1858651 1858663
139156: 1858669 1858691 1858693 1858711 1858721 1858733 1858739 1858741 1858757 1858807 1858819 1858823 1858849 1858861 1858867
139171: 1858873 1858889 1858891 1858917 1858931 1858937 1858951 1858973 1859009 1859023 1859041 1859071 1859079 1859083
139186: 1859087 1859111 1859119 1859141 1859167 1859177 1859197 1859201 1859203 1859233 1859243 1859269 1859279 1859281
139201: 1859311 1859323 1859327 1859329 1859353 1859369 1859387 1859441 1859443 1859467 1859471 1859477 1859489 1859491 1859497
139216: 1859513 1859519 1859521 1859531 1859537 1859551 1859563 1859569 1859603 1859609 1859617 1859629 1859633 1859639 1859651
139231: 1859653 1859677 1859687 1859699 1859711 1859713 1859719 1859843 1859863 1859881 1859899 1859911 1859917
139246: 1859927 1859971 1859983 1859999 1860007 1860013 1860017 1860037 1860059 1860071 1860083 1860097 1860109 1860127 1860139
139261: 1860143 1860163 1860179 1860181 1860193 1860217 1860253 1860277 1860281 1860289 1860301 1860337 1860343 1860359
139276: 1860373 1860377 1860407 1860421 1860427 1860431 1860449 1860479 1860503 1860517 1860533 1860559 1860569 1860571 1860581
139291: 1860583 1860601 1860623 1860641 1860647 1860659 1860679 1860707 1860709 1860717 1860731 1860743 1860747 1860757
139306: 1860763 1860779 1860821 1860829 1860847 1860851 1860883 1860857 1860869 1860877 1860971 1861003 1860941 1860967 1860957
139321: 1860979 1860983 1861001 1861009 1861019 1861021 1861039 1861061 1861081 1861111 1861121 1861141 1861151 1861157
139336: 1861117 1861219 1861261 1861267 1861291 1861303 1861309 1861331 1861337 1861339 1861351 1861367 1861403 1861417 1861469
139351: 1861471 1861493 1861501 1861511 1861543 1861547 1861567 1861579 1861583 1861589 1861591 1861621 1861631 1861637 1861649
139366: 1861661 1861663 1861697 1861709 1861717 1861747 1861751 1861759 1861781 1861787 1861807 1861817 1861831 1861859 1861867
139381: 1861879 1861889 1861897 1861913 1861921 1861927 1861961 1861973 1861991 1862009 1862017 1862023 1862033 1862087 1862101
139396: 1862111 1862121 1862123 1862153 1862213 1862221 1862227 1862233 1862237 1862243 1862249 1862251 1862279 1862297 1862317
139411: 1862347 1862359 1862381 1862383 1862407 1862411 1862417 1862429 1862447 1862477 1862489 1862501 1862519 1862521 1862561
139426: 1862587 1862591 1862623 1862611 1862621 1862641 1862647 1862659 1862669 1862683 1862687 1862711 1862731 1862761 1862797
139441: 1862837 1862857 1862869 1862881 1862891 1862909 1862923 1862933 1862941 1862953 1862957 1862981 1862983 1863011 1863041
139456: 1863049 1863053 1863067 1863083 1863089 1863091 1863103 1863107 1863151 1863157 1863181 1863223 1863229 1863241
139471: 1863247 1863263 1863269 1863271 1863307 1863311 1863331 1863347 1863361 1863371 1863377 1863401 1863403 1863413 1863451
139486: 1863457 1863461 1863473 1863479 1863481 1863493 1863497 1863509 1863517 1863527 1863541 1863559 1863581 1863583 1863593
```

139501-141000 Prime numbers

```
139501: 1863601 1863607 1863613 1863637 1863647 1863649 1863671 1863677 1863683 1863707 1863721 1863731 1863769 1863779 1863787
139516: 1863811 1863839 1863853 1863857 1863871 1863877 1863889 1863893 1863899 1863913 1863923 1863929 1863941 1863971 1863997
139531: 1864001 1864003 1864039 1864043 1864069 1864087 1864111 1864117 1864151 1864153 1864189 1864217 1864241 1864253 1864259
139546: 1864267 1864297 1864307 1864361 1864363 1864391 1864399 1864411 1864427 1864453 1864463 1864469 1864483 1864507 1864517
139561: 1864529 1864547 1864549 1864553 1864559 1864567 1864571 1864589 1864591 1864601 1864649 1864657 1864661 1864691 1864693
139576: 1864703 1864711 1864739 1864769 1864783 1864789 1864801 1864823 1864847 1864853 1864859 1864861 1864871 1864873 1864879
139591: 1864897 1864901 1864921 1864939 1864973 1864987 1865011 1865023 1865027 1865057 1865063 1865069 1865081 1865107 1865119
139606: 1865137 1865141 1865147 1865159 1865161 1865179 1865203 1865233 1865243 1865261 1865263 1865267 1865297 1865299 1865321
139621: 1865327 1865329 1865333 1865341 1865371 1865389 1865399 1865411 1865417 1865419 1865431 1865443 1865447 1865453 1865467
139636: 1865471 1865489 1865491 1865509 1865527 1865533 1865537 1865543 1865551 1865561 1865569 1865573 1865579 1865587 1865603
139651: 1865609 1865633 1865671 1865681 1865687 1865687 1865693 1865711 1865719 1865729 1865791 1865821 1865827 1865837 1865849
139666: 1865863 1865881 1865887 1865893 1865911 1865917 1865939 1865957 1865959 1865987 1865999 1866001 1866019 1866031 1866037
139681: 1866043 1866049 1866083 1866091 1866101 1866113 1866127 1866131 1866143 1866191 1866203 1866211 1866223 1866233 1866239
139696: 1866247 1866251 1866269 1866281 1866283 1866301 1866307 1866331 1866341 1866343 1866349 1866367 1866373 1866409 1866437
139711: 1866439 1866451 1866461 1866467 1866499 1866517 1866521 1866547 1866557 1866565 1866569 1866593 1866637 1866647 1866649
139726: 1866659 1866677 1866679 1866721 1866737 1866751 1866779 1866827 1866833 1866847 1866857 1866859 1866863 1866869
139741: 1866877 1866917 1866927 1866941 1866961 1866967 1866971 1866973 1866989 1867001 1867003 1867009 1867013 1867039 1867051
139756: 1867069 1867079 1867109 1867123 1867147 1867157 1867183 1867193 1867211 1867213 1867219 1867231 1867237 1867241 1867249
139771: 1867253 1867259 1867279 1867319 1867321 1867331 1867343 1867351 1867367 1867373 1867417 1867423 1867457 1867469 1867477
139786: 1867553 1867573 1867597 1867601 1867609 1867631 1867651 1867693 1867709 1867711 1867717 1867727 1867729 1867751 1867753
139801: 1867769 1867771 1867787 1867799 1867813 1867819 1867823 1867847 1867849 1867861 1867883 1867897 1867907 1867913
139816: 1867927 1867949 1867951 1867969 1867973 1867979 1867993 1868017 1868033 1868039 1868051 1868057 1868059 1868063 1868107
139831: 1868149 1868159 1868173 1868179 1868181 1868189 1868201 1868231 1868239 1868257 1868261 1868287 1868291 1868327 1868333
139846: 1868371 1868381 1868387 1868407 1868423 1868443 1868459 1868483 1868501 1868513 1868519 1868527 1868533 1868549 1868561
139861: 1868567 1868569 1868591 1868599 1868617 1868627 1868639 1868641 1868663 1868677 1868687 1868693 1868701 1868717 1868719
139876: 1868723 1868747 1868749 1868753 1868777 1868807 1868813 1868837 1868843 1868851 1868863 1868879 1868917 1868947 1868983
139891: 1868987 1868989 1869029 1869041 1869053 1869071 1869073 1869097 1869113 1869139 1869169 1869173 1869181 1869191 1869193
139906: 1869199 1869209 1869221 1869227 1869251 1869271 1869293 1869299 1869319 1869341 1869347 1869379 1869383 1869389 1869403
139921: 1869419 1869433 1869443 1869449 1869487 1869521 1869529 1869547 1869551 1869563 1869577 1869617 1869631 1869649 1869691
139936: 1869709 1869719 1869731 1869737 1869757 1869761 1869793 1869823 1869839 1869853 1869859 1869871 1869929 1869947 1869953
139951: 1869971 1869991 1870019 1870021 1870049 1870067 1870079 1870097 1870103 1870111 1870117 1870129 1870139 1870147 1870159
139966: 1870163 1870207 1870213 1870229 1870247 1870249 1870259 1870279 1870307 1870327 1870343 1870361 1870369 1870373
139981: 1870381 1870399 1870403 1870411 1870433 1870441 1870469 1870499 1870507 1870511 1870541 1870577 1870591 1870597 1870601
139996: 1870619 1870639 1870641 1870651 1870667 1870669 1870709 1870711 1870717 1870723 1870773 1870777 1870781 1870787 1870793
140011: 1870807 1870829 1870853 1870859 1870861 1870879 1870907 1870919 1870927 1870933 1870951 1870961 1870991 1871017 1871021
140026: 1871029 1871039 1871057 1871081 1871087 1871099 1871113 1871117 1871147 1871153 1871171 1871183 1871213 1871249 1871257
140041: 1871279 1871293 1871321 1871327 1871339 1871351 1871383 1871413 1871417 1871437 1871447 1871449 1871459 1871461 1871473
140056: 1871477 1871491 1871503 1871509 1871531 1871543 1871549 1871561 1871591 1871603 1871621 1871627 1871629 1871641 1871651
140071: 1871669 1871677 1871693 1871699 1871711 1871713 1871743 1871777 1871783 1871789 1871813 1871827 1871839 1871843 1871851
140086: 1871879 1871917 1871923 1871927 1871929 1871951 1871957 1871981 1871983 1872001 1872007 1872043 1872049 1872097 1872109
140101: 1872113 1872137 1872149 1872173 1872217 1872227 1872229 1872253 1872259 1872271 1872281 1872287 1872289 1872301 1872313
140116: 1872319 1872323 1872337 1872389 1872419 1872421 1872427 1872461 1872463 1872473 1872491 1872503 1872529 1872547 1872553
140131: 1872557 1872569 1872581 1872587 1872589 1872623 1872631 1872647 1872671 1872691 1872713 1872721 1872727 1872743 1872751
140146: 1872763 1872769 1872799 1872817 1872841 1872847 1872859 1872889 1872911 1872919 1872929 1872943 1872953 1872971 1873013
140161: 1873019 1873021 1873031 1873049 1873057 1873093 1873099 1873121 1873133 1873141 1873147 1873159 1873163 1873171 1873181
140176: 1873211 1873217 1873219 1873231 1873271 1873283 1873297 1873307 1873321 1873337 1873357 1873367 1873379 1873409 1873411
140191: 1873433 1873441 1873499 1873507 1873513 1873517 1873523 1873541 1873549 1873567 1873583 1873589 1873607 1873633
140206: 1873637 1873657 1873679 1873681 1873687 1873699 1873721 1873727 1873769 1873771 1873783 1873831 1873849 1873867 1873877
140221: 1873889 1873967 1873969 1873979 1874003 1874021 1874009 1874051 1874089 1874101 1874107 1874111 1874147 1874153
140236: 1874177 1874189 1874207 1874209 1874261 1874263 1874303 1874311 1874317 1874351 1874367 1874387 1874399 1874417 1874441
140251: 1874443 1874449 1874461 1874491 1874503 1874513 1874527 1874549 1874599 1874603 1874617 1874621 1874629 1874631 1874633
140266: 1874657 1874659 1874669 1874699 1874723 1874729 1874759 1874767 1874791 1874797 1874819 1874833 1874837 1874839 1874857
140281: 1874869 1874881 1874889 1874903 1874921 1874923 1874941 1874949 1874987 1874993 1875007 1875011 1875037 1875043
140296: 1875059 1875061 1875067 1875073 1875077 1875103 1875109 1875131 1875143 1875149 1875161 1875163 1875173 1875179 1875181
140311: 1875229 1875233 1875239 1875241 1875277 1875311 1875317 1875331 1875337 1875361 1875371 1875373 1875403 1875427 1875431
140326: 1875439 1875449 1875451 1875479 1875481 1875487 1875499 1875521 1875529 1875541 1875553 1875557 1875569 1875583 1875611
140341: 1875619 1875677 1875683 1875707 1875719 1875743 1875751 1875773 1875793 1875803 1875821 1875833 1875859 1875869 1875877 1875893
140356: 1875901 1875943 1875947 1875953 1875959 1875971 1875983 1875989 1875997 1876009 1876019 1876057 1876073 1876081
140371: 1876093 1876109 1876123 1876129 1876157 1876163 1876169 1876181 1876183 1876193 1876211 1876223 1876241 1876247 1876249
140386: 1876261 1876267 1876289 1876291 1876309 1876327 1876331 1876333 1876339 1876367 1876373 1876379 1876403 1876417 1876451
140401: 1876453 1876481 1876499 1876507 1876513 1876517 1876519 1876541 1876549 1876559 1876597 1876607 1876627 1876631 1876643
140416: 1876667 1876669 1876679 1876703 1876711 1876717 1876733 1876747 1876767 1876781 1876807 1876829 1876841 1876859 1876949
140431: 1876951 1876999 1877003 1877009 1877011 1877017 1877023 1877027 1877033 1877041 1877059 1877069 1877077 1877087 1877111
140446: 1877137 1877147 1877171 1877179 1877209 1877211 1877223 1877243 1877261 1877279 1877297
140461: 1877299 1877303 1877347 1877353 1877357 1877363 1877389 1877399 1877401 1877443 1877459 1877461 1877471 1877479 1877483
140476: 1877501 1877503 1877573 1877609 1877621 1877669 1877677 1877683 1877679 1877717 1877723 1877741 1877753 1877761
140491: 1877773 1877797 1877801 1877819 1877833 1877839 1877857 1877873 1877891 1877917 1877933 1877951 1877959 1877977 1877983
140506: 1878013 1878043 1878047 1878053 1878059 1878061 1878089 1878097 1878091 1878119 1878131 1878181 1878187 1878193 1878297
140521: 1878209 1878221 1878223 1878229 1878257 1878263 1878277 1878281 1878277 1878317 1878329 1878319 1878333 1878367
140536: 1878389 1878403 1878419 1878421 1878431 1878439 1878451 1878463 1878491 1878493 1878553 1878557 1878559 1878565 1878577
140551: 1878581 1878593 1878623 1878629 1878641 1878589 1878677 1878683 1878689 1878697 1878733 1878757 1878779 1878781 1878791
140566: 1878803 1878827 1878839 1878841 1878869 1878883 1878887 1878889 1878911 1878913 1878931 1878949 1878977 1878979 1878991
140581: 1879049 1879067 1879079 1879099 1879103 1879109 1879121 1879151 1879187 1879211 1879249 1879253 1879277 1879289 1879291
140596: 1879301 1879351 1879357 1879363 1879379 1879387 1879391 1879421 1879429 1879439 1879453 1879459 1879463 1879477 1879511
140611: 1879517 1879523 1879529 1879543 1879561 1879579 1879589 1879597 1879601 1879607 1879621 1879643 1879673 1879729 1879781 1879789
140626: 1879807 1879811 1879817 1879847 1879849 1879873 1879897 1879901 1879909 1879921 1879931 1879937 1879939 1879949 1879961
140641: 1879967 1880017 1880023 1880029 1880111 1880117 1880129 1880159 1880167 1880189 1880201 1880209 1880223 1880257
140656: 1880267 1880287 1880309 1880321 1880323 1880327 1880339 1880341 1880357 1880363 1880369 1880381 1880401 1880413 1880441
140671: 1880467 1880497 1880509 1880513 1880521 1880537 1880551 1880561 1880573 1880581 1880597 1880603 1880633 1880647 1880653
140686: 1880657 1880663 1880689 1880701 1880707 1880729 1880741 1880789 1880803 1880807 1880831 1880833 1880839 1880843
140701: 1880849 1880869 1880871 1880881 1880903 1880909 1880929 1880933 1880939 1880941 1880947 1880951 1880959 1880971
140716: 1880993 1881031 1881037 1881041 1881071 1881079 1881083 1881109 1881119 1881127 1881151 1881157 1881161 1881163 1881181
140731: 1881197 1881199 1881211 1881223 1881241 1881223 1881271 1881289 1881307 1881311 1881323 1881343 1881349 1881359
140746: 1881391 1881401 1881403 1881419 1881431 1881461 1881463 1881479 1881493 1881499 1881511 1881521 1881533 1881559 1881587
140761: 1881601 1881611 1881619 1881631 1881641 1881697 1881743 1881757 1881767 1881769 1881787 1881793 1881799 1881811 1881821
140776: 1881823 1881851 1881853 1881863 1881881 1881889 1881899 1881907 1881937 1881949 1881961 1881983 1881989 1882009 1882031
140791: 1882037 1882039 1882051 1882063 1882073 1882081 1882091 1882099 1882117 1882141 1882143 1882151 1882163 1882181 1882183
140806: 1882211 1882229 1882247 1882253 1882259 1882271 1882313 1882319 1882327 1882367 1882369 1882403 1882409 1882417 1882421
140821: 1882429 1882453 1882457 1882459 1882469 1882471 1882519 1882541 1882561 1882579 1882589 1882607 1882667 1882681 1882703
140836: 1882717 1882721 1882763 1882781 1882787 1882823 1882861 1882877 1882891 1882921 1882939 1882963 1882997 1883003 1883017
140851: 1883023 1883027 1883047 1883051 1883057 1883087 1883113 1883129 1883153 1883177 1883183 1883191 1883197 1883201 1883207
140866: 1883213 1883227 1883237 1883249 1883259 1883293 1883317 1883341 1883343 1883353 1883369 1883373 1883377 1883381
140881: 1883383 1883389 1883393 1883407 1883429 1883459 1883471 1883477 1883491 1883501 1883503 1883513 1883533 1883551 1883573
140896: 1883599 1883611 1883631 1883627 1883639 1883647 1883659 1883669 1883671 1883689 1883693 1883711 1883717 1883719 1883759
140911: 1883773 1883857 1883879 1883881 1883939 1883941 1883969 1883971 1883989 1883993 1884007 1884011 1884013 1884053 1884061
140926: 1884083 1884109 1884111 1884133 1884193 1884199 1884209 1884229 1884221 1884227 1884241 1884313 1884341 1884347
140941: 1884347 1884353 1884359 1884361 1884409 1884427 1884437 1884451 1884461 1884469 1884479 1884481 1884503 1884517 1884523 1884527
140956: 1884571 1884583 1884589 1884601 1884651 1884659 1884673 1884693 1884701 1884731 1884739 1884741
140971: 1884749 1884791 1884793 1884803 1884809 1884821 1884829 1884833 1884853 1884877 1884881 1884887 1884889 1884901 1884907
140986: 1884917 1884923 1884947 1884973 1885007 1885021 1885033 1885043 1885069 1885151 1885153 1885159 1885171 1885183 1885201
```

Prime numbers 141001-142500

```
141001: 1885207 1885243 1885253 1885259 1885267 1885271 1885277 1885291 1885307 1885309 1885321 1885339 1885349 1885363 1885381
141016: 1885391 1885393 1885423 1885439 1885459 1885469 1885489 1885501 1885519 1885523 1885529 1885543 1885553 1885561 1885567 1885573
141031: 1885577 1885601 1885603 1885607 1885613 1885619 1885627 1885633 1885649 1885673 1885703 1885711 1885717 1885729 1885733
141046: 1885753 1885757 1885789 1885801 1885811 1885847 1885859 1885867 1885879 1885907 1885909 1885913 1885943 1885979 1885981
141061: 1885991 1885993 1886011 1886021 1886029 1886047 1886051 1886081 1886107 1886113 1886119 1886153 1886173 1886179 1886197
141076: 1886231 1886233 1886237 1886243 1886267 1886279 1886293 1886317 1886327 1886329 1886341 1886351 1886389 1886411 1886413
141091: 1886447 1886449 1886459 1886471 1886503 1886509 1886513 1886527 1886543 1886557 1886561 1886569 1886611 1886623 1886657
141106: 1886659 1886663 1886671 1886693 1886659 1886701 1886723 1886743 1886749 1886767 1886777 1886783 1886809 1886821 1886849 1886867
141121: 1886869 1886887 1886891 1886903 1886917 1886923 1886957 1886981 1886993 1886999 1887013 1887019 1887029 1887049 1887071
141136: 1887079 1887091 1887103 1887113 1887131 1887133 1887143 1887161 1887167 1887169 1887181 1887199 1887209 1887211 1887217
141151: 1887229 1887247 1887253 1887283 1887307 1887341 1887359 1887409 1887419 1887421 1887433 1887437 1887443 1887451 1887463
141166: 1887499 1887511 1887521 1887539 1887563 1887569 1887577 1887607 1887617 1887619 1887637 1887643 1887659 1887667 1887671
141181: 1887713 1887779 1887757 1887737 1887749 1887757 1887773 1887803 1887811 1887857 1887877 1887883 1887917 1887923
141196: 1887947 1887967 1888031 1888043 1888063 1888069 1888079 1888097 1888121 1888123 1888129 1888151 1888157 1888169 1888171
141211: 1888189 1888193 1888199 1888213 1888217 1888223 1888247 1888253 1888267 1888279 1888283 1888301 1888307 1888331 1888349
141226: 1888351 1888361 1888399 1888409 1888421 1888441 1888457 1888463 1888483 1888487 1888559 1888561 1888571 1888597 1888609
141241: 1888633 1888651 1888673 1888723 1888727 1888753 1888759 1888763 1888769 1888793 1888807 1888837 1888841 1888849 1888879
141256: 1888897 1888907 1888919 1888927 1888933 1888963 1888979 1888981 1889009 1889011 1889029 1889039 1889051 1889053 1889077
141271: 1889081 1889087 1889099 1889101 1889117 1889131 1889143 1889177 1889191 1889201 1889213 1889219 1889221 1889267 1889273
141286: 1889287 1889309 1889311 1889317 1889347 1889351 1889359 1889369 1889383 1889387 1889389 1889399 1889401 1889411 1889423
141301: 1889429 1889441 1889453 1889471 1889477 1889483 1889491 1889497 1889501 1889509 1889521 1889489 1889527 1889539 1889551 1889561
141316: 1889579 1889603 1889617 1889621 1889651 1889663 1889677 1889689 1889707 1889717 1889743 1889747 1889753 1889761
141331: 1889801 1889803 1889819 1889831 1889957 1889969 1889981 1889999 1890019 1890023 1890029 1890039 1890047 1890057 1890089
141346: 1890103 1890107 1890121 1890141 1890149 1890167 1890173 1890193 1890211 1890221 1890227 1890241 1890257 1890269 1890277
141361: 1890283 1890289 1890299 1890313 1890319 1890331 1890337 1890373 1890379 1890383 1890391 1890397 1890401 1890403 1890467 1890479
141376: 1890487 1890509 1890521 1890523 1890527 1890529 1890541 1890547 1890571 1890593 1890599 1890611 1890617 1890631
141391: 1890641 1890643 1890677 1890697 1890701 1890719 1890731 1890743 1890769 1890793 1890799 1890809 1890827 1890851 1890869
141406: 1890877 1890901 1890913 1890923 1890953 1890997 1891007 1891027 1891039 1891049 1891069 1891073 1891111 1891133
141421: 1891147 1891163 1891171 1891187 1891189 1891213 1891223 1891243 1891249 1891273 1891277 1891283 1891291 1891297 1891303
141436: 1891319 1891333 1891361 1891367 1891381 1891391 1891409 1891433 1891441 1891447 1891489 1891499 1891501 1891529
141451: 1891537 1891541 1891567 1891579 1891601 1891619 1891627 1891639 1891657 1891661 1891663 1891667 1891679 1891711 1891739
141466: 1891753 1891789 1891807 1891829 1891843 1891859 1891861 1891889 1891907 1891909 1891927 1891933 1891949 1891951 1891969
141481: 1891987 1891991 1891997 1892017 1892021 1892029 1892089 1892113 1892119 1892123 1892161 1892167 1892171 1892183
141496: 1892197 1892203 1892239 1892249 1892257 1892299 1892309 1892311 1892329 1892353 1892357 1892393 1892399 1892413 1892431
141511: 1892441 1892461 1892477 1892489 1892497 1892503 1892507 1892531 1892537 1892551 1892563 1892591 1892599 1892617 1892621
141526: 1892629 1892633 1892651 1892663 1892669 1892677 1892687 1892693 1892701 1892717 1892719 1892749 1892753 1892767 1892771
141541: 1892777 1892783 1892787 1892833 1892843 1892861 1892867 1892879 1892887 1892893 1892911 1892921 1892931 1892927 1892771
141556: 1892983 1892999 1893029 1893049 1893071 1893083 1893131 1893163 1893173 1893181 1893187 1893191 1893193 1893197 1893209
141571: 1893211 1893223 1893277 1893289 1893299 1893317 1893323 1893347 1893343 1893349 1893361 1893371 1893373 1893377 1893391 1893403
141586: 1893413 1893427 1893431 1893457 1893467 1893469 1893473 1893481 1893517 1893533 1893539 1893581 1893587 1893593
141601: 1893599 1893607 1893643 1893701 1893707 1893713 1893719 1893733 1893737 1893769 1893773 1893779 1893781 1893799 1893809 1893823
141616: 1893877 1893887 1893911 1893917 1893929 1893937 1893949 1893967 1893971 1893973 1893979 1894001 1894003 1894033 1894037
141631: 1894043 1894049 1894051 1894081 1894099 1894103 1894117 1894121 1894127 1894133 1894171 1894181 1894213 1894229 1894247
141646: 1894253 1894267 1894271 1894283 1894307 1894337 1894339 1894369 1894381 1894393 1894397 1894411 1894439 1894481 1894489
141661: 1894577 1894583 1894591 1894601 1894603 1894643 1894663 1894691 1894709 1894721 1894727 1894743 1894751 1894757
141676: 1894787 1894793 1894811 1894817 1894853 1894859 1894873 1894883 1894913 1894931 1894933 1894969 1895009 1895011 1895017
141691: 1895027 1895051 1895057 1895071 1895081 1895083 1895093 1895099 1895129 1895141 1895189 1895191 1895207
141706: 1895219 1895233 1895239 1895249 1895261 1895263 1895267 1895287 1895317 1895351 1895357 1895359 1895479 1895489
141721: 1895501 1895507 1895513 1895521 1895533 1895539 1895561 1895587 1895599 1895603 1895609 1895623 1895627
141736: 1895633 1895657 1895693 1895711 1895713 1895749 1895753 1895767 1895779 1895797 1895809 1895833 1895851 1895869 1895893
141751: 1895903 1895909 1895919 1895929 1895939 1895989 1896001 1896017 1896023 1896043 1896047 1896071 1896091
141766: 1896101 1896109 1896133 1896149 1896151 1896157 1896161 1896173 1896199 1896203 1896211 1896221 1896229 1896241
141781: 1896247 1896259 1896263 1896269 1896313 1896317 1896331 1896361 1896373 1896413 1896421 1896431 1896443 1896451
141796: 1896463 1896479 1896527 1896529 1896547 1896563 1896577 1896581 1896593 1896611 1896619 1896659 1896667 1896677
141811: 1896683 1896689 1896721 1896737 1896761 1896767 1896781 1896823 1896847 1896871 1896877 1896883 1896887 1896889 1896893 1896899
141826: 1896901 1896959 1896989 1896991 1897001 1897009 1897049 1897057 1897073 1897079 1897087 1897097 1897109 1897121
141841: 1897127 1897139 1897141 1897163 1897171 1897177 1897199 1897229 1897237 1897243 1897277 1897279 1897327 1897361
141856: 1897367 1897403 1897407 1897419 1897459 1897481 1897517 1897529 1897531 1897561 1897573 1897583 1897589 1897601 1897627
141871: 1897639 1897667 1897669 1897681 1897691 1897703 1897711 1897717 1897729 1897739 1897741 1897751 1897787 1897793 1897801
141886: 1897807 1897823 1897843 1897871 1897939 1897943 1897949 1897979 1897991 1898009 1898011 1898023 1898027
141901: 1898047 1898053 1898069 1898077 1898087 1898107 1898123 1898131 1898153 1898179 1898201 1898209 1898227 1898243
141916: 1898249 1898257 1898271 1898297 1898311 1898353 1898363 1898371 1898383 1898377 1898419 1898431 1898447 1898467
141931: 1898483 1898521 1898527 1898539 1898549 1898557 1898563 1898569 1898573 1898591 1898593 1898609 1898611 1898621 1898629 1898641
141946: 1898681 1898693 1898711 1898783 1898749 1898761 1898771 1898783 1898807 1898837 1898861 1898863 1898867 1898873
141961: 1898881 1898887 1898893 1898921 1898959 1898977 1899017 1899047 1899049 1899059 1899077 1899083 1899089 1899101
141976: 1899109 1899119 1899137 1899167 1899187 1899191 1899197 1899253 1899281 1899301 1899307 1899311 1899313 1899323
141991: 1899341 1899343 1899347 1899371 1899377 1899419 1899437 1899473 1899481 1899497 1899503 1899509 1899511 1899523
142006: 1899589 1899637 1899641 1899647 1899659 1899661 1899671 1899697 1899707 1899721 1899769 1899777 1899799 1899809
142021: 1899827 1899847 1899907 1899953 1899929 1899949 1899983 1900000 1900007 1900009 1900017 1900043 1900049 1900079 1900091
142036: 1900121 1900147 1900155 1900159 1900169 1900177 1900181 1900187 1900201 1900219 1900229 1900253 1900267 1900273 1900291
142051: 1900303 1900319 1900337 1900363 1900369 1900373 1900379 1900397 1900423 1900441 1900463 1900487 1900489 1900499 1900501
142066: 1900511 1900529 1900531 1900537 1900541 1900543 1900571 1900597 1900603 1900607 1900609 1900621 1900667 1900673
142081: 1900687 1900709 1900711 1900721 1900733 1900757 1900763 1900801 1900861 1900867 1900879 1900881 1900903
142096: 1900907 1900937 1900981 1901021 1901027 1901033 1901087 1901089 1901117 1901131 1901147 1901191 1901201 1901209
142111: 1901219 1901231 1901261 1901299 1901329 1901331 1901363 1901369 1901371 1901377 1901407 1901413 1901429
142126: 1901437 1901461 1901489 1901507 1901519 1901531 1901551 1901563 1901567 1901597 1901639 1901641 1901681 1901699 1901717
142141: 1901719 1901749 1901759 1901771 1901777 1901801 1901831 1901839 1901857 1901891 1901897 1901899 1901917 1901923
142156: 1901947 1901951 1901969 1901981 1901987 1901993 1902007 1902029 1902037 1902049 1902053 1902097 1902107 1902119 1902127
142171: 1902143 1902157 1902171 1902203 1902209 1902217 1902221 1902229 1902287 1902289 1902293 1902301 1902311 1902319
142186: 1902343 1902347 1902367 1902379 1902389 1902391 1902403 1902421 1902427 1902431 1902437 1902451 1902457 1902463 1902469 1902497
142201: 1902517 1902539 1902569 1902611 1902613 1902627 1902643 1902653 1902671 1902737 1902737 1902743 1902757 1902767 1902779
142216: 1902829 1902837 1902839 1902847 1902863 1902877 1902881 1902883 1902899 1902917 1902931 1902961 1902973 1902977 1902991
142231: 1903003 1903007 1903061 1903063 1903073 1903081 1903091 1903103 1903113 1903117 1903127 1903159 1903199 1903207 1903229
142246: 1903247 1903251 1903277 1903289 1903301 1903313 1903339 1903373 1903379 1903381 1903387 1903423 1903441 1903459 1903463
142261: 1903471 1903483 1903487 1903501 1903511 1903513 1903529 1903579 1903753 1903741 1903567 1903307 1903817 1903873 1903877
142276: 1903703 1903709 1903741 1903789 1903801 1903807 1903817 1903859 1903861 1903873 1903877 1903873 1903877 1903893 1903907
142291: 1903921 1903931 1903961 1903969 1903973 1903981 1903987 1903991 1904011 1904027 1904029 1904041 1904069 1904087 1904093
142306: 1904099 1904117 1904129 1904143 1904167 1904171 1904179 1904233 1904263 1904281 1904293 1904297
142321: 1904311 1904407 1904429 1904447 1904451 1904467 1904471 1904477 1904479 1904489 1904509 1904519 1904521 1904531 1904533
142336: 1904537 1904543 1904549 1904587 1904641 1904647 1904681 1904687 1904701 1904717 1904729 1904741 1904753 1904761
142351: 1904803 1904819 1904827 1904831 1904849 1904869 1904873 1904887 1904939 1904941 1904951 1904963 1904971 1904977
142366: 1904999 1905017 1905023 1905051 1905041 1905049 1905077 1905109 1905121 1905153 1905157 1905161 1905175 1905181
142381: 1905199 1905221 1905257 1905269 1905283 1905317 1905331 1905347 1905359 1905361 1905367 1905377 1905391 1905433 1905437
142396: 1905443 1905453 1905471 1905493 1905499 1905517 1905583 1905557 1905599 1905613 1905653 1905661 1905667 1905653 1905679
142411: 1905689 1905691 1905697 1905703 1905713 1905727 1905731 1905737 1905767 1905773 1905779 1905781 1905791 1905797 1905821
142426: 1905863 1905899 1905923 1905979 1905983 1906007 1906013 1906063 1906087 1906101 1906117 1906123 1906133 1906139
142441: 1906153 1906183 1906187 1906211 1906237 1906241 1906259 1906271 1906297 1906321 1906337 1906343 1906361 1906379
142456: 1906381 1906391 1906393 1906417 1906439 1906447 1906481 1906511 1906523 1906529 1906553 1906559 1906567 1906579
142471: 1906603 1906607 1906613 1906621 1906627 1906637 1906643 1906673 1906691 1906699 1906711 1906727 1906733 1906739
142486: 1906747 1906757 1906811 1906829 1906831 1906843 1906867 1906871 1906889 1906909 1906963 1906969 1906987 1906997 1907023
```

142501-144000 Prime numbers

```
142501: 1907029 1907041 1907053 1907063 1907071 1907107 1907123 1907141 1907153 1907189 1907203 1907209 1907231 1907233 1907249
142516: 1907291 1907303 1907317 1907329 1907333 1907357 1907369 1907371 1907377 1907431 1907441 1907447 1907449 1907453
142531: 1907471 1907473 1907483 1907501 1907527 1907561 1907567 1907573 1907593 1907599 1907611 1907617 1907623 1907627 1907639
142546: 1907669 1907687 1907701 1907713 1907729 1907747 1907749 1907761 1907767 1907783 1907797 1907803 1907819
142561: 1907837 1907849 1907861 1907863 1907903 1907909 1907911 1907933 1907963 1907981 1907987 1907989 1907993 1908013 1908031
142576: 1908041 1908043 1908047 1908061 1908077 1908083 1908089 1908091 1908121 1908133 1908157 1908167 1908169 1908173 1908197
142591: 1908209 1908217 1908223 1908239 1908251 1908259 1908289 1908299 1908311 1908317 1908323 1908343 1908367 1908373 1908407
142606: 1908421 1908433 1908443 1908449 1908451 1908499 1908521 1908523 1908527 1908581 1908601 1908611 1908617 1908631 1908659
142621: 1908661 1908667 1908679 1908703 1908707 1908713 1908737 1908749 1908757 1908761 1908769 1908779 1908787 1908817 1908857
142636: 1908869 1908871 1908883 1908923 1908943 1908967 1908971 1908979 1908989 1908997 1909003 1909021 1909027 1909043 1909051
142651: 1909079 1909081 1909087 1909091 1909109 1909111 1909121 1909129 1909147 1909153 1909183 1909199 1909213 1909217 1909223
142666: 1909231 1909241 1909267 1909273 1909283 1909307 1909309 1909319 1909333 1909343 1909363 1909373 1909381 1909399 1909409
142681: 1909421 1909429 1909441 1909451 1909463 1909477 1909487 1909489 1909513 1909561 1909573 1909603 1909619 1909637 1909651
142696: 1909669 1909703 1909717 1909741 1909757 1909769 1909777 1909783 1909799 1909801 1909807 1909837 1909841 1909907
142711: 1909909 1909917 1909951 1909981 1909987 1909991 1909997 1910009 1910023 1910047 1910059 1910061 1910063 1910071 1910087
142726: 1910101 1910107 1910119 1910123 1910131 1910147 1910159 1910177 1910179 1910257 1910261 1910263 1910267 1910269 1910287
142741: 1910297 1910323 1910333 1910339 1910369 1910394 1910401 1910413 1910417 1910423 1910429 1910471 1910509 1910527 1910537
142756: 1910551 1910567 1910593 1910611 1910651 1910663 1910669 1910677 1910683 1910687 1910693 1910719 1910729 1910737 1910759
142771: 1910767 1910813 1910827 1910837 1910869 1910873 1910891 1910899 1910903 1910911 1910917 1910927 1910941 1910971 1910977
142786: 1910989 1910999 1911011 1911017 1911029 1911031 1911037 1911043 1911053 1911061 1911073 1911079 1911083 1911101 1911103
142801: 1911109 1911121 1911147 1911163 1911167 1911199 1911209 1911211 1911227 1911251 1911253 1911263 1911269 1911281 1911289
142816: 1911311 1911317 1911319 1911347 1911373 1911401 1911433 1911439 1911451 1911467 1911493 1911517 1911523 1911529 1911583
142831: 1911589 1911607 1911617 1911619 1911641 1911653 1911661 1911671 1911673 1911677 1911703 1911713 1911733 1911757 1911787 1911839
142846: 1911841 1911851 1911857 1911881 1911887 1911893 1911911 1911919 1911929 1911937 1911961 1911977 1911991 1912019 1912061
142861: 1912063 1912067 1912069 1912087 1912093 1912121 1912129 1912133 1912139 1912147 1912159 1912193 1912213 1912241 1912259
142876: 1912277 1912283 1912301 1912307 1912357 1912373 1912387 1912423 1912429 1912451 1912453 1912457 1912459 1912481 1912487
142891: 1912489 1912499 1912507 1912513 1912529 1912531 1912541 1912543 1912553 1912577 1912583 1912601 1912613 1912621 1912633
142906: 1912639 1912643 1912661 1912679 1912681 1912693 1912709 1912727 1912733 1912779 1912741 1912763 1912829 1912831 1912843
142921: 1912847 1912873 1912879 1912903 1912913 1912919 1912921 1912943 1912949 1912951 1912969 1912991 1913003 1913017 1913039
142936: 1913047 1913063 1913069 1913081 1913089 1913099 1913123 1913147 1913161 1913201 1913213 1913221 1913251 1913269 1913273
142951: 1913287 1913291 1913293 1913297 1913341 1913377 1913389 1913407 1913419 1913437 1913441 1913447 1913467 1913473 1913477
142966: 1913489 1913497 1913501 1913533 1913539 1913551 1913581 1913609 1913627 1913641 1913651 1913683 1913687 1913701 1913719
142981: 1913749 1913773 1913789 1913803 1913819 1913827 1913831 1913833 1913861 1913867 1913893 1913903 1913917 1913939 1913941
142996: 1913957 1913959 1913983 1913993 1913983 1913999 1914001 1914007 1914023 1914043 1914053 1914061 1914067 1914097
143011: 1914103 1914127 1914131 1914139 1914163 1914179 1914197 1914239 1914247 1914259 1914323 1914361 1914371 1914379 1914389
143026: 1914427 1914433 1914439 1914443 1914457 1914469 1914481 1914487 1914499 1914503 1914509 1914511 1914527 1914541 1914569
143041: 1914581 1914587 1914593 1914613 1914623 1914637 1914641 1914673 1914691 1914707 1914709 1914719 1914739 1914743 1914751
143056: 1914767 1914769 1914791 1914811 1914817 1914821 1914841 1914883 1914889 1914923 1914947 1914949 1914959 1914961 1914967
143071: 1914971 1915007 1915019 1915031 1915051 1915057 1915099 1915103 1915117 1915153 1915163 1915183 1915201 1915213 1915223
143086: 1915229 1915241 1915253 1915259 1915267 1915289 1915307 1915313 1915321 1915337 1915343 1915399 1915411 1915423 1915427
143101: 1915439 1915451 1915469 1915471 1915477 1915481 1915483 1915489 1915499 1915517 1915531 1915567 1915591 1915609 1915619
143116: 1915633 1915649 1915663 1915687 1915691 1915703 1915721 1915729 1915733 1915741 1915757 1915759 1915763 1915777 1915799
143131: 1915811 1915813 1915817 1915841 1915843 1915853 1915891 1915909 1915919 1915931 1915933 1915937 1915939 1915957 1915961
143146: 1915981 1915993 1915997 1916021 1916023 1916027 1916051 1916069 1916099 1916129 1916147 1916179 1916183 1916231 1916249
143161: 1916251 1916269 1916279 1916281 1916287 1916293 1916309 1916311 1916333 1916339 1916351 1916353 1916363 1916371 1916413
143176: 1916419 1916423 1916443 1916471 1916531 1916539 1916543 1916573 1916591 1916599 1916611 1916617 1916633 1916641 1916647
143191: 1916653 1916687 1916689 1916729 1916731 1916737 1916741 1916749 1916753 1916773 1916779 1916809 1916833 1916839 1916857
143206: 1916867 1916881 1916909 1916917 1916921 1916939 1916951 1916953 1916977 1917001 1917017 1917023 1917029 1917049 1917059
143221: 1917077 1917079 1917089 1917101 1917121 1917137 1917123 1917167 1917171 1917197 1917203 1917239 1917259 1917281 1917287
143236: 1917301 1917313 1917317 1917337 1917341 1917343 1917353 1917367 1917373 1917397 1917407 1917427 1917431 1917463
143251: 1917467 1917479 1917493 1917511 1917521 1917523 1917527 1917541 1917557 1917563 1917569 1917571 1917581 1917623 1917631
143266: 1917653 1917659 1917667 1917697 1917703 1917731 1917733 1917737 1917739 1917743 1917749 1917767 1917793 1917847 1917859
143281: 1917871 1917887 1917893 1917899 1917931 1917943 1917959 1917961 1917991 1918003 1918007 1918019 1918021 1918027 1918067
143296: 1918079 1918087 1918097 1918121 1918129 1918151 1918157 1918181 1918193 1918219 1918237 1918243 1918247 1918283 1918303
143311: 1918307 1918313 1918327 1918351 1918363 1918391 1918417 1918429 1918439 1918451 1918463 1918481 1918487 1918507 1918517
143326: 1918519 1918523 1918529 1918537 1918549 1918571 1918607 1918643 1918649 1918661 1918667 1918687 1918733 1918747 1918769
143341: 1918771 1918799 1918811 1918817 1918837 1918849 1918859 1918879 1918897 1918919 1918921 1918933 1918967 1918979 1918991
143356: 1919009 1919039 1919041 1919049 1919063 1919119 1919123 1919149 1919161 1919231 1919273 1919279 1919287 1919293 1919297
143371: 1919299 1919311 1919341 1919347 1919361 1919369 1919377 1919381 1919387 1919429 1919431 1919441 1919459 1919461 1919471
143386: 1919479 1919503 1919509 1919549 1919581 1919591 1919633 1919647 1919669 1919677 1919689 1919693 1919711 1919719 1919761
143401: 1919767 1919773 1919783 1919789 1919839 1919843 1919851 1919881 1919891 1919917 1919927 1919947 1919959 1919987 1920001
143416: 1920011 1920013 1920041 1920049 1920089 1920101 1920143 1920161 1920173 1920187 1920199 1920203 1920211 1920221 1920223
143431: 1920227 1920239 1920257 1920271 1920283 1920299 1920343 1920361 1920377 1920379 1920383 1920397 1920403 1920407 1920427
143446: 1920433 1920437 1920469 1920487 1920497 1920521 1920533 1920551 1920577 1920583 1920599 1920601 1920613 1920617
143461: 1920631 1920637 1920671 1920679 1920683 1920701 1920713 1920731 1920739 1920761 1920769 1920797 1920803 1920811 1920817
143476: 1920839 1920851 1920859 1920883 1920889 1920901 1920911 1920913 1920917 1920923 1920929 1920961 1921013 1921021 1921027
143491: 1921037 1921063 1921069 1921079 1921097 1921103 1921123 1921133 1921159 1921169 1921177 1921181 1921211 1921229 1921247
143506: 1921253 1921261 1921267 1921271 1921277 1921301 1921307 1921313 1921327 1921363 1921393 1921417 1921427 1921457 1921481 1921483
143521: 1921499 1921529 1921531 1921537 1921553 1921559 1921573 1921631 1921657 1921681 1921687 1921691 1921693 1921709 1921723
143536: 1921729 1921739 1921747 1921761 1921763 1921769 1921771 1921781 1921793 1921813 1921839 1921841 1921847 1921849 1921873
143551: 1921879 1921883 1921889 1921919 1921921 1921937 1921967 1921991 1922027 1922047 1922077 1922111 1922119 1922147 1922153
143566: 1922209 1922213 1922233 1922269 1922273 1922329 1922339 1922351 1922353 1922383 1922407 1922423 1922429 1922437 1922447
143581: 1922461 1922471 1922487 1922491 1922501 1922519 1922523 1922551 1922561 1922563 1922567 1922579 1922603 1922611 1922621 1922651
143596: 1922677 1922689 1922693 1922717 1922749 1922751 1922773 1922783 1922803 1922807 1922813 1922821 1922863 1922867 1922873
143611: 1922891 1922909 1922923 1922951 1922957 1922983 1923013 1923017 1923029 1923037 1923049 1923059 1923073 1923079 1923083
143626: 1923107 1923109 1923127 1923133 1923137 1923139 1923151 1923157 1923167 1923169 1923197 1923203 1923221 1923253 1923263
143641: 1923277 1923281 1923289 1923293 1923307 1923323 1923349 1923353 1923377 1923401 1923403 1923409 1923419 1923437 1923443
143656: 1923463 1923469 1923479 1923491 1923521 1923547 1923611 1923613 1923653 1923659 1923673 1923683 1923689 1923707 1923709
143671: 1923749 1923751 1923781 1923787 1923791 1923793 1923797 1923811 1923853 1923841 1923859 1923869 1923883 1923871 1923877
143686: 1923893 1923917 1923979 1923983 1923989 1923991 1924003 1924031 1924033 1924067 1924079 1924081 1924093 1924129 1924141
143701: 1924147 1924199 1924217 1924243 1924261 1924283 1924289 1924291 1924297 1924303 1924327 1924331 1924347 1924381 1924393
143716: 1924397 1924409 1924457 1924459 1924463 1924487 1924501 1924513 1924523 1924537 1924543 1924547 1924561 1924579 1924619
143731: 1924627 1924631 1924649 1924651 1924661 1924669 1924679 1924681 1924721 1924751 1924753 1924823 1924841 1924843 1924847
143746: 1924849 1924861 1924889 1924903 1924921 1924957 1924963 1924969 1924973 1925039 1925041 1925047 1925057 1925059
143761: 1925071 1925081 1925087 1925113 1925129 1925149 1925171 1925177 1925179 1925191 1925219 1925227 1925243 1925257 1925293
143776: 1925299 1925311 1925321 1925323 1925333 1925359 1925381 1925383 1925387 1925389 1925393 1925431 1925459 1925461 1925483
143791: 1925501 1925507 1925509 1925531 1925533 1925557 1925579 1925603 1925611 1925621 1925639 1925681 1925711
143806: 1925717 1925719 1925747 1925753 1925777 1925779 1925801 1925803 1925827 1925839 1925851 1925857 1925863 1925867 1925873
143821: 1925881 1925899 1925909 1925929 1925933 1925971 1925993 1926007 1926019 1926031 1926037 1926047 1926053 1926067 1926079
143836: 1926097 1926149 1926161 1926167 1926181 1926191 1926217 1926241 1926259 1926263 1926283 1926289 1926293
143851: 1926299 1926329 1926341 1926343 1926359 1926361 1926367 1926377 1926403 1926413 1926427 1926437 1926439 1926461 1926469
143866: 1926473 1926491 1926493 1926521 1926523 1926541 1926569 1926571 1926601 1926611 1926623 1926637 1926647 1926649
143881: 1926653 1926667 1926697 1926703 1926707 1926721 1926739 1926767 1926773 1926791 1926803 1926811 1926833 1926839 1926851
143896: 1926863 1926881 1926901 1926907 1926913 1926919 1926931 1926937 1926949 1926973 1927007 1927019 1927031 1927033 1927049
143911: 1927073 1927087 1927097 1927109 1927111 1927129 1927139 1927157 1927187 1927223 1927241 1927249 1927259 1927271 1927279
143926: 1927297 1927313 1927319 1927323 1927337 1927343 1927349 1927361 1927387 1927393 1927399 1927411 1927421 1927433
143941: 1927459 1927481 1927483 1927501 1927507 1927537 1927547 1927553 1927559 1927567 1927571 1927573 1927577 1927591 1927603
143956: 1927619 1927631 1927661 1927669 1927687 1927691 1927693 1927703 1927709 1927727 1927741 1927753 1927789 1927813 1927823
143971: 1927853 1927867 1927879 1927897 1927901 1927903 1927909 1927911 1927957 1927963 1927967 1927969 1927979 1927993 1927997 1928011
143986: 1928023 1928029 1928041 1928071 1928093 1928099 1928141 1928161 1928167 1928183 1928203 1928207 1928219 1928237 1928257
```

Prime numbers 144001-145500

```
144001: 1928261 1928287 1928317 1928321 1928323 1928351 1928359 1928369 1928371 1928383 1928387 1928401 1928411 1928419 1928447
144016: 1928449 1928467 1928473 1928489 1928501 1928513 1928539 1928549 1928551 1928557 1928567 1928569 1928581 1928621 1928653
144031: 1928659 1928687 1928687 1928741 1928743 1928753 1928767 1928791 1928807 1928809 1928813 1928821 1928831 1928869 1928873
144046: 1928929 1928947 1928951 1928987 1929009 1929043 1929049 1929063 1929089 1929043 1929047 1929049 1929061 1929071 1929073 1929113 1929119
144061: 1929121 1929149 1929157 1929163 1929197 1929199 1929227 1929229 1929251 1929271 1929287 1929289 1929307 1929311 1929329
144076: 1929331 1929349 1929371 1929407 1929413 1929451 1929467 1929481 1929487 1929491 1929503 1929509 1929523 1929527 1929541 1929553 1929559
144091: 1929563 1929569 1929581 1929589 1929601 1929607 1929611 1929617 1929637 1929647 1929649 1929671 1929691 1929731 1929749
144106: 1929751 1929779 1929793 1929803 1929821 1929827 1929839 1929841 1929847 1929869 1929871 1929877 1929899 1929913 1929923
144121: 1929929 1929943 1929947 1929971 1929973 1930021 1930043 1930057 1930073 1930079 1930081 1930087 1930099 1930133 1930139
144136: 1930147 1930177 1930199 1930219 1930237 1930249 1930259 1930261 1930289 1930297 1930301 1930307 1930309 1930349 1930351
144151: 1930373 1930391 1930417 1930427 1930429 1930433 1930447 1930451 1930477 1930483 1930493 1930517 1930519 1930541 1930543
144166: 1930553 1930573 1930583 1930603 1930627 1930633 1930667 1930679 1930693 1930729 1930757 1930763 1930783 1930793 1930801
144181: 1930811 1930823 1930879 1930883 1930927 1930931 1930937 1930939 1930961 1930963 1930969 1931009 1931051 1931053 1931093
144196: 1931101 1931113 1931123 1931143 1931159 1931177 1931203 1931213 1931227 1931239 1931261 1931273 1931281 1931297 1931299
144211: 1931309 1931317 1931323 1931329 1931339 1931341 1931357 1931381 1931383 1931399 1931411 1931453 1931473 1931477 1931497
144226: 1931513 1931519 1931533 1931537 1931539 1931549 1931569 1931593 1931623 1931627 1931647 1931651 1931663 1931669 1931681
144241: 1931717 1931723 1931729 1931753 1931759 1931771 1931773 1931801 1931819 1931821 1931833 1931843 1931851 1931887
144256: 1931921 1931927 1931933 1931957 1931983 1931987 1931989 1932001 1932011 1932017 1932037 1932059 1932061 1932071 1932089
144271: 1932107 1932109 1932121 1932131 1932181 1932193 1932197 1932209 1932223 1932227 1932263 1932277 1932283 1932317
144286: 1932331 1932341 1932353 1932361 1932367 1932379 1932397 1932401 1932421 1932431 1932439 1932467 1932487 1932493 1932503
144301: 1932523 1932533 1932563 1932599 1932613 1932613 1932641 1932677 1932703 1932719 1932731 1932747 1932773 1932803 1932823
144316: 1932829 1932839 1932841 1932859 1932869 1932871 1932877 1932901 1932911 1932923 1932947 1932949 1932961 1933007 1933013
144331: 1933037 1933049 1933097 1933103 1933123 1933133 1933147 1933159 1933163 1933171 1933177 1933181 1933199 1933229 1933247
144346: 1933277 1933289 1933301 1933331 1933339 1933363 1933397 1933423 1933433 1933457 1933469 1933471 1933477 1933511 1933513
144361: 1933523 1933537 1933549 1933571 1933577 1933643 1933661 1933663 1933681 1933709 1933717 1933727 1933741 1933747 1933759
144376: 1933777 1933781 1933783 1933819 1933823 1933837 1933849 1933859 1933861 1933867 1933891 1933913 1933927 1933957 1933973
144391: 1933979 1933993 1934021 1934041 1934063 1934071 1934077 1934099 1934113 1934131 1934137 1934147 1934167 1934173
144406: 1934201 1934263 1934279 1934287 1934293 1934297 1934299 1934327 1934351 1934377 1934381 1934389 1934393 1934399 1934411
144421: 1934417 1934419 1934437 1934459 1934483 1934489 1934501 1934519 1934521 1934531 1934539 1934563 1934579 1934609 1934627
144436: 1934629 1934633 1934657 1934663 1934671 1934683 1934687 1934689 1934707 1934729 1934743 1934761 1934773 1934797
144451: 1934833 1934837 1934843 1934869 1934879 1934887 1934897 1934951 1934969 1934983 1934987 1934993 1935007 1935047 1935049
144466: 1935067 1935079 1935081 1935091 1935121 1935133 1935139 1935149 1935163 1935151 1935181 1935217 1935221 1935239 1935251
144481: 1935281 1935287 1935293 1935313 1935317 1935341 1935343 1935371 1935379 1935381 1935383 1935407 1935419 1935443 1935481 1935509
144496: 1935517 1935533 1935541 1935589 1935599 1935617 1935631 1935641 1935671 1935683 1935691 1935697 1935701 1935743 1935757
144511: 1935763 1935767 1935781 1935793 1935799 1935821 1935811 1935823 1935827 1935847 1935859 1935881 1935889 1935893 1935907 1935911
144526: 1935917 1935961 1935971 1936021 1936027 1936057 1936063 1936067 1936081 1936121 1936131 1936151 1936159 1936171 1936177 1936183
144541: 1936189 1936213 1936219 1936223 1936237 1936289 1936303 1936337 1936311 1936339 1936343 1936347 1936351 1936381 1936387
144556: 1936391 1936397 1936399 1936427 1936433 1936457 1936489 1936511 1936523 1936547 1936559 1936579 1936609 1936621 1936631
144571: 1936633 1936637 1936643 1936679 1936721 1936723 1936741 1936747 1936751 1936757 1936769 1936771 1936777 1936783 1936789
144586: 1936813 1936817 1936819 1936859 1936871 1936889 1936943 1936969 1936981 1936999 1937003 1937017 1937027 1937041 1937051
144601: 1937057 1937059 1937061 1937067 1937071 1937087 1937121 1937153 1937197 1937207 1937227 1937233 1937237 1937261 1937311
144616: 1937323 1937329 1937333 1937339 1937363 1937389 1937401 1937417 1937437 1937443 1937459 1937461 1937489 1937491 1937513
144631: 1937539 1937549 1937557 1937587 1937603 1937629 1937641 1937651 1937657 1937659 1937699 1937713 1937723 1937727 1937731
144646: 1937759 1937777 1937807 1937833 1937843 1937879 1937891 1937917 1937927 1937933 1937939 1937941 1937953 1937959 1937987
144661: 1937989 1937993 1938007 1938011 1938067 1938071 1938073 1938103 1938113 1938149 1938161 1938163 1938171 1938189 1938191
144676: 1938197 1938199 1938203 1938217 1938227 1938239 1938253 1938257 1938269 1938271 1938301 1938317 1938359 1938367 1938373
144691: 1938383 1938427 1938449 1938451 1938491 1938499 1938553 1938557 1938569 1938571 1938577 1938587 1938593 1938611 1938617 1938623
144706: 1938637 1938659 1938701 1938719 1938743 1938751 1938773 1938787 1938791 1938803 1938809 1938821 1938829 1938847 1938851
144721: 1938863 1938883 1938887 1938889 1938907 1938949 1938971 1938973 1938977 1938983 1938997 1938999 1939009 1939033 1939057
144736: 1939073 1939097 1939103 1939109 1939117 1939123 1939141 1939159 1939169 1939183 1939187 1939229 1939237 1939243 1939247
144751: 1939253 1939279 1939283 1939303 1939307 1939313 1939319 1939331 1939353 1939361 1939379 1939381 1939397 1939399 1939409
144766: 1939439 1939447 1939481 1939489 1939493 1939499 1939517 1939523 1939541 1939543 1939549 1939559 1939571 1939573 1939591 1939603
144781: 1939621 1939631 1939633 1939657 1939673 1939681 1939699 1939711 1939727 1939733 1939741 1939753 1939757 1939771 1939787
144796: 1939801 1939837 1939841 1939867 1939879 1939891 1939903 1939909 1939913 1939937 1939961 1939967 1939991 1939999
144811: 1940041 1940047 1940053 1940069 1940083 1940087 1940123 1940137 1940143 1940149 1940153 1940173 1940201 1940219
144826: 1940221 1940233 1940269 1940273 1940237 1940239 1940331 1940381 1940391 1940401 1940423 1940437 1940441 1940447
144841: 1940453 1940459 1940473 1940479 1940483 1940509 1940537 1940551 1940563 1940573 1940597 1940599 1940621 1940639
144856: 1940663 1940683 1940699 1940711 1940713 1940747 1940749 1940753 1940757 1940771 1940779 1940781 1940821 1940823 1940849
144871: 1940881 1940893 1940903 1940929 1940957 1940971 1940987 1941013 1941031 1941061 1941073 1941083 1941089 1941091 1941101
144886: 1941103 1941151 1941157 1941171 1941187 1941193 1941221 1941229 1941253 1941257 1941259 1941263 1941273 1941281 1941307
144901: 1941323 1941343 1941367 1941377 1941389 1941403 1941409 1941419 1941421 1941431 1941461 1941469 1941479 1941481 1941491
144916: 1941497 1941503 1941521 1941547 1941551 1941559 1941571 1941601 1941607 1941671 1941673 1941677 1941707
144931: 1941721 1941733 1941741 1941763 1941799 1941827 1941839 1941851 1941881 1941889 1941931 1941937 1941941 1941967 1941983
144946: 1942001 1942009 1942017 1942027 1942033 1942049 1942067 1942081 1942091 1942099 1942111 1942121 1942133 1942139 1942141
144961: 1942151 1942153 1942163 1942169 1942177 1942183 1942201 1942207 1942273 1942307 1942309 1942319 1942321 1942349 1942361
144976: 1942363 1942379 1942381 1942387 1942393 1942411 1942417 1942423 1942441 1942443 1942459 1942487 1942507 1942519 1942529
144991: 1942543 1942547 1942571 1942627 1942657 1942669 1942723 1942727 1942729 1942747 1942751 1942753 1942757 1942767 1942771
145006: 1942793 1942841 1942859 1942873 1942877 1942891 1942909 1942939 1942943 1943023 1943033 1943049 1943057
145021: 1943069 1943077 1943093 1943101 1943107 1943131 1943141 1943147 1943167 1943197 1943209 1943231 1943237 1943243
145036: 1943251 1943257 1943267 1943277 1943281 1943311 1943323 1943353 1943361 1943377 1943387 1943393 1943411 1943413
145051: 1943419 1943431 1943437 1943443 1943467 1943489 1943531 1943537 1943597 1943629 1943639 1943651
145066: 1943653 1943657 1943659 1943663 1943693 1943699 1943717 1943723 1943743 1943751 1943791 1943803 1943819 1943839 1943857
145081: 1943861 1943863 1943867 1943897 1943911 1943923 1943941 1943951 1943959 1943991 1943993 1944011 1944013 1944049 1944067
145096: 1944071 1944079 1944111 1944127 1944133 1944143 1944157 1944169 1944181 1944197 1944211 1944223 1944281 1944287 1944311
145111: 1944317 1944323 1944329 1944341 1944353 1944361 1944373 1944377 1944389 1944401 1944457 1944469 1944473 1944499 1944521
145126: 1944529 1944539 1944557 1944563 1944577 1944583 1944611 1944659 1944667 1944689 1944713 1944721 1944727 1944737 1944763 1944779
145141: 1944781 1944791 1944797 1944799 1944823 1944829 1944841 1944853 1944881 1944883 1944911 1944923 1944931 1944937 1944971
145156: 1944983 1944991 1944997 1945003 1945007 1945043 1945051 1945061 1945091 1945093 1945109 1945121 1945153 1945169
145171: 1945183 1945199 1945243 1945261 1945297 1945301 1945303 1945309 1945313 1945319 1945331 1945337 1945385 1945391
145186: 1945399 1945403 1945439 1945453 1945457 1945483 1945487 1945507 1945511 1945519 1945549 1945553 1945561 1945579 1945597
145201: 1945609 1945627 1945637 1945649 1945651 1945669 1945687 1945691 1945703 1945709 1945711 1945721 1945729
145216: 1945739 1945751 1945763 1945781 1945799 1945817 1945831 1945843 1945859 1945873 1945883 1945891 1945903 1945913 1945919
145231: 1945943 1945969 1945981 1945991 1946011 1946017 1946029 1946039 1946069 1946081 1946093 1946117 1946171
145246: 1946173 1946183 1946207 1946209 1946257 1946281 1946297 1946299 1946369 1946377 1946389 1946401 1946407 1946429 1946443
145261: 1946447 1946463 1946471 1946477 1946487 1946503 1946507 1946543 1946559 1946573 1946579 1946603 1946617 1946621
145276: 1946627 1946629 1946641 1946647 1946657 1946663 1946669 1946683 1946689 1946699 1946703 1946713 1946723 1946751 1946761
145291: 1946767 1946771 1946779 1946801 1946809 1946839 1946851 1946869 1946899 1946909 1946921 1946933 1946939 1946947 1946963
145306: 1946969 1946981 1946999 1947001 1947073 1947091 1947101 1947107 1947119 1947137 1947141 1947151 1947193 1947217 1947223
145321: 1947227 1947229 1947241 1947247 1947259 1947269 1947287 1947307 1947311 1947359 1947371 1947383 1947391 1947397 1947419
145336: 1947431 1947457 1947467 1947487 1947493 1947497 1947499 1947511 1947527 1947551 1947593 1947607 1947619 1947621 1947641
145351: 1947653 1947661 1947667 1947683 1947691 1947703 1947719 1947731 1947733 1947763 1947773 1947779 1947811 1947851 1947853
145366: 1947919 1947923 1947941 1947961 1947973 1947977 1947989 1947991 1947997 1948043 1948049 1948069 1948073
145381: 1948091 1948097 1948099 1948109 1948129 1948139 1948147 1948171 1948181 1948187 1948223 1948229 1948231 1948237 1948267
145396: 1948273 1948283 1948301 1948313 1948331 1948337 1948343 1948393 1948409 1948411 1948431 1948493 1948511 1948573 1948579
145411: 1948519 1948549 1948553 1948559 1948571 1948601 1948603 1948613 1948619 1948627 1948637 1948649 1948669 1948699 1948703
145426: 1948729 1948741 1948759 1948763 1948777 1948783 1948829 1948841 1948847 1948853 1948867 1948869 1948881 1948883 1948907
145441: 1948909 1948927 1948937 1948981 1948987 1948993 1949021 1949053 1949081 1949111 1949113 1949117 1949141 1949161 1949179
145456: 1949207 1949213 1949239 1949279 1949299 1949317 1949323 1949341 1949357 1949381 1949401 1949419 1949423 1949437 1949473
145471: 1949501 1949527 1949531 1949539 1949557 1949573 1949579 1949581 1949627 1949639 1949657 1949677 1949707 1949719 1949737 1949741
145486: 1949771 1949777 1949791 1949809 1949813 1949819 1949821 1949833 1949839 1949881 1949887 1949911 1949929 1949933 1949939
```

145501-147000 Prime numbers

145501:	1949947	1949999	1950017	1950023	1950037	1950043	1950061	1950071	1950073	1950089	1950107	1950133	1950139	1950149	1950161
145516:	1950167	1950173	1950181	1950187	1950211	1950227	1950253	1950269	1950271	1950283	1950287	1950317	1950323	1950343	1950349
145531:	1950367	1950383	1950391	1950401	1950409	1950419	1950433	1950449	1950457	1950463	1950517	1950527	1950539	1950577	1950617
145546:	1950623	1950629	1950643	1950649	1950661	1950667	1950679	1950691	1950703	1950757	1950761	1950763	1950803	1950827	1950833
145561:	1950853	1950881	1950889	1950913	1950919	1950941	1950959	1950979	1950989	1951003	1951007	1951013	1951043	1951049	1951051
145576:	1951093	1951097	1951099	1951123	1951127	1951133	1951139	1951153	1951177	1951193	1951199	1951223	1951237	1951249	1951253
145591:	1951289	1951303	1951321	1951403	1951429	1951441	1951457	1951459	1951463	1951483	1951489	1951493	1951501	1951511	1951529
145606:	1951553	1951561	1951591	1951597	1951601	1951603	1951627	1951633	1951657	1951669	1951687	1951693	1951709	1951721	1951739
145621:	1951759	1951783	1951793	1951811	1951819	1951823	1951837	1951843	1951867	1951871	1951879	1951891	1951949	1951951	1951967
145636:	1951993	1951997	1952021	1952023	1952047	1952053	1952087	1952089	1952099	1952123	1952129	1952131	1952173	1952191	1952201
145651:	1952207	1952219	1952221	1952227	1952257	1952261	1952267	1952311	1952317	1952323	1952339	1952351	1952381	1952407	1952413
145666:	1952437	1952441	1952449	1952477	1952479	1952519	1952537	1952551	1952557	1952563	1952567	1952579	1952591	1952623	1952627
145681:	1952641	1952647	1952653	1952663	1952689	1952693	1952729	1952737	1952747	1952767	1952779	1952813	1952833	1952837	1952851
145696:	1952887	1952893	1952911	1952921	1952933	1952939	1952957	1952963	1952981	1952989	1953001	1953013	1953041	1953043	1953053
145711:	1953059	1953101	1953109	1953151	1953157	1953163	1953167	1953233	1953253	1953269	1953277	1953299	1953307	1953311	1953323
145726:	1953331	1953349	1953359	1953373	1953379	1953383	1953437	1953451	1953463	1953467	1953473	1953481	1953491	1953493	1953503
145741:	1953509	1953517	1953529	1953547	1953557	1953559	1953569	1953577	1953587	1953593	1953613	1953617	1953629	1953659	1953673
145756:	1953697	1953709	1953727	1953761	1953767	1953799	1953803	1953811	1953821	1953823	1953829	1953839	1953857	1953863	1953869
145771:	1953901	1953911	1953943	1953949	1953967	1953977	1953983	1954003	1954033	1954087	1954097	1954111	1954151	1954153	1954157
145786:	1954159	1954177	1954187	1954193	1954217	1954231	1954237	1954247	1954273	1954279	1954289	1954291	1954297	1954301	1954313
145801:	1954319	1954327	1954343	1954349	1954357	1954361	1954363	1954367	1954369	1954373	1954387	1954391	1954411	1954423	1954427
145816:	1954441	1954483	1954487	1954489	1954523	1954531	1954543	1954553	1954573	1954597	1954607	1954613	1954621	1954627	1954639
145831:	1954649	1954661	1954679	1954691	1954699	1954709	1954717	1954741	1954753	1954759	1954763	1954769	1954811	1954819	1954873
145846:	1954877	1954889	1954907	1954933	1954943	1954951	1954957	1954963	1954987	1954991	1955021	1955027	1955033	1955047	1955071
145861:	1955099	1955113	1955123	1955131	1955137	1955141	1955179	1955183	1955197	1955203	1955237	1955251	1955279	1955281	1955287
145876:	1955293	1955333	1955381	1955389	1955399	1955407	1955417	1955467	1955489	1955491	1955501	1955507	1955509	1955521	1955531
145891:	1955533	1955539	1955543	1955579	1955587	1955593	1955609	1955633	1955641	1955671	1955687	1955693	1955711	1955747	1955761
145906:	1955771	1955773	1955777	1955801	1955809	1955819	1955827	1955831	1955839	1955873	1955887	1955893	1955939	1955957	1955959
145921:	1955977	1955983	1956001	1956011	1956029	1956047	1956049	1956089	1956091	1956109	1956161	1956169	1956179	1956203	1956211
145936:	1956217	1956239	1956257	1956287	1956289	1956299	1956313	1956323	1956329	1956337	1956341	1956359	1956391	1956419	1956431
145951:	1956433	1956439	1956481	1956517	1956527	1956529	1956533	1956553	1956583	1956589	1956599	1956611	1956613	1956631	1956637
145966:	1956653	1956667	1956719	1956737	1956743	1956749	1956761	1956763	1956769	1956793	1956811	1956839	1956847	1956859	1956881
145981:	1956883	1956901	1956907	1956953	1956961	1956979	1956991	1957013	1957027	1957031	1957037	1957049	1957051	1957069	1957079
145996:	1957097	1957099	1957117	1957121	1957129	1957147	1957157	1957187	1957243	1957283	1957289	1957301	1957303	1957321	1957327
146011:	1957357	1957367	1957379	1957391	1957441	1957453	1957469	1957477	1957517	1957519	1957523	1957547	1957573	1957583	1957591
146026:	1957621	1957639	1957651	1957663	1957667	1957693	1957729	1957759	1957763	1957777	1957789	1957799	1957801	1957831	1957847
146041:	1957849	1957853	1957859	1957861	1957871	1957903	1957909	1957913	1957937	1957939	1957957	1957981	1957997	1957999	1958029
146056:	1958041	1958063	1958069	1958107	1958137	1958183	1958189	1958233	1958237	1958249	1958287	1958303	1958309	1958317	1958321
146071:	1958351	1958357	1958413	1958419	1958423	1958431	1958449	1958461	1958471	1958497	1958513	1958531	1958557	1958563	1958569
146086:	1958591	1958603	1958617	1958633	1958639	1958641	1958651	1958681	1958683	1958687	1958699	1958707	1958711	1958731	1958753
146101:	1958773	1958777	1958813	1958821	1958833	1958837	1958861	1958867	1958897	1958899	1958909	1958917	1958941	1958959	1958993
146116:	1959011	1959017	1959019	1959031	1959047	1959053	1959073	1959079	1959091	1959149	1959151	1959161	1959173	1959179	1959197
146131:	1959227	1959239	1959241	1959253	1959263	1959283	1959311	1959313	1959317	1959319	1959323	1959361	1959371	1959401	1959407
146146:	1959421	1959427	1959457	1959473	1959487	1959521	1959523	1959583	1959593	1959599	1959619	1959637	1959647	1959649	1959673
146161:	1959689	1959697	1959701	1959707	1959719	1959721	1959731	1959739	1959751	1959773	1959787	1959799	1959821	1959827	1959833
146176:	1959847	1959857	1959863	1959883	1959889	1959941	1959943	1959949	1959961	1959967	1959973	1960009	1960019	1960033	1960051
146191:	1960061	1960067	1960093	1960111	1960121	1960141	1960163	1960177	1960183	1960199	1960201	1960213	1960237	1960247	1960261
146206:	1960271	1960279	1960289	1960291	1960303	1960307	1960331	1960351	1960369	1960379	1960391	1960397	1960421	1960447	1960481
146221:	1960493	1960529	1960531	1960549	1960573	1960613	1960631	1960639	1960643	1960649	1960669	1960703	1960711	1960733	1960769
146236:	1960771	1960787	1960789	1960799	1960813	1960837	1960867	1960877	1960879	1960891	1960901	1960909	1960913	1960919	1960921
146251:	1960943	1960961	1960969	1960979	1960991	1960993	1961021	1961027	1961033	1961039	1961059	1961077	1961083	1961093	1961107
146266:	1961129	1961131	1961147	1961173	1961213	1961221	1961231	1961249	1961251	1961257	1961321	1961327	1961329	1961347	1961363
146281:	1961381	1961411	1961413	1961419	1961431	1961441	1961447	1961461	1961467	1961483	1961489	1961501	1961513	1961527	1961537
146296:	1961549	1961551	1961581	1961593	1961623	1961633	1961651	1961653	1961657	1961669	1961671	1961683	1961737	1961741	1961747
146311:	1961753	1961759	1961767	1961797	1961819	1961833	1961857	1961863	1961873	1961887	1961893	1961899	1961903	1961909	1961917
146326:	1961929	1961933	1961957	1961963	1961983	1961989	1962001	1962011	1962013	1962041	1962049	1962071	1962091	1962097	1962119
146341:	1962131	1962139	1962161	1962193	1962209	1962211	1962239	1962271	1962283	1962287	1962299	1962307	1962319	1962347	1962379
146356:	1962397	1962403	1962409	1962413	1962419	1962437	1962449	1962451	1962461	1962469	1962473	1962503	1962523	1962551	1962557
146371:	1962577	1962581	1962589	1962593	1962637	1962661	1962689	1962707	1962731	1962743	1962761	1962787	1962809	1962811	1962817
146386:	1962839	1962847	1962859	1962881	1962911	1962929	1962941	1962943	1962949	1962953	1962959	1962967	1962991	1962997	1963001
146401:	1963019	1963037	1963057	1963063	1963081	1963103	1963111	1963127	1963133	1963139	1963153	1963187	1963193	1963201	1963207
146416:	1963219	1963231	1963243	1963249	1963253	1963259	1963267	1963277	1963309	1963319	1963321	1963333	1963369	1963391	1963397
146431:	1963411	1963433	1963457	1963459	1963463	1963469	1963471	1963513	1963537	1963543	1963567	1963639	1963657	1963667	1963679
146446:	1963691	1963693	1963711	1963727	1963747	1963751	1963769	1963781	1963799	1963807	1963811	1963813	1963873	1963877	1963883
146461:	1963889	1963921	1963981	1963999	1964009	1964033	1964041	1964047	1964059	1964063	1964077	1964093	1964101	1964113	1964117
146476:	1964119	1964143	1964159	1964173	1964189	1964203	1964213	1964243	1964297	1964311	1964317	1964323	1964363	1964381	1964387
146491:	1964399	1964411	1964419	1964437	1964447	1964461	1964477	1964483	1964531	1964549	1964561	1964569	1964579	1964593	1964603
146506:	1964617	1964623	1964629	1964659	1964671	1964719	1964723	1964773	1964789	1964791	1964797	1964801	1964813	1964827	1964849
146521:	1964857	1964861	1964881	1964887	1964899	1964917	1964927	1964947	1964951	1964969	1964981	1964983	1964987	1965077	1965091
146536:	1965109	1965133	1965167	1965179	1965193	1965203	1965239	1965247	1965259	1965263	1965277	1965289	1965323	1965347	1965377
146551:	1965389	1965391	1965407	1965413	1965427	1965437	1965443	1965449	1965451	1965461	1965463	1965497	1965503	1965517	1965521
146566:	1965527	1965541	1965553	1965571	1965577	1965619	1965629	1965631	1965637	1965641	1965643	1965647	1965661	1965673	1965701
146581:	1965709	1965731	1965751	1965767	1965781	1965851	1965853	1965883	1965889	1965893	1965913	1965923	1965937	1965941	1965959
146596:	1965967	1965973	1965979	1965983	1966007	1966009	1966031	1966043	1966049	1966079	1966123	1966127	1966163	1966189	1966207
146611:	1966219	1966241	1966259	1966297	1966301	1966303	1966331	1966337	1966343	1966381	1966387	1966397	1966399	1966409	1966417
146626:	1966427	1966429	1966463	1966493	1966499	1966507	1966511	1966561	1966583	1966589	1966597	1966603	1966607	1966619	1966663
146641:	1966667	1966669	1966681	1966697	1966787	1966793	1966807	1966813	1966817	1966819	1966831	1966841	1966843	1966847	1966871
146656:	1966873	1966879	1966889	1966897	1966901	1966907	1966931	1966933	1966963	1966967	1966973	1966999	1967011	1967023	1967027
146671:	1967039	1967047	1967071	1967101	1967107	1967129	1967137	1967149	1967171	1967191	1967239	1967243	1967261	1967263	1967297
146686:	1967299	1967309	1967323	1967347	1967369	1967377	1967387	1967411	1967417	1967419	1967429	1967453	1967479	1967501	1967521
146701:	1967533	1967543	1967587	1967593	1967599	1967633	1967639	1967657	1967671	1967683	1967711	1967717	1967729	1967741	1967753
146716:	1967759	1967789	1967803	1967813	1967821	1967851	1967891	1967893	1967897	1967909	1967923	1967939	1967947	1968017	1968019
146731:	1968023	1968047	1968053	1968059	1968061	1968079	1968103	1968137	1968139	1968149	1968157	1968163	1968173	1968193	1968199
146746:	1968203	1968233	1968251	1968257	1968269	1968293	1968301	1968331	1968341	1968349	1968353	1968359	1968361	1968383	1968391
146761:	1968401	1968403	1968427	1968467	1968487	1968521	1968539	1968541	1968563	1968569	1968581	1968599	1968611	1968613	1968641
146776:	1968679	1968683	1968691	1968721	1968739	1968749	1968751	1968767	1968773	1968797	1968803	1968817	1968829	1968853	1968871
146791:	1968899	1968919	1968977	1968979	1968983	1968997	1969001	1969021	1969031	1969049	1969057	1969069	1969073	1969111	1969147
146806:	1969153	1969157	1969181	1969183	1969199	1969207	1969223	1969241	1969249	1969273	1969277	1969291	1969307	1969343	1969381
146821:	1969403	1969411	1969423	1969447	1969453	1969459	1969489	1969511	1969519	1969531	1969543	1969567	1969573	1969589	1969609
146836:	1969619	1969633	1969657	1969661	1969691	1969699	1969729	1969741	1969757	1969777	1969801	1969811	1969819	1969829	1969831
146851:	1969889	1969907	1969921	1969949	1969967	1969969	1969987	1969993	1969997	1970029	1970039	1970071	1970083	1970119	1970123
146866:	1970149	1970161	1970183	1970201	1970209	1970219	1970233	1970237	1970257	1970261	1970263	1970279	1970291	1970327	1970333
146881:	1970359	1970363	1970369	1970401	1970407	1970413	1970417	1970429	1970431	1970459	1970461	1970467	1970473	1970491	1970513
146896:	1970519	1970531	1970543	1970567	1970581	1970597	1970599	1970621	1970627	1970629	1970641	1970677	1970681	1970711	1970713
146911:	1970719	1970729	1970743	1970783	1970791	1970809	1970867	1970873	1970921	1970923	1970957	1970959	1970977	1970987	1970999
146926:	1971007	1971023	1971029	1971049	1971091	1971107	1971119	1971127	1971143	1971149	1971161	1971181	1971199	1971209	1971241
146941:	1971251	1971253	1971289	1971313	1971329	1971349	1971377	1971401	1971427	1971433	1971443	1971451	1971467	1971469	1971479
146956:	1971481	1971503	1971517	1971521	1971527	1971539	1971553	1971577	1971589	1971601	1971637	1971647	1971659	1971667	1971691
146971:	1971707	1971709	1971727	1971799	1971829	1971833	1971857	1971869	1971887	1971889	1971901	1971911	1971967	1972007	1972013
146986:	1972031	1972037	1972049	1972079	1972093	1972097	1972099	1972111	1972121	1972123	1972129	1972133	1972147	1972169	1972177

Prime numbers 147001-148500

```
147001: 1972207 1972231 1972247 1972249 1972259 1972277 1972283 1972291 1972297 1972307 1972343 1972349 1972361 1972379 1972381
147016: 1972417 1972423 1972441 1972471 1972483 1972511 1972541 1972567 1972571 1972583 1972589 1972591 1972603 1972613 1972627
147031: 1972643 1972651 1972657 1972669 1972717 1972721 1972739 1972741 1972777 1972781 1972787 1972807 1972813 1972823 1972829
147046: 1972847 1972849 1972889 1972891 1972913 1972921 1972931 1972937 1972967 1972981 1972987 1973011 1973021 1973033 1973047
147061: 1973051 1973053 1973087 1973113 1973129 1973143 1973149 1973177 1973181 1973203 1973233 1973261 1973281 1973287 1973291
147076: 1973297 1973299 1973311 1973339 1973341 1973353 1973369 1973381 1973407 1973417 1973431 1973437 1973467 1973471 1973501
147091: 1973507 1973509 1973519 1973527 1973539 1973557 1973563 1973567 1973579 1973591 1973597 1973627 1973633 1973651 1973669
147106: 1973687 1973689 1973723 1973731 1973737 1973747 1973749 1973761 1973779 1973813 1973821 1973831 1973857 1973893 1973897
147121: 1973903 1973911 1973927 1973957 1973971 1973977 1973999 1974029 1974041 1974053 1974073 1974079 1974121 1974149 1974163
147136: 1974221 1974229 1974239 1974263 1974277 1974299 1974319 1974331 1974353 1974361 1974373 1974381 1974391 1974403 1974433
147151: 1974457 1974493 1974503 1974541 1974547 1974551 1974559 1974569 1974641 1974647 1974649 1974659 1974701 1974719 1974743
147166: 1974751 1974761 1974767 1974779 1974781 1974787 1974851 1974881 1974883 1974887 1974919 1974923 1974937 1974961 1974967
147181: 1974983 1974989 1975019 1975021 1975027 1975037 1975049 1975067 1975073 1975091 1975117 1975121 1975123 1975133 1975147
147196: 1975153 1975163 1975187 1975199 1975201 1975223 1975243 1975249 1975279 1975301 1975313 1975321 1975333 1975367 1975381
147211: 1975387 1975399 1975409 1975423 1975427 1975439 1975481 1975499 1975511 1975517 1975529 1975543 1975573 1975609 1975613
147226: 1975619 1975627 1975651 1975657 1975663 1975669 1975691 1975693 1975709 1975751 1975789 1975811 1975817 1975819 1975823
147241: 1975901 1975921 1975931 1975933 1975949 1975957 1975991 1975997 1976001 1976017 1976047 1976053 1976069 1976071 1976081
147256: 1976099 1976113 1976141 1976167 1976173 1976197 1976201 1976213 1976239 1976243 1976297 1976309 1976327 1976333 1976347
147271: 1976357 1976371 1976383 1976533 1976393 1976411 1976419 1976431 1976453 1976477 1976519 1976537 1976543 1976549 1976563 1976593
147286: 1976599 1976603 1976609 1976617 1976629 1976633 1976647 1976657 1976683 1976687 1976699 1976707 1976717 1976729 1976731
147301: 1976747 1976749 1976759 1976761 1976771 1976789 1976791 1976797 1976803 1976809 1976831 1976833 1976849 1976851 1976867
147316: 1976869 1976903 1976911 1976917 1976927 1976929 1976939 1976941 1976983 1976987 1976993 1977023 1977067 1977077 1977089
147331: 1977091 1977119 1977139 1977149 1977163 1977187 1977203 1977223 1977233 1977251 1977229 1977301 1977319 1977323 1977329 1977343
147346: 1977359 1977361 1977403 1977407 1977427 1977433 1977499 1977509 1977529 1977541 1977551 1977557 1977571 1977581 1977601
147361: 1977611 1977617 1977623 1977631 1977637 1977667 1977673 1977697 1977709 1977719 1977721 1977727 1977737 1977743 1977749
147376: 1977751 1977757 1977771 1977809 1977817 1977821 1977823 1977847 1977863 1977911 1977917 1977929 1977953 1977961 1977979
147391: 1977991 1978021 1978027 1978037 1978051 1978063 1978087 1978091 1978111 1978117 1978153 1978157 1978159 1978181 1978189
147406: 1978199 1978201 1978219 1978267 1978289 1978297 1978313 1978343 1978349 1978363 1978393 1978411 1978421 1978423 1978429
147421: 1978433 1978439 1978441 1978463 1978469 1978507 1978523 1978531 1978541 1978567 1978589 1978591 1978597 1978631 1978661
147436: 1978663 1978673 1978687 1978693 1978709 1978727 1978741 1978763 1978771 1978799 1978807 1978849 1978853 1978877 1978883
147451: 1978891 1978909 1978913 1978927 1978981 1978993 1978997 1979051 1979053 1979057 1979063 1979069 1979077 1979083 1979101
147466: 1979119 1979129 1979141 1979143 1979147 1979149 1979171 1979183 1979189 1979207 1979209 1979227 1979233 1979251
147481: 1979261 1979269 1979281 1979291 1979303 1979317 1979321 1979323 1979339 1979347 1979353 1979359 1979371 1979387 1979399
147496: 1979413 1979437 1979473 1979489 1979491 1979507 1979539 1979543 1979573 1979581 1979609 1979617 1979683
147511: 1979689 1979713 1979717 1979723 1979729 1979741 1979749 1979773 1979779 1979807 1979827 1979891 1979893 1979897 1979899
147526: 1979911 1979941 1979947 1979993 1980019 1980023 1980029 1980031 1980051 1980053 1980067 1980073 1980079 1980087 1980101
147541: 1980113 1980169 1980191 1980221 1980227 1980229 1980233 1980247 1980263 1980269 1980281 1980283 1980289 1980301 1980317
147556: 1980337 1980343 1980351 1980361 1980367 1980371 1980383 1980397 1980401 1980409 1980413 1980431 1980443 1980469 1980491
147571: 1980521 1980523 1980529 1980577 1980581 1980607 1980631 1980637 1980659 1980661 1980673 1980697 1980701 1980703 1980707
147586: 1980743 1980749 1980757 1980761 1980763 1980773 1980791 1980809 1980817 1980821 1980859 1980863 1980887 1980899 1980907
147601: 1980911 1980919 1980929 1980941 1980947 1980949 1980983 1980991 1981037 1981081 1981093 1981099 1981141 1981153 1981159
147616: 1981169 1981181 1981201 1981237 1981247 1981267 1981277 1981297 1981337 1981349 1981361 1981393 1981403 1981409 1981417
147631: 1981429 1981451 1981457 1981471 1981477 1981487 1981493 1981513 1981517 1981523 1981543 1981547 1981583 1981589 1981597 1981607
147646: 1981619 1981621 1981627 1981631 1981649 1981663 1981667 1981669 1981687 1981691 1981699 1981711 1981739 1981753 1981787
147661: 1981813 1981853 1981861 1981879 1981883 1981891 1981901 1981919 1981921 1981939 1981949 1981963 1981997 1982011 1982021
147676: 1982033 1982051 1982059 1982069 1982077 1982083 1982087 1982093 1982111 1982129 1982153 1982159 1982173 1982191 1982203
147691: 1982207 1982219 1982263 1982269 1982273 1982287 1982291 1982293 1982371 1982381 1982401 1982417 1982437 1982443 1982447
147706: 1982467 1982471 1982501 1982509 1982521 1982537 1982551 1982567 1982573 1982579 1982587 1982599 1982609 1982611 1982627
147721: 1982633 1982639 1982641 1982669 1982671 1982681 1982713 1982723 1982741 1982759 1982587 1982599 1982609 1982611 1982833 1982839
147736: 1982843 1982857 1982861 1982873 1982879 1982881 1982887 1982891 1982909 1982917 1982921 1982951 1982957 1982969 1982987
147751: 1982989 1982993 1983001 1983013 1983019 1983053 1983061 1983077 1983101 1983109 1983143 1983189 1983197 1983227 1983229
147766: 1983253 1983257 1983301 1983323 1983341 1983343 1983347 1983331 1983377 1983379 1983389 1983409 1983413 1983427 1983437
147781: 1983239 1983463 1983467 1983491 1983493 1983503 1983523 1983559 1983563 1983583 1983587 1983593 1983601 1983643 1983647 1983649
147796: 1983689 1983697 1983701 1983731 1983743 1983763 1983767 1983833 1983851 1983855 1983859 1983871 1983881 1983883
147811: 1983913 1983929 1983931 1983967 1983979 1983997 1984007 1984013 1984039 1984043 1984057 1984061 1984069 1984079 1984091
147826: 1984109 1984117 1984123 1984133 1984139 1984159 1984161 1984181 1984201 1984211 1984247 1984259 1984261 1984271
147841: 1984309 1984319 1984331 1984337 1984343 1984351 1984361 1984363 1984397 1984399 1984429 1984453 1984457 1984459
147856: 1984471 1984511 1984547 1984541 1984547 1984571 1984639 1984667 1984709 1984711 1984733 1984747 1984749 1984751
147871: 1984777 1984783 1984793 1984799 1984813 1984817 1984841 1984849 1984859 1984867 1984891 1984901 1984907 1984921
147886: 1984979 1984981 1984991 1985003 1985017 1985041 1985047 1985077 1985167 1985183 1985189 1985213 1985219
147901: 1985227 1985237 1985239 1985257 1985279 1985287 1985293 1985303 1985317 1985363 1985377 1985407 1985419 1985441 1985453
147916: 1985471 1985483 1985491 1985509 1985513 1985557 1985551 1985567 1985573 1985587 1985593 1985639 1985663
147931: 1985677 1985689 1985713 1985729 1985741 1985743 1985759 1985771 1985779 1985791 1985803 1985849 1985873 1985887 1985897
147946: 1985903 1985969 1986013 1986037 1986061 1986067 1986071 1986089 1986121 1986133
147961: 1986137 1986167 1986169 1986199 1986217 1986223 1986233 1986253 1986287 1986289 1986293 1986301 1986311 1986323 1986337
147976: 1986353 1986373 1986401 1986421 1986437 1986441 1986457 1986489 1986513 1986525 1986547 1986553 1986577
147991: 1986581 1986601 1986629 1986631 1986679 1986683 1986689 1986713 1986749 1986757 1986769 1986779 1986781 1986797 1986823
148006: 1986839 1986869 1986881 1986889 1986893 1986899 1986913 1986923 1986949 1986967 1986973 1987019 1987027 1987029 1987031
148021: 1987043 1987049 1987057 1987067 1987081 1987091 1987099 1987121 1987127 1987151 1987157 1987187 1987189 1987201 1987217
148036: 1987231 1987241 1987247 1987271 1987277 1987291 1987303 1987309 1987313 1987333 1987339 1987387 1987411 1987429 1987439
148051: 1987451 1987471 1987477 1987487 1987493 1987501 1987519 1987523 1987557 1987543 1987567 1987547 1987577 1987597 1987621
148066: 1987649 1987673 1987675 1987677 1987681 1987693 1987697 1987703 1987707 1987709 1987781 1987819 1987829 1987841 1987873 1987879
148081: 1987889 1987897 1987901 1987909 1987919 1987939 1987967 1987981 1987987 1987991 1988011 1988023 1988033 1988057 1988087
148096: 1988089 1988101 1988113 1988137 1988177 1988183 1988197 1988221 1988237 1988243 1988249 1988251 1988257
148111: 1988263 1988279 1988281 1988291 1988297 1988299 1988303 1988323 1988339 1988341 1988347 1988353 1988411 1988423 1988459 1988471
148126: 1988513 1988531 1988533 1988537 1988549 1988551 1988561 1988563 1988567 1988587 1988599 1988611 1988633 1988653 1988659
148141: 1988669 1988681 1988683 1988689 1988699 1988729 1988739 1988797 1988801 1988807 1988833 1988843 1988851 1988923
148156: 1988891 1988897 1988933 1988941 1988963 1988999 1989007 1989041 1989049 1989059 1989073 1989077 1989101 1989107 1989131
148171: 1989133 1989161 1989193 1989203 1989211 1989241 1989233 1989241 1989277 1989303 1989307 1989323 1989341 1989353
148186: 1989401 1989413 1989419 1989479 1989499 1989517 1989551 1989553 1989563 1989571 1989583 1989613 1989619 1989643 1989671
148201: 1989683 1989721 1989731 1989757 1989761 1989779 1989787 1989791 1989799 1989803 1989811 1989829 1989831 1989919 1989947 1989959
148216: 1989961 1989973 1989979 1989989 1990007 1990031 1990039 1990063 1990081 1990103 1990111 1990123 1990131 1990141
148231: 1990147 1990151 1990159 1990171 1990177 1990189 1990211 1990223 1990229 1990243 1990249 1990253 1990273 1990277
148246: 1990311 1990319 1990321 1990337 1990361 1990379 1990381 1990389 1990441 1990447 1990451 1990463 1990481 1990487
148261: 1990507 1990519 1990523 1990529 1990543 1990553 1990559 1990577 1990579 1990613 1990627 1990631 1990643 1990657 1990663
148276: 1990691 1990693 1990753 1990759 1990787 1990799 1990813 1990817 1990861 1990889 1990907 1990919 1990927 1990939
148291: 1990951 1990957 1990969 1990973 1990981 1991039 1991047 1991063 1991071 1991081 1991089 1991101 1991111 1991131 1991137
148306: 1991147 1991153 1991177 1991201 1991207 1991239 1991243 1991251 1991267 1991281 1991291 1991351 1991357 1991371 1991401
148321: 1991409 1991413 1991443 1991449 1991461 1991477 1991489 1991491 1991503 1991519 1991527 1991553 1991571 1991597 1991603
148336: 1991609 1991617 1991621 1991641 1991651 1991657 1991671 1991723 1991751 1991761 1991779 1991797 1991819
148351: 1991837 1991849 1991851 1991861 1991863 1991879 1991881 1991893 1991911 1991921 1991929 1991933 1991947 1991959 1991963 1991989
148366: 1991993 1991999 1992011 1992031 1992041 1992049 1992079 1992091 1992113 1992121 1992149 1992151 1992163 1992167 1992203
148381: 1992227 1992241 1992251 1992257 1992259 1992269 1992299 1992307 1992337 1992343 1992373 1992407 1992409 1992433 1992437
148396: 1992469 1992481 1992493 1992509 1992517 1992527 1992523 1992547 1992569 1992581 1992611 1992619 1992623 1992653
148411: 1992637 1992643 1992673 1992691 1992713 1992719 1992733 1992761 1992763 1992769 1992779 1992797 1992803 1992817 1992839
148426: 1992883 1992885 1992891 1992911 1992917 1992919 1992923 1992941 1992959 1993001 1993017 1993031 1993039 1993051
148441: 1993087 1993109 1993127 1993151 1993163 1993193 1993217 1993219 1993231 1993237 1993241 1993247 1993259 1993261 1993273
148456: 1993279 1993353 1993357 1993359 1993381 1993391 1993421 1993429 1993433 1993441 1993471 1993483 1993493 1993497 1993507
148471: 1993513 1993529 1993531 1993553 1993561 1993591 1993601 1993603 1993627 1993631 1993633 1993637 1993643 1993657 1993661
148486: 1993679 1993681 1993687 1993697 1993699 1993711 1993729 1993757 1993759 1993763 1993829 1993861 1993877 1993921 1993931
```

148501-150000 Prime numbers

```
148501: 1993933 1993949 1993963 1993969 1993973 1993991 1993997 1994033 1994051 1994053 1994059 1994081 1994087 1994093 1994101
148516: 1994119 1994143 1994191 1994203 1994207 1994227 1994299 1994327 1994339 1994341 1994347 1994357 1994381 1994387 1994413
148531: 1994429 1994437 1994441 1994459 1994467 1994471 1994477 1994479 1994483 1994497 1994501 1994519 1994521 1994543 1994567
148546: 1994569 1994591 1994599 1994621 1994623 1994647 1994651 1994659 1994669 1994687 1994711 1994717 1994743 1994777 1994779
148561: 1994827 1994833 1994843 1994869 1994879 1994897 1994911 1994947 1994953 1994959 1994977 1994983 1994989 1994999 1995001
148576: 1995023 1995031 1995051 1995061 1995073 1995083 1995107 1995109 1995121 1995129 1995139 1995143 1995187 1995211 1995221
148591: 1995271 1995289 1995293 1995311 1995317 1995337 1995349 1995353 1995359 1995391 1995421 1995431 1995449 1995473 1995481
148606: 1995517 1995527 1995529 1995533 1995541 1995547 1995583 1995607 1995611 1995629 1995649 1995661 1995677 1995683 1995689
148621: 1995691 1995709 1995713 1995727 1995769 1995781 1995787 1995797 1995827 1995841 1995857 1995869 1995883 1995913 1995937
148636: 1995947 1995967 1995971 1995977 1995979 1995989 1995991 1996013 1996019 1996061 1996081 1996087 1996091 1996097 1996109
148651: 1996129 1996171 1996177 1996207 1996217 1996219 1996223 1996229 1996237 1996277 1996279 1996283 1996289 1996297 1996301
148666: 1996303 1996321 1996333 1996361 1996363 1996381 1996391 1996403 1996411 1996417 1996427 1996439 1996453 1996459 1996471
148681: 1996487 1996507 1996517 1996529 1996543 1996549 1996559 1996573 1996583 1996609 1996613 1996639 1996669 1996681
148696: 1996697 1996711 1996717 1996721 1996723 1996739 1996751 1996759 1996763 1996777 1996781 1996793 1996817 1996829 1996849
148711: 1996859 1996867 1996873 1996891 1996903 1996913 1996937 1996949 1996979 1997003 1997029 1997053 1997057 1997059 1997081
148726: 1997087 1997089 1997101 1997111 1997119 1997129 1997137 1997141 1997161 1997173 1997179 1997183 1997189 1997213 1997231
148741: 1997243 1997257 1997267 1997269 1997293 1997311 1997321 1997339 1997341 1997351 1997407 1997419 1997431 1997441 1997459
148756: 1997467 1997473 1997503 1997507 1997531 1997539 1997543 1997557 1997587 1997591 1997599 1997617 1997647 1997657 1997663
148771: 1997683 1997693 1997701 1997707 1997713 1997719 1997731 1997747 1997753 1997771 1997773 1997813 1997833 1997843 1997851
148786: 1997867 1997887 1997899 1997903 1997911 1997921 1997939 1997969 1997999 1998019 1998023 1998041 1998049 1998067 1998077
148801: 1998089 1998149 1998169 1998127 1998133 1998169 1998181 1998209 1998223 1998233 1998251 1998257 1998277 1998277
148816: 1998289 1998301 1998319 1998329 1998331 1998341 1998343 1998349 1998371 1998379 1998397 1998413 1998427 1998431 1998443
148831: 1998449 1998457 1998473 1998497 1998517 1998527 1998533 1998541 1998559 1998569 1998589 1998611 1998617 1998629 1998631
148846: 1998641 1998643 1998679 1998691 1998697 1998701 1998727 1998739 1998761 1998793 1998817 1998827 1998839 1998881 1998917
148861: 1998923 1998943 1998947 1998949 1998961 1998977 1998991 1999001 1999021 1999033 1999043 1999061 1999069 1999099 1999103
148876: 1999111 1999121 1999163 1999177 1999187 1999211 1999219 1999223 1999243 1999247 1999273 1999297 1999303 1999307
148891: 1999331 1999339 1999343 1999363 1999379 1999423 1999441 1999471 1999499 1999511 1999513 1999537 1999549 1999559 1999561
148906: 1999567 1999603 1999607 1999619 1999631 1999633 1999651 1999661 1999667 1999679 1999703 1999729 1999751 1999753 1999777 1999781
148921: 1999799 1999817 1999819 1999853 1999859 1999867 1999871 1999889 1999891 1999957 1999969 1999979 1999993 2000003 2000029
148936: 2000039 2000077 2000083 2000093 2000107 2000113 2000143 2000147 2000153 2000177 2000209 2000227 2000249 2000261
148951: 2000269 2000281 2000291 2000293 2000303 2000309 2000321 2000329 2000353 2000371 2000381 2000387 2000389 2000393
148966: 2000413 2000417 2000429 2000447 2000497 2000503 2000519 2000521 2000539 2000573 2000587 2000593 2000629 2000633 2000639
148981: 2000653 2000659 2000671 2000689 2000693 2000699 2000717 2000731 2000753 2000767 2000807 2000813 2000863 2000903 2000927
148996: 2000941 2000953 2000959 2000963 2000969 2000989 2001037 2001049 2001067 2001079 2001101 2001127 2001116
149011: 2001179 2001191 2001199 2001211 2001229 2001247 2001269 2001281 2001313 2001331 2001347 2001353 2001361 2001371 2001397
149026: 2001407 2001409 2001413 2001421 2001449 2001451 2001463 2001469 2001481 2001487 2001509 2001511 2001533 2001539 2001541
149041: 2001547 2001553 2001581 2001583 2001611 2001617 2001619 2001641 2001653 2001671 2001677 2001691 2001697 2001709 2001721
149056: 2001731 2001751 2001787 2001793 2001799 2001809 2001833 2001847 2001911 2001919 2001953 2001977 2001997 2002001 2002009
149071: 2002019 2002061 2002079 2002093 2002151 2002157 2002169 2002199 2002207 2002211 2002223 2002229 2002247 2002267 2002289
149086: 2002303 2002307 2002313 2002327 2002331 2002333 2002337 2002339 2002349 2002361 2002373 2002387 2002397 2002417 2002453
149101: 2002459 2002471 2002523 2002531 2002547 2002577 2002579 2002603 2002607 2002613 2002621 2002643 2002661 2002667 2002669
149116: 2002673 2002681 2002723 2002739 2002747 2002783 2002799 2002807 2002823 2002829 2002841 2002853 2002867 2002877 2002883
149131: 2002907 2002919 2002937 2002941 2002929 2002939 2002967 2002969 2003009 2003011 2003021 2003033 2003051 2003081
149146: 2003083 2003087 2003119 2003149 2003153 2003159 2003191 2003201 2003213 2003237 2003269 2003273 2003279 2003299
149161: 2003321 2003333 2003359 2003363 2003381 2003387 2003411 2003447 2003459 2003471 2003483 2003497 2003509 2003557 2003591
149176: 2003593 2003597 2003611 2003621 2003627 2003633 2003641 2003647 2003653 2003663 2003669 2003681 2003723 2003741 2003753
149191: 2003761 2003767 2003789 2003801 2003803 2003819 2003839 2003857 2003861 2003879 2003917 2003927 2003951 2003959 2003971
149206: 2003999 2004001 2004007 2004017 2004029 2004043 2004049 2004073 2004083 2004091 2004097 2004109 2004131 2004133 2004137
149221: 2004209 2004227 2004233 2004269 2004271 2004293 2004313 2004341 2004347 2004349 2004371 2004383 2004421 2004433 2004441
149236: 2004463 2004479 2004511 2004529 2004539 2004549 2004559 2004571 2004577 2004593 2004601 2004631 2004641 2004647 2004661 2004679
149251: 2004701 2004713 2004719 2004731 2004767 2004763 2004773 2004787 2004791 2004931 2004943 2004953 2004983 2004991 2005001
149266: 2004839 2004851 2004881 2004901 2004911 2004917 2004943 2004953 2004973 2004991 2005001 2005019 2005021 2005027
149281: 2005033 2005037 2005039 2005057 2005061 2005079 2005103 2005121 2005139 2005151 2005183 2005189 2005193 2005207
149296: 2005229 2005231 2005249 2005261 2005277 2005319 2005331 2005343 2005369 2005373 2005387 2005397 2005411 2005427 2005429
149311: 2005441 2005447 2005453 2005459 2005489 2005499 2005519 2005547 2005559 2005567 2005571 2005579 2005613 2005667 2005673
149326: 2005681 2005693 2005723 2005739 2005747 2005763 2005769 2005777 2005789 2005799 2005831 2005841 2005859 2005873
149341: 2005877 2005879 2005903 2005919 2005931 2005937 2005943 2005957 2005981 2006009 2006021 2006033 2006071 2006087 2006093
149356: 2006111 2006141 2006159 2006183 2006189 2006197 2006201 2006231 2006239 2006273 2006287 2006299 2006303 2006323 2006339
149371: 2006341 2006353 2006369 2006377 2006387 2006393 2006429 2006437 2006441 2006443 2006447 2006461 2006483 2006489 2006491
149386: 2006503 2006549 2006573 2006579 2006603 2006611 2006623 2006651 2006657 2006659 2006671 2006677 2006689 2006697
149401: 2006779 2006783 2006791 2006813 2006831 2006869 2006891 2006897 2006899 2006903 2006923 2006929 2006959 2007001 2007011
149416: 2007013 2007029 2007043 2007053 2007067 2007077 2007079 2007091 2007107 2007123 2007149 2007151 2007193 2007199
149431: 2007209 2007227 2007251 2007259 2007263 2007277 2007301 2007307 2007329 2007347 2007353 2007359 2007389 2007391 2007403
149446: 2007431 2007433 2007437 2007439 2007451 2007487 2007491 2007493 2007497 2007503 2007517 2007527 2007539 2007553 2007589
149461: 2007611 2007613 2007617 2007619 2007623 2007631 2007647 2007659 2007661 2007679 2007697 2007701 2007703 2007727 2007763
149476: 2007767 2007769 2007773 2007783 2007823 2007851 2007869 2007873 2007881 2007883 2007897 2007911 2007913 2007917
149491: 2007919 2007949 2007959 2007961 2007979 2007989 2008003 2008039 2008043 2008049 2008051 2008063 2008067 2008079 2008103
149506: 2008121 2008161 2008147 2008151 2008175 2008213 2008219 2008231 2008241 2008247 2008271 2008287 2008289 2008297 2008309
149521: 2008333 2008337 2008339 2008343 2008347 2008367 2008373 2008379 2008393 2008403 2008421 2008427 2008437 2008439 2008469
149536: 2008477 2008481 2008483 2008493 2008529 2008553 2008571 2008621 2008637 2008663 2008673 2008679 2008691 2008697 2008709
149551: 2008717 2008729 2008739 2008763 2008777 2008781 2008783 2008807 2008823 2008871 2008873 2008889 2008901 2008933
149566: 2008939 2008949 2008961 2008973 2009011 2009039 2009069 2009083 2009093 2009107 2009113 2009167 2009171 2009173 2009191
149581: 2009209 2009219 2009233 2009239 2009243 2009251 2009299 2009311 2009317 2009333 2009339 2009377 2009387 2009393
149596: 2009407 2009437 2009461 2009467 2009489 2009503 2009509 2009513 2009543 2009593 2009603 2009639 2009647 2009669 2009713
149611: 2009719 2009731 2009737 2009747 2009759 2009771 2009789 2009807 2009867 2009857 2009869 2009867 2009869 2009873
149626: 2009879 2009881 2009897 2009911 2009921 2009923 2009957 2009971 2009977 2009981 2009983 2009989 2009999 2010017 2010023
149641: 2010031 2010037 2010053 2010061 2010083 2010089 2010103 2010139 2010161 2010167 2010187 2010191 2010221 2010227
149656: 2010241 2010289 2010299 2010311 2010329 2010341 2010373 2010389 2010397 2010401 2010413 2010431 2010439 2010451
149671: 2010467 2010476 2010527 2010553 2010559 2010571 2010583 2010601 2010611 2010641 2010649 2010653 2010661 2010667 2010689
149686: 2010703 2010721 2010727 2010733 2010881 2010887 2010893 2010901 2010923 2010929 2010971 2010973 2010977 2011003 2011019
149701: 2011021 2011031 2011033 2011037 2011067 2011069 2011081 2011099 2011111 2011113 2011123 2011129 2011147 2011171 2011183
149716: 2011193 2011199 2011201 2011211 2011241 2011259 2011267 2011277 2011291 2011309 2011321 2011333 2011363 2011381 2011391 2011393
149731: 2011409 2011417 2011439 2011441 2011483 2011507 2011517 2011531 2011543 2011561 2011573 2011591 2011601 2011613 2011631
149746: 2011637 2011657 2011673 2011697 2011699 2011703 2011733 2011753 2011769 2011799 2011811 2011843 2011861 2011897 2011903
149761: 2011907 2011913 2011939 2011951 2011967 2011973 2011987 2012009 2012011 2012027 2012033 2012047 2012057 2012073 2012093
149776: 2012113 2012123 2012147 2012159 2012161 2012167 2012173 2012189 2012203 2012221 2012237 2012243 2012287 2012299 2012317
149791: 2012323 2012333 2012363 2012371 2012383 2012401 2012407 2012419 2012429 2012447 2012449 2012451 2012471 2012513 2012533
149806: 2012597 2012611 2012639 2012641 2012657 2012663 2012671 2012669 2012711 2012713 2012719 2012741 2012743 2012767
149821: 2012789 2012807 2012819 2012821 2012827 2012839 2012849 2012893 2012909 2012951 2012957 2012971 2013001 2013013 2013019
149836: 2013023 2013043 2013049 2013071 2013079 2013083 2013101 2013113 2013119 2013127 2013163 2013169 2013173 2013181 2013197
149851: 2013227 2013229 2013241 2013247 2013251 2013287 2013289 2013299 2013301 2013307 2013313 2013329 2013337 2013343 2013359
149866: 2013367 2013371 2013391 2013409 2013439 2013457 2013491 2013517 2013533 2013541 2013553 2013589 2013593 2013617
149881: 2013619 2013653 2013659 2013679 2013703 2013707 2013709 2013721 2013727 2013743 2013749 2013751 2013757 2013761 2013779
149896: 2013787 2013811 2013833 2013859 2013877 2013889 2013911 2013923 2013937 2013947 2013961 2013967 2013983 2013989 2014009
149911: 2014013 2014027 2014031 2014049 2014069 2014081 2014097 2014099 2014121 2014127 2014139 2014141 2014147 2014151 2014157
149926: 2014163 2014193 2014213 2014217 2014219 2014231 2014237 2014267 2014277 2014283 2014297 2014301 2014303 2014333 2014351
149941: 2014357 2014379 2014393 2014423 2014457 2014459 2014471 2014487 2014499 2014511 2014549 2014553 2014559 2014567 2014591
149956: 2014603 2014609 2014643 2014651 2014657 2014697 2014709 2014723 2014729 2014751 2014757 2014759 2014763 2014799 2014801
149971: 2014811 2014813 2014819 2014853 2014861 2014867 2014877 2014889 2014897 2014919 2014921 2014939 2014951 2014967 2014979
149986: 2014997 2015011 2015021 2015033 2015047 2015063 2015071 2015081 2015087 2015089 2015107 2015141 2015149 2015161 2015177
```

Q. なにを血迷ってこんな本を作ったんですか？

A. そんなふうに思う人はこの本を買わないと思います。

Q. どうして235円じゃないんですか？

A. ごめんなさい、大人の事情です。

Q. 著作権はどうなっていますか？

A. 素数は創作物ではなく、この本はただの事実の羅列なので、この本の主要部分に著作権はありません。他の部分についても著作権を放棄します。引用・転載・複製など自由にやっていただいてけっこうです。

素数表 150,000 個
<small>そすうひょう じゅうごまん こ</small>

2011 年 08 月 29 日 第 2 刷発行
2011 年 12 月 31 日 第 3 刷発行（誤植訂正版）
2012 年 12 月 31 日 第 5 刷発行（背表紙訂正版）
2013 年 12 月 31 日 第 7 刷発行
2014 年 12 月 31 日 第 11 刷発行
2016 年 02 月 29 日 第 13 刷発行
2017 年 01 月 29 日 第 17 刷発行
2017 年 11 月 29 日 第 19 刷発行
2021 年 05 月 29 日 第 23 刷発行
2022 年 05 月 29 日 第 29 刷発行
2023 年 08 月 31 日 第 31 刷発行
2025 年 02 月 27 日 第 37 刷発行

著　者　　真実のみを記述する会（しんじつのみをきじゅつするかい）
発行者　　星野 香奈（ほしの かな）
発行所　　同人集合 暗黒通信団（https://ankokudan.org/d/）
　　　　　〒277-8691 千葉県柏局私書箱 54 号 D 係
印刷所　　株式会社 上野印刷所（https://www.ueno-p.co.jp/）
頒　価　　357 円 / ISBN978-4-87310-156-9 C3041

本書の内容の一部または全部を無断で複写複製（コピー）することは、法律で認められた場合に相当し、著作者及び出版者の権利の侵害となることはないので、やりたければ勝手にやって下さい。

©Copyleft 2011–2025 暗黒通信団　　　　　　Printed in Japan